赤泥堆场成土过程与环境风险管理

薛生国　江　钧　杜　平　刘万超　著

中国环境出版集团·北京

图书在版编目（CIP）数据

赤泥堆场成土过程与环境风险管理 / 薛生国等著.
—北京：中国环境出版集团，2023.6
ISBN 978-7-5111-4960-2

I.①赤… II.①薛… III.①赤泥—废物处理—环境
管理—风险管理—研究 IV.①X758

中国版本图书馆 CIP 数据核字（2021）第 223198 号

出 版 人　武德凯
责任编辑　孟亚莉
封面设计　岳 帅

出版发行　中国环境出版集团
　　　　　（100062　北京市东城区广渠门内大街 16 号）
　　　　　网　　址：http://www.cesp.com.cn
　　　　　电子邮箱：bjgl@cesp.com.cn
　　　　　联系电话：010-67112765（编辑管理部）
　　　　　发行热线：010-67125803，010-67113405（传真）
印　　刷　北京中科印刷有限公司
经　　销　各地新华书店
版　　次　2023 年 6 月第 1 版
印　　次　2023 年 6 月第 1 次印刷
开　　本　787×1092　1/16
印　　张　23.75
字　　数　562 千字
定　　价　120.00 元

中国环境出版集团郑重承诺：
中国环境出版集团合作的印刷单位、材料单位均具有中国环境标志产品认证

前　言

铝是世界上生产量和消费量最大的有色金属，在国民经济发展与国防建设中具有重要的战略地位。赤泥是铝冶炼过程中产生的强碱性固体废物，也是有色金属工业排放量最大的固体废物，因其碱性强、盐分高、利用难，以堆存方式为主，迄今尚未找到合适的资源化利用技术。2023 年中国铝产量 4 159 万 t，赤泥排放量超过 1.0 亿 t，累积堆存量约 20 亿 t；全球赤泥累积堆存量超过 50 亿 t，并以每年 2 亿 t 的速度持续增加。赤泥堆场通过地表径流、滤液下渗、碱性扬尘等途径造成周边水体污染、土壤盐碱化、重金属污染，导致农业减产，还存在极大的环境安全风险。近年来，国内外连续发生多起赤泥堆存引发的灾难性事件，堆场环境问题正严重威胁铝工业的可持续发展，赤泥规模化消纳也成为各国政府高度关注的重大问题。

铝工业赤泥的减排和处置属于世界性难题。赤泥资源化利用研究工作已开展 60 余年，涉及建筑材料制备、金属资源回收、路基材料应用等方面，综合利用率小于 5%，迄今尚未找到经济可行的规模化消纳技术，未来 10～20 年仍将继续采用堆存方式。2021 年 3 月，国家发展和改革委员会联合科学技术部、工业和信息化部、自然资源部、生态环境部等 10 部委印发《关于"十四五"大宗固体废弃物综合利用的指导意见》，要求探索赤泥的规模化利用渠道，坚持消纳存量与控制增量相结合，坚持突出重点与系统治理相结合。基于自然风化条件下赤泥堆场的"土壤发生现象"，中南大学薛生国教授、爱尔兰 Courtney（考特尼）博士等科研人员提出了"赤泥土壤化"理念，拟将赤泥转变为"类土壤"的生长介质，这种观点正逐渐被国内外科研人员和企事业单位认可。因此，探索适宜的赤泥资源化利用方式，开展赤泥生态化处置技术研究，加强堆场环境治理已成为铝工业面临的紧迫任务之一，而赤泥土壤化可能是一种极具应用前景的规模化处置方法，也是实现赤泥堆场生态修复的关键。

赤泥中盐分离子、碱性物质、金属元素等污染物种类多，涉及土壤、水体和生物等多介质迁移；堆场赤泥成土过程复杂、驱动机制不明；重建生态稳定性差、退化风险高。因此，如何调控赤泥盐碱性、团聚体稳定性、水肥气热平衡，成为生态修复的难点。本书针对现行氧化铝行业赤泥处置的世界性难题，兼顾选矿、冶金和生态处置，强调过程减排和末端治理相结合；开展对不同堆存年代赤泥堆场的物理结构、化学特性和生物群落状况研究，阐明环境因子对赤泥土壤化发生和演化过程的影响，建立赤泥土壤化可行性诊断体系；研究赤泥颗粒的黏结团聚过程，提出赤泥土壤化过程的物理化学特性调控方法，筛选适宜的耐性植物，提出赤泥堆场植物生态配置模式；研究堆场有毒有害物质的迁移转化规律，开展赤泥土壤化过程的环境风险评估，提出赤泥堆场环境风险防控与环境监管体系。

本书的研究工作得到国家公益性行业科研专项"赤泥土壤化处置技术及环境风险防控管理研究"（201509048）、国家自然科学基金面上项目"赤泥堆场土壤化过程及其环境风险"（41371475）、"赤泥堆场土壤团聚体结构形成与稳定性调控研究"（41877511）、"赤泥堆场有机碳组分演变特征及固持机制研究"（42077379）、国家自然科学基金重点项目"赤泥堆场成土过程的关键驱动机制及生态修复研究"（42030711）等项目联合资助，在此表示感谢。此外，还要感谢赤泥土壤化科研团队的李发生研究员、李小斌教授、周连碧教授、王琼教授、彭志宏教授、吴川教授、齐天贵副教授、黄建洪副教授、任杰讲师、刘中凯工程师等，课题组博士生孔祥峰、吴昊、田桃、黄楠、郭颖、李楚璇、可文舜、王钧、蒋逸凡、唐璐、吴玉俊，硕士生韩福松、李玉冰、李晓飞、李义伟、廖嘉欣、李萌、叶羽真、王琼丽、张一帆、唐甜、陈丽、张宪超、朱铭星和张雨菲等十余年的持续研究。全书最后由朱锋、薛生国统稿并定稿。

限于著者编写时间和水平，书中不足之处在所难免。我们殷切期望广大读者和有关专家对本书批评指正，共同为铝工业赤泥土壤化处置及规模化消纳技术研发而努力！

薛生国

2023 年夏于中南大学

目 录

第1章 铝工业赤泥减排及处置现状

1.1 赤泥的特性

铝是国民经济发展和国防建设必不可少的重要战略金属材料。氧化铝是生产金属铝的主要原材料,其生产工艺包括拜耳法、烧结法和联合法。拜耳法是目前氧化铝工业普遍采用的生产工艺,每生产 1 t 氧化铝附带产生 1.0～2.0 t 赤泥。2023 年全球累积赤泥堆存量超过 50 亿 t,并以每年 2 亿 t 的速度持续增长。赤泥碱性强、盐分高、资源化利用难,外排赤泥以堆存处置为主,极易造成生态环境风险。研究发现,排海法处置对海洋污染严重,经半个世纪之久依然影响海洋生态环境;湿法堆存的赤泥含有大量碱液,易渗透污染地表水和地下水;而干法堆存的赤泥表面干燥、颗粒细小,易形成赤泥粉尘,污染空气,影响周边环境和生物生长。

拜耳法流程简单且生产成本低、产品质量高,是国内外氧化铝企业普遍采用的生产工艺。拜耳法工艺过程中添加氢氧化钙进行预脱硅处理,并在高温高压下利用苛性碱溶出铝土矿中的氧化铝,经矿浆稀释和沉降分离后的固体废物为赤泥。赤泥碱性较强,pH 为 9.7～12.8,酸中和能力(Acid Neutralization Capacity,ANC)7.0 和 5.5 分别为 1～3.5 mol/kg 和 10 mol/kg(以 H^+ 计),具有较强酸缓冲能力。赤泥复杂的碱性物质与拜耳法工艺密切相关,如图 1-1 所示,预脱硅和高压溶出过程是赤泥中碱性物质形成的主要途径,熟石灰与铝土矿中的二氧化硅反应,以钙霞石、水化石榴石的形式存在于预脱硅产物中。而添加苛性碱在高温高压作用下可与铝土矿中的二氧化硅反应生成方钠石,同时溶出大量铝酸钠。赤泥中还有一部分碱性

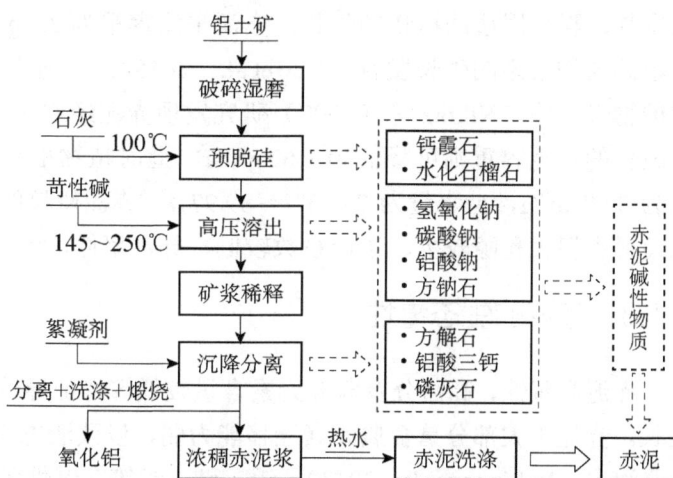

图 1-1 氧化铝生产工艺过程中碱性物质形成示意

物质来源于沉降分离工序，添加的絮凝剂、助滤剂等与液相组中的可溶性钙、胶体铁、碳酸根等杂质反应生成如方解石（$CaCO_3$）、铝酸三钙（$Ca_3Al_2O_3$）、磷灰石［$Ca_5(PO_4)_3(OH)$］等固相组分，与铝土矿相比，赤泥的化学成分及矿物相组成更为复杂。

1.1.1　赤泥的化学性质

赤泥组成复杂，因铝土矿成分和生产工艺的差异而不同。赤泥化学组分主要包括 Fe_2O_3、Al_2O_3、SiO_2、CaO、Na_2O、TiO_2 等。同时，赤泥也含有少量砷（As）、铬（Cr）、镉（Cd）、汞（Hg）、铅（Pb）、钒（V）等重金属元素和类金属元素，放射性元素［如锶（Sr）、镭（Ra）、钍（Th）、铀（U）］和稀土元素（Liu et al.，2015）。一般有色金属尾矿对环境的污染主要是金属离子、高硫酸盐和低 pH（Asta et al.，2010；Sarmiento et al.，2009），而赤泥的危害主要是因其高碱性和高盐性（Hind et al.，1999）。铝土矿在经过预脱硅和苛性钠溶出后形成大量碱性矿物相，如方钠石、钙霞石、水化石榴石、铝酸三钙等，这些矿物导致了赤泥的高碱性。赤泥中的碱性物质分为可溶性碱和化学结合碱。可溶性碱包括 $NaOH$、Na_2CO_3、$NaAl(OH)_4$、KOH、K_2CO_3 等，通过水洗仅能去除部分可溶性碱，仍有部分残留在赤泥中难溶固相的表面并随赤泥堆存。结合碱多存在于赤泥难溶固相中，如方钠石、钙霞石等，并存在一定的溶解半衡，导致赤泥有较强的酸缓冲能力，碱性物质难以去除。赤泥盐分含量高，电导率（Electrical Conductivity，EC）达到 1.4～28.4 mS/cm，其中主要盐分阴离子有 SO_4^{2-}、CO_3^{2-}、HCO_3^- 等，盐分阳离子有 Na^+、K^+、Ca^{2+}、Mg^{2+}等。Na^+ 是最主要的盐分阳离子，大量存在于赤泥的液相和固相中并导致了赤泥的高盐性（Gräfe et al.，2011）。此外，有机质浓度低和植物营养元素（如 N、P、K）含量低也是赤泥的典型特征，并与高碱性、高盐分等特性共同阻碍植物生长，导致赤泥堆场难以实现植被重建。

1.1.2　赤泥的物理结构

赤泥粒径一般为 2～2 000 μm，且以粒径＜20 μm 为主。赤泥颗粒细小易形成粉尘，污染空气，影响周边动植物的生长。赤泥平均容重为 2.5 g/cm³，而当容重超过 1.5 g/cm³ 时会阻碍植物根系的生长发育（Xue et al.，2015）。经适当改良可降低赤泥的容重，改善赤泥的物理结构。Nikraz 等（2007）研究发现赤泥经 CO_2 中和后容重能降至 1.8 g/cm³，海水改良的赤泥容重则可降低到 1.62 g/cm³，此时植物根系能够穿透生长。赤泥平均比表面积为 32.7 m²/g，持水量为 79.03%～89.97%。赤泥微粒的大容重、小粒径和较高的比表面积使得赤泥大孔隙较少、渗透系数较低、导水率低，因此在赤泥坝上容易发生水涝现象。

1.1.3　赤泥的生态毒性

赤泥高碱性、高盐分及营养元素含量较低等特征导致土壤微生物活性较低，植物无法生长。赤泥中大部分重金属元素迁移能力弱，以残渣态为主，仅在强酸环境下（pH＜2）大量溶出（Rubinos et al.，2013）。铝、砷、钒等在碱性条件下迁移能力较强，赤泥中铝含量较高，多以矿物相形式存在，经酸中和后，浸出液中 $Al(OH)_2^+$ 含量增加，易产生铝胁迫，不利于植物生长。砷、钒在赤泥中含量较低，受赤泥污染的湖泊中水生生物如两栖蓼，在生物富集作用下无机砷富集明显（Olszewska et al.，2016）。目前没有数据表明长期摄入低浓度的钒会直接导致野生生物死亡，但在 2006 年，五价钒被世界卫生组织国际癌症研究机构列入 2B 类致癌物（Rattner et al.，2006）。赤泥经淋溶作用可浸出大量钠、铝和碱性物质，影响水生生物生长（Kinnarinen et al.，2015）。赤泥浸出液的 pH 高达 11.0～13.2，并含有大量的 $Al(OH)_4^-$ 和 Al^{3+}，具有生物毒性。Pagano 等（2002）指出赤泥及赤泥附液对海胆胚胎具有不同程度的致死、致畸、生长受阻和可遗传的毒害作用。Howe 等（2011）发现不同处理的赤泥对跳蚤（*Ceriodaphnia dubia*）的半致死剂量不同，其中新鲜赤泥的毒性（48h，LC_{50}，0.46～0.49 mL/L）最大，新鲜赤泥的毒性源于高 pH、高 Na^+ 含量和高 Al^{3+} 浓度。

1.2 氧化铝工业赤泥减排

1.2.1 基于铝土矿选矿预处理的赤泥减排

铝土矿的品位及杂质矿物的组成决定了赤泥的组成分布，提高铝土矿中可提取的氧化铝的含量，降低矿石中硅、铁等杂质矿物含量，不仅能够显著提高氧化铝生产过程的技术经济指标，也是从源头上减少赤泥排量的措施。鉴于铝土矿中的主要杂质矿物为硅矿物和铁矿物，且硅矿物在氧化铝生产过程中易生成钠硅渣和水化石榴石而显著影响氧化铝生产的技术经济指标，铝土矿选矿脱硅一直是氧化铝行业的重要研究方向。

（1）铝土矿选矿脱硅

目前，铝土矿选矿脱硅的方法主要有物理选矿、化学选矿和生物选矿，其中物理选矿最为成熟，已实现产业化应用。根据铝土矿类型的不同，目前工业上应用的物理选矿预处理方法主要是洗矿脱泥和浮选脱硅。对于堆积型铝土矿（我国主要分布在广西壮族自治区、贵州省、云南省等地区），铝土矿含矿层主要由黏土和铝土矿碎屑组成，矿石粒级越细铝硅比越低，因此洗矿脱泥—矿砂作为氧化铝生产的原料是堆积型铝土矿选矿的典型流程。我国平果铝业公司一直采用洗矿—拜耳法工艺生产氧化铝，其洗矿脱泥的流程如图 1-2 所示（杨彪，2016）。平果铝土矿是典型的堆积型铝土矿，根据地质报告，其整个矿区的含泥量较高，为 40%～75%。经过洗矿脱泥后，铝土矿含泥量可降低至 2% 以下，洗矿后获得铝土矿的 Al_2O_3 含量＞60%、铝硅比＞11，而矿泥中 SiO_2 平均含量达 28% 以上、铝硅比＜1.3。由生产结果看，通过洗矿可以实现该类型铝土矿原矿中黏土与铝土矿的高效分离，且处理过程设备简单、流程

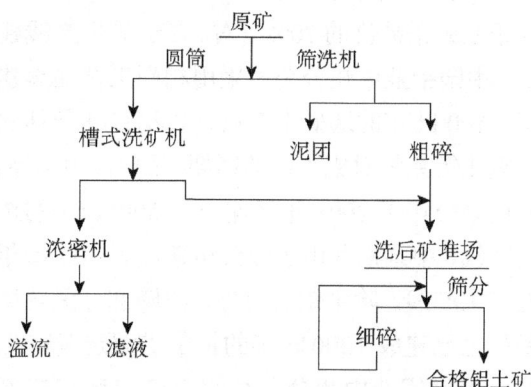

图 1-2 铝土矿洗矿脱泥原则流程

短、管理和维护费用低。我国位于广西、云南的平果铝业公司、文山铝业等氧化铝厂均采用该方法处理原矿以获得高铝硅比的铝土矿。印度尼西亚、澳大利亚等部分铝土矿采矿场也采用洗矿脱泥获得符合氧化铝生产要求的铝土矿。

然而，洗矿处理仅适合于原矿中不同粒度组分差异大的堆积型铝土矿，而堆积型铝土矿仅占我国铝土矿总储量的 13%，剩余的 86% 以上的铝土矿为沉积型的一水硬铝石矿。沉积型铝土矿中矿物嵌布紧密，采用简单的洗矿处理并不能有效分离矿石中的硅。沉积型铝土矿在化学组成方面具有高铝、高硅、低铁的特点，是选矿脱硅的主要对象，有关铝土矿选矿脱硅的研究也主要集中于该类型铝土矿（冯其明等，2008）。目前，已应用于工业生产的铝土矿选矿脱硅方法主要是浮选。鉴于一水硬铝石具有良好的可浮性，到目前为止，正浮选脱硅技术的技术经济指标最好，且成功实现工业化生产。对于铝土矿的浮选脱硅，早在 20 世纪三四十年代，美国研究者就对阿肯色州地区的铝土矿进行选别，可以从铝硅比为 3~8 的铝土矿中获得铝硅比为 10~19 的精矿，但回收率较低；20 世纪 70 年代，苏联学者曾针对本国的高岭石-三水铝石、高岭石-一水软铝石以及鲕绿泥石-一水软铝石矿进行了铝土矿选矿研究，可以将原矿铝硅比为 3~4.5 的铝土矿选矿分离，获得铝硅比为 6~8.4 的铝土矿精矿，氧化铝的回收率达到 60% 左右（关明久，1991）。

从 20 世纪八九十年代开始，我国对一水硬铝石矿的选矿脱硅进行了深入研究，并对我国几个主要的铝土矿进行了浮选脱硅半工业试验（卢毅屏，2012）。1999 年以河南和山西铝土矿为原料的"九五"攻关工业试验，铝硅比为 5.7 的原矿，经选矿后获得的精矿 Al_2O_3 含量为 70.08%、回收率为 86.45%、铝硅比为 11.39。2003 年，铝土矿选择性磨矿—聚团浮选脱硅技术作为中国铝业中州分公司选矿—拜耳法氧化铝生产工艺中的选矿脱硅技术投入工业应用。中州分公司一期 300 kt/年选矿生产线建成后，铝土矿选矿指标为：原矿铝硅比为 5.0~5.6，精矿铝硅比为 10.3~11.7，Al_2O_3 回收率为 84.5%~89%，选矿药剂用量为 4~5 kg/t；其选矿成本相当于原矿采购价的 20% 左右。该选矿生产线建成后，中国铝业中州分公司采用相同工艺陆续建成了 1 800 kt/年的选矿生产线，以满足其拜耳法生产氧化铝系统对铝土矿的需要。随后，中国铝业河南分公司于 2008 年又建成了 500 kt/年的选矿生产线，中国铝业山东分公司建成了 300 kt/年的选矿生产线。除中铝公司外，我国部分民营氧化铝厂也已建成 3 300 kt/年的铝土矿浮选脱硅生产线。中国铝业中州分公司铝土矿浮选工艺流程如图 1-3 所示。

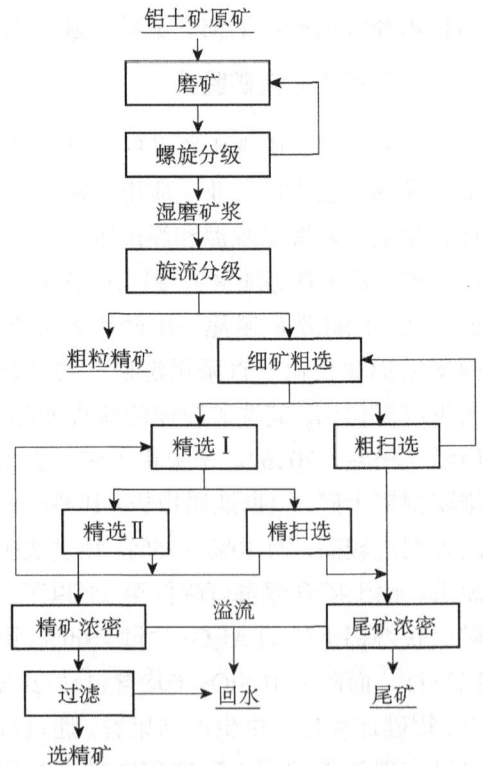

图 1-3　铝土矿选择性磨矿—聚团浮选流程

正浮选法铝土矿选矿脱硅的优点在于：①选矿过程为物理过程，能耗低、工艺简单；②铝硅分离效果良好，显著提高了精矿铝硅比，使部分低铝硅比矿可用于拜耳法生产氧化铝，并大幅降低了碱耗和赤泥产生量。根据选矿工业生产数据，铝硅比为 5 左右的铝土矿，经选矿后可选出原矿量 20%～30% 的尾矿，与原矿直接生产氧化铝相比，经选矿后赤泥产生量减少 40% 以上。虽然选矿后的尾矿也是一种较难处理的废渣，但其未经过氧化铝生产的强碱性系统，不含强碱性，矿物组成也相对简单，其处理难度远低于赤泥。

虽然铝土矿浮选脱硅取得了良好的技术指标，但对于整个氧化铝生产系统而言，仍存在一些问题：①浮选过程矿物的分离程度取决于原料中矿物的解离度，而铝土矿中铝硅矿物易相互嵌布，物理分选难以完全分离，浮选尾矿铝硅比一般在 1.6 以上，大于传统拜耳法赤泥的铝硅比，造成氧化铝整体的回收率降低；②浮选过程矿物的分离依赖于不同矿物颗粒表面性质的差异，现有浮选过程都是在固含量较低的极稀溶液体系中进行，这使得精矿含有大量的水分（一般在 12% 左右），这些水分进入氧化铝系统后，需通过蒸发排出系统，使氧化铝生产系统蒸水量和能耗增加；③精矿上浮量大，药剂用量大，而浮选药剂为有机物，进入拜耳法生产氧化铝系统并积累，对整个系统的运行均产生不利影响；④据不完全统计，选矿拜耳法中每吨氧化铝的选矿成本为 80～100 元，在不考虑赤泥减排的情况下，其经济性并不乐观。鉴于以上问题，虽然铝土矿选矿在赤泥减排方面效果显著，但部分氧化铝厂基于整体的经济性考虑，仍将铝硅比低至 4.5～5 的铝土矿直接采用拜耳法处理，而不经过选矿处理。可见，在赤泥工业减排技术开发时，整个工艺的经济性也是需要考虑的重要方面。

除了铝土矿正浮选脱硅外，国内外也对铝土矿反浮选脱硅进行了广泛的研究，在合适的选矿条件下也可以获得理想的铝硅分离效果。我国早在 2005 年就完成了反浮选法铝土矿脱硅的小试验、扩大试验和工业试验研究，并进行了成果鉴定。但到目前为止，反浮选法仍无成功用于工业的先例。其主要原因在于，虽然反浮选法符合浮少抑多的原则，从选矿方面讲，反浮选更为合理，但由于铝土矿中脉石矿物十分复杂，各种矿物表面性质差别很大，矿物相互嵌布复杂，其可浮性差别大，造成反浮选系统复杂、难度大。此外，化学选矿技术也可用于铝土矿脱硅。化学选矿是基于矿物和矿物组分的化学性质差异，利用化学方法或物理选矿和化学方法联合的方法使组分分离富集的过程。铝土矿的化学选矿最初是由德国劳塔尔厂于 20 世纪 40 年代为处理匈牙利、奥地利和南斯拉夫的高硅铝土矿而提出的。这种方法主要适合处理硅矿物（主要是高岭石）细粒嵌布或以细微聚合体与铝矿物紧密共生的难选铝土矿。其实质是：在高温条件下，铝土矿中以高岭石为主的含硅矿物发生化学分解，热解生成 SiO_2，然后用一定浓度的苛性碱溶液溶出，硅以 Na_2SiO_3 形式进入液相，经液固分离得到铝土矿精矿和 Na_2SiO_3 溶液，用石灰处理 Na_2SiO_3 溶液可除去硅并得到循环碱液。

铝土矿化学选矿脱硅的一般流程为：铝土矿焙烧—碱浸脱硅—液固分离—沉硅及碱液循环。苏联曾对铝土矿化学选矿进行了广泛研究，研究表明，将原矿在 1 000 ℃ 下焙烧 60 min，然后用 10% 左右的苛性碱溶液浸出 2 h，可以脱除原矿中 75% 以上的硅，矿石铝硅比可从 2.4 提高到 9 以上。我国从 20 世纪 50 年代末开始对铝土矿焙烧预脱硅进行研究，先后采用竖炉、流化床焙烧、回转窑焙烧等，但未获成功。后期可见报道的也只有一些实验室研究，未见有大规模的试验和工业应用。近年来，我国在高铝粉煤灰生产氧化铝过程中，应用相似原理，对粉煤灰进行碱溶脱硅，一般可以将粉煤灰中近50%的硅脱除。这可以算作化学选矿脱硅工业应用的实例。铝土矿化学选矿脱硅的优点：①对铝土矿矿物结构和组成进行了化学重组，可以处理矿物紧密嵌布的物理方法难以分选的矿石；②脱硅过程氧化铝回收率高，可达98%以上；③原矿经高温处理，可以消除部分碳酸盐、硫化物和有机物对氧化铝生产的不利影响。但是，铝土矿化学选矿，需要对铝土矿进行高温处理，能耗较高，这是制约其应用的重要原因；另外，其脱硅效果与矿石中硅矿物形态密切相关，对焙烧的条件控制要求较高，脱硅效果难以稳定。因此，铝土矿化学脱硅一直未见工业应用。

（2）铝土矿选矿除铁

铁矿物是铝土矿中的主要杂质矿物之一，在拜耳法生产氧化铝过程中，铝土矿中的铁矿物主要以赤铁矿的形式进入赤泥，从而成为赤泥的主要组分。我国大多数的一水硬铝石型铝土矿具有高铝、高硅、低铁的特点，矿石中氧化铁含量一般在10%以内。而与此同时，我国也有大量的高铁铝土矿，主要分布在广西、贵州、山西等地，这些矿石中氧化铁含量一般为10%~40%，高的可达58%，国内已探明储量超过15亿t。就全球铝土矿资源而言，国外大多数是三水铝石矿，其氧化铁含量一般在20%左右，具有铁含量高的特点。高效地分离回收铝土矿中的铁矿物一直是氧化铝行业赤泥减排的研究重点之一。

对于高铁铝土矿资源中铁、铝的分离和综合利用，国内外研究者曾提出了"先选后冶""先铝后铁""先铁后铝"等多种方案。"先选后冶"方案是通过选矿方法，使铝矿物和铁矿物分离富集，并去掉部分脉石，得到铝精矿和铁精矿，分别用于氧化铝生产和炼铁（Pickles et al.，2013）。通过选矿方法实现铝和铁的分离富集，显然是比较理想的方案。但是，从20世纪80年代开始，沈阳铝镁设计院、北京矿冶研究院、中国地质科学院、东北工学院、中南大学等科研单位，先后进行了包括磁选、浮选、中频介电分选等在内的多达十几种选矿试验研究，都没获得满意的分离效果，所得精矿和尾矿的化学成分没有显著差别。这一特点在20世纪90年代针对广西贵港高铁三水铝石矿的分选试验研究尤为明显。究其原因，主要是高铁铝土矿中大部分的矿物结晶不好，铁矿物与铝矿物嵌布颗粒细，相互胶结和包裹，且铝、铁类质同相现象严重，导致矿物单体解离性能差。

对于部分矿物结构相对简单的铝土矿，我国研究者在研究矿物组成、结构构造、粒度特性及嵌布关系的基础上，也探索了采用常规选矿工艺从铝土矿中除铁。李光辉等（2006）采用强磁选工艺，对Fe_2O_3含量为24%~31%的一水硬铝石矿进行磁选除铁，得到了Fe_2O_3含量约为9%的铝土矿精矿，但氧化铝回收率仅70%左右。朱友益等（1994）采用浮选法对阳泉一水硬铝矿进行浮选除铁，将铝土矿中Fe_2O_3含量从1.38%降低到0.83%。温英等（1995）采用阶段磨矿—磁选除铁—浮选选铝工艺，对阳泉铝土矿进行除铁试验，将铝土矿中Fe_2O_3的含量从2.64%降至0.77%。这些研究仅分离了铝土矿中少量的铁，对氧化铝生产过程赤泥减排作用不大。湖南省有色金属研究院和原中国长城铝业公司（孙永峰等，2009；

魏党生，2008）曾采用强磁选—阴离子反浮选工艺对河南高铁铝土矿进行了选铁试验，对于 Al_2O_3 含量为 54%、TFe 含量为 18.8%的铝土矿，经强磁选和两级反浮选，获得铝精矿 Al_2O_3 品位约为 60%，Al_2O_3 回收率约为 70%，铁精矿品位约为 56%，铁回收率约为 54%。总体上，经过如此复杂的选矿过程，其铝、铁分离效果也并不理想。

鉴于常规的物理分选方法难以实现高铁铝土矿中铝铁的高效分离，国内外研究者根据铁矿物的反应特性，提出了多种基于铁还原的高铁铝土矿分离铁的方案。这些方案中往往先分离矿石中的铁后渣用于生产氧化铝，因此一般称为"先铁后铝"方案。李光辉等（2006）针对广西高铁三水铝石型铝土矿，提出了还原焙烧—磁选分离铁的方案。其工艺流程为：将铝土矿破碎磨细，按一定比例加入无机钠盐，混匀、造球，以煤为还原剂在回转窑内 1 000～1 100 ℃下还原球团，球团经破碎、细磨，经磁选分离得到富含铁的磁性金属铁粉和富含铝的非磁性渣，磁性铁粉可用于电炉炼钢，而富铝渣则用于氧化铝生产。试验研究结果表明，该工艺可获得磁性产物中全铁大于90%的铁粉，铁回收率大于90%，可以实现铝和铁的分离提取。

另一种高铁铝土矿中铝、铁回收利用的方法是 1924 年提出的 Perderson（佩德森）法，该方法是将高铁高硅铝土矿与石灰石、焦炭按一定比例混合后在电炉、高炉或回转窑中高温熔炼，得到生铁和铝酸钙炉渣。高温熔炼过程的铁水或海绵铁经分离或磁选获得富铁产品，而炉渣中主要矿物为 12CaO·7Al_2O_3 和 2CaO·SiO_2，炉渣经碳酸钠溶液浸出可以形成铝酸钠溶液和碳酸钙，铝酸钠溶液经碳分可制备氧化铝产品。用该法处理希腊含 Al_2O_3 58.5%、Fe_2O_3 22.4%的高铁铝土矿，铁和铝的回收率均可达到90%以上。该方法问世后不久，挪威 Hayangger 将其付诸实施，使用从希腊进口的高铁铝土矿，年产 1.2 万～1.6 万 t 氧化铝和 0.4 万 t 生铁。该厂历时 40 年后关闭，其主要原因是难以与使用优质铝土矿的拜耳法相竞争，且规模太小不经济。在我国，东北大学利用该方法处理广西的高铁三水铝石矿的研究，也可获得较好的技术指标。

还原烧结或熔炼法处理高铁铝土矿，虽可实现铝和铁的高效分离，从而减少后续氧化铝生产过程的赤泥产生量。但它们都需要经过高温烧结或熔炼过程，能耗和成本高，而高温处理也给后续氧化铝的提取增加了难度，基于其经济性差、工艺复杂，目前这些方法均无实际应用。总体上，在铝土矿直接选铁方面，虽然国内外研究者进行了大量研究，但由于铝铁矿物嵌布紧密和综合经济效益低等因素，目前还没有成功用于大规模工业生产的技术。

1.2.2　氧化铝工业生产过程的赤泥减排

在拜耳法和烧结法生产氧化铝过程中，铝土矿拜耳法溶出和熟料烧结，以及溶出矿浆的脱硅及沉降分离是赤泥形成的主要过程。减少赤泥形成过程中固体物料或原/辅料的加入量或分离赤泥中的有用矿物是赤泥减排的重要方法之一。

（1）烧结法生产氧化铝过程赤泥减排

在烧结法生产氧化铝工艺中，强化烧结法对赤泥减排曾作出重要贡献。传统的烧结法熟料烧结过程一般采用所谓的饱和配方，将原矿浆中石灰的配量按钙硅比为 2∶1 加入，熟料中硅主要生成 $2CaO \cdot SiO_2$；而强化烧结法创新性地提出了将熟料中硅转化为 $3CaO \cdot 2SiO_2$ 的思路，从而使烧结过程中炉料钙硅比由 2 降低至 1.6～1.8，使烧结原料中每千克 SiO_2 的石灰配量减少 0.47 kg，大幅降低了石灰配量，也相应地减少了烧结法赤泥量。强化烧结法自 2000 年在中州铝厂成功实施后，其熟料烧结过程低钙配方的烧结原则在我国所有烧结法系统得到推广应用，在提高生产效率、降低能耗和生产成本、赤泥减排方面作出了重要贡献。自 2008 年金融危机后，我国烧结法生产氧化铝所占比例快速减少，利用烧结法系统赤泥减排对整个氧化铝工业赤泥减排的影响已十分有限。

对于处理中低品位高铁铝土矿（或高铁拜耳法赤泥），中南大学提出了熟料还原烧结回收铝和铁的赤泥减排方案（Li et al.，2009；刘万超，2010；王一霖，2013）。针对高铁铝土矿原理，在传统烧结法配料中将部分氧化铁配石灰使其生成铁酸钙的做法，改变为在生料中配入少量煤粉还原烧结使氧化铁还原为金属铁，并在熟料溶出浆液中采用磁选分离回收铁。该工艺不仅在烧结过程中石灰配量减少，且在生产过程中分离回收了大部分铁，从而使赤泥量大幅降低。该方法不仅可以用于处理高铁铝土矿还可处理高铁赤泥，在资源高效利用和赤泥减排方面，其具有显著的优势，但该方法需要烧结过程，在当前以拜耳法生产氧化铝为主体的情况下，其实际应用受到一定限制。

（2）拜耳法生产氧化铝过程赤泥减排

目前，拜耳法是生产氧化铝的主要方法，而拜耳法溶出过程是赤泥生成的主要工序，国内外对拜耳法氧化铝生产过程减排的研究也主要围绕该工序进行。主要思路和方法有：提高氧化铝溶出率、降低矿耗、改进溶出过程添加剂，以及分离赤泥中有价矿物等。强化铝矿物的拜耳法溶出是早期拜耳法生产氧化铝过程赤泥减排的重要策略之一，特别是对于难溶的一水硬铝石矿而言。苏联和我国均进行过一水硬铝石矿活化焙烧、机械活化、添加微波或磁场等强化溶出的技术研究，但因能耗高、经济性差而未能被工业应用。直到 20 世纪八九十年代，拜耳法高温溶出装备（管道化溶出、单管预热—停留罐等）得到发展后，工业上可以采用高温（>260 ℃）、高苛碱浓度（Na_2O_k>220 g/L）进行，一水硬铝石的充分溶出不再受到限制，该方面的研究才逐渐减少。

对于拜耳法生产氧化铝过程的添加剂，主要是一水硬铝石溶出过程中添加的石灰。在高温溶出一水硬铝石型铝土矿时，钛矿物对铝矿物的溶出存在严重的阻滞作用，工业上必须添加大量石灰（干矿量的 8%～14%）消除钛矿物的阻滞作用，提高氧化铝溶出率，但是石灰不仅自身增加赤泥产生量，还容易与溶液反应造成氧化铝的损失，传统拜耳法中由于添加石灰造成生产过程中赤泥产生量增加 30%～40%。为减轻添加石灰的影响，有研究者对非石灰添加剂溶出技术进行了大量研究，如苏联研究者提出的采用添加镁、钡、锶等其他碱土金属化合物，或添加含亚铁离子的化合物代替石灰的方法。但这些方案，减排效果有限，且还存在成本高或引入有害阴离子等问题，难以在工业上应用。鉴于石灰添加对赤泥产生量的影响很大，寻找能够代替石灰消除钛矿物危害的新方法对于拜耳法过程赤泥减排具有较大的潜力。

我国高铁铝土矿储量丰富，且近年来我国氧化铝工业大量使用的国外进口铝土矿也属于高铁铝土矿。以这些高铁铝土矿为原料生产氧化铝时，赤泥的主要组分就是各种含铁矿物，若在氧化铝生产过程中同时能够分离回收其中的含铁矿物，则可以大幅降低外排赤泥量。近年来，我国很多氧化铝厂和科研机构都对此进行了大量研究和尝试，比较有代表性的是山东铝厂和平果铝厂最早开发应用的分选回收铁的工艺。山东铝厂根据低温拜耳法生产氧化铝系统所使用的进口三水铝石矿及其溶出赤泥的特点，提出了选铁分砂综合回收铁的工艺（李卫东，2005；彭雪清等，2015）。该工艺是在铝土矿溶出矿浆或赤泥洗涤矿浆中采用高梯度磁选和旋流分级选砂，实现溶出赤泥中铁的分离富集，分离后的铁精粉用作炼铁原料。其典型的工艺流程如图 1-4 所示。目前，山东铝厂已建成年处理赤泥量 139 万 t 的选铁生产线。对于进口三水铝石矿，低温拜耳法溶出赤泥中 Fe_2O_3 含量在 45%～65%，经选铁可回收赤泥中 40%左右的氧化铁，年减排赤泥约 50 万 t。该工艺在常规的拜耳法生产氧化铝工艺基础上，通过添加简单的物理分选工序分离回收铁，工艺简单，经济效益较好。其存在的主要问题是，铁的分离和回收效果受矿石原料中铁矿物的组成及嵌布情况影响大，回收效果不稳定，同时，铁精矿和铁的回收率均偏低。

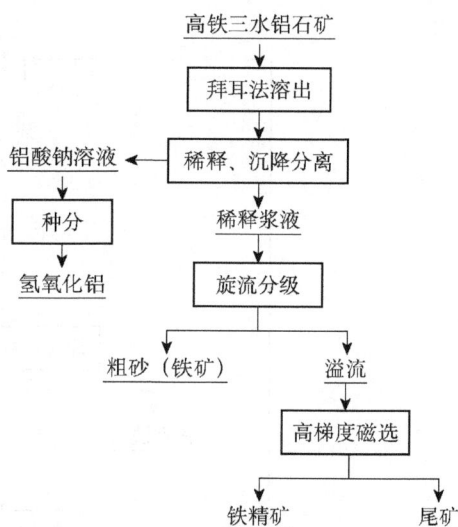

高铁三水铝石矿
↓
拜耳法溶出
↓
铝酸钠溶液 ← 稀释、沉降分离
↓（铝酸钠溶液）　　↓ 稀释浆液
种分　　　　　　旋流分级
↓　　　　　↓　　　　　↓
氢氧化铝　　粗砂（铁矿）　溢流
　　　　　　　　　　　　↓
　　　　　　　　　　高梯度磁选
　　　　　　　　　↓　　　　　↓
　　　　　　　铁精矿　　　　尾矿

图 1-4　拜耳法溶出分砂选铁工艺流程

从 20 世纪 90 年代开始，平果铝厂先后与广西冶金研究院、赣州有色冶金研究所进行过强磁选和高梯度磁选机从赤泥中选铁的研究，但铁的回收率低、铁精矿品位低。而后广西冶金研究院改进了方法，先利用赤泥炼铁，再用磁选分离使铁的回收率提高到 86%，海绵铁品位达到 85%，但该方法工艺复杂、成本高，未获工业化应用。20 世纪 90 年代末，平果铝厂又与赣州有色冶金研究所开展了赤泥直接磁选铁的研究，并进行了半工业试验，获得了磁选精矿品位 54.16%，铁回收率 30%的结果。2009 年，平果铝厂与广州有色金属研究院开发的磁选技术达到了精矿品位大于 55%的指标。2010 年，平果铝厂采用脉动高梯度磁选两级磁选技术，投资建设 4 条 55 万 t/年赤泥选铁生产线，实现每年从赤泥中回收铁品位为 55%以上的铁精矿 22 万 t。到 2013 年，平果铝厂将该生产线扩建至年处理赤泥 320 万 t。该技术的大致工艺流程如图 1-5 所示（彭雪清等，2015）。

对于从拜耳法溶出矿浆中采用高梯度磁选直接选铁的指标，平果铝厂溶出赤泥含铁约 26%，经磁选后铁精矿铁品位≥55%，铁回收率为 22%～27%。该工艺在拜耳法生产氧化铝工艺中只增加了磁选分离铁的步骤，工艺相对简单、消耗低。虽然铁的回收率不高，但总体上仍具有显著的经济效益。近几年该工艺应用推广较快，目前遵义氧化铝厂、广西华银氧化铝厂、广西信发氧化铝厂等相继建立了年处理赤泥量 110 万～330 万 t 的赤泥选铁生产线。该工艺的不足之处主要是赤泥减排量有限、铁回收率低。从溶出铝后的赤泥中直接磁选铁,虽部分克服了铝、铁的矿物嵌布紧密的问题,但赤泥中铁仍与其他矿物相互嵌布,且赤泥中铁矿物磁性较弱,从目前的工业实践看,其铁的回收率均不超过30%。若能够在拜耳法溶出过程中对赤泥形成过程各种矿物的形成加以控制,提高铁矿物与其他杂质矿物的相互解离程度,以及铁矿物的磁性,则有望提高铁的回收率,进而加大赤泥减排量。

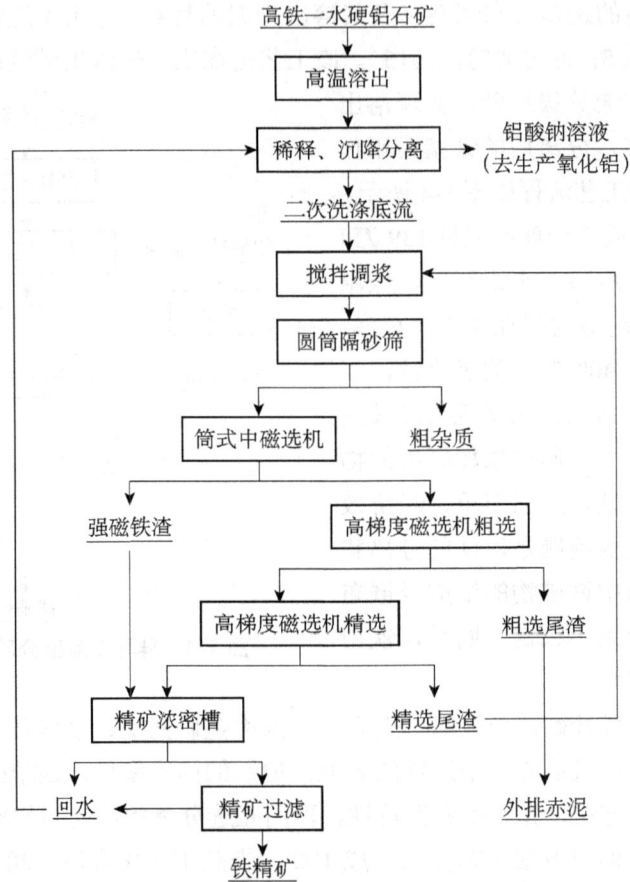

图 1-5 赤泥矿浆高梯度磁选直接选铁工艺流程

1.2.3 基于还原溶出的赤泥减排

传统的拜耳法生产氧化铝过程是以提取氧化铝为单一目标的过程,铝土矿中的含铁、含硅等杂质及生产过程添加的石灰等均形成赤泥外排。以高铁一水硬铝石矿为原料时,产出的赤泥中氧化铁和氧化钙组分的总量可达 50%~70%。高效分离回收赤泥中的铁以及减少生产过程石灰的消耗有望实现赤泥的大幅减排。然而,传统的拜耳法溶出的赤泥中的铁矿物主要以无磁性的氧化铁存在,且铁矿物与其他组分相互嵌布,难以高效地分离和利用;同时,由于缺乏经济地消除钛矿物对一水硬铝石拜耳法溶出的阻滞作用,石灰成为一水硬铝石矿拜耳法溶出必需的添加剂。因此,中南大学相关团队对氧化铝生产过程中铁矿物的高效分离与回收、一水硬铝石矿的无钙拜耳法溶出等方面开展了深入的研究,从而实现拜耳法生产氧化铝过程中赤泥的大幅减排。这些研究主要围绕铁矿物物相转化、赤泥矿相重构、钛矿物阻滞一水硬铝石溶出机理及消除等开展，最终形成了基于一水硬铝石矿拜耳法还原溶出的赤泥大幅减排技术。

（1）拜耳法溶出过程铁矿物转化行为的调控

高铁铝土矿中的含铁组分主要是以赤铁矿、针铁矿等形态存在，在传统的铝土矿拜耳法高压溶出过程中，这些含铁矿物主要转化为赤铁矿进入赤泥，难以用简单的物理分选方法实现铁矿物的分离和回收利用，从而造成大量铁资源浪费、氧化铝生产成本增加、赤泥堆存量大、潜在的环境安全隐患增加（Li et al.，2017）。若在铝土矿拜耳法溶出氧化铝的同时，使含铁矿物转化为磁性化合物，则有望在赤泥中通过简单的磁选实现含铁矿物的回收，从而实现高铁铝土矿中铁的经济高效综合利用，并且能大幅减少外排量。基于此，李小斌等提出了在一水硬铝石矿拜耳法高压溶出过程中，同步实现矿石中铁矿物还原转化为磁铁矿的思路，并对铝土矿拜耳法溶出体系中含铁矿物的转化行为进行了系统的研究。

基于热力学分析，铝土矿中的主要矿物赤铁矿在高温碱性溶液中可以被还原转化为磁铁矿。在氧化铁水热还原转化为磁铁矿过程中，氧化铁与还原剂在高温碱溶液中首先形成含铁离子 $Fe(OH)_3^-$ 和 $Fe(OH)_4^-$，$Fe(OH)_3^-$ 和 $Fe(OH)_4^-$ 再进一步反应形成磁铁矿。进一步的试验研究表明，在拜耳法溶出过程中添加还原铁粉、淀粉等还原剂条件下，溶出温度、时间和碱浓度是影响赤铁矿还原转化为磁铁矿的主要因素，在溶出温度＞260 ℃、时间＞60 min、循环母液苛碱浓度约 230 g/L 的拜耳法还原溶出条件下，高铁铝土矿中90%以上的铁矿物被还原为磁铁矿。以广西平果高铁铝土矿为原料时，在添加还原铁粉为还原剂条件下，赤铁矿的还原转化率可达 80%以上（Li et al.，2017）。

（2）拜耳法溶出过程赤泥矿相调控与铁矿物分选

传统的拜耳法溶出的赤泥中，含铁矿物与钠硅渣、水化石榴石等矿物相互嵌布，难以通过简单的物理分选方法分离。铝土矿中的铁矿物还原转化为磁铁矿，为后续从赤泥中磁选回收铁奠定了基础，但要实现铁的高效磁选回收，还原固相产物的解离和颗粒的聚集与长大是关键。赤铁矿与铝酸钠溶液在不同时间条件下反应固相产物的物相和形貌分析表明，在传统拜耳法溶出条件下，反应前后铁矿物的物相并未发生变化，仍以赤铁矿形态存在，在高温溶出过程中可能存在结构上的重组。溶出过程中赤铁矿颗粒明显细化，赤泥中的钙硅渣紧密包裹在铁矿物和铝矿物中，各细粒级矿物交织明显，尤其是钛矿物，分布更为弥散。这种细粒嵌布、包裹和弥散分布的矿物状态，将使各矿物之间难以通过常规的选矿方式进行高效选别（Li et al.，2018；Wang et al.，2019b）。

溶出过程各矿物的嵌布情况与各物相形成过程的结晶行为和表面性质密切相关。试验测定了赤铁矿、磁铁矿与钠硅渣等矿物颗粒的表面 Zeta 电位和表面能。在溶出液的强碱性条件下，赤铁矿、磁铁矿和钠硅渣三种矿物的 Zeta 电位均为负，其绝对值大小依次为赤铁矿＜磁铁矿＜钠硅渣。在均为荷负电的情况下，赤铁矿颗粒 Zeta 电位的绝对值比磁铁矿颗粒的小，其与钠硅渣颗粒间的排斥力较弱，说明在溶出时各矿物结晶长大过程中，钠硅渣与磁铁矿异相团聚趋势弱于其与赤铁矿的异相团聚趋势。溶出过程中将赤铁矿转化为磁铁矿可能有利于铁矿物的长大与解离度的提高。对赤泥中主要矿物颗粒表面润湿性及表面能的分析表明，磁铁矿在极性溶剂中的润湿性能比钠硅渣和赤铁矿差，矿物颗粒表面溶剂化趋势从高到低依次为钠硅渣＞赤铁矿＞磁铁矿，意味着在高温溶出过程中，磁铁矿颗粒比赤铁矿颗粒更易于聚集长大。磁铁矿与钠硅渣在 Zeta 电位、润湿性和溶剂化趋势等界面性质上的差异使其比赤铁矿更易于聚集长大和实现单体解离。这为溶出过程将铁矿物转化为磁铁矿以提高铁矿物解离度和赤泥中铁矿物分选效果提供了理论支撑。

在铝土矿高压溶出过程中，赤铁矿被铁粉还原转化为磁铁矿的机理研究表明，在 Fe-Na$_2$O-Al$_2$O$_3$-H$_2$O 体系（533K）中，还原剂铁粉溶解得到的 HFeO$_2^-$ 优先与 AlO$_2^-$ 作用形成中间产物铝代针铁矿（α-Fe$_{(1-x)}$Al$_x$OOH），进而转化为磁铁矿。赤铁矿向磁铁矿的转化包含：铁粉溶解生成 HFeO$_2^-$，HFeO$_2^-$ 向赤铁矿表面扩散，通过 HFeO$_2^-$ 与赤铁矿或紧邻赤铁矿的 FeO$_2^-$ 反应形成磁铁矿。这意味着在溶出过程中，铁矿物还原转化为磁铁矿时，磁铁矿首先在赤铁矿颗粒表面形成，这种表面磁化作用有可能改变铁矿物颗粒的表面性质，从而改善铁矿物颗粒的粒度及铁矿物与钠硅渣等矿物间的嵌布关系。

对广西平果矿等添加铁粉的还原溶出过程与传统拜耳法的溶出过程进行比较得出：传统拜耳法溶出所得的赤泥中铁矿物主要以赤铁矿存在，铁矿物与其他矿物多以包裹体或连生体矿物颗粒存在，未观察到较为独立的赤铁矿颗粒。而还原溶出的赤泥中铁矿物主要为磁铁矿，颗粒粒径约为 50 μm，且赤泥中磁铁矿多以单体颗粒存在，与其他矿物夹杂共存现象并不严重，也没有明显被其他矿物包裹的现象。这为通过弱磁选或重选从赤泥中高效分离铁矿物奠定基础。采用磁选管对还原溶出赤泥进行磁选，所得铁精矿的全铁（TFe）品位＞58%，铝土矿中铁回收率＞90%，尾矿中全铁（TFe）品位约 10%。通过该磁选过程，外排赤泥量减少 50% 以上。

（3）钛矿物对一水硬铝石溶出的阻滞作用机理及其高效消除

铝土矿中的含钛矿物严重阻滞一水软铝石和一水硬铝石型铝土矿的溶出，为消除钛矿物的危害，氧化铝生产过程中需添加矿石量约 10% 的石灰。石灰在氧化铝生产系统的复杂反应造成氧化铝损失增加、赤泥量增大（Li et al.，2010）。经计算，若能够在拜耳法溶出过程取消石灰的添加，则赤泥量有望降低 25%～30%。对于钛矿物在拜耳法溶出过程中阻滞一水硬铝石溶出的原因有多种不同观点，较为普遍的观点是钛矿物在拜耳法溶出条件下会形成致密的钛酸钠膜包裹在一水硬铝石表面，进而阻碍了一水硬铝石的溶出。王一霖等通过系统的试验研究，证实了钛酸钠致密膜对溶出的阻滞作用。鉴于低价铁的氧化物在一定程度上可以消除钛矿物对一水硬铝石溶出的影响，试验系统地研究了铁矿物与钛矿物之间的反应规律。试验结果表明，在拜耳法高温溶出条件下，钛矿物可以与铝酸钠溶液反应形成致密的钛酸钠结构，而在还原溶出条件下，由于溶出体系中存在低价态的含铁离子 HFeO$_2^-$，钛矿物则主要形成纤维状的 NaFeTiO$_4$，且观察到溶出过程中纤维状 NaFeTiO$_4$ 在铁矿物等颗粒表面形成疏松的包覆层（Wang et al.，2019a）。进一步的研究表明，还原溶出过程中形成主体为 HFeO$_2^-$，且与锐钛矿的反应优先于 HFeO$_2^-$ 与赤铁矿作用生成磁铁矿的反应，这为还原溶出过程调控钛矿物的反应，消除其对溶出的不利影响提供了可能。

在阐明钛矿物阻滞一水硬铝石溶出机理的基础上,形成了基于还原溶出的高铁铝土矿无钙溶出技术。在现行拜耳法高温溶出条件下,不加石灰时,钛矿物在赤铁矿表面形成致密的钛酸钠包覆层,阻碍碱液与矿物颗粒的反应。在加铁粉的还原溶出过程中,则形成以钛铁酸钠为主疏松多孔的包覆层,消除了钛矿物对溶出的阻滞作用。用高铁一水硬铝石型铝土矿的溶出试验验证了上述研究结果。在溶出温度和时间分别为 270 ℃和 80 min 的条件下,添加铁粉还原溶出氧化铝相对溶出率接近 99%,优于添加石灰的现行拜耳法高温溶出。

（4）基于拜耳法还原溶出的赤泥减排

基于对铝土矿拜耳法溶出过程铁矿物还原转化规律、溶出赤泥矿相重构及钛矿物阻滞溶出机理等的研究,结合铝土矿中铝、铁、硅、钛矿物分布特征及反应行为,构建了以还原溶出为基础的一水硬铝石矿无钙溶出技术,其基本工艺如图 1-6 所示。其工艺过程是在高铁铝土矿拜耳法溶出过程中,添加少量铁粉等还原剂,在溶出过程中同步实现铁矿物还原转化为磁铁矿,同时调控溶出体系中含钛、含硅等矿物的反应,使赤泥中矿物之间实现高度解离,从而实现一水硬铝石矿的高效无钙溶出;溶出赤泥经磁选分离其中的铁矿物,实现外排赤泥的大幅消减。

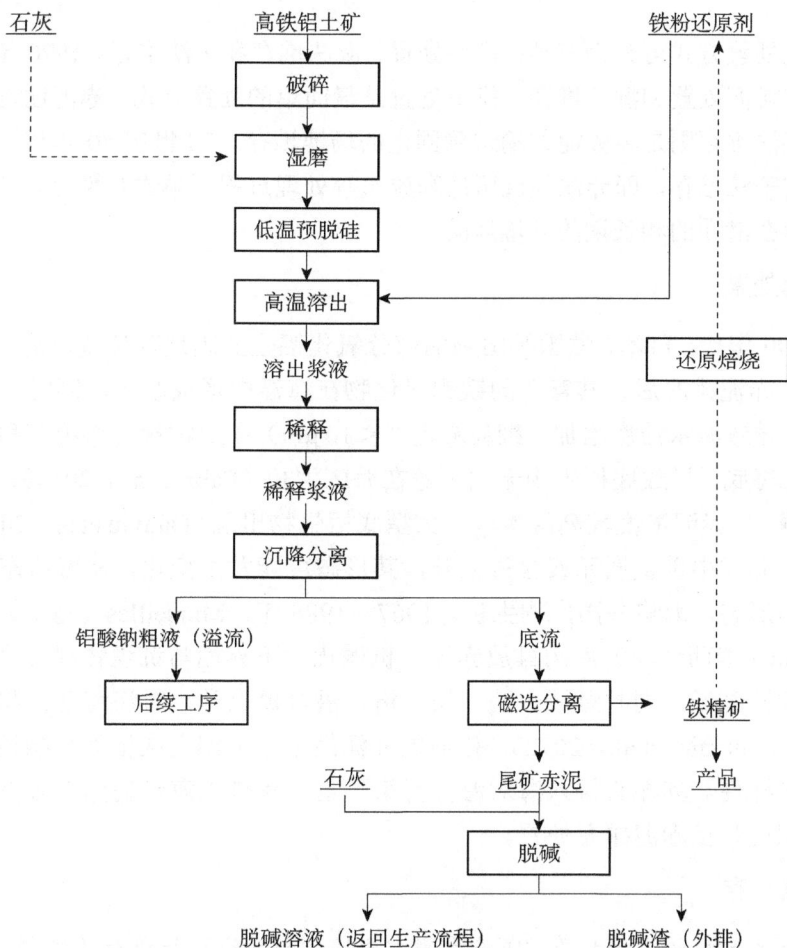

图 1-6　基于拜耳法还原溶出的赤泥减排技术

基于以上还原溶出工艺，系统研究了拜耳法还原溶出过程中各因素对平果一水硬铝石矿溶出以及赤泥中铁矿物分选的影响。研究结果表明，在添加矿石质量为1%的铁粉作为还原剂即可保证铝矿物的良好溶出，溶出赤泥量较传统添加石灰的拜耳法溶出降低约20%；添加矿石质量4%的铁粉可同步实现赤铁矿的转化和解离，高压溶出获得的还原溶出赤泥采用弱磁性选矿分离后所得铁精矿的全铁品位＞58%，铝土矿中铁回收率＞90%，尾矿中全铁品位约10%，选矿提铁后赤泥减排＞75%。基于实验室研究结果，上述拜耳法还原溶出技术在广西某氧化铝厂年产100万t氧化铝的生产线上进行了为期一个月的工业试验。工业试验结果表明，在还原溶出条件下，高铁铝土矿中氧化铝相对溶出率由原来的94%左右提升至97%～99%，由于不添加石灰，每吨氧化铝溶出赤泥量减少约30%，溶出赤泥经磁选后，每吨氧化铝赤泥减排达到60%以上（Wang et al.，2019c）。

1.3 赤泥处置及综合利用

1.3.1 赤泥的处置方式

目前赤泥处置方式可分为三种：排海处置、湿法堆存和干法堆存。1970年以前，赤泥处置方式仅有排海处置和湿法堆存。排海处置是最简单的处置方式，赤泥通过管道从工厂直排入海；湿法堆存则是将赤泥浆输送到固定的场地堆存。20世纪80年代，氧化铝企业逐渐开始采用干法堆存，即赤泥经过压滤和脱水等处理过程后再进行堆存。三种赤泥堆存处置方式均存在潜在的和长期的环境风险。

（1）排海处置

20世纪90年代，日本、法国等国家的部分氧化铝企业因地理位置靠海，采用排海方式处置赤泥。赤泥排海后，其富含的铁铝氧化物在海洋中形成胶体，同时，赤泥颗粒细小、易悬浮，导致海水浊度增加。细粒赤泥（＜10 μm）在生物扰动作用下和海峡沉积物混合，淤积在海底，导致底栖生物无法附着在海床生长（Fabri et al.，2014），小型底栖生物的数量下降，在赤泥浓度较高区域没有大型底栖生物出现（Dauvin et al.，2010）。同时，受赤泥影响，海洋中重金属元素含量上升，其形态可能发生变化，从残渣态转变成具有生物可给性的形态，影响海洋生物生长。1967—1988年，Marseilles（马赛）氧化铝企业向Cassidaigne（卡西达涅）海沟排放赤泥，机械扰动下赤泥与沉积物混合导致有孔虫目生物群落多样性降低，同时海域中铁、钛、铬、钒含量上升，对深海动物和食物链均存在潜在危害（Fontanier et al.，2012）。排海的赤泥经半个世纪之久依然影响该海域的生物分布和生物多样性。赤泥直排入海对海洋污染严重，且排入海洋的赤泥难以清除，目前国际海事组织已禁止赤泥排海处置。

（2）湿法堆存

湿法堆存是赤泥水洗后不经过压滤和脱水直接用泵输送进行堆存的处置方法，液固比例在 3.0～4.0（Nguyen et al.，1998）。这是最简单的堆存方式，且成本低廉，2011 年以前国内的氧化铝企业多使用湿法堆存。湿法堆存的赤泥含有大量碱液，易发生渗漏，而碱液中存在大量的 F⁻、Na⁺和重金属 ［以 $HAsO_4^-$、AsO_4^{3-}、CrO_4^{2-}、$Cr(OH)_4^-$、VO_3OH^{2-}、$VO_2(OH)_2^-$ 等形式存在］，造成地下/地表水污染和周边土壤盐碱化（Gomes et al.，2016）。Olszewska（奥尔谢夫斯卡）等（2016）发现受湿堆赤泥影响的湖泊中水生植物如 *Persicaria amphibia* 中无机砷富集明显。此外，由于容纳大量的碱液，赤泥堆场坝体稳定性弱，易发生溃坝。同时，湿法堆存的赤泥水分含量高，较难进行后续的资源化利用（如有价金属回收、建材制备等），需预先进行脱水和烘干。湿法堆存日常管理难度较大，存在较大的隐患，闭库难度大。

（3）干法堆存

干法堆存需预先经过压滤和脱水处理，减少碱液，降低液固比再进行堆存，是目前应用最广的赤泥处置手段。干法堆存能降低碱液渗透、减少占地、简化管理、坝体稳定，但裸露的干燥赤泥表面容易形成粉尘，污染周边环境。

①空气污染：干法筑坝由于堆场表面干燥、赤泥颗粒细小易形成强碱性的粉尘。赤泥粉尘粒径（空气当量学直径）分布呈现双峰模型，峰值分别出现在 10 μm 和 4 μm 附近，对人体健康危害严重的超细颗粒（<0.1 μm）含量较少（Gelencser et al.，2011）。Zhu 等（2003）研究发现细粒赤泥粉尘能进入小鼠下呼吸道，并引起上呼吸道和肺部轻微炎症，但不会导致呼吸道组织结构病变。一项针对氧化铝企业可吸入刺激性颗粒物对员工（2 404 人）健康影响的调查显示，哮喘（6.4%）和鼻炎的患病率（11.3%）超过正常水平（3.8%，8.0%），但肺部疾病发病率没有上升（Fritshi et al.，2001）。赤泥粉尘直接吸入生物体内会引起相应的刺激或炎症反应，但对人体和动物的危害小于城市空气污染。Pascucci 等（2012）利用高光谱遥感技术探索发现赤泥粉尘沉降的半径可达数千千米。赤泥粉尘针对人体健康影响的研究集中在对成年人的影响，缺乏对儿童和老人健康影响的研究，同时赤泥粉尘沉降对周边土壤和水体的影响尚不明确，主导风向下的赤泥粉尘对周边生物和环境的影响仍值得重视。

②地下水污染：在设计堆存年限内，防渗措施完善的赤泥堆场对周边地下水和土壤影响较小，不会造成地下水、地表水污染，而早期建立的部分赤泥堆场防渗措施不全面可能造成渗漏，污染周边水体和土壤。河南郑州、山东聊城、贵州贵阳、广西靖西等地发生多起赤泥堆场引发的地下水、地表水污染事故。波兰南部 Chrzanow 地区赤泥堆场发生渗漏导致位于赤泥堆场旁 Górka 坑湖和周边地下水 pH 上升（pH= 13），Na⁺（2 000～9 000 mg/L）、铝（11～430 mg/L）、总砷（0.6～5.2 mg/L）、总铬（0.2～4.9 mg/L）、钒（1.2～5.4 mg/L）、钼（0.3～2.6 mg/L）含量上升（Czop et al.，2010）。在增加防渗措施后，距赤泥堆场数千米远的 Balaton 湖水质未受影响（Pietrzyk-Sokulska et al.，2015）。

赤泥的大量堆存不仅占用大量的土地资源，耗费巨额的堆场建设和维护费用，增加企业生产和运行成本，而且由于赤泥的碱性强、含盐量高，赤泥堆场废液容易造成水体和土壤的碱化，严重威胁堆场周围的环境。2010 年匈牙利氧化铝厂赤泥堆存溃坝事件，造成了匈牙利史无前例的生态灾难；近年来，我国多地也相继发生多起赤泥堆场引起的地下水和地表水污染事件,并诱发群体性事件。这些事件都为我国乃至全球氧化铝工业的安全生产敲响了警钟。赤泥引起的环境安全问题已严重威胁氧化铝工业的可持续发展,开展赤泥减排和综合利用,以及赤泥堆场环境治理和生态重建已成为国内外氧化铝工业亟待解决的课题。

近几十年来,世界各国一直将赤泥的经济利用和惰性化处理列为优先研究的主题,国内外学者对此进行了大量研究,部分生产企业也在这些方面进行了工业化实践和探索。按照赤泥的产生过程和化学组成,现有对于氧化铝工业赤泥减排研究和实践的主要思路集中在:①铝矿物原料预处理/选矿,在铝土矿进入氧化铝生产系统之前分离脱除部分脉石矿物,提高矿石品位,减少生产过程产渣量;②在赤泥形成过程中,基于赤泥中不同矿物的差异,分离回收部分有用矿物,减排赤泥量;③赤泥的综合利用。总体来说,赤泥减排的思路就是在赤泥产生前、中、后分别采取相应的处置方法,分离或利用物料中的杂质或矿物,以减少最终的赤泥堆存量。

1.3.2 赤泥综合利用

赤泥堆存量大,占用较多土地资源,国内外学者希望通过研究寻找赤泥资源化利用的途径解决赤泥问题。目前,赤泥资源化利用主要途径有水泥、砖块等建材制作,环保功能材料制备和有价金属回收,其中资源化利用规模最大的是赤泥在建材工业中的应用(Klauber et al.,2011)。赤泥碱性强、盐分高并含有铝、砷、氟、钒等有毒有害元素和放射性元素,在资源化利用过程中易引起环境风险。

(1)建材制备

赤泥富含铁铝化合物、一定量的β-硅酸二钙和无定形硅铝酸盐,可用来生产水泥砖块等建材(Pontikes et al.,2013)。然而赤泥中游离态的碱、钠盐、重金属,以及固相中的脱硅产物均易引起相应的环境问题,尤其赤泥中结合碱存在一定的溶解平衡,可溶性碱性物质难以完全去除,在建材使用过程中碱性物质析出易带来环境问题,如烧结法赤泥修筑的道路在雨水冲刷下,可溶性碱可能造成地下水污染(Yang et al.,2008)。Klauber 等(2011)认为,赤泥基建材的浸出毒性和放射性均存在潜在环境风险。赤泥添加使普通硅酸盐水泥中六价铬和总铬的含量上升(Vangelatos et al.,2009)。赤泥含放射性元素,且相比其他的废弃物如粉煤灰、磷石膏等,^{226}Ra、^{232}Th 的浓度较高(Nuccetelli et al.,2015)。而 Nuccetelli 等(2015)则认为适当使用赤泥制备砖块、水泥等建筑材料,其放射性风险较低,相对安全可行。Somlai 等(2008)测定赤泥制备砖块的添加比例可至 15%,而不引发放射性安全问题,在水泥制备过程中可添加比例则更高。Qin 等(2011)利用烧结法赤泥(6 360 Bq)制备自抛光陶瓷材料,这种材料放射性可低至桂林喀斯特地貌的平均自然水平(3 600 Bq)。赤泥用于建材制备,其放射性处于相对安全的范畴,但铝土矿来源的不同会导致赤泥的组分不同,放射性元素含量也随之不同,放射性风险存在一定的不确定性,在投入使用前应再次检测放射性安全。

(2)环保功能材料

赤泥碱性强,富含铁、铝、钛、钙等氧化物或羟基氧化物,比表面积大。鉴于赤泥化学组成和表面性质，可利用其制备环保功能材料，如去除水体或土壤中重金属（Bertocchi et al.，2006；Yi et al.，2010；吴川等，2016）和制备高效催化剂等（李华楠等，2013）。赤泥直接添加易使土壤 pH、TDS、DOC 和重金属含量升高，赤泥中过高的 Na^+ 含量则导致土壤团聚体稳定性降低，土壤结构退化，影响土壤质量（Lehoux et al.，2013；Zhu et al.，2016a）。Ujaczki（2016）将赤泥混合土壤做垃圾填埋场覆盖表层，该覆盖层水溶性钠含量显著增加，渗滤液中硼、钠、镍、钼、硒、锌含量超过匈牙利地下水质量标准（KvVM-EüM-FVM Join）。高 Na^+ 含量和重金属元素限制赤泥环保功能材料使用，此外，赤泥吸附能力较弱，需对赤泥进行前处理，如酸中和、热处理等（Liu et al.，2011），增强材料性能，减少材料潜在的环境污染。Brunori 等（2005）发现经改良的赤泥仅钒、氟化物和硫酸盐的含量超标，分别超过 250 µg/L、1.5 mg/L、250 mg/L（Italian Ministerial Decree of 05/02/1998）。另外，赤泥中含有大量的铝，采用酸中和进行前处理易导致 $Al(OH)_2^+$ 含量增加、产生铝胁迫，在农用环保功能材料制备前还需降低赤泥中铝的含量。

（3）有价金属回收

赤泥含有大量铁、铝、钛、钠，并含有相对较高的锶、钍、铀等元素，可进行有价金属回收。赤泥碱性强，水分含量高决定了赤泥中有价金属的回收更适合采用无机酸浸出的方法，目前，赤泥有价金属回收的研究主要集中在湿法冶金领域（Binnemans et al.，2015）。Abhilash 等（2014）利用 H_2SO_4 浸出赤泥中镧元素；Leonardou 等（2008）用稀硫酸在常压下浸出钛；Wang 等（2013b）研究发现 H_2SO_4 能有效浸出赤泥中的锶（99%）。用这种方法进行有价金属回收会产生大量的废酸和废渣。废酸、废渣处理不当易引起环境污染，尤其是回收稀土元素的过程中会使用较多对环境有害的材料，精炼过程可能会造成二次污染和产生其他的有毒有害的副产物。赤泥回收有价金属应该选择绿色环保、低能耗的方法。Qu 和 Lian（2013a）利用 *Penicillium tricolor* 浸出赤泥中稀土元素和放射性元素。Vakilchap 等（2016）利用 *Aspergillus niger*（黑曲霉）回收赤泥中的铝、铁、钛，浸出率分别达 69.8%、25.4%、60%。Liu 等（2015）认为相比无机酸浸出赤泥有价金属，采取生物冶金方法即利用真菌等微生物产生有机酸浸出赤泥有价金属更经济环保。生物冶金无须添加大量无机酸，可通过微生物自身分泌的有机酸浸出赤泥中的有价金属，减少废酸，避免二次污染。同时，还可利用微生物浸出赤泥中的重金属元素和放射性元素，浸出后赤泥残渣可制备环保功能材料且显著降低了材料的放射性和重金属含量（Qu et al.，2013b），但微生物浸出赤泥有价金属研究尚处在实验室研究阶段（Borra et al.，2015）。

1.4　赤泥堆场环境管理

1.4.1　赤泥堆场环境风险

赤泥碱性强、盐分含量高、综合利用难度大，以堆存处置为主，如何大规模处置赤泥是氧化铝企业亟待解决的问题之一。目前，植被重建是实现赤泥堆场生态化处置最有效的方法，对赤泥堆场进行原位修复不仅是在赤泥堆场建立植被，而且是要对赤泥堆场开展生态重建。但是赤泥特有的物理、化学和生物学性质，限制了赤泥堆场植被的生长。

（1）基质改良环境风险

赤泥资源化利用难且易产生环境问题，全球仅少量赤泥（$wt.\%<5\%$）用于建材制备等资源化回收。Santini 等（2013）发现闭库 30 年后未经修复的赤泥堆场上出现以 *Andropogon*（须芒草属）为主的草本植物入侵现象。Courtney 等（2009a）在赤泥堆场上发现 *Holcus lanatus*（绒毛草）和 *Trifolium pratense*（红三叶草）等 47 种耐性植物。澳大利亚 Gove（戈夫）氧化铝企业采取客土法（>75 cm）在堆场上进行植被重建，但由于赤泥高盐高碱导致上层覆土盐碱化，一次覆土植被难以长期稳定生长（Wehr et al.，2006）。单纯采取客土法成本高且植被较难长期稳定生长，赤泥堆场植被重建还需借助改良剂，加速赤泥形成类似土壤结构，改善赤泥性质。

石膏是目前使用最多的改良剂，石膏中的 Ca^{2+} 协同空气中的 CO_2 与赤泥中 OH^- 等碱性阴离子发生沉淀反应，降低碱性；Ca^{2+} 还能将赤泥的 Na^+ 置换出来，降低盐分；同时，石膏改良还可降低赤泥中具有生物有效态的铝含量，有效改善赤泥性质（Courtney et al.，2012；Renforth et al.，2012）。石膏中和赤泥成本低廉，处理 1 t 赤泥约需 860 kg 石膏，同时能吸收 220 kg 的 CO_2，实现碳封存（Gomes et al.，2016）。即使施用少量石膏（w/w=1%）也能较好地中和赤泥中的碱，抑制铝、砷、钼、钒等有害成分的浸出，然而 pH 降低会促进赤泥中其他微量重金属元素溶出，石膏的添加还会增加孔隙水的盐度和总溶解性固体（Lehoux et al.，2013）。过量使用石膏会导致土壤盐分增加、土壤肥力下降。在类似的超碱性的石灰质水体中，石膏可能导致底栖生物窒息和碳酸盐沉积速率激增，营养元素含量下降；在土壤中则形成硬基质土壤，植物根茎无法穿透土壤发育（Mayes et al.，2009）。因此，在使用石膏对赤泥进行改良的过程中需根据具体情况进行调整。

污泥等有机改良剂能增加植物营养元素，降低赤泥容重，提高导水性能，有效改善赤泥的物理性质，但难以降低赤泥碱性，且易引起赤泥电导率上升，加剧赤泥高盐分，阻碍植物生长（Courtney et al.，2009b；Wong et al.，1994；Wong et al.，1991）。Ma 等（2014）用酸性土壤覆盖经中和的赤泥导致上层土壤盐碱化。澳大利亚 Gove 氧化铝企业使用海水中和赤泥，引起电导率上升，植物难以生长（Couperthwaite et al.，2014；Menzies et al.，2004）。赤泥基质改良过程需警惕改良剂提高赤泥盐分，限制植被生长。赤泥中重金属元素多以残渣态存在，铝主要存在于矿物相中，但在植被重建过程中，改良剂的添加引入了新的物质、降低 pH 或导致重金属溶出和形态变化。任杰等（2016）发现醋渣和糠醛渣改良赤泥会促进铜、锰、钼、镍等重金属的浸出。澳大利亚某氧化铝企业使用无机酸中和赤泥，而无机酸在中和过程中会溶解赤泥矿物相中的铝导致铝毒，且引入的酸根离子如氯离子等对赤泥及植被生长的影响尚未明确（Johnston et al.，2010；Liang et al.，2014）。

（2）堆场溃坝对土壤的影响

近年来赤泥库溃坝事件频发，引起全世界科研工作者广泛关注（表 1-1）。溃坝后大量赤泥流入周边土壤和水体并导致 pH 和 Na^+ 浓度迅速上升，重金属含量增加，严重污染周边环境。2010 年，Ajka（奥伊考）溃坝后近 $1×10^6\,m^3$ 高碱性（pH=13）赤泥流入周边包括多瑙河在内的水体和农田土壤，赤泥覆盖土壤平均厚度为 5～10 cm，最厚达 45 cm，导致土壤和水体 pH 上升（Anton et al.，2012），赤泥对土壤的影响可持续 9 个月以上（Winkler et al.，2014）。

表 1-1　近年赤泥溃坝事件

事故发生时间	冶炼厂	地址
2010.10	Timföldgyár 氧化铝厂	匈牙利奥伊考
2011.4	Lanjigarh 氧化铝厂	印度奥里萨邦，兰吉格尔
2014.7	材料及成套设备进出口公司	越南北坎
2014.9	中铝河南铝业有限公司	中国河南荥阳市
2016.7	万吉氧化铝厂	中国河南洛阳市

溃坝对土壤的污染主要来自赤泥的高碱性和高盐分，短期内被赤泥污染的土壤 pH 和 Na^+ 含量大幅上升，过高的 Na^+ 含量导致土壤团聚体稳定性下降，团聚体结构被破坏，过高的 pH 超过植物生长的阈值，土壤无法耕种。Anton 等（2012）发现赤泥能影响深达 80 cm 土壤的 pH 并使钠、钼含量上升，同时增加表层土壤的黏粒土（<0.002 mm）和细粒土（0.05～0.02 mm 和 0.005～0.002 mm）比例，恶化土壤结构。Ruyters 等（2011）认为 Ajka 赤泥库溃坝对土壤质量的影响主要来自高盐分、高 Na^+ 含量，微量重金属短期内并无风险。Lockwood 等（2014）则指出赤泥溃坝后重金属污染仍需考虑，他发现无论在有氧还是无氧条件下，赤泥添加均能提升水土系统中砷的移动性。同时在厌氧条件下，铜能与有机物形成一种稳定的水溶的有机结合态，对低海拔的河流边上的湿地（尤其是富含有机质的）造成污染（Lockwood et al.，2015）。赤泥中重金属含量相对较低且多为残渣渣，仅砷、铬、钼、钒在碱性条件下迁移能力较强，短期内不会引起严重的重金属污染。针对赤泥堆场溃坝对土壤的影响，首先应降低土壤 pH 和钠含量。Ajka 赤泥流入土壤后，匈牙利农业局根据赤泥污染状况采取相应的应急修复措施：在赤泥覆盖较浅的区域采用翻土法，施用褐煤灰、腐殖酸、石膏并联合微生物进行修复；在赤泥覆盖较深的区域（>5 cm）则先移除赤泥再进行修复，同时在赤泥溃坝破口建立可渗透反应墙（Mayes et al.，2011）。赤泥溃坝严重污染周边土壤，合理的修复可显著改善土壤质量，有效减少污染。Ajka 赤泥库溃坝后，仅约 6.5% 的农田土壤经修复后重金属仍超过限值，不适合耕种粮食作物。

（3）堆场溃坝对水体的影响

赤泥堆场溃坝对水体的影响包括两方面：一方面，赤泥流入导致水体 pH 和 EC 大幅上升，重金属含量及形态变化显著，威胁水生生物生存；另一方面，应急过程中药剂的施用易引起潜在环境风险。Akja 赤泥堆场溃坝后，Marcal（马卡）河上游离溃坝点较近河段水体 pH 最高达 13.7，电导率最高达 1 490 μS/cm，砷、铜、镍等重金属含量显著上升（Nagy et al.，2013）。同时，赤泥流入水体浸出大量钠、铝元素和部分重金属元素，对水体污染严重。赤泥堆场溃坝后应首选酸和石膏进行水体污染应急响应，降低水体的 pH 和重金属浓度。在 Ajka 赤泥堆场溃坝后，匈牙利农业局向 Marcal 河投入酸和石膏（Klebercz et al.，2012），2 个月后，Marcal 河 pH 平均值为 8.2，与溃坝之前（pH 为 8.0）基本持平；EC 明显下降但仍维持在较高水平，平均值达 1 150 μS/cm（未溃坝 930 μS/cm）。Utasi 等（2014）认为溃坝事件会对环境造成不利影响但是并非不可逆的严重后果。Nagy 等（2013）比较了 Ajka 溃坝前后的 Marcal 河中重金属含量，发现砷、镍含量在溃坝后有所上升，且两年后仍然较高，但并未超过欧洲水质标准和美国 EPA 水生生物标准。Maye 等（2011）研究也表明溃坝后受影响的下游河流沉积物中砷、铬、镍、钒含量明显上升，但多以残渣态存在。赤泥堆场溃坝对水体影响最大的仍是其高碱性、高盐分。溃坝后快速有效的应急处理措施能够最大限度地降低赤泥的危害，使河流 pH 恢复到正常范围，重金属含量降低。然而，投加酸会引入大量的酸根离子，添加石膏则导致 SO_4^{2-} 含量上升；石膏融合底泥呈现出更弱的物理结构，表现出明显的生物毒性，使底栖生物窒息，碳酸盐沉积速率激增，营养元素缺乏（Klebercz et al.，2012）（表 1-2）。

表 1-2 Marcal 河溃坝前后重金属含量及相关标准

重金属/（μg/L）	马萨尔		欧盟指令（2009—2012）		美国环保局标准（2012）	
	溃坝前	溃坝后	AA-EQS	MAC-EQS	CMC（acute）	CCC（chronic）
As	<0.9～3.3 0.5±0.9	<0.9～12.8 4.9±2.5	25	—	340	150
Zn	<10～14 0.6±2.9	<10～19 1.4±4.4	8 或 50 或 100[a]	—	120[b]	120[b]
Hg	ND～0.02 <0.02	ND～0.02 <0.02	0.05	0.07	1.4	0.77
Cd	<0.1	<0.1～1.4 0.04±0.2	≤0.08～0.05[c]	≤0.45～1.5[c]	2[b]	0.25[b]
Cr	<1.7～2 0.3±0.7	<1.7～20 0.8±2.8	Cr（Ⅲ）4.7 Cr（Ⅵ）3.4	Cr（Ⅲ）32	Cr（Ⅲ）570[b] Cr（Ⅵ）16	Cr（Ⅲ）74[b] Cr（Ⅵ）11
Ni	<0.7～1.4 0.6±0.5	<0.7～10.3 3.7±2.1	20	—	470[b]	52[b]
Pb	<0.7～5.1 0.8±1.6	<0.7～6.8 0.4±1.2	7.2	—	65[b]	2.5[b]
Cu	<0.5～10.1 4.1±3	<0.5～16.1 3.3±2.8	5 或 30[d]	—	BLM[e] 13	BLM[e] 9

AA 年平均浓度，MAC 最高容许浓度，CMC 基准最大浓度，CCC 基准连续浓度（本表中水硬度均以 $CaCO_3$ 计），ND 未检出，BLM 生物配体模型。

a. 当水硬度≤10 mg/L 时，Zn AA-EQS 值为 8 μg/L；当水硬度≤100 mg/L 时，Zn AA-EQS 值为 50 μg/L；当水硬度 >100 mg/L 的 $CaCO_3$ 时，Zn AA-EQS 值为 100 μg/L。

b. 此值相当于水硬度为 100mg/L，水硬度基准计算公式为 CMC（dissolved）=exp｛mA[ln(hardness)]+bA｝（CF），CCC（dissolved）=exp｛mC[ln(hardness)]+bC｝（CF），A 为重金属溶解深度（USEPA Criteria 2012）。

c. Cd 的基准值：当水硬度为 0～40 mg/L（class 1.）时，AA 基准值≤0.08 μg/L，MAC 基准值≤0.45 μg/L；当水硬度为 40～50 mg/L（class 2.）时，AA 基准值为 0.08 μg/L，MAC 基准值为 0.45 μg/L；当水硬度为 50～100 mg/L（class 3.）时，AA 基准值为 0.09 μg/L，MAC 基准值为 0.6 μg/L；当水硬度为 100～200 mg/L（class 4.）时，AA 基准值为 0.15 μg/L，MAC 基准值为 0.9 μg/L；当水硬度为≥200 mg/L（class 5.）时，AA 基准值为 0.25，MAC 基准值为 1.5 μg/L。

d. Cu 的基准值：当水硬度为≤100 mg/L 时，基准值为 5 μg/L；当水硬度为>100 mg/L 时，基准值为 30 μg/L。

e. US EPA Criteria 2007 水生生物标准中 Cu 的基准值通过生物配体模型（BLM）计算，US EPA Criteria 2002 中 Cu 的基准值为 13 μg/L（CMC）和 9 μg/L（CCC），水体硬度为 100 mg/L。

（4）堆场溃坝对生物的影响

赤泥堆场溃坝对生物的主要危害（表 1-3）来自高 pH 和高 Na^+ 含量；其次是可溶的钒对高等植物有遗传毒害作用（Misik et al.，2014），且难以通过石膏、海水和酸中和去除（Burke et al.，2013）。堆场溃坝后赤泥流入周边农田产生盐碱胁迫，对植物造成离子失衡、氧化胁迫和渗透胁迫等伤害，抑制植物生长甚至导致植物死亡（管博等，2011）。Ruyters 等（2011）指出赤泥高钠含量会阻碍大麦生长、导致产量下降。Misik 等（2014）发现赤泥中可溶性钒对 *Tradescantia*（紫鸭跖草）染色体和 *Alliumascepa*（大麦芽）的根细胞具有遗传毒害作用。Ajka 溃坝后赤泥高 pH、高钠会降低 Collembola（弹尾目）动物的多样性。赤泥流入水体后浸出大量的碱性物质，高 pH 会抑制水生生物呼吸、降低排氨率，对水生生物具有明显的毒害作用（Saha et al.，2002）。赤泥中方解石沉淀易导致底栖生物窒息，并降低光穿透率导致底栖初级生产者数量降低（Mayes et al.，2006）。Klebercz 等（2012）发现赤泥对 *Lemna minor*（浮萍）生长抑制较明显（最高达 60%），对 *Vibrio fischeri*（费氏弧菌）生物发光抑制明显。赤泥溃坝会产生大量的碱性粉尘，刺激人眼和黏膜组织。短期内暴露在赤泥环境中会导致吸入碱性灰尘和被碱灼伤，但不会引起可遗传性的危害（Gundy et al.，2013）。Gelencser 等（2011）研究表明 Ajka 赤泥堆场溃坝后，大部分赤泥粉尘空气动力学当量直径大于 1 μm，颗粒太大无法进入肺部，对人体的危害主要是对上呼吸道和眼睛产生刺激。目前，赤泥粉尘对人体健康风险的研究均为短期内对人体的影响，长期的健康风险，尤其是对吸入碱性灰尘的老人和小孩及现场抢险救援人员的长期健康风险仍然未知。

表 1-3　赤泥的生物影响

物种名称	致毒因子	毒性表现
费氏弧菌	铬、钴、镍、钒	抑制生物发光
浮萍	可交换性钠、钴、铁、镍、钒、高 pH	生长抑制率 10%～20%，最高达 60%
紫鸭跖草	钒	生长迟缓、遗传风险
大麦芽	高钠、高盐	生长受阻、产量下降
弹尾目	高 pH、高钠	使弹尾目多样性下降

1.4.2　赤泥堆场植被重建

赤泥作为大宗高碱性固体废物，资源化利用率极低，堆存占用大量土地，造成空气和水体污染。植被重建是最具前景且行之有效的赤泥大规模处置方式。植被构建能够显著降低赤泥表层风力和水力侵蚀，减少环境污染，有利于赤泥基质有机碳库的建立，并提供适宜的生态景观（Courtney et al.，2014）。为了能够实现植被在赤泥堆场上生长，赤泥的相关理化性质需要改善：容重降低到 1.6 g/cm^3 以下，交换性钠百分率（Exchangeable Sodium Percentage，ESP）少于 9.5%，pH 降低到 5.5～9.0，电导率（Electrical Conductivity，EC）低于 4 mS/cm（Gräfe et al.，2011）。目前，针对赤泥堆场植被重建策略主要包括赤泥基质改良和耐盐碱植物及微生物的筛选等（场地修复案例见表 1-4）。

表 1-4　赤泥堆场植被恢复策略

植被恢复策略		建议	文献来源
赤泥改良剂	植物物种筛选		
石膏堆肥	绒毛草、紫羊茅、红三叶	先降低赤泥 ESP，再添加有机质，有利于赤泥基质改良	Courtney et al.（2013）
石膏	绒毛草、红三叶	石膏是一种有效钙源	Courtney and Kirwan（2012）
石膏蚯蚓粪肥	金合欢、大叶合欢	滴灌技术更有利于植被建立	Chauhan and Ganguly（2011）
石膏无机肥	狗牙根、灰毛滨藜	合适排水有利于降低赤泥碱性	Woodard et al.（2008）
表土	荚相思、虎尾草	覆土深度达到（1.4±0.4）m，有利于植被生长	Wehr et al.（2006）
无机肥家禽粪肥	黑麦草	无机肥也可以改良赤泥基质	Eastham et al.（2006）
有机肥污水污泥	硬叶偃麦草、鼠尾栗	污水污泥降低赤泥 pH、提供营养元素	Fuller et al.（1986）

目前有效的赤泥改良剂包括石膏、堆肥、生物质及联合改良措施。Courtney 和 Kirwan（2012b）发现向赤泥中添加石膏和蘑菇堆肥，能够增加钙镁离子，降低赤泥碱性。Wong 和 Ho（1993）发现磷石膏的添加有利于赤泥堆场草本植物的生长。石膏能够提供大量的钙离子，中和赤泥碱性，并降低赤泥钠离子含量。Meecham 和 Bell（1977）发现硫酸亚铁也是一种有效的基质改良剂。Wong 和 Ho（1994）评价了废石膏和绿矾对赤泥的改良效果，发现绿矾更有利于降低赤泥基质钠盐含量和电导率，石膏对降低赤泥 pH 和提高钙含量更为有效。砂质赤泥持水性较低，不利于植物生长。但是，粗颗粒组分有利于赤泥中可溶性盐分和碱性物质的溶出。Jones 等（2011）同时添加有机废物和泥质赤泥能够改良砂质赤泥的理化特性，支持植被生长。Buchanan 等（2010）发现向砂质赤泥中添加细颗粒物质，能够提高赤泥持水性能，降低根系延伸阻力。泥质赤泥渗透性差，保水性较好。将砂质赤泥和泥质赤泥按一定比例混合，其渗透性和保水性发生变化，有利于植物生长。Courtney 和 Timpson（2005a）发现，向泥质赤泥中添加 25%砂质赤泥能够降低赤泥中可溶性铁铝浓度和可交换钠离子含量。石膏添加能够提供一定的钙源和其他微量营养元素，同时降低赤泥碱性。钙离子与赤泥中碱性物质反应生成铝酸三钙，置换钠离子，提高赤泥微团聚体稳定性。石膏也能提高赤泥渗透率，更有利于植物生长（Courtney et al.，2012a）。有机质添加能够为赤泥提供营养元素，与多价金属离子形成稳定的复合体，促进赤泥颗粒团聚，稳定赤泥结构，为微生物提供能源物质，提高微生物活性（Wu et al.，2013）。尽管添加改良剂能够改善赤泥物理和化学性质，但维持赤泥堆场植被生长仍需要大量资金支持。

土壤材料（包括表土、客土和污水污泥等）的添加也能够改善赤泥理化性质，但这些场地试验缺乏长期稳定的植被恢复案例，植物根系难以延伸到赤泥基质（Yang et al.，2009）。盐生植物具有较高的耐盐碱性，其根系能够去除基质中钠离子，有效降低 ESP。例如，虎尾草根系能够吸收根际土壤中 17%的钠盐，并转运到茎叶组织中（Yang et al.，2009）。此外，盐生植物能够分泌有机酸，提高微生物群落数量，提高根际区域 CO_2 分压（Xue et al.，2015）。相比于灌木等，草本植物更易于在严苛环境中生存（Courtney et al.，2012b）。赤泥堆场植物物种的选择优先选取乡土植物，其更适宜在当地环境生长。此外，选择的植物物种应该具有生长速率较快、根系发达、生物量大等特点（Chauhan et al.，2011）。为了植物的正常生长，降低赤泥碱性，同时增加排水是十分必要的。耐盐碱微生物能够有效降低赤泥碱性，降低赤泥钠盐含量，有利于提高赤泥堆场生态修复进程（Courtney et al.，2009a）。Schmalenberger 等（2013b）指出，在未修复和修复区域均出现微生物群落的定植，一些微生物群落包括 Acidobacteriaceae（酸杆菌科）、Nitrosomonadaceae（亚硝化单胞菌科）和 Caulobacteraceae（柄杆菌科）等可以作为赤泥堆场修复过程中的指示性微生物物种。Krishna 等（2005）发现 Aspergillus tubingensis（塔宾曲霉）在赤泥碱性降低过程中发挥了重大作用，有利于植物生长。微生物能有效改良赤泥化学性质，但是，赤泥基质缺乏能源物质和微量元素，限制赤泥堆场微生物活性。同时，不同微生物种群对赤泥盐碱性的耐性，以及与其他土壤生物相互作用促进赤泥中类土基质的形成，仍然需要更深入的研究。

尽管大量国内外学者围绕赤泥堆场植被重建开展了相关研究，相关场地试验也能够在短期内实现植被生长，但要实现赤泥堆场长期植被定植，赤泥基质土壤形成至关重要（Woodard et al.，2008）。在人工实现赤泥堆场生态修复过程中，一系列的改良措施都能够改良赤泥的理化性质，促进赤泥基质土壤化形成。然而，在没有人工干预情况下，依然存在赤泥基质土壤化现象，不过其土壤化进程较慢。Santini 和 Fey（2013）在圭亚那某氧化铝企业赤泥堆场发现有自然植被侵蚀，表明自然风化过程也能够改良赤泥堆场，将赤泥基质转变为一种类土壤的生长基质。Courtney 等（2013）采用一系列改良措施，发现石膏和有机堆肥的添加能够改良赤泥的物理结构，支持植物生长。

赤泥土壤化是通过物理方法、化学方法和生物方法将赤泥转变为一种类似土壤的生长基质，使其具备植被生长的基本条件（Xue et al.，2015）。由于赤泥较差的理化性质，赤泥土壤化过程存在一系列的问题。土壤形成过程是指在各种成土因素作用下，岩石的崩解、矿物质的分解和合成以及物质的淋失、淀积和循环等（Woodard et al.，2008）。无论是自然风化还是人工改良，一个自我维持的生态系统必须维持生态系统的长期稳定。尽管大量人工改良实现赤泥堆场植被恢复案例表明改良剂的添加能够支持植物生长，但目前仍然缺乏长期稳定的生态恢复案例，同时，很少有研究探讨基质改良过程中赤泥的成土过程（Jones et al.，2011）。赤泥的理化性质指标包括赤泥粒径分布、赤泥形态学和微形态学特征、矿物学特征和电化学性质等，用于评价赤泥堆场中的土壤形成过程（Jiang et al.，2011）。土壤物理学性质（包括容重、孔隙度、持水性和水稳性团聚体含量等）可以用于评价赤泥堆场土壤化形成过程，然而，目前针对赤泥堆场土壤形成过程中有机质的固定和崩解、团聚体的形成和稳定，以及土壤形成与植物根系和土壤生物之间的相关关系缺乏科学研究。结合国内外相关研究，赤泥堆场改良过程中的土壤化形成模型如图 1-7 所示。土壤化形成过程的关键是赤泥碱性、盐度的降低和赤泥结构的改善。石膏添加、人为管理和灌溉措施有利于降低赤泥碱性，降低赤泥中可溶的碱性阴离子和交换性钠，促使土壤稳定结构的形成。添加有机肥，有利于赤泥堆场上耐盐碱植物和微生物的生长。植物和微生物生长过程中能够分泌大量的有机酸等酸性物质，植物枯落的枝叶和根系为赤泥基质提供额外的有机碳源，微生物新陈代谢过程中还能够分泌大量的胞外多糖作为有效的胶结剂，改善赤泥团聚体结构，促进赤泥基质土壤化形成。

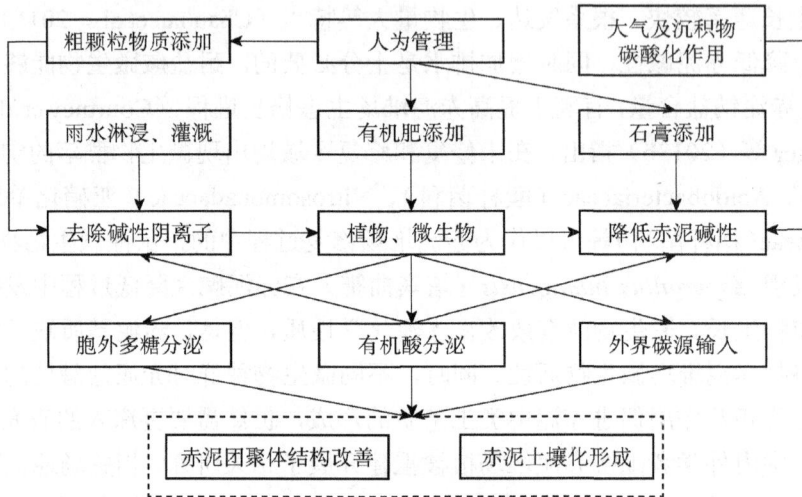

图 1-7　赤泥堆场土壤化形成模型

第2章 赤泥堆场土壤发生特性

2.1 赤泥堆场土壤发生现象

研究区域位于华中某氧化铝企业赤泥堆场，该区域属暖温带大陆性季风气候，四季分明，年平均温度 14 ℃，年平均降水量 560 mm。生产过程中排放的赤泥由高架管道运输到赤泥堆场，堆场中心的赤泥通过机械外翻的方式堆砌在赤泥库边，新鲜的赤泥进而排放到赤泥堆场的中间，长此以往，形成椎状阶梯形的赤泥库。目前该赤泥库已经闭库，在明确不同阶梯层赤泥的堆存时间后，选取了五个不同堆存年限的区域，开展生态调查和赤泥样品采集，如图 2-1 所示。选取堆存 1 年赤泥（Z1），堆存 4 年赤泥（Z2），堆存 6 年赤泥（Z3），堆存 8 年赤泥（Z4），堆存 10 年赤泥（Z5）和堆存 20 年赤泥（Z6 和 Z7）七块区域进行样品采集，其中 Z7 区域出现草本植物的自然定植现象（表 2-1）。此外，选取 Z7 区域周边的土壤样品 Z8 作为对照。每块区域选取五个点位进行采集，深度 0～20 cm，每个点位采用梅花形采样法进行采样并混合均匀。同时，每个点位均用环刀进行采样，用于分析赤泥容重和孔隙度。样品带回实验室，经自然风干后，去除石砾及植物根系，过 2 mm 筛备用。

图 2-1 赤泥堆场采样点位分布

表 2-1 赤泥堆场采样点位

样品	区域	闭库年份	堆存时间/年	植被覆盖
BR	Z1	2013	1	无植被
BR	Z2	2010	4	无植被

样品	区域	闭库年份	堆存时间/年	植被覆盖
BR	Z3	2008	6	无植被
BR	Z4	2006	8	无植被
BR	Z5	2004	10	无植被
BR	Z6	1994	20	无植被
BR	Z7	1994	20	植被覆盖
Soil	Z8	—	—	植被覆盖

2.1.1 自然风化过程中赤泥粒径组成变化

自然风化过程显著增加了赤泥砂粒含量，同时降低了赤泥中粉粒和黏粒的含量（表 2-2）。随着堆存时间的增加，赤泥砂粒含量由 45%增加到 75%，黏粒含量由 6%降低到 1%，赤泥的质地逐渐由粉质壤土转变为砂质壤土。与 Z1 相比，Z7 中砂粒含量明显增多，表明赤泥物理结构发生了明显变化。自然风化过程，包括风力侵蚀和雨水淋浸，对自然堆存过程中赤泥的颗粒分布有着显著的影响，较细的颗粒在自然条件下能够团聚形成较大的颗粒，并提高颗粒间的孔隙度（Young et al.，2013）。考虑到赤泥是氧化铝企业生产过程中排放的固体废物，赤泥颗粒组成的变化与铝土矿的来源也存在一定的关系。

在相同堆存时间条件下，Z7 区域赤泥砂粒含量为 75%，较 Z6 区域砂粒含量更高，表明自然植被的定植通过气候条件、植物根系的生长和根际微生物的新陈代谢活动可以改善赤泥的质地（Wehr et al.，2006）。同周边土壤相比，尽管 Z7 区域赤泥能够支持草本植物的生长，但其颗粒组成与土壤差异较大。Z7 区域粉粒含量较低，同时 Z6 和 Z7 区域砂粒和粉粒含量之和却基本相同，粗颗粒具有较低的缓冲能力和较高的导水率，较粗的质地更有利于植物的生长。赤泥表面可能发生大气碳酸盐化过程，对于土壤的形成和颗粒的分布具有积极的影响（Santini et al.，2015b）。在一些场地植被重建试验中，也发现较粗质地的颗粒有利于场地的植被重建（Khaitan et al.，2010）。

2.1.2 自然风化过程中赤泥容重与孔隙度变化

容重（堆积密度）是一个动态的土壤物理学指标，随土壤物理性质（土壤质地、有机碳含量和孔隙度等）的改变而变化。一般矿区土壤的颗粒密度在 2.60～2.75 g/cm³，容重在 1.3～1.6 g/cm³。赤泥中铁的氧化物含量较高，因此其颗粒密度和容重比自然土壤高。本节中赤泥容重在 1.39～1.91 g/cm³，随着堆存时间的增加，赤泥的容重逐渐降低（表 2-2）。赤泥容重和颗粒密度的变化对于提高赤泥物理性质，包括提高持水率、促进土壤呼吸和根系生长等方面具有重要意义。赤泥中大粒径颗粒含量、有机碳以及孔隙度的增加与赤泥容重的改变密切相关。随着堆存时间的增加，赤泥中的有机碳含量（SOC）增加了 89.32%，由 5.17 g/kg 增加到 10.81 g/kg。Tejada 和 Gonzalez（2008）认为有机碳含量对于容重变化起主导作用，容重与有机碳含量呈显著负相关关系，这与本节的分析结果一致（$r=-0.853$，$P<0.01$）。这表明，提高赤泥中有机碳的含量，有利于降低赤泥容重。因此，赤泥容重可以作为评价赤泥物理性状的一个重要指标。与自然土壤相比，赤泥容重较大。自然堆存过程中，赤泥容重逐渐降低，表明自然风化过程有利于改善赤泥的结构。对赤泥堆场进行合理的灌溉和排水，同时施加有机肥，有利于降低赤泥的容重和促进植物根系的生长。随着堆存时间的增加，赤泥孔隙度由 43.9%增加到 58.2%（表 2-2）。这表明自然风化过程能够增加赤泥颗粒间的孔隙（Mendez et al.，2008）。与 Z6 相比，Z7 区域赤泥孔隙度更大，这表明植物的生长有利于增加赤泥基质的孔隙。本节中，赤泥孔隙度与 1～2 mm 团聚体含量、0.25～1 mm 团聚体含量和有机碳含量均呈显著正相关关系（r 分别为0.790、0822 和 0.794；$P<0.01$），与 0.05～0.25 mm 团聚体含量呈显著负相关关系（$r=-0.805$，$P<0.01$），表明赤泥容重可以在一定程度上反映赤泥的质地和物理性状。

2.1.3 自然风化过程中赤泥团聚体稳定性变化

自然风化过程中，赤泥平均质量直径（Mean Weight Diameter，MWD）和水稳性团聚体含量（Water-Stable Aggregate Content，WSA）明显增加（表 2-2）。相同堆存时间条件下，有植被生长区域（Z7）赤泥 MWD 和 WSA 比无植被生长区域（Z6）高。赤泥团聚体主要以 0.05～0.25 mm 粒级为主，如图 2-2 所示。随着堆存时间的增加，赤泥大团聚体（>0.25 mm）含量显著增加，而 0.05～0.25 mm 粒级团聚体含量明显减少。Jones 等（2011）发现有机废料的添加有利于增加赤泥大团聚体含量，提高赤泥团聚体稳定性。气候条件包括干湿冻融等影响着土壤的形成和稳定。植物生长和微生物的新陈代谢活动也能够提供重要的胶结物质，促使细小颗粒的团聚。同 Z6 相比，Z7 区域赤泥团聚体 MWD 增加了6.45%，水稳性团聚体含量提高了 9.93%，表明赤泥堆场上植被的定植有利于改善团聚体的形成和物理结构。先锋植物能够促进有机碳的积累，提高赤泥表层的抗侵蚀能力（Ottenhof et al.，2007）。有机碳含量的增加能够促进赤泥颗粒的团聚，提高赤泥团聚体稳定性，这是由于有机质是一种有效的胶结剂，能够促进颗粒团聚（Li et al.，2007）。Z7 区域赤泥团聚体 MWD 和 WSA 与对照土壤基本相同，表明自然风化过程能够改善赤泥的一些物理性状，使其转变为一种类似土壤的基质，进而支持植被的生长。

赤泥的 MWD 和 WSA 与有机碳含量呈显著正相关关系（r 分别为 0.567 和 0.781，$P<0.01$），同时赤泥大团聚体含量（1～2 mm 和 0.25～1 mm）与有机碳含量呈显著正相关关系（r 分别为 0.787 和 0.782，$P<0.01$）。这可能是由于植物根系和土壤中微生物新陈代谢活动的共同作用，致使赤泥中有机碳含量的增加，同时植物根系的存在对于大团聚体的形成和稳定至关重要（Dousset et al.，2004）。0.05～0.25 mm 和<0.05 mm 粒级赤泥团聚体含量与有机碳含量呈显著负相关关系（r 分别为-0.790 和-0.644，$P<0.01$）。此外，赤泥的MWD 和 WSA 与赤泥的 pH 和 ESP 呈负相关关系，这表明高盐碱性环境不利于赤泥团聚体的形成和稳定。这可能是由于高钠盐含量会促进颗粒的分散，进而影响其物理结构（Quirk et al.，1986）。

表 2-2 赤泥和对照土样的相关性质

	赤泥样品					土壤		
	Z1	Z2	Z3	Z4	Z5	Z6	Z7	Z8
砂粒/%	45±1.54a	47±3.23ab	50±1.33bc	53±0.79c	63±2.25d	69±3.23e	75±1.33f	46±1.80ef
粉粒/%	49±2.23e	48±2.00e	45±1.41de	43±0.71d	34±2.62c	29±3.16c	24±1.67a	53±1.52ab
黏粒/%	6±1.02d	5±1.30cd	5±0.21c	4±0.14bc	3±0.37b	2±0.15a	1±0.36a	1±0.29a
SOC/(g/kg)	5.71±0.26b	5.24±0.14a	5.85±0.33b	6.08±0.35b	8.00±0.30c	9.24±0.25d	10.81±0.29e	22.01±0.19e
pH	11.0±0.13f	10.8±0.08e	10.9±0.06f	10.7±0.06de	10.6±0.07d	10.1±0.09c	9.4±0.10a	9.8±0.08b
ESP/%	72.51±0.32h	72.83±1.17g	65.67±0.82f	56.18±1.55e	49.65±1.98d	34.72±1.36c	28.99±1.19b	16.33±0.76a
土粒密度/(g/cm³)	3.40±0.19c	3.46±0.19c	3.37±0.05c	3.35±0.07c	3.34±0.03c	3.31±0.08b	3.30±0.09ab	2.82±0.06a
堆积密度/(g/cm³)	1.91±0.05e	1.90±0.06e	1.84±0.05de	1.80±0.04d	1.72±0.02c	1.46±0.05b	1.39±0.03b	1.25±0.06a
孔隙度/%	43.9±6.6a	45.2±5.4a	45.3±4.3ab	46.3±6.5abc	48.5±0.3abc	55.9±0.5bcd	58.2±3.8cd	62.7±10.0d
MWD/mm	0.48±0.03a	0.48±0.02a	0.54±0.06b	0.57±0.03b	0.60±0.02b	0.62±0.03c	0.66±0.05c	0.63±0.03c
WSA/%	43.32±0.15a	48.23±0.19b	52.95±0.20c	66.05±0.28d	71.45±0.21e	84.78±0.03f	93.20±0.68g	97.14±1.18h
SI/%	1.33±0.09a	1.25±0.11a	1.49±0.08a	1.64±0.12a	2.75±0.13b	3.87±0.50c	5.46±0.29d	5.12±0.39d

注：平均±SD值（$n=5$），不同字母代表组间数据显著差异性（$P \leq 0.05$）。

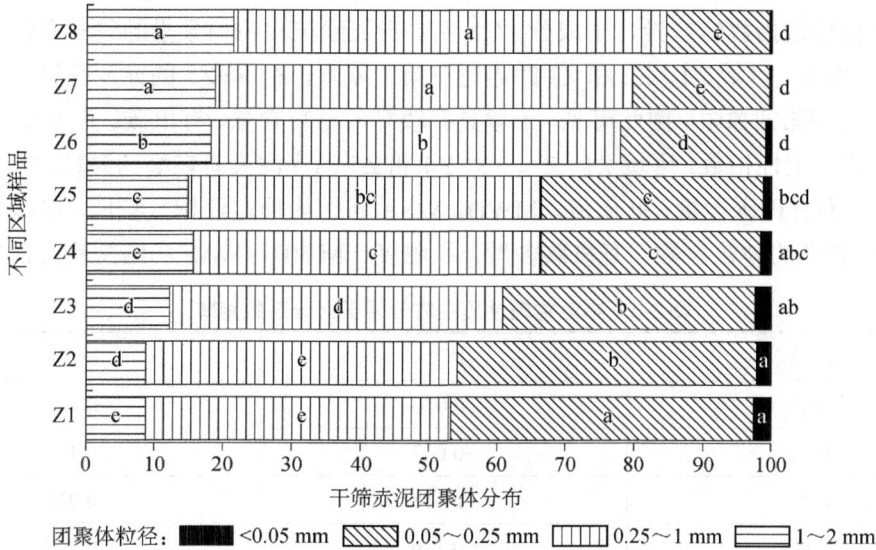

图 2-2　干筛条件下赤泥团聚体颗粒分布（n=5）

2.1.4　自然风化过程中赤泥结构稳定性变化

随着堆存时间的增加，赤泥结构稳定性系数 SI 呈增长趋势，由 1.33% 增加到 5.46%（表 2-2）。自然堆存时间不足 20 年的区域（Z1～Z5），赤泥物理结构完全退化（SI<5%）。区域 Z7 比 Z6 赤泥结构稳定性指数更高，同时赤泥结构稳定性指数与赤泥 MWD 和 WSA 呈显著正相关关系（r 分别为 0.873 和 0.948，P<0.01）。自然演替过程能够在矿冶废弃地自发进行，但所需时间一般较长（Bradshaw，2000）。由此可见，自然风化过程能够一定程度提高赤泥结构的稳定性，但需要较长的时间才能有效改良赤泥物理结构。同时植物生长能有效提高赤泥结构的稳定性，对于改善赤泥物理结构具有积极影响（Asensio et al.，2013）。

2.1.5　自然风化过程中赤泥物理性质主成分分析

Z6 和 Z7 区域赤泥堆存时间相同，对其进行独立 t 检验分析，结果显示两区域赤泥粒径分布、容重、孔隙度和 MWD 差异性并不显著（P>0.05），但赤泥 SOC、pH、ESP 和 SI 差异性较为显著（P<0.05）。因此，植物生长能够显著改变赤泥 SOC 含量和盐碱性，提高赤泥结构和团聚体稳定性，但对其他性质影响相对较小。Z7 区域赤泥和周边对照土壤独立 t 检验结果显示，砂粒和粉粒含量、有机碳、pH、容重、MWD 和 WSA 差异性显著（P<0.05），可见尽管自然风化过程能够改良赤泥堆场，支持植被生长，但与土壤相比，其有机碳含量和团聚体稳定性仍然需要进一步改善。

为了更好地评价自然风化过程中赤泥物理性状的改变，选取 11 个参数作为赤泥物理性质的指标进行主成分分析（表 2-3）。主成分 PC1 和 PC2 占赤泥性质差异变化的 92.2%，其中 PC1 占比为 74.7%，而 PC2 占比为 17.5%。从图 2-3 散点分析可以看出，赤泥样品与对照土壤均不在同一象限，可见自然风化过程虽然能够改良堆场，但与周边土壤相比仍存在较大差异。主成分 PC1 主要表征黏粒含量、有机碳、pH、ESP、容重、孔隙度、MWD、

WSA 和结构稳定指数的差异，主成分 PC2 主要表征砂粒和粉粒含量的差异变化。对照土壤处于第一象限，区域 Z1、Z2 和 Z3 的赤泥在第二象限，Z4 和 Z5 的赤泥在第三象限，Z6 和 Z7 的赤泥在第四象限。由此可见，土壤具有较高的粉粒含量、有机碳、孔隙度、MWD、WSA 和结构稳定性指数。区域 Z1、Z2、Z3、Z4 和 Z5 的赤泥具有较高的黏粒含量、容重、pH 和 ESP，而有机碳含量、孔隙度、MWD、WSA 和结构稳定性指数较低。区域 Z6 和 Z7 的赤泥具有较高的砂粒含量、有机碳含量、孔隙度、MWD、WAS 和结构稳定性指数。

表 2-3 赤泥物理性质主成分因子得分系数矩阵

参数	PC1	PC2
砂粒	0.076	−0.406
粉粒	−0.062	0.446
黏粒	−0.115	0.015
pH	−0.116	0.009
ESP	−0.132	0.036
颗粒密度	−0.111	−0.123
容重（堆积密度）	−0.118	−0.108
孔隙度	0.098	0.087
MWD	0.113	−0.100
WSA	0.119	0.032
结构稳定性指数（SI）	0.119	0.025
有机碳（SOC）	0.091	0.332

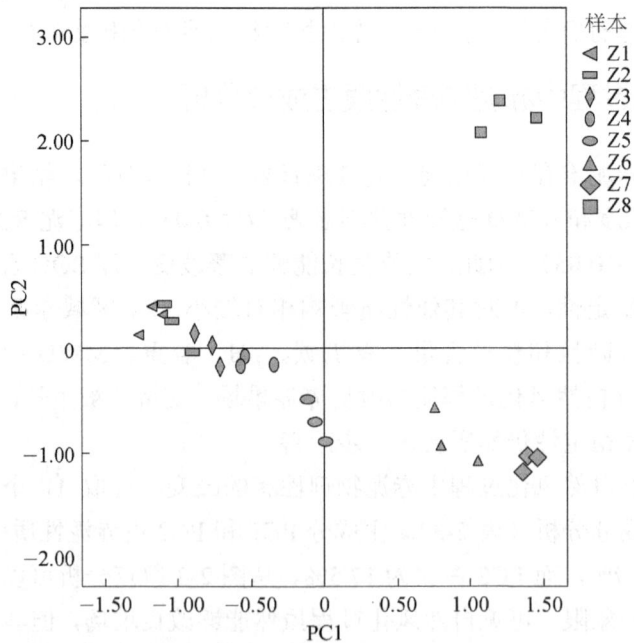

图 2-3 赤泥物理性质主成分（PC1 和 PC2）散点分析

自然风化过程能够改良赤泥的物理性质，但仍需要较长的时间。同时自然风化过程中赤泥的一些评价指标与潜在的修复目标仍然存在一定的差距。高盐碱性和有机质的缺乏是赤泥堆场实现植被重建的主要限制因素。相关研究指出，实现赤泥堆场的生态重建，赤泥基质的 pH 应该降低到 5.5～9.0，ESP 降低到 9.5%以下（Gräfe et al., 2011）。本节中，堆存时间达到 20 年的赤泥的 pH 仍然在 9.0 以上，这可能对植物的生长依然有不利的影响。随着堆存时间的增加，赤泥的 ESP 值由 72.83%下降到 28.99%，但仍与修复目标相差较远（ESP<9.5%）。可见人工改良措施对实现赤泥堆场的生态重建十分必要。Courtney 等（2012b）选择石膏作为赤泥的改良剂，发现石膏添加后赤泥 pH 由 12.5 降低到 8.1。钙离子的添加有利于赤泥中铝酸三钙等化合物的溶解，降低了赤泥的碱性。赤泥中钙钠离子的离子交换作用在降低赤泥碱性的同时，也有利于赤泥物理结构的改善。随着堆存时间的增加，赤泥有机碳含量由 5.71 g/kg 增加到 10.81 g/kg（表 2-2）。由于有机碳是赤泥团聚体形成和结构改善的主要影响因子，有机堆肥和生物质等可以作为改良剂有效改善赤泥团聚结构。Jones 等（2010）发现蘑菇堆肥是一种有效的有机堆肥，能够显著提高赤泥中有机碳含量和团聚体稳定性。尽管国内外开展了大量赤泥堆场人工改良试验，目前仍然缺乏较为长期稳定的植被恢复案例。赤泥堆场植被重建过程中团聚体内有机碳的稳定和土壤的形成仍然需要进一步的关注（Santini，2015a）。

2.2　赤泥堆场土壤发生过程的盐分变化

赤泥样品取自华中地区某大型氧化铝企业赤泥堆场。该区域属温带大陆性季风气候，四季分明，冬季寒冷少风雪，春季干燥多风沙，夏季暖热多降雨，秋季明朗。年均气温 14.9 ℃，年均降水量 603.5 cm，降水量分布不均，主要集中在夏季，占全年降水量的 45%～60%。2014 年 8—10 月，选择已闭库的赤泥堆场为研究区域，赤泥化学组成见表 2-4。根据堆置时间的不同选择了环境条件基本一致的 6 个堆层，如图 2-4 所示。每个堆层设置 3 个采样点，每个点位采用梅花形采样并混合均匀，采用便携式采样土钻，在每个样点按 0～30 cm、30～60 cm、60～90 cm 深度取样，并对表层（0～30 cm）进行环刀采样。将赤泥样品置于室内自然风干后，去除石砾及植物根系，过 2 mm 尼龙筛，密封于编号的聚乙烯样品袋中保存备用。6 个堆层对应的赤泥堆存时间见表 2-5。

表 2-4　赤泥的化学组成　　　　　　　　　　　　　　　　　　单位：%

生产工艺	Fe_2O_3	CaO	SiO_2	Al_2O_3	Na_2O	TiO_2
拜耳法	10.26	18.05	16.61	23.2	5.05	4.65

表 2-5　赤泥堆场采样点对应的堆存时间

样品编号	Z1	Z2	Z3	Z4	Z5	Z6
堆存时间/年	0	1	2	5	7	9

图 2-4　赤泥堆场样点分布

2.2.1　土壤发生过程盐分含量变化

随着堆存时间的增加，赤泥堆场盐分含量整体呈下降趋势，如图 2-5 所示。从不同层次看，表层 0～30 cm 盐含量随堆存时间的增加呈明显的下降趋势，30～60 cm 和 60～90 cm 区间的含盐量变化趋势较平缓。由此可见，自然风化作用主要影响赤泥表层（0～30 cm）的盐分分布。随着堆存时间的增加，赤泥经自然风化作用出现土壤化现象，在堆存 20 年的赤泥堆场上，研究人员发现有少量的植物生长，其 EC 值从 3.73 mS/cm（新鲜赤泥）降低至 0.36 mS/cm（Liu et al.，2014），表明自然风化过程中盐分含量逐渐降低。盐分易随孔隙水迁移，而孔隙水运移受赤泥质地影响。新鲜赤泥的物理性质接近于粉砂黏土类，颗粒间孔隙度小，黏性强，水分不易渗透，盐分离子容易滞留在赤泥孔隙水中导致新堆存赤泥盐分含量普遍较高。容重反映了土壤的通透性，能够影响土壤孔隙度及土壤通气透水性能，影响盐分离子随水的渗透能力。在自然堆存过程中，赤泥的容重逐渐降低、孔隙度增加，赤泥透水透气性能增强，盐分随水分流失，随着堆存时间的增加，盐分含量也将逐渐降低。

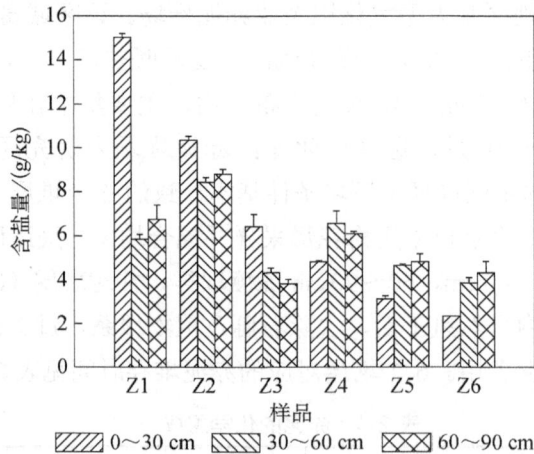

图 2-5　赤泥堆场不同堆积时间的赤泥含盐量

Z1、Z2、Z3 三个堆存年限的赤泥盐分主要聚集在 0～30 cm，而 Z4、Z5、Z6 的赤泥盐分主要聚集在 30～60 cm 和 60～90 cm。Z4 盐分含量分布呈现以下规律：30～60 cm（6.59 g/kg）＞60～90 cm（6.12 g/kg）＞0～30 cm（4.81 g/kg）；Z5 盐分含量在 30～60 cm（4.67 g/kg）深度和 60～90 cm（4.82 g/kg）深度相近，也比 0～30 cm（3.12 g/kg）高；Z6 盐分含量分布呈现以下规律：60～90 cm（4.35 g/kg）＞30～60 cm（3.86 g/kg）＞0～30 cm（2.32 g/kg）。Z1、

Z2、Z3、Z4、Z5、Z6 表现出盐分逐渐向下渗透的现象，即盐分含量在 Z1、Z2、Z3 表现为积聚在 0～30 cm，Z4 的时候盐分下渗，积聚在 30～60 cm，Z5 在 30～60 cm 和 60～90 cm 盐分含量相差不大，而 Z6 盐分含量表现为 60～90 cm 较高。出现此变化规律与赤泥物理性质以及当地降水量有关。当地气象局资料显示，8 月降水量达到 120 mm，对赤泥盐分起淋溶脱盐的作用，而随着堆存时间的增加，赤泥表层理化性质有效改善，表层（0～30 cm）含盐量随水向下渗透。Z1、Z2、Z3 盐分含量分布呈现出 0～30 cm＞60～90 cm＞30～60 cm 的变化趋势，尽管容重和孔隙度随着堆置时间的增加有所改善，但仍然限制表层含盐量向下渗透。由此可见，降水量和孔隙度（或容重）都是影响赤泥盐分分布的重要因素。

2.2.2　土壤发生过程阴离子组成变化

不同堆存时间下赤泥中各阴离子含量如表 2-6 所示，赤泥中阴离子主要有 CO_3^{2-}、SO_4^{2-}、HCO_3^-。经过不同堆存时间，阴离子组成发生变化。CO_3^{2-} 在 Z1 中占阴离子总量的 73.26%，随着堆存时间的增加，CO_3^{2-} 占阴离子总量的比例逐渐降低，Z6 中 CO_3^{2-} 占阴离子总量的 53.66%；SO_4^{2-} 占阴离子总量的比例也是随着堆存时间的增加而下降（从 Z1 的 28.10%降低至 Z6 的 6.10%）；HCO_3^- 变化趋势与 CO_3^{2-} 正好相反，其占阴离子总量的比例从 3.49%增加到 34.15%；赤泥中 F^-、Cl^- 含量较低，F^- 变化不明显，Cl^- 在 Z3、Z4、Z5 和 Z6 中均未检测到。CO_3^{2-}、HCO_3^- 和 SO_4^{2-} 主要来源于赤泥中各矿物的溶解。赤泥物相复杂，主要矿物有赤铁矿、针铁矿、方钠石、水化石榴石、石灰石、伊利石和方解石等（刘万超等，2008）。CO_3^{2-} 主要是方解石（$CaCO_3$）、菱镁矿（$MgCO_3$）、白云石 [$CaMg(CO_3)_2$]、碳钠铝石 [$NaAlCO_3(OH)_2$] 等溶解析出，SO_4^{2-} 主要是天青石（$SiSO_4$）、磷钙铝石 [$CaAl_3(PO_4)(SO_4)(OH)_6$] 溶解析出（Authier-Martin et al.，2001）。如 CO_3^{2-} 主要是由于铝土矿中部分矿物（如方解石 $CaCO_3$）以及空气中 CO_2 与高浓度碱溶液反应生成（反苛性化作用），反应如式（2-1）所示：

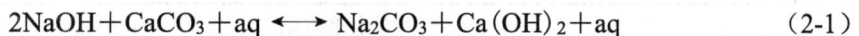

$$2NaOH + CaCO_3 + aq \longleftrightarrow Na_2CO_3 + Ca(OH)_2 + aq \qquad (2-1)$$

碳酸钠溶解在溶液中，一部分随滤液进入氧化铝提取的下一环节，一部分随滤渣进入赤泥。由于这些矿物的大量存在，赤泥中 CO_3^{2-} 和 SO_4^{2-} 含量比例较高。CO_3^{2-} 与 HCO_3^- 存在水解平衡，如式（2-2）所示：

$$CO_3^{2-} + H_2O \longleftrightarrow HCO_3^- + OH^- \qquad (2-2)$$

表 2-6　不同堆存时间赤泥阴离子组成

样品	阴离子含量/（cmol/kg）				
	F^-	Cl^-	SO_4^{2-}	CO_3^{2-}	HCO_3^-
Z1	0.07	0.05	0.93	3.32	0.16
Z2	0.11	0.07	0.61	2.69	0.33
Z3	—*	—	0.15	1.45	0.33
Z4	0.12	—	0.13	1.22	0.28
Z5	0.02	—	0.12	0.90	0.37
Z6	0.08	—	0.08	0.69	0.44

* "—"表示该物质浓度低于仪器检测限。

赤泥 pH 过高，CO_3^{2-} 水解不易进行，HCO_3^- 的浓度较低。自然风化过程中赤泥 pH 降低，堆存 20 年的赤泥 pH 从新鲜赤泥的 10.98 降低至 9.45（董风芝等，2002）。赤泥堆存过程中由于降雨淋溶、植物枯枝落叶、禽类粪便等作用，增加赤泥营养成分，易产生有机酸等酸性物质，使 pH 降低，CO_3^{2-} 水解平衡向着 HCO_3^- 的方向进行，因此 CO_3^{2-} 含量降低，HCO_3^- 含量增加。对盐分含量与主要阴离子进行相关性分析，盐分含量与 CO_3^{2-}、SO_4^{2-} 在 0.01 水平呈显著正相关（相关性系数分别为 0.990、0.969），与 HCO_3^- 在 0.05 水平呈显著负相关（相关性系数为-0.850）。CO_3^{2-} 是盐分阴离子的主要成分（表 2-6），且与含盐量呈显著正相关，降低赤泥中 CO_3^{2-} 含量是调控盐分含量的有效措施。CO_2 属于弱酸物质，对赤泥进行改良时在溶液中发生以下反应：CO_2 与水溶液反应生成 H_2CO_3，CO_2 与 OH^- 反应生成 HCO_3^-，HCO_3^- 水解生成 CO_3^{2-}，HCO_3^- 与 OH^- 反应生成 CO_3^{2-}。赤泥属于强碱性物质，CO_2 与 OH^- 反应生成 HCO_3^- 的速度大于 HCO_3^- 反应生成 CO_3^{2-} 的速度，使得赤泥 pH 下降，进一步增加 HCO_3^- 的浓度。另外，海水中和赤泥、盐卤降碱和石膏改良赤泥中一个主要原理是海水、盐卤和石膏中富含 Ca^{2+}、Mg^{2+} 等离子与赤泥 CO_3^{2-} 反应生成沉淀物，降低盐分离子含量。

2.2.3 土壤发生过程水溶态阳离子组成变化

不同堆存时间赤泥中水溶态阳离子含量：$Na^+>K^+>Ca^{2+}$（表 2-7），Na^+ 是赤泥中主要的水溶态阳离子，占水溶态阳离子总量的 71.34%～91.25%，并且随着堆存时间的增加呈下降趋势（从 20.93 cmol/kg 降低到 1.94 cmol/kg）；水溶态 Mg^{2+} 并未检测到；水溶态 Fe^{3+} 浓度较低，在 0.008～0.019 mmol/kg；K^+ 的变化趋势和 Na^+ 一致，随着堆存时间的增加而降低，降低幅度达到 71.86%；Ca^{2+} 的变化趋势与 Na^+、K^+ 相反，随着堆存时间的增加其含量升高，从 0.04 cmol/kg 增加到 0.22 cmol/kg。

表 2-7 不同堆存时间堆场赤泥水溶态阳离子的含量

样品	水溶态阳离子含量/（cmol/kg）			
	Na^+	K^+	Ca^{2+}	Mg^{2+}
Z1	20.93	1.99	0.04	—*
Z2	20.62	1.94	0.04	—
Z3	10.18	1.09	0.05	—
Z4	9.26	0.94	0.07	—
Z5	6.68	0.67	0.12	—
Z6	1.94	0.56	0.22	—

* "—"表示该物质浓度低于仪器检测限。

赤泥矿物主要为含钙矿物，在碱性条件下不溶于水或微溶于水。随着堆存时间的增加，有机物的腐殖化增加了赤泥中的有机酸等物质，降低了赤泥 pH，促进矿物溶解，进而增加 Ca^{2+} 含量。赤泥在自然风化过程中，理化性质得到有效改善，其渗透性增强，离子随水迁移的能力加强。离子的迁移能力受电荷和离子半径等影响，在土壤中 Ca^{2+}、Na^+、K^+ 的迁移能力顺序为 $K^+>Na^+>Ca^{2+}$，在赤泥中 Ca^{2+}、Na^+、K^+ 的迁移能力可能与土壤中一致。赤泥渗透性增加，Na^+、K^+随水流失的速率大于其溶解的速率，而 Ca^{2+}溶出的速率大于其流失的速率，因此 Na^+、K^+随堆存时间的增加而降低，Ca^{2+}随堆存时间的增加而升高。上述结果表明水溶态和交换态离子的变化趋势基本一致。从 Z1 到 Z6 交换态 Na^+降低 46.25%，水溶态 Na^+降低 90.59%，交换态 K^+降低 35.29%，水溶态 K^+降低 71.13%。相比于交换态离子，水溶态离子降低幅度更大。Na^+含量高是赤泥盐分过高的主要原因，赤泥盐分调控可通过降低赤泥 Na^+含量实现。Na^+在赤泥中主要以交换态形式存在，且交换态 Na^+不易随水排出，因此在进行赤泥盐分调控过程中，使交换态 Na^+向水溶态 Na^+转变，并增大赤泥渗透性使水溶态 Na^+更易于随水排出，有助于赤泥堆场盐分调控。

2.3 赤泥堆场土壤发生过程的碱性转化

赤泥碱性调控已有的研究方法主要是对碱性物质进行分离或去除，对赤泥自然风化过程中碱性变化的研究尚未涉及。在对全国典型氧化铝赤泥堆场调查的基础上，选取堆存了 0 年、5 年、10 年、15 年、20 年的赤泥为研究对象，采用 X 射线粉末衍射（X-ray powder diffraction，XRD）、电感耦合等离子体吸收光谱仪（Inductively Coupled Plasma Atomic Emission Spectrometer，ICP-AES）、滴定等对赤泥物相、可交换性阳离子、碱性阴离子进行分析，探讨了自然堆存过程中可溶性碱、 EC、阳离子交换量（Cation Exchange Capacity，CEC）、ESP、ANC、盐分含量、阴离子组成的变化特征。

2.3.1 土壤发生过程可溶性碱含量变化

自然堆存过程中，赤泥碱性逐渐降低，可溶性碱的总含量由新堆存的 28 350 mg/L Na_2CO_3 降低到堆存 20 年的 21 860 mg/L Na_2CO_3（表 2-8），主要是可溶性的碱性阴离子 OH^-、CO_3^{2-}、$Al(OH)_4^-$ 在堆场过程中发生化学转变（$OH^- + H^+ \longrightarrow H_2O$；$CO_3^{2-} + H^+ \longrightarrow HCO_3^-$；$Al(OH)_4^- + H^+ \longrightarrow Al(OH)_3 + H_2O$）。随着堆存年限的增加，$OH^-$、$CO_3^{2-}$、$Al(OH)_4^-$ 逐渐转变为 H_2O、HCO_3^-、$Al(OH)_3$，其中堆存 15 年的赤泥中 OH^-转变显著。赤泥中主要的碱性物相（$[Na_6Al_6Si_6O_{24}] \cdot [2NaOH$ 或 $Na_2CO_3]$）、钙霞石（$[Na_6Al_6Si_6O_{24}] \cdot 2[CaCO_3]$）、方解石（$CaCO_3$）在堆存过程中会分解产生 OH^-、CO_3^{2-}、$Al(OH)_4^-$，随着其含量的降低分解作用程度降低，如图 2-6 所示，OH^-、CO_3^{2-}、$Al(OH)_4^-$含量仍在减少。

表 2-8　赤泥自然堆存过程中可溶性碱的变化特征　　　　　单位：mg/L

堆存时间/年	OH^-	SD	CO_3^{2-}	SD	$Al(OH)_4^-$	SD	碱度
0	1 012	0.05	23 850	0.95	3 487	0.17	28 350
5	733	0.03	23 130	0.92	3 383	0.13	27 250
10	403	0.02	22 180	1.00	3 146	0.14	25 730
15	140	0.01	20 990	0.63	2 768	0.14	23 900
20	30	0	19 560	0.59	2 270	0.11	21 860

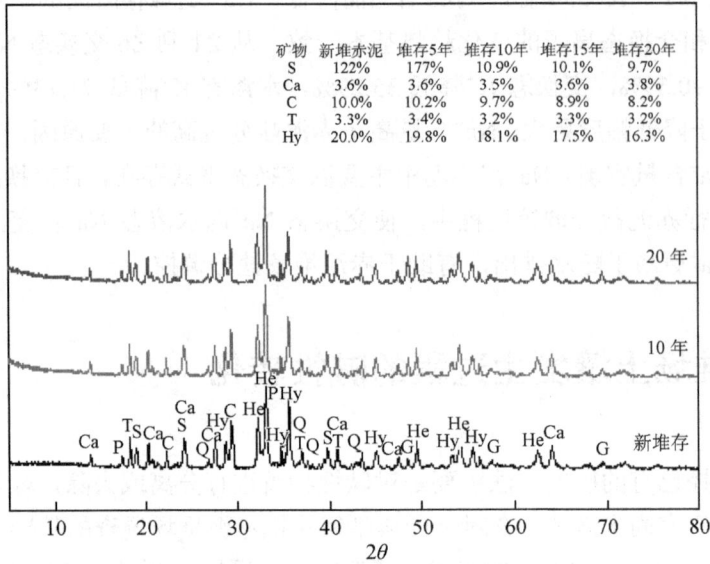

矿物	新堆赤泥	堆存5年	堆存10年	堆存15年	堆存20年
S	122%	177%	10.9%	10.1%	9.7%
Ca	3.6%	3.6%	3.5%	3.6%	3.8%
C	10.0%	10.2%	9.7%	8.9%	8.2%
T	3.3%	3.4%	3.2%	3.3%	3.2%
Hy	20.0%	19.8%	18.1%	17.5%	16.3%

C—方解石；Ca—钙霞石；He—赤铁矿；G—水硬铝石；Hy—水化石榴石；

P—锐钛矿；Q—石英；S—方钠石；T—铝酸三钙

图 2-6　赤泥自然堆存过程中物相转变特征

2.3.2　土壤发生过程电导率变化

自然堆存过程中，赤泥的电导率（EC）随着堆存年限的增加而降低，EC 由新堆存赤泥的 3.73 mS/cm 降低到堆存 20 年的 0.36 mS/cm，如图 2-7（a）所示。EC 本身的变化特性与赤泥的碱性并无直接关联，但有研究表明，EC 与赤泥中的碱性 Na^+、OH^- 存在一定的线性关系，为确定 EC 与 Na^+、OH^- 的关系，采集 EC 在 1.5～3.0 mS/cm 的 100 组数据绘制并拟合 EC-Na^+、EC-OH^- 的线性关系，如图 2-7（b）和（c）所示。EC-Na^+ 的拟合结果表明，EC=1/12 Na^+，R=0.99，赤泥的 EC 高，碱性 Na^+ 离子也会较高，而 Na^+ 的含量代表着赤泥中 Na 缓冲物质的量，由此可知，Na 缓冲物质的量降低，EC 呈相同的下降趋势。EC-OH^- 的拟合结果表明，EC=1/3OH^-，R=0.97，EC 与 OH^- 的线性关系拟合很好，赤泥的 EC 高，碱性 OH^- 离子也会较高，而 OH^- 的主要来源为赤泥中固相碱性物质的水解，EC 在自然堆存过程中降低，赤泥中固相碱性物质的水解变弱。由 EC 与 Na^+、OH^- 的关系可以确定，自然堆存过程中，随着碱性 Na^+、OH^- 离子的含量降低，EC 呈相同的下降趋势，在 Na^+、OH^- 等数据缺乏的情况下，EC 也可以作为赤泥碱性高低的参考值。另外，EC 可以定量估算离子强度，自然堆存过程中，EC 降低，赤泥颗粒的双电层结构变弱，颗粒变得松散，渗透性得到改善，这些性质的转变将进一步有利于赤泥长期堆存过程中的稳定。

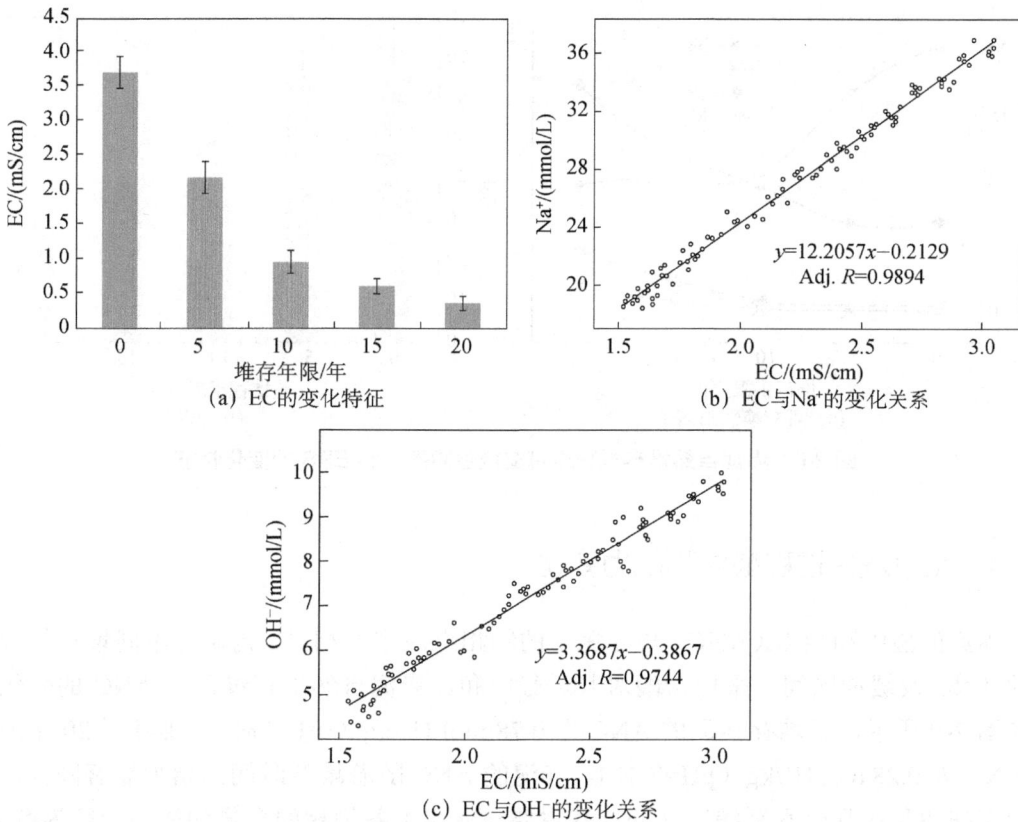

（a）EC的变化特征

（b）EC与Na$^+$的变化关系

$y=12.2057x-0.2129$
Adj. $R=0.9894$

（c）EC与OH$^-$的变化关系

$y=3.3687x-0.3867$
Adj. $R=0.9744$

图 2-7　赤泥自然堆存过程中电导率的变化

2.3.3　土壤发生过程可交换性阳离子变化

赤泥自然堆存过程中可交换性阳离子的变化情况如图 2-8（a）所示，交换性钠百分率（ESP）随着堆存年限的增加而降低，交换性 K$^+$、Ca^{2+}、Mg^{2+}的含量随着堆存年限的增加而升高。新堆存的赤泥中可交换性阳离子的含量由高到低依次为 Na$^+$＞Ca^{2+}＞Mg^{2+}＞K$^+$，交换性 Na$^+$在新堆存的赤泥中占据可交换性阳离子的主导地位。随着堆存时间的延长，交换性 Na$^+$含量逐渐降低（新堆存赤泥：20.28 cmol$_c$/kg；堆存 20 年的赤泥：9.81 cmol$_c$/kg），可交换性 Ca^{2+}含量逐渐升高（新堆存赤泥：6.96 cmol$_c$/kg；堆存 20 年的赤泥：17.40 cmol$_c$/kg），而可交换性 K$^+$和 Mg^{2+}含量的变化不是很明显。可交换性 Na$^+$、Ca^{2+}、Mg^{2+}的含量决定了赤泥 ESP 的大小，其与阳离子的交换位点呈正相关关系。在自然堆存过程中，赤泥 ESP 变化情况如图 2-8（b）所示，新堆存的赤泥 ESP 值超过 70%，导致颗粒团聚较差、结皮硬，进一步导致堆场表层泛碱及扬尘。随着堆存年限的增加，ESP 逐渐降低，赤泥物理结构逐渐得以改善，有利于堆场植被修复。

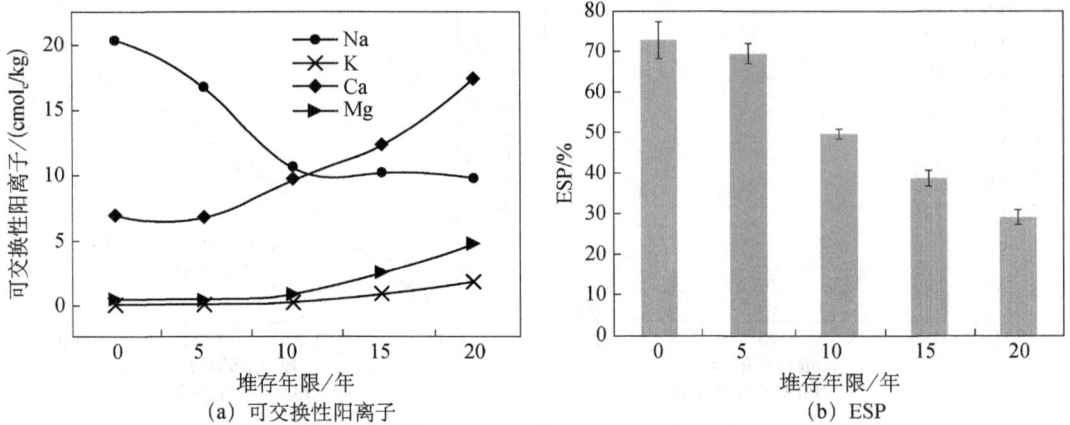

图 2-8　赤泥自然堆存过程中可交换性阳离子和 EPS 的变化特征

2.3.4　土壤发生过程酸中和能力变化

赤泥的酸中和能力（ANC）与赤泥中的物相组成密切相关。为研究不同堆存年限赤泥的 ANC 及缓冲区间，采用盐酸对其进行中和。赤泥自然堆存过程中 ANC 的变化特征如图 2-9 所示，新堆存赤泥的 ANC 为 0.78 mol H$^+$/kg（pH=7 时），堆存了 20 年的赤泥 ANC 为 0.28 mol H$^+$/kg（pH=7 时），赤泥的 ANC 随着堆存时间的增加显著降低。曲线中存在明显的几个水平缓冲区间，其主要与赤泥中各物相的含量和酸中和行为有关。缓冲区间为 pH＞8 时，主要是可溶性碱的溶出（$Na_2CO_3+2H^+ \longrightarrow 2Na^++H_2O+CO_2$；$NaOH+H^+ \longrightarrow Na^++H_2O$）；缓冲区间为 6≤pH≤8 时，主要是方钠石、铝酸三钙、方解石的溶解（$[Na_6Al_6Si_6O_{24}] \cdot [2NaOH]+8H^++10H_2O \longrightarrow 8Na^++6H_2SiO_3+6Al(OH)_3$；$Ca_3Al_2(OH)_{12}+6H^+ \longrightarrow 3Ca^{2+}+2Al(OH)_3+6H_2O$；$CaCO_3+2H^+ \longrightarrow Ca^{2+}+H_2O+CO_2$）；缓冲区间为 pH＜6 时，主要是铁氧化物的溶解（FeO，$Fe_2O_3^-OH+H^+ \longrightarrow FeO$，$Fe_2O_3+H_2O$）（Snars et al.，2009；Wissmeier et al.，2011）。从图 2-9 中可以看出，新堆存的赤泥在 pH 为 6~8 时存在较宽的水平缓冲区间，新堆存的赤泥中方钠石、铝酸三钙、方解石的含量较高，堆存了 20 年的赤泥在 pH 为 6~8 的缓冲区间较窄，堆存了 20 年的赤泥中方钠石、铝酸三钙、方解石的含量较少。在自然堆存过程中，赤泥中具有缓冲能力的难溶性碱物质方钠石、铝酸三钙、方解石含量逐渐降低，其在自然条件下发生水解、化学风化、转变，赤泥碱性逐渐降低。

赤泥自然堆存过程中，可溶性碱含量减少、EC 降低、ESP 降低、可溶性 Na 含量及百分含量减少、ANC 变弱及缓冲区间变窄、赤泥碱性逐渐变弱。特别是堆存 15~20 年后，赤泥可溶性碱、EC、ESP、ANC 明显降低，如图 2-10 所示，赤泥碱性显著降低，有利于堆场表层的植物修复及进一步的土壤化。

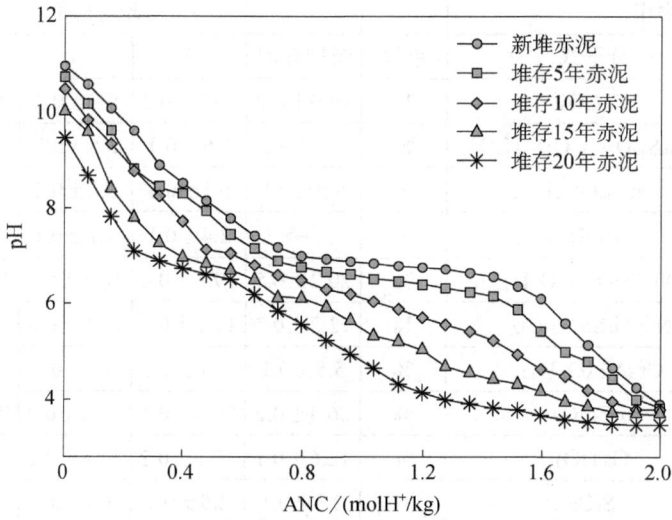

图 2-9　赤泥自然堆存过程中 ANC 的变化特征

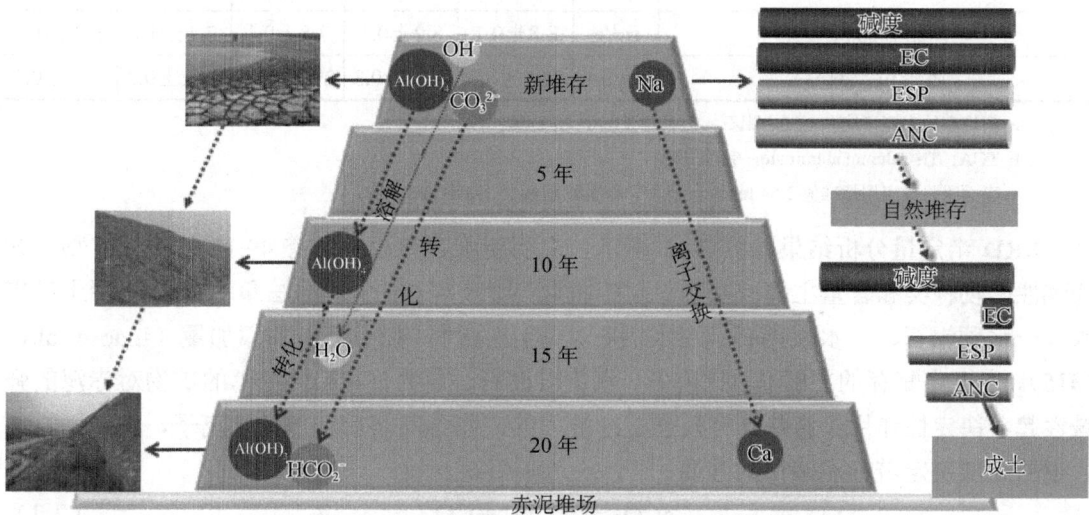

图 2-10　赤泥自然堆存过程中碱性特性变化特征

2.3.5　土壤发生过程中碱性矿物转化特征

不同堆存年限的赤泥矿物相 XRD 及其半定量计算结果（表 2-9）揭示了自然堆存过程中碱性物相的转化。新堆存赤泥中的碱性物质是以方解石（$CaCO_3$）、钙霞石 [$Na_8Al_6Si_6O_{24}$ $(CO_3)(H_2O)_2$]、水化石榴石 [$Ca_3Al_2(SiO_4)_x(OH)_{12-4x}$]、方钠石（$Na_8Al_6Si_6O_{24}Cl_2$）和铝酸三钙 [$Ca_3Al_2(OH)_{12}$] 等矿物状态存在。赤泥中还含有一水硬铝石（$\alpha$-AlOOH）、赤铁矿（$\alpha$-$Fe_2O_3$）、钙钛矿（$CaTiO_3$）和石英（$SiO_2$）等矿物。

表 2-9　不同堆存年限的赤泥物相组成的变化

矿物相			堆存时间/年				
名称	分子式	单位	新堆赤泥	5	10	15	20
方解石	$CaCO_3$	%	10.0±0.2	10.2±0.3	9.7±0.2	8.9±0.3	8.2±0.1
钙霞石	$Na_8Al_6Si_6O_{24}(CO_3)(H_2O)_2$	%	3.6±0.1	3.6±0.1	3.5±0.1	3.6±0.1	3.8±0.1
一水硬铝石	$\alpha\text{-}AlOOH$	%	5.9±0.1	6.1±0.1	6.0±0.2	5.8±0.1	5.9±0.1
三水铝石	$Al(OH)_3$	%	—[a]	2.4±0.1	4.7±0.1	7.1±0.1	8.9±0.2
水化石榴石	$Ca_3Al_2(SiO_4)_x(OH)_{12-4x}$	%	20.2±0.5	19.8±0.4	18.1±0.2	17.5±0.4	16.2±0.3
方钠石	$Na_8Al_6Si_6O_{24}Cl_2$	%	12.2±0.3	11.7±0.2	10.9±0.3	10.1±0.2	9.5±0.2
铝酸三钙[b]	$Ca_3Al_2(OH)_{12}$	%	5.5±0.1	5.4±0.1	5.2±0.1	5.3±0.1	5.2±0.1
赤铁矿	$\alpha\text{-}Fe_2O_3$	%	26.3±0.2	26.4±0.1	26.2±0.2	25.8±0.2	26.0±0.1
钙钛矿	$CaTiO_3$	%	12.6±0.1	12.3±0.2	12.4±0.2	12.2±0.1	12.2±0.2
石英	SiO_2	%	2.5±0.1	2.9±0.1	3.3±0.1	3.7±0.2	4.1±0.2
无定形态矿物		%	62.8±1	60.9±1	59.1±1	57.7±1	56.3±1
弱结晶态矿物		%	22.4±0.6	21.9±0.5	21.6±0.5	21.0±0.4	20.3±0.5
比表面积		m^2/g	8.8±0.1	8.2±0.1	7.8±0.1	7.1±0.1	6.3±0.1
吸附位点数[c]		$\mu mol/g$	33.9±0.3	31.3±0.3	29.9±0.3	27.2±0.3	26.3±0.3

注：a. 新堆存的赤泥可能含有三水铝石，但其含量低于 XRD 检测限；

　　b. TCA，Tri-calcium aluminate，铝酸三钙；

　　c. 表面吸附位点用标准值 3.84 $\mu mol/m^2$ 计算，该标准值源于 Davis and Kent。

　　XRD 半定量分析结果如图 2-11 所示，表明新堆存赤泥中含有 49.1%的碱性矿物，这些碱性矿物种类和含量主要取决于氧化铝提取工艺（拜耳法、烧结法和联合法）、铝土矿来源（一水硬铝石、一水软铝石、三水铝石）、溶出条件，以及石灰的添加量（Liao et al.，2015）。赤泥中赋存的方解石、钙霞石、水化石榴石、方钠石和铝酸三钙的矿物对赤泥的强碱性起着决定性作用。这些具有很强缓冲能力的矿物不断溶解释放碱性离子，各碱性物相含量的高低决定着赤泥碱性的强弱。

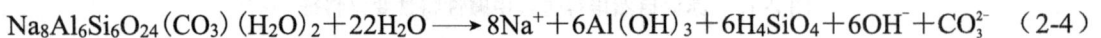

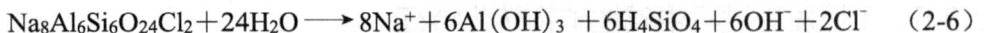

$$CaCO_3 \longrightarrow Ca^{2+} + CO_3^{2-} \tag{2-3}$$

$$Na_8Al_6Si_6O_{24}(CO_3)(H_2O)_2 + 22H_2O \longrightarrow 8Na^+ + 6Al(OH)_3 + 6H_4SiO_4 + 6OH^- + CO_3^{2-} \tag{2-4}$$

$$Ca_3Al_2(SiO_4)_x(OH)_{12-4x} \longrightarrow 3Ca^{2+} + 2Al(OH)_3 + xH_4SiO_4 + (6-4x)OH^- \tag{2-5}$$

$$Na_8Al_6Si_6O_{24}Cl_2 + 24H_2O \longrightarrow 8Na^+ + 6Al(OH)_3 + 6H_4SiO_4 + 6OH^- + 2Cl^- \tag{2-6}$$

$$Ca_3Al_2(OH)_{12} \longrightarrow 3Ca^{2+} + 2Al(OH)_3 + 6OH^- \tag{2-7}$$

　　水化石榴石是赤泥中主要的碱性矿物，通过定量计算结果可知，水化石榴石在自然堆存过程中逐渐溶解并转化为三水铝石见式（2-6），因三水铝石低温下难以溶解，生成的三水铝石稳定存在于赤泥中，赤泥中的三水铝石含量逐年增加。新堆存赤泥中方解石含量为10%，堆存 20 年的赤泥中方解石为 8.2%。方解石在自然堆存过程的转化与酸中和、CO_2 碳化以及热处理等相比明显慢许多（Genc-Fuhrman et al.，2004；Sharif et al.，2011；Zhu et al.，

2015）。从物相半定量结果（表 2-9）可以看出，在自然堆存 20 年的过程中，方解石溶解的量不到 2%，但由于存在新的方解石的形成和沉淀［式（2-9）、式（2-10）］，自然堆存过程中实际溶解的方解石超过 2%。

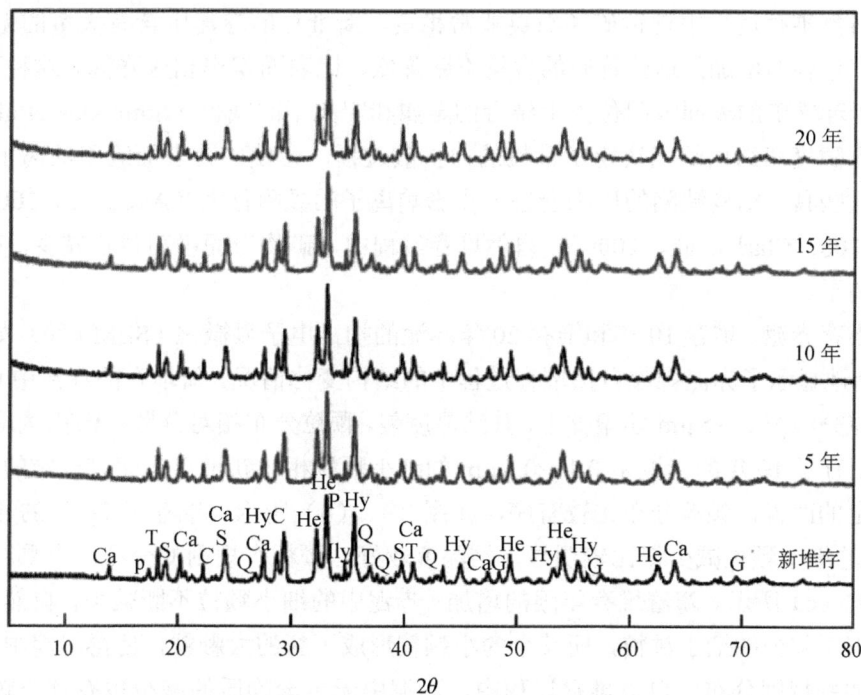

C—方解石；Ca—钙霞石；He—赤铁矿；G—三水铝石；Hy—水化石榴石；P—钙钛矿；
Q—石英；S—方钠石；T—铝酸三钙

图 2-11　不同堆存年限的赤泥 XRD 图谱

方钠石的含量也随着堆存时间的增加而下降，堆存 10 年的赤泥含量减少了 10%，堆存 20 年的赤泥方钠石含量降低了 20%。在自然堆存过程中，赤泥中方钠石慢慢地转化成钙霞石，造成堆存 20 年的赤泥中钙霞石的含量轻微增加（Barnes et al.，1999；Gatta et al.，2012）。但从表 2-9 的结果来看，钙霞石的含量并无明显变化，此现象是赤泥在堆存过程中钙霞石溶解所致。

$$Ca^{2+} + 2OH^- \longrightarrow Ca(OH)_2 \tag{2-8}$$

（Ca^{2+} 和 OH^- 来源于水化石榴石和铝酸三钙的溶解）

$$Ca(OH)_2 + CO_2 \longrightarrow CaCO_3 \tag{2-9}$$

$$Na_8Al_6Si_6O_{24}Cl_2 + CO_3^{2-} + 2H_2O \longrightarrow Na_8Al_6Si_6O_{24}(CO_3)(H_2O)_2 + 2Cl^- \tag{2-10}$$

在堆存过程中，铝酸三钙的溶解比其他具有缓冲特性的碱性矿物更慢，这是因为大多数的铝酸三钙在堆存过程中很稳定（其含量保持在 3.3%左右）。赤泥中水化石榴石、钙霞石和方钠石的溶解与转化导致三水铝石的含量增加（表 2-9），三水铝石也会转化为一水硬铝石，所以一水硬铝石的含量也应有所增加（Murray et al.，2009）。但是表 2-9 的结果表明，赤泥中一水硬铝石的含量维持在 6.0%左右，在自然堆存过程中三水铝石向一水硬铝石转化反应并不活跃。不同堆存年限赤泥的 XRD 及半定量分析也表明，赤泥中含有大量的

赤铁矿，含量大约为 26%，在自然堆存过程中赤铁矿的含量无明显变化。赤铁矿的转化或溶解只有在酸性条件下（pH 为 4～5）才会发生（Snars et al.，2009），在碱性环境下赤铁矿因受到了碱性矿物缓冲作用的限制难以溶解。赤泥中的钙钛矿和石英的含量无明显变化，表明在自然堆存过程中钙钛矿和石英非常稳定。新堆存的赤泥中含有大量的无定形物质，随着堆存年限的增加，这些物质的含量不断降低，比表面积也相应降低。这种下降趋势主要归因于赤铁矿的表面吸附位点上结合的金属和阴离子的减少（Smičiklas et al.，2014）。矿物的孔隙度和结构缺陷决定了颗粒的内扩散过程，会使矿物表面吸附的离子重新排布，赤泥中这些具有结构缺陷的矿物会进一步影响离子的吸附行为（Axe et al.，2002；Castaldi et al.，2008；Clark et al.，2009）。自然堆存过程中，矿物表面吸附位点减少，矿物表面得以释放离子。

新堆存赤泥、堆存 10 年和堆存 20 年赤泥的扫描电子显微镜（SEM）照片如图 2-12 所示，清晰地显示了赤泥颗粒自然堆存过程中的结构变化情况。新堆存的赤泥中 0.1～0.5 μm 细小颗粒分布在 2～5 μm 团聚体上，其结晶度差，颗粒分布相对分散、无序，如图 2-12（a）所示。堆存了 10 年的赤泥中 0.1～0.5 μm 的细小颗粒相比新堆存赤泥有一定的减少，结晶度有一定的改善，颗粒分布比较有序，如图 2-12（b）所示。堆存了 20 年的赤泥中 0.1～0.5 μm 的细小颗粒减少得比较明显，结晶度较好，颗粒有规则的分布，大颗粒有所增加，如图 2-12（c）所示。随着堆存年限的增加，赤泥中的细小颗粒不断减少，自然堆存过程中雨水浸出了部分的细小颗粒，而其余的小颗粒形成了新的大颗粒，使得赤泥中的大团聚体颗粒增加并规则分布。自然堆存过程中，赤泥中无定形物质的减少也有利于颗粒的分布。

(a) 新堆存的赤泥　　　　　　(b) 堆存10年的赤泥　　　　　　(c) 堆存20年的赤泥

图 2-12　不同堆存年限的赤泥 SEM 照片

不同堆存年限的赤泥 Zeta 电位曲线变化趋势如图 2-13 所示，存在较明显的差异。电位滴定过程中，新堆存的赤泥 Zeta 电位曲线倾斜度最大，在 pH 为 5～10 时，Zeta 电位由 27.7 mV 逐渐变为−27.9 mV。堆存了 20 年的赤泥，Zeta 电位曲线具有较小的倾斜度，在相同的 pH 范围内由 17 mV 逐渐降为−17.8 mV。堆存 5 年、10 年和 15 年的赤泥 Zeta 电位曲线变化趋势处于新堆存的赤泥和堆存了 20 年的赤泥之间。电位滴定前，两段水洗已经去除了赤泥中的可溶性碱，赤泥中矿物相的变化主要为碱性矿物相（水化石榴石、方解石、方钠石）的转化与溶解，水化石榴石、方解石、方钠石等矿物的含量控制 Zeta 电位曲线的倾斜趋势。碱性物质含量较高的新堆存赤泥（49.1%）具有较高的 Zeta 电位。随着堆存年限的增加，赤泥中碱性矿物浓度降低，Zeta 电位曲线下降趋势变缓，Zeta 电位也显著降低，Zeta 电位的结果也进一步表明了自然堆存过程中水化石榴石、方解石和方钠石等碱性矿物的转化。

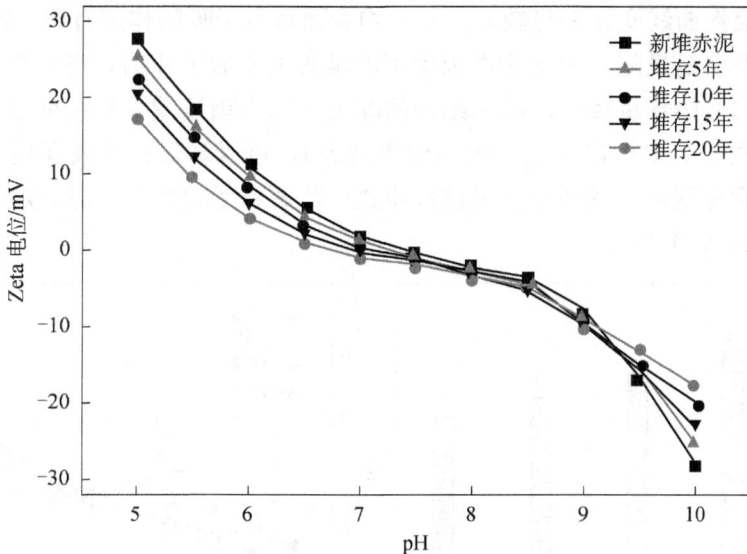

图 2-13　不同堆存年限的赤泥 Zeta 电位曲线

赤泥中无定形物质也随着堆存年限的增加而降低，可能也影响 Zeta 电位曲线的变化。赤泥中无定形物质减少，Zeta 电位曲线变缓。另外，从 SEM 结果可知，新堆存的赤泥中 $0.1 \sim 0.5\ \mu m$ 细小颗粒在自然堆存中减少，部分形成了大团聚体颗粒，赤泥颗粒的分布也影响 Zeta 电位曲线的变化。结合颗粒微观分布特征与 Zeta 电位曲线的变化趋势可知，细小颗粒的减少及大颗粒的形成有利于 Zeta 电位曲线变缓与 Zeta 电位降低。Zeta 电位是矿物表面在一个特定 pH 范围内电荷的反应，为了更加明确地分析赤泥中矿物表面质子化行为，由 Zeta 电位曲线可以计算得到不同堆存年限赤泥的等电点（isoelectric point，pI），如图 2-14（a）所示。从图中可以看出，新堆存的赤泥和各有堆存年限的赤泥（堆存 5 年、10 年、15 年、20 年）之间存在显著差异，新堆存赤泥的 pI 为 7.4，随着堆存时间的增加，pI 不断降低（堆存 20 年降为 6.7）。新堆存赤泥的 pI 显著较高（$p \leqslant 0.05$），有堆存年限赤泥的 pI 显著降低（$p \leqslant 0.05$）。

新堆存赤泥中含有较多碱性物质（水化石榴石、方解石和方钠石），具有较高的 pI；有堆存年限赤泥碱性矿物含量较低，具有较低的 pI。新堆存赤泥和有堆存年限的赤泥之间的矿物学差异仅在于矿物质含量的不同，不同堆存年限的赤泥 pI 的差异与赤泥中碱性矿物的含量密切相关。自然堆存条件下，方解石的溶解产物为 Ca^{2+} 和 CO_3^{2-}，见式（2-3），对 pI 影响很弱。水化石榴石和方钠石在溶解过程中形成了原硅酸聚合物，见式（2-5）、式（2-6），原硅酸聚合物不稳定会缓慢水解，长期堆存过程中导致原硅酸聚合物逐渐以 SiO_2 形式沉淀析出，堆存了 20 年的赤泥中 SiO_2 含量增加了 64%。由于 SiO_2 的 pI 较低（约为 2），新生成的 SiO_2 在有堆存年限的赤泥中含量的升高降低了赤泥 pI。此外，有堆存年限的赤泥 pI 的降低也可能归因于赤泥颗粒分布的变化，细小颗粒的减少和大颗粒的形成降低了赤泥的 pI。赤泥颗粒的这种变化也进一步证实了比表面积的降低。酸碱交换曲线反应的是矿物表面对酸（质子）吸附行为，不同堆存年限赤泥的质子交换曲线有着明显差异。新堆存赤泥的滴定曲线变化趋势较缓，尤其是在较低的 pH 下，其矿物表面质子吸附较多。有堆存年限赤泥的质子交换曲线变化趋势较陡，其矿物表面对质子吸附作用有限。特别是堆存 20 年的赤泥的交换曲线最陡，H^+ 的表面吸附可能是其主要的缓冲剂。在自然堆存过程中，赤泥中碱性矿物质的含量降低，晶体结构的改善（细小颗粒减少和大量团聚体的形成）以及无定形物质的沉淀析出（表面吸附位点减少），可以降低矿物表面质子化和赤泥的 ANC。不同堆存年限赤泥的质子交换曲线也进一步解释了自然堆存过程中赤泥的酸中和行为，如图 2-14（b）所示。

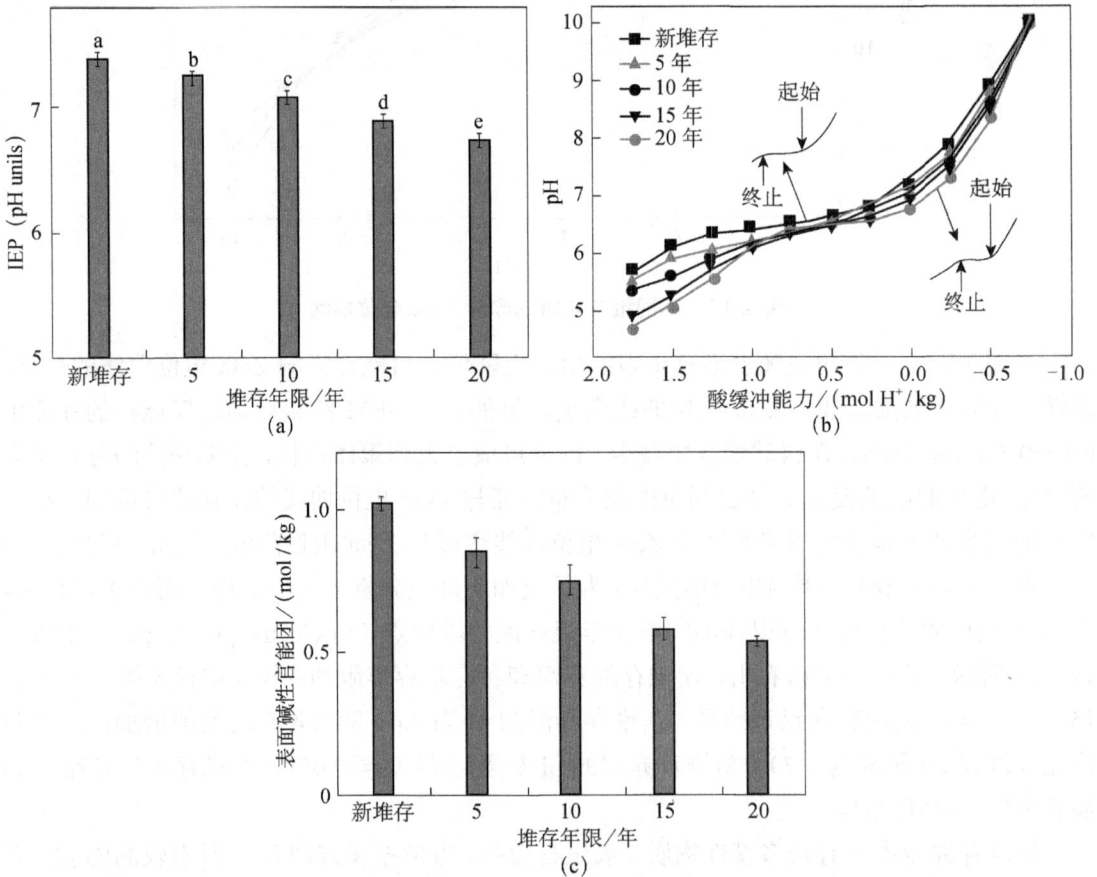

图 2-14　不同堆存年限的赤泥 pI、矿物表面质子交换曲线和碱性官能团的分布

不同堆存年限赤泥的质子交换曲线都存在一定宽度的水平区域，水平区域的宽窄（曲线水平部分的起始位置与终止位置之间的距离）存在明显的差异，其取决于赤泥长期自然堆存过程中矿物表面活性碱性官能团对质子的吸附及脱附行为。水平区域的长度可以反映矿物表面上碱性官能基团的含量，通过质子交换可以半定量地确定矿物表面活性碱性官能团（—OH）的含量，如图 2-14（c）所示。矿物表面活性碱性官能团的结果表明，不同堆存年限的赤泥矿物表面都存在一定的碱性官能团。自然堆存过程中，赤泥矿物表面活性—OH 的变化程度与堆存时间的间隔有些差异。新堆存赤泥的表面碱性—OH 含量为 1.02 mol H^+/kg 赤泥，其

含量显著较高（$P \leq 0.05$），对质子的吸附较强，可在一定程度上持续消耗 H^+，如图 2-14（b）中较宽水平区域，同时维持一个相对稳定的 pH。新堆存的赤泥中矿物表面含有大量的碱性—OH，有堆存年限赤泥的碱性—OH 显著降低，尤其是堆存 20 年的赤泥，其矿物表面的碱性—OH 的含量减少到 0.54 mol H^+/kg 赤泥，降低了 47%。自然堆存过程中，表面活性碱性—OH 的减少一方面是矿物表面质子化降低（本身因素），另一方面是赤泥中矿物在自然风化过程中发生了化学转化与溶解。此外，自然风化过程促进了细小颗粒的减少和大颗粒团聚体的形成，相应的比表面积减小，这些变化均会影响矿物颗粒表面上碱性基团的分布。与此同时，无定形矿物的沉淀析出、矿物结构控制的颗粒内扩散行为的改善，使得表面吸附的碱性—OH 重新分布。表面碱性—OH 的行为进一步阐释了赤泥自然堆存中碱性衍化过程。

2.4　赤泥堆场土壤发生过程的团聚体稳定性

2.4.1　土壤形成过程赤泥团聚体粒径分布

湿筛条件下不同堆存时间赤泥团聚体粒径分布如图 2-15（a）所示。湿筛条件下赤泥团聚体以<0.05 mm 为主，占赤泥团聚体的 30%～55%。1～2 mm 赤泥团聚体所占比例最少，均不超过 15%。对于堆存时间不超过 6 年的赤泥样品（Z1，Z2 和 Z3），其团聚体分配比例从高到低依次为<0.05 mm、0.05～0.25 mm、0.25～1 mm 和 1～2 mm。对于堆存时间超过 10 年的赤泥（Z5 和 Z7），其团聚体分配比例从高到低依次为<0.05 mm、0.25～1 mm、0.05～0.25 mm 和 1～2 mm。湿筛条件下赤泥团聚体平均重量直径（MWD）随着堆存时间增加而增大，MWD 最大为 0.48 mm，最小为 0.18 mm，如图 2-15（b）所示，表明自然风化过程中，赤泥团聚体稳定性得到增强。

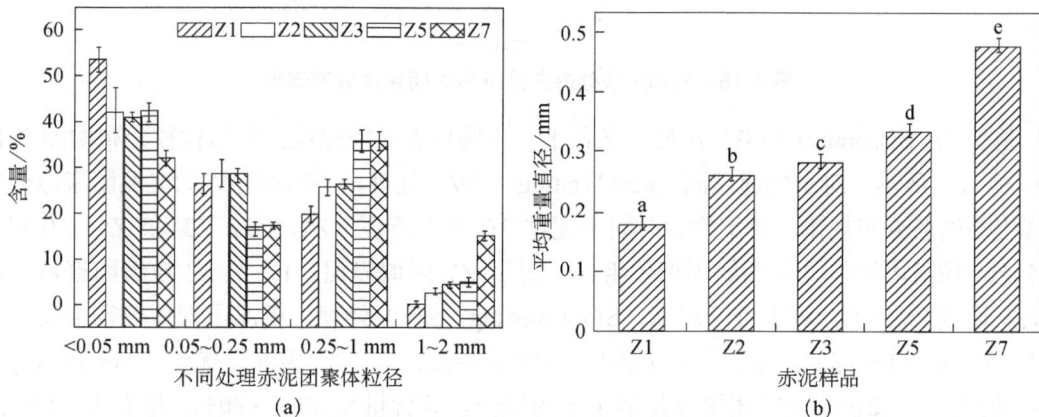

图 2-15　Yoder 法湿筛条件下赤泥团聚体粒径分布（a）及 MWD（b）

自然风化过程对于赤泥细小颗粒的团聚和孔隙的形成可能具有重要的作用。随着堆存时间的增加，1～2 mm 和 0.25～1 mm 粒级团聚体分配比例增长显著。Z1 区域赤泥 1～2 mm 和 0.25～1 mm 粒级团聚体分配比例分别分别为 0.15% 和 19.75%，而 Z7 区域赤泥 1～2 mm 和 0.25～1 mm 粒级团聚体分配比例分别达到 15.13%和 35.60%。因此，Z7 区域赤泥具有良好的团聚体稳定性和物理结构，进而能够支持植物的生长。Asensio 等（2013）发现在铜尾矿生态修复过程中，植被的建立提高了尾矿土壤的 MWD 和水稳性团聚体的含量。植物根系的存在能够束缚较细的颗粒形成稳定的大团聚体，同时提供大量可分解的有机碎片，释放多价金属离子，促进团聚体的形成（Amézketa，1999）。自然植被演替促进了赤泥颗粒的团聚和赤泥表层的稳定，有利于赤泥堆场生态系统的重建。长时间的自然风化过程能够改良退化土壤的理化性质，进而支持植物生长（Bradshaw et al.，2000）。赤泥物理结构退化，限制植物的定植。随着堆存时间的增加，赤泥大团聚体含量和 MWD 显著增加。有机碳含量的增加和盐碱性的降低有利于赤泥团聚体的形成。

应用线性回归分析法计算得到赤泥团聚体粒径分布的分形维数 D。自然风化过程中，赤泥团聚体粒径分布的分形维数均在 2.70～2.85，如图 2-16 所示。由于赤泥颗粒是一种分散的多孔介质，相比于土壤，其结构性状也具有统计意义上的自相似性。随着堆存时间的增加，赤泥团聚体粒径分布的分形维数逐渐降低，表明赤泥团聚体粒径分布逐渐增大，赤泥团聚结构逐步好转。

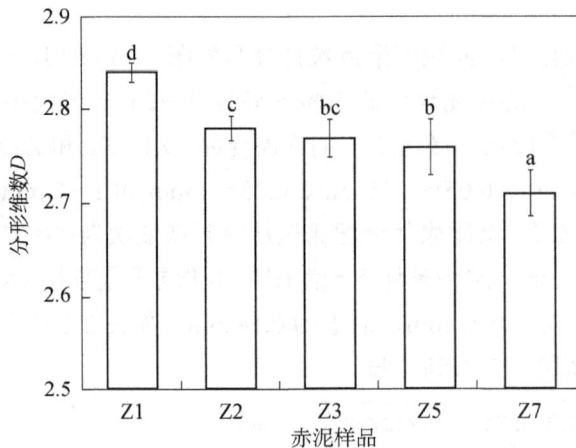

图 2-16 Yoder 法处理条件下赤泥团聚体分形维数

基于 Le Bissonnais（LB）法处理条件下，不同堆存时间赤泥团聚体粒径分布如图 2-17（a）～（c）所示。对于快速湿润（Fast Wetting，FW）处理，不同堆存时间赤泥团聚体分布体现出不同的分布规律。对于堆存时间不超过 10 年的赤泥（Z1，Z2，Z3 和 Z5），0.05～0.25 mm 粒级团聚体是主要的团聚体组分。对于 Z7 区域赤泥，1～2 mm 粒级团聚体含量最高，达到 88.38%。对于慢速湿润（Slow Wetting，SW）处理，赤泥团聚体粒径主要分布在 1～2 mm，这一部分赤泥团聚体含量在 58.48%～92.72%。对于预湿后扰动（Wet Stirring，WS）处理，1～2 mm 粒级团聚体是最主要的组分，其含量在 60%～90%。这表明，FW 处理对于赤泥团聚体的崩解和破碎效果最为明显。LB 法处理条件下不同堆存时间赤泥 MWD 变化如图 2-17（d）～（f）所示。对于 FW 处理，随着堆存时间的增加，赤泥团聚体 MWD 由 0.2 mm 增长到 1.4 mm。这一变化趋势与 Yoder 法处理条件下赤泥团聚体 MWD 变化趋势类似。对于 SW 处理，5 个区域赤泥团聚体 MWD 均在 1.0 mm 以上，Z5 区域赤泥团聚体 MWD

最大，为 1.4 mm。相比 Z5，堆存时间超过 20 年赤泥团聚体 MWD 略有下降。其 MWD 从大到小依次为：Z5＞Z7＞Z3＞Z2＞Z1。对于 WS 处理，所有区域赤泥团聚体 MWD 均在 1.0 mm以上。随着堆存时间的增加，赤泥团聚体 MWD 逐渐增大，由 1.1 mm 增大到 1.4 mm。

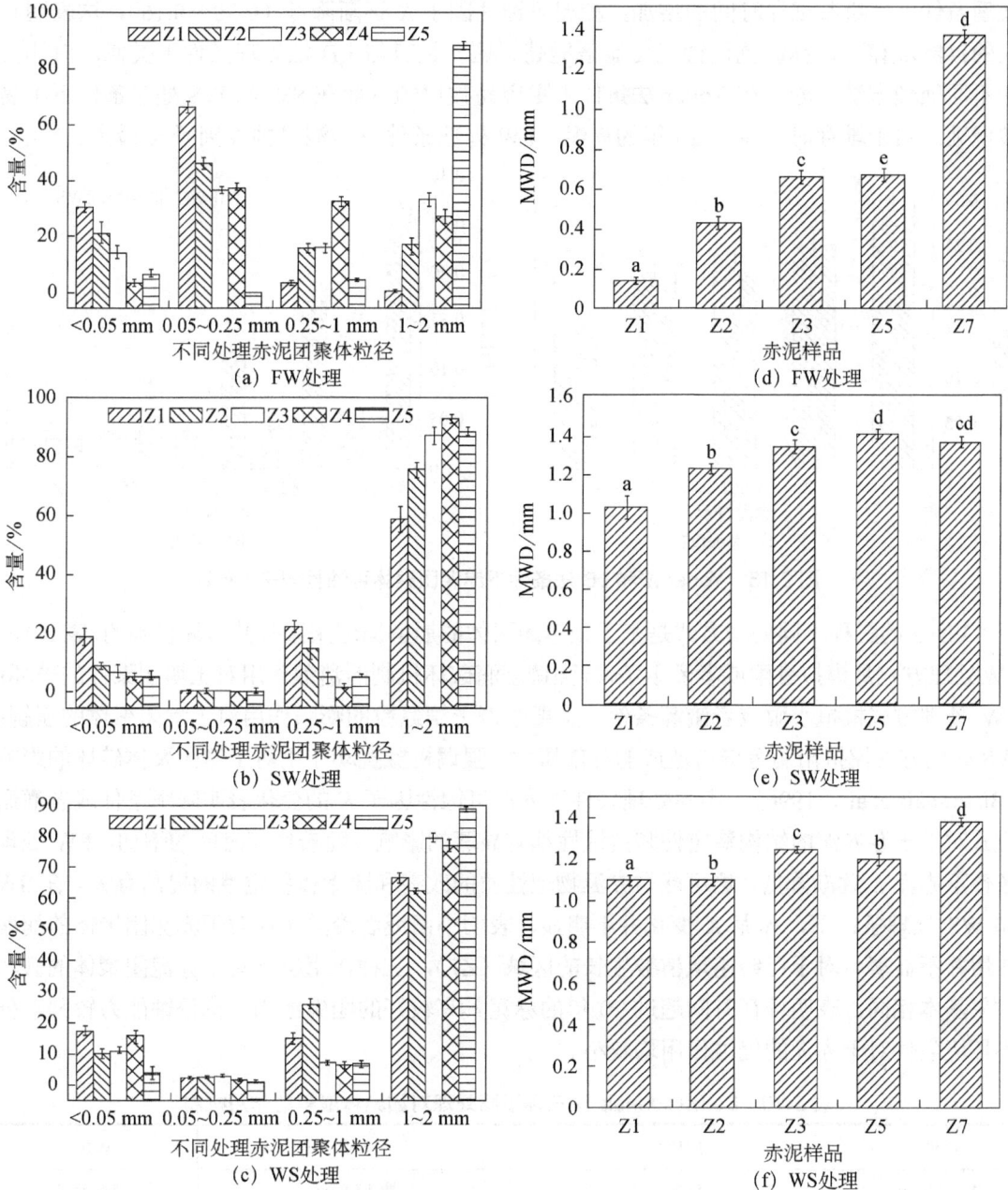

图 2-17　LB 法条件下测定赤泥团聚体粒径分布及 MWD

LB 法处理条件下，堆存时间为 1 年的赤泥（Z1）均表现出较差的团聚体稳定性，包括 FW、SW 和 WS 处理。结果表明：堆存时间越短的赤泥，其结构稳定性越差。随着堆存时间的增加，赤泥团聚体的 MWD 逐渐增大，表明在三种处理条件下，赤泥团聚体稳定性依然不断提高,自然风化过程对于赤泥团聚体的形成和稳定具有显著的积极作用。可蚀性因子 K 作为土壤颗粒团聚和抗蚀性的一个重要指标,K 越大,则土壤稳定性越差(Zhang et al.,2008)。两种不同方法处理条件下,赤泥可蚀性因子 K 变化如图 2-18 所示。Yoder 法处理条件下,随着堆存时间的增加,赤泥可蚀性因子 K 逐渐降低(0.30~0.16),这表明长期的自然堆存下,赤泥抗侵蚀能力显著提高。这一趋势与 LB 法处理条件下类似。对比两种不同处理方法,赤泥在 Yoder 法条件下更容易被侵蚀,而在 SW 和 WS 处理条件下不易被侵蚀。对于堆存时间少于 10 年的赤泥,FW 处理条件下赤泥可蚀性因子 K 最大。

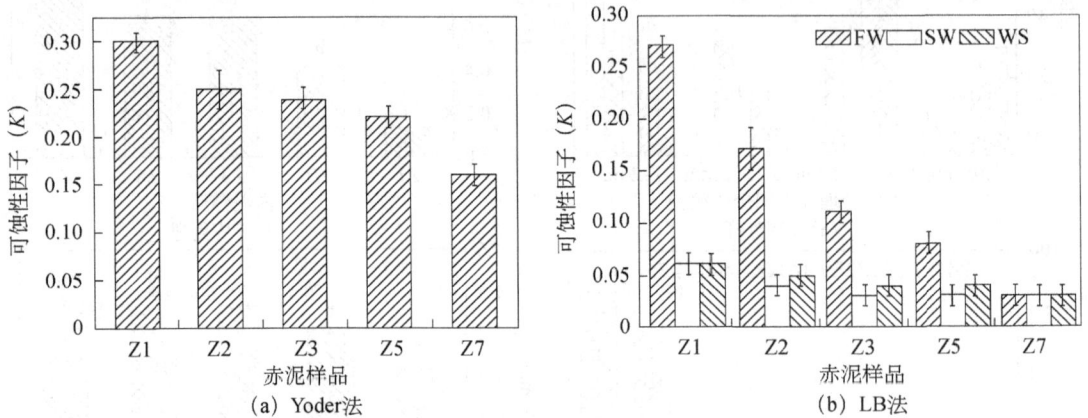

图 2-18　Yoder 法和 LB 法条件下赤泥团聚体可蚀性因子(K)

　　LB 法的三种不同处理方式是基于土壤团聚体的崩解原因来区分其破坏机制的(表 2-10)。FW 处理方式是模拟暴雨或者灌溉条件,强调湿润破坏机制的消散作用对土壤团聚体的破坏;SW 处理方式模拟小雨或者滴灌条件,主要强调土壤黏粒的膨胀作用对土壤团聚体的崩解;WS 处理方式模拟雨滴等撞击造成的外部压力,强调机械扰动作用对土壤团聚体破坏的影响(Bissonnais et al.,1996)。不同处理条件下赤泥可蚀性因子 K 的变化表明降雨条件或者灌溉方式对于堆存赤泥的结构稳定性和抗蚀性都有显著的影响。随着堆存时间的增加,FW 处理条件下赤泥 K 逐渐降低,这可能与赤泥物理性质的改善和团聚体稳定性的提高有关。在 SW 和 WS 处理条件下,赤泥 K 变化并不明显,表明小雨或者滴灌条件对于赤泥团聚体的崩解作用并不显著。对于已经出现植被生长的区域(Z7),三种作用机制对于赤泥团聚体的破坏效果基本相同,表明堆存时间超过 20 年的赤泥具有较好的团聚结构,抗侵蚀能力较强,外界环境条件对于赤泥的侵蚀作用均较小。

表 2-10　Le Bissonnais 法三种不同处理对团聚体崩解的作用机制

处理	FW	SW	WS
作用机制	消散	黏粒膨胀	机械扰动
作用力	湿润过程中的内部压力	黏粒膨胀中的内部压力	外部压力
土壤性质	孔隙度、湿润度、内黏聚力	膨胀势能、黏聚力	黏聚力
作用部位	微团聚体	团聚体	基本单元
崩解强度	大	小	累积

2.4.2　土壤发生过程赤泥团聚体稳定性

电解质对于赤泥团聚体稳定性具有不利的影响。电解质含量、pH、ESP 是促使黏粒分散和絮凝及影响土壤颗粒团聚体的主要影响因素（Bronick et al.，2005）。随着堆存时间的增加，赤泥 pH 由 10.98 降低到 9.45，EC 由 3.73 mS/cm 降低到 0.36 mS/cm，ESP 由 72.51%降低到 28.99%。土壤 pH 增加，极易导致土壤黏粒的分散和团聚体的崩解（Barbosa et al.，2015）。EC 和 pH 的降低对于团聚体稳定性具有积极影响，ESP 的升高降低了赤泥颗粒的团聚。

随着堆存时间的增加，赤泥中交换性钠由 20.28 cmol/kg 降低到 9.81 cmol/kg，交换性钙由 6.96 cmol/kg 增加到 17.40 cmol/kg，交换性镁和交换性钾变化并不明显。通过对不同堆存时间赤泥矿物相分析，发现堆存 1 年的赤泥（Z1）主要矿物相为钠硅渣、硅铝酸钙、二氧化硅和钛酸钙等，而堆存 20 年的赤泥（Z7）主要矿物相为碳酸钙和钛酸钙（图 2-19）。这表明，自然堆存过程中，赤泥含钠矿物逐渐溶解，含钙矿物逐渐增加，这与交换性钠和交换性钙的变化趋势相一致。

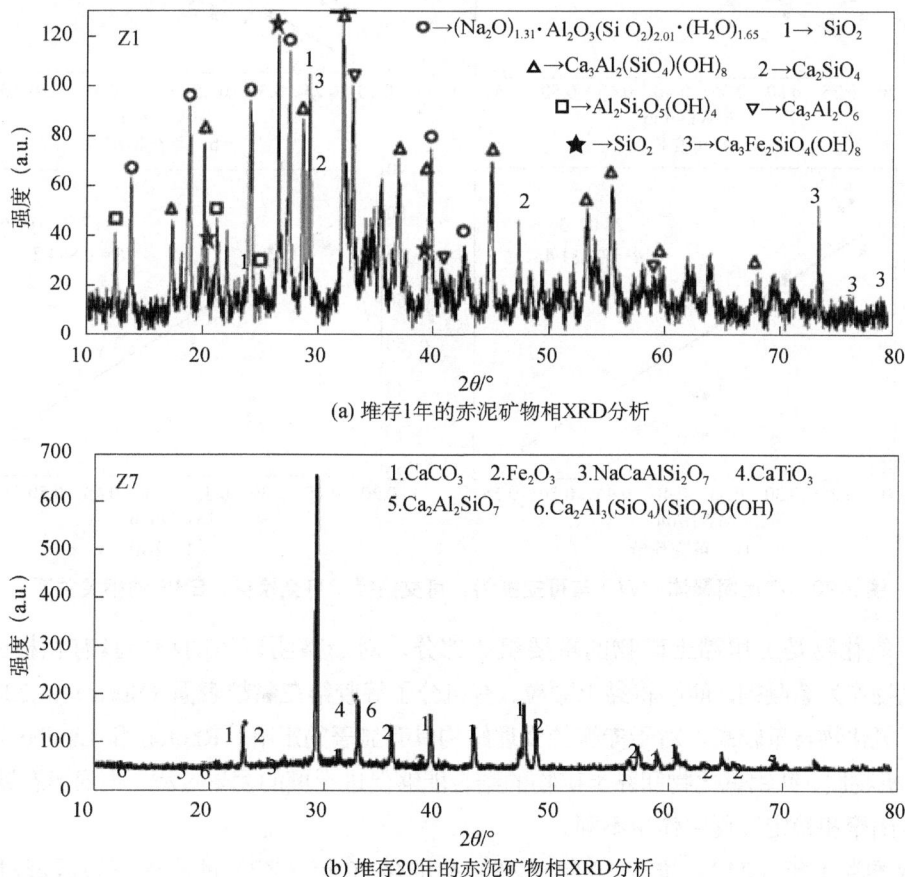

(a) 堆存1年的赤泥矿物相XRD分析

(b) 堆存20年的赤泥矿物相XRD分析

图 2-19　赤泥矿物相 XRD 分析

在 4 种交换性阳离子中，对颗粒絮凝和团聚的作用从大到小依次为 $Ca^{2+} > Mg^{2+} > K^+ > Na^+$。交换性钾对于土壤物理结构和团聚体稳定性作用较小，相关研究显示可能是由于 K^+ 具有较低的水化能（Levy et al.，1995）。交换性钠的存在会导致土壤胶体双电层的扩散，促进黏粒的分散。与 Ca^{2+} 相比，Mg^{2+} 对于黏粒的絮凝作用相对较弱，这主要是由于 Mg^{2+} 具有较小的离子半径，较高的离子势能和水合焓，进而与水分子具有更强的结合力，对黏粒的絮凝具有一定的限制作用（Zhang et al.，2002）。研究结果发现，赤泥团聚体 MWD 和交换性钙和镁呈显著正相关关系（$r=0.895$ 和 0.871，$P<0.01$），与交换性钠和交换性钠百分比呈显著负相关关系（$r=-0.839$ 和 -0.925，$P<0.01$），如图 2-20 所示。这表明自然风化过程中，交换性钙镁含量的增加及交换性钠的减少对于赤泥团聚体的稳定有促进作用。所以钠盐的去除是促进赤泥团聚和植被建立的有效措施。

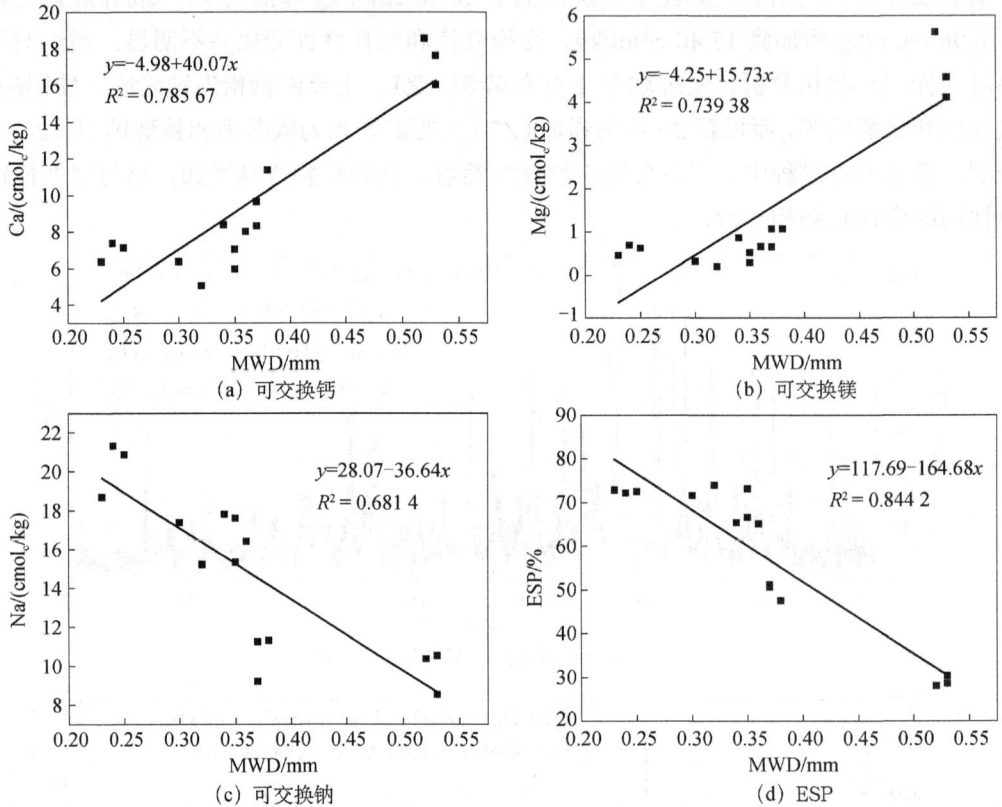

图 2-20　赤泥团聚体 MWD 与可交换钙、可交换镁、可交换钠、ESP 的相关关系

铁铝氧化物是土壤黏土矿物的重要组成部分，对于微团聚体的稳定具有积极的作用，铁铝氧化物作为絮凝剂，能够将黏土颗粒、有机分子等胶结在黏粒表面（Six et al.，2004）。赤泥中铁铝氧化物含量较高，对于赤泥的物理结构具有显著的影响。Rhoton 和 Lindbo（1998）指出：有机物质、铁铝氧化物和黏土矿物的结合能够促进土壤的团聚过程。不同形态铁铝氧化物在颗粒团聚和稳定过程中作用不同。

选取堆存 1 年（Z1）、堆存 10 年（Z5）和堆存 20 年（Z7）的赤泥三块区域对其铁铝氧化物及不同粒径团聚体铁铝氧化物进行分析。在 Z1 区域，游离态氧化铁（Fe_d）和非晶型氧化铝（Al_o）是赤泥中主要的铁铝氧化物形态（表 2-11）。随着堆存时间的增加，铁铝氧化物的分布并未呈现明显的规律性。相关性分析显示，各形态铁铝氧化物含量与赤泥团聚体稳定性无显著相关性。同时，赤泥 0.25～2 mm、0.05～0.25 mm 以及 <0.05 mm 粒径

团聚体中铁铝氧化物含量也并未表现出一定的规律性，各粒径团聚体中游离态、络合态和非晶型铁铝氧化物含量与赤泥团聚体稳定性也不存在显著相关性（图 2-21）。这表明，自然风化过程中，铁铝氧化物在赤泥大团聚体的形成和稳定中作用较小，铁铝氧化物对于赤泥颗粒的团聚作用可能更多地体现在微团聚体上。

表 2-11 赤泥中不同形态铁铝氧化物含量　　　　　　　　　单位：g/kg

铁铝氧化物	赤泥样品				
	Z1	Z2	Z3	Z5	Z7
Fe_d	5.22±0.10a	4.39±0.21a	3.46±0.23a	2.52±0.12c	4.17±0.05b
Al_d	1.66±0.08c	1.82±0.13a	0.67±0.04a	0.79±0.12a	0.85±0.04b
Fe_o	0.65±0.06b	0.87±0.05a	0.15±0.05a	0.60±0.02b	0.07±0.01a
Al_o	6.24±0.09c	5.31±0.22a	2.52±0.16a	4.02±0.03b	0.10±0.01a
Fe_p	0.14±0.01b	0.26±0.03a	0.13±0.01a	0.02±0.01a	0.01±0.01a
Al_p	1.00±0.07c	0.18±0.02a	0.43±0.03a	0.21±0.01b	0.03±0.01a

注：平均值±标准差（n=5），不同字母表示显著差异性（$P<0.05$）。

不同利用方式土壤团聚体稳定性与铁铝氧化物无显著相关性，不同形态铁铝氧化物对大团聚体的胶结作用并不显著（陈山，2012）。团聚体分级理论显示，微团聚体的形成主要是由有机分子（OM）、黏粒（Cl）和多价金属离子（P）胶结形成有机无机复合体（Cl-P-OM），最终形成较大的团聚体[(Cl-P-OM)$_x$]$_y$（Kemper et al.，1986）。一些多价金属离子，包括 Ca^{2+}、Fe^{3+}、Al^{3+}等，能够促进氢氧化物、磷酸盐、碳酸盐等化合物的沉淀。此外，多价金属离子可作为离子桥，连接黏土矿物和有机质，促使黏粒团聚。Jozefaciuk 和 Czachor（2014）发现添加1%～2%的铁铝氢氧化物，可以降低土壤团聚体水稳性，同时 0.05 mm 粒径左右的团聚体含量有所增加，表明铁铝氢氧化物能够促进土壤微团聚体形成，而不是大团聚体的稳定。有机碳的缺乏是赤泥堆场实现植被重建的主要限制因素之一。矿区土壤修复过程中，有机质和腐殖质的形成和增加决定着成土过程的快慢程度（Filcheva et al.，2000）。随着堆存时间的增加，赤泥各粒径团聚体中有机碳均呈上升趋势（表 2-12）。在 0.25～2 mm 粒径团聚体中，赤泥有机碳含量由 6.13 g/kg 增加到 9.03 g/kg，而在 0.05～0.25 mm 和＜0.05 mm 粒径团聚体中，赤泥有机碳含量增加更为显著，分别由 2.75 g/kg 增加到 11.56 g/kg 和由 1.56 g/kg 增加到 8.82 g/kg。

在有机碳分离过程中，＞0.25 mm 赤泥团聚体中有机碳为高活性有机碳，0.05～0.25 mm 赤泥团聚体中有机碳为低活性有机碳，而＜0.05 mm 赤泥团聚体中有机碳为顽固性有机碳。随着堆存时间的增加，低活性有机碳含量显著增加。当堆存时间超过 10 年后，赤泥团聚体中低活性有机碳含量比高活性有机碳高。这表明自然风化过程中，赤泥中高活性有机碳可能转变为低活性有机碳或顽固性有机碳。随着堆存时间的延长，赤泥中矿物颗粒的生长，植物根系的活动以及根际微生物的代谢，促使赤泥中有机碳含量的增加，进而改善赤泥的物理结构。由于微生物优先分解赤泥团聚体中活性有机碳，因此顽固性有机碳含量增加明显。同时，有机碳含量的增加速度大于有机碳的分解速度，因此 0.25～2 mm 粒径赤泥团聚体中有机碳含量也呈现上升趋势。由于活性有机碳的分解，赤泥有机碳库逐渐趋于稳定，这也可能与赤泥中微团聚体的保护作用有关（Tisdall et al.，1982）。团聚体形成理论指出（Bronick et al.，2005），外层团聚体建立在内层团聚体之上，外层团聚体中输入碳源越多，则内部微团聚体中包含的顽固性有机碳就更多。

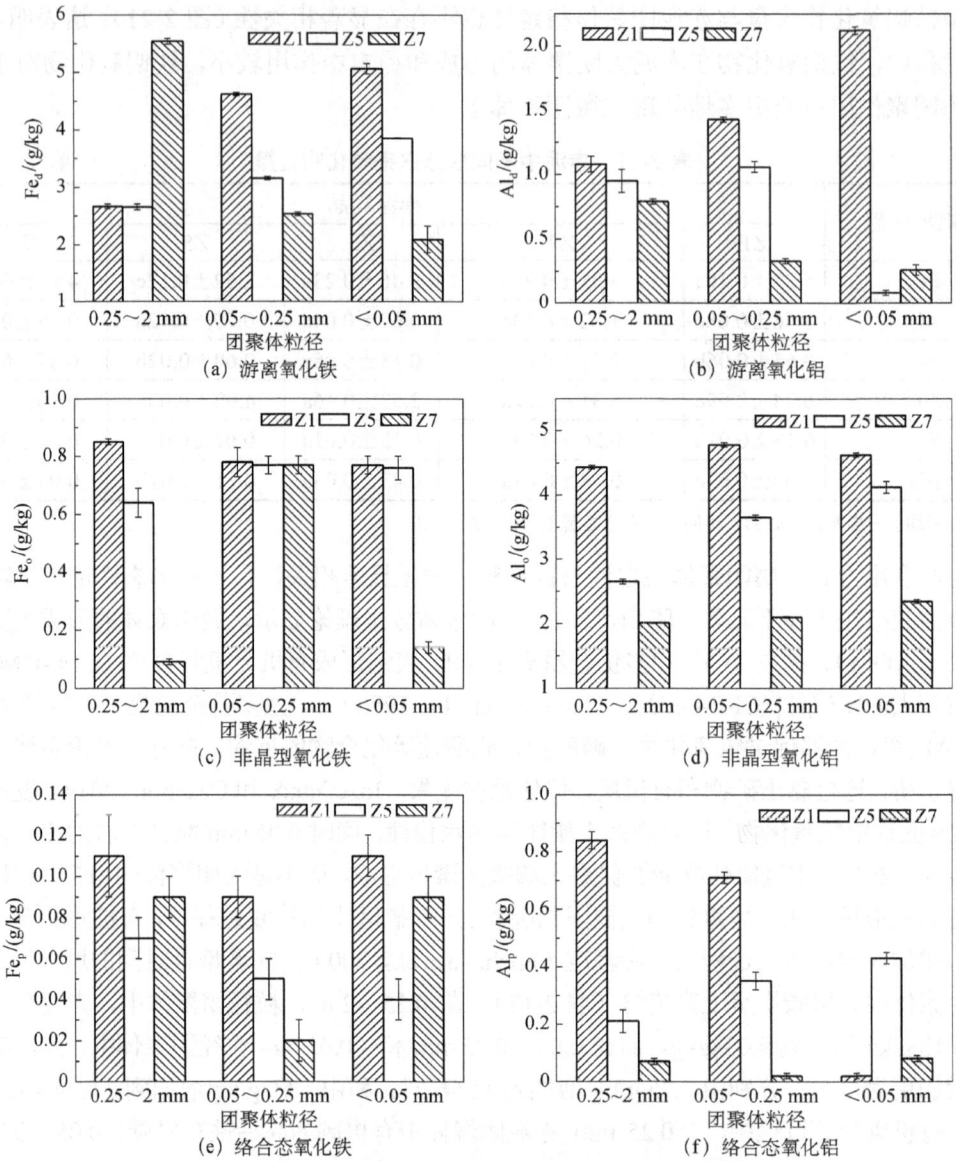

图 2-21 不同粒径赤泥团聚体中各形态氧化铁铝含量分布

表 2-12 赤泥团聚体中有机碳含量分布

样品	各粒径团聚体有机碳含量/（g/kg）		
	0.25~2 mm	0.05~0.25 mm	<0.05 mm
Z1	6.13±1.22a	2.75±0.61a	1.56±0.51a
Z2	7.01±0.91ab	4.75±0.74b	3.78±0.69b
Z3	7.35±0.42ab	6.83±0.49c	3.64±0.46b
Z5	7.67±0.37b	9.28±0.43d	5.57±0.38c
Z7	9.03±0.38c	11.56±0.31e	8.82±0.38d

注：平均值±标准差（n=5）；不同字母表示显著差异性（$P \leqslant 0.05$）。

赤泥团聚体稳定性与有机碳含量显著相关。从图 2-22 中可以看出，赤泥团聚体 MWD 和不同粒径（0.25～2 mm、0.05～0.25 mm 及＜0.05 mm）团聚体中有机碳含量均呈正相关关系（r 分别为 0.855、0.921 和 0.967，$P<0.01$）。Jones 等（2011）发现家禽粪肥的添加可促进赤泥中的微生物数量，进而提高赤泥团聚体稳定性，微生物和植物根系分泌的多糖类胶结物质对于促进赤泥团聚也具有积极作用。Yu 等（2012）发现向土壤中长期添加有机粪肥，能够显著增加黏粒和粉粒中有机碳含量，促进土壤微团聚体和大团聚体稳定性。一些有机废物，如家禽粪肥、秸秆和甘蔗渣等，对于堆场上基质结构和植被的生长可能是比较有效的改良剂。

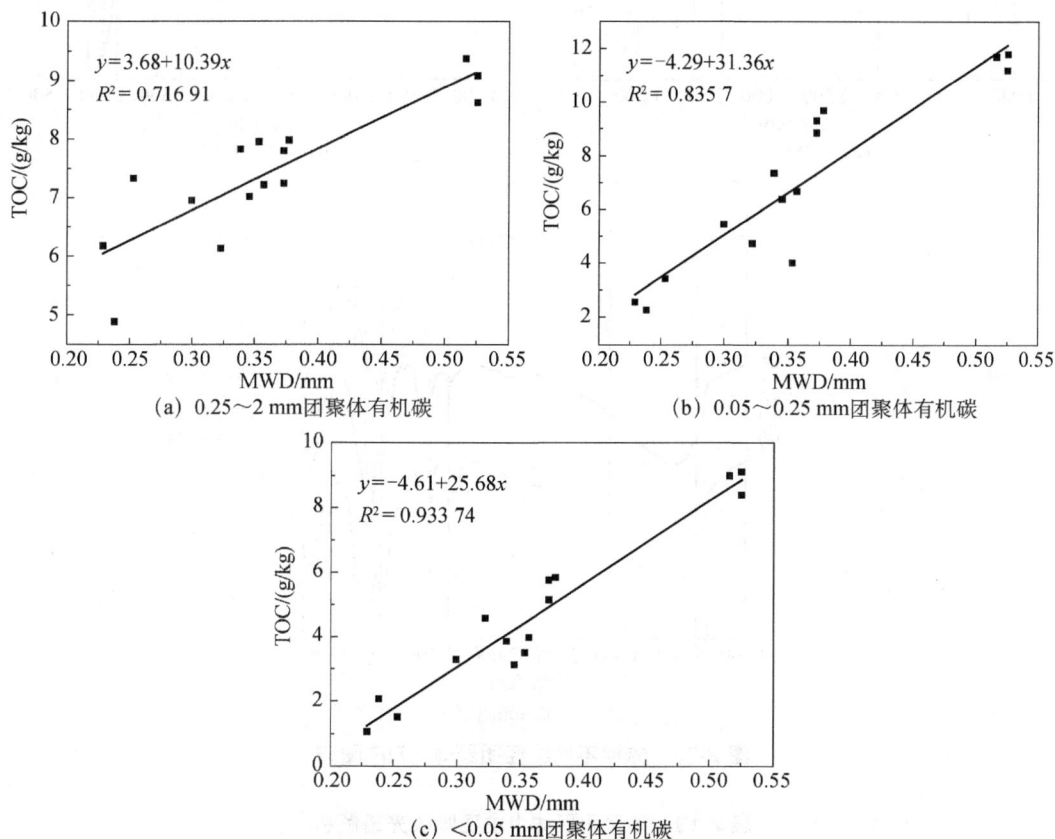

(a) 0.25～2 mm团聚体有机碳

(b) 0.05～0.25 mm团聚体有机碳

(c) ＜0.05 mm团聚体有机碳

图 2-22　赤泥团聚体稳定性与各粒径团聚体有机碳含量相关关系

选取堆存 1 年（Z1）、10 年（Z5）和 20 年（Z7）的赤泥，对其团聚体中有机碳官能团进行进一步分析。赤泥不同粒径团聚体的傅里叶红外光谱（Fourier Transform Infrared Spectrometer，FTIR）分析如图 2-23 所示。不同堆存时间赤泥团聚体中 FTIR 光谱变化较为明显的区域为图 2-23 中竖线所示，其代表的有机碳官能团见表 2-13，从中可以看出，赤泥不同粒径团聚体中有机碳官能团以酚类碳、烷基碳、酮类碳、芳香碳、脂肪碳、烯烃碳和胺类碳为主。芳香碳和烯烃碳相对含量最高，而酚类碳和胺类碳成分在赤泥中含量最低。随着堆存时间的增加，有机碳官能团种类变化并不明显（表 2-14）。

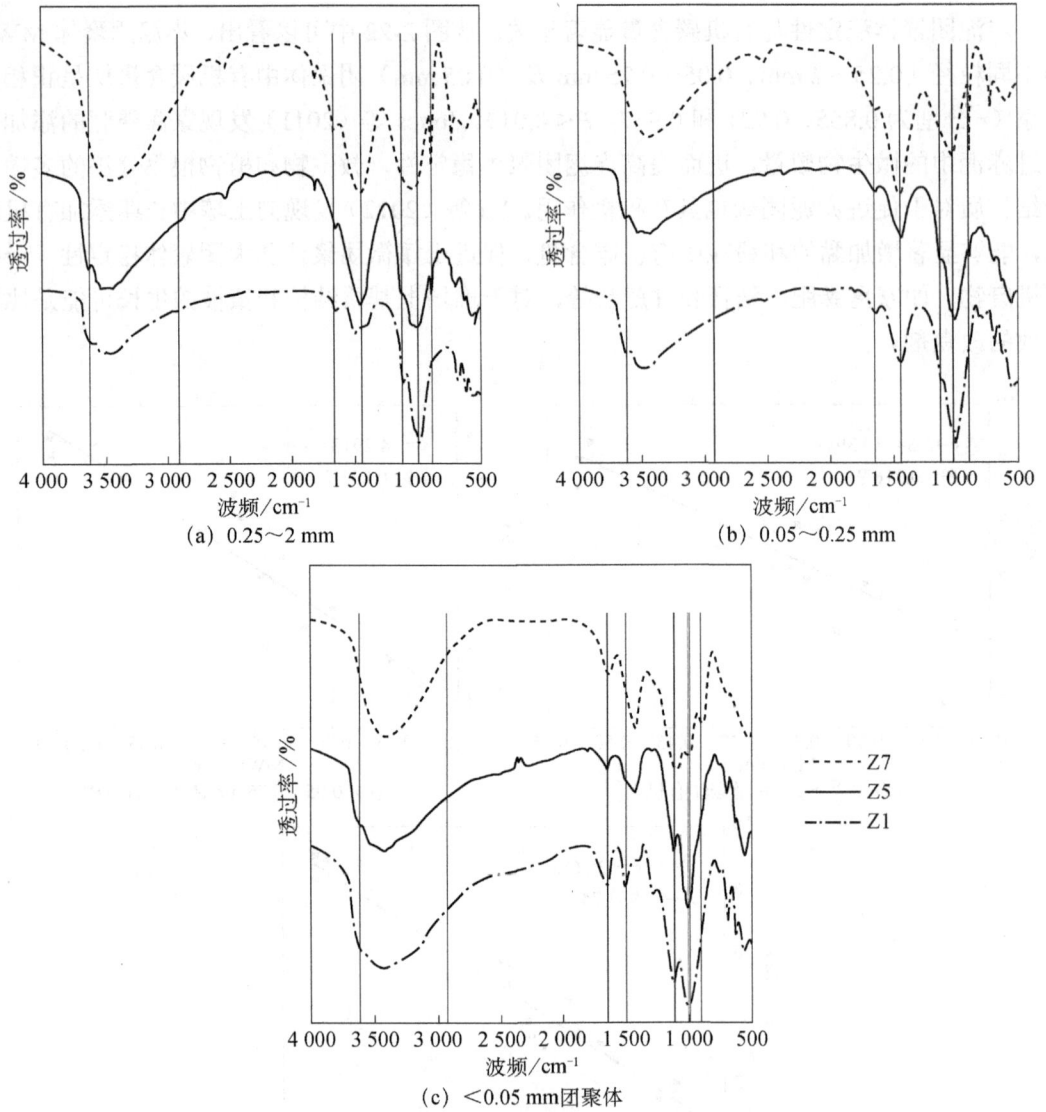

(a) 0.25～2 mm

(b) 0.05～0.25 mm

(c) ＜0.05 mm团聚体

图 2-23 赤泥不同粒径团聚体 FTIR 图谱

表 2-13 赤泥团聚体中主要吸收光谱解析

Z1/cm⁻¹	Z5/cm⁻¹	Z7/cm⁻¹	分子键	有机碳官能团
3 619	3 624	3 622	O—H 伸缩振动或游离羟基	酚类
2 916	2 871	2 875	C—H 伸缩振动	烷基类
1 791	1 797	1 800	C≡O 伸缩振动	酮类
1 430	1 420	1 428	C—C 伸缩振动	芳香类
1 115	1 108	1 112	C—N 伸缩振动	脂肪类
997	991	1 002	≡C—H 弯曲振动	烯烃类
869	844	871	N—H 伸缩振动	胺类

表 2-14　赤泥不同粒径团聚体中有机碳官能团含量半定量分析

赤泥样品	有机碳官能团含量/%						
	酚类碳	烷基碳	酮类碳	芳香碳	脂肪碳	烯烃碳	胺类碳
0.25～2 mm							
Z1	0.64c	10.16a	4.02c	34.59c	12.77c	36.14c	1.69b
Z5	0.39a	12.06b	2.55b	32.23b	12.10b	38.91b	1.76b
Z7	0.41b	10.04a	1.24a	37.34a	12.02a	37.88a	1.07a
0.05～0.25 mm							
Z1	0.97c	10.17b	5.89c	33.40a	10.21c	38.64c	0.71a
Z5	0.60b	10.07a	5.26b	38.27b	9.30a	35.73b	0.77a
Z7	0.02a	10.16b	4.46a	44.51c	9.03b	28.21a	3.61b
<0.05 mm							
Z1	0.02a	10.05b	10.17c	20.18a	4.13c	54.43c	1.02a
Z5	0.30b	10.03a	8.22b	37.95b	3.15b	38.01b	2.34b
Z7	0.36b	10.03a	7.69a	49.80c	5.12a	23.82a	3.18c

注：不同字母表示显著差异性（$P<0.05$）。

在 0.25～2 mm 和 0.05～0.25 mm 赤泥团聚体中，烷基碳、芳香碳、脂肪碳和烯烃碳组分相对较高，是最主要的有机碳官能团种类。这表明大团聚体的稳定过程中，植物提供的碳源和有机质的分解对于有机碳成分的变化作用最为明显（Verchot et al.，2011）。芳香碳和烯烃碳在赤泥大团聚体中含量最高。在 <0.05 mm 赤泥团聚体中，烷基碳、酮类碳、芳香碳和烯烃碳是最主要的有机碳成分。赤泥不同粒径团聚体中有机碳官能团含量半定量分析显示，在自然风化过程中，各组分有机碳含量均有一定增加，这与各粒径团聚体有机碳含量变化趋势相一致。随着团聚体粒径的增加，酮类碳和脂肪碳相对含量逐渐减少。随着堆存时间的增加，烷基碳、脂肪碳和烯烃碳含量显著增加，且主要体现在大团聚体中，芳香碳的增加主要体现在微团聚体中，这表明赤泥微团聚体中有机碳较大团聚体中更为稳定。由于微生物的优先分解作用，稳定性的有机碳含量逐渐增多。微生物分解过程中，有机碳逐渐趋于稳定，且逐渐聚集在 <0.05 mm 团聚体中，这部分团聚体中有机碳最为稳定（George et al.，2010）。烷基碳、脂肪碳和烯烃碳在赤泥团聚体中含量较高，且这几种有机碳最为活跃，对于赤泥大团聚体中有机碳的增加贡献最大。对赤泥团聚体有机碳官能团的 FTIR 光谱分析显示，随着堆存时间的增加，赤泥微团聚体中有机碳较大团聚体中有机碳更为稳定。

2.4.3　土壤发生过程赤泥团聚体有机碳组分分异

自然风化过程中，赤泥团聚体轻组有机碳（Light Fraction Organic Carbon，LFOC）含量变化如表 2-15 所示。堆存时间为 1 年、10 年和 20 年的赤泥团聚体 LFOC 含量变化范围分别为 0.029～0.039 g/kg、0.029～0.066 g/kg、0.086～0.241 g/kg。赤泥 0.25～1 mm 团聚体 LFOC 含量最高，Z1 和 Z5 区域赤泥 0.05～0.25 mm 团聚体 LFOC 含量最低，Z7 区

域赤泥 1～2 mm 团聚体 LFOC 含量最低。自然风化过程中，各粒级赤泥团聚体 LFOC 含量大体上达到差异显著水平（$P<0.05$），只在赤泥 1～2 mm、0.05～0.25 mm 团聚体中 Z1 和 Z5 区域赤泥团聚体 LFOC 含量差异呈现不显著水平（$P>0.05$）。各粒径赤泥团聚体 LFOC 含量均表现为 Z1<Z5<Z7，表明随着堆存时间的增加，赤泥 LFOC 含量呈上升趋势。

表 2-15　赤泥团聚体轻组有机碳（LFOC）含量　　　　单位：g/kg

团聚体粒径/mm	Z1	Z5	Z7
1～2	0.032±0.01a	0.035±0.01a	0.086±0.01b
0.25～1	0.039±0.01a	0.066±0.01b	0.241±0.01c
0.05～0.25	0.029±0.01a	0.029±0.01a	0.184±0.01b
<0.05	0.034±0.01a	0.051±0.01b	0.175±0.01c

注：列中小写字母不同，表明不同时间存在显著差异，显著水平 $P<0.05$。

赤泥自然堆存过程中，不同粒级赤泥团聚体 LFOC 分配比例如表 2-16 所示，Z1、Z5、Z7 三块区域 LFOC 分配比例分别为 0.52%～0.71%、0.36%～0.86%、0.77%～2.06%。其中，LFOC 在 0.25～1 mm 赤泥团聚体中分配比例最高，Z1 和 Z5 区域 LFOC 在 0.05～0.25 mm 赤泥团聚体中分配比例最低，而 Z7 区域 LFOC 在 1～2 mm 赤泥团聚体中分配比例最低。自然风化过程中，不同堆存时间赤泥团聚体 LFOC 分配比例大体上达到差异显著水平（$P<0.05$），其中 0.05～0.25 mm、<0.05 mm 团聚体中 Z1 和 Z5 区域赤泥团聚体 LFOC 分配比例差异呈现不显著水平（$P>0.05$）。LFOC 在 1～2 mm、0.05～0.25 mm 赤泥团聚体中分配比例均表现为 Z5<Z1<Z7，在 0.25～1 mm、<0.05 mm 赤泥团聚体中分配比例表现为 Z1<Z5<Z7，这表明自然风化过程和自然植被侵蚀逐步提升了赤泥有机碳库质量。

表 2-16　赤泥团聚体轻组有机碳（LFOC）分配比例　　　　单位：%

团聚体粒径/mm	Z1	Z5	Z7
1～2	0.56±0.02b	0.41±0.01a	0.77±0.01c
0.25～1	0.71±0.02a	0.86±0.01b	2.06±0.03c
0.05～0.25	0.52±0.01a	0.36±0.01a	1.49±0.02b
<0.05	0.63±0.02a	0.68±0.01a	1.52±0.02b

赤泥自然风化过程中团聚体重组有机碳（Heavy Fraction Organic Carbon，HFOC）含量变化如表 2-17 所示。不同堆存时间赤泥团聚体 HFOC 含量变化范围分别为 5.36～5.69 g/kg、7.46～8.49 g/kg、11.06～12.11 g/kg。经过 20 年的自然堆存，1～2 mm、0.25～1 mm、0.05～0.25 mm 和<0.05 mm 粒径赤泥团聚体中 HFOC 含量显著升高。Z1 和 Z5 区域赤泥均表现为 1～2 mm 团聚体 HFOC 含量最高，<0.05 mm 团聚体 HFOC 含量最低。Z7 区域赤泥中 0.05～0.25 mm 团聚体 HFOC 含量最高，1～2 mm 团聚体 HFOC 含量最低。自然风化过程中，不同堆存年份中各粒径赤泥团聚体 HFOC 含量差异显著（$P<0.05$）。各粒径赤泥团聚体 HFOC 含量均表现为 Z1<Z5<Z7。

表 2-17　赤泥团聚体重组有机碳（HFOC）含量　　　　　单位：g/kg

团聚体粒径/mm	Z1	Z5	Z7
1～2	5.69±0.46a	8.49±1.03b	11.06±1.08c
0.25～1	5.41±0.51a	7.51±0.25b	11.46±1.12c
0.05～0.25	5.45±0.39a	7.95±0.64b	12.11±1.35c
<0.05	5.36±0.35a	7.46±0.57b	11.29±1.29c

注：列中小写字母不同，表明不同时间存在显著差异，显著水平 $P<0.05$。

赤泥自然风化过程中团聚体 HFOC 分配比例如表 2-18 所示。不同堆存时间赤泥团聚体 HPOC 分配比例变化范围分别为 98.65%～99.02%、98.61%～99.11%、97.24%～98.73%，这表明赤泥有机碳组分以 HFOC 为主。随着堆存时间的增加，各粒径赤泥团聚体中 HFOC 分配比例基本一致。不同堆存时间赤泥均表现为 0.25～1 mm 团聚体 HFOC 分配比例最低，Z1、Z5 和 Z7 区域赤泥 1～2 mm 团聚体 HFOC 分配比例最高。赤泥成土过程中团聚体 HFOC 分配比例差异显著（$P<0.05$）。随着堆存时间的增加，HFOC 在赤泥团聚体中分配比例大体呈现略微下降的趋势，这表明赤泥团聚体有机碳活性在逐渐升高。

表 2-18　赤泥团聚体重组有机碳（HFOC）分配比例　　　　　单位：%

团聚体粒径/mm	Z1	Z5	Z7
1～2	99.02±1.67b	99.11±1.59c	98.73±1.62a
0.25～1	98.65±2.01b	98.61±2.41a	97.24±1.34c
0.05～0.25	98.83±1.22b	99.05±2.16b	98.05±2.51a
<0.05	98.76±2.57b	98.84±2.33a	98.03±2.48c

注：列中小写字母不同，表明不同时间存在显著差异，显著水平 $P<0.05$。

由于 HFOC 是赤泥团聚体的主要组分，将不同堆存时间 0.25～2 mm 团聚体重组经过六偏磷酸钠分散后，得到团聚体内粗颗粒、团聚体内细颗粒和矿物结合态颗粒三种有机碳组分。HFOC 中各颗粒有机碳含量如图 2-24 所示。从图中可以看出，赤泥 HFOC 以粗颗粒和矿物结合态有机碳组分为主，细颗粒有机碳含量最低。随着堆存时间的增加，粗颗粒有机碳含量增加最为显著，而细颗粒和矿物结合态颗粒有机碳含量变化规律并不明显。赤泥大团聚体重组不同颗粒有机碳中，细颗粒有机碳贡献率最低，矿物结合态颗粒有机碳贡献率次之，粗颗粒有机碳贡献率最高。随着堆存时间的增加，赤泥大团聚体重组中细颗粒有机碳贡献率逐渐降低。自然风化过程中，赤泥团聚体颗粒有机碳（Particle Organic Carbon，POC）含量变化如表 2-19 所示。不同堆存时间赤泥团聚体 POC 含量变化范围分别为 1.21～1.85 g/kg、2.62～2.95 g/kg、3.52～4.15 g/kg。随着堆存时间的增加，赤泥各粒径团聚体 POC 含量均显著增加，各粒径赤泥团聚体 POC 含量均表现为 Z1<Z5<Z7。赤泥 POC 含量在 1～2 mm 团聚体中最高，在 0.05～0.25 mm 团聚体中最低。

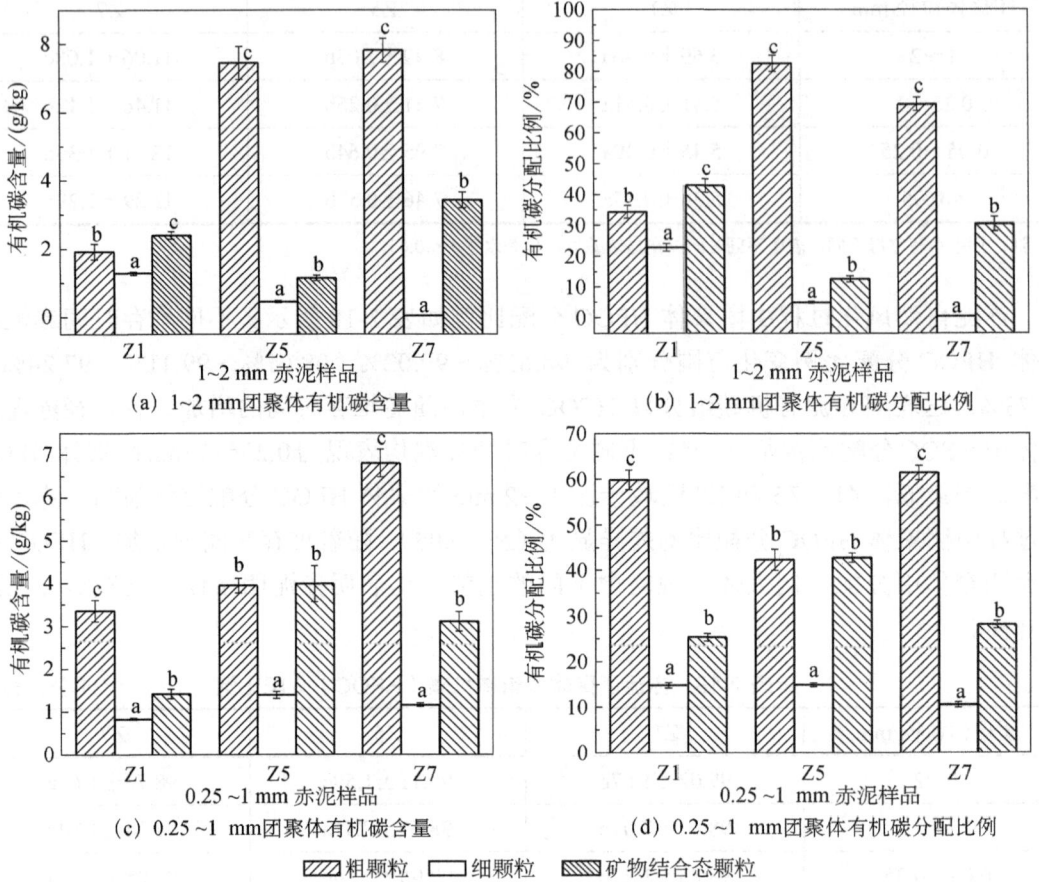

(a) 1~2 mm团聚体有机碳含量

(b) 1~2 mm团聚体有机碳分配比例

(c) 0.25~1 mm团聚体有机碳含量

(d) 0.25~1 mm团聚体有机碳分配比例

图 2-24　赤泥大团聚体重组不同颗粒有机碳含量及分配比例

表 2-19　赤泥团聚体颗粒有机碳（POC）含量　　　　　　　　单位：g/kg

团聚体粒径/mm	Z1	Z5	Z7
1~2	1.85±0.25a	2.95±0.13b	4.15±0.42c
0.25~1	1.63±0.16a	2.71±0.25b	3.81±0.36c
0.05~0.25	1.21±0.12a	2.62±0.21b	3.52±0.32c
<0.05	1.57±0.18a	2.83±0.16b	3.85±0.24c

注：列中小写字母不同，表明不同时间存在显著差异，显著水平 $P<0.05$。

　　自然风化过程中，赤泥团聚体 POC 分配比例如表 2-20 所示。不同堆存时间赤泥团聚体 POC 分配比例变化范围为 21.24%~28.65%、20.46%~27.28%、25.64%~29.16%。不同堆存时间赤泥 POC 在 1~2 mm 团聚体中分配比例最高，<0.05 mm 团聚体中次之，在 0.05~0.25 mm 团聚体中分配比例最低。随着堆存时间的增加，赤泥团聚体 POC 分配比例保持相对稳定，变化不明显。

表 2-20 赤泥团聚体颗粒有机碳（POC）分配比例　　　　　单位：%

团聚体粒径/mm	Z1	Z5	Z7
1～2	28.65±1.32b	27.28±1.35a	29.16±1.08c
0.25～1	25.78±1.08b	23.45±1.64a	26.48±1.46c
0.05～0.25	21.24±0.64b	20.46±1.21a	25.64±1.22c
<0.05	28.46±1.48c	26.72±1.43a	28.12±0.98b

注：列中小写字母不同，表明不同时间存在显著差异，显著水平 $P<0.05$。

通过对各粒径赤泥团聚体内 POC 的物理组分进一步分析如图 2-25 和图 2-26 所示，结果显示：自然风化过程中赤泥团聚体内各 POC 含量均呈增加趋势。赤泥各粒级团聚体内 POC 含量由高到低依次为 1～2 mm，0.25～1 mm，<0.05 mm，0.05～0.25 mm。赤泥团聚体内各 POC 中，Mineral$_{<0.05\,mm}$ 含量最高，其后依次为 oPOM$_{1.6～2.0}$，fPOM$_{<1.6}$，Mineral$_{>0.05\,mm}$ 和 oPOM$_{<1.6}$。对于>0.05 mm 各粒级赤泥团聚体，Mineral$_{>0.05\,mm}$ 分配比例最高，达到 40%～50%，fPOM$_{<1.6}$ 分配比例最低，为 8%～13%。对于<0.05 mm 粒级团聚体，Mineral$_{<0.05\,mm}$ 分配比例最高，达到 40%～45%，fPOM$_{<1.6}$ 分配比例最低，为 8%～13%。这表明矿物结合有机碳是最主要的赤泥团聚体内 POC，而游离 POC 在赤泥团聚体内 POC 中占比最少。

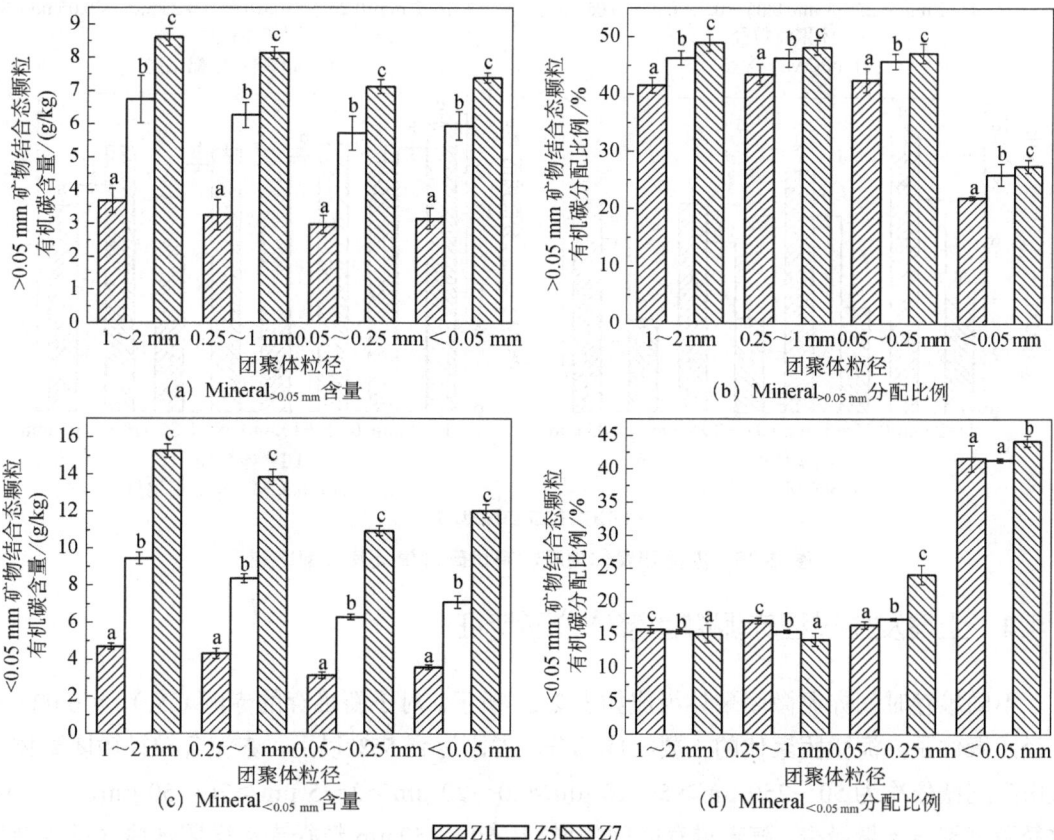

图 2-25 赤泥团聚体内矿物结合态颗粒有机碳含量及其分配比例

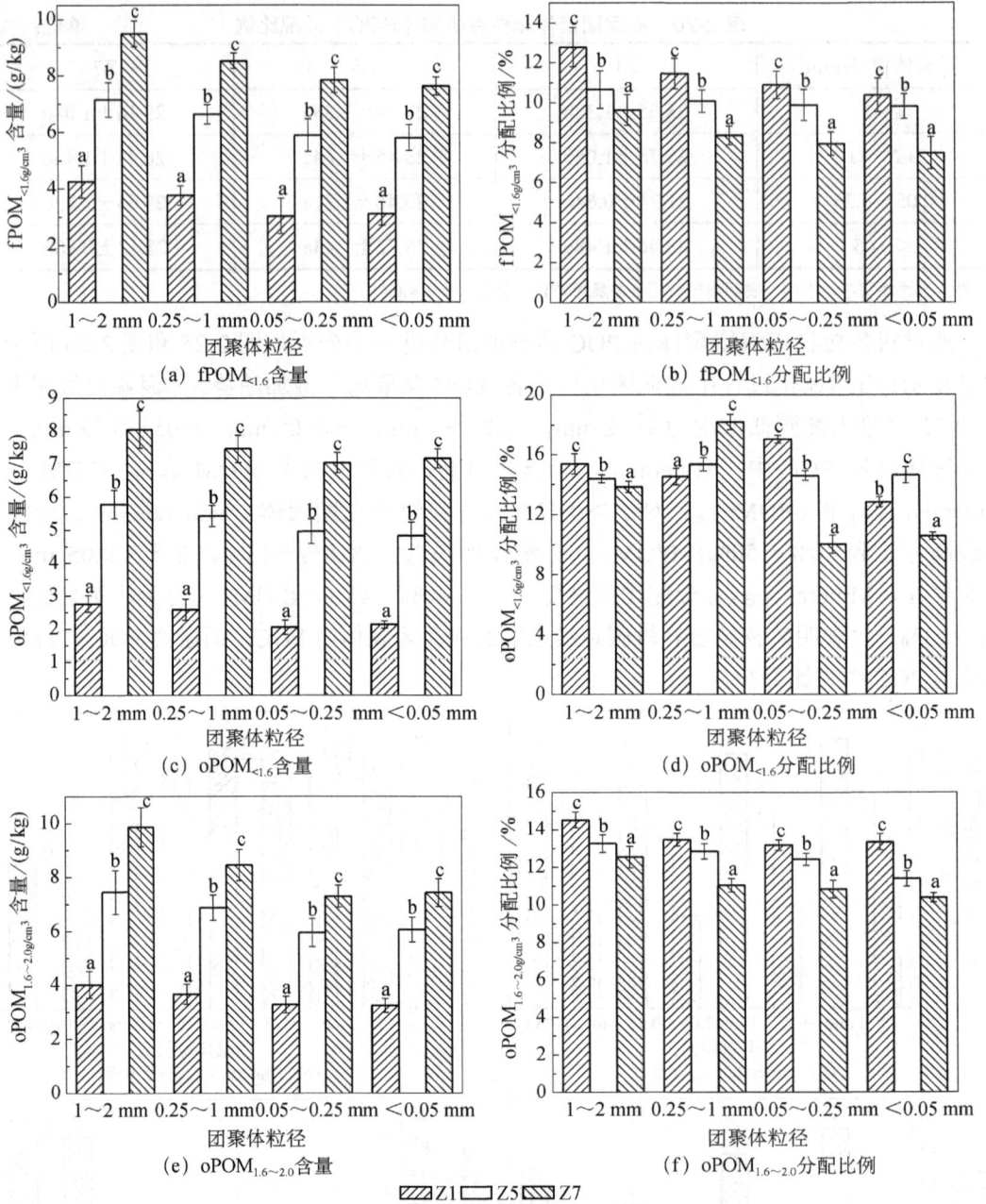

(a) fPOM<1.6含量

(b) fPOM<1.6分配比例

(c) oPOM<1.6含量

(d) oPOM<1.6分配比例

(e) oPOM1.6~2.0含量

(f) oPOM1.6~2.0分配比例

ZZZ Z1　　□ Z5　ZZZ Z7

图 2-26　赤泥团聚体内颗粒有机碳含量及其分配比例

2.4.4　土壤发生过程赤泥微团聚体分形特征

不同堆存时间赤泥微团聚体组成如表 2-21 所示。对于新堆存的赤泥（Z1），<0.02 mm 粒径团聚体是赤泥微团聚体的主要组成部分，占比达到 55%以上，赤泥各粒径微团聚体含量由高到低依次为 50~250 μm>5~10 μm>10~20 μm>2~5 μm>20~50 μm，<2 μm 粒径微团聚体含量最少。随着堆存时间的增加，50~250 μm 粒径赤泥微团聚体含量逐渐增加，从 27.40%增长到 40.26%，黏粒级赤泥微团聚体含量由 2.02%降低到 0.64%。对于已经

出现植被侵蚀的区域（Z7），赤泥各粒径微团聚体含量由高到低依次为 50～250 μm＞20～50 μm＞10～20 μm＞5～10 μm＞2～5 μm，＜2 μm 粒径微团聚体含量最少。随着堆存时间的增加，赤泥颗粒逐渐变粗，粉粒和黏粒级微团聚体含量逐渐减少，这表明自然风化过程对于赤泥微团聚体粒径分布具有显著影响。自然风化过程对于赤泥微小颗粒的团聚具有积极的作用，能够将较细的颗粒团聚形成较大的颗粒（Santini et al.，2013）。气候条件通过温度、湿度、干湿和冻融循环作用，影响着颗粒的团聚（Singer et al.，1992）。王展等（2013）研究发现，冻融处理对于土壤微团聚体的稳定性具有一定的影响，适宜含水量可以提高土壤微团聚体的稳定。自然风化过程通过雨水淋溶、生物扰动和淀积作用，可改变基质的化学组成，进而改变颗粒的团聚结构（Jansen et al.，2003）。植物根系对于土壤颗粒的团聚具有积极作用，根系的存在能够改变土壤颗粒的分布，释放的分泌物对于颗粒的团聚具有显著的影响（Rillig et al.，2001）。植物根系的生长、微生物的活动、球囊霉素和植被的覆盖能够显著提高土壤团聚体的稳定（Caravaca et al.，2002）。张超等（2011）发现天然草地对于土壤微团聚体的稳定作用比人工草地更为显著，与非根际土壤相比，根际土壤微团聚体结构更好。

表 2-21　赤泥微团聚体粒径分布

单位：%

样品	50～250 μm	20～50 μm	10～20 μm	5～10 μm	2～5 μm	＜2 μm	＜0.02 mm
Z1	27.40±2.18	12.19±1.77	16.41±1.41	26.80±2.58	15.18±1.65	2.02±0.56	58.39±2.61
Z2	19.50±2.65	22.41±2.03	17.34±1.26	24.18±3.41	14.53±1.29	2.04±0.25	56.05±2.57
Z3	23.87±1.14	25.03±1.65	21.32±0.97	13.75±1.05	14.35±1.34	1.68±0.41	49.42±3.62
Z5	29.35±3.07	24.97±1.47	17.49±1.05	14.61±1.54	12.15±1.62	1.43±0.67	44.25±3.14
Z7	40.26±2.86	28.38±2.30	17.16±1.38	9.22±1.26	4.34±0.54	0.64±0.12	30.72±3.25

注：平均值±标准差（n=5）。

赤泥微团聚体稳定性指数如图 2-27 所示。随着堆存时间的增加，赤泥的水分散黏粒含量（Water-Dispersible Clay，WDC）由 2.04%减少到 0.64%，水稳性粉粒含量（Water-Stable Silt，WDSI）由 58.39%减少到 30.72%，水分散条件下赤泥粉粒和黏粒级微团聚体含量由 31.4%增加到 58.4%。黏粒分散比（Clay Dispersion Ratio，CDR）显著降低（22.5%到 7.7%），而粉黏粒团聚指数（Aggregated Silt Clay Indices，ASC）由 15.3%增加到 19.0%。WDC、WDSI、CDR 和 ASC 都可用于评价土壤分散性能。WDC 值越高，对于土壤环境和水土保持具有消极影响（Virto et al.，2008）。随着堆存时间的增加，赤泥微团聚体稳定性指标 WDC、WDSI 和 CDR 均呈现下降趋势，ASC 逐渐增加，这表明自然堆存过程能够提高赤泥微团聚体的稳定性。与其他区域赤泥相比，Z7 区域赤泥微团聚结构更为稳定，表明植物生长和根系对于颗粒团聚和稳定具有积极作用。

微团聚体稳定性是一个重要的土壤性质，影响土壤结构和抗侵蚀性能。一些主要的胶结剂包括黏土矿物、有机碳和电解质对于赤泥微团聚体稳定具有显著的作用。赤泥微团聚体 CDR 与黏粒含量、pH、交换性钠含量呈显著正相关关系（r 为 0.898、0.943 和 0.826，P＜0.01），与交换性钙含量和有机碳呈显著负相关关系（r 为-0.972 和-0.899，P＜0.01），如图 2-28 所示。赤泥微团聚体 ASC 与黏粒含量、pH、交换性钠含量呈显著负相关关系

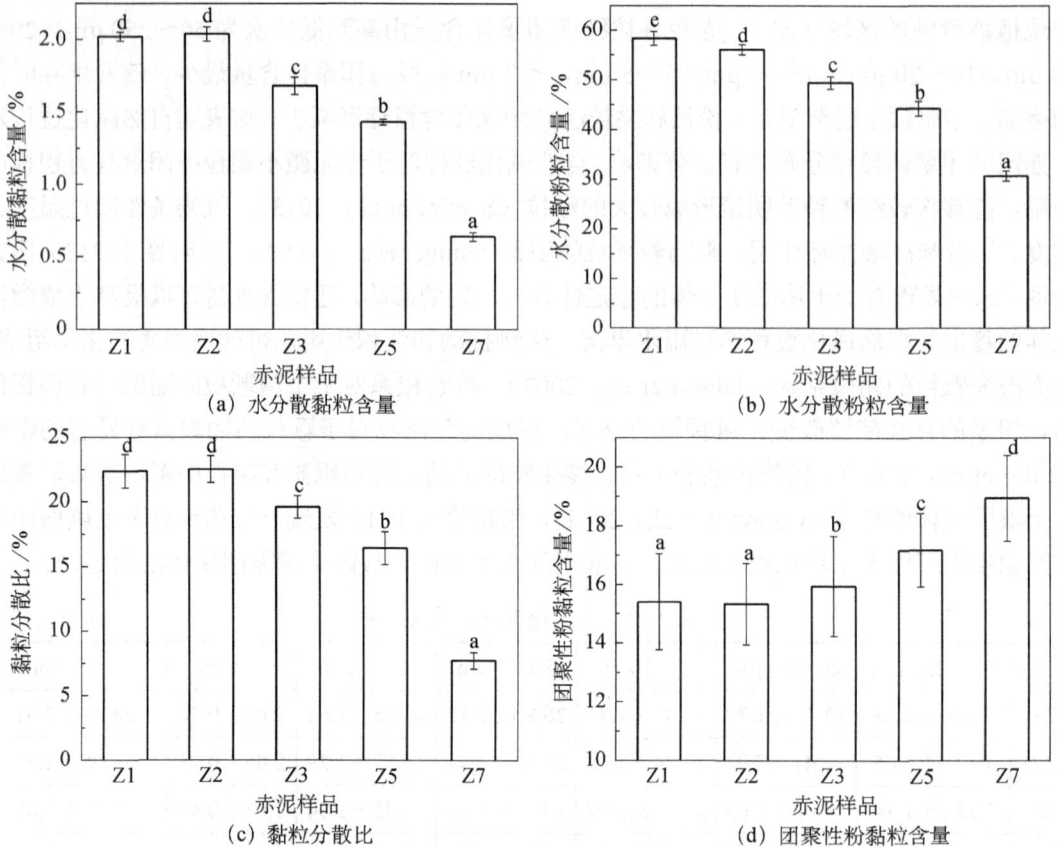

图 2-27　赤泥微团聚体稳定性评价

（r 为-0.903、-0.927 和-0.865，$P < 0.01$），与交换性钙含量和有机碳呈显著正相关关系（r 为 0.948 和 0.932，$P < 0.01$），如图 2-29 所示。这表明黏粒含量、交换性阳离子、pH 和有机碳对赤泥微团聚体的形成和稳定具有显著影响，较高的交换性钙盐含量和较低的交换性钠含量有利于促进赤泥微团聚体的絮凝，赤泥碱性的降低和有机碳含量的升高有利于增加赤泥微团聚体稳定性。

　　赤泥微团聚体分形维数影响着土壤团聚结构的几何参数，能够从总体上反映微团聚体粒径分布的平均状况，较高的黏粒含量表明土壤分形维数越高（Perfect et al.，1991）。分形维数越高，表明赤泥微团聚体粒径越小，较小粒径微团聚体含量高，赤泥微团聚体粒径分布就越不均匀。自然风化过程对赤泥微团聚体分形维数影响较为明显，如图 2-30 所示。随着堆存时间的增加，赤泥微团聚体单重分形维数由 2.4 降低到 2.2。Z1 区域赤泥 50～250 μm 粒径团聚体含量最低，而 2～10 μm 粒径团聚体含量最高，导致 Z1 区域赤泥微团聚体分形维数最高。自然风化过程中，赤泥中微小颗粒的团聚导致赤泥分形维数的降低。相关性分析结果显示，赤泥微团聚体分形维数 D 与赤泥 5～10 μm、2～5 μm 和<2 μm 粒径微团聚体含量呈显著正相关关系（r 为 0.859、0.977 和 0.991，$P < 0.01$），而与赤泥 50～250 μm 和 20～50 μm 粒径赤泥微团聚体含量呈显著负相关关系（r 为 0.876 和 0.761，$P < 0.01$）。因此赤泥微团聚体分形维数能够有效地表征粒径分布特征。龚伟等（2011）对小麦玉米轮作土壤微团聚体粒径分布研究发现，

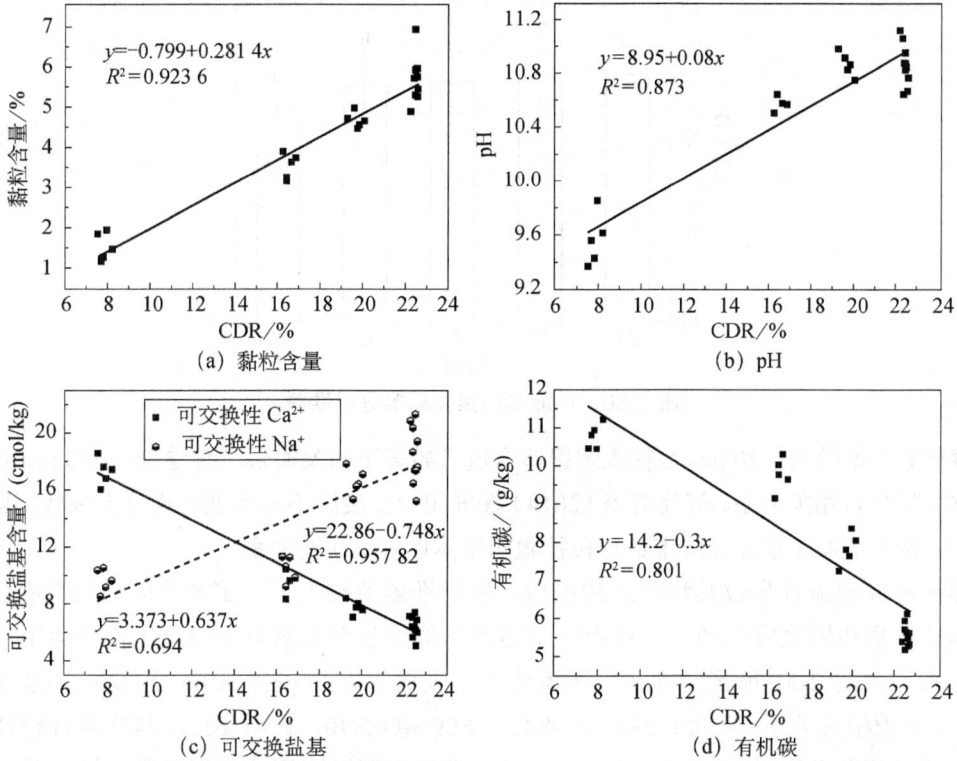

图 2-28 赤泥微团聚体 CDR 与赤泥黏粒含量、pH、可交换盐基和有机碳的相关关系

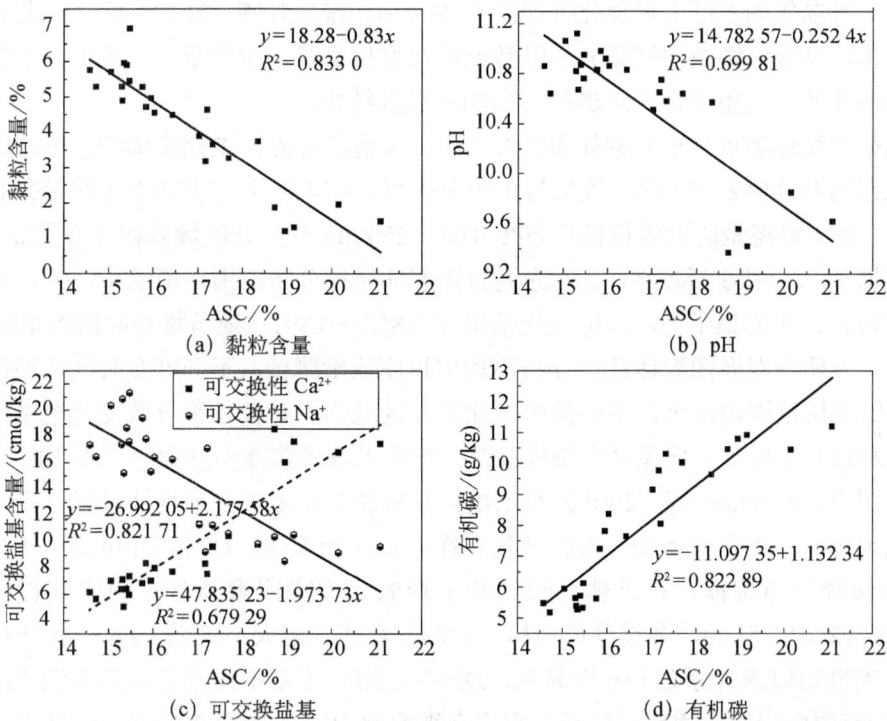

图 2-29 赤泥微团聚体 ASC 与赤泥黏粒含量、pH、可交换盐基和有机碳的相关关系

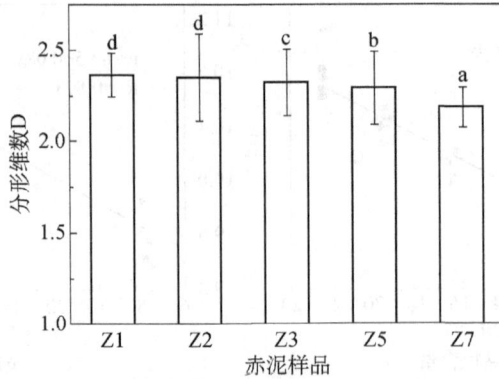

图 2-30　赤泥微团聚体单重分形维数

微团聚体分形维数与 <20 μm 粒径微团聚体含量呈显著正相关关系，而与 50~250 μm 粒径微团聚体含量呈负相关关系。闫建梅等（2014）探究川中丘陵区不同治理方式对土壤微团聚体的影响，发现土壤微团聚体分形维数与粒径微团聚体含量呈线性关系。

　　赤泥的高盐碱性导致其物理结构松散，限制堆场植被生长。随着堆存时间的增加，赤泥的理化性质也随之发生改变。对赤泥微团聚体单重分形维数与赤泥理化性质运用双变量相关分析，如图 2-31 所示。赤泥微团聚体分形维数与赤泥 pH、ESP、可交换钠盐含量和 EC 呈显著正相关关系（r 为 0.935、0.984、0.859 和 0.840，$P<0.01$），与交换性钙离子含量呈显著负相关关系（$r=0.968$、$P<0.01$）。这表明赤泥微团聚体分形维数能够有效反映赤泥的相关理化性质。闫建梅等（2014）发现土壤微团聚体分形维数能够较好地反映土壤的理化性质，可以作为表征土壤理化性质的重要指标。张昌胜等（2012）研究闽北典型毛竹林土壤结构，发现土壤微团聚体分形维数能够很好地表征土壤容重、孔隙度、水解氮和过氧化氢酶活性等，可用于评价土壤肥力和物理微观结构。

　　赤泥微团聚体多重分形参数如表 2-22 所示。D_0 值表征赤泥微团聚体粒径分布的宽度，其值变化范围是 0.942~0.968，数值与 1 十分接近，这表明赤泥微团聚体粒径分布范围较广，$D_0<1$ 表明赤泥微团聚体粒径分布在 0.01~250 μm 有部分区域体积分数为 0。随着堆存时间的增加，D_0 值逐渐减小，表明赤泥微团聚体粒径分布范围逐渐缩小。D_1 值表征赤泥微团聚体粒径分布的集中度，其值变化范围在 0.852~0.891。随着堆存时间的增加，D_1 值逐渐较小，表明赤泥微团聚体粒径分布不均匀程度逐渐降低。不同堆存时间赤泥微团聚体 D_0 和 D_1 值变化范围均较小，主要是由于此研究区域赤泥黏粒体积分数变化范围较小。白一茹等（2012）分析黄土丘陵区土壤样品时，发现土壤黏粒体积分数变化不大时，D_1 值变化也不太明显。Montero 等（2005）对土壤样品粒径分布多重分形特征进行分析发现，D_1 值的变化范围与土壤黏粒体积分数的变化存在一定的相关性。D_0 和 D_1 可以用于表征赤泥微团聚体粒径分布特征，在整体分形结构上反映赤泥微团聚体分布的广度和均匀度。Posadas 等（2001）认为，多重分形指标 D_0 和 D_1 存在一定大小关系，D_0 不小于 D_1，当粒径分布出现自相似或者分布十分均匀时，$D_0=D_1$。结合本章不同堆存时间赤泥样品，计算 $q=[-10,10]$ 范围内赤泥微团聚体粒径分布广义维数谱 $D(q)$ 如图 2-32 所示。随着 q 值的增加，$D(q)$ 反 S 形逐渐减小。不同堆存时间赤泥样品均表现为 $D_0>D_1$，这表明赤泥微团聚体粒径不是自相似或者均匀分布的，因此可以利用多重分形模型来定量化描述赤泥微团聚体粒径分布。

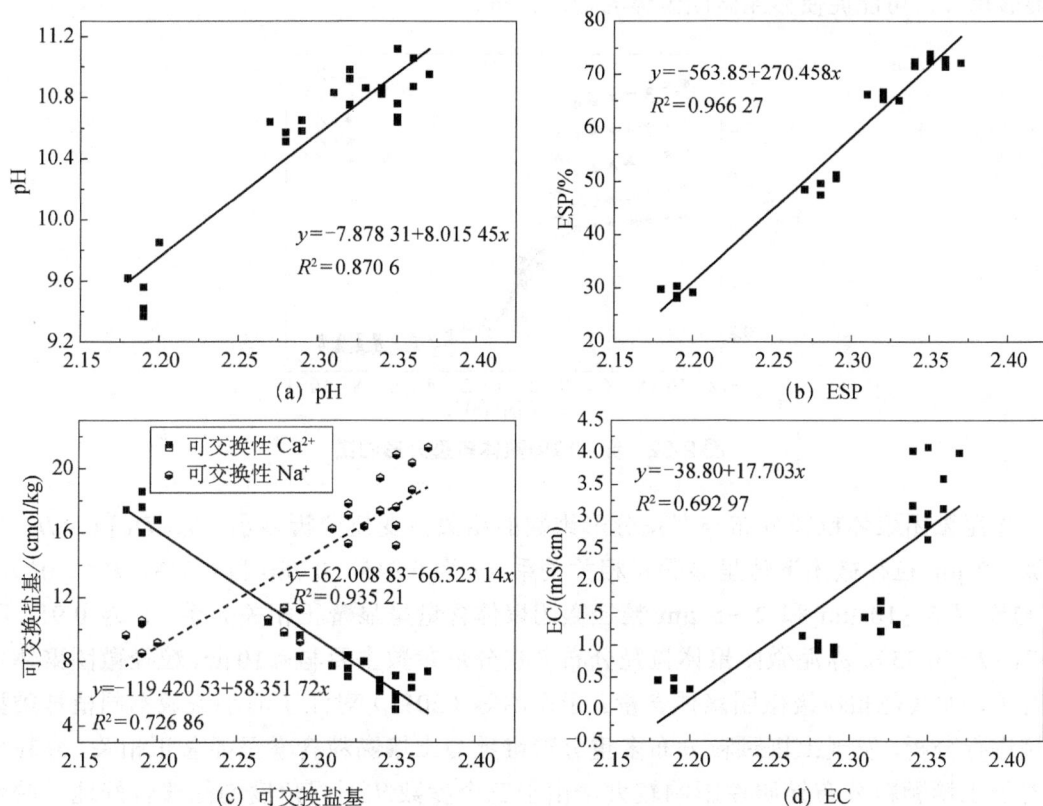

(a) pH

(b) ESP

(c) 可交换盐基

(d) EC

图 2-31　赤泥单重分形维数与赤泥盐碱性的相关关系

表 2-22　赤泥微团聚体多重分形特征

赤泥样品	多重分形参数		
	D_0	D_1	D_1/D_0
Z1	$0.968\pm0.02d$	$0.891\pm0.05d$	$0.920\pm0.05d$
Z2	$0.961\pm0.04c$	$0.875\pm0.03c$	$0.911\pm0.06c$
Z3	$0.952\pm0.03b$	$0.865\pm0.03b$	$0.909\pm0.03b$
Z5	$0.951\pm0.05b$	$0.852\pm0.02a$	$0.896\pm0.08a$
Z7	$0.942\pm0.03a$	$0.853\pm0.06a$	$0.906\pm0.04b$

注：平均值±标准差（$n=5$），字母表示各参数之间存在显著差异（$P\leqslant0.05$）。

　　由于 D_0 的计算是基于颗粒分布的均匀性这一假设，而 D_1/D_0 可以定量化描述赤泥微团聚体粒径分布的均匀程度。Miranda 等（2006）指出，D_1/D_0 越接近 1，表明赤泥微团聚体分布越集中。从表 2-22 中可以看出，赤泥微团聚体 D_1/D_0 变化范围在 0.896～0.920，接近于 1，表明赤泥微团聚体分布较为集中。随着堆存时间的增加，D_1/D_0 逐渐减小，表明自然风化过程降低了赤泥微团聚体的集中度。堆存过程中，50～250 μm 粒径赤泥微团聚体含量的显著增加，可能促使赤泥微团聚体的均匀分布。

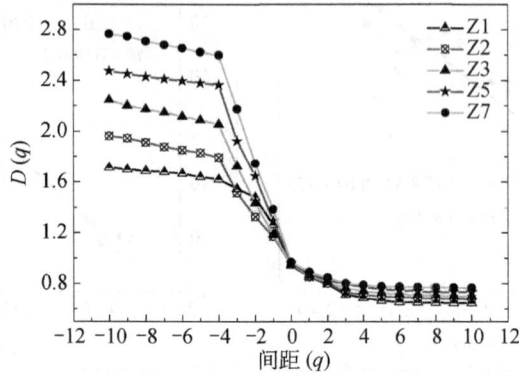

图 2-32　赤泥微团聚体多重分形图谱

赤泥微团聚体粒径分布与多重分形维数的相关性变量分析显示，D_0、D_1 和 D_1/D_0 与赤泥<2 μm 粒径微团聚体呈显著正相关关系（r 为 0.915、0.786 和 0.523，$P<0.05$）。D_1 与赤泥 5～10 μm 和 2～5 μm 粒径微团聚体含量呈显著正相关关系（r 为 0.912 和 0.671，$P<0.05$）。赤泥微团聚体粒径分布多重分形参数主要与<10 μm 粒径微团聚体含量有关，尤其是黏粒级微团聚体含量。于东明等（2011）对江子河小流域不同植被类型土壤进行分析，发现土壤颗粒分布多重分形维数与土壤黏粒含量呈显著正相关，黏粒含量对于土壤颗粒分布异质性影响较大。由于三个参数从不同角度均能够较好地反映赤泥微团聚体粒径的分布特征，对三个多重分形参数进行相关性分析，结果显示，D_1 与 D_0 和 D_1/D_0 呈显著正相关关系（r 为 0.933 和 0.917，$P<0.05$）。王金满等（2014）对黄土区露天煤矿排土场重构土壤结构进行相关分析，发现其多重分形参数之间均具有较好的相关性，可以择优挑选其中的参数来定量化表征土壤颗粒分布特征。赤泥微团聚体粒径分布的分形维数主要取决于赤泥微团聚体的组成，而微团聚体的组成与赤泥的理化性质密切相关。自然堆存过程中，赤泥的 pH 和 EC 逐渐降低，多重分形参数也逐渐降低，这表明赤泥微团聚体的分形维数也能够一定程度反映赤泥的理化性质，可以作为一个较为有效的评价赤泥盐碱性的指标。

赤泥微团聚体稳定性可以用于反映土壤抗侵蚀能力（Wang et al.，2016）。赤泥物理结构较差，极易被水分侵蚀，不利于植物生长。Zhu 等（2016c）发现，自然风化过程中，赤泥可侵蚀因子逐渐降低，赤泥抗侵蚀能力逐渐提高。相关性分析显示，分形维数与赤泥微团聚体稳定性指标均存在显著相关关系（表 2-23），这表明赤泥微团聚体粒径分形维数能够较好地反映赤泥微团聚体粒径分布及其稳定性。分形维数能够较好地表征赤泥微团聚体粒径分布特征，分形维数越高，表明赤泥物理结构越差，抗侵蚀能力越低。

表 2-23 赤泥微团聚体稳定性与分形维数相关关系

参数	ASC	CDR	D	D_0	D_1
CDR	−0.988**				
D	−0.977**	0.995**			
D_0	−0.823**	0.822*	0.842*		
D_1	−0.739**	0.709**	0.733**	0.861**	
D_1/D_0	−0.494	0.404	0.419	0.613*	0.808**

注：*$P<0.05$；**$P<0.01$（极显著差异）。

Tang 等（2012）发现，分形维数与<0.25 mm 微团聚体含量呈显著负相关关系，分形维数可以用于表征土壤物理质量，分形维数越小，表明土壤结构越稳定。Ahmadi 等（2011）发现无论是基于颗粒数量还是质量分数的分型模型都能够较好地描述团聚体颗粒分布，评估土壤抗侵蚀能力。赤泥微团聚体单重分形维数 D 与 ASC 呈负相关关系（$r=-0.977$，$P<0.01$），与 CDR 呈正相关关系（$r=0.995$，$P<0.01$）。多重分形维数与 ASC 和 CDR 也显著相关（表 2-23），表明分形维数能够较好地表征赤泥微团聚体粒径分布及其稳定性。与多重分形维数相比，单重分形维与赤泥微团聚体稳定性相关性更为显著，表明单重分形维数更适合评价赤泥微团聚体粒径分布和稳定性。

2.4.5 土壤发生过程赤泥微团聚体稳定性因素

有机质去除对赤泥微团聚体组成的影响见表 2-24。有机质去除后，10～250 μm 粒径团聚体含量降低（由 56%降低到 48.2%），而<10 μm 粒径团聚体含量逐渐升高（由 44.0%增加到 51.8%），赤泥可分散黏粒比 CDR 显著升高（由 22.37%升高到 33.02%），这表明有机质有利于赤泥微团聚体的形成和稳定，极大地影响了赤泥微团聚体的粒径分布，对于<10 μm 粒径赤泥微团聚体的团聚作用最为显著。有机质的去除显著降低了赤泥微团聚体的稳定性。有机质是土壤中最主要的有机胶结剂，对于土壤颗粒的团聚和结构稳定作用明显。在黏粒级团聚体中，有机质作为胶结剂，能够胶结黏粒和多价金属离子，形成较大的微团聚体（Miller et al.，1990）。有机质中多糖可以作为瞬变性胶结剂，促进微团聚体稳定（Goldberg et al.，1990）。部分有机质，包括腐殖质等的结构体上含有大量的有机官能团（羟基、羧基、酚基等），带有负电荷，能够和土壤中的多价金属离子形成有机无机复合胶体，团聚土壤中的细小颗粒，形成稳定的微团聚体。

表 2-24 有机质对赤泥微团聚体粒径分布的影响

处理	微团聚体粒径/μm						CDR/%
	50～250	20～50	10～20	5～10	2～5	<2	
去除前/%	27.4±1.35	12.2±1.12	16.4±1.33	26.8±3.01	15.2±1.64	2.0±0.18	22.37±2.10
去除后/%	25.4±1.64	10.6±1.06	12.2±1.07	30.9±2.51	17.5±1.89	3.4±0.22	33.02±2.56

注：平均值±标准差（$n=3$）。

向已经去除有机质的赤泥样品中加入不同量的腐殖酸钠，其对赤泥微团聚体粒径分布的影响见表 2-25。随着腐殖酸钠添加量的增加，赤泥 2~5 μm 和 <2 μm 粒径微团聚体含量显著增加，赤泥可分散黏粒含量 CDR 由 33.02% 增加到 39.01%，这表明腐殖酸钠的添加导致 >10 μm 粒径微团聚体分散形成更小的颗粒，促进黏粒的分散，降低赤泥微团聚体的稳定。这可能是由于腐殖酸钠的添加，导致赤泥溶液中 Zeta 电位增加，进而增加赤泥胶体双电层的厚度，弱化了分子间的范德华力，促使颗粒分散。

表 2-25 去除有机质后腐殖酸钠对赤泥微团聚体粒径分布的影响

腐殖酸钠添加量/ mg	微团聚体粒径/μm						CDR/%
	50~250	20~50	10~20	5~10	2~5	<2	
0	25.4±1.64	10.6±1.06	12.2±1.07	30.9±2.51	17.5±1.89	3.4±0.22	33.02±2.56
1	24.2±2.03	10.3±0.95	11.7±1.24	31.4±1.85	18.7±1.76	3.7±0.41	35.13±3.34
2	24.4±1.85	8.9±1.16	11.9±1.17	31.8±2.96	19.1±1.51	3.9±0.33	36.87±3.08
5	24.0±1.67	8.8±1.32	11.6±1.02	32.0±2.38	19.4±1.26	4.1±0.17	37.56±2.48
10	24.1±1.38	8.3±1.09	11.1±0.76	32.2±2.61	19.9±1.39	4.4±0.25	38.23±2.67
15	23.5±1.44	8.7±1.22	10.3±0.85	32.2±2.58	20.7±2.06	4.6±0.32	38.71±3.26
20	23.9±1.78	8.2±0.85	10.5±1.25	32.4±3.16	20.4±2.57	4.6±0.68	38.96±3.17
50	23.9±2.31	7.9±1.13	10.8±1.39	32.3±2.94	20.3±2.10	4.8±0.35	39.01±3.08

注：平均值±标准差（n=3）。

由图 2-33 可以看出，随着腐殖酸钠含量的增加，10~50 μm 粒径赤泥微团聚体含量逐渐降低，<10 μm 粒径赤泥微团聚体含量明显升高。腐殖酸钠添加量在 0~15 g 时，10~50 μm 粒径赤泥微团聚体含量降低幅度较大，添加量超过 15 g 之后，10~50 μm 粒径赤泥微团聚体含量变化不太明显。这表明腐殖酸钠的加入对于大粒径的微团聚体分散作用最为明显。当腐殖酸钠添加量较小时，对赤泥微团聚体的分散作用最显著，当达到一定值后，分散作用逐渐减弱。赵文娟等（2009）通过对黄河口潮间带沉积物微团聚体组成分析发现，腐殖酸钠的添加导致土壤胶体双垫层和空间位阻排斥能增大，促使盐碱土微团聚体的分散，腐殖酸钠黏性较黏粒小，添加后会造成黏粒的分散。

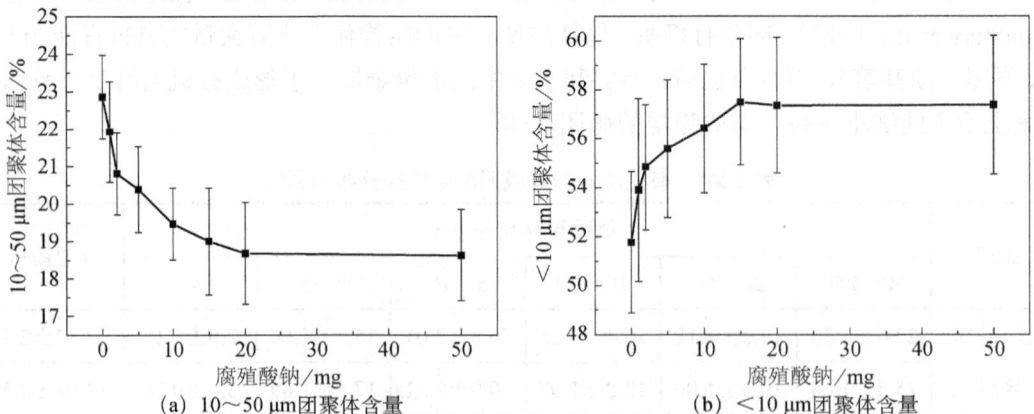

(a) 10~50 μm团聚体含量　　　(b) <10 μm团聚体含量

图 2-33 腐殖酸钠添加量与微团聚体组成的影响

腐殖酸钠对赤泥微团聚体具有较好的分散性能，钠离子的存在在其中起着关键的作用，而腐殖酸根的作用并未体现。为了探究腐殖酸中有机官能团对赤泥微团聚体的作用，向已经添加 15 g 腐殖酸钠并去除有机质的赤泥中，加入不同量的氯化钙，分析其对赤泥微团聚体粒径分布的影响。结果显示，氯化钙的添加对 20～50 μm 和 2～5 μm 粒径赤泥微团聚体含量作用显著。随着氯化钙添加量的增加，赤泥 20～50 μm 粒径赤泥微团聚体含量显著增加，2～5 μm 粒径赤泥微团聚体含量逐渐减少（表 2-26）。赤泥可分散黏粒比由 38.23% 降低到 24.13%，表明氯化钙的添加促使赤泥微团聚体的絮凝，有利于赤泥微团聚体的稳定。

表 2-26　腐殖酸钠和氯化钙对赤泥微团聚体粒径分布的影响

CaCl₂ 添加量/mmol	微团聚体粒径/μm						CDR/%
	50～250	20～50	10～20	5～10	2～5	<2	
0	24.1±1.38	8.3±1.09	11.1±0.76	32.2±2.61	19.9±1.39	4.4±0.25	38.23±2.67
2	26.3±1.15	9.7±0.85	12.5±1.33	28.2±2.13	18.5±1.15	4.8±0.35	34.54±2.13
4	25.8±1.72	11.3±1.14	12.9±1.15	26.8±1.74	18.6±0.98	4.6±0.26	30.18±2.44
6	26.1±2.03	13.3±1.42	12.2±1.08	26.3±2.63	17.7±1.67	4.4±0.41	27.75±2.39
8	25.5±1.58	14.3±1.38	12.6±0.84	26.7±2.49	16.3±1.05	4.6±0.37	25.64±2.20
10	25.9±1.43	14.1±1.26	12.9±0.75	25.9±2.16	16.7±1.30	4.5±0.23	24.13±1.77

注：平均值±标准差（$n=3$）。

腐殖酸钠和氯化钙加入后，赤泥 10～50 μm 粒径微团聚体含量逐渐升高，<10 μm 粒径微团聚体含量逐渐降低，如图 2-34 所示。腐殖酸钠加入后，赤泥微团聚体分散，当加入氯化钙后，赤泥颗粒重新团聚，这可能是由于可交换性钙离子取代了腐殖酸钠中的钠离子，生成腐殖酸钙。钙离子作为多价金属离子，可以作为离子桥连接黏粒和有机分子，形成较大的团聚体。另一种可能原因是腐殖酸根离子中的一些有机官能团，与多价金属离子形成络合物，进而与赤泥黏粒连接，形成较大的团聚体。腐殖酸钠中的羟基或酚羟基等官能团，可以形成较为复杂的化合物，连接黏土颗粒形成较大的团聚体（Metreveli et al.，2015）。夏福兴等（1991）研究发现，多价金属阳离子通过二步桥联模式促使长江口悬浮颗粒中有机絮凝体的形成。

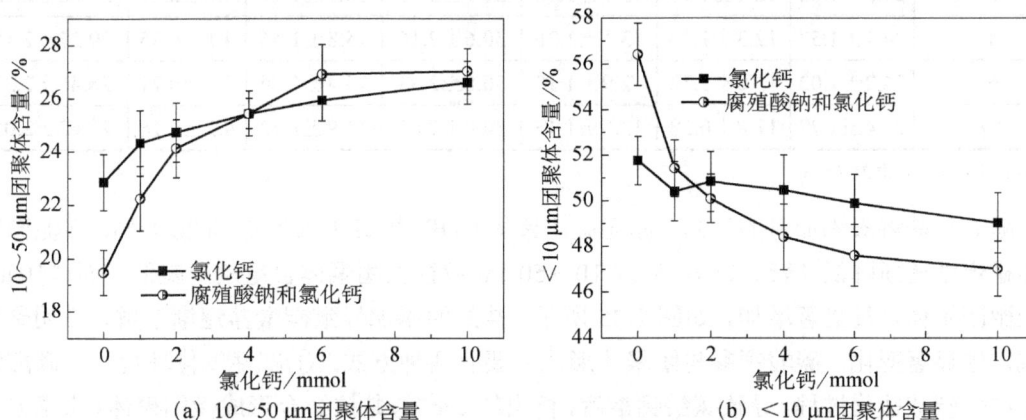

(a) 10～50 μm 团聚体含量　　　(b) <10 μm 团聚体含量

图 2-34　腐殖酸钠和氯化钙对赤泥微团聚体组成的影响

Tisdall 等（1982）研究发现，土壤团聚体形成的主要机制是黏粒与有机分子表面或配位基团通过多价金属阳离子进行桥接。为了探究有机官能团或钙离子对赤泥微团聚体稳定的影响，选取 20 g 去除有机质的赤泥样品中，只加入氯化钙，分析氯化钙对赤泥微团聚体组成的影响。添加氯化钙后，赤泥 2～5 μm 粒径微团聚体含量由 17.5%降低到 13.9%，20～50 μm 粒径微团聚体含量由 10.6%升高到 13.0%，赤泥可分散黏粒比 CDR 由 33.02%降低到 27.62%。这表明，氯化钙的添加也能够促进赤泥黏粒级微团聚体的团聚，改善赤泥为团聚体稳定性。

由表 2-27 中可以看出，向去除有机质的赤泥中只添加氯化钙，与同时添加腐殖酸钠和氯化钙效果基本一致，都能够降低<10 μm 粒径微团聚体含量，升高 10～50 μm 粒径微团聚体含量。随着氯化钙添加量的增加，赤泥 10～50 μm 粒径和<10 μm 粒径微团聚体含量在只添加氯化钙与同时添加氯化钙和腐殖酸钠处理下均出现交叉现象。当氯化钙添加量小于 4 mmol 时，单独添加氯化钙处理下赤泥 10～50 μm 粒径微团聚体含量较同时添加腐殖酸钠和氯化钙处理高，当氯化钙添加量大于 4 mmol 时，同时添加腐殖酸钠和氯化钙处理下赤泥 10～50 μm 粒径微团聚体含量较高。由此可知，与同时添加腐殖酸钠和氯化钙处理相比，氯化钙添加对赤泥颗粒的团聚效果相对较差，这表明，同时添加腐殖酸钠和氯化钙处理对赤泥颗粒的团聚并不仅仅是多价金属阳离子的作用。在微团聚体形成过程中，有机官能团和多价金属离子对于颗粒的絮凝极为重要，以多价金属阳离子为离子桥，连接有机高分子，形成有机无机复合体，促使微团聚体的形成和稳定。单独添加氯化钙，而赤泥中有机质已被去除，难以形成较多的有机无机复合体，因此对赤泥颗粒的团聚作用较差。通过人工改良提高赤泥结构稳定和抗侵蚀能力时，有机质和多价金属阳离子的联合添加效果更佳。

表 2-27　去除有机质后氯化钙对赤泥微团聚体粒径分布的影响

CaCl$_2$ 添加量/ mmol	微团聚体组成/μm						CDR/%
	50～250	20～50	10～20	5～10	2～5	<2	
0	25.4±1.64	10.6±1.06	12.2±1.07	30.9±2.51	17.5±1.89	3.4±0.22	33.02±2.56
1	25.3±1.34	11.5±1.35	12.9±1.28	30.1±2.37	17.1±2.11	3.1±0.34	31.38±2.09
2	24.5±1.62	12.1±1.18	12.7±1.10	31.1±2.20	16.1±1.79	3.6±0.41	30.06±2.42
4	24.1±1.57	12.3±1.26	13.1±1.26	30.6±2.16	15.8±1.56	4.1±0.35	29.27±2.18
6	24.2±1.02	13.0±1.32	12.9±1.19	30.8±2.33	15.4±1.66	3.7±0.21	28.45±2.34
10	24.4±1.77	12.8±0.58	13.8±1.15	30.9±2.02	13.9±1.72	4.2±0.18	27.62±2.05

注：平均值±标准差（n=3）。

随着盐酸溶液添加量的升高，赤泥微团聚体 CDR 由 22.37%增加到 26.45%，赤泥微团聚体稳定性逐渐降低（表 2-28）。赤泥 10～50 μm 粒径微团聚体含量逐渐减低，而<10 μm 粒径微团聚体含量显著增加，如图 2-35 所示。盐酸的添加导致碳酸盐逐渐溶解，微团聚体组成发生显著变化。碳酸钙参与团聚体形成主要有两种方式：①碱性氧化环境下，碳酸钙发生次生碳酸盐化过程，导致碳酸钙溶解，析出的 Ca^{2+} 与黏粒结合形成微团聚体（张耀方，2015）；②碳酸盐含量较高时，降低了土壤中有机碳的矿化速率，而有机质是主要的胶结物

质，有利于团聚体的形成。赤泥碱性较强，自然风化过程中，在不同气候条件和生物活动影响下，赤泥中碳酸钙容易发生次生碳酸盐化，释放活性钙离子，与较细土壤颗粒和有机碳结合，形成微团聚体碳酸盐作为有效的无机胶结剂，能够较好地将黏粒级团聚体胶结形成较大的团聚体。Zanuzzi 等（2009）发现在金属矿冶区，同时添加有机质和方解石，有利于土壤物理结构的改善。这表明，有机质和碳酸盐的联合添加对于改善土壤物理微观结构和加速土壤团聚进程效果较好。土壤形成过程中，矿质颗粒和有机碳间主要通过阳离子桥键连接，当高价金属阳离子含量减少后，颗粒之间的黏结作用主要依靠分子与原子之间的引力。郭玉文等（2004）探究黄土物理结构与碳酸钙含量的关系，发现除少数大颗粒碳酸钙分布于矿物颗粒内，大部分碳酸钙颗粒附于矿物表面，在微团聚体和颗粒之间发挥胶结作用。

表 2-28 盐酸对赤泥微团聚体粒径分布的影响

HCl 添加量/mL	微团聚体组成/μm						CDR/%
	50～250	20～50	10～20	5～10	2～5	<2	
0	27.4±1.35	12.2±1.12	16.4±1.33	26.8±3.01	15.2±1.64	2.0±0.18	22.37±2.10
10	27.0±2.01	12.4±1.18	16.2±1.21	26.5±2.49	15.2±1.12	2.7±0.26	22.38±2.19
20	26.3±2.13	11.9±1.53	15.1±1.23	26.1±2.31	17.1±1.34	3.5±0.31	24.06±2.02
40	25.5±2.35	11.9±0.98	14.1±1.62	26.1±2.74	18.6±1.55	3.8±0.12	25.27±21.88
60	25.6±1.67	11.6±1.34	13.7±0.85	26.4±2.84	18.5±1.22	4.1±0.25	26.45±2.05
80	25.6±1.82	11.5±1.03	13.9±1.28	26.2±2.51	18.6±1.53	4.2±0.21	25.62±2.16

注：平均值±标准差（n=3）。

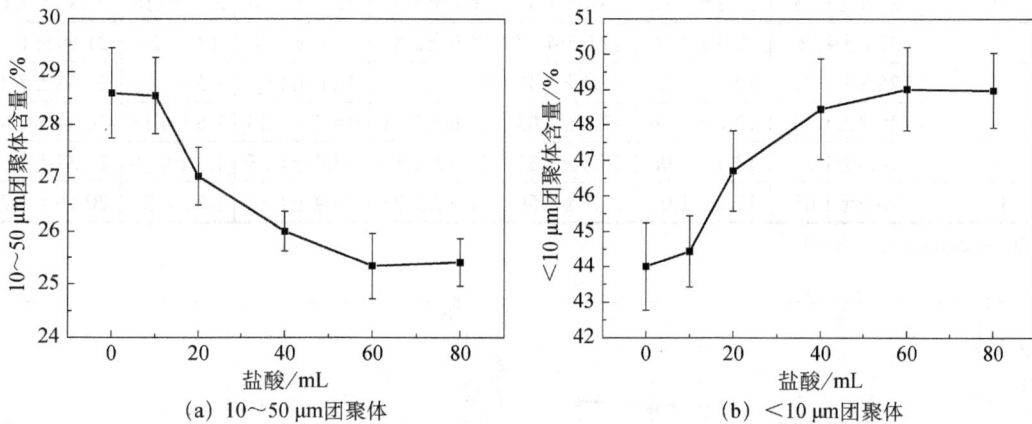

图 2-35 盐酸对微团聚体组成的影响

赤泥盐碱性较高，以 Ca^{2+}、Na^+、Mg^{2+}、K^+、SO_4^{2-}、Cl^-、CO_3^{2-} 等离子为主。电解质的组成和含量对于团聚体的形成和崩解具有较大的影响。基于赤泥本身特有的理化性质，探究赤泥盐度、Ca^{2+} 和 Na^+ 对赤泥微团聚体形成和稳定的影响。

盐度：赤泥含盐量较高，水溶性盐分去除后，赤泥粉黏粒微团聚体含量显著减少，5～10 μm 粒径赤泥微团聚体含量由 26.8%降低到 21.5%，2～5 μm 粒径赤泥微团聚体含量由 15.2%降低到 12.3%，同时 20～50 μm 粒径赤泥微团聚体含量由 12.1%显著增加到 20.3%

（表 2-29），这表明盐度有利于赤泥微团聚体的形成。可溶性盐在土壤中大部分以固体存在，能够胶结细颗粒，促进颗粒团聚，同时基质中的离子交换也可能促使颗粒形成较大的团聚体（Bronick et al.，2005）。

表 2-29　水溶性盐分对赤泥微团聚体粒径分布的影响

水溶性盐	微团聚体粒径/μm						CDR/%
	50～250	20～50	10～20	5～10	2～5	<2	
去除前/%	27.4±1.35	12.1±1.12	16.4±1.33	26.8±3.01	15.2±1.64	2.0±0.18	22.37±2.10
去除后/%	27.4±1.52	20.3±1.85	16.9±1.22	21.5±2.54	12.3±1.12	1.6±0.24	27.38±1.86

　　钙离子：随着氯化钙的添加，赤泥 CDR 由 22.37%下降到 20.16%，赤泥微团聚体稳定性逐渐提高（表 2-30）。赤泥 10～50 μm 粒径微团聚体含量逐渐增加，而<10 μm 粒径微团聚体含量逐渐降低，如图 2-36 所示，这表明钙离子对赤泥微团聚体的形成和稳定具有积极作用。钙能够促使黏粒—多价金属离子—有机质复合体的形成，有利于有机质和团聚体的稳定。同时，钙有利于有机无机复合体的形成，对于微团聚体的稳定作用显著。钙源的添加改善土壤结构稳定性主要是基于钙离子的桥接作用（Chan et al.，1998）。很多场地实验证明：石膏可以有效改善赤泥的物理结构，主要是因为石膏是一种微溶性盐，同时能够提供钙离子（Courtney et al.，2012b）。

表 2-30　氯化钙对赤泥微团聚体粒径分布的影响

氯化钙添加量/mmol	微团聚体粒径/μm						CDR/%
	50～250	20～50	10～20	5～10	2～5	<2	
0	27.4±1.35	12.2±1.12	16.4±1.33	26.8±3.01	15.2±1.64	2.0±0.18	22.37±2.10
2	27.0±1.56	12.3±1.10	17.0±4.27	26.9±2.51	14.9±1.44	1.9±.24	21.59±1.23
4	26.8±1.77	12.1±1.22	17.4±1.45	27.5±2.38	14.6±1.07	1.6±0.05	21.68±2.25
6	26.7±1.38	12.1±1.26	17.6±1.03	27.6±2.61	14.5±1.36	1.5±0.13	20.54±1.86
8	26.6±1.24	12.1±1.06	17.6±1.51	27.8±2.19	14.4±1.25	1.5±0.16	20.37±1.65
10	26.6±1.65	12.2±1.03	17.6±1.56	27.7±2.28	14.4±1.18	1.5±0.21	20.16±1.73

注：平均值±标准差（n=3）。

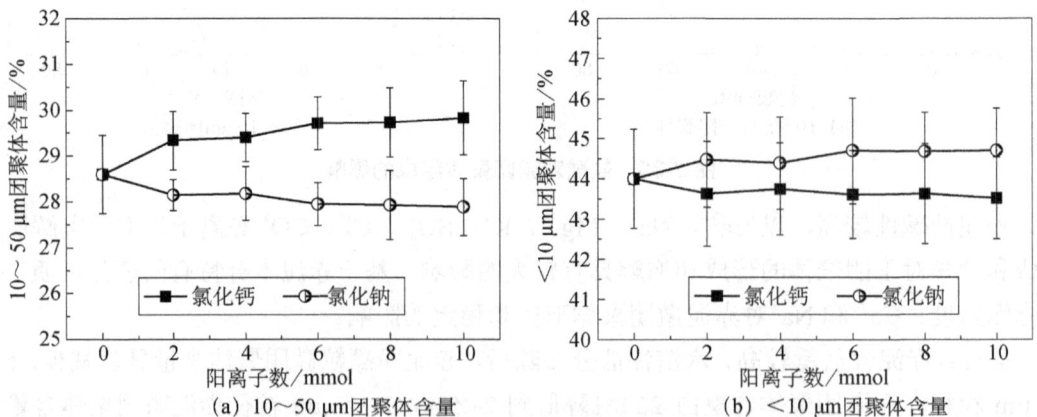

(a) 10～50 μm 团聚体含量　　　　(b) <10 μm 团聚体含量

图 2-36　Ca^{2+} 和 Na^+ 对赤泥微团聚体粒径分布的影响

钠离子：向赤泥中添加氯化钠后，赤泥 CDR 由 22.37%降低到 19.58%（表 2-31），赤泥微团聚体稳定性逐渐下降。由图 2-36 可以看出，添加氯化钠后，赤泥 10～50 μm 粒径微团聚体含量逐渐降低，而＜10 μm 粒径微团聚体含量逐渐升高，这表明 Na^+会导致赤泥微团聚体的分散。

表 2-31　钠离子对赤泥微团聚体粒径分布的组成

NaCl 添加量/ mmol	微团聚体粒径/μm						CDR/%
	50～250	20～50	10～20	5～10	2～5	<2	
0	27.4±1.35	12.2±1.12	16.4±1.33	26.8±3.01	15.2±1.64	2.0±0.18	22.37±2.10
2	27.4±2.15	12.1±1.25	16.0±1.12	27.0±2.41	15.3±1.35	2.2±0.11	20.96±1.64
4	27.4±1.78	12.1±1.06	16.1±1.17	26.8±2.61	15.5±1.26	2.1±0.14	21.32±1.85
6	27.4±1.26	12.1±1.37	15.8±1.08	27.1±2.87	15.5±1.85	2.1±0.23	20.45±1.43
8	27.4±1.55	12.0±1.54	15.9±1.27	27.0±2.36	15.5±1.62	2.2±0.17	19.67±1.25
10	27.4±1.47	12.1±1.09	15.9±1.35	27.1±2.49	15.5±1.43	2.1±0.15	19.58±1.06

注：平均值±标准差（n=3）。

Na^+是一种较好的分散剂，可以促使团聚体崩解和分散。土壤溶液中，可交换钠离子通过减弱有机物质和土壤矿物之间的共价连接，或者在干湿循环过程中增加渗透和水合作用力，引起颗粒之间产生排斥力，来分散和崩解黏土颗粒。大量的田间管理措施通过钙源的添加，来消除 Na^+对土壤结构的消极作用。石膏作为一种有效的土壤改良剂，能够通过降低土壤 pH 和 ESP 来降低土壤盐度。Courtney 等（2013）通过添加石膏，影响了土壤微团聚体粒径分布，增强了赤泥微团聚体稳定性。此外，盐土植物能够通过根系生长和根际微生物的新陈代谢活动影响土壤的物理性质。盐土植物能够分泌有机酸，增加根际土壤中的 CO_2 分压，促进根际微生物生长。CO_2 分压的提高有助于碳酸钙的溶解，进而减少土壤溶液中 Na^+的含量。

黏土矿物：向赤泥中添加石英后，赤泥 CDR 由 22.37%增加到 30.06%，这表明石英的添加降低了赤泥微团聚体稳定性（表 2-32）。添加石英后，赤泥 10～50 μm 粒径微团聚体含量逐渐降低，而＜10 μm 粒径微团聚体含量逐渐升高，如图 2-37 所示。向赤泥中单独添加黏土矿物，不能促进颗粒的团聚，这表明黏土矿物需要和其他胶结材料联合才能胶结细颗粒，形成较大的团聚体。黏土矿物的性质，包括比表面积、电荷密度、阳离子交换能力、分散性和膨胀性等都影响颗粒的团聚。在土壤团聚体形成和崩解的过程中，黏土矿物的含量和类型是主要的影响因素。土壤通常含有多种黏土矿物，各种黏土矿物的交互作用影响了土壤团聚结构（Arora et al.，1979）。尽管黏土矿物被认为是一种胶结剂，部分研究显示黏土矿物含量较高的土壤，其团聚体稳定性较差（Ternan et al.，1996）。然而，在有机质含量较高的土壤中，铁铝氧化物和碳酸钙影响土壤中胶体的稳定。结果表明，石英不能提高赤泥微团聚体的稳定性，不是一种较好的胶结材料。黏土矿物可能并不适合作为改良剂改善赤泥物理结构，或者某些黏土矿物能够较好地促进赤泥颗粒的团聚。

表 2-32　石英对赤泥微团聚体粒径分布的影响

石英粉添加量/mg	微团聚体粒径/μm						CDR/%
	50～250	20～50	10～20	5～10	2～5	<2	
0	27.4±1.35	12.2±1.12	16.4±1.33	26.8±3.01	15.2±1.64	2.0±0.18	22.37±2.10
10	26.3±1.44	10.9±0.79	15.7±1.01	27.3±2.88	16.3±1.47	3.5±0.16	24.67±1.87
20	26.5±1.38	10.5±0.86	15.5±1.28	26.7±2.62	16.7±1.36	4.1±0.12	26.58±1.69
30	26.2±1.17	10.1±0.42	15.0±1.31	27.0±2.43	16.4±1.05	5.4±0.13	28.13±1.74
40	26.0±1.63	8.2±0.44	14.8±1.19	27.2±2.67	17.6±1.24	6.2±0.18	29.75±1.28
50	26.0±1.75	8.3±0.58	14.6±1.21	27.3±2.85	17.1±1.30	6.6±0.21	30.06±1.49

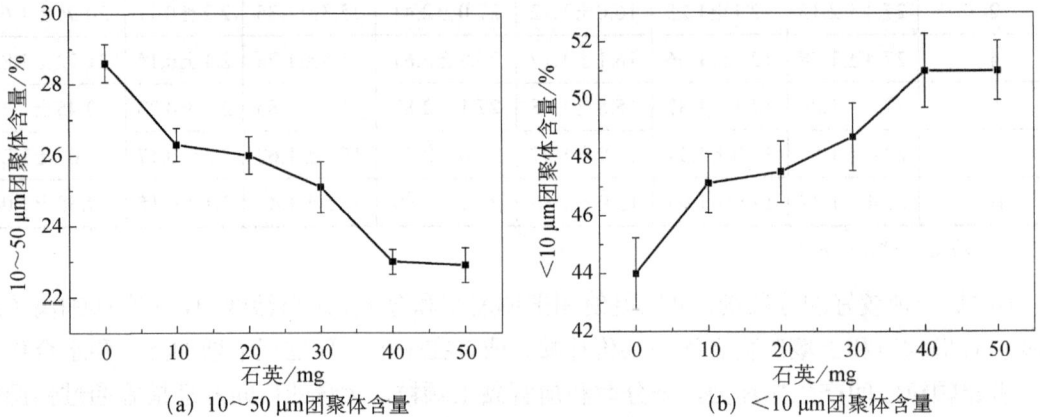

(a) 10～50 μm团聚体含量　　　　　(b) <10 μm团聚体含量

图 2-37　石英对赤泥微团聚体组成的影响

铁铝氧化物：去除赤泥中游离态铁铝氧化物，10～250 μm 粒径赤泥微团聚体含量显著减少，赤泥 CDR 由 22.37%增加到 24.14%（表 2-33），这表明游离态铁铝氧化物能够提高赤泥微团聚体的稳定性。去除赤泥中非晶型氧化铁铝后，赤泥粉粒和黏粒级微团聚体含量略有增加，CDR 由 22.37%增加到 23.48%（表 2-34），这表明非晶型铁铝氧化物对赤泥微团聚体稳定性也有积极影响。去除赤泥中络合态铁铝氧化物后，微团聚体组成变化较小，表明络合态铁铝氧化物对赤泥微团聚体组成影响甚微（表 2-35）。

表 2-33　游离态铁铝氧化物对赤泥微团聚体粒径分布的影响

游离态氧化铁铝	微团聚体粒径/μm						CDR/%
	50～250	20～50	10～20	5～10	2～5	<2	
去除前/%	27.4±1.35	12.2±1.12	16.4±1.33	26.8±3.01	15.2±1.64	2.0±0.18	22.37±2.10
去除后/%	25.6±1.49	10.1±0.86	15.8±1.13	28.3±2.45	16.9±1.26	3.3±0.11	24.14±1.63

注：平均值±标准差（n=3）。

表 2-34　非晶型铁铝氧化物对赤泥微团聚体粒径分布的影响

非晶型氧化铁铝	微团聚体粒径/μm						CDR/%
	50～250	20～50	10～20	5～10	2～5	<2	
去除前/%	27.4±1.35	12.2±1.12	16.4±1.33	26.8±3.01	15.2±1.64	2.0±0.18	22.37±2.10
去除后/%	27.0±1.28	11.3±1.31	17.3±1.08	27.4±2.76	15.8±1.49	1.2±0.12	23.48±1.86

注：平均值±标准差（n=3）。

表 2-35　络合态铁铝氧化物对赤泥微团聚体粒径分布的影响

络合态氧化铁铝	微团聚体粒径/μm						CDR/%
	50～250	20～50	10～20	5～10	2～5	<2	
去除前/%	27.4±1.35	12.2±1.12	16.4±1.33	26.8±3.01	15.2±1.64	2.0±0.18	22.37±2.10
去除后/%	27.5±1.62	12.4±1.04	16.9±1.18	27.1±2.51	14.8±1.37	1.3±0.09	22.32±1.86

注：平均值±标准差（$n=3$）。

多价金属阳离子包括 Fe^{3+} 和 Al^{3+} 能够促进化合物的沉淀，也可以在黏粒和有机分子间形成离子桥，促使颗粒团聚（Selim et al.，2016）。同时，不同铁铝氧化物形态与微团聚体稳定性的相关关系存在一定的争议。Igwe 等（2009）指出，非晶型和络合态氧化铁有利于土壤颗粒的团聚。Pinheiro-Dick 和 Schwertmann（1996）则认为非晶型铁铝氧化物对于热带氧化土和始成土的团聚影响最大。在本章中，游离态和非晶型铁铝氧化物是主要的胶结剂，能够促进赤泥颗粒的团聚。Duiker 等（2003）研究发现，对于土壤颗粒的团聚，非晶型氧化铁作用比有机碳更为显著。Huang 等（2016）研究稻田—小麦混作系统中非晶型氧化铁对土壤团聚体有机碳的影响，发现非晶型氧化铁能够保护土壤团聚体有机碳，增强土壤团聚体稳定性。非晶型铁铝氧化物有利于赤泥黏粒絮凝。无论是游离铁铝氧化物，或者是非晶型铁铝氧化物可能无法单独促进赤泥颗粒团聚，而与赤泥中有机碳结合，则能提高赤泥微团聚体的稳定性。

2.4.6　土壤发生过程中赤泥团聚体结构表征

通过对赤泥大团聚体和微团聚体进行扫描电镜分析，能够大致了解赤泥团聚体的组成、连接方式，进而对赤泥团聚体表面微观结构有初步认识。赤泥大团聚体电镜照片如图 2-38 所示。堆存时间为 1 年的赤泥大团聚体结构较为松散，片状结构较多，含有较多的碎屑和细颗粒物质。随着堆存时间的增加，赤泥大团聚体中碎屑逐渐减少，粒径较大的颗粒含量增加，赤泥大团聚体结构变得紧实，团聚状颗粒分布较为均匀。赤泥微团聚体表面微观形态扫描电镜照片如图 2-39 所示。在微团聚体尺度上，Z1 区域赤泥颗粒较细，均为片状结构，但碎屑较多，赤泥中含有 1～5 μm 粒径团聚颗粒含量较多。随着堆存时间的增加，赤泥微团聚体中颗粒粒径逐渐增大。在 Z7 区域中赤泥微团聚体中以 5 μm 左右粒径为主，大颗粒微团聚体表面附着有部分呈片状结构的小粒径微团聚体。

团聚体的形成和稳定与颗粒间的化学物质有紧密的关联，因此采用 X 射线能谱仪对赤泥大团聚体及微团聚体表面的元素组成和相对含量进行了分析，结果如图 2-38 和图 2-39 所示。可以看出，Ca、Na、Al、Fe 和 Si 等元素均出现较大波峰，表明赤泥团聚体的化学组成主要以 Ca、Na、Al、Fe 和 Si 等元素为主。由团聚体表面各化学元素相对含量来看，自然风化过程影响着赤泥团聚体的形成和稳定。在大团聚体中，Ca 元素相对含量由 3.34%增加到 16.74%，而 Na 元素相对含量由 10.05%降低到 1.42%。在微团聚体中，Ca 元素相对含量由 7.62%增加到 20.69%，而 Na 元素相对含量由 9.33%降低到 1.02%。这与自然风化过程中赤泥可交换盐基的动态变化过程相符。Ca^{2+} 在团聚体的形成过程中，能够胶结黏土颗粒和有机质。在微团聚体中，Ca 元素含量较大团聚体中为多，这表明 Ca^{2+} 作为多价金属离子，连接黏土颗粒和有机高分子，形成微团聚体，进而形成较大的团聚体，因此在微团聚体中 Ca 元素含量较高，这与团聚体形成模型相符（Tisdall et al.，1982）。

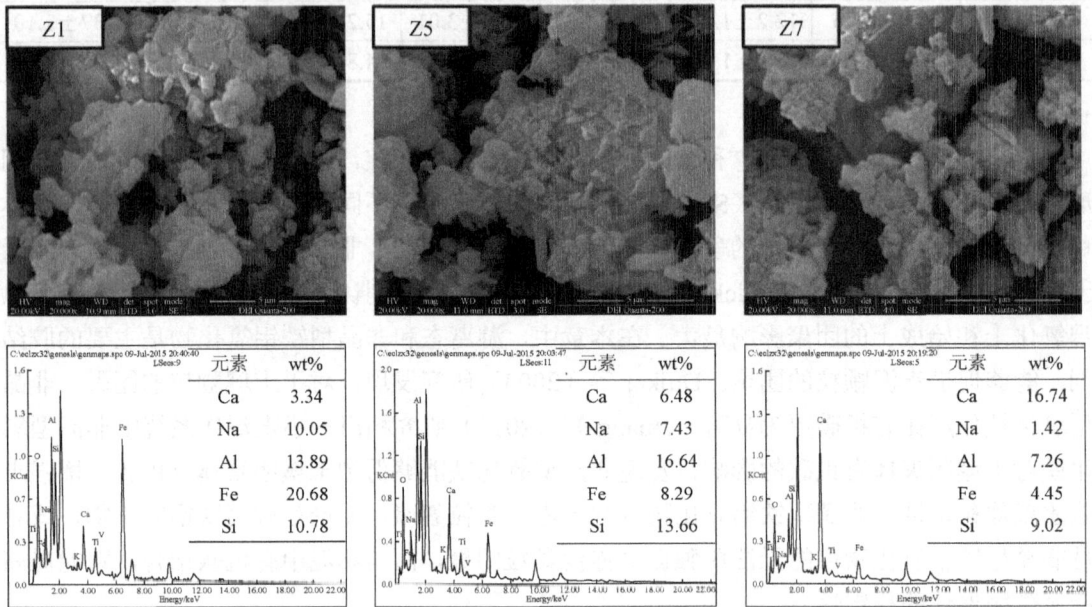

图 2-38　赤泥大团聚体（1～2 mm）扫描电镜和能谱分析

图 2-39　赤泥微团聚体（0.05～0.25 mm）扫描电镜照片和能谱分析

三种不同堆存时间赤泥大团聚体和微团聚体的二维和三维结构如图 2-40 和图 2-41 所示。从图中团聚体三维结构来看，大团聚体和微团聚体中孔隙位置主要分为团聚体内孔隙和团聚体间孔隙。团聚体间孔隙包括孔洞和通道。从图 2-39 中可以看出，堆存时间越久，赤泥团聚体间孔洞越大，通道越长。对于 Z7 区域赤泥，其团聚体孔隙主要为团聚体间孔隙，这表明团聚体间多孔结构有利于植物生长。由赤泥团聚体三维结构的透视图可以推测出团聚体的孔隙结构，如图 2-40 和图 2-41 所示。与 Z1 和 Z5 相比，Z7 中赤泥孔隙连接性更好。对于赤泥微团聚体，赤泥微团聚体的三维结构能够直观看出，随着堆存时间的增加，赤泥团聚体间孔隙变化特征并不明显，团聚体内孔隙逐渐增加。

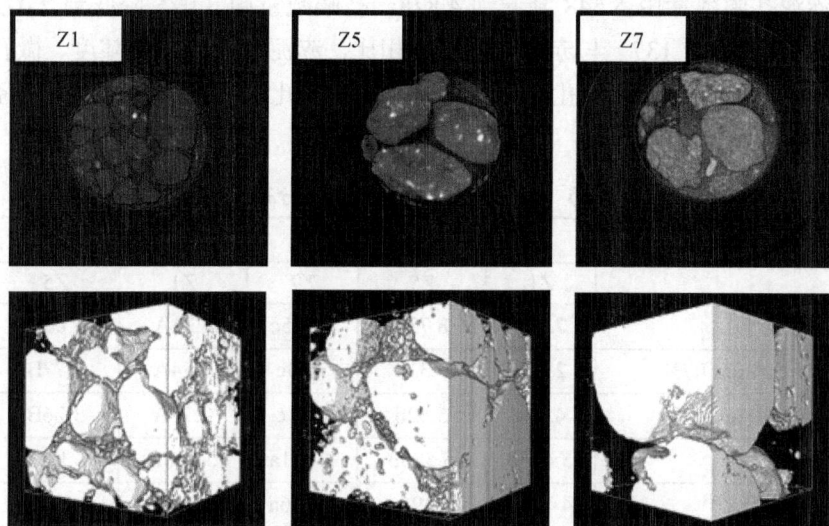

图 2-40 不同堆存时间赤泥大团聚体（1～2 mm）二维和三维可视化结构

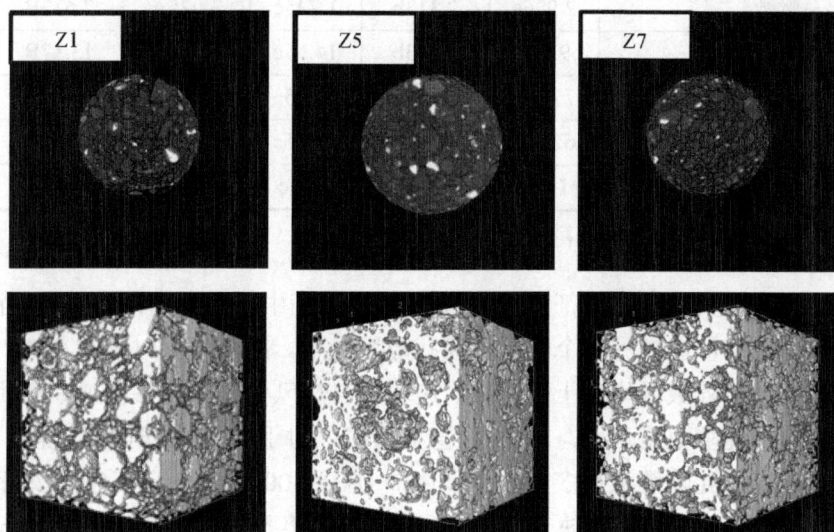

图 2-41 不同堆存时间赤泥微团聚体（0.05～0.25 mm）二维和三维可视化结构

不同堆存时间赤泥团聚体孔隙分布特征和孔喉网络定量化分析见表 2-36。自然风化过程中赤泥团聚体孔隙度及各孔隙参数均呈显著相关性（$P < 0.05$）。赤泥团聚体孔隙度、大孔隙数量、微孔隙数量、比表面积、孔隙路径和孔隙路径弯曲度随着堆存时间的增加而增加。在大团聚体尺度上，赤泥孔隙度由 7.54% 增加到 10.25%，孔隙比表面积由 9.52 mm^{-1} 增加到 14.65 mm^{-1}，孔隙平均路径长度由 61.42 μm 增加到 97.26 μm，孔隙平均路径弯曲

度由 1.85 增加到 2.03。在微团聚体尺度上，赤泥孔隙度由 6.31% 增加到 8.68%，孔隙比表面积由 11.84 mm^{-1} 增加到 16.62 mm^{-1}，孔隙平均路径长度由 43.41 μm 增加到 72.64 μm，孔隙平均路径曲折弯曲度由 1.90 增加到 2.02。对于赤泥团聚体孔隙数量、孔喉数量、路径数量等随着堆存时间的增加而逐渐减少。在大团聚体尺度上，赤泥孔隙数量由 5 465 降低到 4 931，孔喉数量由 2 936 降低到 1 745，孔隙路径数量由 7 465 降低到 4 755。在微团聚体尺度上，赤泥孔隙数量由 5 548 降低到 4 828，孔喉数量由 3 025 降低到 2 072，孔隙路径数量由 8 623 降低到 7 137。与赤泥大团聚体相比，赤泥微团聚体孔隙度、微孔隙度、孔隙路径长度较低，而大孔隙度、孔喉数量、比表面积、孔隙路径数量、孔隙路径弯曲度等孔隙参数较高。

表 2-36　不同堆存时间赤泥孔隙分布特征

孔隙特性	大颗粒			微团聚体		
	Z1	Z5	Z7	Z1	Z5	Z7
孔隙度/%	7.54a	8.73b	10.25c	6.31A	7.03B	8.68C
大孔率（>500 μm）/%	2.68a	3.31b	3.94c	2.54A	3.77B	4.44C
介孔率（<500 μm）/%	4.86a	5.42b	6.31c	2.77A	3.26B	4.24C
孔隙总数/个	5 465b	5 583b	4 931a	5 548B	5 392B	4 828A
内部孔隙数/个	4 121b	4 395c	3 946a	4 315C	4 046B	3 763A
边界孔隙数/个	1 344c	1 188b	985a	1 233B	1 346C	1 165A
总喉数	2 936a	2 313b	1 745c	3 025A	2 613B	2 072C
比表面积/mm^{-1}	9.52a	10.43b	14.65c	11.84A	13.17B	16.62C
路径总数	7 465c	5 812b	4 755a	8 623B	9 358C	7 137A
平均路径长度/μm	61.42a	78.62b	97.26c	43.41A	56.58B	72.64C
平均路径弯曲度	1.85a	1.91b	2.03c	1.90A	1.95B	2.02C

注：不同字母表示显著差异性（$P<0.05$）。

　　赤泥团聚体孔隙大小分布特征如图 2-42 所示。从图中可以看出，Z7 区域赤泥孔隙度较高，各直径孔隙数量也较另两个区域赤泥孔隙数量多。随着堆存时间的增加，赤泥大团聚体和微团聚体中孔隙数量均呈上升趋势，这表明自然风化过程能够增加赤泥团聚体孔隙度。两种团聚体中孔隙数量均以 >500 μm 直径最多。对于 <500 μm 直径孔隙，大团聚体中 200~300 μm 直径孔隙数量最多，微团聚体中 100~300 μm 直径孔隙数量最多。将孔隙当量直径进行分类，国内外目前缺乏统一的标准，一般将孔隙当量直径 >100 μm 定义为大孔隙，将孔隙当量直径为 30~100 μm 定义为毛管孔隙，将孔隙当量直径 <30 μm 定义为贮存孔隙（柳云龙等，2009）。本节中，赤泥团聚体孔隙包含了这三类的孔隙，可以对其孔隙分布进行分类分析。赤泥团聚体中以 >100 μm 直径孔隙为主。Z7 区域赤泥团聚体中大孔隙含量显著高于 Z1 和 Z5 区域，这表明 Z7 区域赤泥导水率提高，透气性增加。对于毛管孔隙，Z7 区域赤泥也高于 Z1 和 Z5 区域，这表明 Z7 区域赤泥中水分移动较另两个区域更快，水分和营养元素更有利于植物吸收利用（李冬梅等，2014）。

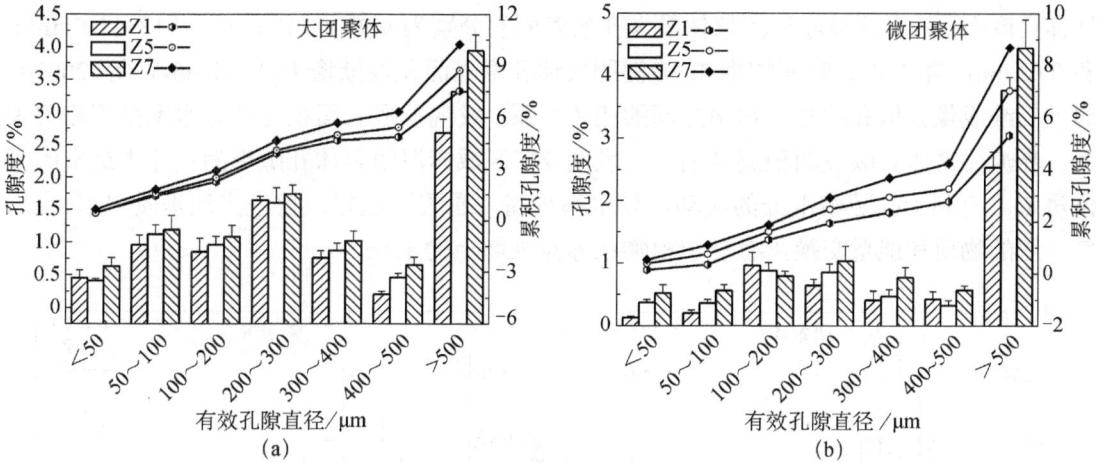

图 2-42　赤泥团聚体孔隙大小分布

路径长度表示沿中轴测定量相邻节点中心之间的距离，孔隙节点即为不同孔隙之间的连接点。Z1、Z5 和 Z7 区域赤泥大团聚体孔隙路径长度变化分别为 6～721 μm、7～658 μm 和 6～576 μm。随着堆存时间的增加，赤泥大团聚体孔隙路径长度变化范围逐渐变窄，最大孔隙路径长度显著降低。Z1、Z5 和 Z7 区域赤泥微团聚体孔隙路径长度变化范围分别为 8～613 μm、6～581 μm 和 8～706 μm。随着堆存时间的增加，赤泥微团聚体孔隙路径长度变化并不规律，最大孔隙路径长度显著增加。与 Z1 和 Z5 区域相比，Z7 区域赤泥孔隙路径数量相对较少，孔隙平均路径长度逐渐增加（表 2-36）。这表明自然堆存过程中，赤泥团聚体孔隙数量逐渐增加，分布较为分散，主要以大孔隙为主，这与图 2-40 和图 2-41 中可视化的赤泥团聚体 3D 图像一致。

自然风化过程中，赤泥大团聚体孔隙路径弯曲度由 1.85 显著增加到 2.03，微团聚体中孔隙路径弯曲度由 1.90 增加到 2.02。由赤泥团聚体孔隙路径弯曲度的分布频率如图 2-43 所示，赤泥大团聚体孔隙路径弯曲度在 1.5～2.0，分布频率逐渐升高。当路径弯曲度超过 2.0 之后，分布频率逐渐下降。赤泥微团聚体中孔隙路径弯曲度在 1.5～1.9，分布频率逐渐升高。当路径弯曲度超过 1.9 之后，分布频率逐渐下降。赤泥团聚体孔隙路径弯曲度主要分布在 1.5～2.0 区域。三个不同堆存时间区域赤泥大团聚体孔隙路径最大弯曲度分别为 2.6、2.9 和 3.4，随着堆存时间的增加，赤泥大团聚体孔隙路径最大弯曲度逐渐增加。三个不同堆存时间区域赤泥微团聚体孔隙路径最大弯曲度分别为 2.8、3.1 和 3.5，表明自然风化过程对赤泥团聚体孔隙形态具有一定的影响。

在团聚体孔喉网络模型构建中，孔喉是孔隙间尺寸最窄的部分，控制着土壤中水分流动速度，一般位于弯液面平均半径最小的位置，是团聚体孔隙分布中的重要特征之一，能够表征土壤孔隙间的连通性。如图 2-44 所示，三种不同堆存时间赤泥大团聚体和微团聚体中的孔喉表面积均呈正态分布，赤泥大团聚体孔喉表面积在 100 μm² 左右出现最大值，微团聚体孔喉表面积在 200 μm² 左右出现最大值。Z7 区域赤泥总孔喉数量显著低于另两个区域，随着堆存时间的增加，赤泥团聚体孔喉数量显著减少。在大团聚体尺度上，三个区域赤泥团聚体最大孔喉表面积分别为 9.21×10^{-3} mm²、7.86×10^{-3} mm² 和 0.01 mm²。在微团聚体尺度上，三个区域赤泥团聚体最大孔喉表面积分别为 $4.97 \times 10^{-3}\,mm^2$、$7.13 \times 10^{-3}\,mm^2$ 和 $0.01\,mm^2$。随着堆存时间的增加，赤泥团聚体孔喉表面积逐渐增大。Prodanović 等（2007）通过三维成像分析孔隙与导水率之间的相关关系，发现孔喉表面积与其导水率呈正相关关系。赤泥团聚体孔喉表面积逐渐增大，表明 Z7 区域赤泥团聚体孔隙空间尺寸中最窄的部位最宽，有利于孔隙中水分的流动，导水率越高，通透性越好，促进赤泥基质中水、热、气、肥的物质和能量交换，有利于植物在赤泥堆场上的生长。

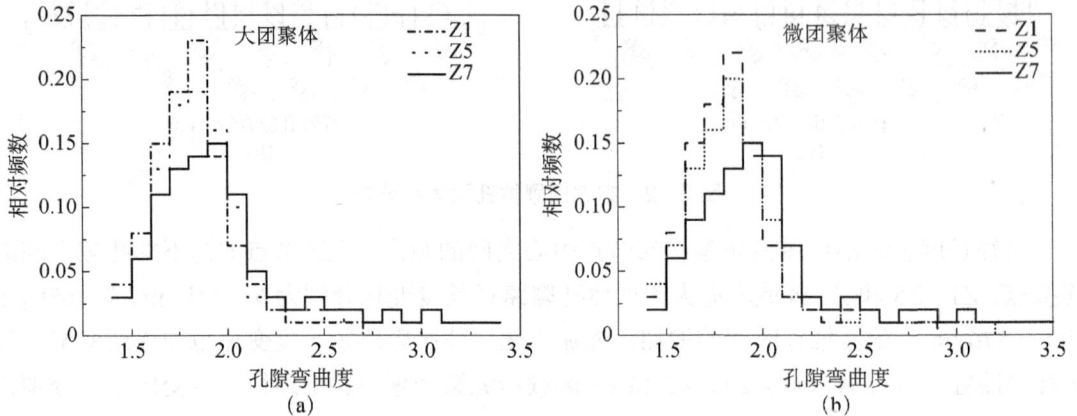

图 2-43　赤泥团聚体孔隙弯曲度

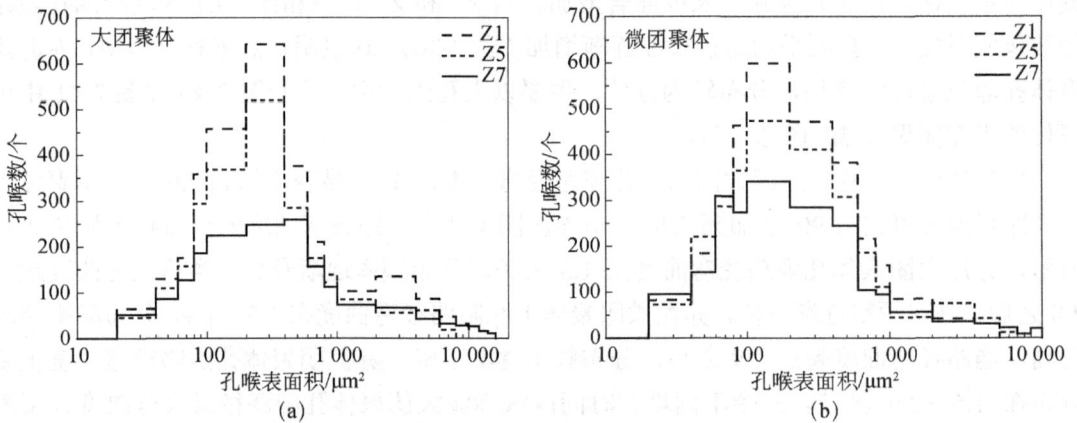

图 2-44　赤泥团聚体孔喉表面积

2.5　赤泥堆场土壤形成过程的微生物群落变化

2.5.1　自然风化过程中微生物区系变化

　　微生物是生态系统物质循环和能量转换过程的重要参与者，它们在有机质积累和养分元素循环过程中起主要作用。土壤微生物对于环境的变化十分敏感，其数量与结构会迅速地对环境条件的变化作出响应，是土壤质量评价的重要指标之一。

自然风化过程中，赤泥微生物总量呈逐渐升高的趋势，表现为 Z7＞Z4＞Z1，如图 2-45 所示，且不同堆存年限微生物总量之间均呈现出极显著差异（$P<0.01$）。Z1 区域赤泥微生物数量最少，为 1.59×10^5 cfu/g。这可能是因为新堆存赤泥盐碱度较高，养分匮乏，不利于微生物生长繁殖，大量对于土壤条件变化敏感的微生物种群消失，仅保留了抗逆性较强的少量微生物。同时新鲜赤泥中大部分微生物处于细胞受损状态，需要富集培养，活化若干次才能恢复其活性。随着堆存年限增加，在自然风力侵蚀和雨水淋浸作用下，赤泥盐碱度降低，间接促进微生物繁殖，提高赤泥微生物数量。在同一堆存年限下，Z7 区域赤泥微生物数量达到 3.2×10^6 cfu/g，显著高于 Z6 区域微生物数量，这表明自然植被定植通过改变赤泥理化性质、植物根系分泌物促进微生物繁殖。与周边土壤相比，尽管 Z7 区域也能支持草本植物生长，但是其微生物数量及其组成仍与土壤差异较大。从不同生理类群来看，各堆存年限赤泥样品中微生物数量均表现为 Z7＞Z4＞Z1，且不同堆存年限微生物总量之间均呈现出极显著差异（$P<0.01$）。统计赤泥微生物类群百分比发现，在微生物区系组成中，细菌占主导地位，其数量占到微生物总量的 66%～95%，其次是放线菌，含量最少的是真菌，其含量仅占微生物总数的 0.77%，这是由不同类群微生物的生物学特性决定的（图 2-46）。

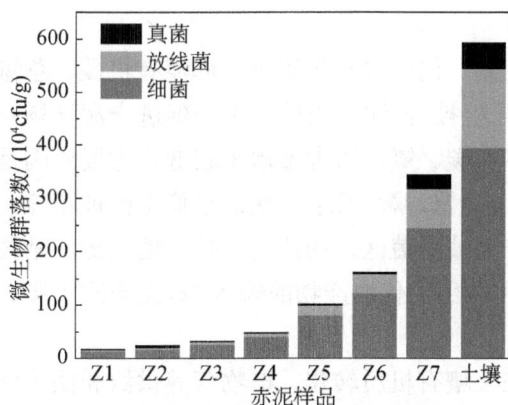

图 2-45 不同堆存年限赤泥微生物总量

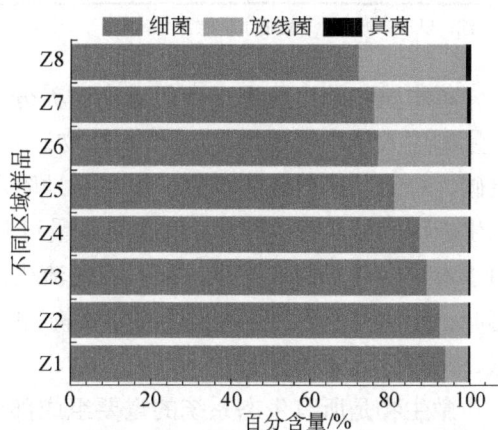

图 2-46 不同堆存年限赤泥微生物区系组成

细菌不仅营养类型多、呼吸机制复杂，而且细菌代谢旺盛、繁殖快、适应能力强，所以细菌往往成为土壤中的优势种群。真菌在微生物数量占比最小，这可能与赤泥堆场高盐碱性有关。大多数真菌只能在酸性或中性 pH 范围内生长发育，而赤泥通常表现出较高的碱性，影响真菌定植。对宁夏不同盐渍化类型土壤微生物区系研究中，发现不同类型盐渍化土壤微生物数量均表现为细菌＞放线菌＞真菌。铜尾矿废弃地生态恢复过程中，不同演替阶段植物群落下微生物的数量均表现为细菌＞放线菌＞真菌。赤泥碱度是真菌群落结构变化的主要驱动因素，较低的总碱度有利于真菌多样性的提高。此外，盐分也是影响真菌生长的主要因素之一。在盐胁迫条件下，植物根际土壤中的丛枝菌根真菌孢子密度和侵染率与土壤 EC、盐度及 Na^+ 含量等呈负相关。

自然生态恢复过程中，赤泥养分状况得到极大地改善。原生赤泥有机碳、速效氮、总氮、速效磷及全磷含量均较低，这也是制约堆场植被重建的关键障碍因子。随着堆存年限增加，赤泥有机碳、速效氮、总氮、速效磷及全磷含量均呈上升趋势。自然风化过程中，裸地赤泥有机碳含量从 5.73 g/kg 增加到 9.24 g/kg；总氮含量从 0.05 g/kg 上升到 0.29 g/kg；速效磷含量则从 4.99 mg/kg 升高至 30.88 mg/kg，均表现出极显著性升高，这表明自然风化过程有利于赤泥养分元素的积累。

表 2-37 自然生态恢复过程赤泥养分含量变化

样品名称	有机碳/（g/kg）	总氮/（g/kg）	速效磷/（mg/kg）
Z1	5.73±0.15	0.05±0.009	4.99±0.42
Z2	5.24±0.17	0.06±0.012	6.05±0.59
Z3	5.85±0.14	0.1±0.03	12.93±0.33
Z4	6.08±0.17	0.1±0.01	16.08±0.64
Z5	8.00±0.13	0.15±0.02	24.33±1.39
Z6	9.24±0.56	0.29±0.02	30.88±0.86
Z7	10.81±3.14	0.91±0.17	41.43±1.02
土壤	23.20±5.76	2.47±0.74	48.75±5.42

注：以干赤泥计，平均值±标准差（$n=4$）。

草本植物的出现进一步促进赤泥养分元素积累。同一堆存年限下，赤泥有机碳、总氮含量和速效磷均表现为 Z7（草本植物）＞Z6（无植被），这表明植被生长促进赤泥堆场有机碳、总氮、速效磷的积累。原生裸地阶段，赤泥碳、氮、磷含量水平较低，主要原因是原生赤泥养分匮乏，其本身仅含有少量可利用的碳、氮、磷元素；其次缺乏稳定植被覆盖，雨水淋溶容易引起赤泥碳、氮、磷的流失。而在植被覆盖区，动植物残体（地上部的枯枝落叶、地下部的死亡根系及根的分泌物）的分解和微生物代谢产物的输入，直接导致了碳、氮、磷养分元素的积累。

微生物是所有生态系统的重要组成部分，在土壤有机质转化、植物营养供给和团聚体结构形成等方面发挥着重要作用。微生物群落与其栖息环境之间的相互作用通常是难以区分开的，环境通过对微生物施加压力影响其区系组成和群落结构；反之，微生物也能通过群落代谢过程改变周围环境。相关分析表明，原生裸地阶段，赤泥 pH、EC 与细菌、放线菌呈极显著负相关（$r=-0.886^{**}$，$r=-0.928^{**}$；$r=-0.865^{**}$，$r=-0.953^{**}$；$P<0.01$），说明赤泥 pH 降低有利于细菌、放线菌生长，同时 pH、EC 的降低可能与细菌、放线菌有关；赤泥有机碳、总氮、速效磷含量与细菌、放线菌数量呈极显著正相关关系（表 2-38），说明养分水平的提高对增加赤泥中细菌和放线菌数量具有积极作用。同时，细菌和放线菌对原生裸地阶段赤泥的养分积累也具有促进效果；原生裸地阶段，真菌数量与 pH、有机碳、总氮和速效磷含量无显著相关性，这表明生态系统演替初期，细菌和放线菌对赤泥 pH 降低以及养分积累的作用优于真菌。细菌对赤泥 pH 的作用可能与细菌本身能利用有机物质代谢产生酸性分泌物有关。此外，真菌在赤泥生态恢复初期作用不显著，可能与赤泥 pH 较高，真菌难以定植有关。这与原生裸地阶段真菌数量较低的结果相符。

表 2-38　赤泥性质与微生物数量的相关性

微生物		pH	EC	有机碳	总氮	速效磷
原生裸地阶段	细菌	−0.886**	−0.865**	0.919**	0.901**	0.956**
	放线菌	−0.928**	−0.953**	0.854**	0.944**	0.918**
	真菌	−0.355	−0.877**	0.380	0.402	0.407
草本群落阶段	细菌	0.034	−0.504*	0.934**	0.893**	0.781**
	放线菌	−0.037	−0.485	0.857**	0.783**	0.562*
	真菌	0.014	−0.551*	0.935**	0.868**	0.714**

注：*表示显著相关（$P < 0.05$）；**表示极显著相关（$P < 0.01$）。

草本群落阶段，赤泥细菌、放线菌和真菌均表现出与其有机碳和总氮含量存在极显著正相关关系（$P < 0.01$），这表明细菌、放线菌和真菌对赤泥有机碳和总氮积累具有重要作用。此外，赤泥速效磷含量与真菌、细菌数量呈极显著正相关（$P < 0.01$），与放线菌数量呈显著正相关（$P < 0.05$），表明草本群落阶段，真菌、细菌数量增多有利于赤泥速效磷的积累。草本群落阶段，细菌、放线菌和真菌均没有表现出与赤泥 pH 的显著相关性，这可能是草本群落阶段赤泥 pH 的降低主要与植物根基酸性分泌物有关。

2.5.2　自然风化过程微生物群落结构变化

赤泥堆场经过自然风化作用后，其理化性质得以改善，进而出现植被定植的现象，但这个过程时间较长且植被盖度不高。通过人为干扰可缩短修复时间，是规模化处置赤泥的有效途径之一。在赤泥堆场生态修复中，常用的方法有物理法、化学法和生物法，其中生物法具有成本低、无二次污染等特点，在赤泥堆场生态修复中极具前景。自然风化过程中，微生物群落结构，尤其是优势菌群的结构变化，可为生物驱动赤泥堆场生态修复过程中功能微生物选育提供科学依据。

（1）自然风化过程中赤泥的理化性质变化

在自然风化过程中，赤泥的性质发生了显著性变化（表 2-39）。新鲜赤泥具有较高的碱度和盐度，养分匮乏。随着堆存年限的增加，pH、EC、总碱和 ESP 显著降低，而 TOC、TN 和 AP 含量显著增加（$P < 0.05$）。此外，自然植被的定植进一步降低了碱度和盐度，增加了赤泥中的养分含量。赤泥理化性质是表征赤泥质量的重要指标，本节结果表明新鲜赤泥的 pH 和 EC 显著低于堆存 20 年赤泥（OW），这可能是由于长期风蚀和水浸造成的。Kong（2017c）等研究表明，长期的自然风化过程通过浸出游离的氢氧化物、碳酸盐、铝酸盐和碱性矿物（方钠石、水化石榴石和方解石等）来降低赤泥的碱度和盐度。同时，一些微生物可能分泌有机酸来降低赤泥的碱度。此外，有植物定植的赤泥出现的自然植被定植现象，通过植物根系的作用可能会降低赤泥的盐度和碱度。与盐碱度变化相反的是，在自然风化过程中，赤泥中的养分含量增加，OW 中 TOC、TN 和 AP 的含量明显高于新鲜赤泥（$P < 0.05$），这可能与微生物的固碳、固氮和溶磷作用

有关，在有植物定植的赤泥中植物枯落也可以增加赤泥中的腐殖质。Zhu（2017）等报道了长期自然风化过程中赤泥团聚体的形成是由于TOC的积累。可见长期自然风化能有效改善赤泥理化性质。

表 2-39　赤泥样品基本理化性质

项目	新鲜赤泥	风化10年的赤泥	风化20年的赤泥	有植物定植的赤泥
pH	11.03±0.11a	10.6±0.07b	10.1±0.09c	9.4±0.10d
EC/（mS/cm）	3.65±0.57a	2.28±0.49b	0.92±0.16c	0.34±0.02d
总碱/（g/L）	29.38±2.57a	26.23±2.42b	24.73±2.31c	23.15±2.19c
ESP/%	73.02±0.02a	66.39±0.01b	48.56±0.02c	36.38±0.01d
TOC/（g/kg）	5.71±0.26d	8.00±0.30c	9.24±0.25b	10.81±1.15a
TN/（g/kg）	0.039±0.008d	0.150±0.06c	0.729±0.07b	1.532±0.28a
AP/（g/kg）	5.32±0.25d	10.48±0.25c	22.74±5.44b	34.94±5.44a

注：a、b、c、d 表示显著性差异（$P<0.05$）。

（2）赤泥自然风化过程中微生物多样性变化

运用 Illumina 高通量测序中的 16S rRNA 方法测定细菌群落多样性和群落结构。从所有赤泥样品中共获得了 1 156 302 个有效序列，并将所有序列分成 5 729 个 OTU。如图 2-47 中所示稀释曲线趋向于接近饱和平台，说明测序深度基本覆盖了样品中所有的微生物物种。通过 OTU 聚类后，其数值大小可以反映群落的丰富度；Shannon 指数综合考虑群落的丰富度和均匀度，Shannon 指数越大，群落多样性越高。如图 2-48 所示，从新鲜赤泥到有植物定植的赤泥，平均 OTU 数值在 743±85c 到 2 838±63a 之间，OTU 数值随风化时间的增加而显著增加（$P<0.05$）；Shannon 指数在 4.29±85c 到 6.56±85a 之间，风化 10 年的赤泥相对于新鲜赤泥的 Shannon 指数有所增加，但不显著，之后又随风化时间的增加而显著增加（$P<0.05$）。

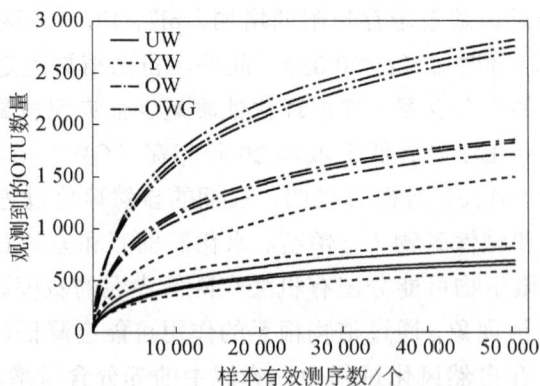

图 2-47　赤泥样品中细菌群落的稀释曲线

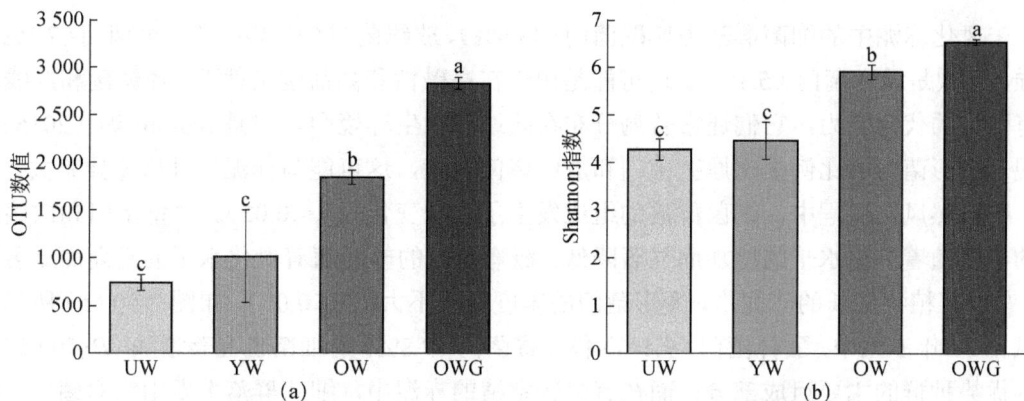

图 2-48　自然风化过程中赤泥微生物群落的 α-多样性

本节中的测序数据量足以反映赤泥样品中的物种多样性，结果显示 OTU 数值和 Shannon 指数在有植物定植的赤泥中达到最大，说明经过风化的赤泥中的细菌多样性指数更高，这与其他尾矿在自然恢复过程中微生物多样性的变化一致（Liu et al., 2019b）。这可能是由赤泥性质的改善引起的，而且植物生长时可以通过产生根系分泌物等来促进细菌群落的发展，植物凋落衰亡后大量枯落物进入赤泥中会分解，使赤泥中养分含量增加，为微生物提供大量的碳氮源等营养物质，有利于微生物生存和繁殖。

主坐标分析（PCoA）表明，自然风化过程中的赤泥样品在不同堆存年限和菌群结构之间有差异，如图 2-49 所示。然而，与风化 20 年赤泥和新鲜赤泥相比，风化 10 年的赤泥和新鲜赤泥之间的差异并不显著，说明短期风化对赤泥中细菌群落多样性的影响很小。坐标轴 1、2 和 3（PC1、PC2 和 PC3）的解释率分别为 51.94%、19.3% 和 7.54%。第一个主轴坐标轴上的高位解释率（PC1）表明，不同风化程度的赤泥样品中的细菌多样性具有显著性差异。风化 20 年的赤泥与有植物定植的赤泥在 PC2 上差异较大，可能是植被出现后对赤泥中细菌群落多样性产生较大影响。

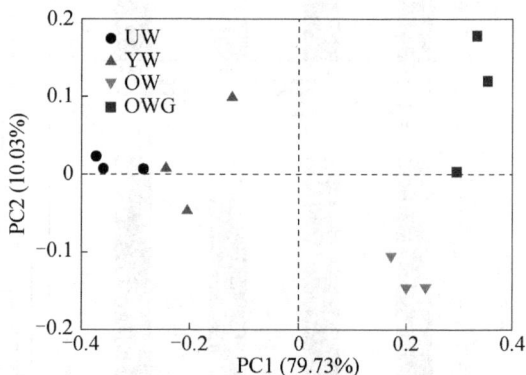

图 2-49　自然风化过程中赤泥微生物群落的 β-多样性（主坐标分析）

（3）赤泥自然风化过程微生物群落结构变化

在上述赤泥样品中，共检测到 44 个细菌门类。相对丰度较大的包括：厚壁菌门（Firmicutes）、放线菌门（Actinobacteria）、绿弯菌门（Chloroflexi）、变形菌门（Proteobacteria）、酸杆菌门（Acidobacteria）、浮霉菌门（Planctomycetes）、芽单胞菌门（Gemmatimonadetes）、拟杆菌门（Bacteroidetes）和异常球菌—栖热菌门（Deinococcus-Thermus），其中共有 4 个优势种，包括厚壁菌门（6.1%～33.8%）、放线菌门（8.9%～32.3%）、绿弯菌门（6.8%～25.3%）和变形菌门（10.9%～19.5%），它们占所有序列的 53.9%～91.6%，如图 2-50（a）所示。

未风化赤泥中的细菌群落由厚壁菌门（45.9%）、放线菌门（33.4%）和变形菌门（7.1%）主导，其次是绿弯菌门（5.1%）。这可能是由于在高碱性和高盐度条件下，厚壁菌和放线菌具有强大的代谢能力，它们通常普遍分布在陆地和水生环境中。但是 Santini 等（2015c）发现，变形菌门的比例要比厚壁菌门和放线菌门更大，这可能与赤泥的性质差异有关。

在自然风化过程中，细菌群落的组成发生了显著变化（$P < 0.05$）。厚壁菌门和放线菌门的丰度随着风化水平的增加而显著降低，绿弯菌门的丰度随着风化水平的提高而显著增加，在没有植物生长的赤泥中，变形菌门的丰度变化不大（$P < 0.05$），如图 2-50（a）所示。在风化 20 年赤泥中，酸杆菌门（9.5%）和浮霉菌门（9.8%）的细菌也显著增加（$P < 0.05$），成为优势种群的主要组成部分；而在有植物定植的赤泥中，细菌群落主要由绿弯菌门、酸杆菌门、浮霉菌门和变形菌门主导。Schmalenberger 等（2013a）发现，赤泥堆场生态修复过程中，酸杆菌丰度不断增加。自然植被的定植进一步增加了酸杆菌门（有植物定植的赤泥 13.7%）、浮霉菌门（有植物定植的赤泥 18.8%）和变形菌门（有植物定植的赤泥 19.5%）的丰度，而降低了绿弯菌门（有植物定植的赤泥 19.3%）的丰度，如图 2-50（a）所示。

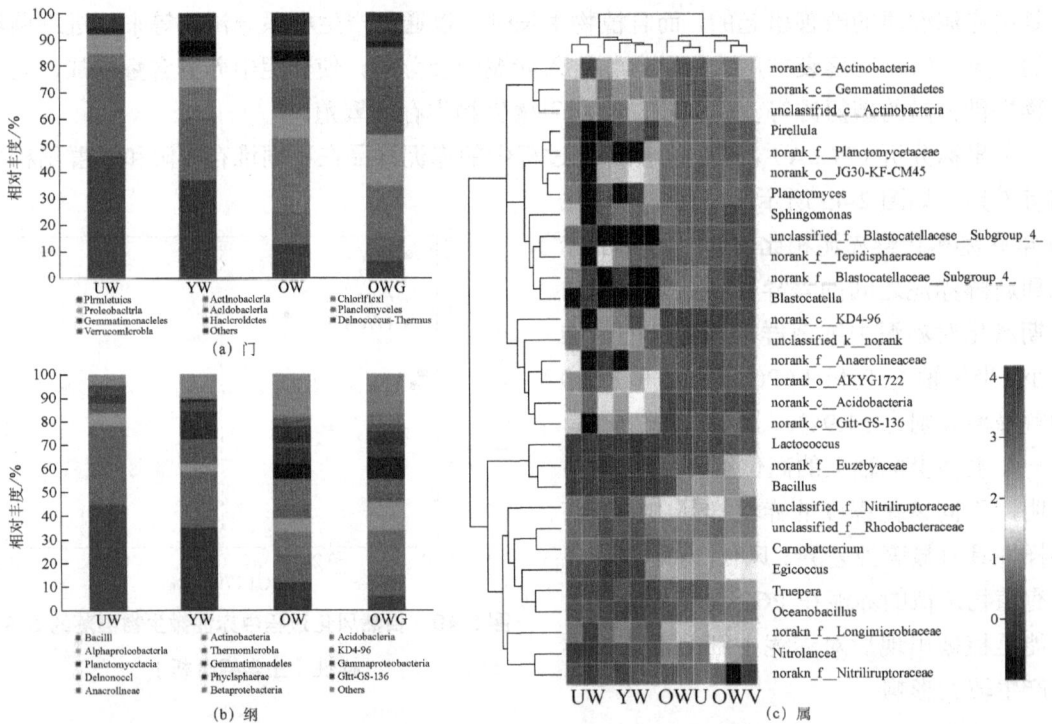

图 2-50 不同风化时间下赤泥中细菌群落在门（a）、纲（b）和属（c）水平上的组成

自然风化过程中，赤泥细菌群落在纲水平上丰度较大的有 14 个，如图 2-50（b）所示。细菌群落发生了显著性变化，多样性明显提高（$P < 0.05$）。芽孢杆菌纲（Bacilli）和放线菌纲（Actinobacteria）随风化时间增加而显著降低（$P < 0.05$），芽孢杆菌纲属于厚壁菌门。酸杆菌纲（Acidobacteria）和浮霉菌纲（Planctomycetacia）在风化 20 年的赤泥和有植物定植的赤泥中具有较高的丰度，且在新鲜赤泥和风化 10 年的赤泥中丰度极低。这些细菌群落在纲水平上的变化与门水平变化一致。但 α-变形菌纲（Alphaproteobacteria）、β-变形菌纲

（Betaproteobacteria）和 γ-变形菌纲（Gammaproteobacteria）在自然风化过程中分别出现了显著性变化（$P<0.05$），α-变形菌纲和 β-变形菌纲在有植物定植的赤泥中丰度最高，随风化程度的提高其丰度基本呈上升趋势，而 γ-变形菌纲的丰度在风化 20 年的赤泥和有植物定植的赤泥中显著减少。已有研究表明这可能与细菌所在环境的 pH 有关，α-变形杆菌的相对丰度随着土壤 pH 的降低而增加，而 γ-变形杆菌则表现出相反的趋势（Shen et al.，2013）。

酸杆菌通常是嗜酸的，并且广泛存在于各种生态系统中。赤泥堆场自然风化过程中酸杆菌的丰度逐渐增加，赤泥的 pH 逐渐降低。有研究表明土壤中酸杆菌的丰度与土壤 pH 相关，它们在 pH 为 7~8 的土壤中占所有细菌的 20%（Jones et al.，2009）。酸杆菌通常分为 26 个亚组，其中 Gp1、Gp2、Gp3、Gp4 和 Gp6 在土壤环境中含量丰富（Barns et al.，2007）。一些研究表明，酸杆菌内的优势群体随土壤 pH 的不同而不同（Wei et al.，2019）。高丰度的 Gp4 和 norank_c_Acidobacteria 在经过风化的地点占据了主导地位，如图 2-50（c）所示。

应用线性判别分析（LDA）来检测具有不同风化时间的赤泥中显著不同的物种。如图 2-51 所示，在 LDA 阈值为 4.0 的情况下，23 种细菌在不同赤泥采样点之间表现出显著性差异。在新鲜赤泥中丰度较高的物种包括芽孢杆菌（纲）、厚壁菌（门）、放线菌（纲）、放线菌（门）和乳杆菌（目），在风化 20 年的赤泥中丰度较高的物种包括酸杆菌（门）、酸杆菌（纲）、变杆菌（门）、浮霉菌（门）和 Blastocatellaceae-Subgroup-4（科），说明这些物种可以作为堆场生态恢复过程中的生物标志物。

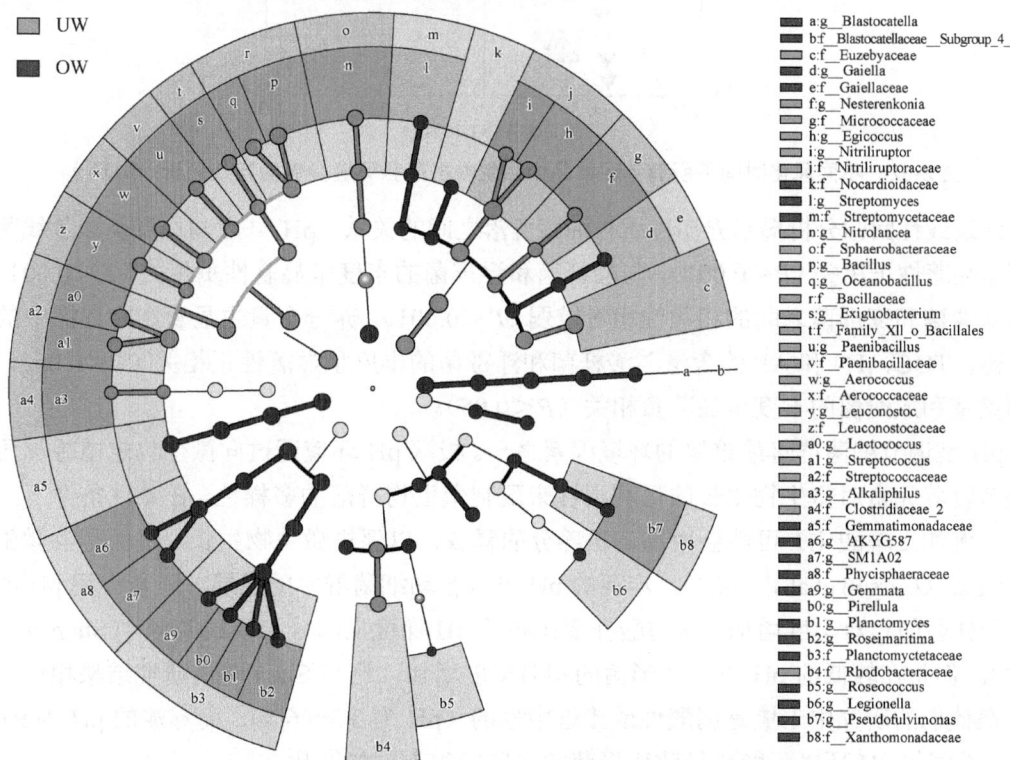

图 2-51　不同风化时间的赤泥中细菌群落的 LefSe 分析

小号浅色圆圈表示赤泥样品之间的丰度差异不显著，大号深色圆圈表示新鲜赤泥中含量丰富的物种，
中号深色圆圈表示风化 20 年赤泥中含量丰富的物种

（4）微生物群落结构与环境因子的相关性

微生物的存活和繁殖会受到各种因素的影响，如环境因子和植被盖度等，本节分析了 pH、EC、TOC、TN 和 AP 等环境因子对赤泥中细菌群落多样性和群落结构组成的影响。细菌群落的影响因素中，这 5 个参数的解释率达到 88.85%，说明 pH、EC 和养分含量对赤泥中微生物群落的影响很大。冗余分析（RDA）结果表明，自然风化过程改善了赤泥性质，并改变了赤泥堆场的细菌群落结构。随风化程度的提高，pH 和 EC 逐渐降低，而赤泥中的养分含量逐渐升高，赤泥堆场生态环境由新鲜赤泥向有植物定植的赤泥不断演替，pH、EC、TOC、TN 和 AP 是微生物群落变化的主要驱动力，如图 2-52 所示。未风化赤泥的 pH 和 EC 值很高，它们对新鲜赤泥的影响最大，当植被定植后，养分含量对微生物群落的影响最大。

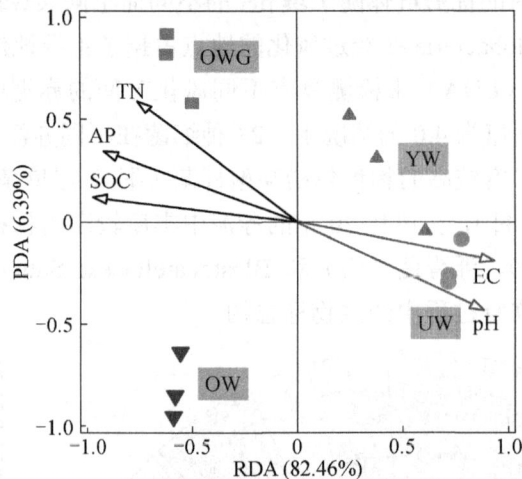

图 2-52　不同风化时间下所有赤泥样品中微生物群落和环境参数的冗余分析（RDA）

通过线性回归分析揭示赤泥性质与细菌群落之间的关系。pH、EC 与厚壁菌和放线菌的丰度呈显著性正相关（$P<0.001$），与酸杆菌和浮霉菌的丰度呈显著性负相关（$P<0.001$），而与绿弯菌和变形菌之间的相关性相对较弱（$P<0.001$）。养分含量也显著影响赤泥中的细菌群落，TOC、TN 和 AP 的含量与酸杆菌和浮霉菌的丰度呈显著性正相关（$P<0.05$），而与厚壁菌和放线菌的丰度呈显著负相关（$P<0.05$）。

pH 是调节细菌群落最重要的环境因素之一。极端 pH 环境通过向微生物定植施加压力并调节营养元素对微生物生长的可利用性来限制微生物群落的多样性。在碱性条件下，pH 降低（例如土壤酸化）可能会增加矿质养分的释放，以促进微生物生长，进而影响微生物群落组成（Carson et al.，2007）。赤泥的 pH 可以驱动细菌群落的发展。随着赤泥 pH 的降低，酸杆菌的相对丰度增加。这与酸杆菌在相关 pH 梯度上的分布模式类似（Shen et al.，2013）。但是在较低的 pH 下，变形菌的相对丰度增加，这与 Shen 等的研究结果相反，可能是在他们的研究中土壤是弱酸性或接近中性的（pH 为 3.5~6.5），而赤泥的 pH 为 9.4~11.3，不同的 pH 环境可能会导致变形菌的丰度发生不同的变化。

除了酸碱度外，其他环境因素对于微生物群落的分布和变化也非常重要。Azarbad 等（2013）观察到，重金属污染土壤中的细菌群落是由土壤有机质驱动的。在赤泥中，微生物群落不仅受到高 pH 的限制，还受到养分含量的影响。变形菌门、酸杆菌门、厚壁菌门、放线菌门、绿弯菌门和浮霉菌门六个主要门的相对丰度，与 TOC、TN 和 AP 的含量都具有显著的相关性（$P<0.05$）。随着 TOC、TN 和 AP 的含量增加，放线菌门和厚壁菌门的丰度显著降低（$P<0.05$），而酸杆菌门、变形菌门、绿弯菌门和浮霉菌门的丰度显著增加（$P<0.05$）。经过 12 年的恢复，赤泥中的疣微菌门、酸杆菌门和变形菌门的丰度显著增加。此外，以嗜盐链球菌为主的细菌群落的进化可能与赤泥中浮霉菌门的积累有关。然而，在其他研究中，尚未发现绿弯菌门与养分之间的显著关系（Schmalenberger et al., 2013a）。这可能是由于本节中独特的细菌群落所致，而绿弯菌门在其中起了很大的作用。在经过良好修复的赤泥中，其丰度非常低，与赤泥的性质无显著相关性。

（5）自然风化过程中潜在植物促生菌的变化

厚壁菌门的相对丰度随着风化时间的增加逐渐减少，在新鲜赤泥中，厚壁菌门相对丰度高达 45.99%。在厚壁菌门中，芽孢杆菌纲（Bacilli）所占比例较大，在新鲜赤泥和风化 10 年的赤泥中相对丰度分别达到 44.73% 和 34.97%，是早期风化赤泥中细菌群落结构的主要组成部分。放线菌门的相对丰度也随着风化时间的增加而减少，在有植物定植的赤泥中其相对丰度降低到 8.90%，但在不同风化程度赤泥的细菌群落结构中仍是优势种群。变形菌门的相对丰度随着风化时间的增加而增加，当有植被定植时，变形菌门丰度显著增加（$P<0.05$），其相对丰度达到 19.53%，在有植物定植的赤泥的群落结构中所占比例最高，如图 2-53 所示。在本节中丰度较高的鞘氨醇单胞菌属（Sphingomonas）和芽孢杆菌属（Bacillus）等都属于植物促生菌，如图 2-53 所示。

芽孢杆菌是极端环境中抗性微生物种质资源的主要来源之一，它们可以产生抗逆性孢子，能够在逆境中存活，常从高盐碱环境中分离筛选获得。另外，芽孢杆菌作为一种植物促生菌已经得到广泛应用，Valette 等（2018）的研究证明芽孢杆菌可以显著促进植物生长。在厚壁菌门下的属水平上，已发现具有促生作用的物种，包括芽孢杆菌属（Bacillus）、微小杆菌属（Exiguobacterium）、葡萄球菌属（Staphylococcus）和短小芽孢杆菌属（Brevibacillus）

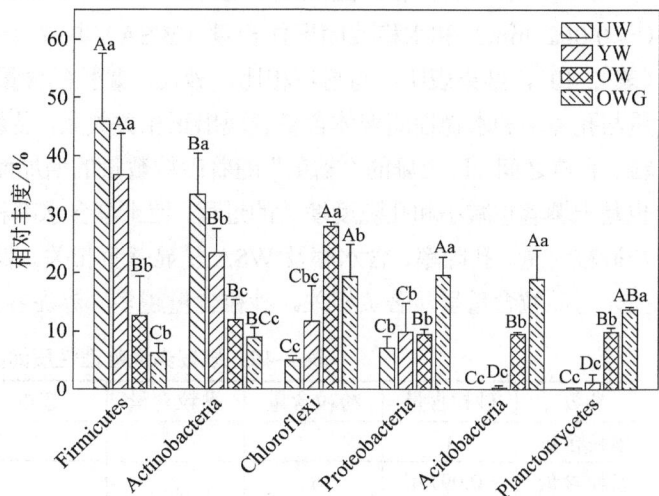

图 2-53　不同风化时间下赤泥中优势物种的相对丰度

等。该研究也发现放线菌门下的节杆菌属（Arthrobacter）和短小杆菌属（Curtobacterium）等对植物促生作用明显。变形杆菌可能在生态修复中起关键作用，它们积极参与能量代谢，例如有机、无机化合物的氧化和从光中获取能量，固定大气中的碳和氮。现有研究发现的大量植物促生菌都属于变形菌门，如根瘤菌属（*Rhizobium*）、固氮菌属（*Azotobacter*）、假单胞菌属（*Pseudomonas*）、鞘氨醇杆菌属（*Sphingobacterium*）、鞘氨醇单胞菌属（*Sphingomonas*）等（Cardoso et al.，2018）。

经过长期的自然风化，赤泥理化性质逐渐改善，微生物群落不断演替，并且在堆存 20 年的赤泥上发现植被定植现象。在风蚀水浸、微生物和植物的共同作用下，赤泥的盐碱度降低，养分含量逐渐增加。由于赤泥逐渐具备适宜生物生存的条件，因此赤泥中细菌多样性不断增加，物种逐渐丰富。在短期风化的赤泥的细菌群落结构中，优势种包括厚壁菌门、放线菌门、绿弯菌门和变形菌门。随着风化程度的加深，细菌群落组成发生显著性变化，厚壁菌门和放线菌门的丰度显著降低，绿弯菌门、酸杆菌门和浮霉菌门的丰度显著增加，变形菌门的丰度在植被定植后显著增加。在赤泥的自然风化过程中，环境因子对微生物群落结构组成的影响很大，pH、EC、TOC、TN 和 AP 是赤泥中细菌群落演替的主要驱动力。对赤泥堆场的微生物种质资源进行调查后，发现其中含有芽孢杆菌和鞘氨醇单胞菌属等丰度较高的潜在植物促生菌。现已发现的植物促生菌很多都属于变形菌门，而在有植物生长的赤泥中，变形菌门成为丰度最高的优势种，这为后续从赤泥堆场土著微生物中筛选植物促生菌的研究提供了重要参考和指导意义。

2.6 赤泥堆场土壤发生过程诊断研究

2.6.1 赤泥堆场土壤发生过程的主因分析

对容重、含水率、孔隙度、砂粒（0.05～2 mm）、粉粒（0.002～0.05 mm）、黏粒（＜0.002 mm）和水稳性团聚体含量（WSA）共 7 个土壤物理指标之间的相关性进行分析（表 2-40），结果表明：与粉粒相比，砂粒、黏粒的含量对土壤物理性质的影响较大，砂粒含量与孔隙率和水稳性团聚体含量表现出正相关关系，显著的负相关关系存在于砂粒与黏粒、粉粒、容重之间，即土壤的"黏重"随着砂粒数量的增加而增加，所以存在土壤粒径减少过程，也是土壤容重减小和孔隙度增大的过程，使土壤含水率相应变大。粉粒与黏粒呈显著正相关，与砂粒含量、孔隙率、含水率及 WSA 呈显著负相关。黏粒含量与粉粒含量和容重呈显著正相关，与砂粒含量呈显著负相关。砂粒含量越多，赤泥容重减小，孔隙率增大，WSA 升高。

表 2-40 堆场赤泥物理性质间的相关矩阵

参数	砂粒含量	粉粒含量	黏粒含量	容重	孔隙率	含水率	WSA
砂粒含量	1						
粉粒含量	−0.097 4**	1					
黏粒含量	−0.649**	0.506**	1				
容重	−0.510**	0.381*	0.894**	1			
孔隙率	0.596**	−0.484**	−0.795**	−0.850**	1		
含水率	0.158	−0.110	−0.056 1**	−0.575**	0.465*	1	
WSA	0.552**	−0.411*	−0.908**	−0.959**	0.867**	0.498**	1

注：*在 0.05 水平上显著相关，**在 0.01 水平（双侧）上显著相关。

对 8 项土壤化学指标：pH、EC、总氮（TN）、总碳（TC）、有机质（OM）、速效钾（AK）、碱解度（ESP）和有效磷（AP）的相关性分析如表 2-41 所示。结果表明：有机质与总氮含量、总碳含量、速效钾及有效磷含量呈极显著正相关，与 pH、EC、ESP 呈极显著负相关。微生物生命过程伴随着固氮和矿化作用，氮的含量随微生物新陈代谢而变化，所以有效磷的含量与有机质显著相关（Bradshaw，2000）。有机质与 pH、EC、ESP 之间呈极显著负相关，说明有机质越多，赤泥碱性越小。此外，pH、EC、ESP 与总氮含量、总碳含量、速效钾及有效磷含量之间呈显著性负相关，表明碱性越强，营养元素含量越少。

表 2-41　堆场赤泥化学性质间的相关矩阵

参数	pH	EC	TN	TC	OM	AK	ESP	AP
pH	1							
EC	0.974**	1						
TN	−0.984**	−0.970**	1					
TC	−0.779**	−0.804**	0.782**	1				
OM	−0.779**	−0.804**	0.782**	1.000**	1			
AK	−0.777**	−0.790**	0.778**	0.927**	0.927**	1		
ESP	0.947**	0.961**	−0.944**	−0.892**	−0.892**	−0.829**	1	
AP	−0.979**	−0.985**	0.977**	0.800**	0.800**	0.787**	−0.953**	1

注：*在 0.05 水平上显著相关，**在 0.01 水平（双侧）上显著相关。

对容重、含水率、孔隙度、砂粒（0.05～2 mm）、粉粒（0.002～0.05 mm）、黏粒（＜0.002 mm）和水稳性团聚体含量（WSA）共 7 个土壤物理指标与 pH、EC、总氮、总碳、有机质、速效钾、碱解度、有效磷这 8 项土壤化学指标进行相关性分析，有机质含量与砂粒含量、孔隙率和水稳性团聚体呈显著正相关关系，有机质与粉粒含量、黏粒含量和容重呈显著负相关关系。有机质含量升高，有利于粒子的黏结，组成大颗粒。砂粒含量高，土壤疏松多孔、孔隙性能较好，同时土壤容重变小，即土壤紧实度变差。pH 与孔隙率、含水率和水稳性团聚体量呈显著负相关，碱性增强，赤泥结构破坏，孔隙率降低，保水性变差。

设赤泥化学性质为变量 x，物理特性为变量 y，化学性状指标：pH、EC、TN、TC、有机质（OM）、速效钾（AK）、碱解度（ESP）、有效磷（AP）分别为 $x_1 \sim x_8$ 容重、含水率、孔隙度、砂粒（0.05～2 mm）、粉粒（0.002～0.05 mm）、黏粒（＜0.002 mm）和水稳性团聚体含量（WSA）分别为 $y_1 \sim y_7$。经典型相关性分析，可得出堆场赤泥物理性状与化学性状的标准线性组合（U 是赤泥理化性质的综合质量系数，V 是赤泥微生物性质的综合质量系数）。堆场赤泥理化性状标准线性组合如下：

$$U_1 = 0.387x_1 + 0.374x_2 - 0.020x_3 + 268.884x_4 - 268.850x_5 - 165x_6 + 0.052x_7 - 127x_8$$

$$U_2 = 1.285x_1 - 1.744x_2 - 0.072x_3 - 612.758x_4 + 613.838x_5 - 0.946x_6 + 0.543x_7 + 0.058x_8$$

$$U_3 = -0.538x_1 + 1.4x_2 - 2.051x_3 + 2\,837.483x_4 - 2\,838.57x_5 + 0.534x_6 - 0.508x_7 + 2.156x_8$$

$$U_4 = -2.458x_1 + 1.501x_2 - 2.311x_3 + 2\,683.973x_4 - 2\,687.82x_5 + 1.152x_6 - 3.813x_7 - 1.069x_8$$

$U_5=2.022x_1-1.673x_2+0.231x_3+3\ 159.925x_4-3\ 159.19x_5-1.301x_6+1.995x_7+2.629x_8$

$U_6=1.934x_1+0.187x_2-1.379x_3-1\ 999.99x_4+1\ 996.946x_5+0.795x_6-1.18x_7+3.621x_8$

$U_7=0.095x_1+1.734x_2-0.262x_3+1\ 111.909x_4-1\ 109.44x_5-3.169x_6-2.415x_7-0.181x_8$

$V_1=0.834y_1+0.713y_2+0.206y_3+0.012y_4+0.002y_5+0.081y_6-0.977y_7$

$V_2=-16.019y_1-14.711y_2-3.021y_3+0.972y_4-0.243y_5-0.678y_6+0.880y_7$

$V_3=18.03y_1+15.201y_2+2.261y_3-0.818y_4-0.159y_5-0.384y_6-1.989y_7$

$V_4=31.412y_1+28.762y_2+5.065y_3+3.009y_4-0.757y_5+50.556y_6+3.383y_7$

$V_5=-18.666y_1-16.246y_2-5.488y_3+2.044y_4+0.295y_5+0.507y_6-0.475y_7$

$V_6=-35.92y_1-32.611y_2-3.905y_3+2.99y_4+0.411y_5+1.066y_6+3.913y_7$

$V_7=-39.46y_1-35.473y_2-5.519y_3-1.403y_4-1.626y_5-0.061y_6+1.036y_7$

根据典型相关性分析结果，7 组线性组合中，达到极显著水平（$P\leqslant0.01$）的只有第 1 组和第 2 组，相关系数分别为 0.990 和 0.968。而其余 5 组相关系数不显著，所以选取第 1 组和第 2 组作为典型相关分析的结果进行分析（表 2-42）。

表 2-42　堆场赤泥物理性状和化学性状典型相关分析结果

组别	相关系数	Wilk's	卡方值（Chi-SQ）	自由度（DF）	显著水平（P Sig.）
1	0.990	0	161.766	56	0
2	0.968	0.006	91.933	42	0
3	0.876	0.097	41.912	30	0.073
4	0.644	0.42	15.606	20	0.741
5	0.402	0.718	5.961	12	0.918
6	0.377	0.856	2.789	6	0.835
7	0.036	0.999	0.023	2	0.989

第 1 组标准化组合：

$U_1=0.387x_1+0.374x_2-0.020x_3+268.884x_4-268.850x_5-165x_6+0.052x_7-127x_8$

$V_1=0.834y_1+0.713y_2+0.206y_3+0.012y_4+0.002y_5+0.081y_6-0.977y_7$

第 2 组标准化组合：

$U_2=1.285x_1-1.744x_2-0.072x_3-612.758x_4+613.838x_5-0.946x_6+0.543x_7+0.058x_8$

$V_2=-16.019y_1-14.711y_2-3.021y_3+0.972y_4-0.243y_5-0.678y_6+0.880y_7$

通过对两组数据的分析发现，赤泥化学特性因子中，起主要作用的是 x_4 和 x_5，它们分别是总碳含量和有机质含量，x_6 即速效钾含量也起很大的作用。赤泥物理特性因子中，第 1 组起主要作用的是 y_1 和 y_7，分别是砂粒含量与水稳性团聚体含量，第 2 组起主要作用的是 y_1、y_2，分别是砂粒含量和粉粒含量。第 1 组说明砂粒含量与水稳性团聚体含量、速效钾、总碳含量、有机质含量显著相关；第 2 组说明总碳含量与有机质含量、砂粒含量和粉粒含量显著相关。由此可见，总碳含量与有机质含量、砂粒含量、粉粒含量及水稳性团聚体含量显著相关。

如表 2-43 所示，总碳含量与有机质含量、砂粒含量与水稳性团聚体含量显著正相关，与粉粒含量显著负相关。土壤中存在许多不同种类的细菌、真菌、放线菌等微生物，它们在土壤中生命活动伴随着硝化、固氮、氨化等过程，分解土壤有机质，从而影响土壤的营养程度和理化性质（Santini，2015a）。设土壤理化性质为变量 x，生物学特性为变量 y，理化性状指标：pH、EC、TN、TC、OM、AK、ESP、AP、容重、含水率、孔隙度、砂粒（0.05~2 mm）、粉粒（0.002~0.05 mm）、黏粒（<0.002 mm）和水稳性团聚体含量（WSA）分别为 x_1~x_{15}。微生物生物量碳（MBC）、微生物生物量氮（MBN）、微生物生物量磷（MBP）、C/N、MBC/SOC 分别为 y_1~y_5。经典型相关性分析，堆场赤泥理化性状与微生物性状的标准线性组合如下（U 是赤泥理化性质的综合质量系数，V 是赤泥微生物性质的综合质量系数）。

表 2-43　堆场赤泥物理性质与化学性质间的相关矩阵

参数	砂粒	粉粒	黏粒	容重	孔隙率	含水率	WSA
pH	−0.410	0.293	0.873	0.954	−0.811	−0.539	−0.940
EC	−0.639	0.548	0.881	0.789	−0.711	−0.105	−0.913
TN	−0.061	0.174	−0.571	−0.749	0.674	0.596	0.662
TC	0.839	−0.793	−0.761	−0.662	0.557	0.107	0.744
OM	0.839	−0.793	−0.761	−0.662	0.557	0.107	0.744
AK	0.788	−0.793	−0.773	−0.709	0.591	0.212	0.769
ESP	−0.692	0.604	0.897	0.846	−0.740	−0.226	−0.939
AP	0.560	−0.454	−0.913	−0.960	0.829	0.534	0.958

$$U_1=0.063x_1+0.271x_2+1.03x_3+173.887x_4-173.842x_5-0.15x_6+0.037x_7+0.218x_8$$
$$-13.458x_9-12.439x_{10}-2.043x_{11}-0.195x_{12}-0.018x_{13}-0.002x_{14}+0.085x_{15}$$

$$U_2=0.884x_1+0.424x_2+1.168x_3+101.356x_4-100.799x_5-0.99x_6-0.424x_7$$
$$+0.451x_8-0.87x_9-0.831x_{10}-0.287x_{11}+0.068x_{12}+0.002x_{13}-0.089x_{14}-0.708x_{15}$$

$$U_3=-1.095x_1+1.717x_2-1.512x_3+855.701x_4-856.343x_5-0.146x_6-0.584x_7+1.692x_8$$
$$+32.256x_9+29.939x_{10}+4.319x_{11}+2.366x_{12}-0.428x_{13}-0.846x_{14}+2.789x_{15}$$

$$U_4=2.912x_1+2.476x_2+1.768x_3+1\,896.466x_4-1\,894x_5-1.733x_6-0.137x_7+3.325x_8$$
$$-1.771x_9-2.449x_{10}-0.476x_{11}+2.381x_{12}-0.097x_{13}+0.149x_{14}+1.527x_{15}$$

$$U_5=-1.348x_1+2.422x_2-2.615x_3+181.224x_4-181.376x_5-2.830x_6-5.112x_7-0.409x_8$$
$$+32.015x_9+29.277x_{10}+4.406x_{11}-3.493x_{12}-0.671x_{13}-0.210x_{14}-2.738x_{15}$$

$$V_1=1.048y_1+1.684y_2+0.060y_3-2.103y_4+0.686y_5$$

$$V_2=0.239y_1-0.989\,y_2-1.744y_3+1.918y_4-1.749y_5$$

$$V_3=0.030y_1+0.029\,y_2+1.460y_3+1.264y_4-0.834y_5$$

$$V_4=-0.020y_1+0.033y_2+0.086y_3-0.419y_4-1.249y_5$$

$$V_5=-0.412\,y_1-1.180\,y_2+0.557\,y_3-1.374y_4+1.150y_5$$

由表 2-44 可知，5 组线性组合中，达到极显著水平（$P \leqslant 0.01$）的只有第 1 组和第 2 组，相关系数分别为 0.999 和 0.995。而第 3、第 4、第 5 组相关系数不显著，所以选取第 1 组和第 2 组作为典型相关分析的结果进行分析。

第 1 组标准化组合：

$$U_1=0.063x_1+0.271x_2+1.03x_3+173.887x_4-173.842x_5-0.15x_6+0.037x_7+0.218x_8$$
$$-13.458x_9-12.439x_{10}-2.043x_{11}-0.195x_{12}-0.018x_{13}-0.002x_{14}+0.085x_{15}$$

$$V_1=1.048y_1+1.684y_2+0.060y_3-2.103y_4+0.686y_5$$

第 2 组标准化组合：

$$U_2=0.884x_1+0.424x_2+1.168x_3+101.356x_4-100.799x_5-0.99x_6-0.424x_7+0.451x_8$$
$$-0.87x_9-0.831x_{10}-0.287x_{11}+0.068x_{12}+0.002x_{13}-0.089x_{14}-0.708x_{15}$$

$$V_2=0.239y_1-0.989y_2-1.744y_3+1.918y_4-1.749y_5$$

表 2-44 堆场赤泥理化性状和生物性状典型相关分析结果

序号	相关系数	Wilk's	卡方值（Chi-SQ）	自由度（DF）	显著水平（P Sig.）
1	0.999	0	230.906	75	0
2	0.995	0.001	120.413	56	0
3	0.865	0.068	44.352	39	0.256
4	0.788	0.271	21.542	24	0.607
5	0.533	0.716	5.511	11	0.904

通过对两组数据的分析，赤泥理化特性因子中，起主要作用的是总碳和有机质含量。赤泥微生物特性因子中，第 1 组起主要作用的是 y_4，即碳氮比，第 2 组起主要作用的是 y_3、y_4、y_5，分别是微生物量磷、碳氮比、MBC/SOC。第 1 组说明碳氮比与总碳含量、有机质含量显著相关；第 2 组说明总碳含量与有机质含量和微生物生物量磷、碳氮比、MBC/SOC 显著相关。由此可见，总碳含量与有机质含量和微生物生物量磷、碳氮比、MBC/SOC 显著相关。结合表 2-45，总碳含量与有机质含量和微生物生物量磷、MBC/SOC 呈显著正相关，与碳氮比呈显著负相关。

表 2-45 堆场赤泥微生物性质与理化性质间的相关矩阵

参数	MBC	MBN	MBP	C/N	MBC/SOC
pH	−0.942	−0.934	−0.897	0.607	−0.897
EC	−0.659	−0.717	−0.703	0.258	−0.904
TN	0.921	0.744	0.782	−0.533	0.547
TC	0.397	0.640	0.548	−0.291	0.815
有机质	0.397	0.640	0.548	−0.291	0.815
速效钾	0.458	0.704	0.564	−0.287	0.816
ESP	−0.715	−0.819	−0.761	0.399	−0.947
速效磷	0.891	0.926	0.898	−0.567	0.918
砂粒	0.234	0.516	0.329	−0.212	0.688
粉粒	−0.123	−0.420	−0.223	0.152	−0.601
黏粒	−0.750	−0.854	−0.762	0.447	−0.911
容重	−0.909	−0.969	−0.843	0.587	−0.920
孔隙率	0.787	0.833	0.737	−0.430	0.784
含水率	0.631	0.680	0.467	−0.682	0.396
WSA	0.839	0.908	0.848	−0.505	0.960

2.6.2　赤泥堆场土壤发生过程的质量诊断

土壤指标值因环境的变化，其指标的变化反应灵敏度不同。随时间的变化，土壤不同指标对土地利用方式、土地变化过程的反应存在差异。因此采用土壤质量物理、化学、微生物指标的变异系数指示指标敏感性，指标的变异系数越大表示该指标对不同堆存年限的差异反应越敏感（表 2-46）。

表 2-46　赤泥堆场土壤质量综合指标敏感度分级

指标敏感度	变异系数	指标
极敏感	>100%	TN、MBC
高度敏感	40%～100%	黏粒含量、EC、TC、有机质、速效钾、速效磷、MBN、MBP、MBC/SOC
中度敏感	10%～40%	砂粒含量、粉粒含量、容重、孔隙率、含水率、ESP、C/N
低度敏感	≤10%	pH

根据变异系数的大小，将指标因子的差异反应分为四个敏感性等级，包括极敏感（CV%>100%）、高度敏感（CV%：40%～100%）、中度敏感（CV%：10%～40%）和低度敏感指标（CV%≤10%）。对筛选的 19 种赤泥物理、化学和生物特性进行变异系数计算，其中作为赤泥质量诊断敏感性较低的指标为 pH，极敏感指标因子为 TN、MBC；高度敏感的指标因子为黏粒含量、EC、TC、有机质、速效钾、速效磷、MBN、MBP、MBC/SOC，是赤泥堆场土壤质量评价的主要指标；中度敏感指标为砂粒含量、粉粒含量、容重孔隙率、含水率、ESP 和 C/N。敏感性分析发现，主要是赤泥化学和生物学性状，表明土壤化学、微生物特性对环境变化差异更加灵敏。研究区域内，土壤物理指标基本属于中度敏感指标，土壤物理学性状指标属于中度敏感指标，说明土壤物理性状具有潜在影响力。土壤化学和生物指标对不同堆存年限赤泥土壤质量改变的过程更为敏感。

使用 KMO 统计量和 Bartlett 球形检验对土壤各属性指标间的相关性进行更进一步的判定。KMO 统计量是变量偏相关性的判定条件。偏相关系数要大于简单相关系数（Zheng，2006）。当 KMO 小于 0.6 时，效果较差，基本上不适合进行因子分析。当 KMO 大于 0.7 时，说明可以进行因子分析，若 KMO 大于 0.9 则效果最佳。而 Bartlett 的球形检验则是用于检测因子的独立性。如果 Bartlett 检验值为 0，则说明变量间存在一定关系。经过 KMO 检验和 Bartlett 检验，KMO 等于 0.831，大于 0.7，Bartlett 的检验值为 0，小于 0.05，适合进行主成分分析。公因子方差表明，各因子信息的提取率较高，适合进行主成分分析。

由表 2-47 可看出，前三个主成分的累积方差贡献率达到 89.05%（>80%），利用率高，损失度小，可以用来反映堆场赤泥各土壤属性的变异程度。在三个主成分上，特征值大于 1，方差贡献率越大，对土壤质量影响越大。主成分方差贡献率分别为 69.945%、13.017%、6.085%；旋转的方差贡献率分别为 50.717%、24.925%、13.404%。一般认为，因子载荷越大，变量在相应主成分中的权重就越大，如图 2-54 所示，MBC/SOC、速效磷、总氮、MBP、MBN、有机质、总碳等土壤指标在 PC1 上有较高的正载荷,而容重、ESP、EC、pH 等有较高的负载荷;在 PC2 上,砂粒含量有较高的正载荷,粉粒含量有较高的负载荷;含水率在 PC3 上有较高的正载荷,C/N 有较高的负载荷。

表 2-47 主成分分析解释的总方差

成分	合计	初始方差/%	累积/%	合计	提取方差/%	累积/%	合计	旋转方差/%	累积/%
1	13.29	69.945	69.945	13.29	69.945	69.945	9.636	50.717	50.717
2	2.473	13.017	82.962	2.473	13.017	82.962	4.736	24.925	75.642
3	1.156	6.085	89.046	1.156	6.085	89.046	2.547	13.404	89.046
4	0.547	2.878	91.925						
5	0.396	2.082	94.007						
6	0.304	1.602	95.608						
7	0.212	1.114	96.722						
8	0.139	0.729	97.451						
9	0.136	0.718	98.169						
10	0.104	0.547	98.717						
11	0.087	0.46	99.177						
12	0.057	0.299	99.475						
13	0.046	0.241	99.716						
14	0.023	0.119	99.835						
15	0.015	0.079	99.914						
16	0.006	0.033	99.947						
17	0.005	0.029	99.975						
18	0.005	0.024	100						
19	6.55×10^{-5}	0	100						

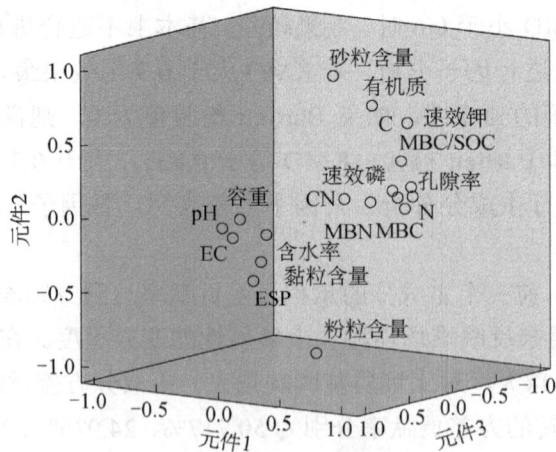

图 2-54 旋转空间载荷

由表 2-48 可知，所测得的 MBC/SOC、速效磷、总氮、MBP、MBN、有机质、总碳、容重、ESP、EC、pH、孔隙率、速效钾、MBC、砂粒含量、C/N 进入第 1 主成分；砂粒含量和粉粒含量进入第 2 主成分；含水率和 C/N 进入第 3 主成分。第 1 主成分中共有 15 个指标的因子载荷大于 0.5，符合进入 MDS 的条件。将这 15 种土壤指标列为第一组。这 15 种因子中 Norm 值最高的指标是速效磷含量，在其 10% 范围内的指标有 MBC/SOC、速效磷、总氮、MBP、MBN、有机质、总碳、容重、ESP、EC、pH、黏粒含量。对这些指标进行相关性分析，可知速效磷、MBC/SOC、ESP、EC、pH、总氮、容重、MBP 与剩余指标相关性显著。根据 MDS 方法原则，选取速效磷进入最后的 MDS 中。第 2 主成分大于 0.5 的指标共有 2 个，分别是砂粒含量和粉粒含量，砂粒含量同时在第 1 主成分和第 2 主成分中的因子载荷大于 0.5，同时进行相关性分析可知，在第一组的相关性低于第二组，因此将砂粒含量编入第一组，并且砂粒含量与第一组中的其他指标相关性低，进入最后 MDS。

表 2-48　主成分载荷矩阵及 Norm 值计算结果

土壤属性	PC1	PC2	PC3	Norm	分组
MBC/SOC	0.961	0.035	0.102	3.506	1
速效磷	0.961	−0.195	0.035	3.517	1
ESP	−0.96	−0.129	0.091	3.507	1
EC	−0.945	0.138	−0.074	3.453	1
pH	−0.945	0.192	−0.159	3.462	1
N %	0.937	−0.189	0.201	3.436	1
容重	−0.918	0.272	−0.04	3.374	1
MBP	0.917	−0.118	0.204	3.355	1
黏粒含量	−0.908	−0.003	0.12	3.313	1
MBN	0.886	−0.278	−0.085	3.261	1
有机质	0.856	0.441	−0.061	3.197	1
C %	0.855	0.442	−0.06	3.194	1
孔隙率	0.84	−0.172	0.15	3.078	1
速效钾	0.811	0.399	0.23	3.032	1
MBC	0.775	−0.21	0.244	2.857	1
粉粒含量	−0.47	−0.789	0.298	2.140	2
砂粒含量	0.623	0.707	−0.232	2.541	2
含水率	0.485	−0.493	−0.652	2.054	3
C/N	−0.538	0.414	0.538	2.146	4

第二组剩余的粉粒含量进入 MDS。第 3 主成分中共有 2 个指标的因子载荷大于 0.5，含水率和 C/N，其中 C/N 在第 1 主成分中和第 3 主成分中因子载荷都大于 0.5，进行相关性分析可知，在第一组的相关性低于第 3 组，因此将 C/N 编入第一组，并且 C/N 与第一组中的其他指标相关性低，编入第四组，进入最后 MDS。第三组中的含水率和 C/N 进入最后 MDS。结合敏感性指标，赤泥堆场确定的 MDS 有：速效磷、含水率、C/N、砂粒含量、TN、MBC。由相关性可知，对于赤泥来说，pH 与大部分因子显著相关，是极重要的影响因子。

　　赤泥堆场进行综合诊断最终确定的 MDS 有：速效磷、含水率、C/N、砂粒含量、TN、MBC 和 pH。主成分分析得出主成分值 F_1、F_2、F_3，同时计算出对应的权数 E_1、E_2、E_3。赤泥堆场综合得分计算式为：$SQI=F_1E_1+F_2E_2+F_3E_3$，计算得到赤泥不同堆存年限的综合主成分及排名（表 2-49）。F_1、F_2、F_3 为主成分因子得分；权数 E_1、E_2、E_3 为旋转方差贡献率占总方差贡献率的百分比。随着堆存年限的增加，赤泥堆场土壤质量呈升高的状态，有植物生长的区域，土壤质量优于未生长植物的区域，但赤泥堆场土壤质量明显低于周边对照样。结合土壤质量评价指标的最小数据集，得出赤泥堆场土壤质量的计算式，为诊断赤泥土壤化程度及过程提供依据。

　　主成分的方差计算式为：

$$F=0.57F_1+0.28F_2+0.151F_3 \tag{2-11}$$

　　对 3 个主成分进行分析，结合筛选出的土壤评价因子（表 2-48），得出以下计算式：

$$F_1=0.961\times 速效磷+0.937\times 总氮+0.775\times MBC-0.945\times pH \tag{2-12}$$

$$F_2=0.707\times 砂粒含量 \tag{2-13}$$

$$F_3=-0.652\times 含水率+0.538\times C/N \tag{2-14}$$

　　最后得出赤泥堆场土壤质量评价的计算式：

$$SQI=0.55\times 速效磷+0.53\times 总氮+0.44\times MBC+0.20\times 砂粒含量-0.098\times 含水率+$$
$$0.081\times C/N-0.54\times pH$$

表 2-49　主成分值、综合主成分值及排序

参数	F_1	F_2	F_3	SQI	排序
1a	−1.593	−0.886	0.905	−1.019	1
4a	−0.663	−0.569	−0.781	−0.655	2
7a	−0.179	−0.123	−0.918	−0.275	3
10a	0.029	0.349	−0.547	0.032	4
20a	0.499	0.810	−0.644	0.414	5
20a/长有植物	0.240	1.569	1.014	0.729	6
CK	1.665	−1.150	0.972	0.874	7

　　由表 2-49 可知，堆场赤泥的土壤属性 SQI 值是随堆存时间的增加而逐渐增大的。RSQI 表明赤泥自然风化过程初期变化速率较快，后期变化速率较慢（表 2-50）。将有效磷、总氮、MBC、C/N、pH、砂粒含量、含水率数据导入公式计算，结果如表 2-51 所示，该公式可用于赤泥土壤化发生过程诊断。

表 2-50　堆场赤泥土壤质量变化

参数	RSQI	ΔRSQI
1a	1.893	—
4a	1.529	0.364
7a	1.149	0.380
10a	0.842	0.307
20a	0.460	0.382
20a/长有植物	0.145	0.315

表 2-51 堆场赤泥的土壤属性验证

参数	SQI	排序
1a	7.23	1
4a	18.91	2
7a	33.73	3
10a	48.20	4
20a	80.78	5
20a/长有植物	111.24	6

第 3 章　赤泥堆场土壤形成过程调控

3.1　赤泥堆场土壤形成过程的盐分调控

3.1.1　赤泥盐分离子迁移及分布行为

赤泥盐分受降水和蒸发的双重作用在垂直方向上进行迁移转化，导致赤泥盐分在剖面呈现不规则分布。不同盐分溶解度不同，随孔隙水迁移的能力也不一样。赤泥盐分含量过高，达到盐土标准，对赤泥进行灌水可有效降低盐分含量。但是之前的研究往往侧重于淋洗后总盐的变化（或 EC 值变化）（Santini et al.，2012），对盐分离子的分布特征关注较少。Na^+、CO_3^{2-}是赤泥中占主要地位的盐分阳离子和阴离子，对植物生长的危害作用大，而 Ca^{2+}、Mg^{2+}、HCO_3^- 有利于赤泥土壤化，因此研究这些阴、阳离子在淋洗过程中的变化规律对赤泥盐分调控至关重要。通过研究赤泥水盐迁移机理，了解盐分离子迁移规律，定量、定性分析盐分离子迁移规律并进行盐分调控。

为研究赤泥各盐分离子在淋溶条件下的迁移及分布，我们对赤泥进行室内土柱淋溶模拟试验，分析了在灌水条件下各盐分离子随孔隙水的迁移能力，以及淋溶结束后盐分离子在剖面上的迁移分布情况。赤泥样品取自华中地区某大型氧化铝厂已闭库的赤泥堆场，赤泥样品为表层（0～30 cm）样，样品带回实验室，置于室内自然风干后，并去除石砾及植物根系，混合均匀后过 2 mm 尼龙筛，然后装入封口袋备用。供试赤泥样品基本性质如表 3-1 所示。

表 3-1　供试赤泥盐分离子组成

样品	水溶性离子含量/（cmol/kg）							EC/（mS/cm）	pH
	CO_3^{2-}	HCO_3^-	SO_4^{2-}	Ca^{2+}	Mg^{2+}	K^+	Na^+		
赤泥	5.70	0.65	0.75	0.03	—[a]	1.07	13.21	1.80	11.05

注：a. 该物质浓度低于仪器检测限。

利用室内土柱填装赤泥，进行淋溶试验。根据试验要求，试验土柱设计结构如图 3-1 所示，土柱装置包括 3 个部分：柱体、不锈钢铁架台、集水器。所用土柱采用透明 PVC 管，高 95 cm，外径 14 cm，内径 12.6 cm，该柱体是由两个半圆柱体对接黏合而成。土柱从顶部到底部沿垂直方向的 6 个层次（15 cm、25 cm、35 cm、45 cm、55 cm、65 cm）绕柱体外壁一周相同间隔设置 6 个取样孔（直径 2 cm），即每一根对接黏合后的柱体有 36 个取样孔，取样孔以钻打螺纹形式安置于柱体，对取样孔设置相应的插口螺栓，便于不同时间对赤泥样进行分层取样，避免单孔多次重复取样对试验准确性造成影响。柱体底部设置底座，底座设置多孔挡板，柱体顶部设置布水器。

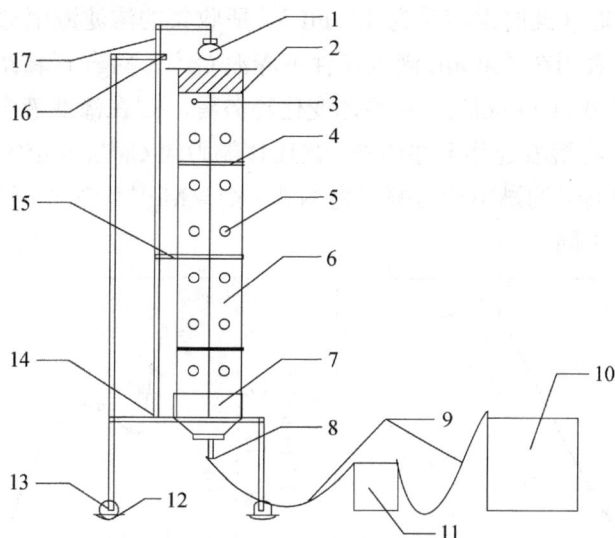

1—红外灯；2—布水器；3—第一入流口；4—第一铁圈固定夹；5—取样孔；6—柱体；7—底座；8—第二入流口/出流口；9—软管；10—集水箱；11—蠕动泵；12—刹车片；13—滑轮；14—第一基座；15—第二铁圈固定夹；16—第二基座；17—活动杆

图 3-1　淋溶装置

（1）淋溶对渗滤液阳离子变化的影响

赤泥渗滤液中 Na^+、Ca^{2+}、Mg^{2+}、K^+ 浓度的动态变化结果如图 3-2 所示。76 min 内渗滤液中 Na^+ 浓度几乎不随时间发生变化（Na^+ 平均浓度为 14.13 mmol/L），76 min 后收集的渗滤液中 Na^+ 的浓度有小幅度上升，并且随着时间的推移逐渐升高。至 467 min 左右 Na^+ 浓度达到 43.74 mmol/L，并且随时间的变化 Na^+ 增幅变缓。Ca^{2+} 和 Mg^{2+} 在渗滤液中变化趋势一致，从渗滤液开始渗出到 76 min 时 Ca^{2+} 和 Mg^{2+} 浓度保持相对稳定，分别稳定在 1.90 mmol/L 和 0.50 mmol/L 左右。76 min 后 Ca^{2+} 浓度急剧下降，同时 Mg^{2+} 浓度降低。K^+ 的变化趋势与 Na^+、Ca^{2+} 和 Mg^{2+} 不同，K^+ 浓度变化幅度较小，在 0.05～0.11 mmol/L 变化，有小幅度升高趋势。

Na^+、Ca^{2+}、Mg^{2+}、K^+ 在前 76 min 浓度变化不大，在这段时间内淋溶液向下渗透但尚未运动至柱底，赤泥上层水溶性阳离子随水运动在柱体内迁移也未渗出柱体。76 min 内收集到的渗滤液是柱底底部赤泥孔隙中的饱和溶液，赤泥底部孔隙水在淋溶液入渗作用下向下排至柱体外，渗滤液中检测到的阳离子是已溶解在孔隙水中的阳离子。76 min 后淋滤液开始渗出柱体，赤泥层中各阳离子也相继被水带离柱体，由于 Na^+、Ca^{2+}、Mg^{2+}、K^+ 在赤泥中含量和迁移能力不同，渗滤液中 Na^+、Ca^{2+}、Mg^{2+}、K^+ 变化情况也不一样。离子的迁移受离子浓度、电荷数及离子半径的影响（潘洁等，2012）。Na^+ 是赤泥中水溶性阳离子中含量最高的，且 Na$^+$胶体吸附作用力较弱，随水迁移性最强（焦艳平等，2008；熊顺贵，2001），因此 Na$^+$随淋溶时间推移其含量渐渐升高。Ca^{2+}、Mg^{2+}受离子电荷和水化半径的影响，被胶体吸附的能力较强，随水迁移的能力较弱。76 min 后淋滤液开始渗出柱体，赤泥上层的 Ca^{2+}、Mg^{2+}仍滞留在柱体内，因此渗滤液中 Ca^{2+}、Mg^{2+}浓度不增反减。当渗滤液达到稳定渗透停止供水时（此时淋溶量为 400 mL），所收集的渗滤液中 Ca^{2+}、Mg^{2+}随时间的推移浓度仍然降低，表明在 400 mL 灌水条件下赤泥 Ca^{2+}、Mg^{2+}迁移距离较短。渗滤液中 K$^+$浓度较低，不超过 0.11 mmol/L，从整体变化趋势看，K$^+$在渗滤液中的浓度是呈递增趋势，表明赤泥中 K$^+$随淋溶液迁移至柱体外，其迁移能力较 Ca^{2+}、Mg^{2+}强。根据上述分析可知赤泥中各水溶性阳离子的淋出能力顺序为 Na$^+$>K$^+$>Mg^{2+}≈Ca^{2+}。这个结果与土壤中水溶性阳离子淋出能力不同。

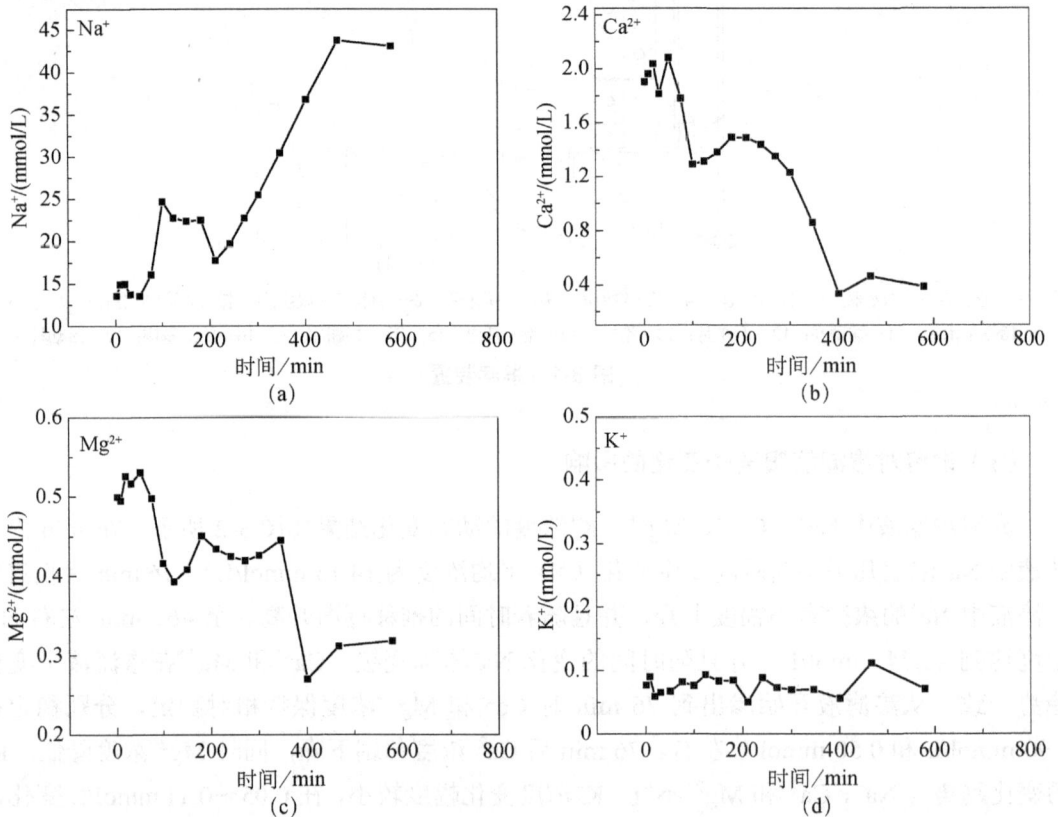

图 3-2　渗滤液中水溶性阳离子变化

（2）淋溶对渗滤液中阴离子变化影响

赤泥渗滤液中 CO$_3^{2-}$、HCO$_3^-$、SO$_4^{2-}$ 的动态变化如图 3-3 所示，渗滤液中阴离子的变化存在较大区别。从整体上看 CO$_3^{2-}$、HCO$_3^-$ 和 SO$_4^{2-}$ 随时间的推移浓度逐渐升高，表明赤泥中 CO$_3^{2-}$、HCO$_3^-$、SO$_4^{2-}$ 在淋溶过程中随水向柱体底部迁移并被水带离柱体。HCO$_3^-$ 在 76 min 内浓度变化不大，76 min 后渗滤液中 HCO$_3^-$ 含量随时间推移呈上升趋势。SO$_4^{2-}$ 在整个淋溶过程中变化趋势与 HCO$_3^-$ 一致，但是 SO$_4^{2-}$ 浓度变化比 HCO$_3^-$ 向后推移 30 min 左右。赤泥

中的 SO_4^{2-} 渗出柱体的时间较 HCO_3^- 迟，大概在 100 min 左右渗滤液中 SO_4^{2-} 离子开始增加，表明赤泥中 SO_4^{2-} 在垂直方向上的迁移能力稍弱于 HCO_3^-。渗滤液中 CO_3^{2-} 在前 240 min 内浓度保持相对稳定，240 min 后开始递增。淋滤液从柱体顶部运动至柱体底部大概需要 76 min，在这段期间收集到的渗滤液是赤泥底部孔隙中饱和溶液，渗滤液中检测到的离子是饱和过程已溶解在赤泥孔隙水中的可溶性盐分离子。赤泥上层 HCO_3^- 在 76 min 左右随淋溶液渗出柱体，SO_4^{2-} 在 100 min 左右开始渗出，而 CO_3^{2-} 是在 240 min 后才开始渗出，从各阴离子随淋滤液渗出时间不同可以看出，HCO_3^- 迁移性最强，SO_4^{2-} 次之，CO_3^{2-} 最不易随水迁移，这与各阴离子与胶体的吸附能力有关（朱祖祥，1983）。根据上述分析可知赤泥中阴离子的迁移能力为 $HCO_3^- > SO_4^{2-} > CO_3^{2-}$。

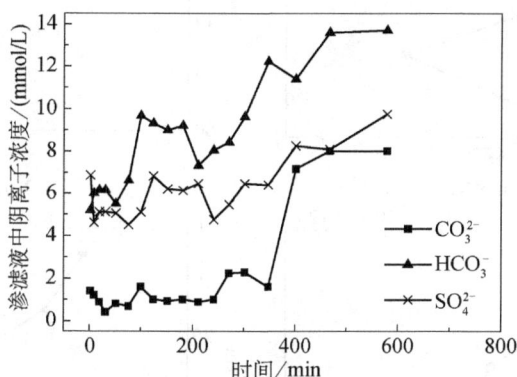

图 3-3　渗滤液中水溶性阴离子变化

（3）淋溶对赤泥 Na^+ 变化影响

如图 3-4 所示，是淋溶后 1 个月内赤泥柱体不同深度 Na^+ 浓度变化情况。在停止供水后第 2 天（即液体不再渗出后第 1 天），赤泥柱中 Na^+ 在 0～60 cm 分布变化如图 3-4（a）所示：在 0～30 cm 从 3.88 cmol/kg 逐渐升高至 6.68 cmol/kg，30～40 cm 浓度降低为 4.90 cmol/kg，而在 40～60 cm Na^+ 浓度又出现先升高后降低现象，Na^+ 分别在 20～30 cm 和 40～50 cm 出现最大值。淋溶后第 8 天，20～30 cm 和 40～50 cm 的 Na^+ 向中间移动，在 30～40 cm 出现最大值 12.23 cmol/kg。淋溶后第 14 天，Na^+ 分布与第 8 天相似，仍然聚集在中间层。20 天后，Na^+ 分布发生变化，最大值出现在 20～30 cm（6.76 cmol/kg）。第 26 天和第 32 天 Na^+ 的分布较为稳定，与第 20 天一致。

在淋溶初期，水分在毛管力与重力的双重作用下不断入渗，在此阶段水分入渗作用较强，Na^+ 与水分子间的作用力大于 Na^+ 与赤泥胶体间的作用力，Na^+ 的迁移性较强，赤泥上层 Na^+ 迅速被水分子带到下层，400 mL 淋溶量使得上层 Na^+ 未能完全迁移至柱体外，而积聚在 40～50 cm。淋溶后期，毛管力消失，水在重力作用下渗透，此时入渗水流呈饱和稳定流，水分入渗强度降低，Na^+ 与水分子间作用力也渐渐减弱，赤泥上层 Na^+ 随水分迁移性降低，因此出现 20～30 cm 第 2 个最大值。20～30 cm 和 40～50 cm 的 Na^+ 向中移动，出现上述现象是由于在停止淋溶后，柱体中水势并没有达到稳定，柱体中水分在水势作用下发生再分布，虽然此过程水分子与 Na^+ 间的作用力相对于淋溶过程较弱，但仍能促使 Na^+ 迁移。如图 3-4（d）所示，Na^+ 最大值出现向上迁移的情况，这可能与当时取样前的温度有关。第 26 天和第 32 天分布情况与第 20 天一样。

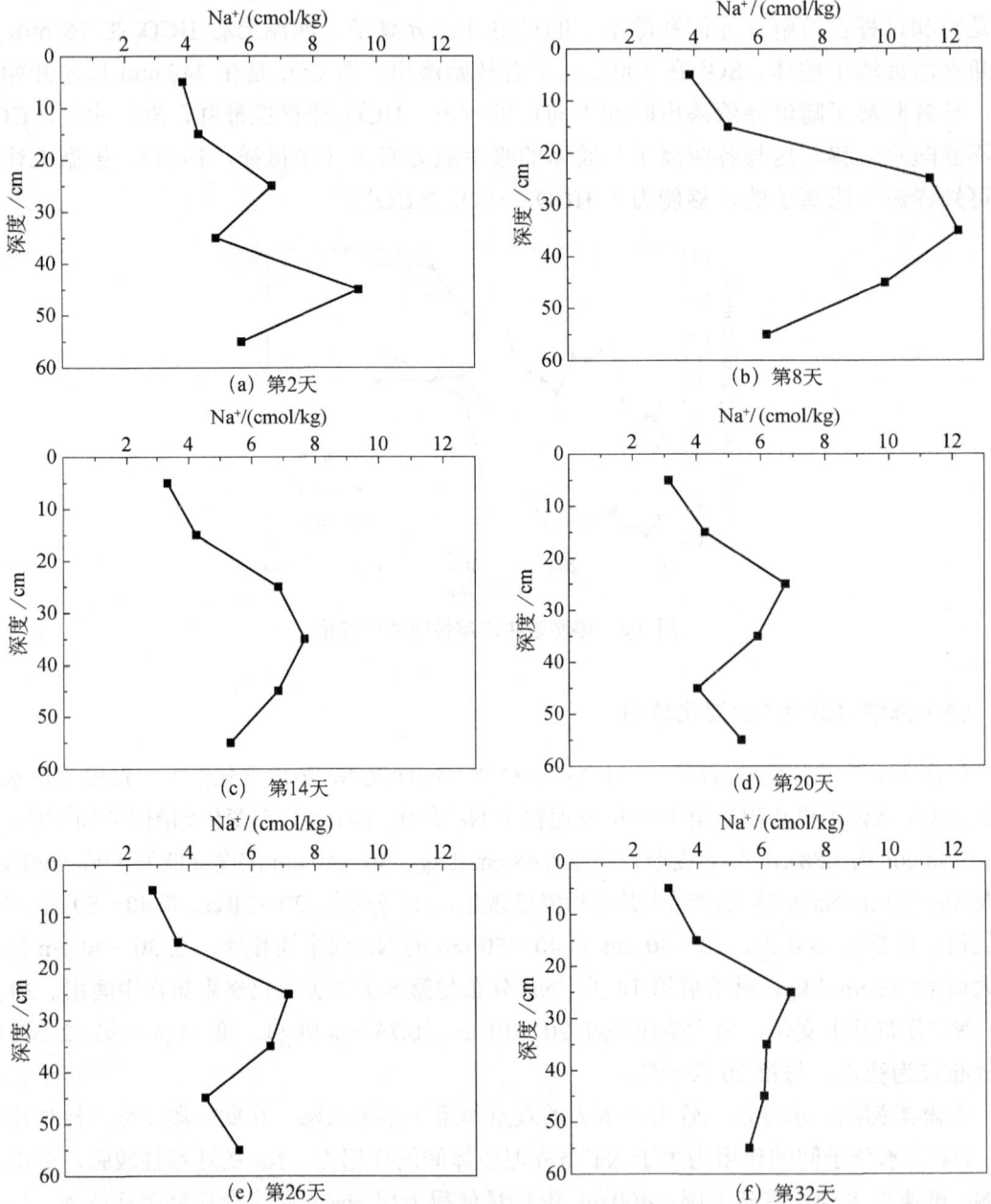

图 3-4　不同时间柱体中 Na^+ 分布变化

水浸能有效降低赤泥中 Na^+ 含量，未经水浸的赤泥中检测到 Na^+ 浓度为 13.21 cmol/kg，而经水浸后赤泥柱体中 Na^+ 含量均小于赤泥原样浓度。第 8 天左右柱体中 Na^+ 浓度出现小幅度升高，但仍然低于水浸前的赤泥。第 8 天左右 Na^+ 含量增加，而 Ca^{2+}、Mg^{2+} 含量降低，表明在第 2 天到第 8 天这个过程中，赤泥溶液中 Ca^{2+}、Mg^{2+} 与胶体吸附的 Na^+ 发生置换反应，导致 Na^+、Ca^{2+}、Mg^{2+} 含量都发生了小幅度变化。

（4）淋溶对 Ca^{2+} 变化影响

淋溶后一个月内赤泥柱体不同深度 Ca^{2+} 浓度变化情况如图 3-5 所示。淋溶后第 2 天 Ca^{2+} 的分布情况为：$0\sim10$ cm＜$10\sim20$ cm＜$20\sim30$ cm＜$30\sim40$ cm＞$40\sim50$ cm＞$50\sim60$ cm，如图 3-5（a）所示，Ca^{2+} 主要累积在 $30\sim40$ cm（0.30 mmol/kg）。在 400 mL 淋溶量下，淋溶初期 Ca^{2+} 与水分子间的作用力大于 Ca^{2+} 与赤泥胶体间的作用力，Ca^{2+} 逐渐向下迁移，由于 Ca^{2+} 带正电荷，而且其水合离子半径较大，Ca^{2+} 的迁移性较弱而大部分积聚在 $30\sim40$ cm。淋溶后期，水分入渗作用减弱，Ca^{2+} 与水分子间作用力减小，Ca^{2+} 更难迁移，因此 Ca^{2+} 并没有出现第二个最大值现象。渗滤液阳离子中 Ca^{2+} 的变化也表明赤泥上层 Ca^{2+} 并未渗出柱体。淋溶后第 2 天到第 8 天，赤泥柱体中水分在水势作用下发生再分布，柱体中 Ca^{2+} 随水分运动发生变化，第 8 天左右 Ca^{2+} 在 $20\sim30$ cm 以及 $30\sim40$ cm 浓度较高。在第 14 天、第 20 天以及第 26 天过程中，Ca^{2+} 在垂直方向上分布逐渐趋于平衡，并且浓度渐渐降低。

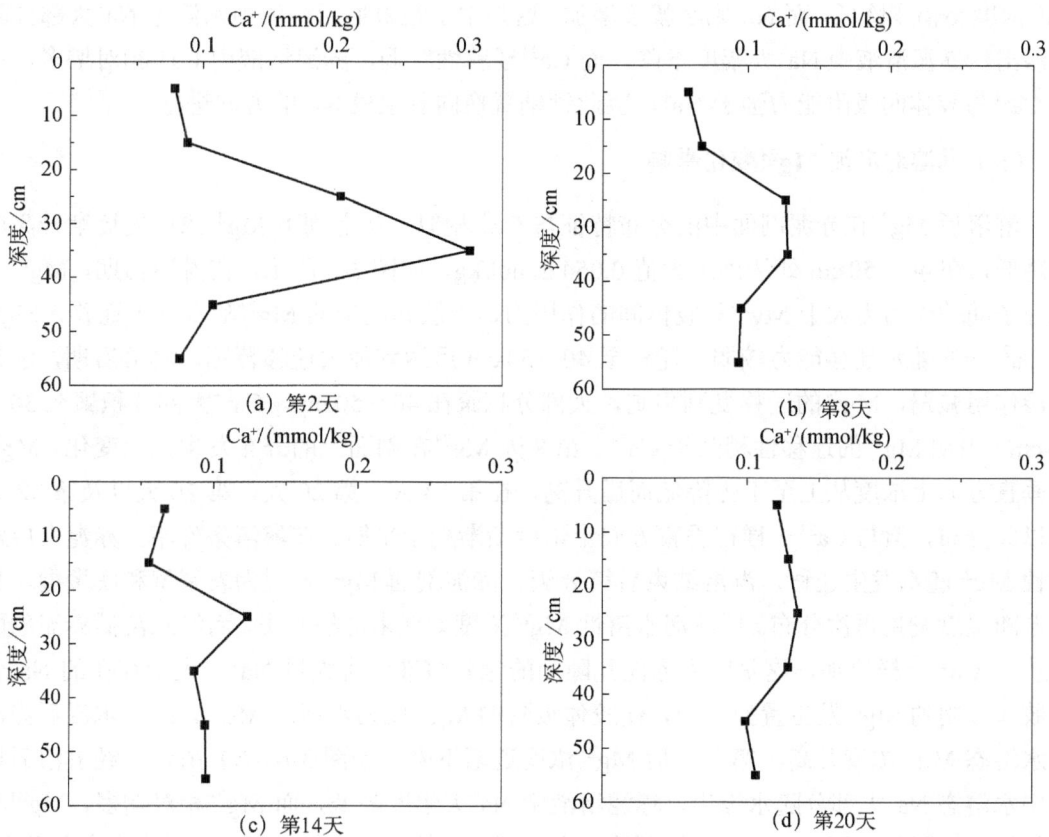

(a) 第2天　　(b) 第8天　　(c) 第14天　　(d) 第20天

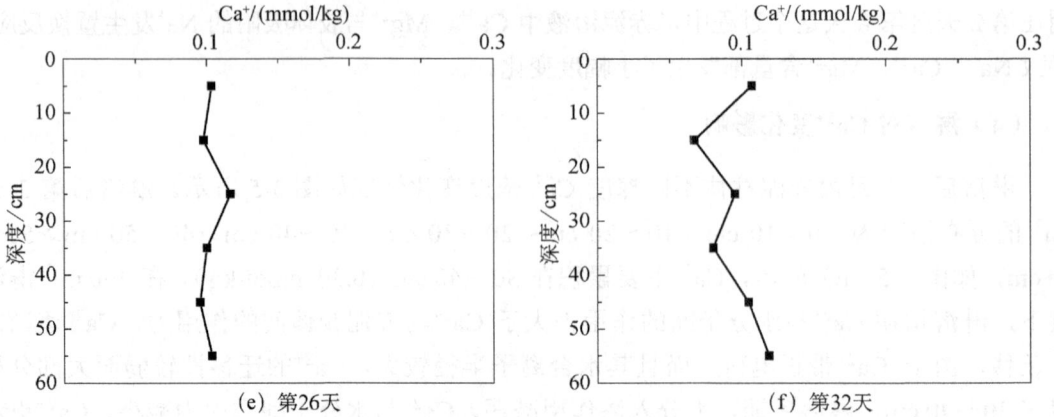

图 3-5　不同时间柱体中 Ca^{2+} 分布变化

淋溶后柱体中赤泥 Ca^{2+} 含量基本大于未淋溶的赤泥（0.03 mmol/kg），这是因为在饱和平衡过程中可溶性盐溶解在孔隙水中，解离出大量水溶态的 Na^+。赤泥溶液中 Na^+ 增多，使得胶体吸附的 Ca^{2+} 与水溶态 Na^+ 的置换反应向着生成 Ca^{2+} 的方向进行，而 Ca^{2+} 的迁移性较弱，在淋溶过程中大部分滞留在柱体内，导致赤泥溶液中 Ca^{2+} 含量增加。第 8 天左右，Ca^{2+} 浓度小幅度降低，而 Na^+ 则小幅度增加，这是由于经淋溶后柱体中水溶态 Na^+ 大部分随水渗出，赤泥溶液中 Na^+ 大幅度下降，而 Ca^{2+} 迁移性较弱，赤泥溶液中 Ca^{2+} 相对增多，并且 Ca^{2+} 与胶体间吸附能力强于 Na^+，因此钙钠置换向着生成 Na^+ 的方向进行。

（5）淋溶对赤泥 Mg^{2+} 变化影响

淋溶后 Mg^{2+} 在赤泥剖面中的分布特征与 Ca^{2+} 相似，从上到下 Mg^{2+} 浓度先逐渐升高而后降低，在 40～50 cm 处达到最大值 0.054 mmol/kg，如图 3-6 所示。在淋溶初期，Mg^{2+} 与水分子间的作用力大于 Mg^{2+} 与胶体间的作用力，上层赤泥中的 Mg^{2+} 随水向下迁移，Mg^{2+} 与 Ca^{2+} 一样随水迁移能力较弱，迁移至 40～50 cm 后达到最大迁移范围。淋溶后期，水分入渗作用减弱，Mg^{2+} 的迁移受到限制，大部分积聚在 40～50 cm。Ca^{2+} 大部分积聚在 30～40 cm，表明 Mg^{2+} 的迁移性稍强于 Ca^{2+}。第 8 天 Mg^{2+} 在剖面上的分布发生巨大变化，Mg^{2+} 在垂直方向上浓度从上至下先降低而后升高。在第 14 天、第 20 天、第 26 天以及第 32 天都以此分布，但与 Ca^{2+} 一样在垂直方向上浓度渐渐趋于平衡。在淋溶条件下，赤泥上层水溶性 Mg^{2+} 随水发生迁移，淋溶结束后第 8 天，赤泥剖面 Mg^{2+} 表现为表聚型和底聚型，且很难随温度发生再次分布。原赤泥水溶性 Mg^{2+} 浓度太低未能检测出，而经水浸后赤泥剖面 Mg^{2+} 与 Ca^{2+} 一样增加，这是因为赤泥孔隙中的饱和溶液中含大量 Na^+，大量存在的 Na^+ 会与胶体吸附的 Mg^{2+} 发生置换反应，使胶体吸附的 Mg^{2+} 成为水溶态 Mg^{2+}，故而水浸后赤泥中水溶态 Mg^{2+} 浓度升高。第 8 天后 Mg^{2+} 浓度逐渐下降，如图 3-6（b）所示，经淋溶后柱体中水溶态 Na^+ 大部分随水渗出，赤泥溶液中 Na^+ 大幅度降低，而 Mg^{2+} 相对增多，Mg^{2+} 与胶体间的吸附能力强于 Na^+，镁钠置换向着生成 Na^+ 的方向进行，因此 Na^+ 浓度有所升高，Mg^{2+} 浓度小幅度降低。

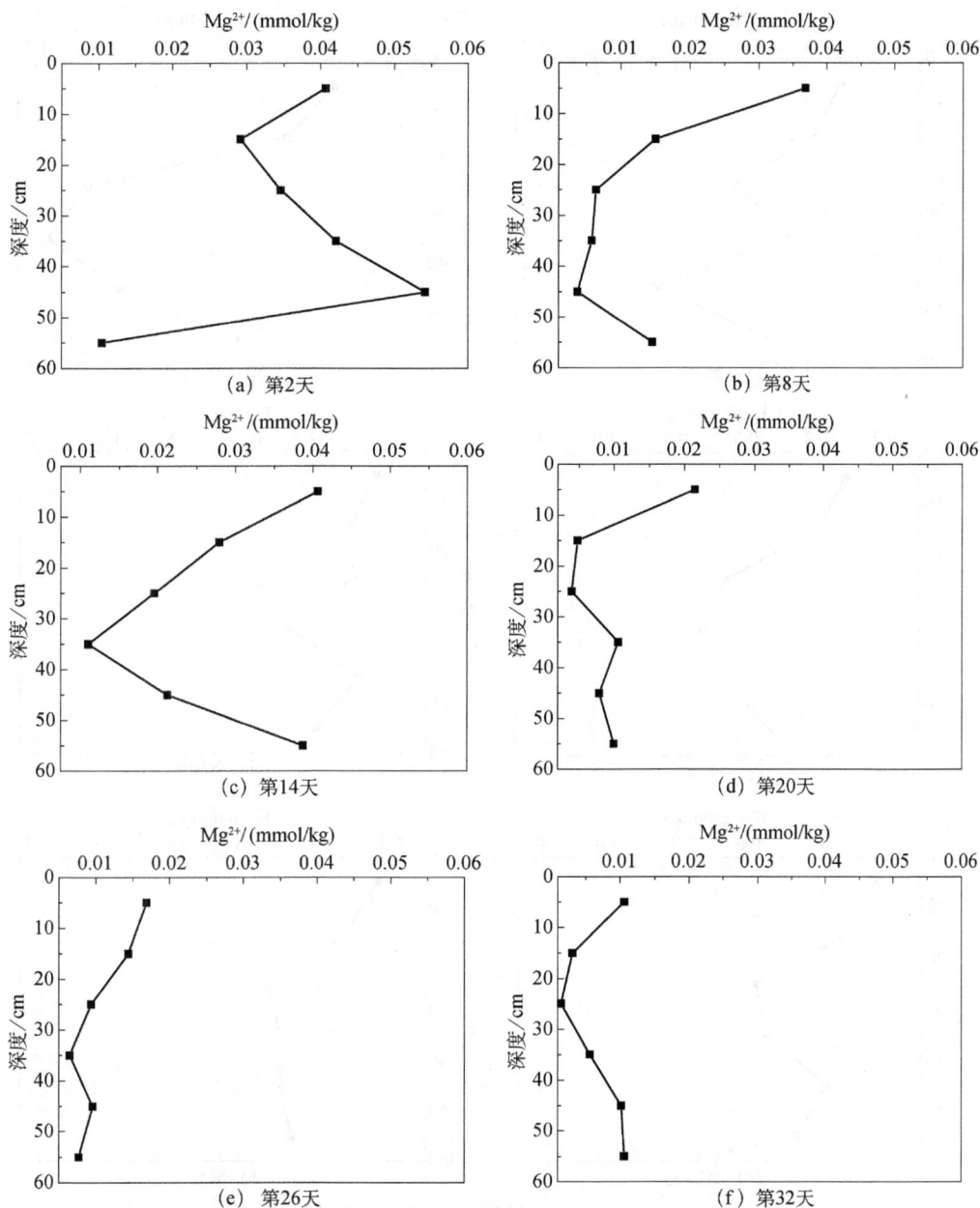

图 3-6　不同时间柱体中 Mg²⁺分布变化

（6）淋溶对赤泥 K⁺变化影响

赤泥中 K⁺的变化趋势和 Na⁺的变化趋势相似，如图 3-7 所示。第 2 天 K⁺在赤泥柱中 0～30 cm 从 0.32 cmol/kg 逐渐升高至 0.62 cmol/kg，30～40 cm 浓度降低至 0.47 cmol/kg，而在 40～60 cm K⁺浓度又出现先升高后降低现象，K⁺分别在 20～30 cm 和 40～50 cm 出现最大值，在 40～50 cm 浓度达到 0.85 cmol/kg。第 8 天左右，20～30 cm 和 40～50 cm 的 K⁺向中间迁移，在 30～40 cm 出现最大值 1.16 cmol/kg。第 14 天，K⁺分布与第 8 天一致，这段时间 K⁺没有发生明显迁移。

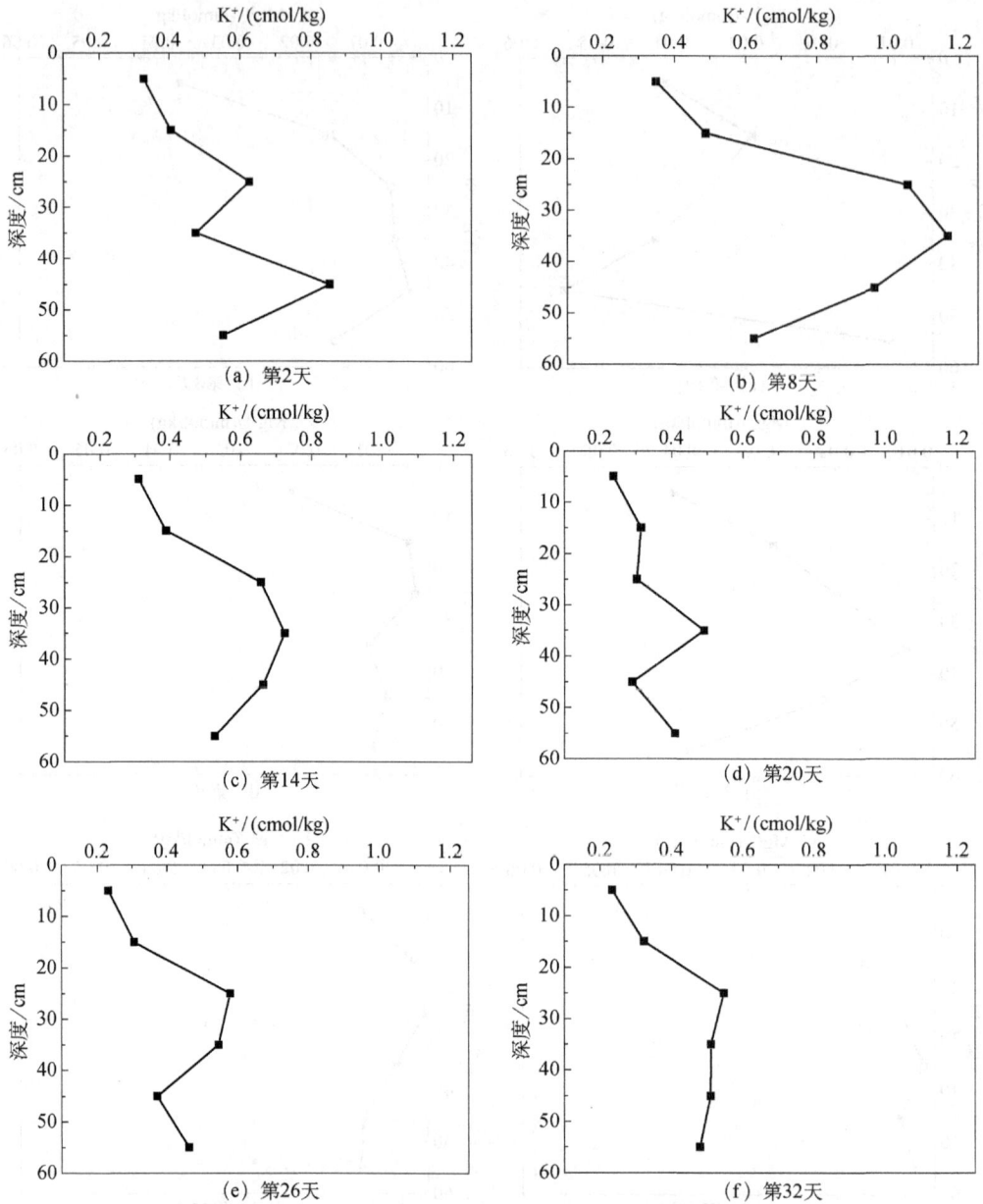

图3-7　不同时间柱体中K⁺浓度分布变化

如图 3-7 所示，K⁺的分布出现两个最大值的原因是由于在淋溶初期，水分入渗作用较强，K⁺与水分子间的作用力大于 K⁺与赤泥胶体间作用力，赤泥上层 K⁺迅速随水迁移至下层，在 400 mL 淋溶量下上层 K⁺大部分迁移至 40～50 cm。淋溶后期，水分入渗作用减弱，K⁺与水分子间作用力减弱，赤泥上层 K⁺随水迁移的能力降低，累积在 20～30 cm。第 2 天到第 8 天的过程中，水势并没有达到稳定，柱体中水分在水势作用下发生再分布，K⁺随水分运动发生迁移，累积在 30～40 cm，如图 3-7（b）所示。第 14 天 K⁺在垂直方向上的分布与第 8 天一致，K⁺仍积聚在 30～40 cm，表明赤泥柱中水分受水势作用力的影响在第 8 天已经达到了平衡，水分不再运动，因此 K⁺分布较为稳定。

3.1.2　石膏改良对赤泥盐分迁移分布的影响

（1）石膏改良对赤泥渗透性的影响

通过室内土柱淋溶模拟试验，基于初渗率、稳渗率、平均渗透速率以及渗透总量等指标变化研究石膏改良对赤泥盐分迁移分布的影响。在淋溶开始之前，对不同处理赤泥柱体进行饱和平衡，即柱体的初始含水率都达到饱和状态。柱体渗滤液达到稳定渗透后停止灌水，灌水量为 400 mL。从表 3-2 中可以看出，赤泥柱（B1）收集到的渗透液总量为 433 mL，而添加石膏的赤泥柱收集到的液体总量分别是 482 mL（G1）、538 mL（G2）；初渗率：B1（9.80 μm/min）＜G1（12.80 μm/min）＜G2（13.30 μm/min）；稳渗率：B1（8.10 μm/min）＜ G1（9.40 μm/min）＜G2（10.80 μm/min）；平均渗透率：B1（7.50 μm/min）＜G1（8.20 μm/min）＜G2（10.10 μm/min）；达到稳渗时间：B1（180 min）＞G1（168 min）＞G2（128 min）。这几个指标都表明添加石膏对赤泥渗透性有所改善，增大了赤泥的渗透性，有利于水溶性盐的迁移。石膏改善赤泥渗透性取决于其能提供大量 Ca^{2+}。Ca^{2+} 在黏粒表面吸附力强，使黏土膨胀趋势降低（J.D.Oster et al.，1985）。赤泥膨胀引起总孔隙度增加，孔径减小，不利于水分渗透。土壤膨胀与黏粒吸附的阳离子有关（赵诚斋，1982），各阳离子的膨胀量大小为 Na^+＞Li^+＞K^+＞Ca^{2+}＞H^+，赤泥中交换性 Na^+ 含量过高，使得赤泥高度膨胀，不利于水分下渗。Ca^{2+} 能够抑制膨胀是因为 Ca^{2+} 与黏粒间强烈的库仑吸力使得没有充足的水分子对黏粒造成扩张。

表 3-2　不同处理赤泥入渗特性

柱体	初渗率/（μm/min）	稳渗率/（μm/min）	平均渗透率/（μm/min）	渗透总量/mL	达到稳渗时间/min
B1	9.80	8.10	7.50	433	180
G1	12.80	9.40	8.20	482	168
G2	13.30	10.80	10.10	538	128

（2）石膏改良对渗滤液盐分变化的影响

添加石膏后赤泥柱渗滤液 pH 和 EC 存在较大差异（图 3-8）。在淋溶过程中 B1（未添加石膏）组 pH 在 8.3～9.4，在这个范围内渗滤液中碱性阴离子主要是 HCO_3^-，而 CO_3^{2-} 含量较低。G1（添加 2%石膏）和 G2（添加 4%石膏）组 pH 均大于 B1 组，在 8.8～10.0，在这个 pH 范围内渗滤液中占主导地位的碱性阴离子依然是 HCO_3^-，但是 CO_3^{2-} 的含量逐渐增加且高于 B1。G1 和 G2 组 pH 高于 B1，是由于添加石膏改善了赤泥渗透性，促进了赤泥柱中盐分离子迁移。

EC 用来衡量渗滤液中可溶性盐的浓度，对赤泥进行不同处理后渗滤液中 EC 的变化如图 3-8 所示。B1 的 EC 在 1.0～4.0 mS/cm，且随着淋溶时间的推移渗滤液 EC 逐渐升高。前 76 min EC 变化不大，这是由于此过程受饱和溶液中可溶性盐分离子影响。76 min 后赤泥中可溶性盐分离子随水迁移至柱体外，渗滤液中 EC 逐渐增大。400 min 后 B1 中可溶性盐分离子淋溶达到稳定,渗滤液 EC 变化幅度趋于平衡。G1 和 G2 的 EC 在 5.0～9.0 mS/cm,

随时间推移逐渐上升。添加石膏后（G1、G2）赤泥渗滤液 EC 显著升高，一方面由于石膏本身含有大量的 Ca^{2+} 和 SO_4^{2-} 经水淋溶至柱体外，增加了渗滤液中的可溶性盐浓度；另一方面添加石膏改善了赤泥物理结构，增大赤泥渗透性，有利于可溶性盐随水迁移，进而提升渗滤液 EC。前 124 min G1 和 G2 渗滤液中 EC 相差不大，124 min 后 G2 渗滤液中 EC 高于 G1。这是因为前 124 min 赤泥中物质与石膏反应过后达到一个平衡状态，盐分离子变化较小，而在淋洗过程中盐离子的不断淋失，促使未反应的石膏不断与赤泥中物质发生反应，G2 中石膏量高于 G1，能补充反应的石膏也高于 G1，因此 124 min 后石膏量起到了关键作用。

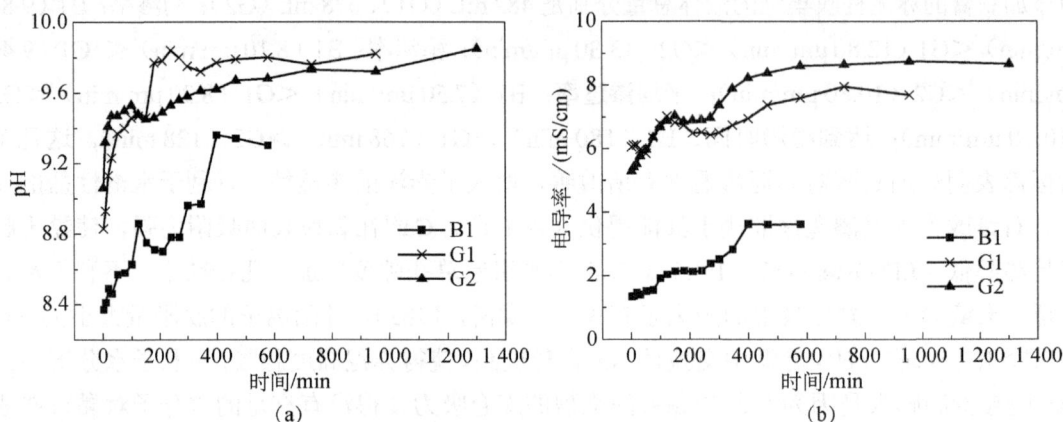

图 3-8　不同处理渗滤液中 pH 和 EC 变化

（3）石膏改良对渗滤液阳离子的影响

添加石膏后渗滤液中 Na^+ 浓度显著增加，B1 渗滤液中 Na^+ 浓度在 300～1 000 mg/L，而 G1 和 G2 渗滤液中 Na^+ 浓度高于 1 100 mg/L（1 100～1 900 mg/L），添加石膏改良赤泥后渗滤液中 Na^+ 浓度比未经改良赤泥高 2～3 倍，如图 3-9（a）所示。一方面石膏中富含的 Ca^{2+} 可以置换赤泥中可交换态 Na^+，使可交换态 Na^+ 转化为水溶态，易随水迁移；另一方面石膏可改善赤泥渗透性，Na^+ 随水分迁移。渗滤液中 Na^+ 浓度随淋溶时间的推移逐渐升高，B1 渗滤液中 Na^+ 在前 76 min 浓度变化不大，几乎稳定在 300 mg/L 左右，76 min 后逐渐升高。受饱和溶液中水溶态 Na^+ 影响，前 76 min B1 渗滤液中 Na^+ 浓度变化幅度不大，76 min 后赤泥柱中水溶态 Na^+ 逐渐随水迁移至柱体外，因而渗滤液中 Na^+ 浓度逐渐升高。G1 和 G2 渗滤液中 Na^+ 浓度在前 124 min 相差不大，此现象与 EC 变化情况一致，124 min 后 G2 渗滤液中 Na^+ 浓度逐渐高于 G1，前 124 min 在 G1 和 G2 渗滤液中 Na^+ 主要来源于柱体底部反滤层和过渡层赤泥中水溶态 Na^+。

渗滤液中 Ca^{2+} 浓度的变化与 Na^+ 差别较大，如图 3-9（b）所示。其中 B1 渗滤液 Ca^{2+} 浓度在整个淋溶过程中呈降低趋势，这是因为赤泥中 Ca^{2+} 迁移较为困难，在 400 mL 灌水淋溶条件下，赤泥层中水溶态 Ca^{2+} 尚未迁移至柱体外，而反滤层中水溶态 Ca^{2+} 则随水淋至柱体外，且浓度越来越低。随着淋溶时间的推移，G1 和 G2 渗滤液中 Ca^{2+} 浓度先降低后逐渐升高，G1 渗滤液中 Ca^{2+} 在前 300 min 随时间推移浓度逐渐降低，在 300 min 左右达到最低点，300 min 后逐渐升高。而 G2 渗滤液中 Ca^{2+} 是在前 124 min 左右降低，124 min 后逐渐升高。G1 和 G2 Ca²⁺浓度先下降，这段时间渗滤液中 Ca²⁺主要来自反滤层和过渡层，由于石膏的添加改善了赤泥的渗透性，此外石膏本身富含 Ca²⁺增加了赤泥柱中 Ca²⁺，添加石膏后的赤泥柱中 Ca²⁺较容易迁移，因此 G1 和 G2 渗滤液中 Ca²⁺浓度先下降而后缓慢上升。G2 添加的石膏含量高于 G1，G2 对赤泥渗透性的提升也高于 G1，因此 G2 渗滤液中 Ca²⁺上升的转折点先于 G1 出现。不同处理赤泥柱渗滤液中 K⁺变化与 Na⁺一致，如图 3-9（c）所示，而 Mg²⁺变化与 Ca²⁺一致，如图 3-9（d）所示。综上所述，添加石膏有利于 Na⁺、K⁺的迁移，同时也促进了 Ca²⁺和 Mg²⁺的迁移。

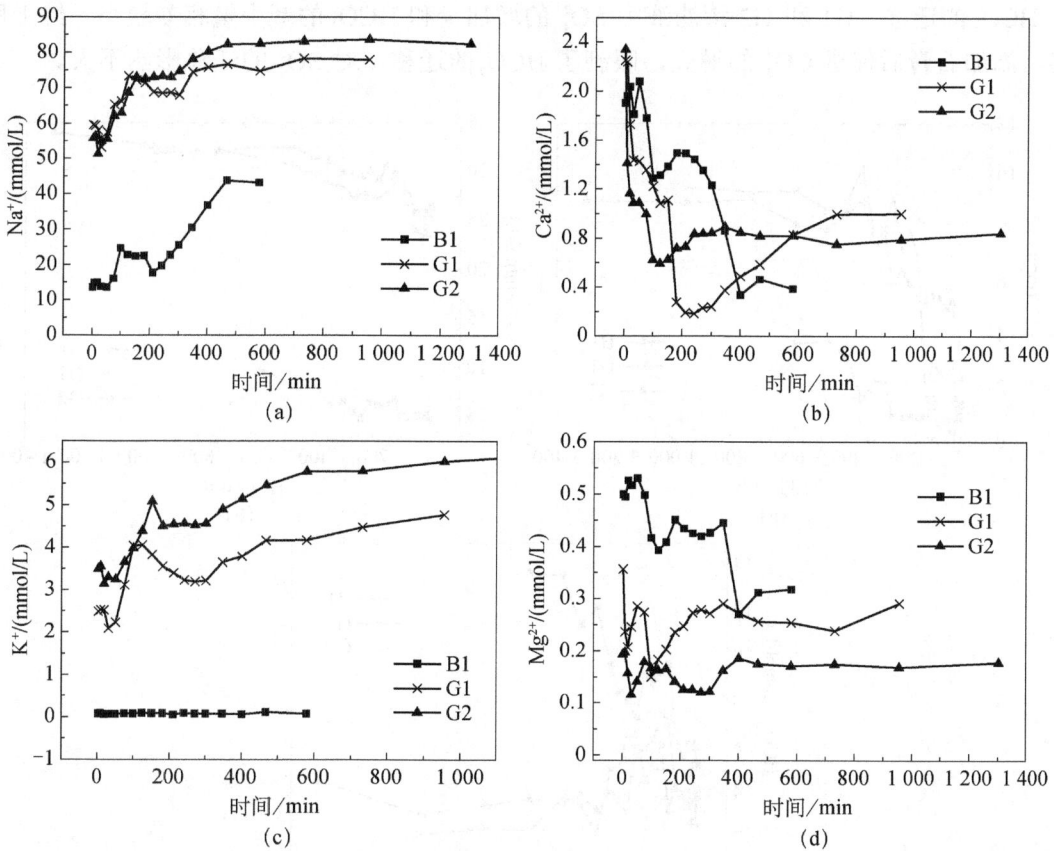

图 3-9 不同处理渗滤液中阳离子变化特征

（4）石膏改良对渗滤液阴离子的影响

对赤泥进行不同处理后渗滤液中 CO_3^{2-}、SO_4^{2-} 和 HCO_3^- 随淋溶时间的变化趋势而不同，如图 3-10 所示，其中添加石膏处理后渗滤液中 CO_3^{2-} 和 SO_4^{2-} 浓度高于未添加石膏处理的赤泥，而 HCO_3^- 相反。图中 G1 和 G2 渗滤液 CO_3^{2-} 浓度大部分高于 B1，表明添加石膏后促进了 CO_3^{2-} 的淋溶迁移。石膏添加能有效降低赤泥 pH，一方面是由于其富含的 Ca²⁺能与赤泥溶液中 CO_3^{2-} 反应生成沉淀，另一方面添加石膏促进了赤泥溶液中 CO_3^{2-} 的淋失，有效降低了赤泥溶液中 CO_3^{2-} 的含量。在前 151 min 左右，渗滤液中 CO_3^{2-} 浓度为 G2>G1>B1，而 151 min 后渗滤液中 CO_3^{2-} 浓度为 G1>G2>B1。128 min 后 G2 达到稳定渗透，168 min

后 G1 达到稳定渗透。从渗滤液中 CO_3^{2-} 在 151 min 前后的变化趋势可知，稳定渗透前石膏对赤泥中 CO_3^{2-} 的作用主要是促进其淋失，稳定渗透后石膏对赤泥中 CO_3^{2-} 以沉淀为主。随着时间的推移，B1、G1 和 G2 渗滤液中 SO_4^{2-} 浓度逐渐升高，如图 3-10 所示，SO_4^{2-} 随时间升高的幅度较缓。添加石膏后渗滤液中 SO_4^{2-} 浓度是未添加石膏的 5 倍左右，这主要是石膏溶解后带入的大量 SO_4^{2-}。渗滤液中 HCO_3^- 的变化与 CO_3^{2-} 和 SO_4^{2-} 的变化不一致。B1 渗滤液中 HCO_3^- 随着时间的推移浓度越来越高，即赤泥中 HCO_3^- 逐渐随水迁移至柱体外。而 G1 和 G2 渗滤液中 HCO_3^- 的浓度随着时间的推移呈下降趋势，即石膏添加后抑制了赤泥中 HCO_3^- 的迁移。G1 和 G2 渗滤液中 SO_4^{2-} 的增加量和 HCO_3^- 的减少量相差较小。综上所述，添加石膏后促进 CO_3^{2-} 的淋失，限制了 HCO_3^- 的迁移，对 SO_4^{2-} 的迁移影响不大。

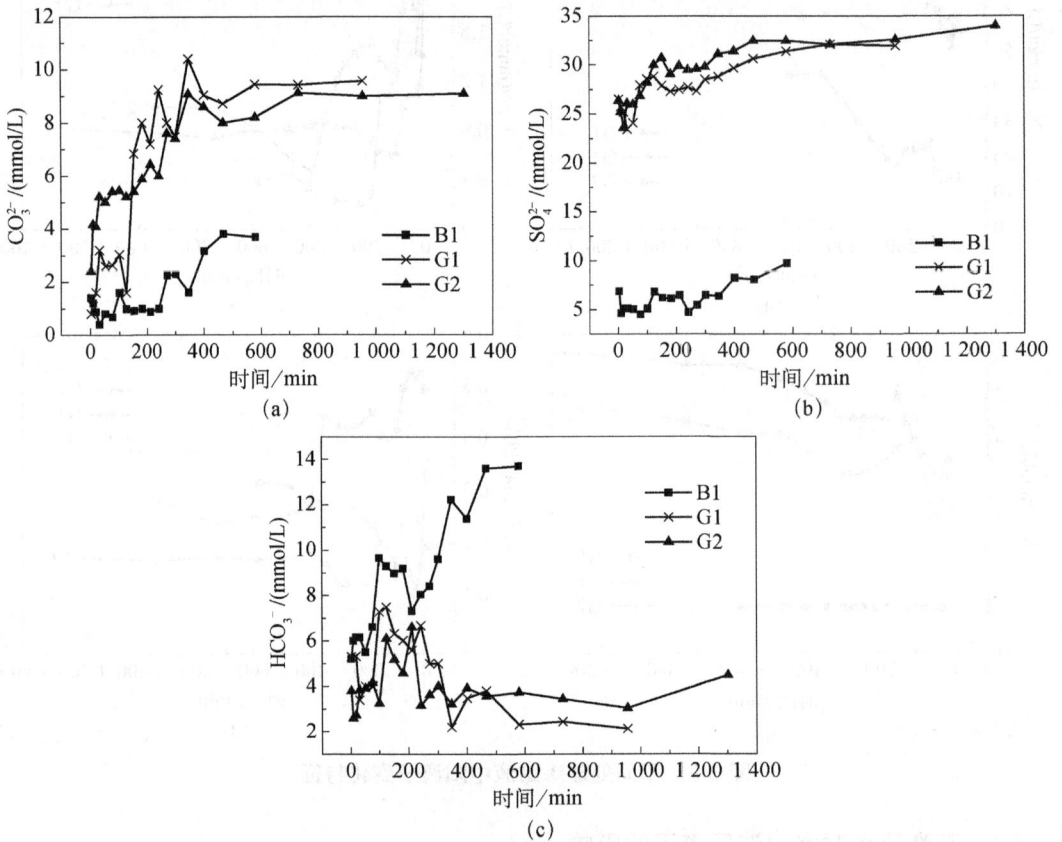

图 3-10　不同处理渗滤液中阴离子变化

3.2　赤泥堆场土壤形成过程的碱性调控

3.2.1　赤泥碱浸出及溶解行为

通过单因素—正交试验确定较优碱性阴离子浸出条件并探讨碱性离子浸出溶解行为。试验过程考虑到浸出体系为固液相并结合实际工艺过程中的可控性，以液固比、浸出温度、浸出时间及浸出次数 4 个因素作为变量，采用单因素试验方法进行浸出试验条件的初步优化筛选，液固比：1∶1、2∶1、3∶1、4∶1、5∶1、6∶1、7∶1；浸出温度：10 ℃、15 ℃、20 ℃、25 ℃、30 ℃、35 ℃、40 ℃；浸出时间：1 h、2 h、3 h、5 h、8 h、13 h、18 h、23 h；浸出次数：1、2、3、4、5、6。每一组设置 3 个平行试验，考察各因素（除浸出次数外）对赤泥碱性离子浸出特点及 pH 变化的影响。根据单因素试验优化结果，筛选合适条件设计三因素三水平的正交试验，对接下来的浸出条件进一步优化，得到适宜的浸出优化条件，并在此基础上探讨浸出优化条件下的碱性阴离子浸出次数与离子组分分布及 pH 的关系，筛选出关键碱性阴离子并探讨其对应盐溶解扩散的动力学特征。

（1）液固比的影响

赤泥水浸相关研究表明，在液固比为 5~7 mL/g、温度为 25 ℃、浸泡时间为 1 d 时，多次洗涤可有效脱除赤泥中 Na^+。为探讨液固比对赤泥典型碱性阴离子浸出含量分布、总碱度及液相 pH 的影响，试验固定赤泥量为 20 g、浸出温度为 25 ℃、浸出时间为 23 h，1 次浸出条件下，分别得到液固比为 1 mL/g、2 mL/g、3 mL/g、4 mL/g、5 mL/g、6 mL/g、7 mL/g 的碱性浸出情况（表 3-3）。液固比增加，赤泥液相 pH 由 10.67 逐渐降低至 10.0 左右。而在液固比为 2 mL/g 时，碱性阴离子 CO_3^{2-}、HCO_3^-、$Al(OH)_4^-$ 的浸出浓度均达到最大值，分别为 37.20 mmol/L、9.90 mmol/L、1.90 mmol/L；液固比＞2 mL/g 时，各碱性离子浓度逐渐降低。在稀释作用下，液固比对赤泥各碱性离子浸出浓度降低显著，而只有当碱性阴离子浸出过程中其溶解扩散速率相比于溶液稀释作用更明显时，即浸出浓度倍数＞稀释倍数，才可能会导致液固比增加而 CO_3^{2-}、HCO_3^-、$Al(OH)_4^-$ 浓度反而升高的现象。对比发现，不同液固比下各碱性离子浸出浓度大小均表现为：$c(CO_3^{2-})＞c(HCO_3^-)＞c[Al(OH)_4^-]＞c(OH^-)$。可知液固比为 2 mL/g 时，赤泥浸出液中 CO_3^{2-} 浓度最高，CO_3^{2-} 浸出浓度为 37.20 mmol/L，达到最大值，HCO_3^- 次之，浸出浓度为 9.90 mmol/L。

表 3-3　不同液固比下赤泥浸出液中碱性离子浓度及 pH 的变化情况　　浓度单位：mmol/L

液固比/ （mL/g）	1	2	3	4	5	6	7
pH	10.67±0.12	10.45±0.10	10.24±0.07	10.14±0.07	10.04±0.07	9.97±0.07	9.94±0.08
$c(CO_3^{2-})$	31.40±0.70	37.20±0.78	22.90±1.21	19.90±0.67	16.30±0.37	12.30±0.64	10.90±0.67
$c(HCO_3^-)$	6.40±0.33	9.90±0.36	8.30±0.14	6.70±0.22	6.40±0.16	6.30±0.22	5.50±0.29
$c[Al(OH)_4^-]$	1.00±0.07	1.90±0.03	1.50±0.03	1.30±0.02	1.10±0.04	1.00±0.02	0.90±0.03
$c(OH^-)$	0.47±0.06	0.29±0.04	0.17±0.04	0.14±0.03	0.11±0.02	0.09±0.02	0.09±0.02
碱度*	39.27±1.03	49.29±0.50	32.87±1.13	28.04±0.50	23.91±0.22	19.69±0.85	17.39±0.73

注：*碱度= $c(CO_3^{2-})+c(HCO_3^-)+c[Al(OH)_4^-]+c(OH^-)$。

液固比对赤泥液相离子浓度稀释作用明显，若要探讨赤泥碱性离子浸出效果，需要进一步分析不同液固比下赤泥浸出液中各碱性阴离子的物质的量（表 3-4）。由表可知，液固比由 1 mL/g 增加至 2 mL/g 时，各碱性离子浸出物质的量均大幅增加；液固比≥ 2 mL/g

时，赤泥各碱性阴离子浸出物质的量变化较小。由此可知，当液固比为 2 mL/g 时，赤泥中大量碱性离子已通过溶解扩散作用进入液相体系，液固比的增加对碱性离子浸出影响逐渐减小。其中液固比为 5 mL/g 时，$n(CO_3^{2-})$ 为 1.63 mmol，达到最大值，而其余离子含量相对较低；观察离子浸出总量发现，在液固比 ≥4 mL/g 时，液相体系离子总物质的量变化较小，基本稳定在 2.24～2.44 mmol。综上所述，综合各碱性离子浸出物质的量浓度及物质的量变化情况，选择 4 mL/g 作为单因素试验较优液固比，同时选择 2 mL/g、4 mL/g、5 mL/g 为正交优化试验的液固比水平条件。

表 3-4　液固比对赤泥浸出液中碱性离子物质的量影响　　　　　　浓度单位：mmol/L

液固比/ （mL/g）	1	2	3	4	5	6	7
$n(CO_3^{2-})$	0.63±0.01	1.49±0.03	1.37±0.07	1.59±0.05	1.63±0.04	1.48±0.08	1.53±0.09
$n(HCO_3^-)$	0.13±0.01	0.40±0.01	0.50±0.01	0.54±0.02	0.64±0.02	0.76±0.03	0.77±0.04
$n[Al(OH)_4^-]$	0.02±0.01	0.08±0.01	0.09±0.02	0.10±0.01	0.11±0.01	0.12±0.02	0.13±0.02
$n(OH)$	0.01	0.01	0.01	0.01	0.01	0.01	0.01
合计	0.79±0.02	1.98±0.02	1.97±0.03	2.24±0.03	2.39±0.02	2.37±0.04	2.44±0.05

（2）温度的影响

为探讨浸出温度对赤泥碱性阴离子浸出含量分布、碱性变化及 pH 的影响，设置单因素试验条件如下：固定赤泥 20 g、液固比为 4 mL/g、浸出时间为 23 h、浸出次数为 1。探究温度（10 ℃、15 ℃、20 ℃、25 ℃、30 ℃、35 ℃、40 ℃）对赤泥碱浸出的影响。如图 3-11 所示，CO_3^{2-} 浸出浓度最高，且随着浸出温度的升高显著增加，在 25 ℃时达到 18.2 mmol/L，随后逐渐趋于稳定。由此可知，在常温浸出环境中赤泥碱性物质通过溶解扩散作用即可释放大量 CO_3^{2-}，但赤泥化学结合碱在低温环境中的溶解度较低，通常需高温煅烧分解作用才能显著影响碱性离子的含量，表明赤泥中含有较多碳酸盐类碱性物质，这些物质是一种典型自由碱。液相体系其余碱性离子浸出浓度随温度的升高变化较小，HCO_3^- 是浸出浓度相对较高的碱性离子，其浓度维持在 8.0 mmol/L。$Al(OH)_4^-$、OH^- 浓度远低于 CO_3^{2-} 和 HCO_3^- 的浓度，说明该地区赤泥主要碱性阴离子为 CO_3^{2-} 和 HCO_3^-。

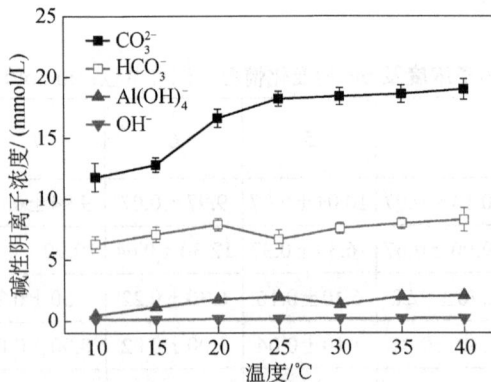

图 3-11　温度对赤泥碱性阴离子浸出浓度的影响

对比赤泥主要碱性阴离子（CO_3^{2-}）的浓度及变化趋势可知，赤泥液相总碱度变化与 CO_3^{2-} 浸出浓度变化密切相关，如图 3-12 所示。浸出温度 >20 ℃时，液相碱性上升缓慢，而赤泥中主要碱性离子（CO_3^{2-}）含量也趋于稳定；当浸出温度为 25 ℃时，其液相总碱度达到 27.11 mmol/L，说明温度对赤泥碱浸出起主导作用的是自由碱的溶解。由于 CO_3^{2-} 浓度高，易在液相体系中发生部分水解反应，并且温度升高有利于促进水解作用，因此 OH⁻离子含量可能略微上升，使赤泥液相体系 pH 随温度的升高而上升；当温度>30 ℃时，各离子浸出浓度变化平稳，体系达到动态平衡，pH 稳定在 10.4。

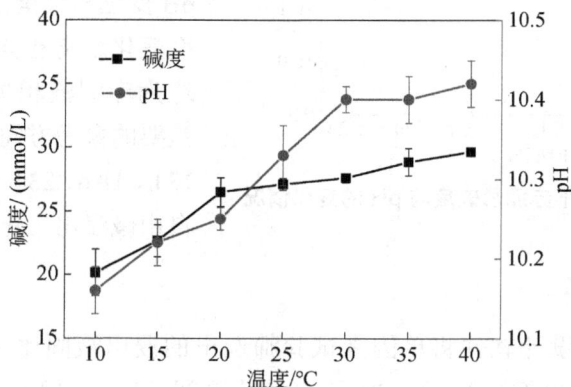

$$NaCO_3 \longrightarrow Na^+ + CO_3^{2-} \tag{3-1}$$

$$CO_3^{2-} + H_2O \longleftrightarrow HCO_3^- + OH^- \tag{3-2}$$

图 3-12　不同浸出温度下赤泥液相碱度与 pH 的变化情况

综上所述，赤泥液相碱性离子浸出的较佳温度为 25 ℃，该温度可为赤泥碱浸出的单因素试验条件，可选择 20 ℃、25 ℃、30 ℃ 3 种浸出温度作为赤泥碱性阴离子浸出正交试验的条件。

（3）浸出时间的影响

为探究浸出时间对赤泥碱性离子浸出过程中离子含量分布、液相碱性及 pH 变化的影响，单因素试验条件设置如下：赤泥为 20 g、液固比为 4 mL/g、浸出温度为 25 ℃、浸出次数为 1，探究浸出时间（1 h、2 h、3 h、5 h、8 h、13 h、18 h、23 h）对赤泥碱浸出的影响。如图 3-13 所示，浸出时间对赤泥中碳酸盐的离子浸出影响显著，液相中 CO₃²⁻浸出浓度随浸出时间的增加不断升高，浸出时间为 13 h 时 CO₃²⁻浸出浓度达到 17.3 mmol/L，HCO₃⁻、Al(OH)₄⁻、OH⁻浸出浓度变化较小。由此可见，赤泥液相碱性组分中碳酸盐占比最高，而其余组分浓度较低且在溶解过程中易先达到溶解平衡状态。赤泥化学结合碱在液相中存在溶解平衡，但对于赤泥液相各碱性离子浸出浓度贡献情况有待进一步研究。

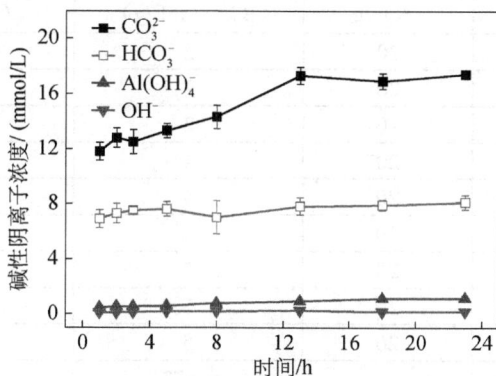

图 3-13　浸出时间对赤泥碱性阴离子浸出浓度的影响

赤泥液相 pH 及总碱度在浸出时

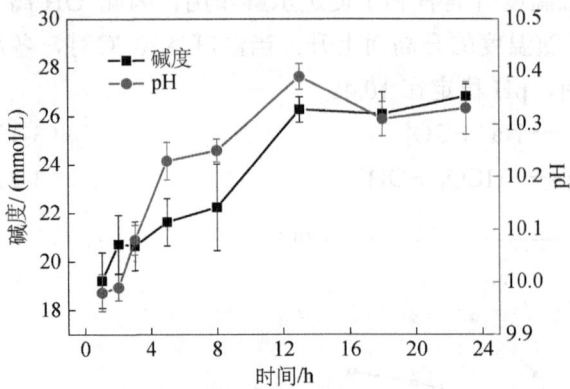

图 3-14 不同浸出时间下赤泥总碱度与 pH 的变化情况

间＜13 h 时，呈显著上升趋势；当浸出时间为 13 h 时，赤泥液相总碱度约为 26 mmol/L，pH 为 10.4；浸出时间高于 13 h 时，液相碱性及 pH 变化较小，如图 3-14 所示。赤泥液相总碱度、pH 变化与关键性离子（CO_3^{2-}）浸出浓度变化趋势相同，存在显著相关性，这为赤泥液相体系碱性调控提供了重要的参考方向。综上所述，可选择 13 h、18 h、23 h 的浸出时间作为赤泥自由碱浸出优化的试验条件。

（4）正交试验优化

利用 Latin 正交设计软件将单因素试验筛选出的浸出液固比（2 mL/g、4 mL/g、5 mL/g）、浸出温度（20 ℃、25 ℃、30 ℃）、浸出时间（13 h、18 h、23 h）开展三因素三水平正交试验（表 3-5、表 3-6）。其中碱浸出效果为各碱性阴离子的物质的量之和，能够较好地反映不同浸出条件下赤泥碱浸出情况。

表 3-5　三因素三水平正交试验

对照组	因素			
	残渣量（A）/g	液固比（B）/（mL/g）	温度（C）/℃	时间（D）/h
1	20	2	20	13
2	20	4	25	18
3	20	5	30	23

表 3-6　正交试验结果

对照组	因素				
	残渣量（A）/g	液固比（B）/（mL/g）	温度（C）/℃	时间（D）/h	浸出量（F）/mmol
1	20	2	20	13	1.58
2	20	2	25	18	1.89
3	20	2	30	23	2.21
4	20	4	20	18	2.00
5	20	4	25	23	2.21
6	20	4	30	13	2.34
7	20	5	20	23	2.03
8	20	5	25	13	2.19
9	20	5	30	18	2.32
		1.673	1.703	1.820	
		1.940	1.857	1.857	
		1.953	2.007	1.890	
R		0.290	0.420	0.113	

水平试验 3、5、6、8、9 条件下的碱性离子浸出量较为接近，分别为 2.21 mmol、2.21 mmol、2.34 mmol、2.19 mmol、2.32 mmol。考虑经济性及碱浸出率，试验筛选出最合适的浸出条件组合为试验 3，即液固比为 2 mL/g、浸出温度为 30 ℃、浸出时间为 23 h。通过标准偏差计算发现影响赤泥碱性离子浸出的偏差大小为：R（温度）$>R$（液固比）$>R$（时间）。由此可知，对赤泥碱性离子浸出影响最大的是浸出温度，其次是液固比，反映出温度对自由碱的溶解扩散的影响较为明显，是浸出动力学分析的关键因素。

（5）浸出次数的影响

在正交优化条件下（赤泥 20 g、液固比 2 mL/g、浸出温度 30 ℃、浸出时间 23 h），探究浸出次数对赤泥碱性阴离子浸出行为、自由碱和结合碱的溶解特点、碱浸出率的影响。如图 3-15 所示，随着浸出次数的增加，液相中各碱性阴离子含量不断下降，最终趋于稳定。液相中碱性阴离子含量及来源与赤泥组分密切相关，赤泥 1 次浸出的液相体系中碱性离子含量最高，碱性离子 CO_3^{2-}、HCO_3^-、$Al(OH)_4^-$、OH^- 的浸出物质的量分别为 1.52 mmol、0.57 mmol、0.10 mmol、0.01 mmol。当浸出次数 ≥3 时，溶液相中碱性阴离子浸出量趋于稳定。由此可知，经 2 次浸出后，大量碱性阴离子由自由碱溶解作用产生。根据赤泥 XRD 分析结果可知，当自由碱浸出完全时，液相中各碱性离子主要来源于化学结合碱（钙霞石、方解石、水化石榴石）的溶解。可认为在浸出次数为 6 的条件下，赤泥液相各碱性离子均来源于化学结合碱的溶解，其中 $c(CO_3^{2-})$、$c(HCO_3^-)$、$c[Al(OH)_4^-]$、$c(OH^-)$ 分别为 3.10 mmol/L、3.80 mmol/L、0.21 mmol/L、0.04 mmol/L（表 3-7）。

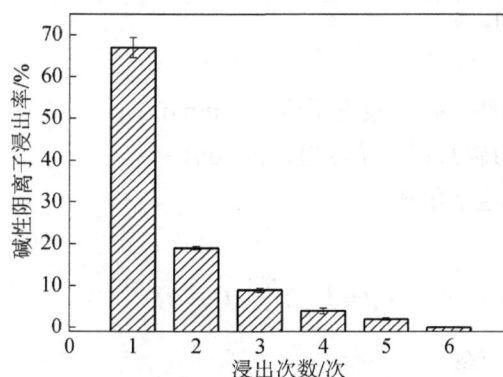

图 3-15　浸出次数对赤泥自由碱浸出率的影响

表 3-7　赤泥中化学结合碱与自由碱的浸出特性

参数	化学结合碱 [a]	自由碱 [b]	自由碱 [c]
pH	9.57	10.47	>10.47
$c(CO_3^{2-})$ / (mmol/L)	3.10	35.00	52.10
$c(HCO_3^-)$ / (mmol/L)	3.80	10.40	13.6
$c[Al(OH)_4^-]$ / (mmol/L)	0.21	1.73	3.62
$c(OH^-)$ / (mmol/L)	0.04	0.26	0.46
碱度/ (mmol/L)	7.15	47.39	69.78

注：a. 赤泥浸出次数为 6 的试验结果；b. 自由碱 1 次浸出浓度；c. 自由碱浸出总浓度。

假定赤泥液相自由碱性离子浸出对化学结合碱的溶解抑制作用较小，可建立溶解过程中化学结合碱和自由碱的碱性离子浸出数量关系式，利用等式可计算得到不同浸出次数下赤泥自由碱性阴离子（CO_3^{2-}、HCO_3^-、$Al(OH)_4^-$、OH^-）浸出物质的量，并求得其 6 次浸出试验中各碱性离子总浓度，分别为 52.1 mmol/L、13.6 mmol/L、3.62 mmol/L、0.46 mmol/L。显然，赤泥关键性碱性阴离子为 CO_3^{2-}，HCO_3^- 次之。由试验结果可以计算并分析得到自由碱性离子浸出率，随着浸出次数的增加，其浸出率分别为 67%、19%、9%、4%、2%、0。1 次浸出与 2 次浸出效率之和达到 86%，赤泥自由碱浸出完全时，pH 可由 10.47 降低至 9.57。

（6）溶解动力学分析

确定赤泥的浸出动力学模型有利于分析碱性离子浸出过程及其控制因素。由浸出试验可知，赤泥自由碱含量较高，是一种可溶性碱盐，因此可将盐溶解扩散模型（Stumm 扩散模型）应用于自由碱的浸出动力学分析。当前有较多学者将收缩核模型（SCM 扩散模型）用于评价固相的溶解及反应过程，如分析赤泥中 Na^+ 的浸出过程（Ferrier et al.，2016）。由碱浸出结果发现，赤泥关键性碱性阴离子（CO_3^{2-}）主要存在形式是可溶性碱性盐，这是赤泥液相高碱性的主要成因。因此，结合以下两个盐溶解动力学方程，通过拟合筛选合适的动力学模型，从而系统分析碳酸盐的浸出过程。

Stumm 扩散模型：

$$\ln \frac{C_x}{C_x - C_t} = K_q t + Z \tag{3-3}$$

式中，t——反应时间，s；

Z——常数；

C_x——平衡条件下碳酸根离子浓度，mmol/L；

C_t——t 时刻的碳酸根离子浓度，mmol/L；

K_q——动力学速率常数。

SCM 扩散模型：

$$K_a t = 1 - 2\frac{\alpha}{3} - (1-\alpha)^{2/3} \tag{3-4}$$

式中，α——浸出率，%；

K_a——内扩散速率常数。

对比上述两种模型模拟结果发现，Stumm 溶解扩散动力学方程与不同温度下赤泥自由碱性阴离子（CO_3^{2-}）浸出数据拟合度较高，而与 SCM 模型方程拟合度低。赤泥关键性离子（CO_3^{2-}）的浸出过程受固膜扩散控制，固膜扩散速率随着液固比和温度的增加而增加，而水向内部颗粒的扩散速率也是影响 CO_3^{2-} 浸出的主要因素（Zhu et al.，2015）。利用不同浸出温度下的扩散常数，通过 Arrhenius 方程建立 $\ln(K_q)$ -T 的方程曲线，如图 3-16 所示。经拟合分析发现，其拟合相关系数（R^2）高于 0.99，碳酸盐溶解反应的表观活化能（E_a）为 10.24 kJ/mol，这也说明了盐溶解反应过程表观活化能低，CO_3^{2-} 扩散受固膜扩散控制。在调控赤泥碱性过程中，根据 CO_3^{2-} 溶解扩散特征对其进行有效调控。

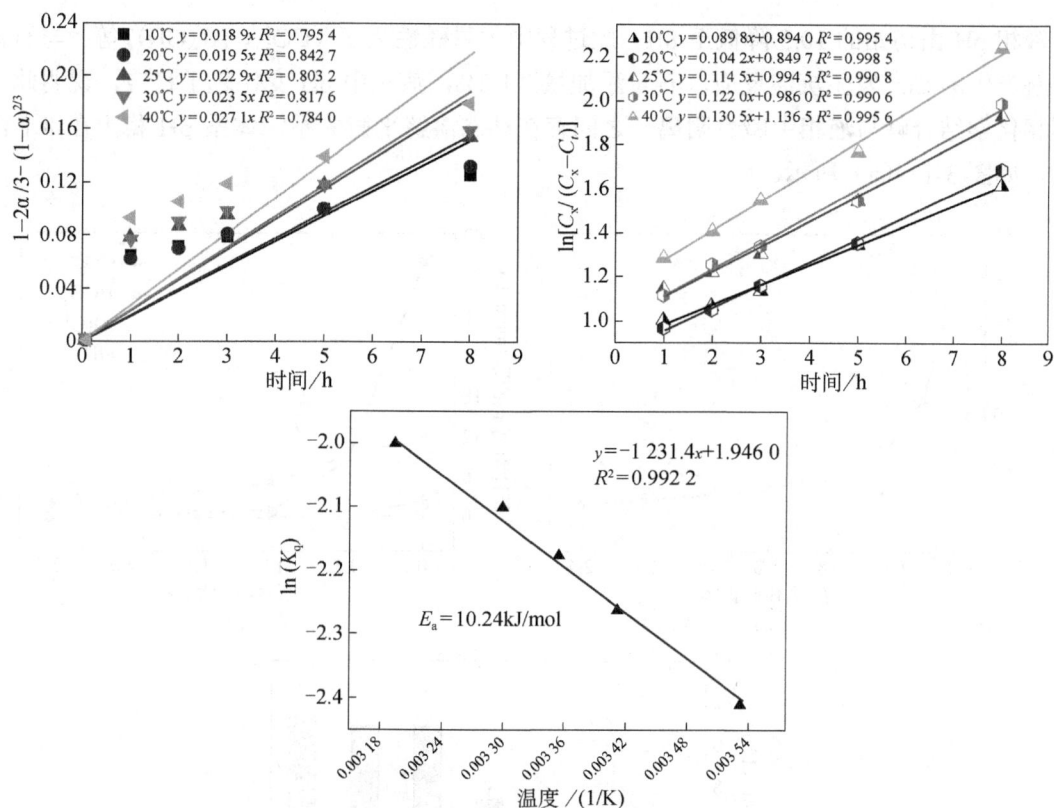

图 3-16　SCM 扩散方程拟合结果和 Arrhenius 方程拟合结果

3.2.2　赤泥碱性组分稳定化

初始条件为赤泥自由碱浸出最优条件，其液固比为 2 mL/g、稳定化时间为 23 h、温度为 30 ℃。考虑到实际应用过程的经济性和调碱效率，选取石膏添加量、稳定化时间及搅拌强度为赤泥碱性稳定化优化条件。试验过程采用单因素试验依次探讨石膏添加量（0.5%、0.6%、0.8%、1.0%、1.2%、1.6%、2.0%）、时间（0.5 h、1 h、2 h、4 h、8 h、12 h、16 h、24 h、48 h）、搅拌强度（0 r/min、60 r/min、80 r/min、100 r/min、120 r/min、240 r/min）对赤泥碱性稳定化效果的影响。称取 20 g 赤泥和定量石膏置于 100 mL 烧杯中，加入 40 mL 去离子水并用玻璃棒搅拌使其混合均匀，将烧杯口用保鲜膜密封后放在 30 ℃恒温水浴锅中，设定搅拌强度。待达到反应时间后，使用真空泵将混合物固液分离并测定液相 pH、关键性碱性阴离子 CO_3^{2-} 及赤泥典型碱性离子 HCO_3^-、$Al(OH)_4^-$、OH^- 离子含量，分析关键作用离子 Ca^{2+} 在液相中含量变化情况，分析并得到较优石膏稳定化赤泥碱性的条件。将稳定化赤泥固相物质放置于烘箱中，在 65 ℃条件下烘干 48 h 后，经研磨过 200 目筛备用。

（1）石膏添加量对赤泥碱性的影响

基于赤泥自由碱浸出优化条件（液固比 2 mL/g、浸出温度 30 ℃、时间 23 h）下，探究不同石膏添加量（0、0.2%、0.4%、0.8%、1.2%、1.6%、2.0%、2.4%）对赤泥碱性的稳定化效果的影响。研究发现石膏添加显著降低赤泥体系 pH，当石膏添加量为 1.2% 时，赤泥液相 pH 由初始的 10.5 降低至 8.1，此过程中大量碱性离子（CO_3^{2-}、$Al(OH)_4^-$ 等）与石膏溶解产生的 Ca^{2+} 发生沉淀反应。石膏添加量 $\geq 1.2\%$，液相中 pH 变化趋于稳定，说明此时固相化学结合碱与液相中碱性阴离子之间存在动态溶解平衡关系，体系 pH 稳定在 8.1 附近，如图 3-17（a）所示。

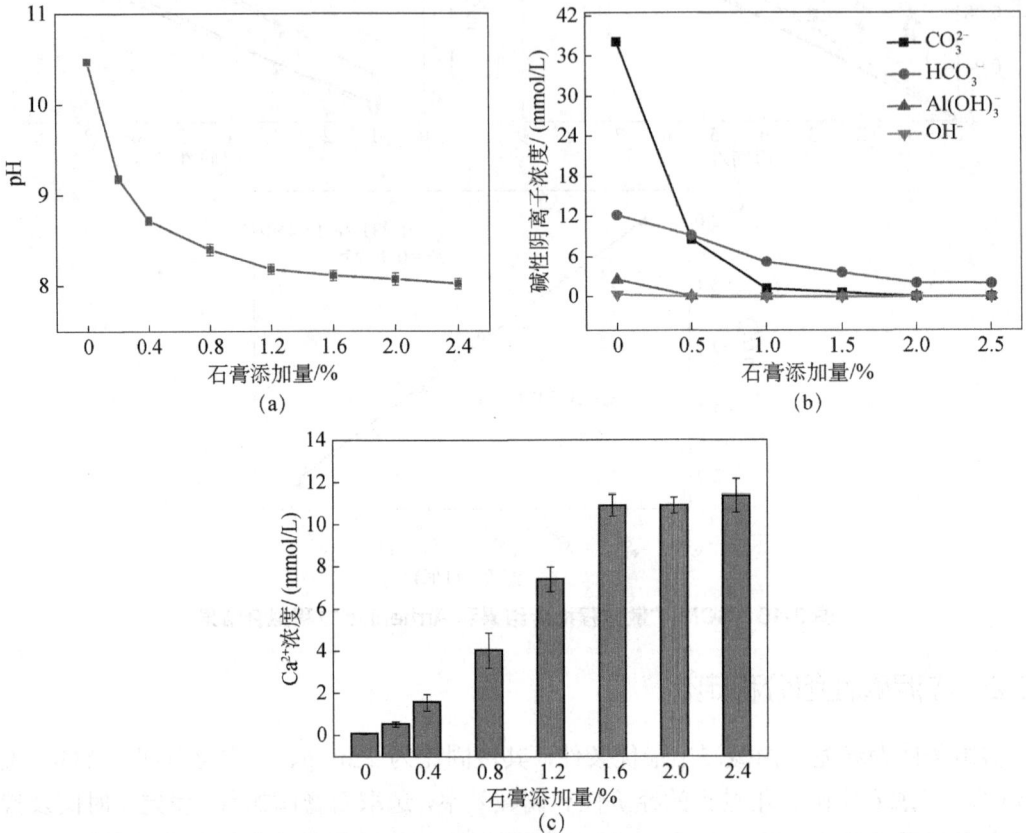

图 3-17　石膏添加量对赤泥液相 pH（a）和各碱性阴离子浓度的影响（b）以及 Ca^{2+} 浓度的变化（c）

进一步考察了液相体系各碱性阴离子含量变化情况，如图 3-17（b）所示，未添加石膏的赤泥碱性离子浸出液相中 CO_3^{2-}、HCO_3^-、$Al(OH)_4^-$、OH^- 的离子浓度分别为 38.1 mmol/L、14.2 mmol/L、1.94 mmol/L、0.3 mmol/L。当石膏添加量为 1.2% 时，赤泥液相体系各碱性阴离子含量依次下降至 0、2.02 mmol/L、0.007 2 mmol/L、0.001 5 mmol/L，液相体系 CO_3^{2-} 反应完全，HCO_3^-、$Al(OH)_4^-$、OH^- 含量也大幅下降，说明随石膏添加量的增加，对液相体系中各碱性阴离子组分分布影响显著，可促使液相中发生一系列离子转化及沉淀反应。当石膏添加量 $\geq 1.2\%$ 时，赤泥液相各碱性阴离子含量变化较小，可见石膏在赤泥固液相体系中已达到动态平衡，自由碱性离子参与反应被大量消耗。试验还分析得到了不同石膏添加量的液相体系关键性作用离子（Ca^{2+}）的含量变化如图 3-17（c）所示，当石膏添加量 <1.6% 时，随着石膏添加量的增加，赤泥液相中的 Ca^{2+} 含量不断升高，一方面说明了赤泥液相碱性阴离子与 Ca^{2+} 反应，促进了石膏溶解；另一方面也表明液相体系石膏虽然达到溶解平衡状态，但添加石膏仍能够促进石膏溶解产生更多 Ca^{2+}。当石膏添加量 $\geq 1.6\%$ 时，液相中 Ca^{2+}

含量几乎不再发生变化，体系中石膏的溶解达到饱和状态。石膏添加量的控制有利于充分稳定自由碱的同时，可抑制结合碱溶解，对于碱性处理的经济性具有重要意义。可知，石膏添加量为 1.2% 是赤泥自由碱稳定化的较优添加量。

（2）稳定化时间对赤泥碱性的影响

固定赤泥量 20 g、石膏添加量 1.2%，在液固比 2 mL/g、温度 30 ℃条件下，探究碱性稳定化时间（0 h、0.5 h、1 h、2 h、4 h、8 h、12 h、16 h、24 h）对赤泥碱性调控效果的影响。当稳定化时间 $T=0$ 时（忽略加入石膏搅拌混合均匀的时间），对比原生赤泥液相体系的 pH，发现在此石膏稳定化条件下的赤泥液相主要碱性阴离子反应消耗速率较快，可使赤泥 pH 由 10.5 降低至 8.5。而当 $T \geqslant 4$ h 时，pH 变化较小，赤泥液相体系 pH 由 8.5 降低至 8.1 左右。且在石膏稳定化 4 h 内液相 pH 持续下降，也说明液相体系碱性离子的反应受到石膏的驱动作用，使液相氢氧根离子转化，而最终导致体系更多的碱性阴离子与石膏溶解产生的 Ca^{2+} 发生沉淀反应，使 pH 稳定在 8.1 左右，赤泥固液相体系达到溶解平衡状态，如图 3-18 所示。

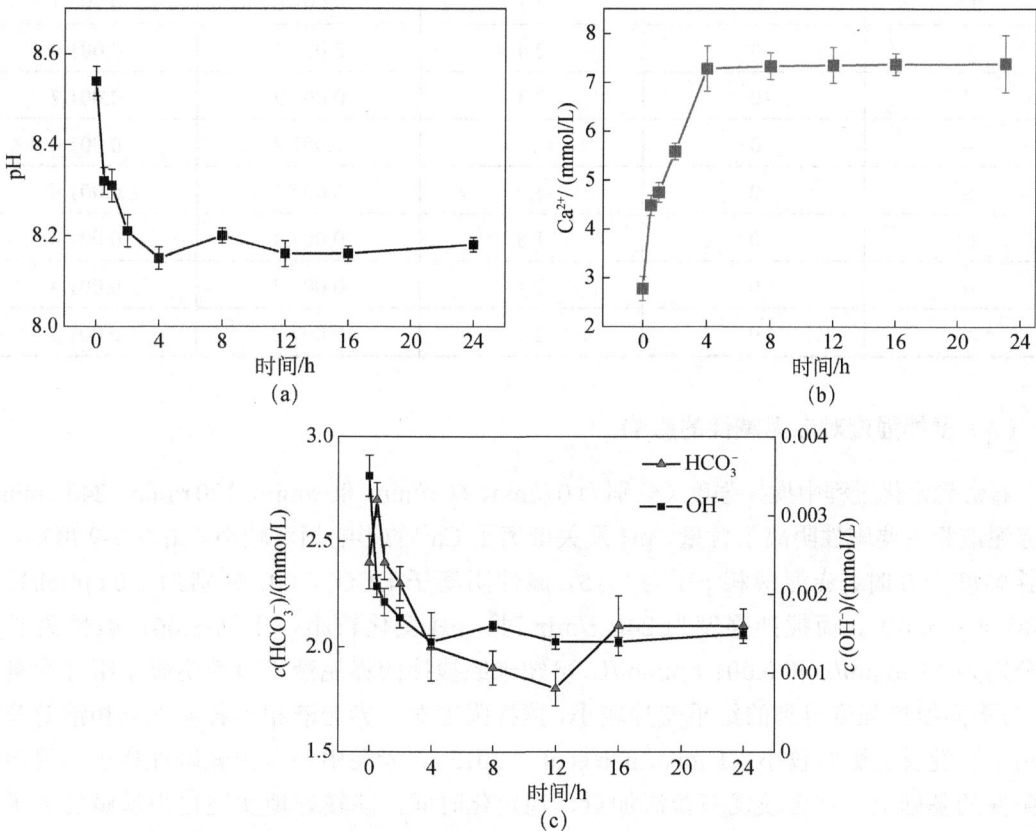

图 3-18　稳定化时间对赤泥液相 pH、Ca^{2+} 浓度和碱性离子浓度的影响

为进一步分析影响赤泥液相 pH 变化的碱性离子反应过程，重点研究了赤泥中主要碱性离子和关键作用离子 Ca^{2+} 含量的变化情况。当添加 1.2% 的石膏后，稳定化时间 $T=0$

时（忽略加入石膏搅拌混合均匀的时间），赤泥中关键性碱性阴离子 CO_3^{2-} 的含量快速降低至 0.2 mmol/L，最终离子几乎完全反应。液相体系 CO_3^{2-} 的有效稳定与体系碱性降低显著相关。而赤泥液相中主要碱性离子 HCO_3^- 在石膏稳定化过程中，当 $T=0$ 时，其含量也从 14.2 mmol/L 快速降低至 2.4 mmol/L，$Al(OH)_4^-$ 和 OH^- 分别由 1.94 mmol/L、0.3 mmol/L 降低至约为 0.007 8 mmol/L 和 0.003 5 mmol/L。当 $T \geq 4\,h$ 时，主要碱性离子 OH^- 与 HCO_3^- 含量不再下降，体系反应处于动态平衡状态，两种碱性离子在 Ca^{2+} 作用下存在协同转化反应。当 $T \leq 4\,h$ 时，液相中 Ca^{2+} 含量显著上升，在 $T=4\,h$ 时达到 7.28 mmol/L（表 3-8），促进沉淀反应的进行。当 $T \geq 4\,h$ 时，Ca^{2+} 含量相对稳定，石膏与赤泥中碱性溶解达到平衡状态。因此，石膏稳定化赤泥碱性的较佳时间为 4 h。

表 3-8　稳定化时间对赤泥液相碱性阴离子的影响

稳定化时间/h	赤泥液相碱性阴离子浓度/（mmol/L）			
	CO_3^{2-}	HCO_3^-	$Al(OH)_4^-$	OH^-
0	0.2	2.4	0.007 8	0.003 5
0.5	0	2.7	0.007 6	0.002 1
1	0	2.4	0.007 4	0.001 9
2	0	2.3	0.007 5	0.001 7
4	0	2	0.007 2	0.001 4
8	0	1.9	0.007 1	0.001 6
12	0	1.8	0.007 3	0.001 4
16	0	2.1	0.007 2	0.001 4
24	0	2.1	0.007 2	0.001 5

（3）搅拌强度对赤泥碱性的影响

石膏稳定化过程中搅拌强度（分别为 0 r/min、60 r/min、80 r/min、120 r/min、240 r/min）对赤泥液相主要碱性阴离子含量、pH 及关键离子 Ca^{2+} 的影响相对较小。由表 3-9 可知，当搅拌强度为 0 时，赤泥液相 pH 为 8.15，碱性阴离子 HCO_3^-、OH^- 分别为 2.0 mmol/L 和 0.001 4 mmol/L。而搅拌强度为 240 r/min 时，pH 变化较小，仅为 8.06，碱性离子含量分别为 1.9 mmol/L 和 0.001 1 mmol/L，可知未经搅拌的赤泥液相碱性阴离子组分含量、pH 与不同搅拌强度得到的结果差异较小，搅拌强度对于赤泥液相中各碱性物相溶解及碱性离子沉淀反应影响较小（Kinnarinen et al.，2015）。赤泥中各自由碱碱性离子在浸出优化条件的基础上，结合较优石膏添加量、稳定化时间，能较好地实现自由碱碱性离子的稳定。搅拌强度对石膏稳定化赤泥碱性影响较小，且对关键作用离子 Ca^{2+} 的含量变化影响不大，未能有效促进石膏溶解（图 3-19）。因此，考虑调碱的经济性，选择搅拌强度为 0 作为石膏稳定自由碱的较优条件（表 3-10）。

表 3-9　搅拌强度对赤泥液相碱性的影响

搅拌强度/ (r/min)	赤泥液相碱性阴离子浓度/（mmol/L）				pH
	CO_3^{2-}	HCO_3^-	$Al(OH)_4^-$	OH^-	
0	0	2	0.007 2	0.001 4	8.15
60	0	2.1	0.006 8	0.001 2	8.08
80	0	1.9	0.006 7	0.001 1	8.06
100	0	2	0.006 5	0.001 0	8.03
120	0	1.8	0.006 5	0.001 1	8.04
240	0	1.9	0.006 6	0.001 1	8.06

综上所述，可确定赤泥碱性稳定化的较优条件为石膏添加量 1.2%、稳定化时间 4 h、液固比 2 mL/g、温度 30 ℃、搅拌强度为 0（添加石膏时需搅拌混合均匀），由此可得石膏稳定化过程中赤泥碱性主要性质的变化情况。结合赤泥碱性稳定化过程离子含量变化，利用赤泥自由碱性阴离子浸出浓度（1 次浸出）及石膏稳定化优化条件下的赤泥碱性阴离子浓度的数量关系计算可得，石膏稳定化优化条件下的赤泥碱性离子稳定率达 96.3%；而赤泥自由碱碱性离子浸出并参与石膏稳定化反应及可能存在的离子吸附等，稳定率达 100%；赤泥中结合碱的溶解平衡同样受到石膏稳定化作用影响，结合碱碱性离子稳定率达 71.5%，体系处于平衡状态。

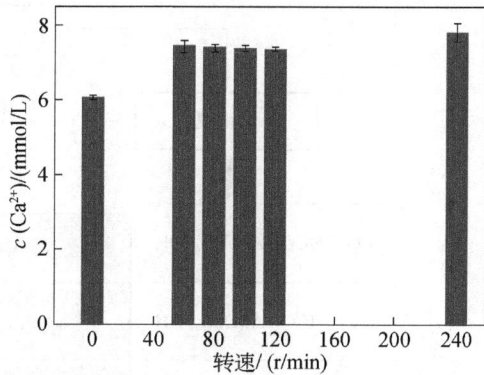

图 3-19　搅拌强度对赤泥液相 Ca^{2+} 的影响

$$SR = \frac{L_a - S_a}{L_a} \times 100\% \tag{3-5}$$

式中，SR——赤泥碱性稳定率，%；

　　　L_a——赤泥碱浸出形成的阴离子浓度，mmol/L；

　　　S_a——石膏稳定化液相体系平衡时碱性阴离子浓度，mmol/L。

表 3-10　石膏稳定化过程中赤泥碱性主要性质的变化情况

	水浸（pH=10.5）		石膏稳定化（pH=8.1）		稳定率/%	
	自由碱/ （mmol/L）	化学结合碱 [a]/ （mmol/L）	自由碱/ （mmol/L）	化学结合碱 [b]/ （mmol/L）	稳定率 [c]	稳定率 [d]
CO_3^{2-}	35.0	3.10	0	0	100	100
HCO_3^-	10.40	3.80	0	2.025	100	46.71
$Al(OH)_4^-$	1.73	0.21	0	0.007 2	100	96.57
OH^-	0.26	0.04	0	0.001 5	100	96.25
碱性	47.39	7.15	0	2.034	100	71.55
总碱度	54.54		2.034		96.29	

注：a. 浸出过程赤泥结合碱溶解相关数据；b. 石膏稳定化过程赤泥化学结合碱的相关数据；c. 石膏稳定化赤泥自由碱性离子的稳定率；d. 石膏稳定化赤泥结合碱液相碱性离子的稳定率。

（4）石膏稳定化条件下赤泥碱性转化过程

石膏稳定赤泥碱性的优化条件为石膏添加量 1.2%、稳定时间 4 h、液固比 2 mL/g、温度 30 ℃、搅拌强度为 0（初始添加时需搅拌混合均匀）。石膏稳定赤泥碱性过程中，赤泥液相各碱性离子均参与了稳定化反应，从而实现赤泥碱性的有效降低。石膏稳定赤泥碱性过程由两部分构成：一是石膏溶解产生的 Ca^{2+} 与赤泥自由碱 CO_3^{2-}、HCO_3^-、$Al(OH)_4^-$、OH^- 发生沉淀反应，使液相中碱性阴离子减少，此时体系 pH 由 10.5 降低至 9.6（自由碱完全浸出时的 pH）；二是赤泥中化学结合碱，如钙霞石、方解石及水化石榴石等溶解作用产生的 CO_3^{2-}、HCO_3^-、$Al(OH)_4^-$、OH^- 离子浓度分别为 3.10 mmol/L、3.80 mmol/L、0.21 mmol/L、0.04 mmol/L，在 Ca^{2+} 的同离子效应下，对化学结合碱溶解存在一定抑制作用，从而使液相中 CO_3^{2-}、HCO_3^-、$Al(OH)_4^-$、OH^- 碱性离子稳定率分别达到 100%、46.7%、96.4%、96.2%，进而达到有效调控赤泥碱性的目的，液相 pH 由 9.6 降低至 8.2。

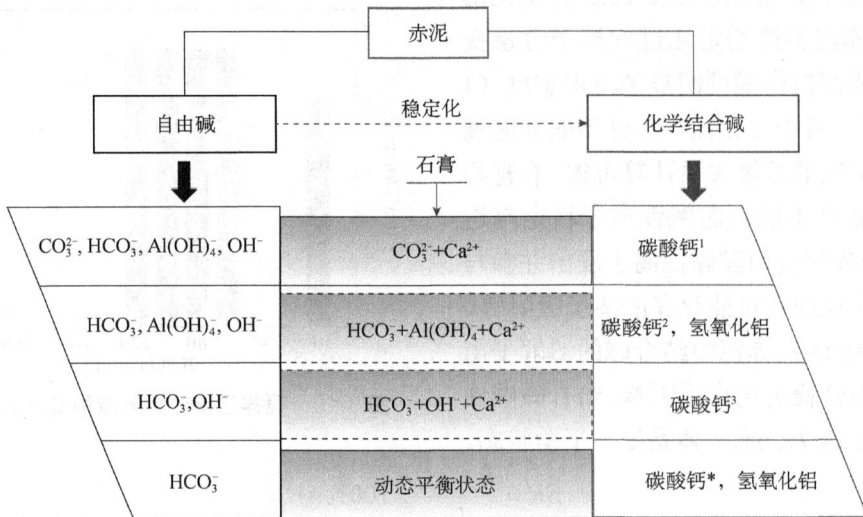

碳酸钙[1]：体系中碳酸根离子与钙离子直接作用生成的碳酸钙；碳酸钙[2]：由碳酸氢根、铝酸根及钙离子相互促进的共沉淀反应生成的碳酸钙；碳酸钙[3]：由碳酸氢根、氢氧根及钙离子相互作用反应生成的碳酸钙；碳酸钙*：总碳酸钙；虚线框表示为极有可能存在的稳定化反应。

图 3-20 石膏对赤泥自由碱稳定化的典型反应规律

结合石膏稳定时间对赤泥碱性离子稳定化效果的影响发现，石膏溶解产生的 Ca^{2+} 可与赤泥液相中 CO_3^{2-} 沉淀反应完全，同时大量 HCO_3^-、$Al(OH)_4^-$、OH^- 也在短时间内发生反应而被有效稳定，使液相中离子含量大幅降低。赤泥液相中石膏稳定作用形成的结合碱类型及含量与其溶解度大小、赤泥液相碱性离子类型及浓度（关键碱性离子）、关键作用离子 Ca^{2+} 浓度等密切相关（Clark et al.，2015；Kirwan et al.，2013）。由各沉淀反应特点可知，几种结合碱的溶度积常数 K_{sp} 大小依次为碳酸钙＞铝酸三钙＞水铝钙石＞钙矾石。沉淀反应优先向着生成更难溶的固相物质方向进行，赤泥液相体系以 CO_3^{2-} 为主，HCO_3^- 次之，两种碱性阴离子显著影响着体系结合碱的形成类型。因此，结合碱性离子浓度及其稳定化程度和几种可能生成的结合碱溶解度大小对比，可推测赤泥自由碱稳定化反应过程中存在的主要反应。

石膏稳定化反应主要由三个部分组成：第一，碳酸根离子与钙离子反应完全生成碳酸钙[1]；第二，以碳酸氢根、铝酸根含量为主的液相体系沉淀反应为主，生成碳酸钙[2]与氢氧化铝；第三，液相以碳酸氢根及氢氧根为主，在石膏溶解释放的 Ca^{2+} 驱动下，发生沉淀反应生成碳酸钙[3]。石膏稳定化赤泥碱性的结合碱产物以碳酸钙为主，经稳定化后的液相中碱性离子仅有少量 HCO_3^- 和微量 OH^- 存在。理想状态下的石膏反应量可近似看作体系 Ca^{2+} 反应量，由各碱性离子变化量计算而得，根据上述主要存在的化学反应数量关系，可得如下公式：

$$N \approx \alpha n_1 + \beta n_2 + \gamma n_3 + \cdots + \delta n_k \tag{3-6}$$

式中：N——液相体系石膏反应量，mmol；

n_k——不同离子物质的量，mmol；

α，β，γ，δ——不同碱性离子与 Ca^{2+} 反应的化学计量常数。

通过石膏稳定化过程自由碱碱性离子含量变化及其反应规律可估算稳定化过程赤泥关键结合碱（碳酸钙）的生成量，以及在石膏稳定化过程中石膏的消耗量和剩余量，这为赤泥碱性稳定化调控及稳定性预测提供数据支撑（表 3-11）。

表 3-11　石膏稳定化过程主要物相的含量变化

主要物相	赤泥中物相组分含量/mmol	
	稳定化前	稳定化后
石膏	1.765	0.286
碳酸钙*	0	1.480

注：*石膏稳定化过程生成的碳酸钙。

（5）石膏稳定化赤泥物相微观形貌变化

为系统分析石膏稳定化赤泥碱性过程中的物相组成变化情况，利用 XRD 对不同石膏添加量与赤泥原样的矿物组分变化进行分析。如图 3-21 所示，石膏添加量对赤泥原有结合

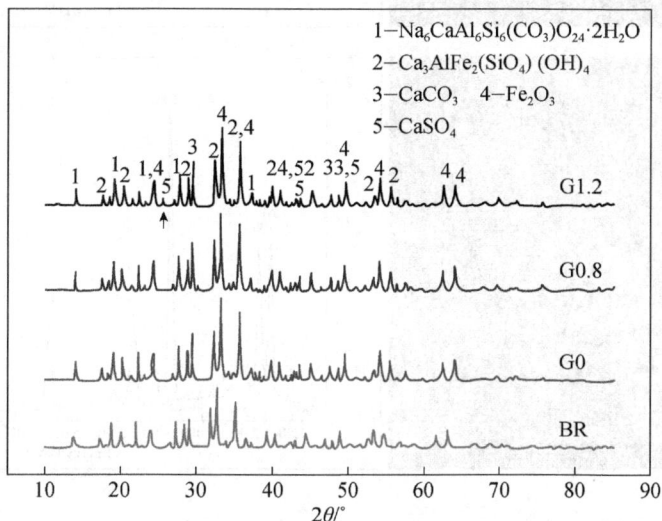

图 3-21　赤泥矿物相 XRD 分析

碱（钙霞石、水铝钙石、方解石）的影响作用不明显。在箭头标记处，即衍射角度约为 26° 时，石膏添加量为 1.2%的谱线出现石膏峰，说明在赤泥稳定化反应后仍有少量石膏较为稳定形式地存在赤泥中，不仅能够为赤泥液相体系持续提供 Ca^{2+}，还对赤泥化学结合碱的溶解起重要的抑制作用。未处理赤泥微观结构松散，含有较多细颗粒物质和碎屑。随着石膏添加量的增加，将赋存于赤泥中的自由碱颗粒有效稳定并形成了难溶性物质如碳酸钙，附着于赤泥表面，这些物质可能具有一定的胶结作用，且石膏溶解提供的 Ca^{2+}对于赤泥颗粒物的聚集，即大团聚体的形成具有促进作用。因此，为进一步探究石膏稳定化赤泥碱性的微观结构与表面化学物质之间的关联，利用 EDX 对赤泥表面元素组成和含量进行分析。由图 3-22 可知，随着石膏添加量的增加，Ca 元素出现较大峰，其中石膏添加量为 0.8%和1.2%对应 Ca 的含量分别为 14.77%、18.64%，而未添加石膏的元素含量仅为 3.63%。Na 含量随石膏添加量的增加，从 2.34%降低至 0.89%，表明添加石膏能稳定调控赤泥碱性。同时，赤泥表面 Al 元素含量由 19.63%降低至 4.18%，表面颗粒中主要以非铝型固相物质为主，含钙及铁的物相如石膏、碳酸钙、钙铁榴石等固相组分较多，因此石膏具有稳定 Al 元素，防止铝毒发生的作用（Courtney et al., 2005b）。

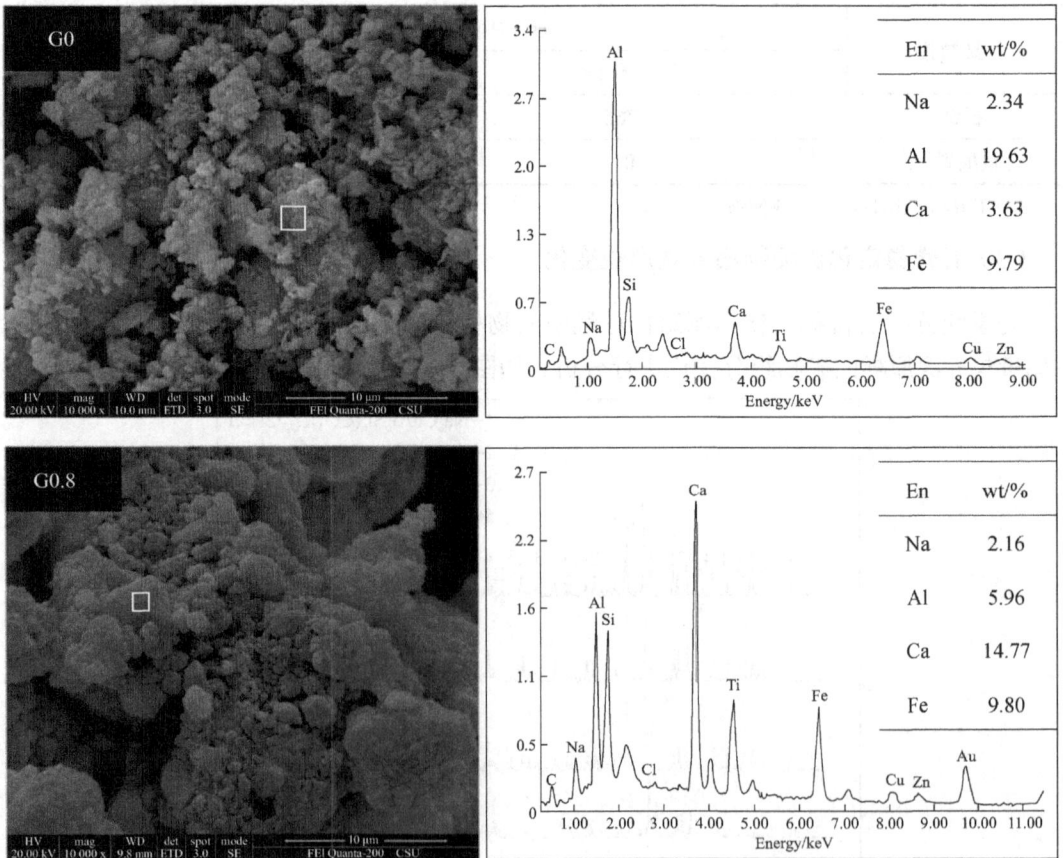

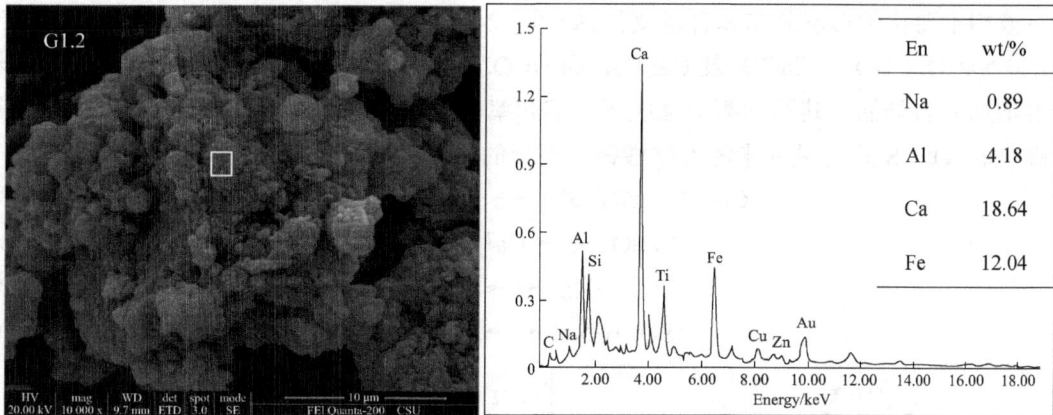

G0：石膏添加量为 0；G0.8：石膏添加量为 0.8%；G1.2：石膏添加量为 1.2%。

图 3-22　石膏稳定化赤泥扫描电镜和能谱分析

（6）典型堆场赤泥碱性稳定性模拟研究

基于赤泥碱性石膏稳定化组分分布特点，以关键化学结合碱及石膏相关数据为重要条件，通过 PHREEQC 软件（王建森等，2006）模拟堆存不同环境因素下石膏稳定化赤泥的关键结合碱及石膏的溶解行为和体系离子组分分布特征，明确了影响赤泥碱性稳定性的关键因素，为有效调控赤泥碱性、实现堆场赤泥土壤化及植被重建提供理论参考。

①Na^+离子强度对赤泥稳定化体系碱溶解的影响：Na^+是赤泥中含量最高的金属离子，是导致赤泥盐分含量高的根本原因。为探讨堆场环境下 Na^+ 离子强度对石膏稳定化赤泥中碳酸钙及石膏的溶解行为影响，利用 PHREEQC 模拟了不同 Na^+ 离子强度（0 mg/L、50 mg/L、100 mg/L、150 mg/L、200 mg/L、300 mg/L、500 mg/L、700 mg/L、900 mg/L、1 100 mg/L）下的碳酸钙和石膏饱和指数（Saturation Index，SI）的变化情况。如图 3-23 所示，Na^+离子强度增大，固液相体系中 $CaCO_3$、石膏的 SI 均出现不同程度降低。其中，$CaCO_3$ 的 SI 明显下降，这将加快 $CaCO_3$ 的溶蚀，直到体系溶解平衡。石膏作为稳定化关键作用的固相物质，随 Na^+离子强度增加，SI 也出现了一定程度的降低，说明在高盐体系下，石膏不饱和度将会提高，导致其溶解速率上升，使赤泥液相中 Ca^{2+}含量增加，直至溶解达到平衡。可知，在高 Na^+ 离子强度下，稳定化赤泥典型物相的 SI 均受到明显影响，溶解速率加快。为较好地反映 Na^+离子强度对碳酸钙、石膏溶解的影响，利用 PHREEQC 模拟了不同Na^+离子强

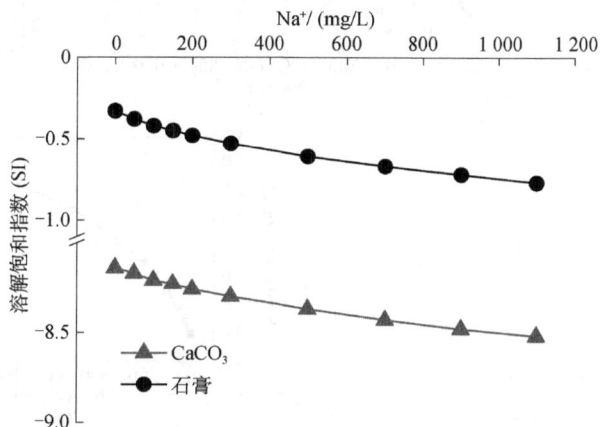

图 3-23　离子强度对赤泥中关键物相的溶解饱和指数的影响

度下液相主要化学形态分布和含量变化。如图 3-24 所示,液相中主要化学组分形态为 Ca^{2+}、CO_3^{2-}、$NaCO_3^-$、SO_4^{2-}、$CaCO_3$ 及 $CaSO_4$,而 HCO_3^- 含量较少。其中碳酸钙、石膏含量随 Na^+ 强度增加显著降低,其不同离子强度下的溶解率(R_d)可由公式计算而得。Ca^{2+} 含量显著升高,而 CO_3^{2-}、SO_4^{2-} 含量并未随着碳酸钙和石膏的溶解而升高,离子间主要存在以下反应:

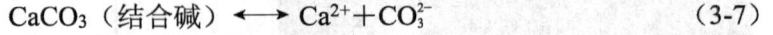

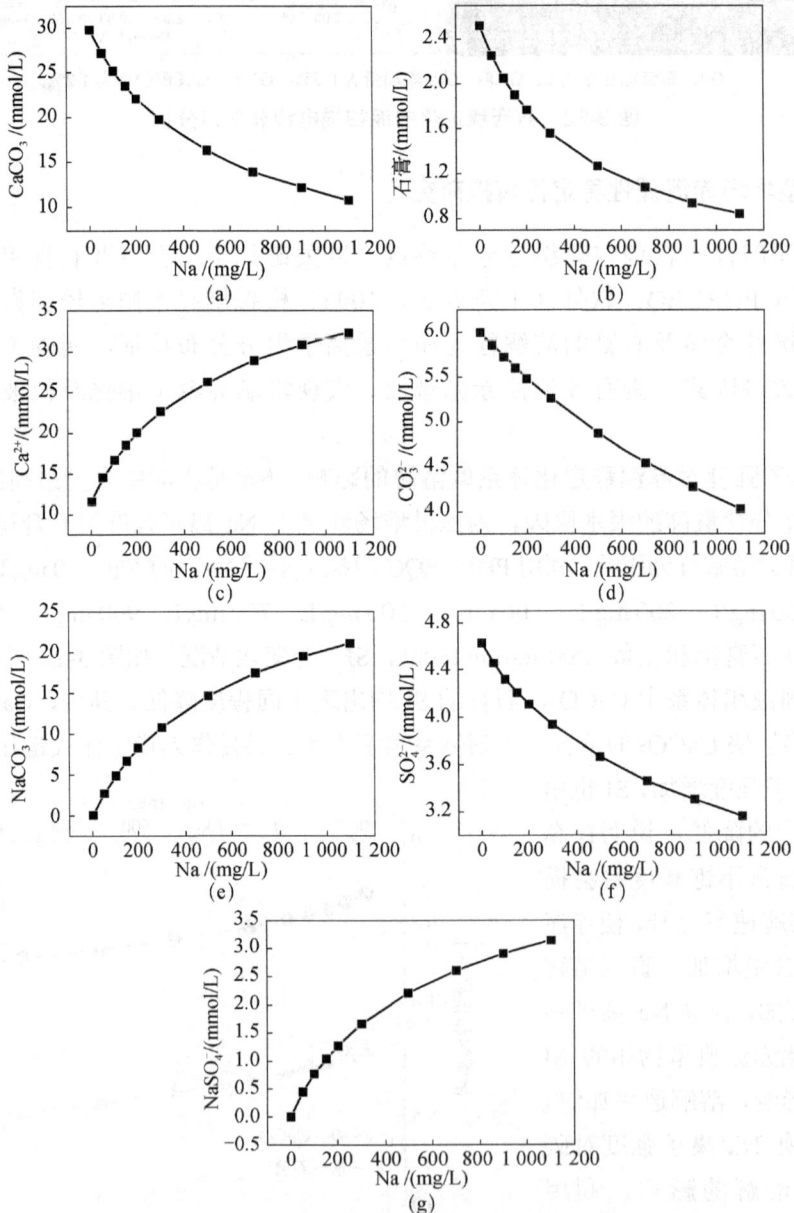

$$CaCO_3（结合碱）\longleftrightarrow Ca^{2+}+CO_3^{2-} \tag{3-7}$$

$$CaSO_4 \longleftrightarrow Ca^{2+}+SO_4^{2-} \tag{3-8}$$

$$CO_3^{2-}+Na^+ \longleftrightarrow NaCO_3^- \tag{3-9}$$

$$SO_4^{2-}+Na^+ \longleftrightarrow NaSO_4^- \tag{3-10}$$

图 3-24　离子强度对赤泥固液相体系化学形态分布的影响

Na⁺浓度升高，将导致碳酸钙及石膏大量溶解，其溶解率 R_d 如图 3-25 所示。其中碳酸钙受 Na⁺离子强度影响显著，当 Na⁺浓度超过 700 mg/L 时，碳酸钙溶解达到平衡时，其溶解率（R_d）＝62%，而此时石膏的 R_d 达到 85.9%。固相溶解产生的大量 CO_3^{2-} 与 Na⁺反应生成 $NaCO_3^-$，导致液相体系 $NaCO_3^-$ 含量显著增加。同时，大量 Na⁺还能与石膏溶解产生的 SO_4^{2-} 发生络合反应，生成 $NaSO_4^-$，使体系 SO_4^{2-} 含量略有下降。综上所述，赤泥体系大量 Na⁺的存在将降低稳定化赤泥中石膏、$CaCO_3$ 的 SI，加快石膏和 $CaCO_3$ 的溶蚀，导致 R_d 增加，赤

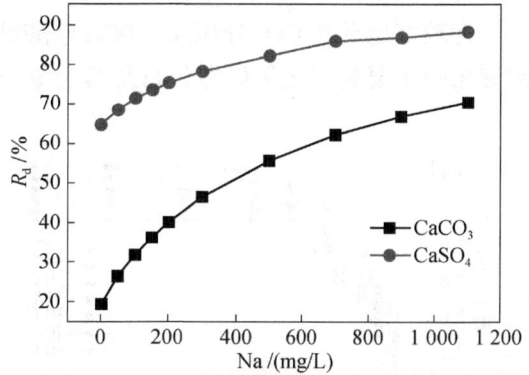

图 3-25　离子强度对碳酸钙及石膏溶解率的影响

泥体系碱性稳定性差而使碱性释放，此时液相体系碱性化学组分形态也将发生显著变化。

②CO_2 分压及温度对赤泥稳定化体系碱溶解的影响：赤泥碱性强，碳捕集能力较强，温度和碳分压对于矿物溶解是矿物溶解常见的影响因素。在稳定化赤泥堆存过程中，为进一步考察 CO_2 分压及温度对于石膏稳定化赤泥结合碱碳酸钙以及关键作用物石膏溶解行为的影响，研究利用 PHREEQC 模拟温度为 10 ℃、15 ℃、20 ℃、25 ℃、30 ℃、35 ℃、40 ℃、50 ℃时，不同 CO_2 分压（0 atm、0.005 atm、0.01 atm、0.015 atm、0.02 atm、0.04 atm、0.06 atm、0.08 atm、0.1 atm）对稳定化赤泥关键化学结合碱（$CaCO_3$）和石膏 SI 的影响。如图 3-26 所示，当 $P(CO_2) \leqslant 0.06$ atm 时，随 CO_2 分压增加，稳定化赤泥固液相体系中 $CaCO_3$ 的 SI 显著降低，表明赤泥体系碳分压对于结合碱碳酸钙溶解的影响较大，碳酸钙不饱和度增加，溶蚀作用加剧，不断溶解直至平衡；而当 $P(CO_2) > 0.06$ atm 时，碳酸钙的 SI 随 CO_2 分压增加不再变化，此时固液相体系 CO_2 处于相对饱和状态，体系溶解反应也已处于相对平衡状态。当 $P(CO_2) < 0.04$ atm 时，随温度升高，碳酸钙的 SI 下降，碳酸钙溶解速率加快，且 CO_2 分压越低，体系温度对结合碱溶解影响越明显。

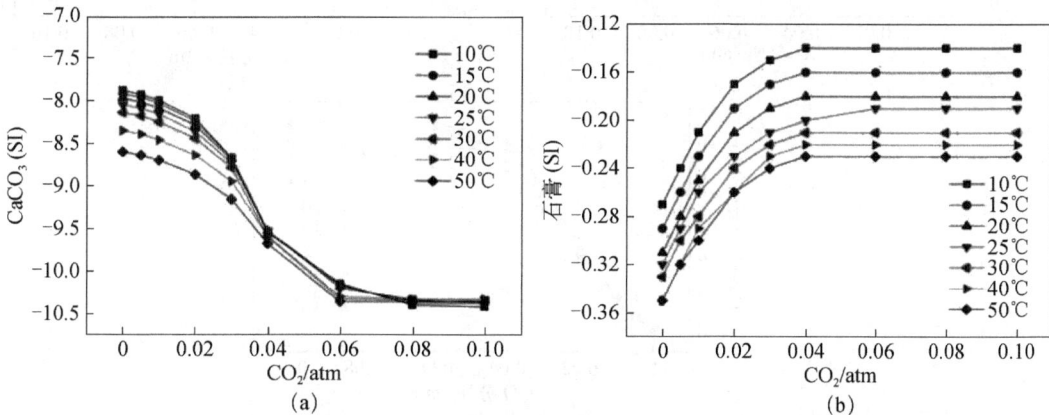

(a)

(b)

图 3-26　CO_2 及温度对赤泥稳定化结合碱 $CaCO_3$ 和石膏溶解饱和指数的影响

当 $P(CO_2) \leqslant 0.04$ atm 时，随 CO_2 分压的增加，石膏的 SI 显著上升，不饱和度降低，溶解速率减小；而随温度的升高，石膏的 SI 有所上升，说明温度升高能够加快石膏溶解。

为较好地反映 CO_2 分压及温度对碳酸钙、石膏溶解的影响，利用 PHREEQC 模拟了赤泥液相中主要离子化学形态分布及其含量变化，如图 3-27 所示。相比于温度的影响，CO_2

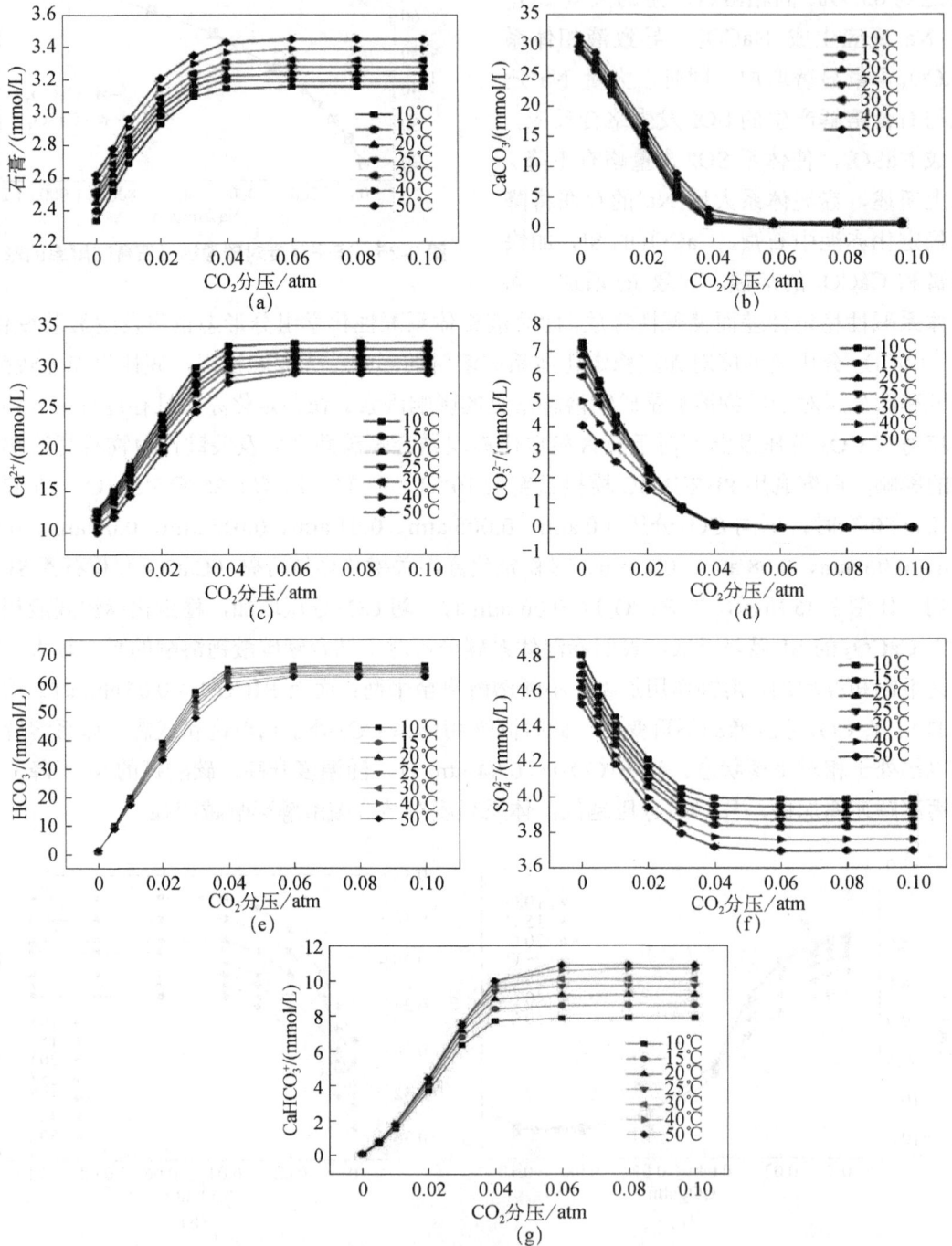

图 3-27　CO_2 分压及温度对赤泥固液相体系化学形态及含量分布的影响

分压下液相中主要化学形态组分含量发生显著变化，其中 Ca^{2+}、HCO_3^-、$CaHCO_3^+$、$CaSO_4$ 组分含量随着 CO_2 分压增加，含量均显著升高；到 $P(CO_2)=0.04$ atm 时，各组分含量均不再变化，其含量大小依次为：$c(HCO_3^-)>c(Ca^{2+})>c(CaHCO_3^+)>c(CaSO_4)$，而 $CaCO_3$、CO_3^{2-}、SO_4^{2-} 含量均出现不同程度的下降；其中当 $P(CO_2)>0.04$ atm 时，$CaCO_3$ 几乎溶解完全，其溶解率（R_d）可达 99.5%。且 $CaCO_3$ 溶解产生的 CO_3^{2-} 与 CO_2 反应，导致体系 HCO_3^- 含量显著上升，而 CO_3^{2-} 含量也下降至约为 0.02 mmol/L。SO_4^{2-} 含量变化也恰好说明了石膏的 SI 升高，溶解速率减慢的同时溶解率（R_d）下降导致其含量降低。石膏的溶解率在 $P(CO_2)>0.04$ atm 时趋于稳定，$R_d=53.6\%$（图 3-28）。大量 HCO_3^- 的生成，部分离子又可与溶液中大量的 Ca^{2+} 反应而使体系 $CaHCO_3^+$ 含量明显上升，除碳酸钙和石膏的溶解反应外，体系还存在以下反应：

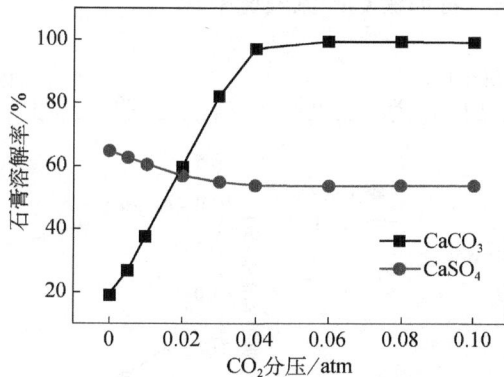

$$CO_3^{2-}+CO_2+H_2O \longleftrightarrow 2HCO_3^- \tag{3-11}$$

$$HCO_3^-+Ca^{2+} \longleftrightarrow CaHCO_3^+ \tag{3-12}$$

图 3-28 CO_2 分压对碳酸钙和石膏溶解率的影响（$T=30℃$）

从各化学组分含量变化情况来看，不同温度下各化学组分含量变化较小，温度对碳酸钙和石膏的 R_d 影响较小。但可以发现，碳酸钙和石膏随温度升高，其组分含量均增加，说明两者在液相中的 R_d 降低了，而由液相其余主要组分含量可知，除 $CaHCO_3^+$ 含量外，各离子含量均随温度升高而降低。说明温度升高，虽使碳酸钙和石膏的溶解速率加快，但其 R_d 减小，这也正好说明了一定温度范围内，温度升高将会降低碳酸钙和石膏溶解度，而 SI 对于固相溶解趋势可定性评价，R_d 需结合模拟过程中液相组分含量变化情况进行分析得到。综上所述，在自然堆存环境中，温度升高，CO_2 分压低时，赤泥稳定化结合碱碳酸钙的 R_d 小，稳定性高。

③酸雨对赤泥稳定化体系碱溶解的影响：赤泥堆存过程中，酸雨对结合碱的影响过程较为复杂，较难直观地反映赤泥复杂结合碱的溶解情况及作用特点，为此研究以石膏稳定化赤泥的关键化学结合碱 $CaCO_3$ 为作用对象，系统考察酸雨对 $CaCO_3$ 和石膏溶解行为的影响。

利用 PHREEQC 软件模拟酸雨 pH=4.0 和 pH=5.6 条件下 $CaCO_3$、石膏的 SI 随水量的变化情况，同时设置空白组，即石膏稳定化赤泥液相 pH（8.15），进行对比分析 pH 的影响。如图 3-29 所示，碳酸钙和石膏的 SI 大小为：SI（$CaCO_3$）＜SI（$CaSO_4$）≤0，说明体系中两固相均处于不饱和状态，碳酸钙和石膏的溶解将自发进行，直至平衡。但 pH=4.0、pH=5.6、pH=8.15 时，碳酸钙和石膏的 SI 变化均相同，说明酸雨的 pH 对于 $CaCO_3$ 和石膏溶解速率影响较小。随水量增加，$CaCO_3$ 和石膏的 SI 显著降低，两者溶蚀将加速。由此可知，$CaCO_3$ 在酸雨作用下溶蚀加速的主要原因是水量增加，而在酸雨 pH 范围内对于 $CaCO_3$ 的溶解速率无明显影响。为直观反映酸雨对石膏的溶解特征，通过 PHREEQC 软件模拟考察了酸雨作用下液相体系化学组分形态分布及含量变化情况。由表 3-12 可知，液相中主要化学组分为 Ca^{2+}、CO_3^{2-}、HCO_3^-、SO_4^{2-}、$CaCO_3$ 及 $CaSO_4$，其中各组分含量随 pH 变化并未有显著差异。而随着水量增加，Ca^{2+}、CO_3^{2-}、HCO_3^-、SO_4^{2-} 含量均在不断上升，$CaCO_3$ 和 $CaSO_4$ 的含量不断下降，其 R_d 分别由 13.6%、24.8%上升至 26.4%、71.8%，其中 $CaSO_4$ 的 R_d 更高，体系中碳酸钙和石膏溶解平衡发生移动（表 3-13）。综上所述，酸雨对堆场稳定化赤泥中碳酸钙和石膏的溶解影响主要体现在降水量变化，水量增加将加速结合碱碳酸钙的溶解，石膏的 R_d 更高，将加快 Ca^{2+} 流失速率。

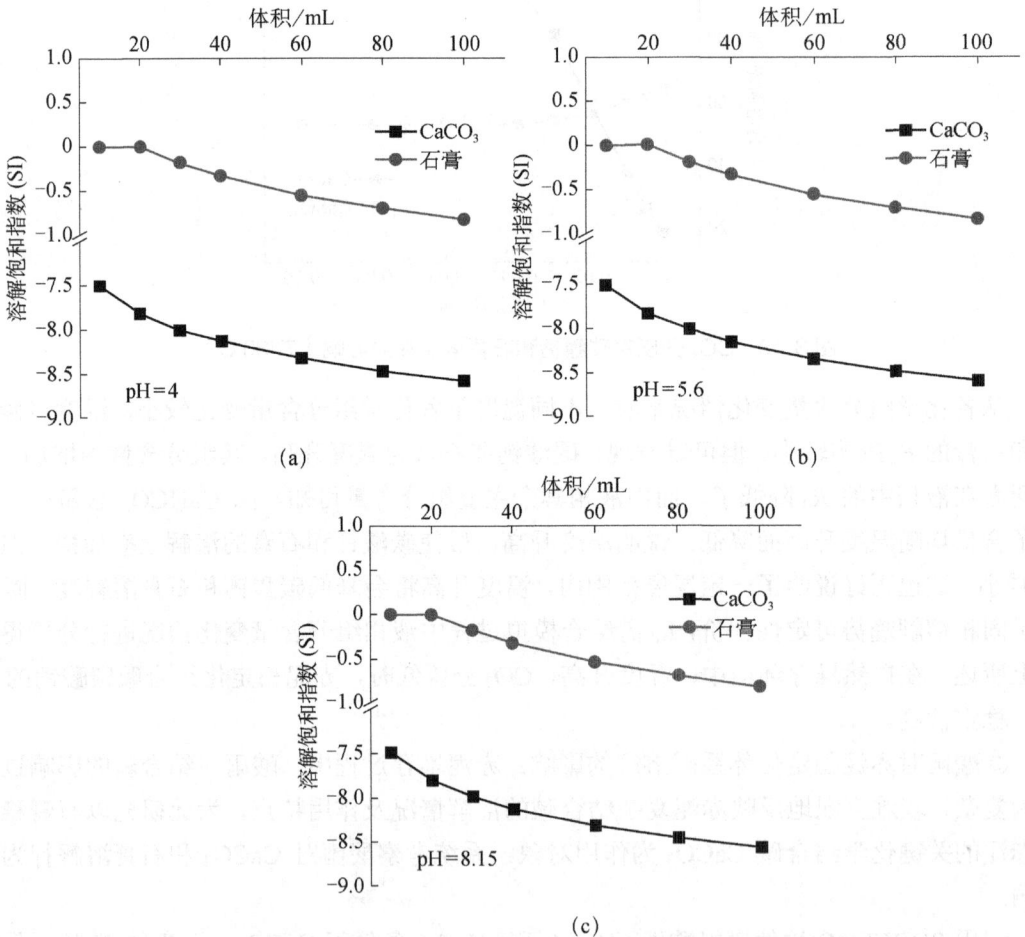

图 3-29　酸雨对赤泥中关键物相的溶解饱和指数影响

表 3-12　酸雨对赤泥固液相组分化学形态分布的影响

酸雨量/mL	固液相体系主要化学形态及组分含量（pH=4）/mmol					
	Ca^{2+}	CO_3^{2-}	HCO_3^-	SO_4^{2-}	$CaCO_3$	$CaSO_4$
10	0.268	0.181	0.018	0.071	1.277	0.215
20	0.386	0.201	0.028	0.160	1.247	0.126
30	0.434	0.221	0.037	0.179	1.218	0.107
40	0.466	0.239	0.045	0.185	1.192	0.101
60	0.517	0.266	0.060	0.194	1.151	0.092
80	0.557	0.287	0.073	0.200	1.116	0.086
100	0.592	0.304	0.085	0.205	1.086	0.081

酸雨量/mL	固液相体系主要化学形态及组分含量（pH=5.6）/mmol					
	Ca^{2+}	CO_3^{2-}	HCO_3^-	SO_4^{2-}	$CaCO_3$	$CaSO_4$
10	0.268	0.181	0.018	0.071	1.278	0.215
20	0.386	0.201	0.027	0.160	1.248	0.126
30	0.434	0.222	0.036	0.179	1.219	0.107
40	0.465	0.239	0.043	0.185	1.194	0.101
60	0.515	0.267	0.057	0.194	1.152	0.092
80	0.555	0.288	0.069	0.200	1.118	0.085
100	0.590	0.306	0.081	0.205	1.089	0.080

酸雨量/mL	固液相体系主要化学形态及组分含量（pH=8.15）/mmol					
	Ca^{2+}	CO_3^{2-}	HCO_3^-	SO_4^{2-}	$CaCO_3$	$CaSO_4$
10	0.269	0.181	0.018	0.071	1.278	0.215
20	0.386	0.201	0.027	0.160	1.248	0.126
30	0.434	0.222	0.036	0.179	1.219	0.107
40	0.465	0.239	0.043	0.185	1.194	0.101
60	0.515	0.267	0.057	0.194	1.153	0.092
80	0.555	0.289	0.069	0.200	1.118	0.086
100	0.590	0.307	0.081	0.205	1.089	0.080

表 3-13　酸雨对碳酸钙和石膏溶解率的影响（pH=5.6）

酸雨量/mL	溶解率（R_d）/%	
	$CaCO_3$	$CaSO_4$
10	13.6	24.8
20	15.7	55.9
30	17.6	62.6
40	19.3	64.7
60	22.2	67.8
80	24.4	70.1
100	26.4	71.8

④同离子效应对赤泥稳定化体系碱溶解的影响：堆场石膏改良过程中 Ca^{2+} 的流失是导致赤泥碱性调控效果不佳的关键因素，为进一步考察同离子效应对于稳定化赤泥体系结合碱碳酸钙和石膏的溶解行为影响，利用 PHREEQC 模拟了赤泥堆场不同石膏量改良下（0、0.05%、0.1%、0.15%、0.2%、0.3%、0.4%）的稳定化赤泥中 $CaCO_3$ 及石膏的 SI 变化情况。由表 3-14 可知，不同水量下 $CaCO_3$ 的 SI 随石膏添加量的增加变化均较小，石膏添加量对于降低赤泥结合碱 $CaCO_3$ 的溶解速率作用不明显，$CaCO_3$ 处于不饱和状态，溶解将继续直至平衡。石膏添加量的增加能够显著降低石膏溶解速率，使其溶蚀作用减弱，当 SI（石膏）=0 时，体系处于饱和状态，石膏溶解速率趋近于 0，能以稳定的固相形式存在于体系中。但不同水量下达到 SI（石膏）=0 时的石膏添加量也显著增加。可知，同离子效应对石膏溶解作用影响显著，而对 $CaCO_3$ 影响较小，这可能与石膏的溶解度变化存在一定关系（图 3-30）。

表 3-14 同离子效应对赤泥中结合碱碳酸钙 SI 的影响

石膏添加量/%	SI（CaCO₃）		
	30 mL	40 mL	60 mL
0	−8	−8.14	−8.33
0.05	−8	−8.14	−8.33
0.10	−8	−8.13	−8.33
0.15	−8	−8.13	−8.32
0.20	−8	−8.13	−8.32
0.30	−8	−8.13	−8.32
0.40	−8	−8.13	−8.31

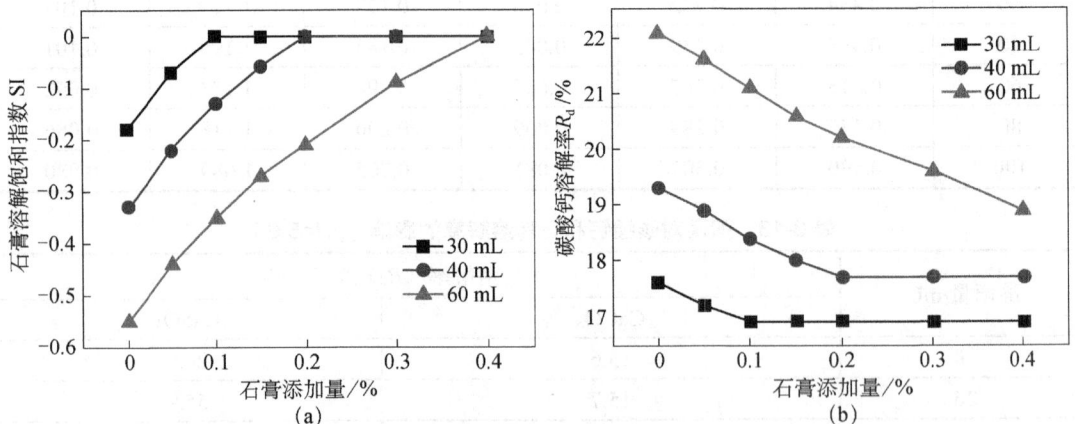

图 3-30 同离子效应对石膏溶解饱和指数和碳酸钙溶解率的影响

通过 PHREEQC 模拟不同石膏量的液相中主要化学组分的分布特征和含量变化，进一步分析了石膏添加对于体系固相溶解情况的影响。随着石膏量的增加，Ca^{2+}、SO_4^{2-} 的含量均先上升后趋于平稳，这与 SI 的变化情况相一致，也说明石膏的溶解作用随着添加量的增加而减弱，这个过程中各离子含量是相对增加的。结合 $CaCO_3$ 及 CO_3^{2-} 含量变化可知，Ca^{2+} 作为关键作用离子，随着石膏的溶解，能够降低 $CaCO_3$ 的 R_d，从而导致 CO_3^{2-} 含量降低，也使体系中 $CaCO_3$ 化学组分含量随石膏增加而上升，并逐渐趋于稳定，但水量的增加不利于维持体系稳定，如图 3-30 和图 3-31 所示。综上所述，石膏对体系 $CaCO_3$ 的溶解平衡有一定抑制作用，但影响不显著，石膏溶解作用受石膏量和水量的影响较大，调控石膏量与水量之间的关系是维持体系化学组分形态稳定，进而减少钙流失的关键。

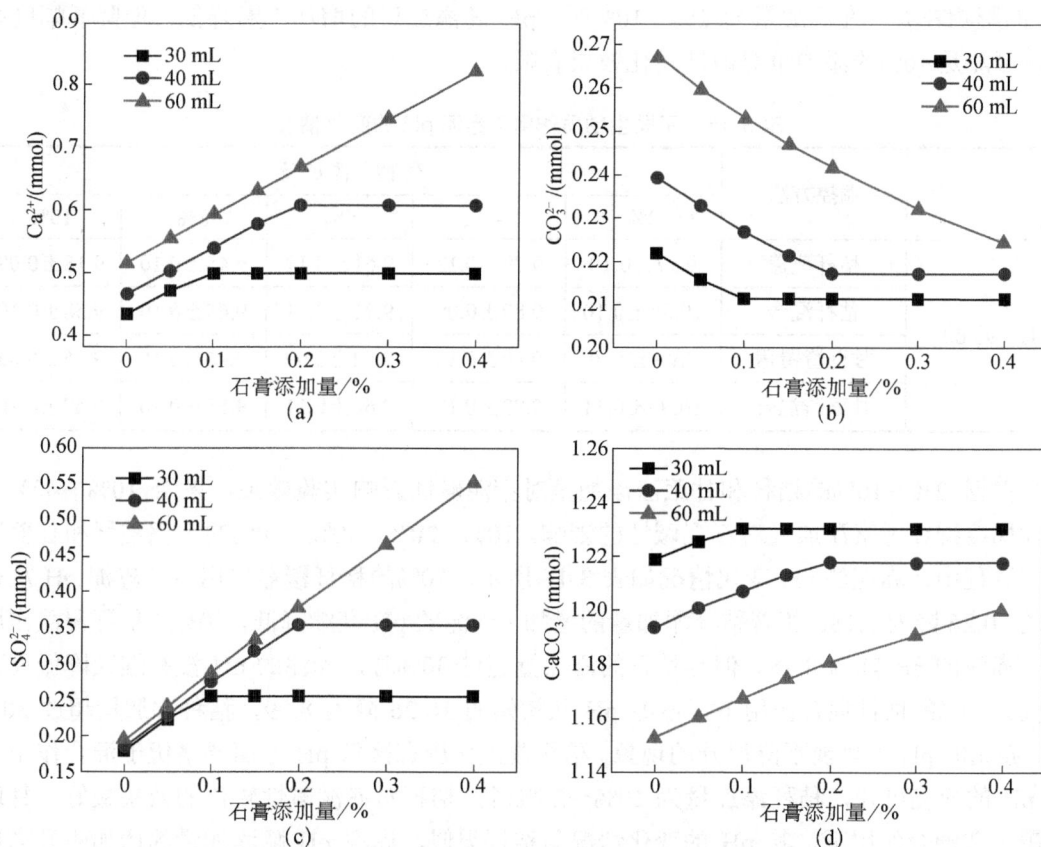

图 3-31　同离子效应对赤泥固液相体系化学形态分布的影响

3.2.3　赤泥碱性的生物质调控

3.2.3.1　生物质发酵调控赤泥碱性

利用生物质（水稻秸秆、甘蔗渣）对新堆存的赤泥进行处理以改善赤泥的强碱环境，探究生物质调控过程中碱性物质物相转化、溶液化学特性变化、Na 介孔尺度空间信息、矿物表面碱性官能团分布、团聚体结构特征，解决赤泥碱性原位调控前期的核心问题。

（1）生物质对碱性调控效果的影响

不同添加量的水稻秸秆、甘蔗渣（2%～10%）作用过程中，赤泥的 pH 变化情况如表 3-15 所示。2% 的秸秆覆盖作用下，赤泥 pH 从初始的 10.26 降至 9.97，随着秸秆添加量的增加，赤泥 pH 不断降低；10%的秸秆覆盖作用下，赤泥的 pH 降为 9.18。2%的秸秆混合作用下，赤泥 pH 从初始的 10.26 降为 10.08，随着秸秆添加量的增加，赤泥 pH 也在不断降低，但降低的幅度小于秸秆覆盖方式。甘蔗渣覆盖作用和混合作用下，其 pH 的变化情况与秸秆类似，赤泥 pH 随添加量的增加而降低，混合作用下 pH 的降低幅度也小于覆盖作用。秸秆和甘蔗渣都降低了赤泥的 pH，覆盖方式效果稍好于混合方式，在添加量为 2%～10%时，添加方式对赤泥 pH 变化的影响不大。从 pH 变化趋势可知，不同添加量对 pH 的影响较大，在添加量为 2%～10%时，pH 随添加量的增加不断降低，但降低幅度有限，可能是 10%的添加量对碱性转化效果有限。

表 3-15　不同生物质作用下赤泥 pH 的变化情况

调控方法		生物质添加量				
		2%	4%	6%	8%	10%
pH（90 d）	秸秆覆盖	9.97±0.10	9.79±0.12	9.61±0.11	9.45±0.10	9.18±0.08
	秸秆混合	10.08±0.10	9.89±0.09	9.71±0.11	9.65±0.10	9.58±0.10
	甘蔗渣覆盖	9.96±0.10	9.80±0.13	9.52±0.09	9.46±0.10	9.15±0.08
	甘蔗渣混合	10.06±0.11	9.93±0.12	9.66±0.11	9.55±0.10	9.47±0.10

　　根据 2%～10%的秸秆和甘蔗渣添加量对赤泥碱性影响实验效果，采用 10%～40%的添加梯度继续考察添加量对赤泥碱性的影响。10%、20%、30%、40%的水稻秸秆和甘蔗渣作用过程中，赤泥的 pH 变化情况如表 3-16 所示。10%的秸秆覆盖作用下，赤泥 pH 从初始的 10.26 降为 9.18；随着秸秆添加量的增加，赤泥的 pH 继续降低，20%的秸秆覆盖作用下，赤泥的 pH 降为 8.76。但当秸秆的添加量超过 30%时，赤泥的 pH 没有继续降低反而升高。20%的秸秆混合作用下，赤泥 pH 从初始的 10.26 降为 8.99，秸秆添加量超过 30%时，赤泥的 pH 也呈现不降反升的现象。秸秆覆盖作用在降低 pH 方面要略优于混合作用。从 pH 的变化可知，秸秆添加量为 10%～20%时，秸秆对赤泥碱性转化的效果最好。甘蔗渣覆盖和混合作用下，其 pH 的变化情况与秸秆类似，赤泥 pH 随添加量的增加先升高后降低，甘蔗渣覆盖作用在降低 pH 方面也要稍微好于混合方式。20%的甘蔗渣添加量对赤泥碱性转化的效果最优。因此，生物质添加量为 20%时，对碱性调控效果较好，碱性转化明显，进一步探讨生物质作用过程中碱性物相转变、溶液化学特性、物质形态。

表 3-16　生物质作用下赤泥 pH 的变化情况

调控方法		生物质添加量			
		10%	20%	30%	40%
pH（90 d）	秸秆覆盖	9.18±0.09	8.76±0.19	9.60±0.14	9.79±0.10
	秸秆混合	9.58±0.11	8.99±0.23	9.64±0.21	9.86±0.10
	甘蔗渣覆盖	9.15±0.11	8.56±0.22	8.69±0.15	9.19±0.21
	甘蔗渣混合	9.47±0.10	8.75±0.17	9.20±0.20	9.69±0.26

（2）生物质对碱性物相转化的影响

不同生物质作用的赤泥矿物相 XRD（图 3-32）和物相半定量计算结果（表 3-17）表明生物质调控过程中赤泥碱性物相发生较明显的转化。未处理的赤泥（新堆存赤泥或蒸馏水处理的赤泥，UTBR）中碱性物质是以钙铁榴石[$Ca_3(Fe_{0.87}Al_{0.13})_2(SiO_4)_{1.65}(OH)_{5.4}$，28.4%]、方解石（$CaCO_3$，2.1%）、钙霞石[$Na_8Al_6Si_6O_{24}(CO_3)(H_2O)_2$，13.8%]、钙铝榴石（$Ca_3Al_2Si_3O_{12}$，5.2%）等矿物状态存在。XRD 物相定量分析结果表明，UTBR 中含有 49.5%的碱性矿物相，秸秆覆盖处理的赤泥（SCTR）中碱性物相含量降为 44.8%，甘蔗渣覆盖处理的赤泥（BCTR）中碱性物相含量降为 45.2%。秸秆混合（SMTR）、甘蔗渣混合（BMTR）处理的赤泥碱性物相含量分别降至 44.2%、45.0%。在秸秆和甘蔗渣的作用下，碱性物质总含量降低幅度不大，且不同的处理方式对其影响也较小。赤泥中碱性较强的钙铝榴石的特征峰在秸秆覆盖、秸秆混合、甘蔗渣覆盖、甘蔗渣混合 4 种不同处理的赤泥 XRD 中均消失，表明钙铝榴石已完全溶解或转化。XRD 中方解石和钙霞石的特征峰强度有所降低，其含量在 4 种处理中有一定程度的减少。不同生物质处理的赤泥 XRD 图谱中都未出现新的特征峰，表明在不同生物质作用过程中没有生成新的难溶矿物相。钙铁榴石的特征峰在未处理的、不同生物质作用的赤泥 XRD 中均存在。钙铁榴石在 4 种处理过程中都没有转变，其稳定存在于各赤泥中。钙铁榴石的含量有所增加，在其没有发生化学转化的情况下，可能的原因是赤泥中部分矿物在秸秆和甘蔗渣作用下溶解，赤泥总矿物含量降低，钙铁榴石的含量相对增加。

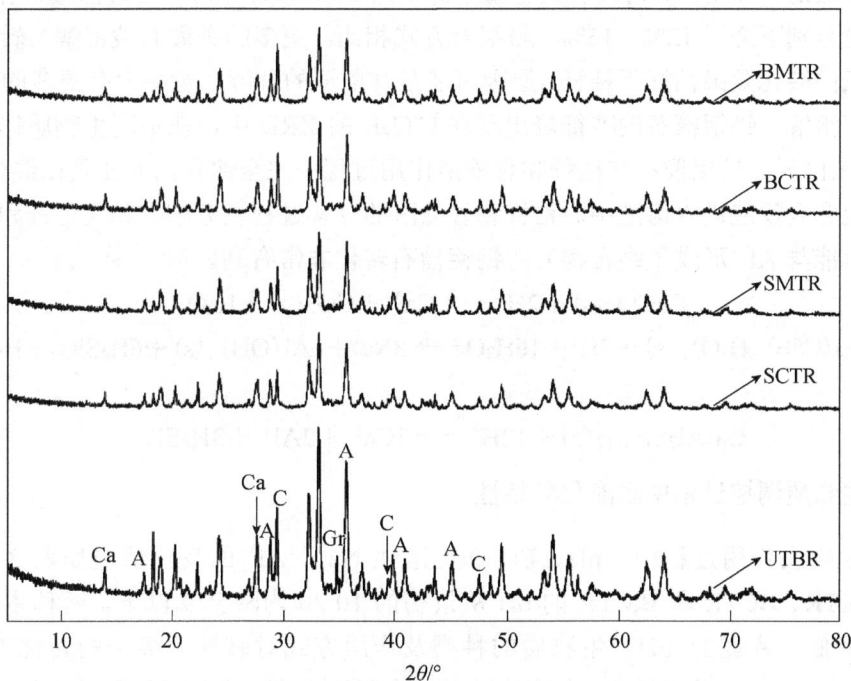

A—钙铁榴石；Ca—钙霞石；C—方解石；Gr—钙铝榴石

图 3-32 不同生物质调控的赤泥 XRD 图谱

表 3-17　不同生物质调控的赤泥碱性物相变化

碱性矿物相			调控方法				
名称	化学式	单位	UTBR	SCTR	SMTR	BCTR	BMTR
钙铁榴石	$Ca_3(Fe_{0.87}Al_{0.13})_2(SiO_4)_{1.65}(OH)_{5.4}$	%	28.4	30.6	29.2	31.5	30.1
方解石	$CaCO_3$	%	2.1	2.0^a	2.0	2.0^a	2.0
钙霞石	$Na_8Al_6Si_6O_{24}(CO_3)(H_2O)_2$	%	13.8	12.2	13.0	11.7	12.9
钙铝榴石	$Ca_3Al_2Si_3O_{12}$	%	5.2	—	—	—	—

注：a. 方解石的实际计算结果小于 2%，由于 XRD 分析的下限在 2%，但 SCTR 和 BCTR 的 XRD 图谱中方解石的特征峰明显存在，此处将方解石的含量近似等于 2%；SCTR：秸秆覆盖调控的赤泥；SMTR：秸秆混合调控的赤泥；BCTR：甘蔗渣覆盖调控的赤泥；BMTR：甘蔗渣混合调控的赤泥。

方解石的特征峰在未处理的、不同生物质作用的赤泥 XRD 中均出现。物相定量分析表明，SCTR、SMTR、BCTR 和 BMTR 中方解石的含量均有所降低，且覆盖作用效果稍好于混合方式，但与 UTBR 相比，变化并不明显。方解石在赤泥总矿物含量降低的情况下如未发生溶解，其含量的变化应与钙铁榴石一样，但方解石含量却有所降低。由此可以推断，方解石在不同生物质作用过程中发生了溶解，但由于溶解程度有限，其溶解量相对较少。方解石在溶解过程中会产生 CO_2，生物质分解过程中也会产生 CO_2，当方解石的溶解过程与微生物的呼吸过程同时进行时，可能会对溶解反应有一定的抑制作用。钙霞石在秸秆和甘蔗渣作用过程中都有一定程度的溶解，但作用方式不同，钙霞石的溶解程度不同。秸秆混合和甘蔗渣混合作用下，钙霞石的含量下降了约 6%。秸秆覆盖和甘蔗渣覆盖作用下，钙霞石的含量分别下降了 12%、15%，与混合方式相比，更多的钙霞石被溶解与转化。甘蔗渣对钙霞石的转化效果稍好于秸秆，原因可能是甘蔗渣的分解产物中含有更多的 H^+，更有利于钙霞石溶解。钙铝榴石的特征峰出现在 UTBR 的 XRD 中，在不同生物质作用的赤泥 XRD 中都未出现。钙铝榴石在秸秆和甘蔗渣作用过程中完全溶解，即使是在混合作用下，钙铝榴石也完全反应进入溶液中。秸秆和甘蔗渣的分解过程及分解产物（秸秆和甘蔗渣的分解产物可能与 Al^{3+} 形成了络合物）对钙铝榴石转化非常有利。

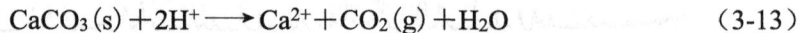

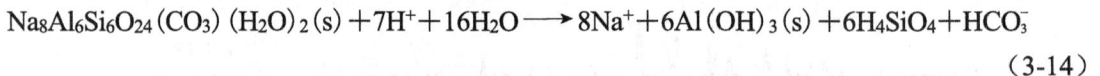

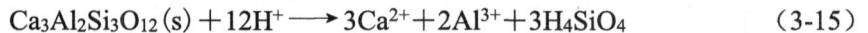

$$CaCO_3(s) + 2H^+ \longrightarrow Ca^{2+} + CO_2(g) + H_2O \tag{3-13}$$

$$Na_8Al_6Si_6O_{24}(CO_3)(H_2O)_2(s) + 7H^+ + 16H_2O \longrightarrow 8Na^+ + 6Al(OH)_3(s) + 6H_4SiO_4 + HCO_3^- \tag{3-14}$$

$$Ca_3Al_2Si_3O_{12}(s) + 12H^+ \longrightarrow 3Ca^{2+} + 2Al^{3+} + 3H_4SiO_4 \tag{3-15}$$

（3）生物质调控过程中溶液化学特性

不同生物质作用过程中，pH、EC 和可溶性 Na^+、Al^{3+} 的变化情况如表 3-18 所示。SCTR、SMTR、BCTR 和 BMTR 的 pH 从最初的 10.26 均降至 9 以下，两种生物质都一定程度地降低了赤泥的 pH。生物质的种类及作用方式对碱性阴离子的转化差异不大。SCTR、SMTR、BCTR 和 BMTR 上清液的 EC 均明显升高，其主要原因是赤泥中含 Na、Al 矿物相的溶解、秸秆和甘蔗渣的分解。秸秆和甘蔗渣中因含有 K、Ca、Mg 等，它们的分解会导致溶液中阳离子的总量升高，进而引起 EC 升高。秸秆和甘蔗渣的分解程度不同，进入溶液中 K^+、Ca^{2+}、Mg^{2+} 的含量也不同。秸秆和甘蔗渣中不同量的 K^+、Ca^{2+}、Mg^{2+} 溶解进入上清液，造成上清液中的 K^+、Ca^{2+}、Mg^{2+} 源于赤泥的部分难以确定，故在此不讨论可溶性的 K^+、Ca^{2+}、Mg^{2+}，只讨论可溶性的 Na^+、Al^{3+}。

可溶性的 Na^+、Al^{3+} 在不同生物质作用之后的上清液中含量明显升高。秸秆覆盖和甘蔗渣覆盖作用下，赤泥上清液中 Na^+ 含量升高了近 1 倍，混合作用下，Na^+ 含量升高较少。秸秆覆盖和甘蔗渣覆盖处理过程中，Na^+ 含量升高的主要原因是钙霞石的部分溶解及 Na_2CO_3 的溶出结合（表 3-18）碱性物相含量的变化。秸秆混合和甘蔗渣混合处理过程中，Na^+ 含量升高的主要原因与覆盖方式的区别不大，但钙霞石的溶解程度不及覆盖方式。不同生物质作用后，上清液中可溶性的 Al^{3+} 含量都较高（$176\sim280$ mg/L）。秸秆和甘蔗渣作用过程中，赤泥中含 Al 矿物溶解进入溶液，可能的原因是 Al^{3+} 与秸秆和甘蔗渣的分解产物形成了络合物，促进含 Al 矿物的溶解。

表 3-18 不同生物质的赤泥上清液的 pH、EC、可溶性 Na^+、Al^{3+} 的变化特征

	单位	UTBR	SCTR	SMTR	BCTR	BMTR
pH	量纲一	10.26 ± 0.08	8.76 ± 0.19	8.99 ± 0.23	8.56 ± 0.22	8.75 ± 0.17
EC	mS/cm	1.80 ± 0.23	3.65 ± 0.10	3.02 ± 0.10	3.45 ± 0.10	2.72 ± 0.10
S^b Na	mg/L	495.0 ± 6.3	855.6 ± 40.3	600.5 ± 28.3	903.5 ± 45.2	670.0 ± 33.9
S^b Al	mg/L	8.3 ± 0.5	235.7 ± 12.3	176.2 ± 9.7	280.9 ± 15.3	207.5 ± 10.3

注：S^b：可溶性阳离子，上清液中存在可溶性 La、Li、Ba、Sc、Se、Sr、Cr、Cu、Mo、Zn 和 Zr，但在此不讨论。生物质因含有 K、Ca 和 Mg，其分解程度不同，K、Ca 和 Mg 溶解进入溶液中的量也不同，上清液中 K、Ca 和 Mg 含量的变化在此不讨论。

（4）生物质对碱性物质化学形态的影响

不同生物质作用的赤泥中含 Na 碱性矿物的 Na-K 边 X 射线吸收近边结构谱（Na-XANES）如图 3-33 所示，图中所有的 XANES 谱线已对其进行了归一化处理。从图中可以看出，SCTR、SMTR、BCTR 和 BMTR 的 XANES 谱线均有两个明显的特征吸收峰 b（能量位置：$1\,076.3\pm0.1$ eV，归一化强度：1.02）和特征吸收峰 e（位置：$1\,080.0\pm0.1$ eV，归一化强度：1.24）。UTBR 的 XANES 谱线也有两个明显的特征吸收峰 b（能量位置：$1\,076.2$ eV，归一化强度：1.02）和特征吸收峰 e（能量位置：$1\,080.0$ eV，归一化强度：1.23）。XANES 的参照谱线是从钙霞石获得的，钙霞石的 XANES 谱线有两个明显的特征吸收峰 b（能量位置：$1\,076.2$ eV，归一化强度：1.02）和特征吸收峰 e（能量位置：$1\,080.0$ eV，归一化强度：1.24）。SCTR、SMTR、BCTR、BMTR、UTBR 和钙霞石的 XANES 谱线中 $1\,074.2$ eV 处的边前吸收峰均不存在。在不同生物质作用下，赤泥中的 Na_2CO_3 已溶解或被水浸出，UTBR 中的 Na_2CO_3 也已被水浸出，Na_2CO_3 特征吸收峰未出现在 XANES 谱线中。SCTR、SMTR、BCTR、BMTR、UTBR 和参照样钙霞石的 XANES 谱线中的两个主要特征吸收峰 b 和 e 的强度和位置基本一致。不同生物质作用过程中，赤泥中钙霞石的 Na 配位结构均没有变化，与柠檬酸、盐酸、硫酸作用一样，生物质的分解过程也没有改变赤泥中 Na 的化学形态。甘蔗渣覆盖和秸秆覆盖能将赤泥中钙霞石部分溶解，但残余的钙霞石形态都没有发生转变。

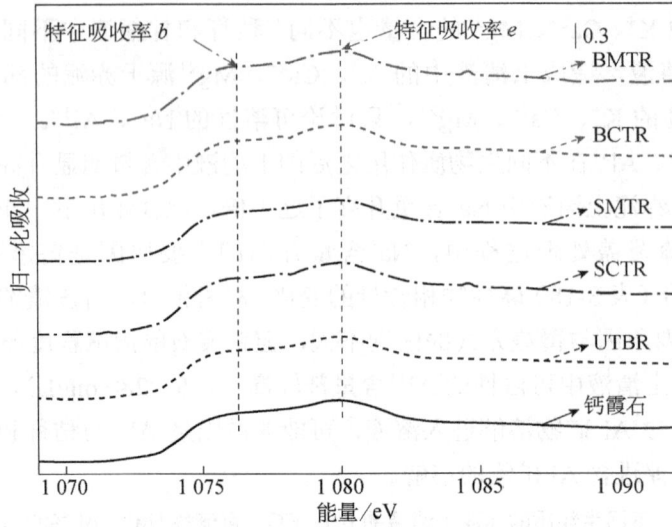

图 3-33 不同生物质处理的 Na-K 边 X 射线吸收精细结构

注：标准样为钙霞石。

不同生物质作用的赤泥中 Na 的扫描透射显微成像（Na-STXM）如图 3-34 所示。UTBR 中 Na 在空间分辨 30～50 nm 的 X 射线吸收图像中信号很强、分布较密。秸秆和甘蔗渣覆盖作用的赤泥中 Na 的介孔尺度空间分布稍微变疏，但差异不明显，只有细颗粒上 Na 的介孔尺度空间分布变得稀散。秸秆和甘蔗渣调控均没有改变赤泥中含 Na 矿物的化学形态，对 Na 的介孔尺度空间分布影响也不大。秸秆和甘蔗渣浸出含 Na 矿物的作用效果有限，转化钙霞石的程度不及有机酸。

图 3-34 秸秆和甘蔗渣覆盖作用的赤泥中 Na 的扫描透射 X 射线吸收图像

（5）生物质对矿物表面碱性官能团的影响

不同生物质作用的赤泥矿物表面活性碱性官能团的结果如图 3-35 所示，SCTR、SMTR、BCTR 和 BMTR 矿物表面均含有一定的碱性官能团。生物质作用过程中，赤泥矿物表面活性碱性—OH 的含量与作用方式有关。UTBR 的表面碱性—OH 含量为 0.78 mol H^+/kg 赤泥，其含量显著较高（$P<0.05$），对 H^+ 的吸附较强，可在一定程度上持续消耗 H^+，同时可以维持相对稳定的 pH 和电位。

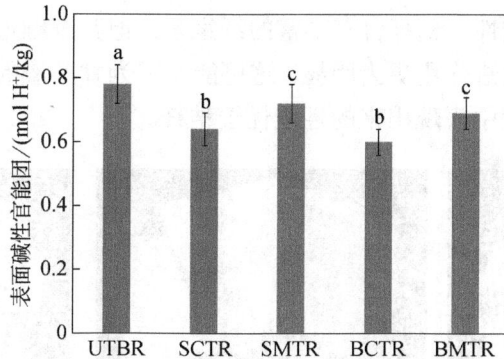

图 3-35　不同生物质作用的赤泥表面活性碱性官能团

SCTR 和 BCTR 矿物表面含有的碱性—OH 明显减少，降低了 20%～23%。SMTR 和 BMTR 矿物表面含有的碱性—OH 降低较少，与 UTBR 相比，只降低了 8%～11%。秸秆覆盖与甘蔗渣覆盖、秸秆混合与甘蔗渣混合不存在显著差异，秸秆和甘蔗渣的作用方式对矿物表面碱性官能团的变化影响没有区别。矿物表面活性碱性—OH 的减少主要是矿物表面质子化程度的降低与矿物的溶解与转化。生物质作用过程中，生物质覆盖作用的赤泥矿物表面碱性—OH 分布的减少可能是因为秸秆、甘蔗渣的分解溶解了部分钙霞石和方解石以及所有的钙铝榴石。另外，秸秆和甘蔗渣分解产生的 H⁺降低了矿物表面质子化。生物质混合作用的赤泥矿物表面碱性—OH 含量的减少也主要是因为部分的钙霞石和方解石、全部的钙铝榴石在秸秆、甘蔗渣分解过程中溶解与转化。但混合作用过程中，表面碱性—OH 降低程度有限，秸秆和甘蔗渣分解产生的 H⁺对矿物表面质子化作用不及覆盖作用的，混合作用的赤泥矿物表面质子化程度变化不大，对表面—OH 的影响较小。

（6）生物质对团聚体结构的影响

不同生物质作用的赤泥中团聚体结构的分析采用上海光源同步辐射 BL13W1 线站对样品进行同步辐射显微断层扫描（Computer Tomography，CT），大团聚体的显微 CT 成像结果如图 3-36 所示。UTBR 中大团聚体颗粒细小、分布密实且均匀。SCTR 和 BCTR 中大团聚体颗粒明显变大，分布松散，大团聚体颗粒之间空隙较大。SMTR 和 BMTR 中大团聚体颗粒也明显变大，分布较散，大团聚体颗粒之间的空隙在一定程度上增加。秸秆和甘蔗渣的分解作用能促进赤泥颗粒团聚，进而形成赤泥大团聚体颗粒。Jone 等（2011）也发现生物质能够促进赤泥颗粒团聚，但形成的团聚体稳定性较差。生物质作用过程中，大团聚体颗粒变大且分布变散，可能是因为秸秆和甘蔗渣添加到赤泥中能分解产生多糖、蛋白质等有机质，经过微生物的作用形成有机大分子、腐殖质等，这些有机胶结质促进了赤泥大团聚体的形成与分布。生物质腐解过程中会释放氮、磷、钾，为微生物提供养分，但通气性、pH 会影响养分的释放（李昌明等，2017）。生物质覆盖作用的赤泥中大团聚体颗粒粒径与颗粒间空隙都明显大于生物质混合作用的赤泥中的。生物质覆盖腐解过程优于生物质混合腐解过程，覆盖方式更能促进大团聚体颗粒的形成与稀散分布。通气性增加、pH 降低又进一步有利于腐解，腐解过程与大团聚体颗粒的形成相互促进。甘蔗渣含有丰富的纤维素、少量的蔗糖，呈弱酸性。秸秆含有丰富的纤维素，但其纤维形态弱于甘蔗渣。甘蔗渣对赤泥大团聚体形成的促进作用更为明显，这可能是因为甘蔗渣的弱酸性以及良好的纤维结构，促使其在腐解过程中表现出来的性能优于秸秆。

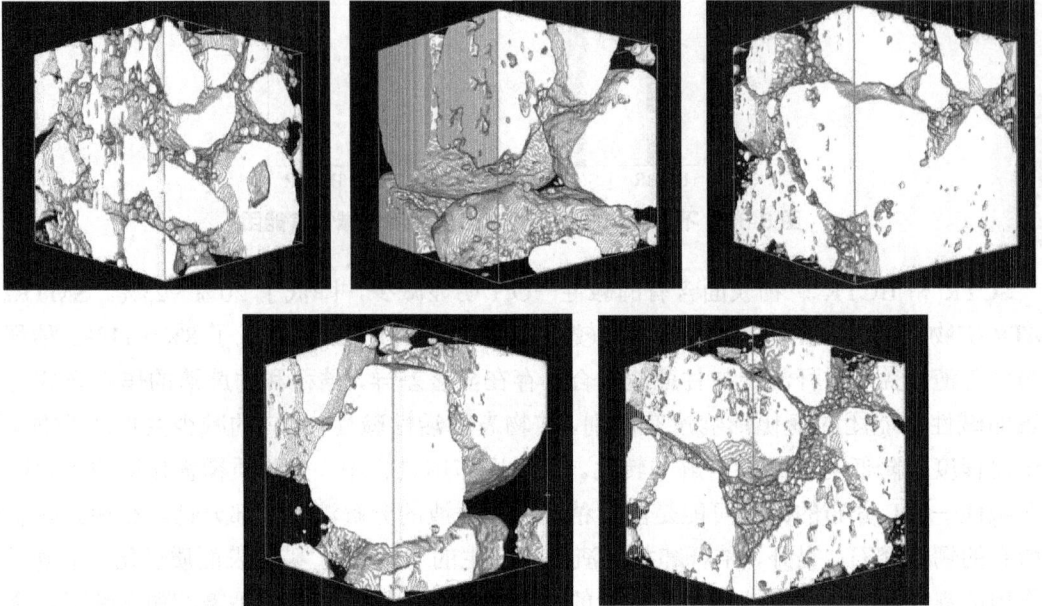

图 3-36　不同生物质作用的赤泥中大团聚体的显微 CT 图

微团聚体是大团聚体形成的基础，为了更明确地分析赤泥中团聚体的形成，对样品中微团聚体进行同步辐射显微扫描，赤泥中微团聚体的显微 CT 扫描成像如图 3-37 所示。秸秆与甘蔗渣作用的赤泥中微团聚体颗粒粒径变大、微团聚体量增加，颗粒间空隙增大。不

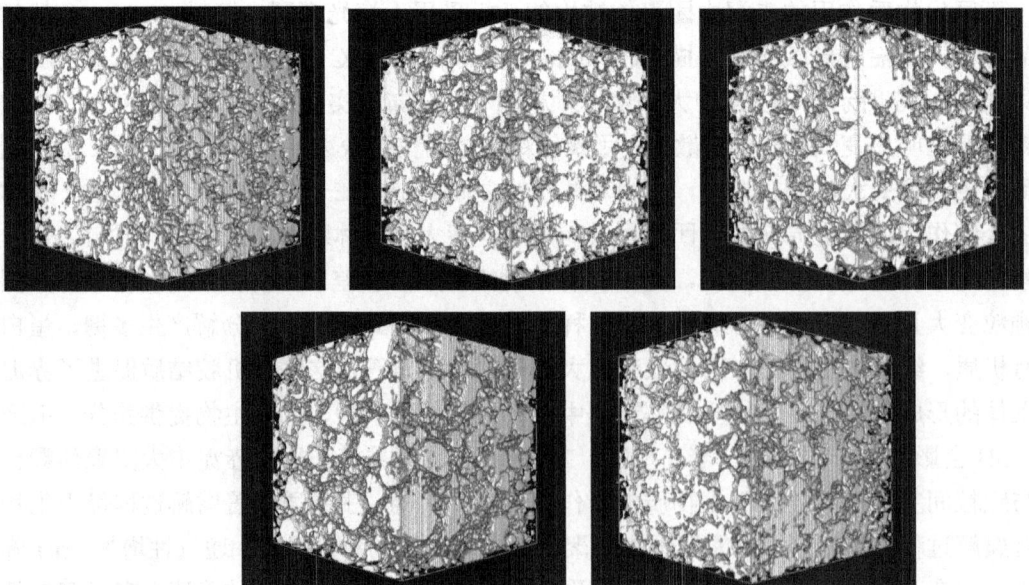

图 3-37　不同生物质作用的赤泥中微团聚体的显微 CT 图

同生物质作用对赤泥中微团聚体形成与分布的作用效果为：秸秆覆盖≈甘蔗渣覆盖≈秸秆混合≈甘蔗渣混合＞未处理，秸秆与甘蔗渣对微团聚体的影响没有明显差异。有机质是主要的胶结剂，对细颗粒的团聚及稳定具有重要作用。有机质中的多糖能有效促进黏粒与多价金属离子的胶结，形成较大的微团聚体，维持微团聚体的稳定性（Tisdall et al.，1982）。秸秆与甘蔗渣添加到赤泥中后在微生物的作用下分解，形成有机质，产生多糖，促进赤泥微团聚体的絮凝。有机质中含有大量带负电荷的官能团，能与赤泥中 Al^{3+}、Fe^{3+} 等金属阳离子胶结，使赤泥中的细小颗粒团聚，形成微团聚体。在金属离子长期胶结作用下，团聚体颗粒粒径逐渐增大，含量逐渐增加。秸秆、甘蔗渣的添加，直接提高了赤泥的通气性，为微生物的呼吸作用提供了碳氮源，促进了微生物在分解秸秆和甘蔗渣过程中释放养分，这也可能促进赤泥细小颗粒团聚，使微团聚体的含量增加。

3.2.3.2　水稻秸秆热解调控赤泥碱性

秸秆发酵调控赤泥碱性过程中，赤泥中自由碱的含量明显降低，水稻秸秆对赤泥碱性的作用效果有限，为了更好地利用水稻秸秆调控碱性，需进一步缩短水稻秸秆调控碱性的周期。

（1）水稻秸秆和赤泥协同热解产物的碱性变化

在不同热解温度和质量比下，热解产物 pH 变化如图 3-38 所示。结果表明，热解产物的 pH 随着温度升高呈现先降低后升高的趋势，在 250～300 ℃降到最低值 7.2，在 400 ℃时 pH 升高到 8.0～9.0。此外，当温度继续升高时，pH 显著升高，在 600 ℃时高达 11.4，接近未处理赤泥的 pH（11.5），这表明在该温度下热解产物中的碱性物质没有发生中和反应。因此 200～400 ℃的温度范围具有调控赤泥碱性的潜力，250～300 ℃的热解温度范围可用于赤泥碱性调控。不同质量比热解产物的 pH（秸秆∶赤泥=1∶1、1∶2、1∶3）呈现出相同的趋势，300 ℃和

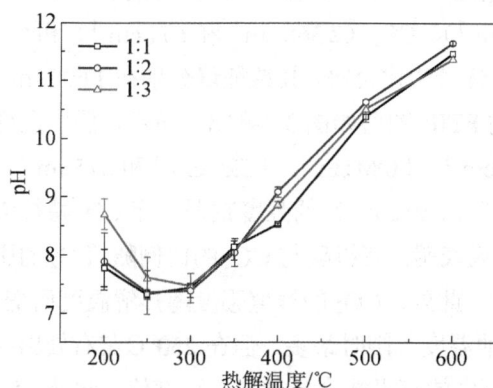

图 3-38　不同热解温度下热解产物 pH 变化情况

350 ℃的热解温度下，不同质量比产物的 pH 几乎相同，表明在相同温度范围内热解产物 pH 变化具有的普遍性。

（2）水稻秸秆和赤泥协同热解过程中热重特性变化

为了探究热解过程中产物的变化情况，通过热重—傅里叶红外（TGA-FTIR）联用系统分析秸秆和赤泥协同热解过程中的质量和官能团变化。秸秆和赤泥协同热解过程中的质量变化如图 3-39 所示。在 He＋O_2 气氛中，热解过程分为 4 个阶段：脱水阶段（20～130 ℃）、

液化阶段（200~350 ℃）、碳化阶段（350~600 ℃）和矿物分解阶段（600~660 ℃）。在脱水阶段，水分蒸发造成的质量损失很小，仅占 3.0 wt.%。在液化阶段，大部分秸秆（29.2 wt.%）被降解并转化为挥发性物质和生物炭，该阶段的质量降低主要归因于纤维素和半纤维素的分解（Ma et al., 2015）。在碳化阶段，部分赤泥和秸秆（16.1 wt.%）仍可能挥发，这归因于木质素的热裂解和生物炭的脱挥发分（Gao et al., 2013）。在矿物分解阶段，质量降低 4.1 %（Ma et al., 2017a）。在 He 气氛中，如图 3-39（b）所示，在热重曲线中同样存在 4 个阶段：脱水阶段（20~130 ℃）、液化阶段（200~350 ℃）、碳化阶段（350~500 ℃）和矿物分解阶段（500~660 ℃）。不同的是，碳化阶段（350~500 ℃）的温度范围比 He+O_2 气氛的温度范围宽，这种差异主要是由于氧气的存在，可以加速挥发物和生物炭的燃烧反应，从而缩短碳化时间。同时，液化阶段的质量变化（27.0%）低于 He+O_2 气氛下的质量变化（29.2%），进一步证明了氧气的存在可以促进生物质的热解挥发。

图 3-39（c）和（d）为在 He+O_2 和 He 气氛下热解气体组分的同步 3D-FTIR 图。在 He+O_2 气氛中，检测到 5 个特征吸收峰，分别位于 3 575 cm^{-1}、2 350 cm^{-1}、1 706 cm^{-1}、1 527 cm^{-1} 和 675 cm^{-1}。在 3 575 cm^{-1} 处的特征峰代表 H_2O 中—OH。2 368 cm^{-1} 和 667 cm^{-1} 的是 CO_2 的吸收峰，表明热解过程中有 CO_2 产生（Chen et al., 2015）。在 1 778 cm^{-1} 处的 C—O 的吸收峰是来自有机酸、醛和酮的羧基（—COOH）和羰基（C—O）（Gu et al., 2013）。1 404 cm^{-1} 处的特征峰为 C—C 键和苯环。此外，在 1 600 cm^{-1}、1 580 cm^{-1} 和 1 500 cm^{-1} 处的特征峰表明热解过程中产生了单环芳烃（Ma et al., 2017b）。根据以上分析，在 He+O_2 气氛下，赤泥和秸秆共热解过程中的主要气体成分为 H_2O（3 740 cm^{-1}）、CO_2（2 368 cm^{-1} 和 671 cm^{-1}）和 C—O 键中包含有机物（1 778 cm^{-1}）。另外，存在一些单环芳族化合物，其特征峰分别在 1 600 cm^{-1}、1 580 cm^{-1} 和 1 500 cm^{-1} 处。在 He 气氛中热解的 FTIR 图谱如图 3-39（d）所示，图中同样显示了 5 个特征吸收峰，分别在 3 742 cm^{-1}、2 355 cm^{-1}、1 680 cm^{-1}、1 520 cm^{-1} 和 675 cm^{-1}。与在 He+O_2 气氛下相比，有机酸的特征谱带（位于 1 680 cm^{-1}）的强度减弱，而 CO_2 特征谱带（位于 2 355 cm^{-1} 和 675 cm^{-1}）的强度增强。该结果表明，有机酸与 CO_2 的比例随着 O_2 的引入而增加，表明有机酸更倾向于在含氧条件下生产。此外，CO_2 的峰值强度随热解温度而变化。温度在 200~400 ℃ 的范围时 CO_2 的含量相比其他温度范围时最多，但在 250 ℃ 左右处出现了最小的 CO_2 产生量，这对应于 He+O_2 和 He 气氛中的有机酸含量最多的温度值。此外，He+O_2 气氛下产生的有机酸的峰值强度大于 He 气氛。

从 pH 变化的情况来看，热解温度对碱度去除的影响比秸秆和赤泥的质量比更显著，这表明热解产生的生物油可能中和了赤泥的碱性物质。为了进一步说明在 He+O_2 或 He 条件下热解温度对挥发性有机物生成的影响，不同热解温度下秸秆和赤泥热解产生的挥发性有机化合物的 FTIR 光谱如图 3-40 所示。挥发性有机物的特征谱带位于 1 400~1 800 cm^{-1}。随着热解温度的升高，CO_2 的吸收峰（2 368 cm^{-1} 和 667 cm^{-1}）强度均先升高后降低。然而挥发性有机物的吸收峰强度变化与 CO_2 相反，该差异倾向于在较低或较高的温度下产生。同时，He+O_2 气氛中挥发性有机物与 CO_2 的峰面积比大于 He 气氛中的峰面积比，表明在 He+O_2 气氛中产生更多的挥发性有机物。根据以上比较分析，可以得出在赤泥和秸秆的热解过程中，有机酸倾向于在部分含氧条件下产生；在 250～300 ℃的热解温度下通过水稻秸秆热解可以实现最大的有机酸产量。

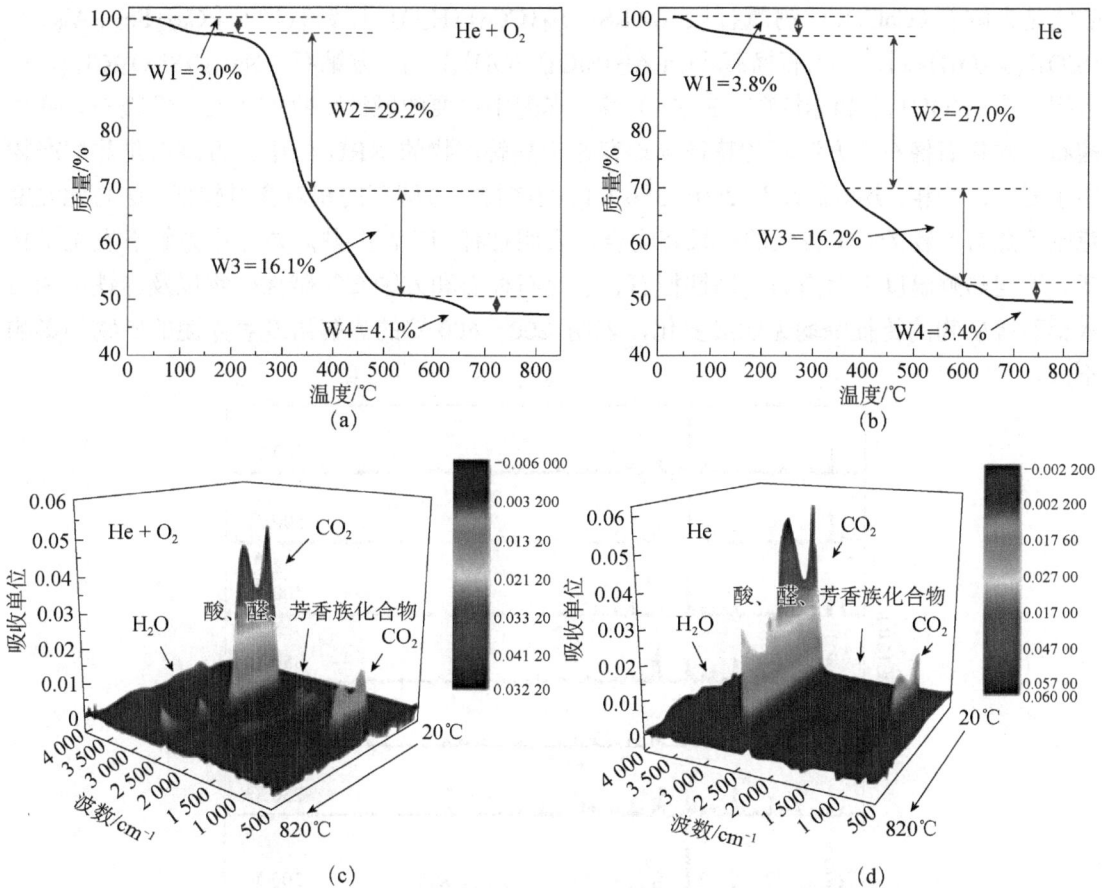

图 3-39　He＋O₂ 和 He 气氛下赤泥和秸秆共热解过程中的质量变化及其产物的 3D-FTIR

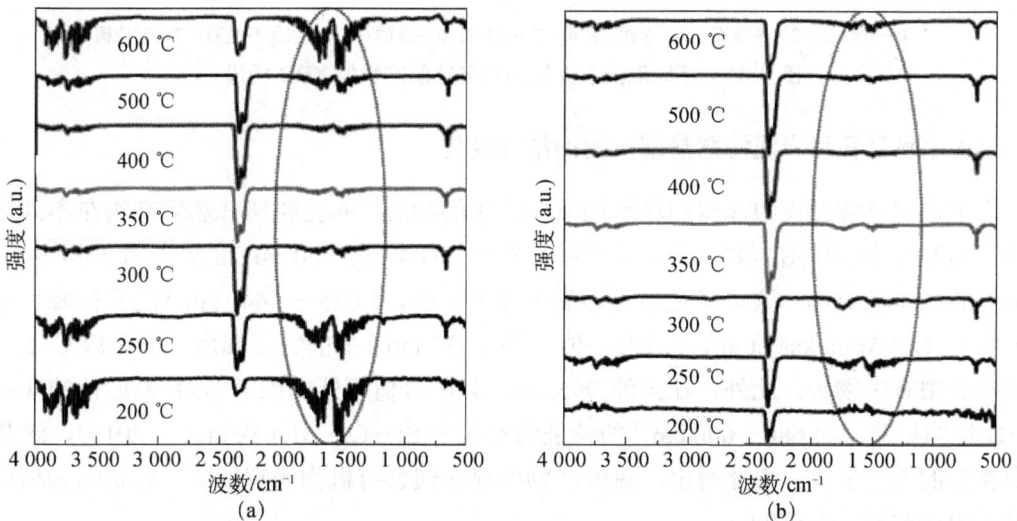

图 3-40　He＋O₂ 和 He 气氛下不同温度赤泥和秸秆共热解过程中挥发性有机产物的 FTIR 图谱

（3）水稻秸秆和赤泥协同热解产物的矿物相变化

不同温度热解产物的 XRD 图谱揭示了矿物相的变化如图 3-41 所示。热解产物中主要的矿物是方解石（$CaCO_3$）、钙霞石 [$Na_8Al_6Si_6O_{24}(CO_3)(H_2O)_2$]、钙铁榴石 [$Ca_3(Fe_{0.87}Al_{0.13})_2(SiO_4)_{1.65}(OH)_{5.4}$]、水化石榴石 [$Ca_3Al_2(SiO_4)_x(OH)_{12-4x}$]、方钠石（$Na_8Al_6Si_6O_{24}Cl_2$）、三水铝石 [$Al(OH)_3$] 和赤铁矿（$Fe_2O_3$）等。赤泥中主要的碱性矿物方解石、钙霞石、钙铁榴石、水化石榴石和方钠石的特征峰均存在于热解产物的 XRD 图中。方解石是热解产物中主要的矿物相，热解温度为 250～350 ℃时的产物中方解石的相对含量较低，这与此温度范围下热解产物的 pH 较低的结果相吻合，表明秸秆和赤泥共热解过程中方解石发生了转变。不同热解温度下钙霞石、钙铁榴石、水化石榴石和方钠石等碱性矿物以及赤铁矿和三水铝石等矿物的特征峰均无明显变化，表明 200～600 ℃的热解温度对赤泥的矿物相影响不大。

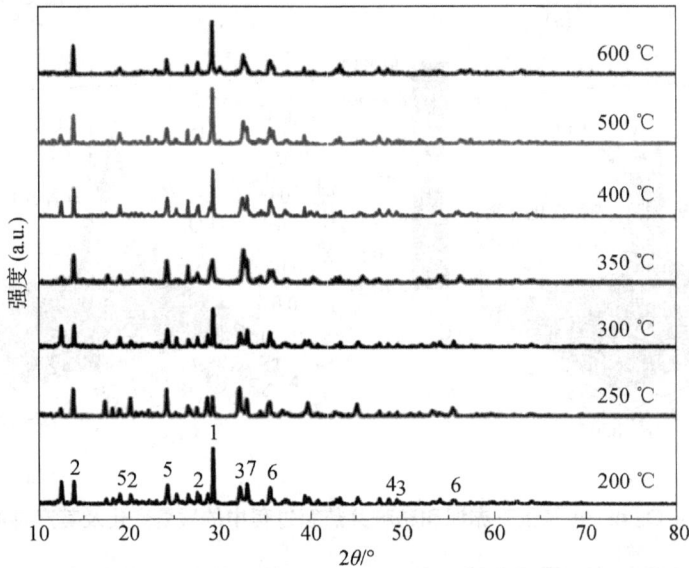

1—方解石；2—钙霞石；3—赤铁矿；4—三水铝石；5—方钠石；6—水化石榴石；7—钙铁榴石

图 3-41　不同温度下赤泥和秸秆热解产物的 XRD 图谱

（4）水稻秸秆和赤泥协同热解产物的结构变化

为了探究热解过程中赤泥和秸秆的反应产生的物质，赤泥和秸秆热解产物在不同热解温度下的红外光谱如图 3-42 所示。从图中可得出，3 440～3 700 cm^{-1} 的特征峰表示—OH，所指代的物质是 H_2O，这可能是由于样品未完全干燥。1 625～1 640 cm^{-1} 的特征峰表示芳烃中的 C=O（Aboulkas et al.，2017）。位于约 1 430 cm^{-1} 处的特征峰属于芳香族 C=C，这代表样品中有生物炭。此外，在大约 995 cm^{-1} 处的峰值可能归因于 SiO_4 四面体的非对称 Si—O 拉伸振动，而 680～600 cm^{-1} 的特征峰对应于 Si—O—Al（Ye et al.，2019），这是赤泥中存在的典型矿物。由此得出，热解产物中存在代表有机物的官能团，这是因为秸秆热解过程中分解产生有机物。

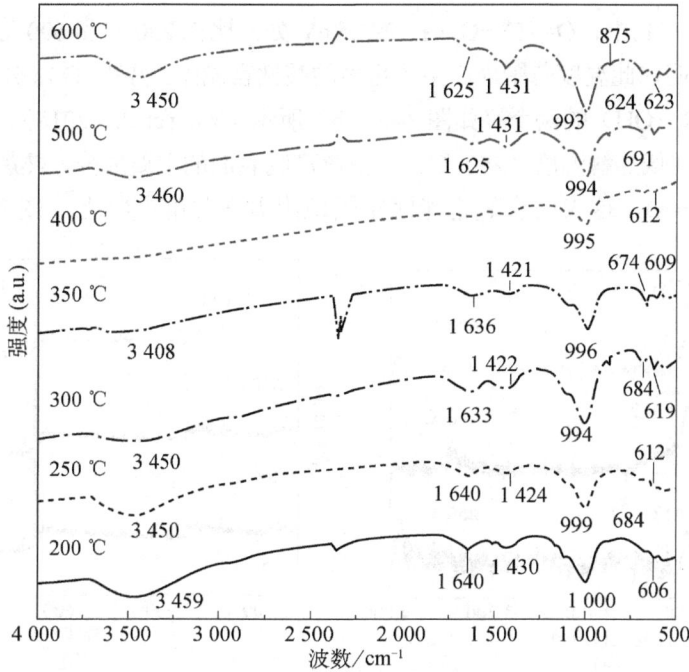

图 3-42　不同温度下赤泥和秸秆热解产物的 FTIR 图谱

热解温度为 250 ℃、400 ℃和 600 ℃时产物的拉曼光谱如图 3-43 所示。G 带可以表示出石墨材料和双键中的 sp^2 碳原子，D 带与无序石墨有关。在图 3-43 中将 1 328 cm^{-1}、1 365 cm^{-1} 和 1 335 cm^{-1} 定为 3 个温度下的 D 峰，1 612 cm^{-1}、1 582 cm^{-1} 和 1 592 cm^{-1} 定为 3 个温度下的 G 峰。通常将 D 峰与 G 峰面积之比作为 D/G 值，用其表示材料的碳化程度，同时将 D 段的半峰宽 FWHM（色谱峰高一半处的峰宽度）和 G 段的半峰宽作为评判石墨结构结晶度的标准。D/G 值越高表明样品的碳化程度越好，半峰宽越低表明石墨晶体形成情况越好。250 ℃下 D/G 为 0.935 7，D 峰的 FWHM 为 90.56，G 峰的 FWHM 为 72.99；400 ℃下 D/G 为 0.970 5，D 峰的 FWHM 为 64.85，G 峰的 FWHM 为 80.15；600 ℃下 D/G 为 1.064 2，D 峰的 FWHM 为 88.74，G 峰的 FWHM 为 60.16。从以上结果可以说明 250 ℃下碳化程度较低，随着温度升高，G 峰和 D 峰增强，碳化程度逐渐升高。而从半峰宽的结果可以得出 250 ℃下石墨晶体的结晶情况不好，一般对应于无定形的碳，表明生物炭中芳香性碳的生成。600 ℃与 250 ℃和 400 ℃相比，晶体的结晶情况更好。因此，随着热解温度的升高碳化程度越来越高。

为了进一步研究表面结构的变化，对热解产物的 XPS 光谱分析如图 3-43 和图 3-44 所示。热解产物的 XPS 光谱图显示了 C、O 和 Na 的峰。C1 可以分为 5 个峰，分别位于 283.8 eV、285.0 eV、286.3 eV、288.0 eV 和 292.5 eV，所指代的官能团为 C—C/C≡C、C—O、C—OH、C≡O 和 O≡C—O ［图 3-44（a）］（Liu et al.，2019a）。在 250 ℃热解温度下，主要的 C1s 在热解产物中含有含氧官能团（C—O，C—OH，C≡O），而 C—C/C≡C 的峰仅占一小部分。当热解温度升至 400 ℃和 600 ℃时，C—C/C≡C 的比例显著增加。这些结果与 TG-FTIR 的结果相吻合，说明水稻秸秆的碳化程度随着碳化温度的升高而提高。此外，在 250 ℃

和 600 ℃下的热解产物中，O=C—O（在 292.5 eV 处）比在 250 ℃和 600 ℃下的热解产物中的信号更显著，表明在此温度范围内产生了更多的酸性官能团。另外，O 1s 分为 531.0 eV（C—O）和 532.8 eV（R—OH）的两个峰如图 3-44（b）所示（Yang et al.，2018）。显然，与 C 1s 峰一致，R—OH 是在低热解温度（250 ℃）下热解产物表面的主要成分。热解温度的升高导致 R—OH 转变为 C—O，这表明含氧官能团牢固地附着在热解产物上。图 3-54（c）中位于

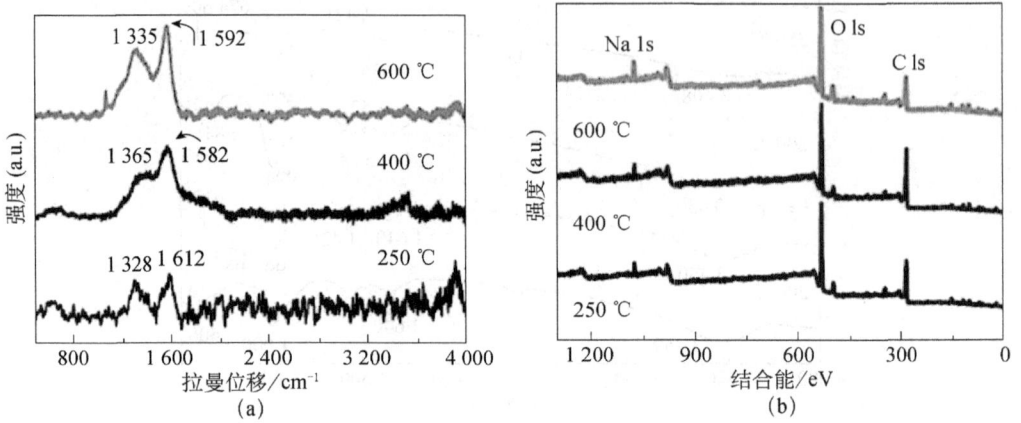

图 3-43　热解温度为 250 ℃、400 ℃和 600 ℃时产物的拉曼光谱图和 XPS 图谱

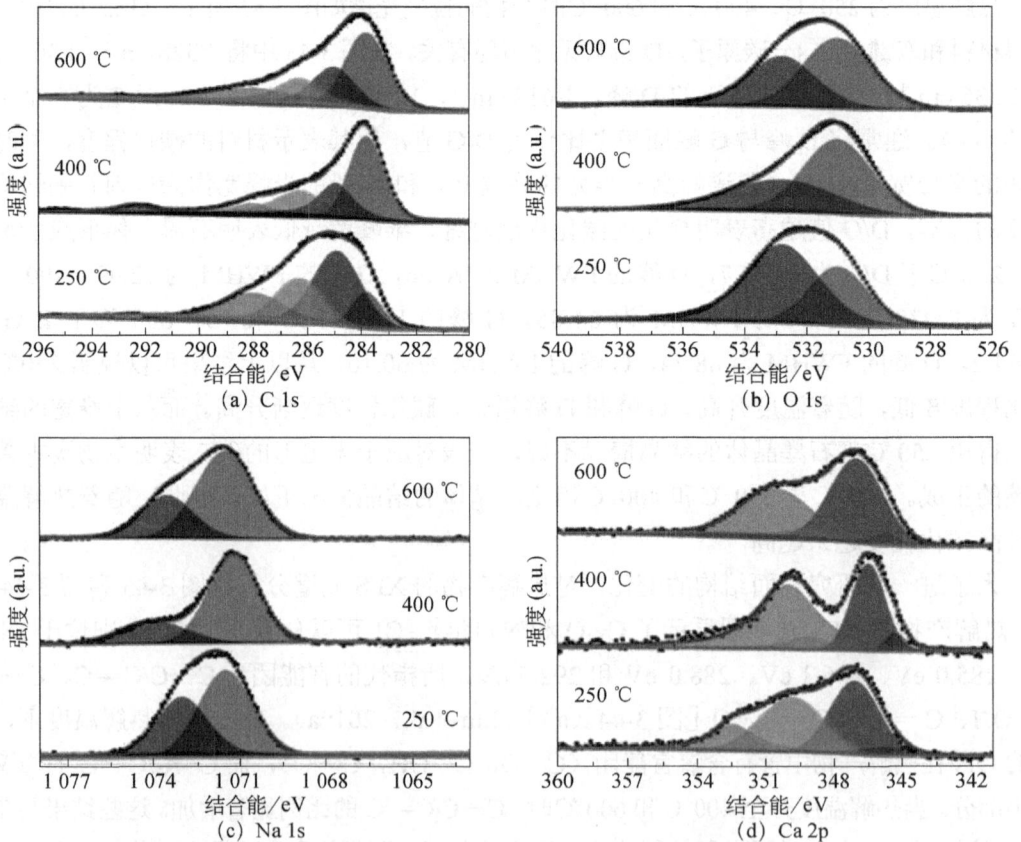

图 3-44　不同热解温度下赤泥和秸秆热解产物的元素信号的 XPS 图谱

1 071.5 eV 和 1 073.0 eV 的两个主峰分别对应于常规的含 Na^+ 化合物和氧化型 Na^+ 化合物（如 Na_2O）（Enríquez et al.，2019）。氧化钠的减少表明水稻秸秆的热解减少了赤泥中的钠氧化物，这是水浸出过程中自由碱的主要来源。Ca $2p_{1/2}$ 和 Ca $2p_{3/2}$ 峰可以分别拟合为 345.9 eV、347.0 eV、349.8 eV、350.0 eV 的峰 ［图 3-44（d）］。这些值表明化合物中 Ca 位置具有 6 倍和 12 倍的配位点的两种不同化学环境（He et al.，2019）。随着热解温度的升高，6 倍和 12 倍配位点之间的比例降低，这表明较高温度下含钙矿物的转化或分解。根据以上分析，我们得出结论，这种共热解过程促进了自由碱的中和和化学结合碱的稳定。同时，获得了具有丰富的表面官能团的生物炭。

3.2.3.3　水稻秸秆热解—发酵耦合调控赤泥碱性

赤泥与水稻秸秆的协同热解可快速降低赤泥的碱性，pH 最低可降低至 7.2，300 ℃ 的热解温度下可产生较多的有机酸。但赤泥中化学结合碱在热解过程中变化不大，为了探究赤泥和秸秆的共热解产物在水浸出条件下碱性的变化情况，模拟自然堆存环境常见的干湿交替条件下，对热解产物的 pH、碱性阴离子和矿物相变化进行分析，阐明热解过程改善了秸秆调控碱性的效果，缩短调控时间。此外，通过同时分析颗粒分布和有机质等指标，阐明热解过程加快有机质的产生和颗粒的团聚，推动赤泥土壤化进程。

（1）水稻秸秆热解耦合发酵处理对赤泥碱性调控效果的影响

上一节通过分析热解产物 pH 变化，可知热解温度在 200～400 ℃ 时 pH 均降至 9 以下。当秸秆和赤泥质量比为 1∶3，热解温度为 300 ℃ 时，pH 可降至 7.5。为了探究热解产物能否维持 pH 的长期维持稳定，秸秆和赤泥质量比为 1∶3 时，不同温度下热解产物的 pH 随时间变化情况如图 3-45 所示，（a）和（b）分别表示恒湿和干湿交替状态下 pH 的变化情况。恒湿处理下，200 ℃ 和 300 ℃ 热解产物的 pH 随时间的增加而升高，处理 15 天后逐渐稳定在 8.8 和 9.0 左右，400 ℃ 热解产物的 pH 变化幅度较小，基本稳定在 9.3 左右。干湿交替是自然条件下土壤经常存在的一种状态。赤泥通常堆存在室外的筑坝堆场中，难以长期维持恒定的水分。干湿状态不同温度下的热解产物的 pH 随时间的增加呈现先升高后稳定的变化趋势，热解温度为 300 ℃ 下产物的 pH 基本保持最低状态。处理第 8 天，即干湿交替一个周期时 pH 显著升高，300 ℃ 的热解产物的 pH 由 7.98 升高到 8.86，随后两个周期里 pH 升高速度较缓，升高至第 4 个周期后开始下降，最终 pH 稳定在 8.90 左右。200 ℃ 热解产物的干湿处理过程中 pH 变化波动较大，最终稳定在 9.15 左右。400 ℃ 热解产物的干湿处理过程中 pH 变化幅度较小，最终稳定在 9.50 左右。

赤泥中含有大量化学结合碱，热解过程中和了自由碱，水浸后因溶解平衡会产生碱性离子，因此处理过程中存在 pH 回升现象。在秸秆和赤泥共热解过程中产生了酸性有机物，可中和赤泥溶出的碱性物质，且未完全热解的秸秆在干湿交替处理过程中发酵产生有机酸，从而抑制 pH 的持续回升。秸秆和赤泥质量比为 1∶3 且热解温度为 300 ℃ 时，热解产物的 pH 在恒湿和干湿处理 15 天后趋于稳定，分别稳定在 8.80 和 8.90 左右，如图 3-45 所示。而秸秆发酵调控赤泥碱性的过程中，质量比为 1∶3 秸秆发酵调控后赤泥的 pH 在 45

天后稳定在 9.50 左右。这表明热解—发酵耦合处理后的 pH 更快趋于稳定，且稳定值较低，赤泥碱性调控效果较好。

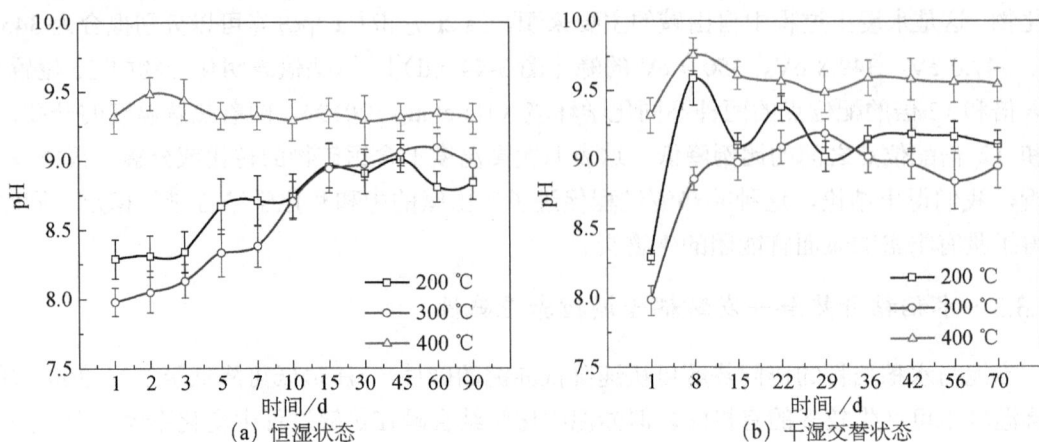

图 3-45　赤泥和秸秆热解产物 pH 变化情况

（2）水稻秸秆热解耦合发酵处理对赤泥矿物相的影响

通过分析秸秆和赤泥的共热解产物的 XRD 图谱变化可知，赤泥的矿物相在热解过程中未出现明显变化情况。秸秆和赤泥质量比为 1∶3 的情况下，不同温度热解产物干湿交替处理 70 天后赤泥矿物相 XRD 图谱及其定量计算结果如图 3-46 和表 3-19 所示。干湿交替处理后赤泥中的碱性物质以方解石（$CaCO_3$）、钙霞石 [$Na_8Al_6Si_6O_{24}(CO_3)(H_2O)_2$]、钙铁榴石 [$Ca_3(Fe_{0.87}Al_{0.13})_2(SiO_4)_{1.65}(OH)_{5.4}$]、水化石榴石 [$Ca_3Al_2(SiO_4)_x(OH)_{12-4x}$] 和方钠石（$Na_8Al_6Si_6O_{24}Cl_2$）等矿物状态存在。从 XRD 图谱还可以看出，三水铝石 [$Al(OH)_3$] 和赤铁矿（Fe_2O_3）等矿物相的特征峰也显著存在。通过定量计算结果（表 3-19）可得，干湿交替处理后，赤泥中的碱性矿物含量略有降低。200 ℃、300 ℃和 400 ℃热解产物中方解石的含量由 20.6%分别降低至 16.4%、18.6%和 19.5%，钙霞石的含量由 18.7%分别降低至 16.8%、15.5%和 17.8%，未完全热解的秸秆发酵产生有机酸溶解了方解石和钙霞石，但溶解量较低。此外干湿交替处理前后钙铁榴石、水化石榴石和方钠石的含量变化很小，其稳定存在于赤泥中。同样秸秆和赤泥质量比为 1∶3 的情况下，通过秸秆发酵作用，赤泥中的方解石和钙霞石的含量分别降低至 15.5%和 10.0%，相比干湿交替处理前后方解石和钙霞石的溶解量较高。且不同温度的热解产物经过干湿交替处理后，温度越高，赤泥中方解石、钙霞石和钙铁榴石等碱性矿物溶解量越低。因为秸秆和赤泥共热解过程中，部分秸秆热解产生了 CO_2、生物油和生物炭等物质，未热解完全的秸秆在干湿交替处理的作用下继续发酵产生酸性有机物，与化学结合碱溶解产生的碱性离子发生中和反应，从而实现调控赤泥碱性的作用。研究表明调控赤泥碱性的主要方式是去除自由碱和稳定化学结合碱。秸秆和赤泥共热解过程中产生的酸性物质中和赤泥中的自由碱，降低了赤泥的碱性，热解产物经干湿交替处理后碱性矿物溶解量低，表明热解过程使赤泥中的化学结合碱更加稳定。因此秸秆和赤泥共热解后经干湿交替的处理方式，即秸秆热解—发酵耦合的方法的赤泥碱性调控效果更显著、更稳定。

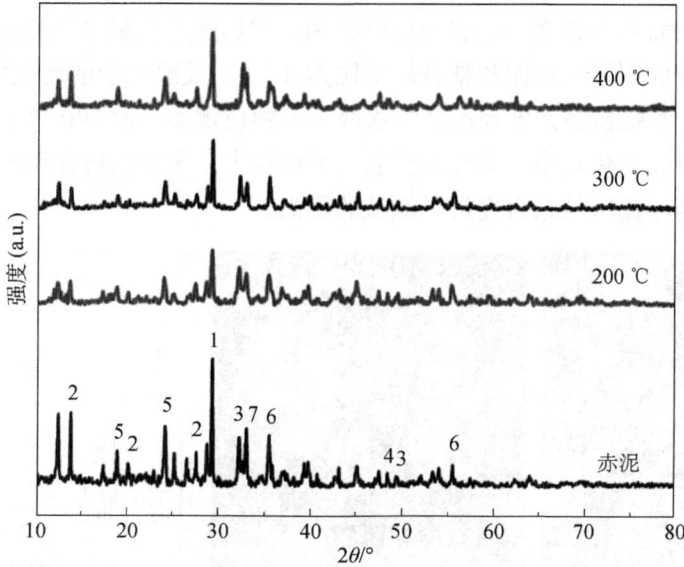

1—方解石；2—钙霞石；3—赤铁矿；4—三水铝石；5—方钠石；6—水化石榴石；7—钙铁榴石

图 3-46　干湿交替处理后热解产物的 XRD 图谱

表 3-19　不同温度热解产物干湿交替处理后赤泥矿物相组成

矿物相		单位	赤泥	热解温度/℃		
名称	化学式			200	300	400
方解石	$CaCO_3$	%	20.6	16.4	18.6	19.5
钙霞石	$Na_8Al_6Si_6O_{24}(CO_3)(H_2O)_2$	%	18.7	16.8	15.5	17.8
钙铁榴石	$Ca_3(Fe_{0.87}Al_{0.13})_2(SiO_4)_{1.65}(OH)_{5.4}$	%	16.8	17.7	16.7	17.3
赤铁矿	Fe_2O_3	%	8.4	12.3	11.4	11.9
三水铝石	$Al(OH)_3$	%	7.8	8.1	7.1	6.2
方钠石	$Na_8Al_6Si_6O_{24}Cl_2$	%	13.2	13.7	15.1	12.2

（3）水稻秸秆热解耦合发酵处理对颗粒微观形貌的影响

秸秆和赤泥质量比为 1∶3，热解温度为 200 ℃、300 ℃和 400 ℃时产物干湿交替处理前后的微观形貌及颗粒分布如图 3-47 所示。干湿交替处理前，热解温度为 200 ℃和 400 ℃下产物的颗粒分布紧密、小颗粒多、孔隙小，但热解温度为 300 ℃下产物的颗粒松散、颗粒大、孔隙较大。200 ℃、300 ℃和 400 ℃的热解产物经干湿交替处理 70 天后均出现小颗粒减少、分布较为松散的情况。经过分析秸秆和赤泥的共热解过程可得，在 250～300 ℃的热解温度下通过水稻秸秆热解可以实现最大的有机酸产量。因此 300 ℃下的热解产物在有机酸的作用下更易胶结团聚形成大颗粒。200 ℃下热解产物中大量未完全分解的秸秆在干湿交替处理下发酵产生有机物，因此其较易形成大团聚体，块状结构增多。400 ℃下热解产物经干湿交替处理后小颗粒减少，秸秆热解产生的生物炭具有比表面积较高、稳定性较高和表面官能团丰富等特点，可团聚小颗粒，改善其物理结构。不同温度热解产物经干湿交替处理后表面元素组成和相对含量 EDS 结果如图 3-47 所示。300 ℃下的热解产物干湿交替处理后表面 C 含量最高，因为秸秆在 300 ℃热解产生最多的有机酸，其与矿物的结合促进赤泥颗粒的团聚。赤泥和秸秆质量比为 1∶3，发酵处理前后颗粒分布变化显著，处理前分布紧密、小颗粒多，处理后分布松散、大颗粒增加。而 300 ℃下热解产物干湿交替处理前后颗粒分布变化较小，均分布松散、颗粒较大。这表明秸秆和赤泥协同热解产生的有机酸等物质与赤泥颗粒结合促进了颗粒的团聚。

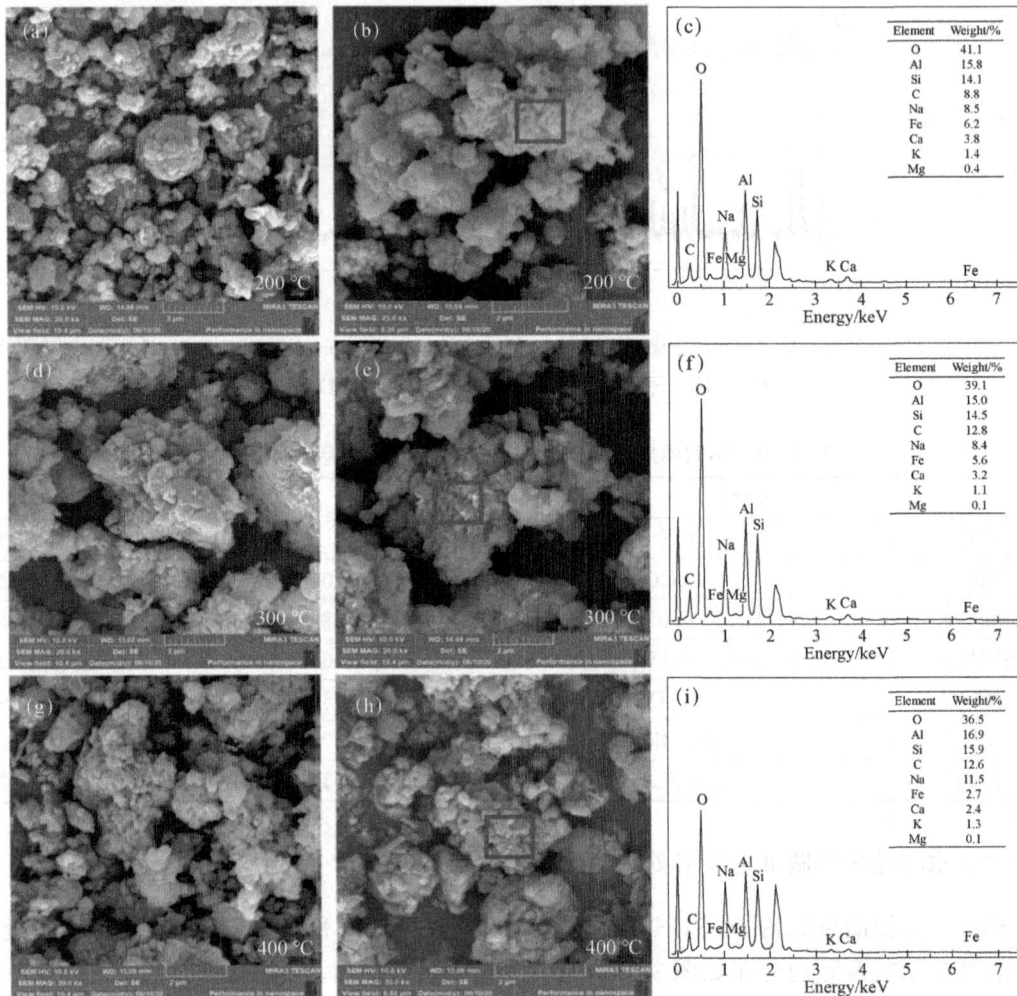

图 3-47　不同秸秆和赤泥质量比作用下的扫描电镜图

注：（a）、（d）和（g）：干湿交替处理前；（b）、（e）和（h）：干湿交替处理后。

（4）水稻秸秆热解耦合发酵处理对赤泥可交换阳离子的影响

秸秆和赤泥质量比为 1∶3 的热解产物（300 ℃）干湿交替处理过程中 EC 和可交换阳离子的变化情况如表 3-20 所示。秸秆的加入和赤泥中矿物的溶解使得产物的 EC 比未处理的赤泥高，随着干湿交替处理时间的增加，EC 变化幅度不大。秸秆和赤泥共热解后可交换 Na 含量降低，随着处理时间的增加，其含量逐渐降低，最终稳定在 11.2 cmol/kg 左右。与可交换 Na 含量变化相反，热解后产物的可交换 Ca 含量升高，其随时间的增加逐渐升高，最终稳定在 4.95 cmol/kg 左右。表明热解产物在发酵的作用下，可交换性 Na 与 Ca 发生了置换反应。

表 3-20　热解产物（300 ℃）干湿交替处理下 EC 和可交换阳离子的变化情况

	单位	赤泥	时间/d			
			1	8	22	36
EC	mS/cm	2.05±0.24	5.21±0.96	5.46±1.82	5.37±1.34	5.40±1.55
Na	cmol/kg	15.55±0.85	13.54±0.48	12.77±0.52	11.21±0.71	11.19±0.46
K	cmol/kg	4.49±0.46	7.41±0.11	8.10±0.10	7.87±0.15	7.90±0.10
Ca	cmol/kg	1.71±0.04	4.25±0.09	4.54±0.05	4.95±0.05	4.99±0.02
Mg	cmol/kg	0.01±0.00	0.36±0.01	0.41±0.00	0.61±0.00	0.59±0.00

热解产物（300 ℃）干湿交替处理过程中 CEC 和 ESP 的变化情况如图 3-48 所示。相比未处理的赤泥，热解产物的 CEC 较低，在干湿交替处理过程中 CEC 变化趋势不明显。ESP 变化显著，未处理赤泥的 ESP 高达 71%，热解产物的 ESP 为 53%。此外，ESP 随着干湿交替处理时间的增加而降低，在第 22 天时降低至 45%，而后基本维持稳定状态。表明热解过程迅速降低了 ESP，而后在发酵作用下持续降低直至稳定，赤泥的碱化度降低，颗粒的分散性变好，赤泥颗粒较差的团聚结构得以改善，有利于促进堆场赤泥的土壤化。

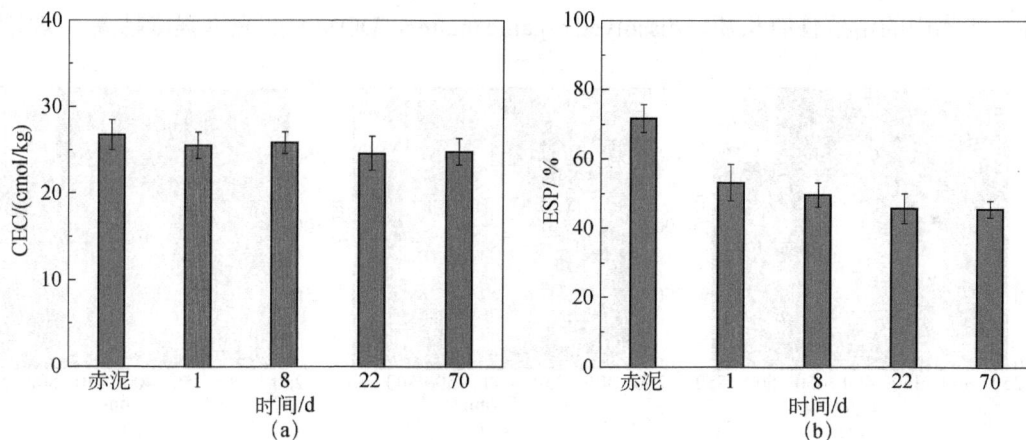

图 3-48　干湿交替处理过程中 CEC 和 ESP 的变化情况

（5）水稻秸秆热解耦合发酵处理过程中有机质的变化情况

秸秆和赤泥质量比为 1∶3，不同热解温度下产物的有机碳随干湿交替处理时间的变化情况如图 3-49 所示，热解温度越高有机碳含量越多，因为热解过程中产生了大量的有机物，热解温度越高秸秆的分解程度越高。同一温度下有机碳含量随着处理时间的增加也呈现增长趋势，这表明未热解完全的秸秆在发酵作用下产生有机碳。干湿交替处理 1～22 天时有机碳含量逐渐升高，22 天后有机碳含量呈稳定状态，300 ℃热解产物在发酵作用70 天后的有机碳含量由 172.9 g/kg 升高至 196.8 g/kg。同样秸秆和赤泥质量比为 1∶3 条件下，发酵处理 60 天后有机碳含量由 91.9 g/kg 升高至 117.2 g/kg。结果表明热解作用显著提高了有机碳的含量，并且热解产物在干湿交替处理下发酵产生有机碳，使其含量升高。

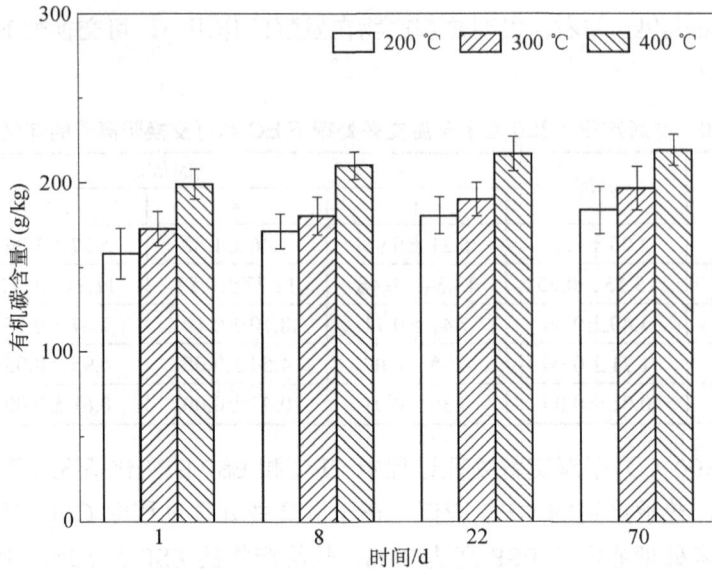

图 3-49 不同热解温度下产物的有机碳随时间的变化情况

对秸秆和赤泥质量比为 1∶3，干湿交替处理后的热解产物中溶解性有机质进行三维荧光光谱分析（图 3-50），主要分析出属于类富里酸和类腐殖酸物质的 C1 荧光峰。热解温度越高，产物中的溶解性有机质（dissolved organic matter，DOM）荧光峰强度越高，类富里

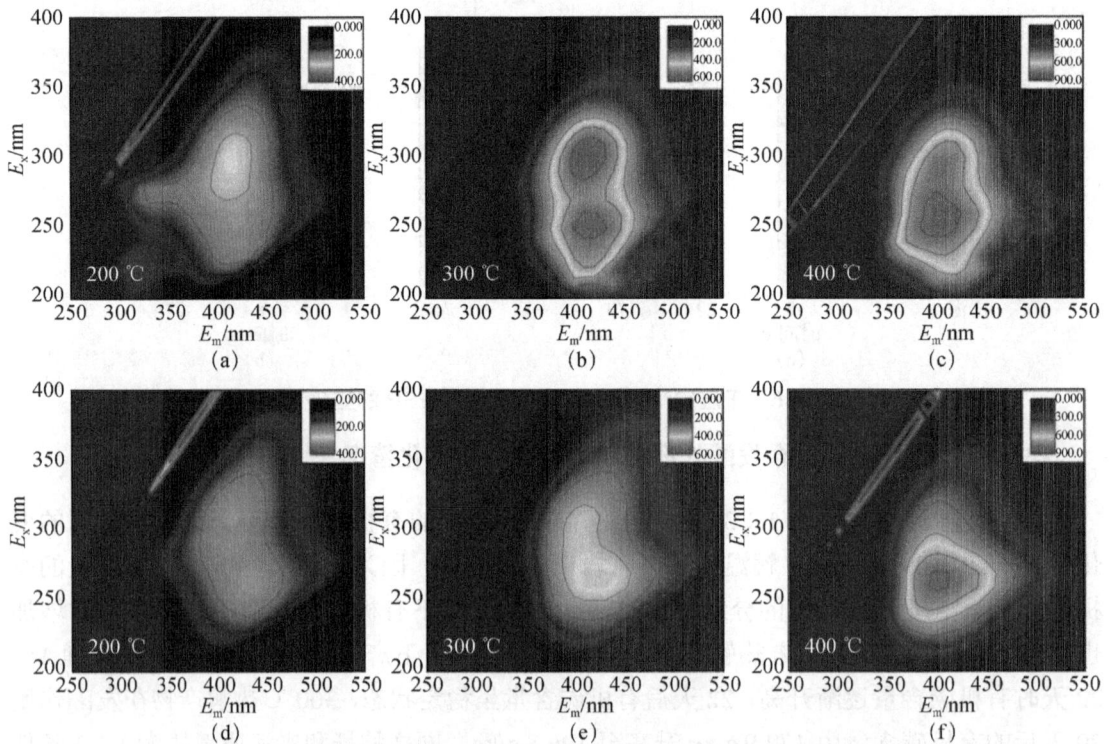

图 3-50 不同热解温度下产物的干湿交替处理后的 DOM 三维荧光光谱图

注：（a）、（b）和（c）：处理时间为 1 天；（d）、（e）和（f）：处理时间为 70 天。

酸和类腐殖酸的含量越多。干湿交替处理后，C1 荧光峰仍显著存在，300 ℃热解产物的荧光峰强度略有降低。生物炭在一定的热解条件和环境中会释放出相当一部分的溶解性有机质，其稳定性相对较弱，活性较高（Keiluweit et al.，2010）。与土壤有机质相类似，生物炭中的这些不稳定组分通常也包含着丰富的官能团，如羧基、羟基和酚类以及其他一些与金属离子耦合在一起的官能团。有研究表明低温秸秆炭的微生物利用率显著高于高温生物炭，因为低温秸秆炭中不稳定易降解组分比例高，其更易被生物和非生物氧化降解（Wang et al.，2013a）。热解温度在 300 ℃下产物的 DOM 含量略有降低，表明秸秆和赤泥共热解产物在干湿交替处理过程中，稳定性较差的有机组分发生降解并伴随含氧官能团的生成，最后具有高度芳香化结构以及与土壤矿物的结合的有机组分会可以长期稳定的存在。相比于秸秆发酵调控赤泥碱性，热解过程可使秸秆快速分解产生有机物，提高赤泥中有机质的含量。秸秆和赤泥在 300 ℃下热解不仅能迅速降低赤泥的碱性，而且产物中含有较多容易被生物和非生物氧化降解的有机质，促进赤泥的土壤化进程，为赤泥堆场的生态修复提供一种具有应用前景的方法。

3.2.4　赤泥碱性的联合调控

通过开展生物质—石膏、生物质—微生物调控赤泥碱性研究，利用秸秆—石膏、甘蔗渣—石膏、秸秆—真菌、甘蔗渣—真菌对新堆存的赤泥进行作用，从碱性物相转化、溶液化学特性变化、颗粒微观分布状态、矿物表面碱性官能团分布等方面探讨联合调控效果与作用机制。此外，柠檬酸在可溶性碱、pH、可交换性 Na、碱性物相（方解石、钙霞石、钙铝榴石）、Na 空间分布、矿物表面碱性官能团、团聚体结构等方面取得显著的调控效果。为了更好地评价生物质联合调控的效果，先探讨柠檬酸—石膏联合对碱性的影响，在此基础上再进行联合调控研究，将赤泥中的碱调控至合理范围内，削减强碱性赤泥对环境的影响，改善赤泥的化学、物理性质，解决生物质联合原位调控的前期关键问题，为赤泥堆场原位修复和生态重建以及赤泥土壤化创造条件。

（1）柠檬酸—石膏联合作用的影响

柠檬酸—石膏联合调控过程中，赤泥中的碱性物相发生了明显的转化，如表 3-21 和图 3-51 所示。未处理的赤泥（新堆存赤泥，UTBR）中碱性物相主要是钙铁榴石 $[Ca_3(Fe_{0.87}Al_{0.13})_2(SiO_4)_{1.65}(OH)_{5.4}$，28.4%]、钙霞石 $[Na_8Al_6Si_6O_{24}(CO_3)(H_2O)_2$，13.8%]、方解石（$CaCO_3$，2.1%）、钙铝榴石（$Ca_3Al_2Si_3O_{12}$，5.2%）。XRD 物相半定量分析结果表明，赤泥中含有 49.5%的碱性矿物相，柠檬酸转化的赤泥（OTBR）中碱性物相含量降至 43.6%，柠檬酸—石膏联合调控的赤泥（OGTR）中碱性物质含量降至 42.0%，石膏的添加进一步降低了碱性物相的含量。柠檬酸—石膏联合调控过程中，赤泥中碱性较强的方解石、钙铝榴石完全溶解与转化，难溶的钙霞石溶解了 33.3%。钙铁榴石在 UTBR、OTBR、OGTR 的 XRD 图谱中特征峰的位置和强度都没有变化，柠檬酸—石膏联合调控过程中钙铁榴石没有发生转变，钙铁榴石稳定存在于赤泥中。方解石的特征峰出现在 UTBR 的 XRD 图谱中，在 OTBR、OGTR 的 XRD 图谱中均未出现。方解石在柠檬酸、柠檬酸—石膏作用过程中都完全反应。柠檬酸加入初期，溶液中不断冒出的气泡就是方解石反应产生的 CO_2。

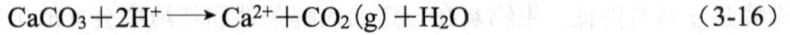

$$CaCO_3 + 2H^+ \longrightarrow Ca^{2+} + CO_2(g) + H_2O \tag{3-16}$$

表 3-21　柠檬酸—石膏联合调控过程中物相组成变化

矿物相	调控方法		
	UTBR	OTBR	OGTR
钙铁榴石 [$Ca_3(Fe_{0.87}Al_{0.13})_2(SiO_4)_{1.65}(OH)_{5.4}$] /%	28.4	33.5	32.8
方解石 $CaCO_3$/%	2.1	—	—
钙霞石 [$Na_8Al_6Si_6O_{24}(CO_3)(H_2O)_2$] /%	13.8	10.1	9.2
一水硬铝石 [α-$AlO(OH)$] /%	5.9	6.0	6.2
三水铝石 [$Al(OH)_3$] /%	2.4	6.8	6.4
钙铝榴石 ($Ca_3Al_2Si_3O_{12}$) /%	5.2	—	—
石膏（$CaSO_4 \cdot 2H_2O$）/%	—	—	—
赤铁矿（Fe_2O_3）/%	35.6	36.6	36.3
钙钛矿 [$Ca(TiO_3)$] /%	6.6	7.0	6.8
硅酸钙（Ca_2SiO_4）/%	—	—a	2.3
无定形物质/%	22.5±1	17.3±1	16.2±1
BET 比表面积/（m^2/g）	8.9±0.2	6.5±0.3	5.5±0.2
表面吸附位点 b/（µmol/g）	34.0	24.9	21.2

注：OTBR：柠檬酸转化的赤泥；OGTR：柠檬酸—石膏联合调控的赤泥。

a. 柠檬酸转化的赤泥中可能存在硅酸钙。

b. 表面吸附位点用标准值 3.84 µmol/m^2 计算，该标准值源于 Davis 和 Kent。

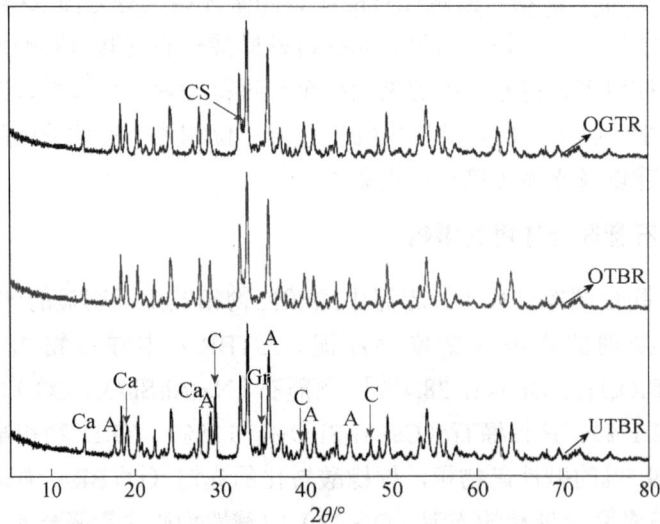

A—钙铁榴石；Ca—钙霞石；C—方解石；Gr—钙铝榴石；CS—硅酸钙

图 3-51　柠檬酸—石膏联合调控的赤泥 XRD 图谱

钙铝榴石在柠檬酸—石膏联合作用过程的反应特性与方解石类似，OTBR、OGTR 的 XRD 图谱中均未出现钙铝榴石的特征峰。钙铝榴石在柠檬酸—石膏联合作用过程中生成碱性很弱的 $Al(OH)_3$ 和原硅酸聚合物，原硅酸在石膏添加的条件下会与钙缓慢反应生成硅酸钙沉淀，硅酸钙的特征峰在 OGTR 的 XRD 图谱中十分明显。

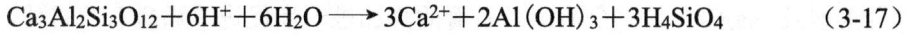

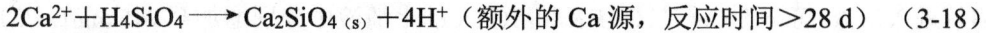

$$Ca_3Al_2Si_3O_{12}+6H^++6H_2O \longrightarrow 3Ca^{2+}+2Al(OH)_3+3H_4SiO_4 \tag{3-17}$$

$$2Ca^{2+}+H_4SiO_4 \longrightarrow Ca_2SiO_{4(s)}+4H^+ （额外的 Ca 源，反应时间＞28\ d） \tag{3-18}$$

钙霞石在柠檬酸、柠檬酸—石膏作用过程中分解为三水铝石、原硅酸等，柠檬酸作用之后，赤泥中钙霞石的含量降为 10.1%，柠檬酸—石膏联合作用之后，钙霞石的含量降为 9.2%，石膏的添加转化了更多的钙霞石。无定形物质在柠檬酸作用过程中减少了 23%，在柠檬酸—石膏联合作用过程中降低了 28%，因此石膏的添加也促进了无定形物质的溶解。柠檬酸—石膏联合对赤泥的比表面积和表面吸附位点也有较好的作用，经柠檬酸作用后赤泥的比表面积和相应的表面吸附位点明显降低。柠檬酸—石膏联合作用后，比表面积和相应的表面吸附位点进一步降低，石膏对矿物表面也有一定的作用。

柠檬酸—石膏联合作用过程中，赤泥的 pH、EC、自由碱、可溶性阳离子、可交换性阳离子均发生了明显变化（表 3-22）。柠檬酸—石膏联合作用后，赤泥 pH 从初始的 10.26 降为 8.23；OTBR 的 pH 降为 8.49。柠檬酸和柠檬酸—石膏都一定程度上降低了赤泥的 pH，但两者区别不大，因此在柠檬酸和石膏的联合作用下，石膏的添加对 pH 的影响较小。pH 的下降与溶液中碱性阴离子的形态和含量直接相关，柠檬酸、柠檬酸—石膏都可将 pH 降到 8.5 以下，上清液中的自由碱 OH^-、$Al(OH)_4^-$、CO_3^{2-} 已基本反应完全。赤泥中自由碱总量在柠檬酸作用下从 28.35 g/L Na_2CO_3 降至 0.65 g/L Na_2CO_3，在柠檬酸—石膏联合作用下，自由碱降低到 0.33 g/L Na_2CO_3，石膏的添加只促进微量的碱性阴离子沉淀。OTBR 和 OGTR 上清液中的 EC 均明显升高，但在柠檬酸—石膏联合作用下，EC 升高的幅度更大。柠檬酸作用过程中 EC 升高是因为赤泥中含 Na、Ca、Mg、Al 物质的溶出。柠檬酸—石膏联合作用过程中 EC 升高也是因为赤泥中含 Na、Ca、Mg、Al 物质的溶出，但石膏添加促使更多的含 Na 矿物溶解。

表 3-22　柠檬酸—石膏联合作用的赤泥上清液中自由碱、pH、EC、可溶性阳离子、CEC 的变化特征

参数	UTBR	OTBR	OGTR
pH	10.26±0.08	8.49±0.20	8.23±0.19
EC/（mS/cm）	1.80±0.23	3.95±0.13	6.74±0.12
Tot Alk[a]/（g/L Na_2CO_3）	28.35±2.17	0.65±0.03	0.33±0.01
S[b] Na/（mg/L）	495.0±6.3	1 627±96	1 991±100
S[b] K/（mg/L）	45.0±1.3	59.7±2.0	63.1±2.8
S[b] Ca/（mg/L）	2.2±0.2	745.1±12.3	731.5±15.7[c]
S[b] Mg/（mg/L）	0.1±0.0	3.9±0.1	7.2±0.7
S[b] Al/（mg/L）	8.3±0.5	298.0±16.6	300.0±7.0
S[b] Fe/（mg/L）	＜0.001	＜0.001	＜0.001
可交换性 Na/（mg/kg）	132.8±8.0	33.9±3.5	24.9±4.1
可交换性 Ca/（mg/kg）	209.7±5.1	255.6±4.9	298.5±8.2

注：a. 自由碱总含量，Tot Alk[a] $=OH^-+CO_3^{2-}+HCO_3^-+Al(OH)_4^-$。

b. 可溶性阳离子。

c. OGTR 中可溶性 Ca 含量已减去原始添加的石膏量（假定石膏在柠檬酸—石膏联合作用过程中完全溶解）。

可溶性 Na⁺ 在 OTBR 和 OGTR 的上清液都占据主导地位，主要是由于赤泥中钙霞石的部分溶解及 Na_2CO_3 的完全溶出。石膏的添加进一步促进了钙霞石的转化，使更多的 Na⁺ 溶解进入溶液。可溶性 Ca^{2+} 在 OTBR 和 OGTR 的上清液中分别增加至 745 mg/L、731 mg/L，石膏对 Ca^{2+} 的溶解影响不大，都是因为赤泥中的方解石和钙铝榴石在柠檬酸作用下完全溶解。可溶性 K⁺、Al^{3+}、Mg^{2+} 的含量在 OTBR 和 OGTR 的上清液中区别不大，K⁺、Al^{3+} 溶解相对较多，难溶的含 Mg 矿物微量溶解，石膏对 K⁺、Al^{3+}、Mg^{2+} 的溶解几乎没有影响。赤泥中含 Fe 物相在柠檬酸、柠檬酸—石膏作用前后的上清液中均不存在，表明含 Fe 物相在柠檬酸、柠檬酸—石膏作用过程中没有溶解，稳定存在于赤泥中。上清液中 Fe 的含量也证实了钙铁榴石在柠檬酸—石膏联合作用过程中没有溶解与转化，石膏的添加对钙铁榴石的转化没有影响。交换性 Na 的含量在柠檬酸作用下降低了 75%，交换性 Ca 的含量升高了 21.8%。在柠檬酸—石膏联合作用下，交换性 Na 降低了 81.2%，交换性 Ca 升高了 42.3%。交换性 Na 在 UTBR 中占据可交换性阳离子的 38%，交换性 Ca 在柠檬酸、柠檬酸—石膏作用后明显升高并占据可交换性阳离子的主导地位，可见大量的可交换性 Na 被 Ca 置换，石膏的添加促进了钙钠置换。

OTBR 和 OGTR 中含 Na 矿物的 Na-K 边 X 射线吸收近边结构谱（Na-XANES）均有两个明显的特征吸收峰 b（能量位置：1 076.2±0.2 eV，归一化强度：1.02）和特征吸收峰 e（能量位置：1 080.0±0.2 eV，归一化强度：1.23）。UTBR 的 XANES 谱线也有两个明显的特征吸收峰 b（能量位置：1 076.0 eV，归一化强度：1.02）和特征吸收峰 e（能量位置：1 080.2 eV，归一化强度：1.26），另外在 1 074.2 eV 处存在一个边前吸收峰（归一化强度：0.05），如图 3-52 所示。XANES 的标准谱线是从钙霞石和 Na_2CO_3 获得的，钙霞石的 XANES 谱线有两个明显的特征吸收峰 b（能量位置：1 076.2 eV，归一化强度：1.02）和特征吸收峰 e（能量位置：1 080.0 eV，归一化强度：1.23）。Na_2CO_3 的 XANES 谱线有一个明显的特征吸收峰（能量位置：1 079.6 eV，归一化强度：1.07）和一个边前吸收峰（能量位置：1 074.4 eV，归一化强度：0.06）如图 3-52 所示。Na_2CO_3 的 XANES 谱线中 1 079.6 eV 和 1 074.4 eV

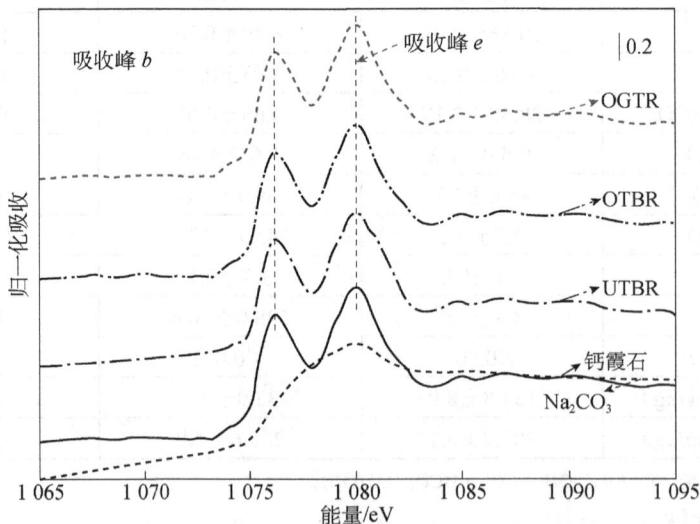

图 3-52 柠檬酸—石膏联合调控的赤泥 Na-K 边 X 射线吸收精细结构

处的两个吸收峰的位置、强度与 UTBR 的 XANES 谱线对应，但 1 074.4 eV 处的吸收峰在
OTBR、OGTR 的 XANES 的谱线中不存在，赤泥中的 Na_2CO_3 在柠檬酸、柠檬酸—石膏作
用过程中都已溶解。

　　钙霞石与 UTBR、OTBR、OGTR 的 Na-XANES 谱线中的两个主要特征吸收峰 b 和 e
的强度和位置基本一致。柠檬酸、柠檬酸—石膏作用过程中，OTBR、OGTR 中钙霞石的
Na 配位结构 [四面体结构，Na 的周边排布 1 个 CO_3（键长：2.701 Å）和 3 个 O（键长：
2.398 Å）] 没有变化（Neuville et al.，2004），柠檬酸、柠檬酸—石膏均没有改变赤泥中 Na
的化学形态。石膏能促进钙霞石的溶解，但不会改变钙霞石的形态。

　　UTBR、OTBR、OGTR 的扫描电镜照片如图 3-53 所示，从中可以看出，未处理的赤
泥颗粒较小，主要是以 0.1～0.5 μm 细小颗粒分布在 2～5 μm 大颗粒团聚体上为主，结晶
差、分布无序、分散，含有较多的无定形物质。柠檬酸、柠檬酸—石膏作用的赤泥主要是
以 0.2～1 μm 颗粒分布在 10 μm 团聚体上为主，较小的颗粒在 OTBR 中仍有部分存在，但
在 OGTR 中已基本消失，大团聚体颗粒增多且分布变密。柠檬酸—石膏作用下，OGTR 中
的大团聚体颗粒明显多于 OTBR 中的。柠檬酸促进了大团聚体的形成，而柠檬酸—石膏联
合不仅促进了大团聚体颗粒的形成，并更有利于大团聚体颗粒的分布。柠檬酸—石膏联合
作用过程中，石膏的添加使赤泥中更多的钙霞石和无定形物质转化，促进了 OGTR 中大团
聚体的形成与有序分布。

图 3-53　柠檬酸—石膏联合调控的赤泥高分辨扫描电镜照片

　　柠檬酸—石膏联合作用的赤泥 Zeta 电位曲线变化趋势差异明显，UTBR 的 Zeta 电位曲线
变化趋势最陡，在 pH 为 5～10 时，Zeta 电位由 26.2 mV 逐渐变为-25.9 mV。OTBR 的 Zeta
电位曲线变化趋势较缓，在相同的 pH 范围内 Zeta 电位由 11.8 mV 变化至-10.2 mV。OGTR 的
Zeta 电位曲线变化趋势最缓，在相同的 pH 范围内 Zeta 电位由 8.9 mV 变化至-8.5 mV。OGTR、
OTBR、UTBR 的 pI 之间存在显著差异。UTBR 的 pI 最高（7.62，$P<0.05$），OGTR、OTBR
与 UTBR 相比较低，柠檬酸—石膏联合作用下的 pI 最低（6.50，$P<0.05$）（图 3-54）。

　　柠檬酸、柠檬酸—石膏作用过程中，矿物相的变化主要是碱性钙铝榴石、方解石和钙
霞石的溶解与转化，它们控制着 Zeta 电位曲线的倾斜程度。柠檬酸、柠檬酸—石膏都会将
部分的钙霞石和钙铝榴石溶解，生成 $Al(OH)_3$ 沉淀和原硅酸聚合物。柠檬酸—石膏联合作
用过程中，添加的石膏会与新形成的原硅酸聚合物发生缓慢反应，慢慢地沉淀析出硅酸钙，
不断促进钙霞石的溶解，进一步降低了钙霞石在 OGTR 中的浓度。石膏的添加未改变 OGTR

中钙霞石的化学形态，OGTR 的 Zeta 电位曲线变缓，OGTR 的 pI 也相应降低，这归因于钙霞石的进一步溶解。新形成的硅酸钙可能具有较低的 pI（硅酸盐 pI 一般比较低）（Li et al.，2015b；Liu et al.，2013），也会降低 OGTR 的 pI。另外，柠檬酸—石膏联合作用过程中，石膏的添加促进了 OGTR 中大团聚体颗粒的形成与有序分布，也有利于 OGTR 的 Zeta 电位曲线变缓和 pI 的降低。

OGTR 和 OTBR 的矿物表面的质子吸附也存在明显差异，质子交换曲线如图 3-54 所示。柠檬酸作用的赤泥质子交换曲线变化趋势较陡，OTBR 的表面质子化较弱。柠檬酸—石膏联合作用的赤泥质子交换曲线变化趋势最陡，OGTR 的表面质子化更弱。OGTR 和 OTBR 的质子交换曲线存在一个很窄的相对水平的区域（矿物表面碱性—OH 的分布），通过质子交换曲线半定量地计算矿物表面活性碱性—OH 的含量。OGTR 和 OTBR 中矿物表面碱性—OH 的分布存在显著差异，OGTR 的矿物表面碱性—OH 含量显著较低（0.12 mol H^+/kg 赤泥，$P<0.05$）。

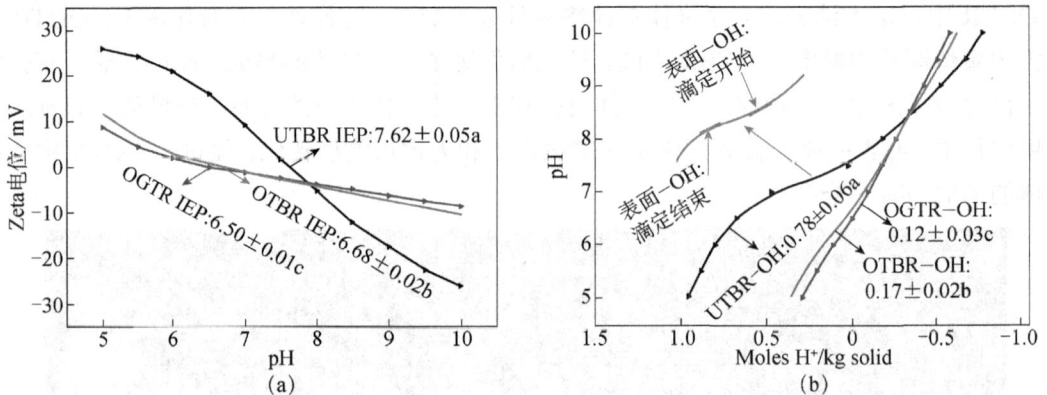

图 3-54　柠檬酸—石膏联合调控的赤泥 Zeta 电位、pH 和赤泥质子交换曲线和矿物表面碱性官能团

OGTR 的质子交换曲线变化趋势最陡，特别在 pH 较低的范围内，OGTR 矿物表面吸附的 H^+ 是主要的缓冲剂。OGTR 表面活性碱性—OH 的含量低于 OTBR，石膏的添加降低了 OGTR 中—OH 的分布。石膏改善了赤泥中颗粒的性质（OGTR 中大团聚体颗粒的有序分布和无定形物质的沉淀析出），降低了 OGTR 的比表面积和表面吸附位点，使得 OGTR 中矿物表面的碱性—OH 重新分布，也进一步证实了石膏的添加对降低矿物表面质子化有着积极作用。柠檬酸—石膏联合调控赤泥碱性效果非常显著，石膏的添加进一步促进了碱性矿物相钙霞石的溶解、无定形物质的沉淀、可交换性钙钠置换、大团聚体颗粒的形成与有序分布，降低了矿物表面质子化，让矿物表面的碱性—OH 重新分布。石膏可促进碱性转化，操作方便，非常适合碱性原位调控，柠檬酸—石膏联合证实了石膏的效果，为生物质—石膏联合调控奠定了基础。

（2）生物质—石膏联合作用的影响

生物质—石膏联合调控过程中，赤泥中的碱性物相发生了明显的转变，如图 3-55 和表 3-23 所示。UTBR 中碱性物相含量为 49.5%，其组成成分是钙铁榴石（28.4%）、钙霞石（13.8%）、方解石（2.1%）、钙铝榴石（5.2%）。秸秆—石膏联合作用的赤泥（SGTR）中碱性含量降为 44.3%，甘蔗渣—石膏联合作用的赤泥（BGTR）中碱性含量降为 44.0%。秸秆—石膏、甘蔗渣—石膏作用下，碱性物质总量降低较少，且两者差别不明显。SGTR 和 BGTR 中钙霞石、钙铝榴石的含量明显下降，在生物质—石膏联合调控过程中发生了溶解与转化。SGTR 和 BGTR 的 XRD 图谱中均未出现新的特征峰，联合调控过程中没有形成新的难溶矿物相。

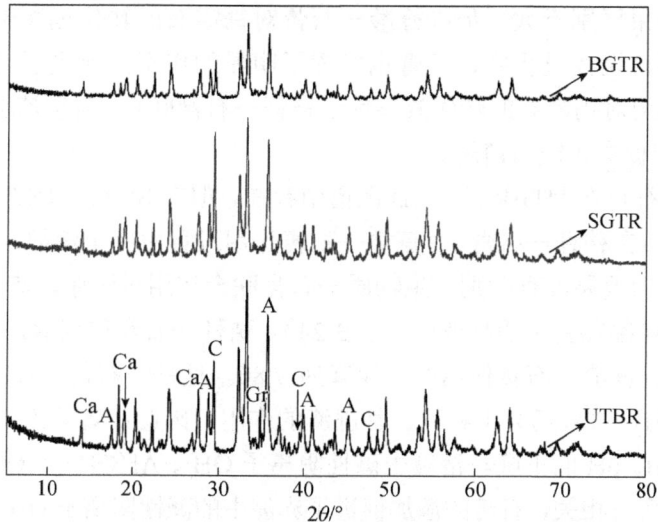

A—钙铁榴石；Ca—钙霞石；C—方解石；Gr—钙铝榴石。

图 3-55　生物质—石膏联合调控的赤泥 XRD 图谱

表 3-23　生物质—石膏联合调控的赤泥碱性物相变化　　　单位：%

碱性矿物相	调控方法		
	UTBR	SGTR	BGTR
钙铁榴石［$Ca_3(Fe_{0.87}Al_{0.13})_2(SiO_4)_{1.65}(OH)_{5.4}$］	28.4	31.1	32.5
方解石（$CaCO_3$）	2.1	2.6	2^a
钙霞石［$Na_8Al_6Si_6O_{24}(CO_3)(H_2O)_2$］	13.8	10.6	9.5
钙铝榴石（$Ca_3Al_2Si_3O_{12}$）	5.2	—	—

注：SGTR：秸秆—石膏联合调控的赤泥；BGTR：甘蔗渣—石膏联合调控的赤泥。

a. 方解石的实际计算结果小于 2%，由于 XRD 分析的下限在 2%，但 BGTR 的 XRD 图谱中方解石的特征峰明显存在，此处将方解石的含量近似等于 2%。

　　钙铁榴石的特征峰在 UTBR、SGTR、BGTR 的 XRD 图谱中均存在。钙铁榴石在秸秆—石膏、甘蔗渣—石膏作用过程中没有发生转变，石膏的添加对其转化没有影响，钙铁榴石仍稳定存在于赤泥中。SGTR 和 BGTR 中钙铁榴石的含量有所增加，可能的原因是赤泥中其他矿物在生物质—石膏联合作用下溶解，SGTR 和 BGTR 中总矿物含量降低，钙铁榴石的含量相对增加。

　　方解石的特征峰在 UTBR、SGTR、BGTR 的 XRD 图谱中均存在。方解石在秸秆—石膏联合作用过程中含量有所增加，其基本没有溶解。方解石在甘蔗渣—石膏联合作用过程中含量稍微下降，但变化不明显。BGTR 中总矿物含量降低，方解石的含量应有所升高，但实际上其含量却有所下降，方解石在甘蔗渣—石膏联合作用过程中发生了溶解，但溶解程度有限。石膏的添加、甘蔗渣中微生物的呼吸作用产生的 CO_2 抑制了方解石的溶解。

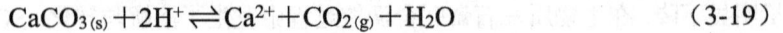

$$CaCO_{3(s)} + 2H^+ \rightleftharpoons Ca^{2+} + CO_{2(g)} + H_2O \qquad (3-19)$$

钙霞石在秸秆—石膏、甘蔗渣—石膏作用过程中分别溶解了 23.2%、31.1%，与柠檬酸—石膏的作用效果区别不大，但柠檬酸—石膏对钙霞石的转化远高于秸秆和甘蔗渣。在生物质—石膏联合调控过程中，石膏也发挥了明显的作用，促进了钙霞石的转化。甘蔗渣—石膏联合作用对钙霞石的转化效果优于秸秆—石膏联合，甘蔗渣分解过程中产生了较多的 H^+，进一步促进钙霞石溶解。

钙铝榴石的特征峰在 UTBR 的 XRD 图谱中存在，但在 SGTR、BGTR 的 XRD 图谱中均未出现。钙铝榴石在秸秆—石膏、甘蔗渣—石膏作用过程中完全溶解，与秸秆、甘蔗渣、柠檬酸—石膏作用的效果没有区别。生物质—石膏联合作用过程中，赤泥上清液的 pH、EC、可溶性 Na、Al 都发生了明显变化（表 3-24）。秸秆—石膏作用后，赤泥 pH 从初始的 10.26 降为 7.93，甘蔗渣—石膏作用的赤泥降为 7.86。秸秆—石膏、甘蔗渣—石膏都显著地降低了赤泥的 pH，效果远大于秸秆、甘蔗渣的作用。因此石膏的添加对 pH 影响很大，显著降低了赤泥 pH。pH 的下降与溶液中碱性阴离子 OH^-、$Al(OH)_4^-$、CO_3^{2-}（溶液 pH>8.3 时存在）的形态与含量相关，石膏的添加促进了赤泥中的碱性阴离子 OH^-、$Al(OH)_4^-$、CO_3^{2-} 的沉淀。生物质—石膏、柠檬酸—石膏都明显降低了赤泥的 pH，生物质—石膏联合的效果稍好于柠檬酸—石膏。在添加石膏的条件下，生物质与有机酸对 pH 作用效果差别较小，因此生物质可替代有机酸联合石膏调控赤泥碱性。

表 3-24　生物质—石膏联合作用的赤泥上清液的 pH、EC、可溶性 Na、Al 的变化

	UTBR	SGTR	BGTR
pH	10.26±0.08	7.93±0.15	7.86±0.28
EC/（mS/cm）	1.80±0.23	3.79±0.10	3.40±0.10
S^b Na/（mg/L）	495.0±6.3	1 779±89	1 856±93
S^b Al/（mg/L）	8.3±0.5	274.5±13.6	290.4±11.6

注：S^b：可溶性阳离子，上清液中存在可溶性 La、Li、Ba、Sc、Se、Sr、Cr、Cu、Mo、Zn 和 Zr，但在此不讨论。生物质因含有 K、Ca 和 Mg，其分解程度不同，K、Ca 和 Mg 溶解进入溶液中的量也不同，上清液中 K、Ca 和 Mg 含量的变化在此不讨论。

EC 在 SGTR、BGTR 的上清液中升高显著。生物质—石膏联合作用过程中，赤泥中含 Na、Al 的矿物相发生溶解，引起 EC 升高。另外，秸秆和甘蔗渣中因含有 K、Ca、Mg 等，它们的分解会导致溶液中阳离子的总量升高，进而造成 EC 升高。SGTR、BGTR 的 EC 与 SCTR、BCTR 的差别不大，石膏的添加对 EC 的影响不大，生物质的分解可能对 EC 的影响较大。生物质—石膏联合调控过程中，秸秆和甘蔗渣的分解程度不同，进入溶液中 K、Ca、Mg 的含量也不同，赤泥中溶解产生的 K、Ca、Mg 难以确定，在此不讨论可溶性的 K、Ca、Mg，只讨论可溶性的 Na、Al。可溶性 Na 在秸秆—石膏、甘蔗渣—石膏作用之后

的上清液中含量较多，是由于赤泥中的部分钙霞石及 Na_2CO_3 在联合调控过程中溶解。SGTR、BGTR 中 Na 含量区别不大，但比 SCTR、BCTR 高了 1 倍，这是因为石膏的添加促进了钙霞石和 Na_2CO_3 溶解。可溶性 Al 在秸秆—石膏、甘蔗渣—石膏作用之后的上清液中明显升高，但其含量比 Na 少，赤泥中含 Al 矿物的溶解量相对较少。与 SCTR、BCTR 中的 Al 含量相比，石膏的添加也促进了含 Al 矿物的溶解。

SGTR、BGTR 中的 Na、Al 含量与 OGTR（300.0 mg/L）相比，秸秆—石膏、甘蔗渣—石膏、柠檬酸—石膏对含 Na、Al 矿物的溶解作用差别不大，生物质—石膏相比柠檬酸—石膏也具有较好的效果。未处理的赤泥颗粒较小，主要是以 0.1～0.5 μm 细小颗粒分布在 2～5 μm 大颗粒团聚体上为主，结晶差，颗粒分布无序、分散，含有较多的无定形物质，部分颗粒上的白色碱性物质清晰可见。秸秆—石膏、甘蔗渣—石膏作用的赤泥主要是以 0.2～1 μm 颗粒分布在 5～15 μm 团聚体上，大部分的细小颗粒在生物质—石膏联合作用过程中消失，SGTR、BGTR 中只有少部分存在，大团聚体颗粒增多且分布变密。秸秆—石膏联合作用下，SGTR 中的大团聚体颗粒少于 BGTR，但分布有序，秸秆—石膏联合对大团聚体颗粒的分布作用更为明显。甘蔗渣—石膏联合作用下，BGTR 中的大团聚体颗粒多于 SGTR，但分布较差，甘蔗渣—石膏联合对大团聚体颗粒的形成作用更为突出（图 3-56）。SGTR、BGTR 与 OGTR 相比，生物质—石膏作用过程中细小颗粒的减少量不及柠檬酸—石膏联合作用，但在大颗粒形成与分布上差别不大，生物质—石膏联合作用有利于大团聚体颗粒的形成。

图 3-56 生物质—石膏联合调控后赤泥的 SEM 照片

从柠檬酸—石膏联合作用过程中矿物表面行为可知，矿物表面活性碱性官能团的分布是矿物表面行为较为直接的体现，在此只讨论表面—OH 的分布。秸秆—石膏、甘蔗渣—石膏作用后的赤泥矿物表面都分布了一定的碱性官能团，但 SGTR、BGTR 的矿物表面分布的—OH 均显著较低（0.22 mol H^+/kg 赤泥、0.20 mol H^+/kg 赤泥，$P<0.05$），且 SGTR 与 BGTR 之间不存在显著差异（图 3-57）。SGTR、BGTR 表面活性碱性官能团的含量明显低于 SCTR、BCTR，石膏的添加降低了 SGTR、BGTR 中—OH 的分布。秸秆—石膏、甘蔗渣—石膏作用过程中，石膏的添加促进了钙霞石的溶解、改善了颗粒的微观分布状态（大团聚体颗粒的形成与有序分布），使得 SGTR、BGTR 中矿物表面的—OH 重新分布。SGTR、BGTR 表面—OH 的含量稍高于 OGTR，但差异很小，秸秆—石膏、甘蔗渣—石膏与柠檬酸—石膏联合相比，其对矿物表面—OH 作用效果非常明显。生物质—石膏联合调控过程

中，石膏可显著地提高生物质对碱性的转化效果，使赤泥中的碱性物相钙霞石、钙铝榴石溶解，有效沉淀碱性阴离子 $[OH^-、Al(OH)_4^-、CO_3^{2-}]$，促使大团聚体颗粒的形成与有序分布，降低矿物表面质子化，促进矿物表面的碱性—OH 重新分布。

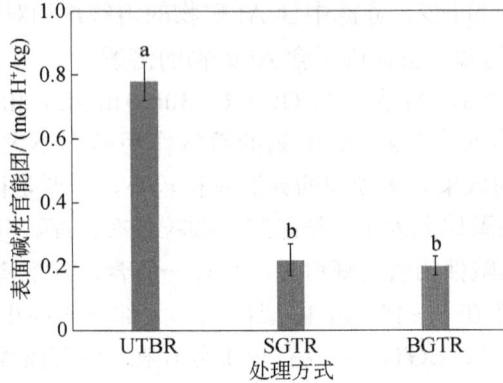

图 3-57　生物质—石膏联合调控的赤泥中矿物表面碱性官能团

（3）生物质—真菌联合作用的影响

生物质—真菌联合调控过程中，赤泥中的碱性物相转化明显，秸秆—真菌联合作用的赤泥（SFTR）中碱性含量降为 45.3%，甘蔗渣—真菌联合作用的赤泥（BFTR）中碱性含量降为 43.3%。秸秆—真菌—石膏联合作用的赤泥（SFTR-G）中碱性含量降为 44.2%，甘蔗渣—真菌—石膏联合作用的赤泥（BFTR-G）中碱性含量降为 42.0%。秸秆—真菌、甘蔗渣—真菌、秸秆—真菌—石膏、甘蔗渣—真菌—石膏作用下，碱性物质总量降低不多，四者差别不明显。SFTR 和 BFTR 中钙铝榴石的含量明显下降，在真菌联合调控过程中发生了溶解与转化，钙霞石的含量略有降低，方解石的含量基本没有变化。SFTR-G 和 BFTR-G 中钙铝榴石、钙霞石的含量明显降低，在生物质—真菌—石膏联合调控过程中发生了溶解与转化，方解石的含量基本也没有变化。SFTR、BFTR、SFTR-G、BFTR-G 的 XRD 图谱中都未出现新的特征峰，如图 3-58 和表 3-25 所示，生物质—真菌联合调控过程中没有新的难溶矿物相形成。钙铁榴石的特征峰在 UTBR、SFTR、BFTR、SFTR-G、BFTR-G 的 XRD 图谱中均存在，钙铁榴石在秸秆—真菌、甘蔗渣—真菌、秸秆—真菌—石膏、甘蔗渣—真菌—石膏作用过程中都没有转变，真菌、真菌—石膏的联合对其转化也没有影响，钙铁榴石仍稳定存在于赤泥中。方解石的特征峰在 UTBR、SFTR、BFTR、SFTR-G、BFTR-G 的 XRD 图谱中均存在。生物质—真菌联合调控过程中方解石的转化与生物质调控过程中的类似，真菌的加入对方解石的溶解作用一样有限；生物质—真菌—石膏联合调控过程中方解石的转化与生物质—石膏调控过程中的类似，真菌的加入对方解石的溶解没有影响。

钙霞石在秸秆—真菌、甘蔗渣—真菌作用过程中溶解了 10%～13%，与秸秆、甘蔗渣的作用效果区别不大，真菌的加入对钙霞石的溶解没有明显促进作用。钙霞石在秸秆—真菌—石膏、甘蔗渣—真菌—石膏作用过程中溶解了 23%～35%，与生物质—石膏的作用效果基本一样，真菌在此过程中也没有转化钙霞石，较多的钙霞石溶解归因于石膏的促进作用。钙铝榴石的特征峰出现在 UTBR 的 XRD 图谱中，在 SFTR、BFTR、SFTR-G、BFTR-G 的 XRD 图谱中都未出现。钙铝榴石在生物质—真菌、生物质—真菌—石膏作用过程中完全溶解，与秸秆、甘蔗渣、生物质—石膏作用的效果相同。赤泥中碱性物相转化的结果表明，生物质—真菌联合作用与生物质作用的效果相当，真菌对碱性物相转化作用有限。生物质—真菌—石膏联合作用与生物质—石膏联合作用的效果相同，碱性物相的进一步转化归因于石膏的添加。

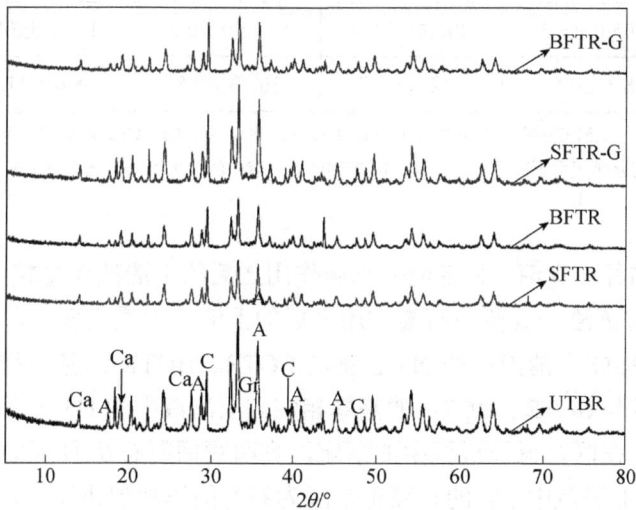

A—钙铁榴石；Ca—钙霞石；C—方解石；Gr—钙铝榴石。

图 3-58　生物质—真菌联合作用的赤泥 XRD 图谱

表 3-25　生物质—真菌联合调控的赤泥碱性物相变化　　　　　单位：%

碱性矿物相	调控方法				
	UTBR	SFTR	BFTR	SFTR-G	BFTR-G
钙铁榴石［$Ca_3(Fe_{0.87}Al_{0.13})_2(SiO_4)_{1.65}(OH)_{5.4}$］	28.4	30.6	29.2	31.5	30.1
方解石（$CaCO_3$）	2.1	2.3	2.1	2^a	2^a
钙霞石［$Na_8Al_6Si_6O_{24}(CO_3)(H_2O)_2$］	13.8	12.4	12.0	10.7	9.9
钙铝榴石（$Ca_3Al_2Si_3O_{12}$）	5.2	—	—	—	—

注：SFTR：秸秆—真菌联合调控的赤泥；BFTR：甘蔗渣—真菌联合调控的赤泥；SFTR-G：秸秆—真菌—石膏联合调控的赤泥；BFTR-G：甘蔗渣—真菌—石膏联合调控的赤泥。

a. 方解石的实际计算结果小于 2%，由于 XRD 分析的下限在 2%，但 SFTR-G 和 BFTR-G 的 XRD 图谱中方解石的特征峰明显存在，此处将方解石的含量近似等于 2%。

生物质—真菌联合作用过程中，赤泥上清液的 pH、EC、可溶性 Na、Al 都发生了明显变化（表 3-26）。秸秆—真菌、甘蔗渣—真菌作用后，赤泥的 pH 从初始的 10.26 分别降为 9.02、8.95，秸秆—真菌、甘蔗渣—真菌均降低了赤泥的 pH，但与秸秆、甘蔗渣的作用效果相比，加入真菌使 pH 略微升高。秸秆—真菌—石膏、甘蔗渣—真菌—石膏作用后，赤泥的 pH 分别降为 8.00、7.96，两者作用效果基本相同，但也略高于 SGTR、BGTR 的 pH，在石膏的添加下，真菌的加入也造成了 pH 略微升高。由此可以推断，在石膏的共同作用下，真菌在生物质中的代谢过程可能没有产酸，也没有促进生物质分解产酸。

表 3-26　生物质—真菌联合作用的赤泥上清液的 pH、EC、可溶性 Na、Al 的变化特征

参数	UTBR	SFTR	BFTR	SFTR-G	BFTR-G
pH	10.26±0.08	9.02±0.53	8.95±0.33	8.00±0.10	7.96±0.22
EC/（mS/cm）	1.80±0.23	3.37±0.10	3.28±0.10	3.96±0.10	3.30±0.10
S^b Na/（mg/L）	495.0±6.3	806.3±20.7	889.5±19.2	1 703±34	1 807±45
S^b Al/（mg/L）	8.3±0.5	222.3±9.2	267.3±8.8	268.6±11.8	285.6±9.5

注：S^b，可溶性阳离子，上清液中存在可溶性 La、Li、Ba、Sc、Se、Sr、Cr、Cu、Mo、Zn 和 Zr，但在此不讨论。生物质因含有 K、Ca 和 Mg，其分解程度不同，K、Ca 和 Mg 溶解进入溶液中的量也不同，上清液中 K、Ca 和 Mg 含量的变化在此不讨论。

可溶性 Na 在秸秆—真菌、甘蔗渣—真菌作用之后的上清液含量较多（表 3-26），在秸秆—真菌—石膏、甘蔗渣—真菌—石膏作用之后的上清液含量更多，是 SFTR、BFTR 的 2 倍。SFTR-G、BFTR-G 上清液中的 Na 含量与 SGTR、BGTR 的基本相同，SFTR、BFTR 上清液中的 Na 含量与 SCTR、BCTR 的基本相同。上清液中的 Na 主要来源于赤泥中的部分钙霞石及 Na_2CO_3 在联合调控过程中的溶解，真菌对钙霞石及 Na_2CO_3 的溶解没有影响，SFTR-G、BFTR-G 上清液中 Na 的升高也是因为石膏的添加促进了钙霞石和 Na_2CO_3 的溶解。EC 在 SFTR、BFTR、SFTR-G、BFTR-G 的上清液中升高显著，生物质—真菌、生物质—真菌—石膏作用过程中，赤泥中含 Na、Al 矿物相发生了溶解（从可溶性 Na、Al 的含量变化可知），引起 EC 升高。SFTR、BFTR、SFTR-G、BFTR-G 的 EC 基本没有差异，与 SCTR、BCTR 相比，EC 值区别也不大，表明真菌、真菌—石膏对 EC 的影响都不大，而生物质（富含 K、Ca、Mg）分解对 EC 的影响较大。

可溶性 Al 含量的变化与 Na 类似，真菌的加入对含 Al 矿物的溶出影响不大。生物质—真菌联合作用过程中，赤泥中含 Al 矿物部分溶解，真菌—石膏联合作用过程中，石膏促进了含 Al 矿物的溶出。秸秆—真菌、甘蔗渣—真菌作用的赤泥主要是以粒径为 0.2～0.5 μm 的颗粒分布在约 5 μm 团聚体上，部分的细小颗粒在生物质—真菌联合作用过程中消失，但仍有较多的小颗粒未发生明显变化，SFTR、BFTR 中大颗粒的形成与分布也比较有限，如图 3-59 所示。秸秆—真菌—石膏、甘蔗渣—真菌—石膏作用的赤泥主要是以粒径为 0.2～1 μm 颗粒分布在粒径为 5～15 μm 团聚体上为主，大部分的细小颗粒在生物质—真菌—石膏联合过程中消失，SFTR-G、BFTR-G 中只有少部分存在，大团聚体颗粒显著增多。

秸秆—真菌—石膏联合作用下，SFTR-G 中的大团聚体颗粒少于 BFTR-G，但分布有序，秸秆—真菌—石膏联合对大团聚体颗粒的分布作用影响明显。在甘蔗渣—真菌—石膏联合作用下，BFTR-G 中的大团聚体颗粒多于 SFTR-G，但分布较差，甘蔗渣—真菌—石膏联合对大团聚体颗粒的形成作用明显。SFTR-G、BFTR-G 与 SGTR、BGTR 相比，生物质—真菌—石膏联合作用过程中细小颗粒的减少、大颗粒的形成与分布差异不明显，生物质—真菌—石膏联合也有利于大团聚体颗粒的形成与分布，而真菌的加入对团聚体的形成与分布影响甚微。

图 3-59　生物质—真菌联合调控后赤泥的 SEM 照片

3.3　赤泥堆场土壤形成过程的团聚体稳定性调控

3.3.1　石膏—蚯蚓粪肥添加对赤泥颗粒团聚的影响

设定石膏添加量为 2% 和 4%（w/w），蚯蚓粪肥添加量为 4% 和 8%（w/w），共 9 个处理方式，每个处理方式设置 5 次重复，改良条件见表 3-27。添加改良剂的赤泥混合均匀后，保持 70% 持水率（每 3 d 浇水 20 mL），在温室（25 ℃）中培育 60 d。

表 3-27　赤泥改良试验设计方案　　　　　　　　　单位：%

处理方式	石膏量	蚯蚓堆肥量
B	—	—
BG1	2	0
BG2	4	0
BF1	0	4
BF2	0	8
BG1F1	2	4
BG1F2	2	8
BG2F1	4	4
BG2F2	4	8

（1）赤泥理化性质变化

待处理的赤泥粒径分布以砂粒和粉粒为主，分别占 48.1% 和 51.7%，黏粒含量较低，只占 0.2%。赤泥盐碱性较强，pH 为 10.54，EC 为 0.98 mS/cm。容重较高，达到 1.92 g/cm³，孔隙度较低，仅为43.75%。营养元素缺乏，有机碳含量为3.54 g/kg。可交换盐基中，以可交换钙和可交换钠为主，其含量分别为45.12 cmol/kg和39.19 cmol/kg，CEC总量（包括Ca、Mg、K、Na）为87.49 cmol/kg，ESP为44.79%（表3-28）。

添加石膏后，赤泥砂粒含量显著增加，粉粒含量明显减少，黏粒含量基本保持不变。添加石膏导致赤泥pH显著降低，当石膏添加量为2%时，赤泥pH由10.54降低到8.75，而EC迅速上升，达到2.39 mS/cm。石膏添加对赤泥容重和孔隙度影响较小，而对可交换盐基影响较大。石膏添加量为2%时，可交换钙离子含量由45.12 cmol/kg增加到48.57 cmol/kg，可交换钠离子含量由39.19 cmol/kg降低到33.51 cmol/kg，赤泥的ESP由44.79%降低到39.43%。当石膏添加量为4%时，可交换钙离子含量由45.12 cmol/kg增加到68.44 cmol/kg，可交换钠离子含量由39.19 cmol/kg降低到38.12 cmol/kg，赤泥的ESP由44.79%降低到34.72%（表3-28）。这表明石膏添加能够有效降低赤泥盐碱性。

单独添加蚯蚓粪肥后，赤泥机械组成、pH和EC变化较小。同时，赤泥容重显著下降，由1.92 g/cm^{3}降低到1.74 g/cm^3，孔隙度增加明显，赤泥有机碳含量显著增加。当蚯蚓粪肥添加量为4%时，赤泥有机碳含量为7.17 g/kg；当蚯蚓粪肥添加量为8%时，赤泥有机碳含量为14.31 g/kg。同时添加石膏和蚯蚓粪肥后，赤泥基质的理化性质变化较为明显。当石膏添加量为2%，蚯蚓粪肥添加量为8%时，赤泥（BG1F2）砂粒含量达到75.4%，粉粒含量仅为24.5%。所有赤泥理化指标均逐渐改善，其中EC呈上升趋势。赤泥EC上升，表明赤泥基质中水溶性离子浓度增加。向赤泥中添加石膏后，可交换性钙离子与赤泥中钠离子能够发生离子交换，导致赤泥中水溶性离子浓度增加。同时，石膏的添加改变了赤泥的机械组成，赤泥颗粒变粗，渗透性能增加，导致赤泥基质中离子能够更好地迁移，这可能也是添加石膏后赤泥EC上升的原因。

（2）赤泥矿物相组成

由于基质改良过程中，石膏添加对赤泥盐碱性影响较大，向赤泥中添加蚯蚓粪肥后赤泥物理结构发生改变，孔隙度增加，有利于部分碱性物质在赤泥基质中迁移，因此，选择赤泥原样（B）、石膏添加量为2%的赤泥（BG1）以及同时添加石膏和蚯蚓粪肥的赤泥（BG1F2）这三种不同处理方式的样品对其矿物相组成进行分析。

如图3-60所示，原生赤泥矿物相主要包括赤铁矿（Fe$_2$O$_3$）、石英（SiO$_2$）、钙霞石［Na$_8$(Al$_6$Si$_6$O$_{24}$)(OH)$_{2.04}$(H$_2$O)$_{2.66}$］、水钙铝榴石［Ca$_3$Al$_2$(SiO$_4$)(OH)$_8$］、钙铝榴石（Ca$_3$Al$_2$Si$_3$O$_{12}$）、钙铁榴石［Ca$_3$(Fe$_{0.87}$Al$_{0.13}$)$_2$(SiO$_4$)$_{1.65}$(OH)$_{5.4}$］和方解石（CaCO$_3$），其中碱性矿物主要包括钙霞石、方解石、水钙铝榴石、钙铝榴石和钙铁榴石。由图中可以看出，添加石膏后，钙霞石、水钙铝榴石和钙铁榴石含量减少，方解石含量变化较小，钙铝榴石含量略微增加，这表明石膏添加对赤泥矿物相组成有一定影响。添加石膏后，赤泥碱性物质逐渐减少，导致赤泥pH逐渐降低。当同时添加石膏和蚯蚓粪肥后，赤泥矿物组分中钙霞石、钙铝榴石和钙铁榴石含量略微减少，这主要与赤泥物理结构的变化有关。添加蚯蚓粪肥后，赤泥容重降低，孔隙度增加，砂粒含量增多，在保持赤泥70%水量的过程中，部分可溶性碱性物质随水分迁移流失，导致赤泥矿物组分中部分碱性物质含量发生变化。

表 3-28　改良剂添加后赤泥理化性质变化

	处理方式								
	B	BG1	BG2	BF1	BF2	BG1F1	BG1F2	BG2F1	BG2F2
砂粒/%	48.1a	67.7d	64.3c	47.2a	54.4b	68.4d	75.4e	79.6f	76.1e
粉粒/%	51.7f	32.1c	35.5d	52.5f	45.4e	31.4c	24.5b	20.3a	23.6ab
黏粒/%	0.2b	0.2b	0.2b	0.3c	0.2b	0.2b	0.1a	0.1a	0.3c
pH	10.54±0.2c	8.75±0.26b	8.42±0.26a	10.46±0.19c	10.51±0.12c	8.71±0.13b	8.79±0.16b	8.33±0.09a	8.60±0.19b
EC/（mS/cm）	0.98±0.02a	2.39±0.11e	2.71±0.15f	1.06±0.02b	0.98±0.01a	1.22±0.01c	1.58±0.01d	2.41±0.16e	2.26±0.13e
BD/（g/cm³）	1.92±0.05d	1.89±0.12c	1.88±0.15c	1.79±0.21b	1.70±0.08a	1.72±0.16b	1.68±0.11a	1.71±0.24b	1.66±0.14a
孔隙度/%	43.75±1.38a	44.12±3.12b	44.26±2.12b	48.38±1.84c	54.12±2.45e	49.56±1.32c	55.78±1.65e	50.44±2.41d	57.31±0.98f
TOC/（g/kg）	3.54±0.23a	3.47±0.41a	3.50±0.23a	7.17±0.41b	14.31±0.51c	7.24±0.31b	7.31±15.16b	15.16±0.38d	14.028±0.57c
Ca/（cmol/kg）	45.12±0.29b	48.57±2.52c	68.44±0.65f	38.05±0.26a	39.81±1.35a	45.61±1.10b	44.23±1.02b	54.74±0.83d	59.24±1.30e
Mg/（cmol/kg）	0.35±0.05b	0.11±0.02a	0.14±0.01a	0.63±0.03e	1.62±0.02h	0.54±0.01d	1.21±0.02f	0.45±0.02c	1.40±0.04g
K/（cmol/kg）	3.00±0.06e	2.81±0.02d	3.10±0.04f	3.41±0.01g	3.72±0.06h	2.53±0.04b	2.69±0.02c	2.33±0.01a	3.00±0.01e
Na/（cmol/kg）	39.19±0.68f	33.51±1.21c	38.12±0.71e	41.18±0.28h	40.18±0.28g	32.78±0.40b	32.72±0.30b	31.67±0.66a	36.49±0.39d
ESP%	44.79±0.25e	39.43±0.80c	34.72±0.27d	49.45±0.03	47.09±0.82f	40.24±0.27d	40.47±0.31b	35.52±0.56a	36.45±0.31b

注：$n=5$。EC 为电导率，BD 为容重，ESP 为交换性钠百分率，数据后不同字母表示显著差异性（$P<0.05$）。

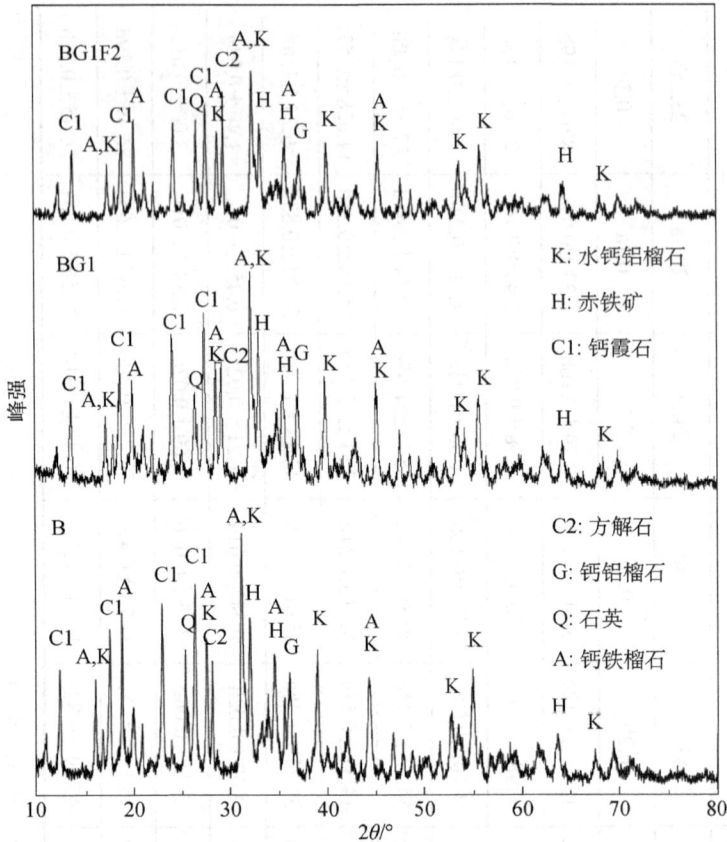

B：原生赤泥；BG1：石膏添加量为 2% 的赤泥；BG1F2：同时添加 2% 石膏和 8% 蚯蚓粪肥的赤泥。

图 3-60　赤泥矿物相 XRD 分析

（3）团聚体粒径分布特征

干筛条件下赤泥团聚体粒径分布如图 3-61（a）所示。赤泥团聚体粒径分布以 0.05～1 mm 为主，占比达到 80.12%，1～2 mm 粒径团聚体含量为 17.42%。添加石膏后，赤泥团聚体含量变化主要集中在 1～2 mm 和 0.25～1 mm 粒径范围。当石膏添加量为 2%（BG1）时，赤泥 1～2 mm 粒径团聚体含量由 17.42% 降低到 15.71%，同时 0.25～1 mm 粒径团聚体含量由 42.82% 增加到 49.49%。当石膏添加量为 4%（BG2）时，赤泥 1～2 mm 粒径团聚体含量由 17.42% 增加到 20.91%，0.25～1 mm 粒径团聚体含量略微增加。这表明，石膏的添加能够促进赤泥团聚体的形成。蚯蚓粪肥添加后，赤泥团聚体粒径分布变化更为明显。当蚯蚓粪肥添加量为 4%（BF1）时，赤泥 1～2 mm 粒径团聚体含量由 17.42% 增加到 22.11%，0.25～1 mm 粒径团聚体含量由 42.82% 增加到 45.30%。当蚯蚓粪肥添加量为 8%（BF2）时，赤泥 1～2 mm 粒径团聚体含量由 17.42% 增加到 24.71%，0.25～1 mm 粒径团聚体含量变化并不明显。这表明，添加蚯蚓粪肥对赤泥团聚体形成具有积极作用。

如图 3-61 所示，联合添加石膏和蚯蚓粪肥对赤泥团聚体形成影响最大。当石膏添加量为 2%，蚯蚓粪肥添加量为 4%（BG1F1）时，赤泥 1～2 mm 粒径团聚体含量由 17.42% 增加到 26.75%，0.25～1 mm 粒径团聚体含量由 42.82% 增加到 46.79%。当石膏添加量为 4%，蚯蚓粪肥添加量为 8%（BF2G2）时，赤泥 1～2 mm 粒径团聚体含量由 17.42%增加到 29.95%，0.25～1 mm 粒径团聚体含量由 42.82%增加到 46.61%。这表明，联合添加石膏和蚯蚓粪肥较单独添加石膏或蚯蚓粪肥对赤泥团聚体形成的影响更大，效果更为明显。相比石膏，蚯蚓粪肥对赤泥团聚体形成的作用更大。湿筛条件下赤泥 1～2 mm 粒径团聚体含量极少，仅为 0.33%。赤泥团聚体主要以粒径<0.25 mm 为主，占比达到 92.84%。石膏添加量为 2%（BG1）时，赤泥 1～2 mm 粒径团聚体含量由 0.33%增加到 0.93%，0.25～1 mm 粒径团聚体含量由 6.81%增加到 9.37%，0.05～0.25 mm 粒径团聚体含量由 40.52%降低到 24.49%，见图 3-61（b）。这表明，添加石膏后形成的团聚体不太稳定，极易在水力作用下崩解。添加蚯蚓粪肥后，赤泥水稳性大团聚体含量显著增加。当蚯蚓粪肥添加量为 4%（BF1）时，赤泥 1～2 mm 粒径团聚体含量由 0.33%增加到 1.34%，0.25～1 mm 粒径团聚体含量由 6.81%增加到 11.89%。当蚯蚓粪肥添加量为 8%（BF2）时，赤泥水稳性大团聚体含量进一步增加，赤泥 1～2 mm 粒径团聚体含量由 0.33%增加到 1.53%，0.25～1 mm 粒径团聚体含量由 6.81%增加到 13.13%。联合添加石膏和蚯蚓粪肥后，赤泥>0.25 mm 粒径团聚体含量有明显增加。当石膏添加量相同时，蚯蚓粪肥添加量越大，赤泥 1～2 mm 粒径团聚体含量越高。这表明，蚯蚓粪肥的添加在赤泥团聚体形成过程中，对团聚体稳定性的影响效果比石膏更显著。

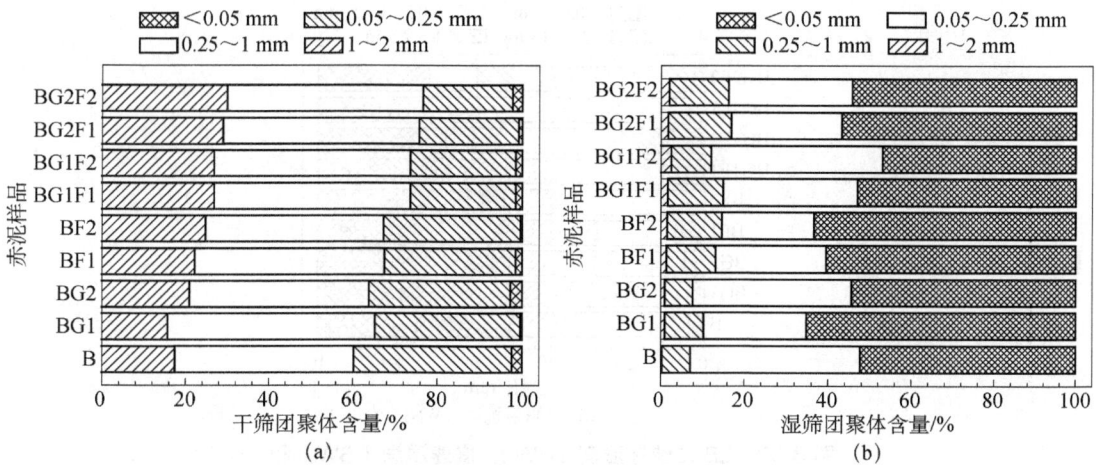

图 3-61　干筛和湿筛条件下赤泥团聚体粒径分布

LB 法不仅能够较好地评价赤泥团聚体稳定性，也能够区分赤泥团聚体的崩解机制（Fattet et al.，2011）。因此，选用 LB 法（快速湿润、慢速湿润和湿润后扰动）对赤泥团聚体粒径分布特征进行分析，其中快速湿润处理条件下赤泥团聚体粒径分布如图 3-62 所示。快速湿润处理条件下，赤泥 1～2 mm 粒径团聚体含量为 1.04%，0.25～1 mm 粒径团聚体含量为 7.89%。单独添加蚯蚓粪肥对赤泥团聚体粒径分布的影响效果比单独添加石膏更佳。当石膏添加量为 2%（BG1）时，赤泥 1～2 mm 粒径团聚体含量由 1.04%增加到 3.27%，0.25～1 mm 粒径团聚体含量由 7.89%降低到 7.54%，赤泥>0.25 mm 粒径大团聚体含量由 8.93%增加到 10.81%。当蚯蚓粪肥添加量为 4%（BF1）时，赤泥 1～2 mm 粒径团聚体含量由 1.04%增加到 4.31%，0.25～1 mm 粒径团聚体含量由 7.89%增加到 8.63%，赤泥>0.25 mm

粒径大团聚体含量由 8.93% 增加到 12.94%。同时添加石膏和蚯蚓粪肥后，赤泥大团聚体增加更显著。当石膏添加量为 2%，蚯蚓粪肥添加量为 4%（BG1F1）时，赤泥 1～2 mm 粒径团聚体含量由 1.04% 增加到 5.95%，0.25～1 mm 粒径团聚体含量由 7.89% 增加到 12.46%，赤泥＞0.25 mm 粒径大团聚体含量由 8.93% 增加到 18.41%，表明联合添加石膏和蚯蚓粪肥更有利于赤泥中水稳性大团聚体的稳定。

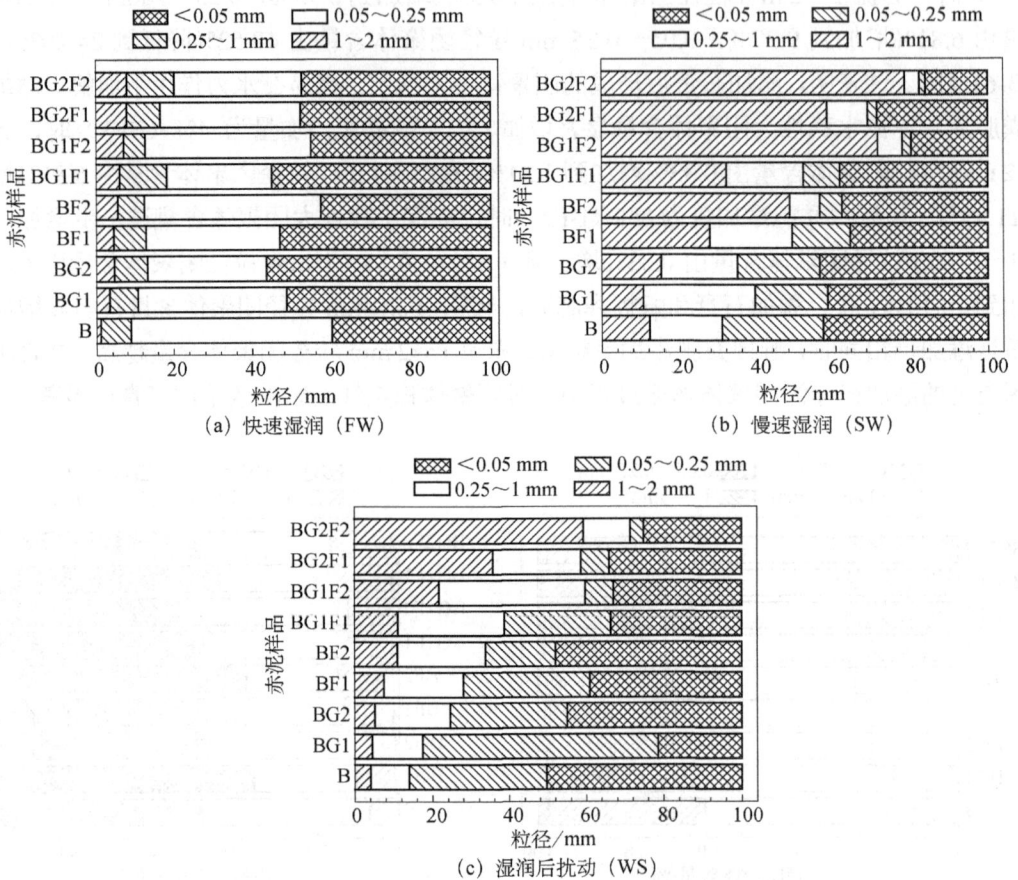

图 3-62 LB 法快速湿润（FW）、慢速湿润（SW）和湿润后扰动（WS）处理条件下粒径分布

慢速湿润处理条件下赤泥团聚体粒径分布见图 3-62（b）。慢速湿润处理条件下，赤泥 1～2 mm 粒径团聚体含量为 12.27%，0.25～1 mm 粒径团聚体含量为 18.56%。单独添加蚯蚓粪肥对赤泥团聚体粒径分布的影响效果比单独添加石膏更佳。当石膏添加量为 4%（BG2）时，赤泥 1～2 mm 粒径团聚体含量由 12.27% 增加到 15.24%，0.25～1 mm 粒径团聚体含量由 18.56% 增加到 19.60%，赤泥＞0.25 mm 粒径大团聚体含量由 30.83% 增加到 34.84%。当蚯蚓粪肥添加量为 8%（BF2）时，赤泥 1～2 mm 粒径团聚体含量由 12.27% 增加到 48.35%，0.25～1 mm 粒径团聚体含量由 18.56% 降低到 7.71%，赤泥＞0.25 mm 粒径大团聚体含量由 30.83% 增加到 56.06%。同时添加石膏和蚯蚓粪肥后，赤泥团聚体粒径更大。当石膏添加量为 4%，蚯蚓粪肥添加量为 8%（BG2F2）时，赤泥 1～2 mm 粒径团聚体含量由 12.27% 增

加到 78.22%，0.25～1 mm 粒径团聚体含量由 18.56%降低到 3.83%，赤泥＞0.25 mm 粒径大团聚体含量由 30.83%增加到 82.05%。这表明，联合添加石膏和蚯蚓粪肥比单独添加石膏或蚯蚓粪肥效果更佳。

湿润后扰动处理条件下赤泥团聚体粒径分布见图 3-62（c）。湿润后扰动处理条件下，赤泥 1～2 mm 粒径团聚体含量为 4.10%，0.25～1 mm 粒径团聚体含量为 9.89%。单独添加蚯蚓粪肥对赤泥团聚体粒径分布的影响效果比单独添加石膏更佳。当石膏添加量为 4%（BG2）时，赤泥 1～2 mm 粒径团聚体含量由 4.10%增加到 5.25%，0.25～1 mm 粒径团聚体含量由 9.89%增加到 19.35%，赤泥＞0.25 mm 粒径大团聚体含量由 13.99%增加到 24.60%。当蚯蚓粪肥添加量为 8%（BF2）时，赤泥 1～2 mm 粒径团聚体含量由 4.10%增加到 10.92%，0.25～1 mm 粒径团聚体含量由 9.89%增加到 22.76%，赤泥＞0.25 mm 粒径大团聚体含量由 13.99%增加到 33.68%。同时添加石膏和蚯蚓粪肥后，赤泥团聚体粒径更大。当石膏添加量为 4%，蚯蚓粪肥添加量为 8%（BG2F2）时，赤泥 1～2 mm 粒径团聚体含量由 12.27%增加到 59.25%，0.25～1 mm 粒径团聚体含量由 18.56%降低到 12.16%，赤泥＞0.25 mm 粒径大团聚体含量由 30.83%增加到 71.41%。这表明，联合添加石膏和蚯蚓粪肥比单独添加石膏或蚯蚓粪肥更有利于赤泥大团聚体的形成和稳定。LB 法三种不同处理条件下赤泥团聚体粒径分布出现显著差异。其中，快速湿润处理条件下赤泥大团聚体含量最低，湿润后扰动处理条件下赤泥大团聚体含量次之，慢速湿润处理条件下赤泥大团聚体含量最高。三种处理方式对赤泥团聚体的破坏作用由大到小依次为：快速湿润＞湿润后扰动＞慢速湿润。

（4）团聚体稳定性与抗蚀性评价

选用 MWD 和可蚀性因子（K）对赤泥团聚体稳定性和抗蚀性进行评价。湿筛条件下，赤泥 MWD 在 0.12～0.18 mm，可蚀性因子（K）在 0.30～0.35，如图 3-63 所示。单独添加蚯蚓粪肥时赤泥团聚体比单独添加石膏时更稳定，联合添加石膏和蚯蚓粪肥时赤泥团聚体稳定性更好。同时，联合添加石膏和蚯蚓粪肥的四种处理条件下赤泥 MWD 变化较小，表明不同配比对赤泥团聚体稳定性的影响较小。添加石膏和蚯蚓粪肥后，赤泥团聚体抗蚀性因子（K）逐渐降低，表明赤泥水稳性团聚体含量逐渐升高，赤泥团聚体稳定性增加。

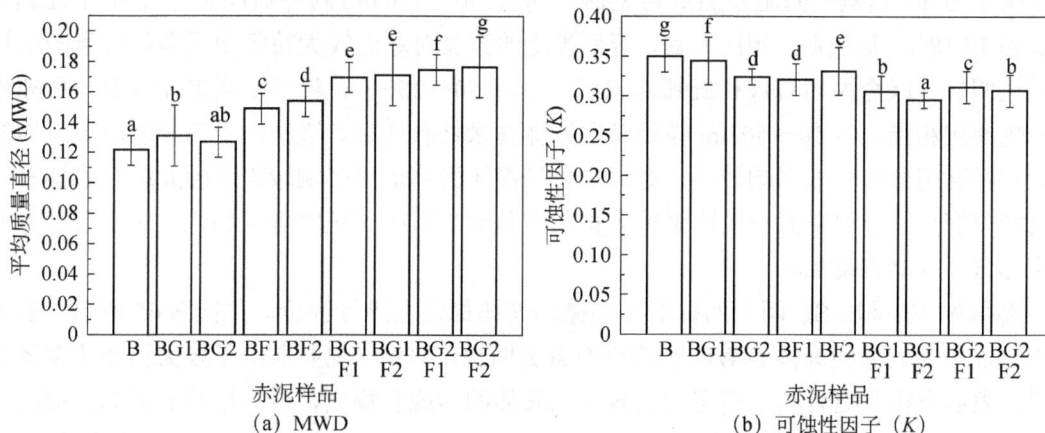

（a）MWD

（b）可蚀性因子（K）

图 3-63 湿筛条件下赤泥团聚体 MWD 和可蚀性因子（K）分析

LB 法三种处理条件下，赤泥团聚体 MWD 和 K 变化如图 3-64 所示。快速湿润处理条件下，赤泥 MWD 为 0.15 mm，可蚀性因子（K）为 0.28。慢速湿润处理条件下，赤泥 MWD 为 0.35 mm，可蚀性因子（K）为 0.23。湿润后扰动处理条件下，赤泥 MWD 为 0.19 mm，可蚀性因子（K）为 0.29。这表明，LB 法三种处理方式对赤泥团聚体稳定性影响存在显著差异，快速湿润和湿润后扰动处理对赤泥团聚体崩解作用较大，慢速湿润处理对赤泥团聚体崩解作用较小。相比于单独添加石膏，单独添加蚯蚓粪肥更有利于赤泥团聚体的稳定。联合添加石膏和蚯蚓粪肥对赤泥团聚体稳定性效果最佳。LB 法三种处理方式下，赤泥团聚体 MWD 整体表现为慢速湿润＞湿润后扰动＞快速湿润，赤泥团聚体可蚀性因子 K 整体表现为慢速湿润＜湿润后扰动＜快速湿润。

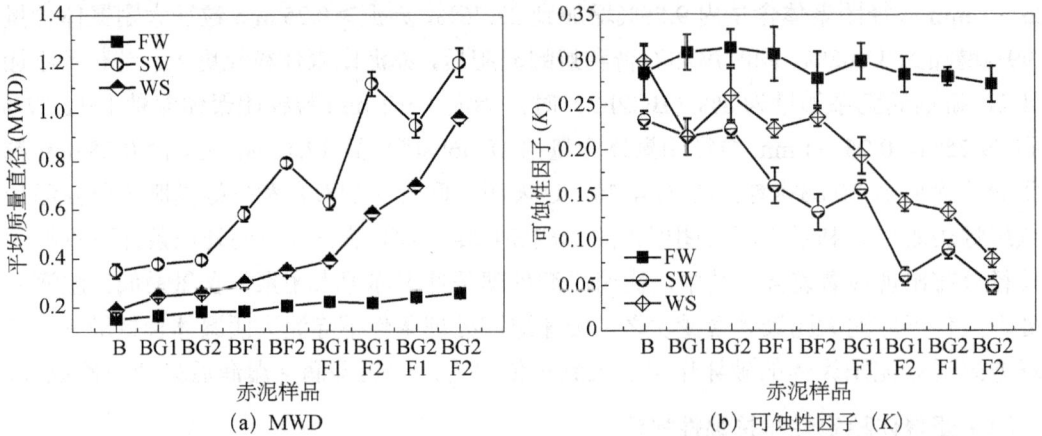

图 3-64　LB 法处理下赤泥团聚体 MWD 和可蚀性因子（K）

微团聚体稳定性评价：不同处理下赤泥微团聚体组成见表 3-29。赤泥原样微团聚体组成以 2～50 μm 粒径为主，其中 20～50 μm 粒径微团聚体含量为 19.24%，10～20 μm 粒径微团聚体含量为 22.45%，5～10 μm 粒径微团聚体含量为 24.59%，2～5 μm 粒径微团聚体含量为 21.29%。添加石膏后，赤泥 50～250 μm 粒径微团聚体含量略有增加，同时 2～10 μm 粒径微团聚体含量也逐渐增加。添加蚯蚓粪肥后，赤泥 50～250 μm 粒径微团聚体含量明显增加。当蚯蚓粪肥添加量为 8% 时，赤泥 50～250 μm 粒径微团聚体含量由 11.21% 增加到 14.18%。这表明，相比石膏，蚯蚓粪肥的添加对赤泥较大粒径微团聚体含量的增加效果更明显。联合添加石膏和蚯蚓粪肥后，赤泥 50～250 μm 粒径微团聚体含量与单独添加蚯蚓粪肥相当，但 10～50 μm 粒径微团聚体含量略有增加。这是由于石膏的添加对赤泥较大粒径微团聚体形成影响较小，对较小粒径微团聚体形成影响较大，因此联合添加石膏和蚯蚓粪肥后，赤泥较大粒径团聚体含量与单独添加蚯蚓粪肥时含量相当，较小粒径赤泥团聚体含量则略有增加。

选用 MWD 和 ASC 两个指标对赤泥微团聚体稳定性进行评价。如图 3-65 所示，蚯蚓粪肥添加对赤泥微团聚体 MWD 影响比石膏更明显。MWD 主要取决于较大粒径团聚体的含量，表明有机质更有利于赤泥较大粒径团聚体的形成和稳定，这与蚯蚓粪肥添加提高赤泥 50～250 μm 粒径微团聚体含量结果相一致。ASC 与微团聚体稳定性呈正相关关系，ASC

越大，赤泥微团聚体稳定性越好。从图中可以看出，石膏和蚯蚓粪肥都能够提高赤泥微团聚体稳定性。同时，单独添加石膏时赤泥 ASC 比单独添加蚯蚓粪肥时要高，而 ASC 表示团聚的粉黏粒含量，这表明石膏能够提高赤泥微团聚体稳定性，石膏能够有效促进赤泥较小粒径微团聚体的团聚，这与添加石膏提高赤泥 2～10 μm 粒径微团聚体含量结果相一致。结果表明，石膏对赤泥粉黏粒粒径微团聚体的絮凝作用比有机质大，而有机质能够促使较大粒径微团聚体的形成和稳定。

表 3-29　不同处理方式下赤泥微团聚体组成　　　　单位：%

处理方式	微团聚体大小					
	50～250 μm	20～50 μm	10～20 μm	5～10 μm	2～5 μm	<2 μm
B	11.21	19.24	22.45	24.59	21.29	1.21
BG1	11.57	18.12	22.12	24.71	22.10	1.38
BG2	11.52	18.68	21.63	25.23	21.79	1.15
BF1	12.23	17.25	20.85	25.94	22.67	1.06
BF2	14.18	16.80	19.93	25.04	22.72	1.34
BG1F1	13.74	16.85	20.38	25.44	22.35	1.24
BG1F2	13.17	17.54	20.76	25.32	22.04	1.18
BG2F1	13.87	17.17	20.82	25.63	21.13	1.38
BG2F2	15.02	16.79	20.07	24.97	21.99	1.16

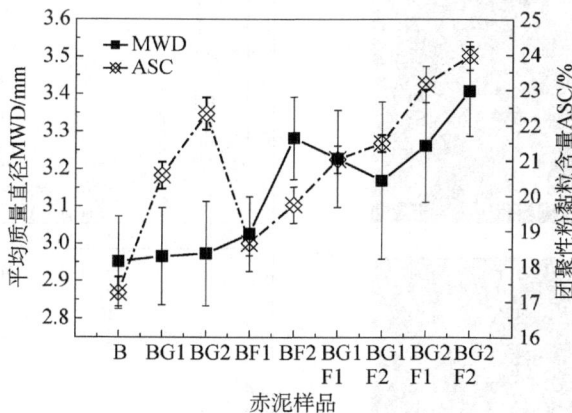

图 3-65　基质改良对赤泥微团聚体稳定性的影响

（5）团聚体微观结构

选择三种处理方式（B、BG1、BG1F2）赤泥样品中大团聚体（1～2 mm）（图 3-66）和微团聚体（<0.05 mm）（图 3-67）进行扫描电镜和能谱分析。从图 3-66 中可以看出，赤泥团聚体中有很多较小片状结构颗粒，形状不规则，边缘不光滑，棱角较多，结构较为松

散。加入石膏后，BG1 中团聚体表面片状结构较大，形状较为规则，边缘比较平整，片状结构颗粒堆积较为密集，结构比较紧实。同时添加石膏和蚯蚓粪肥后，BG1F2 中团聚体粒径较大，团聚结构更好。大团聚体表面有很多较细颗粒附着，颗粒均呈团粒结构。这表明，添加石膏和蚯蚓粪肥对赤泥物理结构具有较大的影响，改良剂的添加有利于赤泥团聚结构的形成。原样赤泥中微团聚体分布较密集，颗粒呈片状或颗粒状，粒径较小，大部分颗粒粒径在 1～2 μm。添加石膏后，BG1 中赤泥微团聚体分布较为松散，颗粒粒径较原样赤泥中更大，大部分颗粒粒径在 3～5 μm，呈颗粒状或较小的团聚状。联合添加石膏和蚯蚓粪肥后，BG1F2 中赤泥微团聚体分布疏松，颗粒粒径较大，大部分颗粒粒径＞5 μm，颗粒团聚效果较好，呈团粒结构或棱柱结构。这表明，添加石膏和蚯蚓粪肥有利于赤泥微团聚体的形成，结构紧实，稳定性较高。

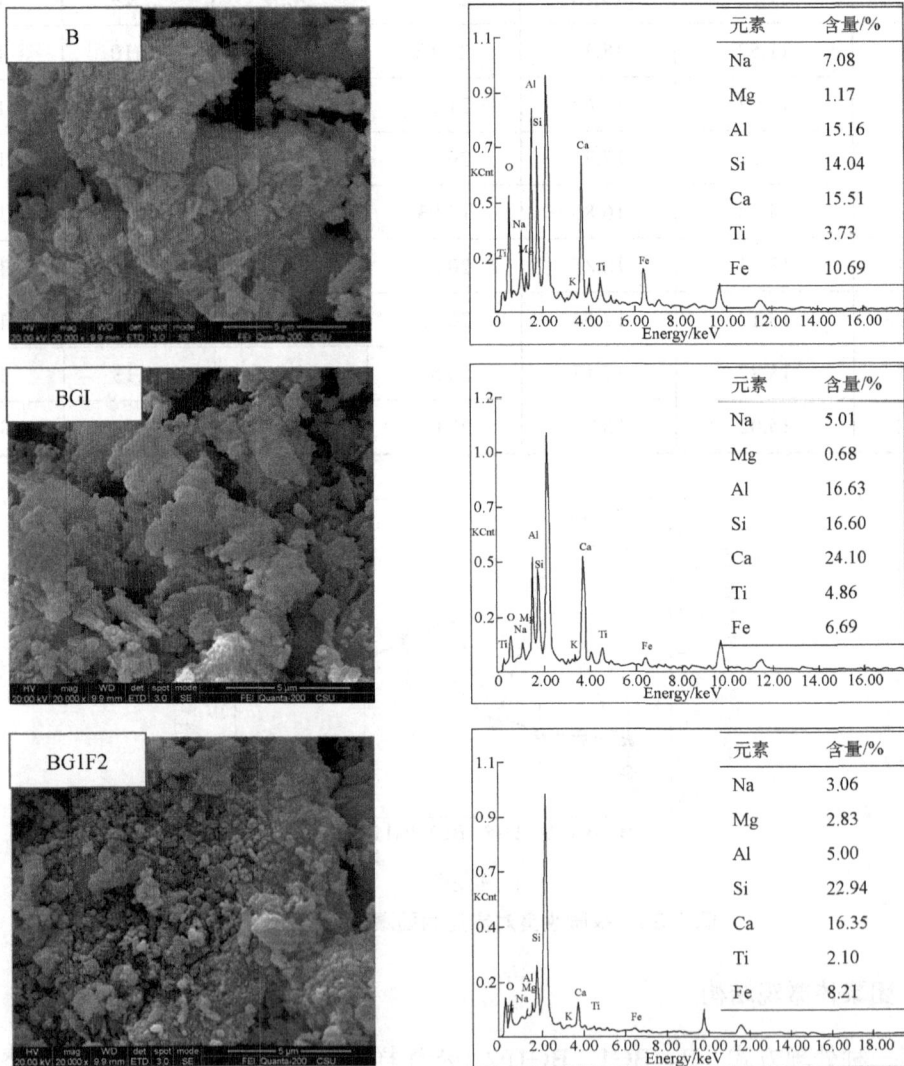

元素	含量/%
Na	7.08
Mg	1.17
Al	15.16
Si	14.04
Ca	15.51
Ti	3.73
Fe	10.69

元素	含量/%
Na	5.01
Mg	0.68
Al	16.63
Si	16.60
Ca	24.10
Ti	4.86
Fe	6.69

元素	含量/%
Na	3.06
Mg	2.83
Al	5.00
Si	22.94
Ca	16.35
Ti	2.10
Fe	8.21

B：原生赤泥；BG1：石膏添加量为 2% 的赤泥；BG1F2：同时添加 2% 石膏和 8% 蚯蚓粪肥的赤泥。

图 3-66　赤泥大团聚体（1～2 mm）扫描电镜和能谱分析

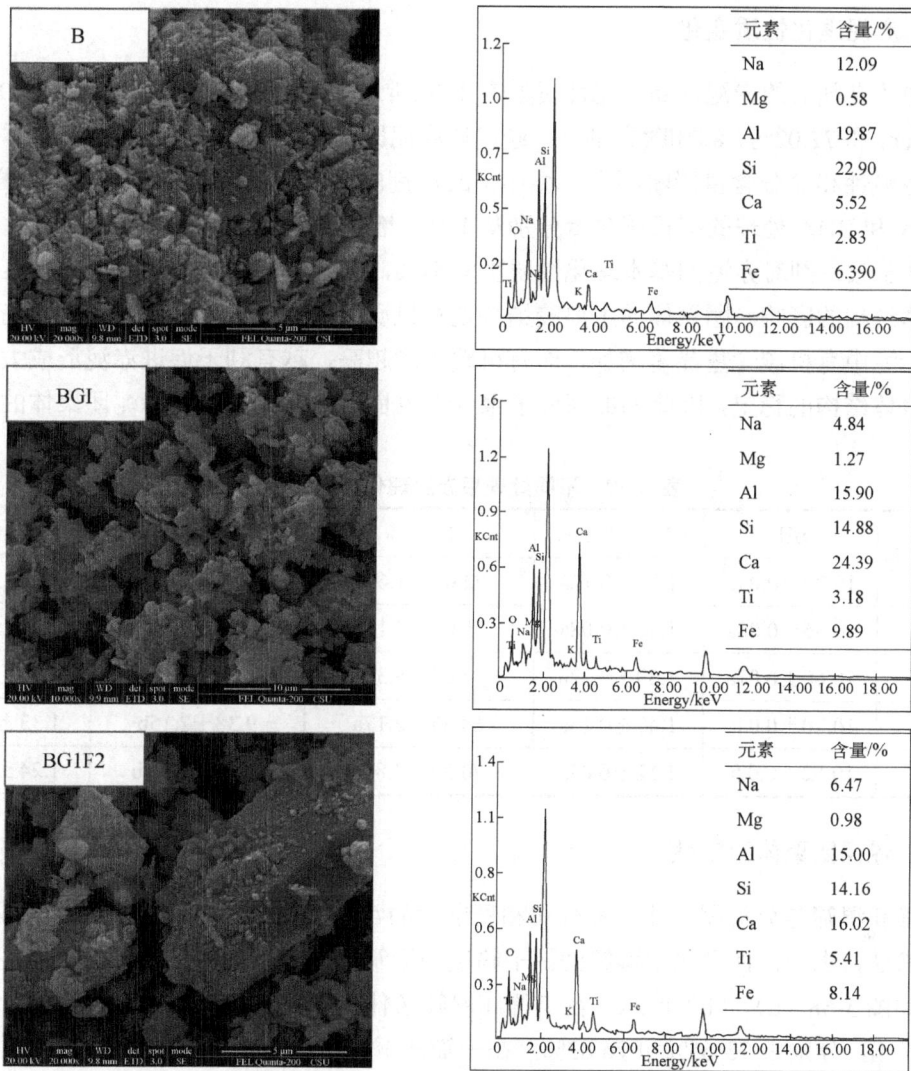

元素	含量/%
Na	12.09
Mg	0.58
Al	19.87
Si	22.90
Ca	5.52
Ti	2.83
Fe	6.390

元素	含量/%
Na	4.84
Mg	1.27
Al	15.90
Si	14.88
Ca	24.39
Ti	3.18
Fe	9.89

元素	含量/%
Na	6.47
Mg	0.98
Al	15.00
Si	14.16
Ca	16.02
Ti	5.41
Fe	8.14

B：原生赤泥；BG1：石膏添加量为 2%的赤泥；BG1F2：同时添加 2%石膏和 8%蚯蚓粪肥的赤泥。

图 3-67　赤泥微团聚体（＜0.05 mm）扫描电镜和能谱分析

3.3.2　高分子材料合成及其对赤泥颗粒团聚的效果

　　不同种类的有机废物（蛭石、鸡粪、秸秆、蘑菇堆肥等）已用来改善赤泥的物理性质（Xue et al.，2015）。考虑到赤泥堆存量巨大，有机废物的添加量通常在 2%～10%，导致基质改良成本极高，且有机废物不够稳定，易被微生物分解，对赤泥的长期修复作用未知。而聚合物的应用，尤其是天然合成共聚物的应用研究较少。本章探究添加不同聚合物对赤泥团聚体形成及稳定的影响，了解不同聚合物对赤泥团聚体崩解行为的影响以及对赤泥团聚体孔隙特征的影响。筛选出对赤泥团聚体形成与稳定促进效果最为显著的高分子聚合物，对于改善赤泥物理结构，促进赤泥土壤化进程具有重要意义。

（1）赤泥理化性质变化

添加改良剂后的赤泥样品理化性质如表 3-30 所示。赤泥 pH、EC 和 ESP 分别为 10.70、1.58 mS/cm 和 72.02%。添加改良剂后，赤泥与赤泥原样 pH、EC 差异不大，说明添加聚合物对赤泥碱性和盐分含量影响不大。添加了改良剂的赤泥有机碳含量明显高于原样赤泥。BP、BSA 和 BHA 处理的有机碳含量分别从 1.15% 增加到 8.71%、9.38% 和 9.84%。总体而言，高分子改良剂对赤泥的基本理化性质影响不大，因此本节着重探讨高分子改良剂对赤泥团聚体结构的影响。团聚体的主要胶结剂是有机质、黏土颗粒和氧化物，添加高分子改良剂使赤泥中有机碳含量显著增加，而有机碳含量越高，越有利于促进赤泥形成大团聚体以及团聚体结构的稳定，因此添加高分子聚合物改良剂能够有效促进赤泥团聚体的形成和稳定。

表 3-30 不同处理后赤泥理化性质的变化

处理	pH	EC/（mS/cm）	ESP/%	有机碳/%	含盐量/%
CK	10.70±0.03a	1.58±0.12a	72.02±1.65b	1.15±0.97c	1.57±0.18b
BP	10.56±0.08a	1.42±0.08a	75.01±4.10b	8.71±0.31b	1.21±0.29c
BH	10.60±0.01a	1.39±0.22a	74.67±5.32b	12.31±3.42a	1.75±0.05a
BSA	10.70±0.04a	1.47±0.15a	68.65±2.17a	9.38±2.15b	1.33±0.54c
BHA	10.62±0.02a	1.52±0.07a	70.39±3.85c	9.84±1.48ab	1.24±0.30c

（2）赤泥团聚体稳定性

干筛和湿筛是分析团聚体粒径分布和稳定性的常用方法，其中评价团聚体机械稳定性采用干筛法，水稳定性则采用湿筛法。干筛法和湿筛法两种筛分方法下的五种赤泥样品粒径分布如图 3-68（a）、（b）所示。在干筛和湿筛条件下，CK 中赤泥的主要组分为 1～0.05 mm 团聚体，分别占 75.65% 和 76.82%。在干筛法下，BP、BH、BSA 和 BHA 处理后的赤泥大团聚体（>0.25 mm）的比例分别从 55.66% 增加到 69.40%、63.95%、70.22% 和 71.22%。与对照相比，添加改良剂后的赤泥机械稳定团聚体比例（$DR_{0.25}$）显著提高。湿筛法结果表明，BP、BH、BSA 和 BHA 处理后的赤泥水稳性团聚体（$WR_{0.25}$）显著增加，分别增加至 68.05%、36.42%、56.76% 和 68.33%。结果表明，添加高分子聚合物可以有效促进赤泥水稳性大团聚体的形成与稳定。其中，BHA 处理后的赤泥 $DR_{0.25}$ 和 $WR_{0.25}$ 最大，说明了天然合成共聚物对赤泥水稳性团聚体形成的促进效果最佳。

MWD 和团聚体破坏率（$PAD_{0.25}$）可以用来评价团聚体的稳定性。图 3-68（a）～（c）给出了不同筛分方法下的 MWD、GWD 和团聚体破坏率（$PAD_{0.25}$）。添加了聚合物的赤泥团聚体 DWMD 和 WMWD 都有显著提升。其中，BSA 和 BHA 处理后的赤泥 DMWD 最大，而 BP 和 BHA 处理后的赤泥 WMWD 最大。结果表明，与其他处理相比，添加腐殖酸—丙烯酰胺共聚物对提高赤泥团聚体稳定性效果最佳。添加腐殖酸处理后赤泥 $PAD_{0.25}$ 最高，达到 43.05%，$PAD_{0.25}$ 的下降顺序依次为：BH>CK>BSA>BP≈BHA。BHA 和 BP 处理对团聚体的崩解有较强的保护作用。由于聚合物对大团聚体的形成有积极影响，采用扫描电镜观察了不同处理的赤泥样品做团聚体结构的变化。赤泥团聚体的微观形貌如图 3-69 所示。从图中可以看出，2～5 μm 粒子是赤泥团聚体的主要部分。CK 样品的颗粒大小和形状与经过改良的样品明显不同。添加聚合物改良后，其微观结构和孔隙发生了明显的变化。聚合物将细小的颗粒胶结在一起，形成较大的团聚体，颗粒间的孔隙也明显增多。此外，BHA 处理的赤泥团聚体之间的孔隙最大。

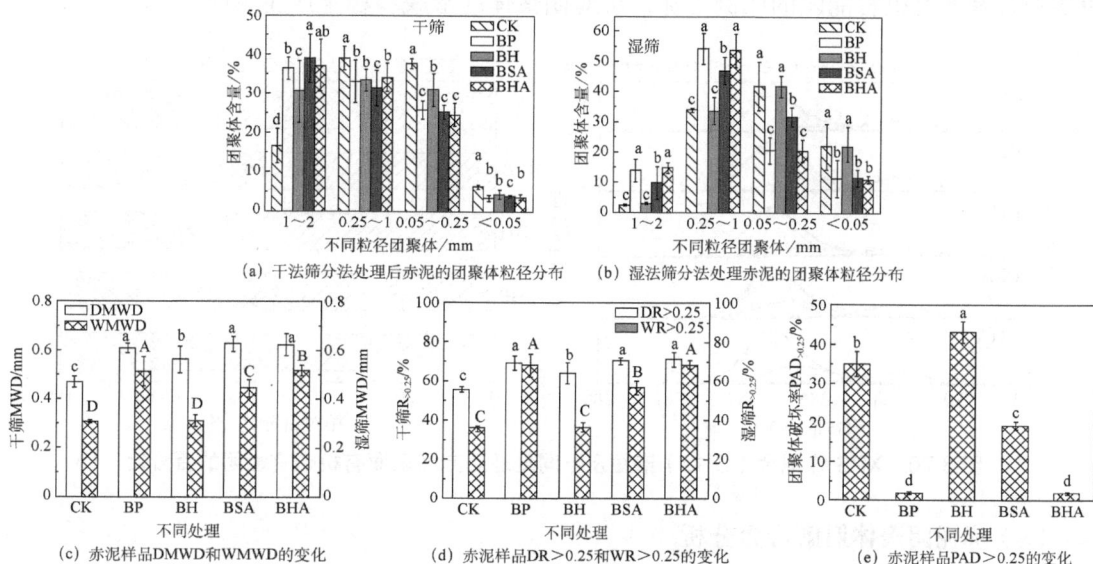

(a) 干法筛分法处理后赤泥的团聚体粒径分布　(b) 湿法筛分法处理赤泥的团聚体粒径分布

(c) 赤泥样品 DMWD 和 WMWD 的变化　(d) 赤泥样品 DR>0.25 和 WR>0.25 的变化　(e) 赤泥样品 PAD>0.25 的变化

图 3-68　聚合物加入后赤泥的团聚体粒径分布及稳定性指标

图 3-69　不同处理下赤泥 1～2 mm 团聚体微观形貌

（3）赤泥团聚体表面有机碳官能团变化

不同处理下赤泥团聚体表面有机碳官能团的相对比例如图 3-70 所示。样品中碳峰可拟合为 C—C/C—H、O—C=O、C—O—C 三种。与对照相比，有机官能团的比例在不同处理之间存在差异。总体而言，C—C 官能团是赤泥团聚体表面最主要的有机化合物，占 46%～68%。由于总有机碳含量的增加，不同有机官能团的实际含量在添加了改良剂后的赤泥中明显增加。此外，O—C＝O 在 BP、BSA 和 BHA 中的比例分别从 9.57%上升到 20.03%、31.58%和 29.51%，这可能是由于丙烯酰胺中 O—C＝O 含量较高。在 BH 和 BHA 中 C—C 的比例增加，可能是由于腐殖酸（HA）的作用。添加聚合物改良后，赤泥中总有机碳的含量和有机官能团的比例增加，会对团聚体的形成和稳定产生影响。

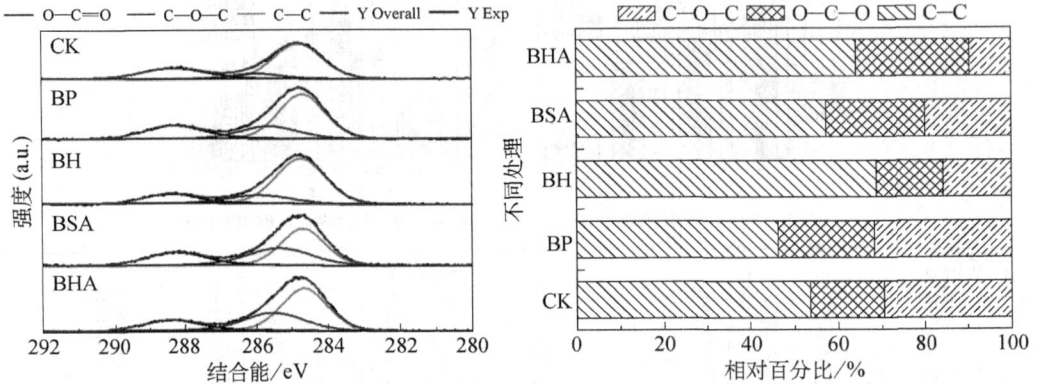

图 3-70　XPS 峰拟合（C 1s）谱图及不同处理后赤泥表面有机碳官能团的百分比

（4）赤泥团聚体崩解行为分析

团聚体崩解行为通过一个连续表面展示了不同处理下，赤泥团聚体在水力作用下粒径分布随时间的变化情况，赤泥团聚体在连续不断的水力作用下团聚体随时间的崩解行为如图 3-71 所示。在 180 min 的循环中，所有的赤泥样品最初粒径分布都主要集中在粒径较大的团聚体附近，但是每个样品中>40 μm 的团聚体初始含量有所不同。团聚体崩解过程中大团聚体的峰强度减弱。总体而言，在整个循环过程中，<20 μm 和 20～50 μm 粒子不断增加，而其他两个粒径范围的粒子含量持续降低。在开始的 40 min 内，赤泥团聚体的崩解率较大，随后下降到稳定状态。经过长时间的搅拌和循环，赤泥团聚体不再是原生矿物颗粒，而是作为细颗粒的一部分在团聚体中继续存在。最后用六偏磷酸钠进行超声分散后，赤泥团聚体中<20 μm 微粒可以完全释放出来。连续表面粒径分布随时间变化表明，BP、BSA 和 BHA 中>20 μm 粒子在 30～60 min 内解体，BH 在 80 min 后依然出现<20 μm 上升的峰（图 3-72）。结果表示，与天然聚合物相比之下，天然合成共聚物可以更有效地防止赤泥团聚体在水力作用下崩解。所有赤泥样品中>250 μm 的颗粒都在最初 40 min 内迅速瓦解，然后其质量分数保持。BHA、BSA 和 BP 处理下的样品>250 μm 颗粒最终分别保持在 6.2%、1.6%和 3.4%。50～250 μm 的团聚体比例在循环期间持续下降，最终的质量分数顺序为 BHA>BP>CK>BSA>BH。20～50 μm 团聚体在 BH 处理下略有下降，而其他处理下均有不同程度的上升。BH 处理下<20 μm 的部分显著增加，且循环结束后 BH 样品中<20 μm 的颗粒含量最高。激光衍射分析结果表明，BP 和 BHA 处理对团聚体稳定性影响最大，添加天然聚合物对团聚体形成与稳定的影响不显著。

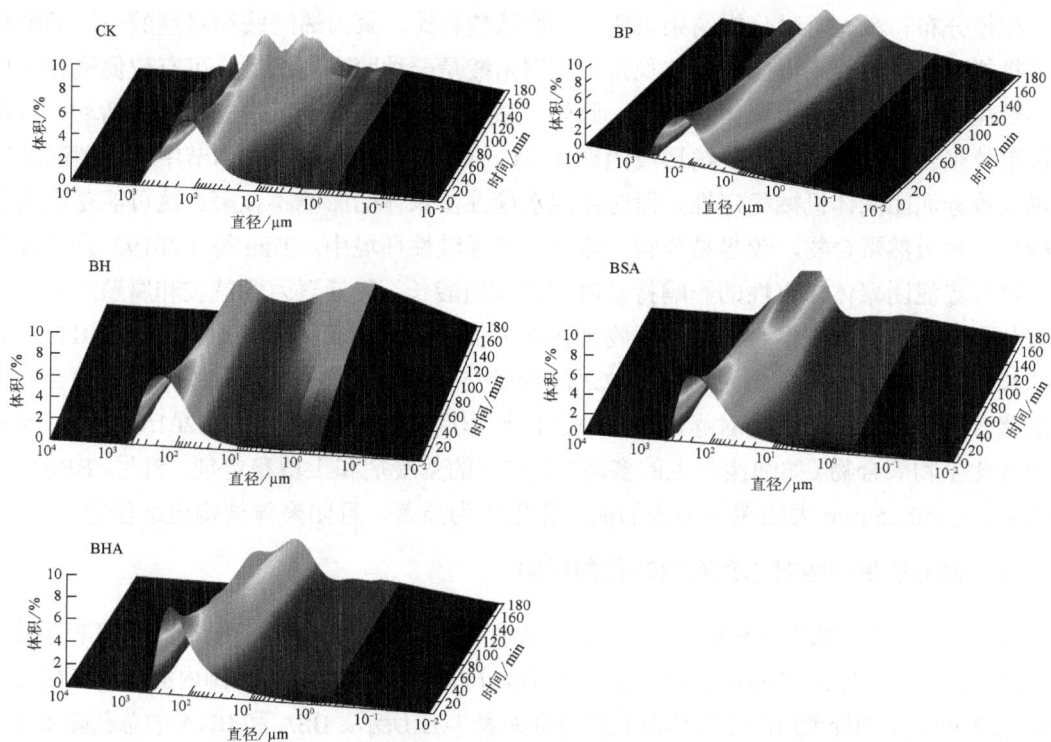

图 3-71　180 min 水力循环下赤泥团聚体粒径分布的连续表面三维图（表面高度表示各粒径的相对丰度）

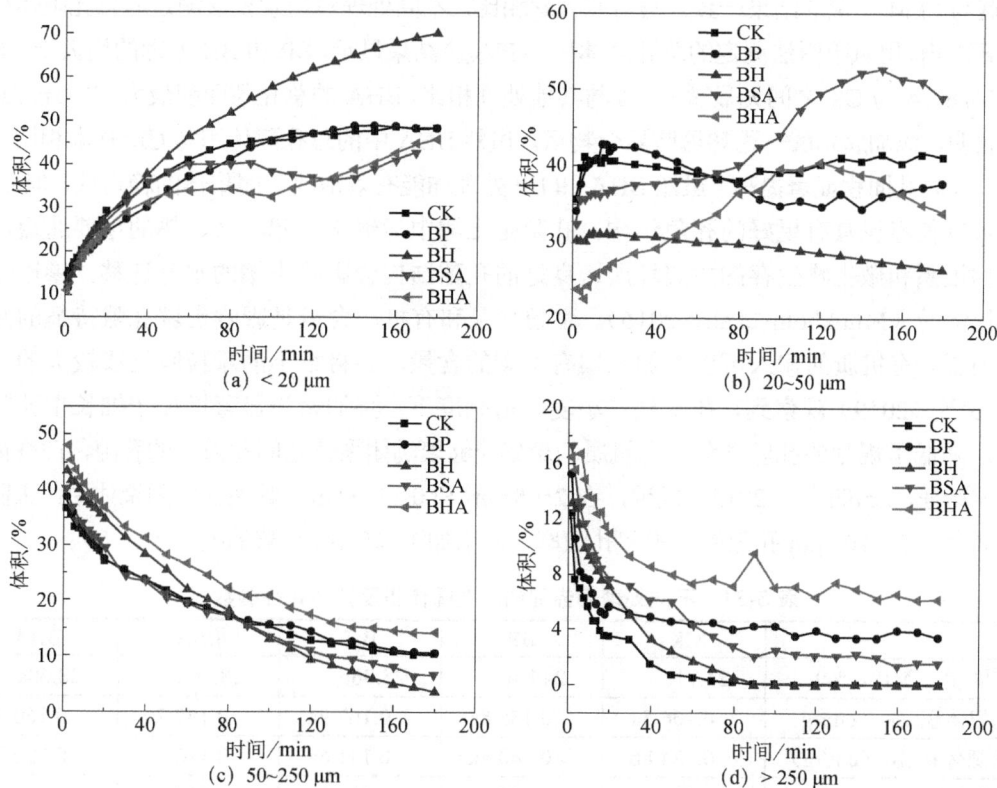

图 3-72　不同处理下四种粒径的丰度随时间的变化

粒径分布和激光衍射分析结果表明，与腐殖酸相比，聚丙烯酰胺和腐殖酸—丙烯酰胺共聚物能更好地改善赤泥的团聚体稳定性。腐殖酸是一种胶态有机质，可有效促进赤泥里微小颗粒的结合，促进团聚体的形成。此外，添加腐殖酸刺激了微生物的代谢活动，可以促进胞外聚合物和真菌菌丝胶结形成团聚体（Costa et al.，2018）。在本节中，腐殖酸虽然可以改善赤泥团聚体机械稳定性，但对赤泥水稳性团聚体的影响不显著。这可能是因为腐殖酸是一种天然聚合物，较容易分解，特别是在强碱性环境中。Tian 等（2019）发现改性聚合物对赤泥团聚体稳定性的影响持续时间比腐殖酸长。包括聚丙烯酰胺和腐殖酸—丙烯酰胺共聚物在内的改性聚合物通过强物理内聚力促进粒子团聚 （Kumar et al.，2011），它们的长链可以在相邻的黏土大小的颗粒之间形成交联，增强凝聚力。此外，改性聚合物比天然聚合物更稳定，可能会对赤泥团聚体的团聚作用持续更久。Lentz（2015）指出 PAM是一种比生物聚合物（如细菌产生的多糖）更有效的絮凝剂和土壤稳定剂。因此，BP、BSA和 BHA 对＞0.25 mm 大团聚体形成的促进作用更为显著，且团聚体结构更加稳定。

（5）高分子聚合物对赤泥孔隙特征的影响

通过压汞仪法和氮吸附法相结合，分析了从纳米到微米尺度的赤泥孔隙特征。氮吸附法可以分析的孔径范围为 $3\sim200\,nm$，而压汞仪法可以分析 $0.003\sim100\,\mu m$ 范围内的孔隙特征（Lu et al.，2019）。不同处理后的赤泥样品孔隙特征如表 3-31 所示。BSA 和 BHA 的总孔隙率分别为 28.70%和 28.68%，明显高于其他处理方式。添加聚合物后用压汞仪法测定的孔隙率显著提升，这与 SEM 图像的结果一致。与对照处理相比，不同处理对压汞仪法测定的总孔隙体积没有显著影响。用氮吸附法测定的总孔隙体积（TPV_{NA}）结果显示，BP 和 BH 处理的均大于 CK，而 BSA/BHA 与 CK 之间无显著差异。与其他处理相比，BHA 的总孔隙面积最大（$5.10\,m^2/g$）。结果表明，添加腐殖酸—丙烯酰胺聚合物后，虽然 BHA 中的总孔隙体积与 CK 基本相同，但孔隙率和总孔面积显著提高。虽然 BHA 和 BP 处理均能有效地改善团聚体的稳定性，但 BHA处理可以使赤泥具有更好的孔隙结构。孔隙是土壤中运输水、肥、气、热的重要通道，也是植物根系和微生物生存的主要场所，良好的孔隙结构会影响土壤的水分迁移，渗透性和地表径流等（Munkholm et al.，2016）。黏粒含量和有机质含量是影响土壤孔隙特征的两个关键因素。有机质的输入可以增加土壤有机碳的含量，并将细小的颗粒胶结成较大的团聚体。Lu 等（2019）观察到，在水稻—小麦种植制度下，添加猪粪显著增加了细长型孔隙的含量，降低了规则的孔隙含量。有机质的聚集能够填满团聚体之间和内部的孔隙，改变团聚体孔隙特征。Zaffar 等（2015）发现，在 $2\sim5\,mm$ 和 $0.25\sim2\,mm$ 黏性土壤团聚体中，去除有机质减少了 $5\sim100\,\mu m$ 孔隙的体积和孔隙率，而增加了 $<5\,\mu m$ 孔隙的孔隙率。

表 3-31　不同处理后赤泥的总孔隙体积及孔隙特征参数

	CK	BP	BH	BSA	BHA
孔隙度/（MIP，%）	24.71c	24.84c	25.86b	28.70a	28.68a
总孔隙体积 MIP/（cm³/g）	0.166 5a	0.156 8a	0.167 9a	0.167 7a	0.160 9a
总孔隙体积 NA/（cm³/g）	0.124 8b	0.140 4a	0.141 6a	0.116 8b	0.120 8b
总孔隙面积/（m²/g）	4.498 9b	4.638 6b	4.586 0b	4.730 9b	5.103 5a

赤泥颗粒极细，有机碳含量低，导致孔隙率低，入渗率低，水 EC 低，持水能力相对较高。聚合物的加入改变了团聚体的粒径分布和团聚体的稳定性，进而改变了赤泥团聚体的孔隙特征。本节从纳米尺度到微米尺度表征了聚合物对赤泥孔隙结构的影响。添加天然聚合物（BH）和合成聚合物（BP）积累了大量<0.2 μm 孔隙，但对赤泥孔隙率几乎没有影响。尽管 BH、BP 和 CK 处理之间的总孔体积和孔隙率没有明显差异，但<0.2 μm 孔径分布的变化也会影响赤泥的物理结构。土壤的储水和供水能力都会受到孔径大小及其分布的直接影响。孔径>5 μm 的孔隙有利于储存植物可用的水，而<0.2 μm 的微孔不能被植物根部穿透。结果表明，BHA 和 BSA 处理可以提高赤泥中植物可利用的持水性，而 BP 和 BH 处理只能提高植物不可用的持水性。不同处理后的孔径分布和孔隙特征是评价赤泥物理性状的重要指标。

（6）高分子聚合物对赤泥孔径分布的影响

氮吸附法测定的结果表明，不同处理下赤泥的孔径分布（1~10 nm、10~25 nm、25~50 nm）不受聚合物添加的影响（表 3-32），且 BP/BH 与 CK 处理在 50~200 nm 的孔径等级上差异显著。氮吸附法估算的差异孔径分布曲线显示，BP 和 BH 在 50~200 nm 孔径范围内的体积较大，而 CK、BSA 和 BHA 在 200~250 nm 孔径范围内的体积较大（图 3-73）。综合而言，天然共聚物和合成共聚物的加入可结合赤泥颗粒，从而减小了较大粒径赤泥团聚体之间的孔隙体积。

表 3-32　用氮气吸附法和压汞法测定不同处理后赤泥的孔径分布

孔径大小/nm	CK		BP		BH		BSA		BHA	
	TPV	%	TPV	%	TPV	%	TPV	%	TPV	%
氮气吸附法处理/（nm，cm³/g）										
1~10	0.012 8a	14.83	0.011 1a	11.27	0.012 1a	12.15	0.011 1a	13.69	0.014 2a	16.00
10~25	0.018 3a	21.08	0.017 6a	17.86	0.018 7a	18.75	0.017 3a	21.20	0.019 2a	21.62
25~50	0.020 4a	23.55	0.021 7a	22.02	0.022 6a	22.64	0.019 5a	23.98	0.020 7a	23.35
50~200	0.035 1a	40.53	0.048 2b	48.85	0.046 4b	46.45	0.033 5a	41.13	0.034 6a	39.04
压汞法处理/（μm，cm³/g）										
0.01~5	0.126 1b	76.62	0.128 8b	82.99	0.132 5a	79.79	0.132 8a	79.73	0.126 3b	79.51
5~30	0.014 2a	8.62	0.009 6b	6.18	0.009 9b	5.99	0.010 8b	6.50	0.009 1b	5.76
30~90	0.004 9a	2.97	0.004 1a	2.67	0.004 7a	2.86	0.005 8a	3.47	0.004 1a	2.60
90~350	0.012 4b	11.78	0.012 7b	8.16	0.018 9a	11.36	0.017 2ab	10.30	0.019 3a	12.14

由压汞仪法测定的赤泥孔径分布包括 0.01~5 μm、5~30 μm、30~90 μm 和 90~350 μm（表 3-32）。总体而言，赤泥中占比最多的是 0.01~5 μm 的孔隙，其次是 90~350 μm 的孔隙，5~30 μm 的孔隙，30~90 μm 的孔隙最少。BH、BSA 和 BHA 处理的赤泥样品中 90~350 μm 孔径范围内的总孔隙体积分别是 0.018 9 cm³/g、0.017 2 cm³/g 和 0.019 3 cm³/g，显

著高于 CK 和 BP。与 CK 相比，BP 处理下的 0.01~5 μm 孔隙比例最高，为 82.99%，而 90~350 μm 孔隙含量最高的是 BHA 处理，为 12.14%。由压汞法测定的赤泥孔径分布曲线 如图 3-73（b）所示，经过 BH 和 BP 处理后的赤泥孔径分布有相似的变化。BP、BH、CK 的孔径分布变化不明显。尽管 BHA 在 0.5~1 μm 的孔径显著少于 CK，但 BHA 处理的赤泥在 10 μm 出现明显特征峰，说明 BHA 处理对 9~11 μm 范围内的孔径影响最大，并且显著高于 CK。且 BHA 在 >100 μm 的范围出现了另一个峰，说明 BHA 处理对于赤泥的 >5 μm 的孔隙影响更大。由两种方法测定的赤泥孔径分布图可以看出，BP 和 BH 处理对赤泥中 <0.5 μm 孔隙有显著的影响，同时 BHA 处理可以提高赤泥中 >5 μm 孔隙的数量。

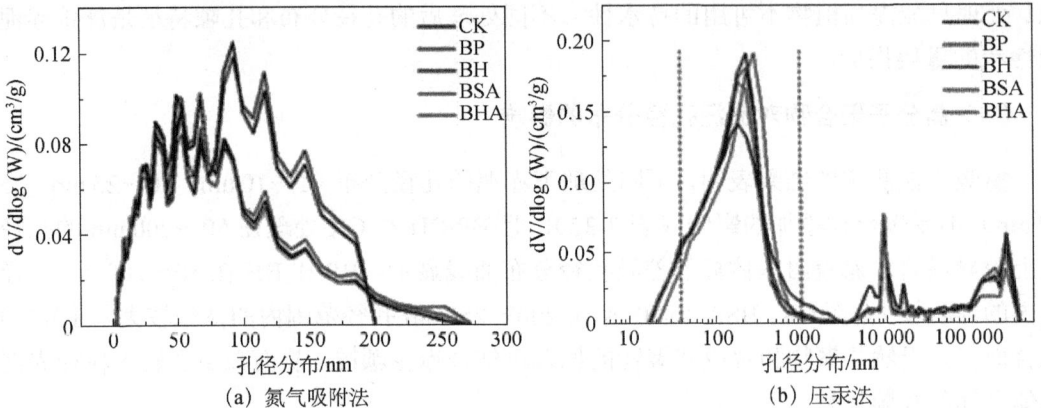

（a）氮气吸附法　　　　　　　　　　　（b）压汞法

图 3-73　不同处理后赤泥的孔径分布

赤泥的孔径分布结果表明，添加天然共聚物（BSA 和 BHA）有利于 >5 μm 孔隙的增加，从而对赤泥孔隙率增加有积极影响，而改善赤泥孔隙结构可以为水、营养物质和气体的输送提供有效的途径，有利于微生物和植物在赤泥堆场的生长。Pagliai 等（2004）研究表明，土壤中 >50 μm 的孔隙数量对于协调土壤、水和植物之间的关系至关重要。Zhu 等（2016b）指出大孔隙率、孔喉数和孔径数是评价赤泥团聚体稳定性和其他物理性状的重要指标。虽然 BHA 处理提高了赤泥团聚体的大孔隙度，降低了纳米级孔隙的孔隙率，但其变化机理较为复杂。添加高分子聚合物显著增加了赤泥的有机碳含量，进而可以促进大孔隙的形成。在这些聚合物中，PAM 具有较长的碳链，可能会堵塞土壤孔隙。腐殖酸可与 Ca^{2+} 结合，具有絮凝作用，可调节土壤水、肥、气、热的循环。由于存在许多其他因素的影响，天然、合成和天然合成共聚物对孔径分布的影响还有待进一步研究。此外，为了真实反映赤泥的孔隙特征，还需要了解其他物理性质，包括入渗率、水力传导率和持水能力。

3.3.3　有机—无机复合材料对赤泥团聚体形成的影响

赤泥因其较高的碱性和极端的物理结构导致植物难以在堆场上定植，而目前最常用且有效的方法是在赤泥中加入磷石膏进行调碱，再通过添加有机物改善赤泥物理结构。本章结合了现有研究，选定磷石膏作为无机材料，对赤泥进行预处理，降低赤泥碱性，再配施对赤泥团聚促进效果最佳的腐殖酸—丙烯酰胺聚合物，与目前常用的有机材料、秸秆和腐殖酸作对比，研究有机—无机复合材料配施对赤泥理化性质以及团聚体形成及稳定性的影响，研制对改善赤泥物理结构最为有效的改良剂组合。

（1）有机—无机复合材料对赤泥基本理化性质的影响

在添加了 6% 的磷石膏预处理后，赤泥原样的 pH 降低至 9.13，而配施有机材料改良后赤泥的 pH 进一步降低，其中添加 0.2% 腐殖酸—丙烯酰胺聚合物的赤泥 pH 降低至 8.29（表 3-33）。说明配施有机—无机复合材料比单独施加磷石膏能更有效地降低赤泥的 pH。但是添加改良剂对赤泥的盐分含量影响较小。添加了 6% 磷石膏的赤泥中有机碳含量与赤泥原样相比增加至 5.84%，配施有机改良剂的赤泥样品中有机碳含量进一步增加。尤其是添加了 5% 腐殖酸和 5% 秸秆的赤泥中有机碳含量极高，改良后赤泥有机碳含量分别增加至 24.86% 和 25.51%。配施高分子聚合物的赤泥有机碳含量也有所增加，分别增加至 8.64% 和 8.58%。

表 3-33　赤泥理化性质的变化

	pH	EC/（mS/cm）	ESP/%	有机碳/%	CEC/%
BG	$9.13\pm0.16ab$	$3.96\pm0.35c$	77.84	$3.38\pm0.002c$	$385.62\pm23.17a$
BGH	$8.87\pm0.22a$	$3.85\pm0.10a$	75.96	$14.42\pm0.002a$	$401.40\pm5.36a$
BGS	$8.31\pm0.17c$	$3.20\pm1.49bc$	72.18	$14.79\pm0.004a$	$380.24\pm5.08a$
BGC_1	$8.29\pm0.23bc$	$3.20\pm1.13bc$	70.87	$5.01\pm0.003b$	$382.24\pm0.88a$
BGC_2	$8.56\pm0.14c$	$3.29\pm0.30ab$	72.84	$4.98\pm0.002b$	$375.82\pm20.62a$

添加了 6% 的磷石膏后，引入的 Ca^{2+} 与赤泥中的碱性离子（OH^-、$Al(OH)_4^-$）发生反应，降低了赤泥的碱性。磷石膏中的 Ca^{2+} 置换出赤泥中的 Na^+，钠盐溶解后经过赤泥孔隙水不断上升到表面，钠离子不能形成稳定的水化层，也不能赤泥表面电荷进行配位，最终只能以纯碱的形式析出。赤泥中的自由碱一部分随水分迁移流出，一部分扩散至其表面，与大气中的 CO_2 发生反应后在赤泥表面形成一层白色的碳酸盐沉积物。这与试验中出现的现象一致，由于试验条件的限制，赤泥中的水分不能大量地迁移排出，虽然添加了 6% 的磷石膏的赤泥底部排出的水中也有一部分碱性物质，但赤泥表面也形成了一层蓬松的白色结晶沉积物。配施了腐殖酸—丙烯酰胺聚合物的赤泥表面白色沉积物较少，可能是高分子聚合物在赤泥表面能够起到稳定剂的作用。目前，已有学者用聚合物作稳定剂进行研究，但目前只在砂粒上进行了测试（Ding et al.，2019）。

赤泥样品的矿物相如图 3-74 所示。单施 6% 磷石膏的赤泥与配施有机—无机复合材料的赤泥相比矿物相组成并没有什么明显变化。主要组成成分是赤铁矿（Fe_2O_3）、水铝石［$AlO(OH)$］、石英（SiO_2）、硅铝酸钠（$NaAlSiO_4$）、钙霞石［$Na_8Al_6Si_6O_{24}(CO_3)(H_2O)_2$］。结合已有的研究，未经改良的新鲜赤泥矿物相中通常钙霞石、钙铁榴石等碱性矿物浓度较高。而经过磷石膏改良的赤泥矿物相以赤铁矿与石英为主，钙霞石和硅铝酸钠等碱性矿物浓度较低。说明添加磷石膏能有效地促进赤泥中碱性矿物的溶出，降低赤泥的碱性，但有机物的添加对于赤泥矿物相的影响不大。

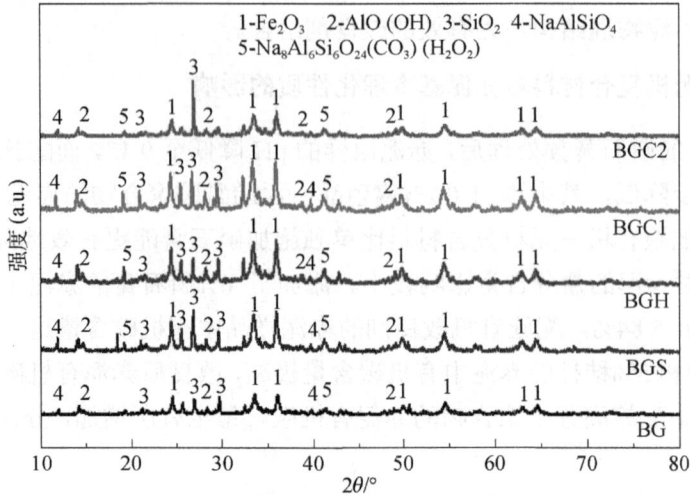

图 3-74　赤泥样品 XRD 图谱

（2）有机—无机复合材料对赤泥团聚体微观形貌的影响

磷石膏主要降低赤泥碱性，而有机物的添加可以有效改善赤泥的物理结构，扫描电镜在两万倍下观察五种处理方式下的赤泥样品中的 1～2 mm 大团聚体的微观形貌，探究团聚体结构的变化，结果如图 3-75 所示。单独添加磷石膏的对照组中赤泥颗粒较细，且颗粒间的孔隙较小。而配施了有机物后的赤泥团聚体颗粒明显变大，添加了秸秆的 BGS 和添加了腐殖酸的 BGH 粒径都有所增大，结构有所改善，尤其是添加了腐殖酸—丙烯酰胺共聚物的 BGC$_1$ 和 BGC$_2$ 赤泥团聚体粒径显著增大，团聚体结构更为饱满，且颗粒间孔隙分明。这表明聚合物可以通过物理黏结力将细小颗粒团聚在一起，形成大团聚体，颗粒间的孔隙也会随之增大。

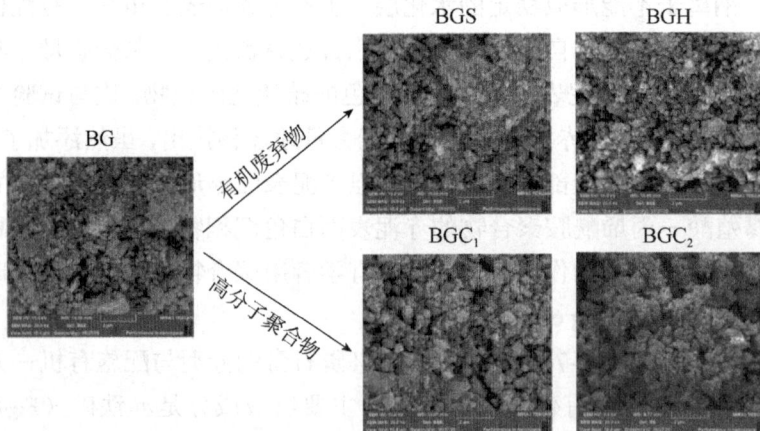

图 3-75　赤泥大团聚体（1～2 mm）扫描电镜图

（3）有机—无机复合材料对赤泥团聚体粒径分布的影响

干筛和湿筛条件下赤泥团聚体粒径分布如图 3-76 所示。在干筛与湿筛的条件下，对照组的赤泥主要组分为 0.25～1 mm 及 0.05～0.25 mm 团聚体，分别占 39.32% 及

38.95%。添加了腐殖酸—丙烯酰胺共聚物的赤泥样品中，1～2 mm 大团聚体含量在两种筛分条件下与对照组相比均有明显增加。干筛法条件下，大团聚体由 15.91%显著增加至 25.02%与 27.67%，湿筛法条件下，由 4.71%分别增加至 13.48 和 20.79%。添加腐殖酸的赤泥样品 1～2 mm 大团聚体在干筛法下增加至 20.10%，但在湿筛条件下比例反而有所降低。秸秆对赤泥 1～2 mm 大团聚体形成的促进效果并不明显，在干筛与湿筛条件下，添加秸秆改良的赤泥团聚体组分主要为 0.25～1 mm 团聚体，分别占 40.12%和 45.55%。腐殖酸—丙烯酰胺共聚物作为一种有机胶结剂，通过胶结赤泥中的微小颗粒，可以有效地促进赤泥大团聚体的形成，并且可以有效地抵抗机械扰动和水力崩解，形成结构稳定、不易崩解的大团聚体。而添加腐殖酸改良的赤泥样品在机械力的干扰下表现出较强的稳定性，但形成的大团聚体在水力条件下极易崩解为较小的团聚体。添加了秸秆改良的赤泥样品中，1～2 mm 大团聚体比例比较低，主要促进了 0.25～1 mm 粒径的团聚体形成。

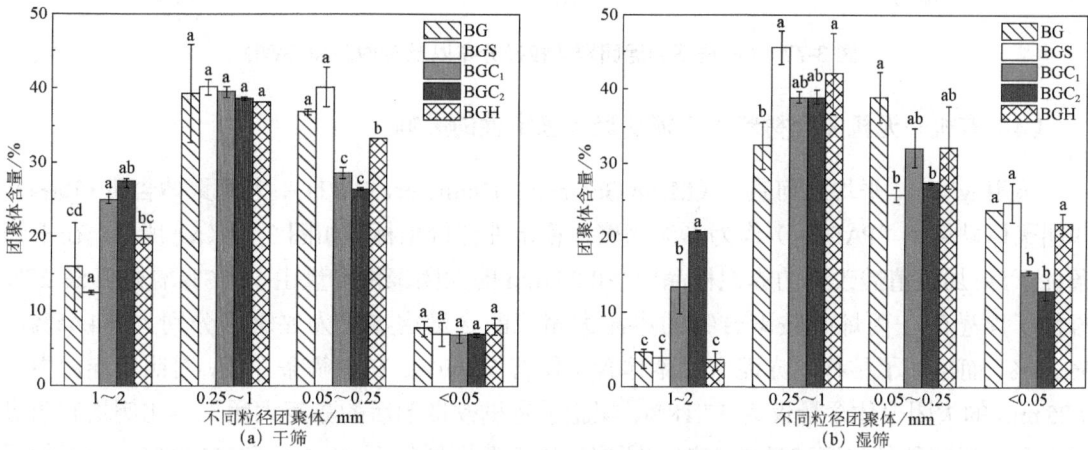

图 3-76　干筛及湿筛条件下赤泥团聚体粒径分布

LB 法下不同处理的赤泥团聚体粒径分布如图 3-77（A）、（B）、（C）所示。在快速湿润条件下，与单施 6%磷石膏的赤泥对照组相比，配施了腐殖酸—丙烯酰胺共聚物的赤泥团聚体 1～2 mm 大团聚体比例有大幅的上升，由 12.4%分别增加至 41.28%和 63.04%。配施腐殖酸和秸秆的赤泥 1～2 mm 大团聚体比例反而有所下降。在快速湿润条件下 BGC 处理的赤泥中＜0.05 mm 的微团聚体含量与对照组 CK 相比，也由 7.48%显著下降至 4.37%和 1.72%。相反，BGS 和 BGH 处理的赤泥微团聚体比例有所增加。在慢速湿润条件下，对照组赤泥团聚体粒径分布主要集中在 1～2 mm，占比高达 83.61%。配施有机改良剂后对赤泥团聚体粒径分布的影响也并不显著，只有配施了 0.2%的腐殖酸—丙烯酰胺的赤泥 1～2 mm 大团聚体比例小幅增加至 87.77%。在预湿后扰动条件下，对照组赤泥团聚体的主要组分为＞0.25 mm 的大团聚体，占比为 92.35%，配施了秸秆和腐殖酸的赤泥大团聚体含量分别降低至 89.22%和 87.68%，而配施了腐殖酸—丙烯酰胺共聚物的赤泥大团聚体比例分别增加至 93.42%和 92.65%。

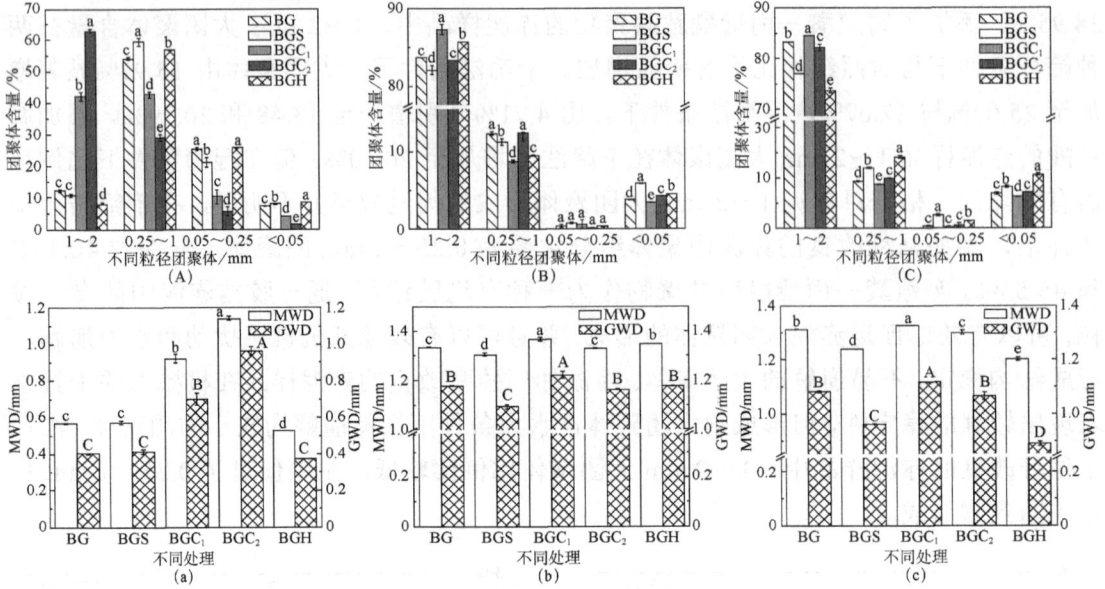

图 3-77　LB 法下赤泥团聚体粒径分布以及 MWD 和 GWD

（4）有机—无机复合材料对赤泥团聚体稳定性的影响

选用 MWD、平均几何直径（Mean Geometric Diameter，GWD）、大团聚体含量（$R_{0.25}$）和团聚体破坏率（$PAD_{0.25}$）作为赤泥团聚体稳定性评价指标。如图 3-78（a）所示，在干筛条件下，添加腐殖酸改良的赤泥样品中＞0.25 mm 的大团聚体含量由 55.23%增加至 58.27%。添加了腐殖酸—丙烯酰胺聚合物的赤泥大团聚的含量增加更为显著，分别为 64.45%、66.20%。而添加了秸秆的赤泥大团聚体含量仅有 52.60%。在湿筛条件下，对照组赤泥中＞0.25 mm 的大团聚体含量仅为 37.18%，配施了有机改良剂后的赤泥大团聚体比例均有明显的上升，添加秸秆和腐殖酸的赤泥大团聚体比例分别增加至 49.40%和 45.78%，而添加了腐殖酸—丙烯酰胺聚合物的赤泥大团聚体比例大幅增加至 52.38%及 59.75%。如图 3-78（a）、（b）所示，在干筛和湿筛条件下，不同处理的赤泥样品的 MWD 与 GWD 变化趋势相同。在干筛条件下，与单独添加 6%的磷石膏对照组赤泥相比，配施 5%水稻秸秆的赤泥 MWD 和 GWD 略微下降，说明配施 5%的秸秆形成的赤泥团聚体在机械作用力的干扰下不够稳定，容易破碎，但配施腐殖酸以及腐殖酸—丙烯酰胺聚合物的赤泥团聚体 MWD 和 GWD 均呈上升趋势，尤其是添加聚合物的赤泥团聚体稳定性有较为明显的上升。在湿筛条件下，配施了有机改良剂的赤泥与对照组相比 MWD 和 GWD 均有不同程度的增加，其中添加腐殖酸—丙烯酰胺聚合物的赤泥团聚体稳定性指标上升最为显著。

图 3-78 中团聚体破坏率（$PAD_{0.25}$）从高到低依次为 CK＞BGH＞BGC_1＞BGC_2＞BGS。与单施磷石膏的赤泥对照组相比，配施了有机改良剂的赤泥团聚体破坏率均有所降低。由于添加了秸秆的赤泥团聚体水稳定性较强，在湿筛条件下 0.25～1 mm 的团聚体比例较高，不易崩解为更小的颗粒，因此团聚体破坏率最低。而添加腐殖酸—丙烯酰胺共聚物的赤泥团聚体在两种筛分条件下均表现出较好的稳定性，破坏率也相对较低。以上结果表明，

与单施磷石膏相比，配施有机—无机复合材料能降低团聚体破坏率，使团聚体结构更加紧实，不易破碎；其中配施磷石膏和腐殖酸—丙烯酰胺共聚物能够有效地促进赤泥大团聚体的形成与稳定，形成的大团聚体无论是在水力还是机械力的干扰下都能保持良好的稳定性，不易崩解和破碎。且添加 0.4% 的腐殖酸—丙烯酰胺共聚物比添加 0.2% 对团聚体形成与稳定的促进作用更明显。

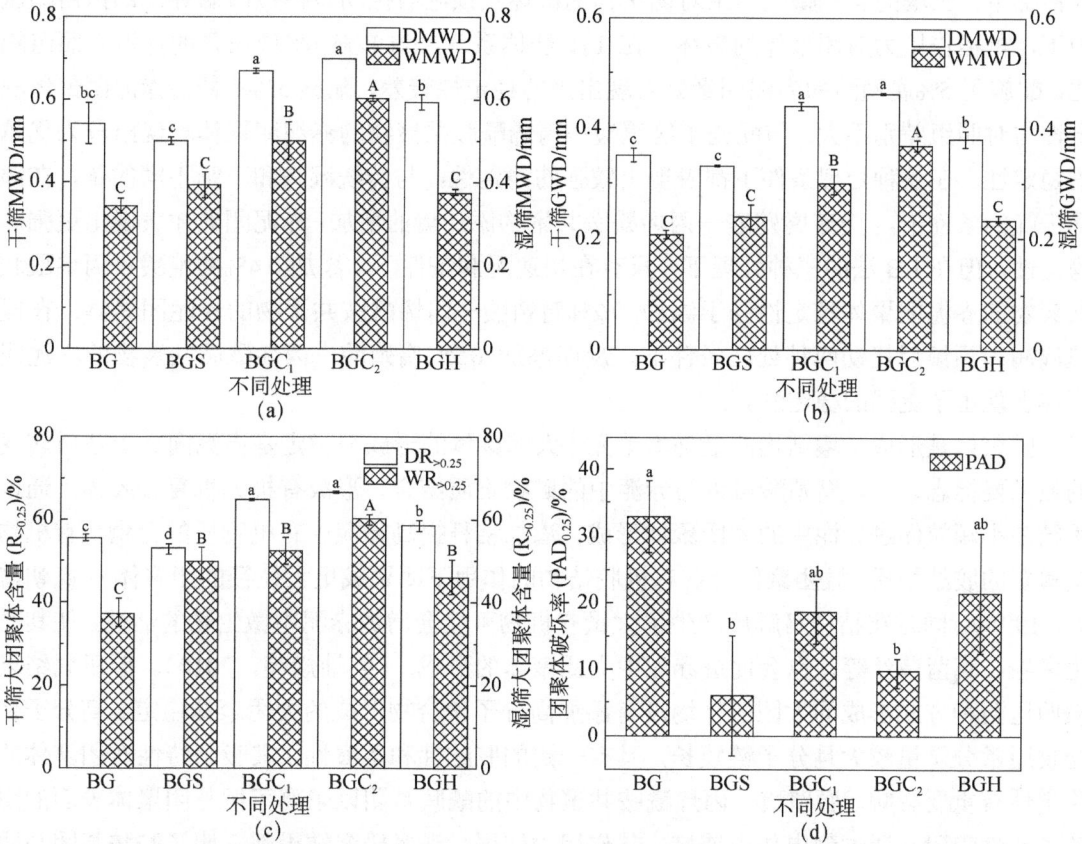

图 3-78　赤泥团聚体 MWD（a），GWD（b），大团聚体含量（c）以及团聚体破坏率（d）

在干筛与湿筛的条件下，与单施 6% 磷石膏的赤泥对照组相比，配施了 6% 磷石膏和有机改良剂的赤泥大团聚体含量以及团聚体稳定性均有不同程度的提升，说明有机物的添加可以有效促进赤泥团聚体的形成与稳定。添加腐殖酸—丙烯酰胺共聚物对于赤泥大团聚体的形成与稳定的促进效果最为显著。此外共聚物的添加量仅为 0.2% 和 0.4%，其他两种常用有机物的添加量为 5%，其对团聚体形成与稳定的效果却并不显著。

LB 法下不同处理的赤泥团聚体 MWD 和 GWD 如图 3-78（a）～（c）所示，在快速湿润条件下，添加了腐殖酸—丙烯酰胺共聚物的赤泥团聚体 MWD 有显著上升，由 0.57 mm分别上升至 0.65 mm 和 0.70 mm，GWD 由 0.20 mm 上升至 0.30 mm 和 0.47 mm。不同处理下的赤泥团聚体的 MWD 和 GWD 从大到小依次为 BGC$_2$＞BGC$_1$＞BGS＞BG＞BGH。添加腐殖酸并不能有效增大赤泥团聚体的 MWD 和 GWD，但配施秸秆和腐殖酸—丙烯酰胺共聚物可以促进赤泥 MWD 和 GWD 增大。在慢速湿润条件下，赤泥团聚体的 MWD 均在 1.3 mm 以上，GWD 均在 1.1 mm 以上变化不显著。在预湿后扰动条件下，与对照组赤泥相比，配施了秸秆和腐殖酸的赤泥团聚体 MWD 和 GWD 有所减小，而配施 0.2%腐殖酸—丙烯酰胺共聚物的赤泥团聚体的 MWD 和 GWD 均有小幅增加。

LB 法的三种处理是基于团聚体崩解的原因来区分其破坏基质。其中，快速湿润处理是模拟在暴雨或灌溉情况下，消散作用对团聚体的破坏；慢速湿润处理是模拟在小雨或滴灌情况下，土壤的黏粒膨胀作用对团聚体的破坏；预湿后扰动是模拟雨滴等外部撞击的压力下，机械作用力对团聚体的破坏。在 LB 法体系下，与单施 6%磷石膏的赤泥对照组相比，配施了 5%腐殖酸的赤泥团聚体表现出来的稳定性较差，配施 5%秸秆的赤泥团聚体稳定性与对照组差别不大，但配施了腐殖酸—丙烯酰胺共聚物的赤泥团聚体表现出较为优越的稳定性。在三种处理条件下都表现出较强的稳定性，与传统湿筛和干筛不同的是，在湿筛干筛的条件下，随着腐殖酸—丙烯酰胺共聚物添加量的增加，赤泥团聚体表现出更强的稳定性，但在 LB 法的三种处理下，只有在快速湿润条件下，添加 0.4%腐殖酸—丙烯酰胺共聚物的赤泥团聚体稳定性强于添加 0.2%腐殖酸—丙烯酰胺共聚物的赤泥团聚体；在慢速湿润和预湿后扰动两种处理条件下，反而添加 0.2%腐殖酸—丙烯酰胺共聚物的赤泥团聚体表现出了更强的稳定性。

团聚体是形成土壤结构的最基本单元，大团聚体的形成与稳定是赤泥向类土基质转变的最重要标志之一。腐殖酸可以与赤泥中的矿物物质结合，形成有机无机复合胶体，通过胶结细小颗粒促进赤泥中的大团聚体形成。添加秸秆提高赤泥中有机物质的含量，有机物是重要的胶结物质，微团聚体会在有机胶结物的作用下团聚成更大粒径的团聚体（魏朝富等，1995）。同时在秸秆腐解后产生了大量有机物可能会增加赤泥中微生物的活性，使其产生多糖、真菌菌丝等，也会促进赤泥中大团聚体的形成（姜灿烂等，2010）。但研究结果表明这两种方式形成的大团聚体均没有添加高分子聚合物形成的大团聚体稳定。高分子聚合物通常分子量较大且分子链较长，具有一定的胶结性和絮凝性。其吸附特性对团聚体的稳定性有重要影响。腐殖酸—丙烯酰胺共聚物中的酰胺基团以阳离子桥与团聚体表面的阴离子活性吸附点通过静电作用连接，其作用力较强，许多研究结果都证明了酰胺基团与团聚体之间存在强烈的吸附作用（Zhang et al.，1996）。同时高分子聚合物可以吸附在大团聚体的表面，其分子链可以进入大团聚体内部，通过缠绕、贯穿等方式胶结赤泥微小颗粒，在微小颗粒的表面能够形成双电层产生电势差，从而增加了相互之间的吸附作用，形成大团聚体，而且会形成网状结构可以有效防止颗粒分散，促进赤泥物理结构的稳定（曹丽花等，2007）。此外，加入高分子聚合物也增加了赤泥中有机碳的含量，起到与秸秆等有机物质类似的作用。

3.3.4　有机—无机复合材料对赤泥孔隙特征的影响

孔隙是土壤中运输水、肥、气、热的重要通道，也是植物根系和微生物生存的主要场所，良好的孔隙结构会影响土壤的水分迁移、渗透性和地表径流等。赤泥中微小孔隙较多，大孔隙较少，因此无法提供可供植物根系生存的空间，也会影响水分迁移，导致水分淤积在赤泥表面。赤泥的质地、结构、有机质含量等都会影响孔隙的数量和分布特征等孔隙结构。在赤泥中添加有机—无机复合材料会提高赤泥的有机碳含量，改善赤泥团聚体结构，从而改善赤泥孔隙结构。本节通过压汞仪法和 BET 氮吸附法测定赤泥孔隙形态特征及孔径分布，研究改良剂对赤泥孔隙结构的影响同时选取赤泥团聚体结构指标（MWD、GMD、$R_{>0.25}$、PAD）与孔隙数量做相关性分析和主成分分析，研究孔隙结构的主要影响因子。

（1）有机—无机复合材料对赤泥孔隙形态特征的影响

通过压汞仪测得赤泥 0.01～1 000 μm 的孔隙。赤泥的总孔隙及孔隙形态参数如表 3-34 所示。添加了 6%磷石膏的赤泥样品（BG）总孔隙率为 31.77%，平均孔隙直径为 166.48 nm，总孔容为 0.233 1 mL/g，总孔表面积为 13.76 m²/g。与赤泥原样相比，总孔隙率与总孔面积均有所提高。配施了有机物后，赤泥孔隙结构得到进一步改善。添加腐殖酸和秸秆的赤泥样品 BGH 和 BGS 总孔隙率分别上升至 35.42%和 36.50%，平均孔隙直径也增大至 186.58 nm 和 184.47 nm，总孔容略微增加至 0.266 9 mL/g 和 0.269 2 mL/g，总孔面积变化不大，BGH 的总孔面积增加至 14.74 m²/g。而配施了腐殖酸—丙烯酰胺共聚物的赤泥 BGC 各项孔隙形态参数均有较大幅度的变化。总孔隙率显著增加至 43.15%和 46.31%，平均孔隙直径增幅达到 50%以上，分别增大至 389.70 nm 和 406.28 nm。总孔容显著分别增加至 0.422 4 mL/g 和 0.406 7 mL/g，总孔面积也分别增大至 19.05 m²/g 和 18.94 m²/g。说明与单施磷石膏相比，配施有机—无机复合改良剂能够能有效地提高孔隙率，增大孔隙直径、孔容和孔隙表面积，改善赤泥孔隙结构；其中配施磷石膏和腐殖酸—丙烯酰胺共聚物对于改善赤泥孔隙结构特征影响最为显著。

表 3-34　压汞法测得赤泥孔隙形态参数

	总孔隙率/%	平均孔隙直径/nm	总孔容/（mL/g）	总孔面积/（m²/g）
BG	31.77	166.48	0.233 1	13.76
BGH	35.42	186.58	0.266 9	14.74
BGS	36.50	184.47	0.269 2	13.88
BGC_1	43.15	389.70	0.422 4	19.05
BGC_2	46.31	406.28	0.406 7	18.94

氮吸附法测得赤泥孔隙形态参数如表 3-35 所示。单独添加磷石膏的赤泥样品 BG 平均孔隙直径为 17.82 nm，BJH 孔隙体积为 0.089 7 mL/g，BET 比表面积为 22.39 m²/g。总体而言，五种不同处理的赤泥样品在 2～200 nm 内，各孔隙形态参数变化并不显著。与单施磷石膏的赤泥 BG 相比，配施有机改良剂的赤泥样品平均孔隙直径略微有所增大，平均孔隙直径从大到小依次为：BGC_1>BGH>BGS>BGC_2>BG，其中 BGC_1 平均孔隙直径增大最为显著，增大至 19.05 nm，BGS、BGH、BGC_2 分别增大至 18.83 nm、18.69 nm 和 17.88 nm。与 BG 相比，BGH 和 BGS 的孔隙体积有所降低，分别降低至 0.085 8 mL/g 和 0.078 7 mL/g，BGC_1 和 BGC_2 的孔隙体积则有所增加，分别增加至 0.094 8 mL/g 和 0.093 7 mL/g。通过 BET 公式计算出的比表面积与单施磷石膏的赤泥相比，配施有机改良剂的赤泥比表面积均有所降低。BET 比表面积从大到小依次为：BG>BGC_2>BGC_1>BGH>BGS。

表 3-35　氮吸附法测得赤泥孔隙形态参数

	平均孔隙直径/nm	BJH 孔隙体积/（mL/g）	BET 比表面积/（m²/g）
BG	17.82	0.089 7	22.39
BGH	18.83	0.085 8	18.24
BGS	18.69	0.078 7	16.84
BGC$_1$	19.05	0.094 8	19.91
BGC$_2$	17.88	0.093 7	20.97

　　吸附曲线反映了在氮气温度（77 K）恒定的情况下，吸附量与气体相对压力之间的关系，在中等压力段，等温线主要说明了单分子层的形成以及向多分子层的转化，在较高压力段，等温线主要表明赤泥样品表面是否存在孔隙、孔容以及孔径分布等相关孔隙特征参数。不同处理后的赤泥吸附等温线如图 3-79 所示。由图中可以看出，不同处理下赤泥的吸附曲线形态上较为一致。随着压力增大，在压力较高处，吸附等温线迅速上升，表明赤泥样品中存在一定量的大中孔隙。在相同的压力范围内，吸附量越高说明该压力范围内对应的孔隙含量越多。图中可以看出配施了磷石膏和腐殖酸—丙烯酰胺共聚物的赤泥中总孔隙含量较多。吸附等温线形态上存在略微差别，表明了不同处理的赤泥样品中孔径分布存在差异。从图中可以看出，赤泥样品的滞后环属于 H3 类型，滞后环较为狭窄，且在相对压力接近饱和蒸气压时曲线陡然升高，表明赤泥样品中存在较大的空隙裂口，这是毛细凝聚作用造成的。

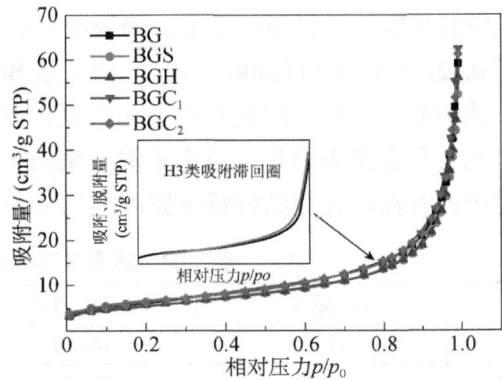

图 3-79　赤泥 N$_2$ 吸附曲线

（2）有机—无机复合材料对赤泥孔径分布的影响

　　将压汞法测得的孔径范围分为 4 个级别：0.01～5 μm、5～30 μm、30～90 μm、>90 μm。各孔径段孔隙体积及百分比如表 3-36 所示。在各孔级中，0.01～5 μm 孔隙体积含量最多，单施磷石膏的赤泥（BG），0.01～5 μm 孔隙体积百分含量达到 85.02%。五种处理的赤泥样品 0.1～5 μm 孔隙体积百分含量从高到低依次为 BG>BGH>BGS>BGC$_2$>BGC$_1$。配施了有机物的赤泥样品 0.01～5 μm 孔隙体积百分含量有所下降，且添加腐殖酸—丙烯酰胺共聚物的赤泥小孔隙含量下降极为显著。其次是 5～30 μm、>90 μm 的孔隙体积。与单施磷石膏相比，添加了秸秆和腐殖酸—丙烯酰胺共聚物的赤泥 5～30 μm 孔隙体积含量均有不同程度的提高。其中配施秸秆的赤泥 BGS 增加至 12.09%，BGC$_2$ 增加至 16.22%。而添加了 0.2% 腐殖酸—丙烯酰胺共聚物的赤泥 BGC$_1$ 中 5～30 μm 孔隙体积与 BG 相比提高了 8 倍以上，孔隙体积百分含量达到 43.98%。配施腐殖酸和腐殖酸—丙烯酰胺共聚物的赤泥中>90 μm 的大孔隙体积含量也有所增加。添加腐殖酸的赤泥 BGH＞90 μm 大孔隙增加至 12.60%，添加 0.4%腐殖酸—丙烯酰胺共聚物的赤泥 BGC$_2$ 大孔隙显著增加至 18.85%。各孔级中，30～90 μm 孔隙体积含量最少，与 BG 相比，BGH、BGS 和 BGC$_1$ 中 30～90 μm 孔隙体积含量变化并不显著，但 BGC$_2$ 中 30～90 μm 孔隙体积百分含量显著提升至 15.37%。

表 3-36　压汞仪法测得赤泥各孔径段孔隙体积及百分比

孔径/μm	BG		BGH		BGS		BGC$_1$		BGC$_2$	
	TPV/(m^2/g)	%	TPV/(m^2/g)	%	TPV/(m^2/g)	%	TPV/(m^2/g)	%	TPV/(m^2/g)	%
0.01～5	0.198	85.02	0.218	81.67	0.214	79.61	0.182	44.64	0.209	49.56
5～30	0.011	5.31	0.011	4.34	0.033	12.09	0.179	43.98	0.068	16.22
30～90	0.004	1.68	0.004	1.50	0.005	2.00	0.010	2.43	0.065	15.37
＞90	0.019	8.38	0.034	12.60	0.017	6.30	0.036	8.95	0.080	18.85

总体而言，与单施磷石膏相比，配施磷石膏和有机改良剂能够进一步促进赤泥中大中孔隙含量增加，其中配施磷石膏和腐殖酸—丙烯酰胺共聚物的赤泥大中孔隙含量较多，并且随着共聚物添加量的增加，大中孔隙体积进一步增加。配施磷石膏和 0.4%腐殖酸—丙烯酰胺共聚物的赤泥（BGC$_2$）总孔隙率和平均孔隙直径在 5 个处理方式中最大，并且 BGC$_2$ 中除了 0.1～5 μm 孔隙体积含量为 49.56%外，其余 3 个孔级的孔隙体积含量分布较为均匀。

通过压汞法测得的赤泥 0.01～1 000 μm 内孔径分布如图 3-80 所示。曲线图主要体现了赤泥中大中孔隙的分布特征，由图可知赤泥的孔隙曲线多为双峰型，不同处理的赤泥样品基本都有两个较为突出的峰值。5 个处理方式下的赤泥样品小孔隙峰较为集中，均出现在 10^2 nm 附近，表明此孔径的孔隙在赤泥中分布较多。其中 BGC$_1$ 在此处的峰值与其余四个处理方式相比明显较低。而不同处理的赤泥大孔隙峰各有差异，BG、BGH、BGS、BGC$_1$ 的大孔隙峰均出现在 10^4 nm 附近，且峰值从高到低依次为 BGC$_1$＞BGH＞BGS＞BG，BGC$_1$ 在此处的大孔隙峰值显著突出，说明 BGC$_1$ 中此孔径的孔隙含量最多。而 BGC$_2$ 的大孔隙峰出现在 10^5 nm 附近，表明 BGC$_2$ 中大孔隙孔径较其余四个处理更大。

通过压汞仪测得的结果表明，与单施磷石膏相比，配施磷石膏和有机改良剂可以进一步

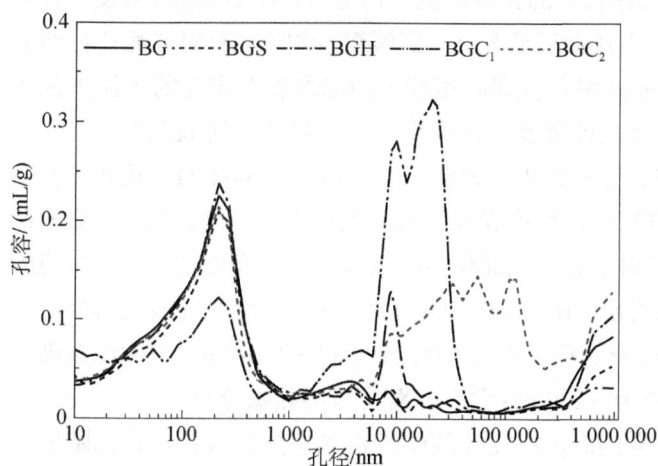

图 3-80　赤泥孔径分布（压汞法）

改善赤泥孔隙结构，有效促进赤泥中大孔隙的增加。添加磷石膏和腐殖酸—丙烯酰胺共聚物的赤泥小孔隙含量减少，大中孔隙含量明显增加，随着共聚物添加量的增加，大孔隙的孔径进一步增加。采用氮吸附法测得赤泥 0～200 nm 内的孔径，将孔隙分为 1～10 nm、10～25 nm、25～50 nm、50～200 nm 4 个孔级，根据 BJH 模型计算出赤泥不同孔级的孔隙体积含量及其百分含量（表 3-37）。单独添加磷石膏的赤泥 BG＞50 nm 的孔隙体积百分含量为 38.97%，25～50 nm 孔隙体积含量为 20.71%，10～25 nm、1～10 nm 孔隙体积分别占到 20.28% 和 19.83%。配施不同有机物对赤泥进行改良后，赤泥样品中 1～10 nm 的微孔体积含量均有所下降，BGH、BGS 中 25～50 nm 孔隙体积含量显著增加至 28.01% 及 28.06%。BGC$_1$ 中 10～25 nm、25～50 nm 的孔隙体积含量分别增加至 22.48% 及 28.12%。配施磷石膏和 0.4% 腐殖酸—丙烯酰胺共聚物改良后赤泥＞50 nm 孔隙体积含量显著增加至 48.97%，其余 BGH、BGS、BGC$_1$ 中＞50 nm 孔隙含量与 BG 相比没有显著变化。说明添加有机改良剂后，赤泥中＜10 nm 的微孔减少，中孔含量有所增加，配施磷石膏和 0.4% 腐殖酸—丙烯酰胺共聚物对增加赤泥＞50 nm 的中孔影响最为显著。

表 3-37　氮吸附法测得赤泥各孔径段孔隙体积及百分比

孔径/nm	BG		BGH		BGS		BGC$_1$		BGC$_2$	
	TPV/ (m²/g)	%	TPV/ (m²/g)	%	TPV/ (m²/g)	%	TPV/ (m²/g)	%	TPV/ (m²/g)	%
1～10	0.016	19.83	0.013	14.79	0.012	15.21	0.014	14.55	0.015	15.98
10～25	0.019	20.48	0.015	17.22	0.015	18.53	0.021	22.48	0.011	11.52
25～50	0.019	20.71	0.024	28.01	0.022	28.06	0.027	28.12	0.022	23.54
＞50	0.034	38.97	0.034	39.98	0.030	38.20	0.033	34.85	0.046	48.97

　　赤泥在 0～200 nm 的孔径分布如图 3-81 所示，通过 BJH 模型分析了赤泥孔径与孔隙体积之间的函数关系，dV/dlog（D）曲线越高，说明此孔径对应的孔隙数量越多。配施磷石膏和腐殖酸—丙烯酰胺共聚物的赤泥中孔径较大的孔隙数量明显更多，但其孔隙数量及孔径宽度与共聚物的添加量并无明显关系。与单施磷石膏相比，配施腐殖酸和秸秆对赤泥孔径增大以及孔隙数量增多的影响并不显著。配施磷石膏和腐殖酸—丙烯酰胺共聚物的赤泥中包含更多孔径较大的孔隙，但其孔隙数量及孔径宽度与共聚物的添加量并无明显关系。

　　通过 DFT 模型计算出的赤泥孔隙宽度与累积比表面积的关系如图 3-81（b）所示，孔径在 0～50 nm 的孔隙比表面积增加速度较快，对比表面积增加的贡献较大，＞50 nm 后的曲线逐渐趋向水平，说明＞50 nm 的孔隙对于总比表面积贡献较少。比表面积越大，其对应的孔隙数量越多。从图 3-81（b）中可以看出，BGC$_1$ 和 BGC$_2$ 的累积比表面积曲线与其余 3 个处理的曲线相比增加更为显著，其总比表面积分别是 6.02 m²/g 和 5.31 m²/g，说明配施磷石膏和腐殖酸—丙烯酰胺共聚物的赤泥在 0～200 nm 含有相对更多的孔隙分布。

　　在赤泥中添加有机—无机复合改良剂后，赤泥孔隙结构得到有效的改善，总孔隙度有不同程度的提高，大孔含量增加。这可能是由于改良剂的颗粒密度远低于赤泥，加入改良剂后赤泥容重发生变化，使得孔隙率发生变化，影响到赤泥的孔隙结构。研究发现，在土壤中加入秸秆能有效增加土壤总孔隙度，增加通气孔隙，多数研究表明，在土壤中添加高分子聚合物能有效降低土壤容重，提高土壤孔隙度。龙明杰等（2001）研究表明，在赤红壤上施用共聚物，土壤容重显著降低，土壤内部孔隙增多，毛管水量增大。张宏伟等（2001）在赤红壤中加入腐殖酸接枝共聚物后，土壤容重下降，总孔隙度增大，渗透性能得到有效改善。这与我们的研究结果一致。秸秆和硝基腐殖酸与赤泥相比，拥有较高的比表面积和孔隙率，结构更为松散，加入到赤泥后，对赤泥孔隙网络产生多种影响。而腐殖酸—丙烯酰胺共聚物分子量较高、碳链较长、支链较多，它可以深入赤泥的孔隙之中，通过机械作用和吸附作用使赤泥颗粒发生黏结和位移，改变赤泥孔隙结构。

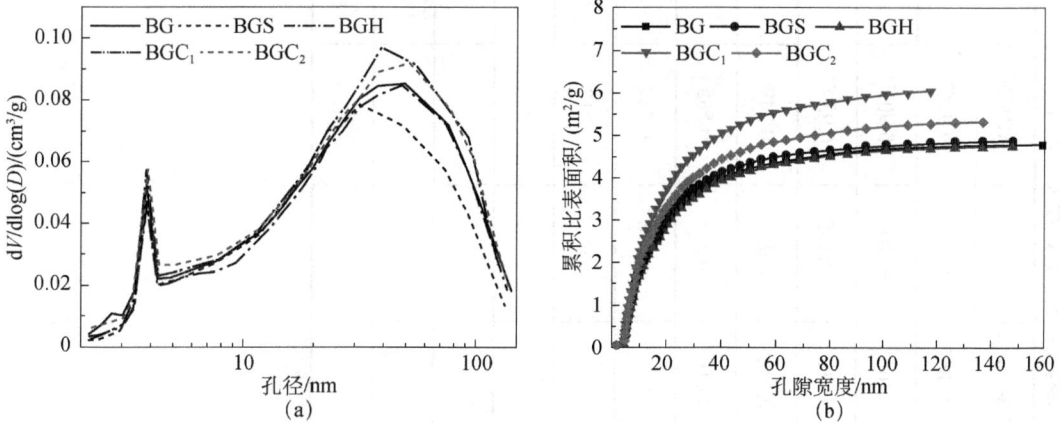

图 3-81　氮吸附法测得赤泥 1～200 nm 孔径分布

（3）孔隙特征与团聚体稳定性的相关性分析

团聚体结构和孔隙结构都是赤泥最重要的物理性状，团聚体形成了赤泥的结构，对赤泥孔隙的形成、数量和分布都会产生影响，本节通过对赤泥各项团聚体指标与孔径分布指标进行相关性分析，探究赤泥孔隙的影响因子，结果如表 3-38 所示。赤泥总孔隙率与 5～30 μm 和 30～90 μm 孔隙含量呈显著相关关系，说明赤泥中 5～30 μm 和 30～90 μm 对于总孔隙率的变化存在显著影响。赤泥总孔容与 5～30 μm 孔隙含量呈极显著相关关系，说明赤泥中 5～30 μm 的孔隙数量较多，对总孔容的变化影响较大。团聚体的 MWD 和 GWD 与总孔隙率（TP）、总孔容（TPV）以及平均孔隙直径（PMD）均呈极显著正相关关系，说明团聚体的 MWD 和 GWD 对于赤泥孔隙结构均有显著影响。MWD 和 GWD 越大，赤泥孔隙结构相对越好。赤泥中＞0.25 mm 大团聚体含量（$R_{>0.25}$）与总孔隙率（TP）、总孔隙体积（TPV）以及平均孔隙直径（PMD）也表现出极显著正相关关系，说明赤泥中＞0.25 mm 的大团聚体含量越多，赤泥孔隙结构越好。赤泥中 30～90 μm 孔隙含量与 MWD、GWD、$R_{>0.25}$ 均呈现显著相关关系，表明团聚体结构对赤泥中 30～90 μm 孔隙数量影响较大。团聚体破坏率（PAD）与赤泥中 30～90 μm 以及＞90 μm 孔隙含量呈显著负相关关系，相关系数为 -0.655 和 -0.725，说明团聚体破坏率越低，团聚体结构越稳定，赤泥中 30～90 μm 以及＞90 μm 的大孔隙数量越多。

表 3-38 赤泥团聚体指标与孔隙结构及孔径分布的相关性分析

	TP	TPV	PMD	$V_{0.01\sim5}$	$V_{5\sim30}$	$V_{30\sim90}$	$V_{>90}$	MWD	GWD	$R_{0.25}$	PAD
TP	1										
TPV	0.949**	1									
PMD	0.945**	0.990**	1								
$V_{0.01\sim5}$	0.146	0.253	0.324	1							
$V_{5\sim30}$	0.669*	0.862**	0.823**	0.251	1						
$V_{30\sim90}$	0.689*	0.466	-0.519	-0.142	-0.010	1					
$V_{>90}$	0.096	-0.104	-0.155	-0.922**	-0.303	0.476	1				
MWD	0.946**	0.901**	0.930**	0.249	0.585	0.742*	0.017	1			
GWD	0.948**	0.892**	0.919**	0.249	0.562	0.750*	0.030	0.997**	1		
$R_{0.25}$	0.907**	0.803**	0.793**	-0.017	0.460	0.750*	0.293	0.912**	0.928**	1	
PAD	-0.535	-0.365	-0.322	0.520	-0.057	-0.655*	-0.725*	-0.530	-0.556	-0.805**	1

注：** 在 0.01 概率水平上显著；* 在 0.05 概率水平上显著。

与单施磷石膏的赤泥相比，配施了腐殖酸—丙烯酰胺共聚物的赤泥样品中＞0.25 mm 团聚体含量显著增加，MWD 和 GWD 显著增大，团聚体破坏率降低，其总孔隙率、总孔容、平均孔隙直径等指标与其余 4 个处理相比也显著提高。且配施了腐殖酸—丙烯酰胺共聚物的赤泥样品中包含更多的大孔隙。结果表明赤泥中包含更多稳定的大团聚体结构对改善赤泥孔隙结构和孔径分布具有重要的作用。

（4）赤泥团聚结构相关因子主成分分析

将赤泥各个团聚体指标和孔隙指标作为影响因子进行主成分分析，按照主成分分析中影响因子特征值＞1 且累计贡献率＞85% 的原则，可以将对孔隙分布产生影响的指标简化为两个主要因子，其贡献率如表 3-39 所示。第一个主要因子贡献了 62.50% 的信息，第 2 个主要因子贡献了 26.24% 的信息，第 3 个主要因子贡献了 8.01% 的信息。主成分分析前 3 个因子的特征向量及二维荷载图如表 3-40 和图 3-82 所示。从图中可以看出，主成分 1 主要说明了赤泥中总孔隙率（TP）、总孔容（TPV）、平均孔径（PMD）、团聚体 MWD、GWD 和＞0.25 mm 大团聚体含量（$R_{>0.25}$）之间的关系，说明团聚体指标对赤泥孔隙结构存在显著影响，赤泥中大团聚体越多，赤泥孔隙率、总孔容、平均孔径就会越高。主成分 2 主要解释了团聚体破坏率和 0.01～5 μm 孔隙含量的关系，说明团聚体破坏率越高，赤泥中的小孔隙含量越多。

表 3-39 赤泥部分指标主成分分析的特征值及方差贡献率

元件	初始特征值		
	合计	方差/%	累积/%
1	6.874	62.494	62.494
2	2.887	26.245	88.739
3	0.881	8.008	96.747
4	0.289	2.631	99.378
5	0.051	0.462	99.840
6	0.014	0.125	99.965
7	0.002	0.019	99.984
8	0.001	0.013	99.997
9	0.000	0.003	100.000
10	0.000	0.000	100.000
11	0.000	0.000	100.000

表 3-40 各影响因子主成分分析中前两个因子的特征向量

元件	成分	
	1	2
1	0.983	0.03
2	0.939	0.256
3	0.944	0.292
4	0.139	0.875
5	0.652	0.482
6	0.713	−0.462
7	0.105	−0.971
8	0.98	0.062
9	0.981	0.043
10	0.944	−0.235
11	−0.597	0.722

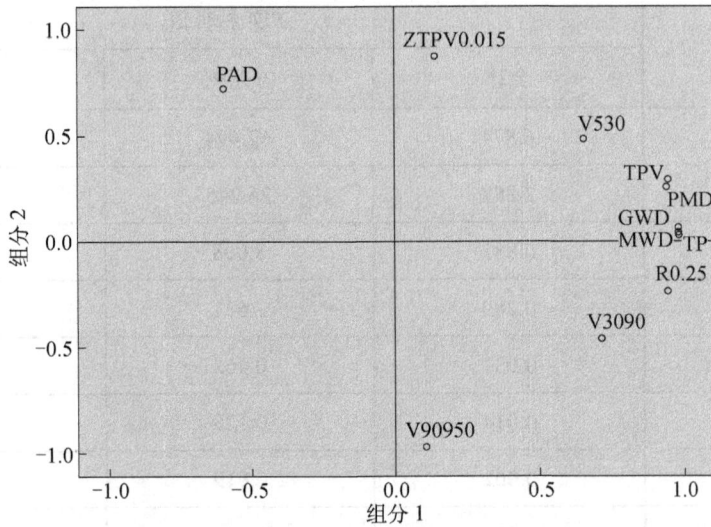

图 3-82 赤泥团聚体结构各因子二维荷载图

第4章 赤泥堆场功能微生物及植物配置

4.1 赤泥堆场耐盐碱微生物

4.1.1 赤泥堆场耐盐碱细菌筛选

（1）广西某赤泥堆场中耐盐碱细菌的筛选

从原生赤泥中筛选得到 48 株耐盐碱细菌，其中 8 株细菌可以在高盐碱性条件下存活，并具有较高的酸代谢能力。基于其中一株细菌优异的生长模式和 pH 降低性能，我们选择"EEEL02"作为后续研究的目标菌株。EEEL02 在牛肉膏—蛋白胨培养基上呈现出具有不规则边缘的形态，并且呈浅黄色、有光泽、略微凸起。扫描电镜结果显示该菌株为呈棒状、有鞭毛，大小为 1~5 μm，如图 4-1 所示。

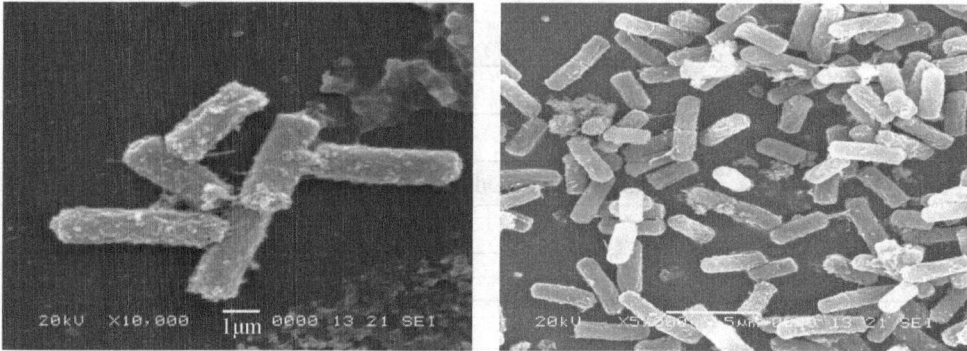

图 4-1 菌株 EEEL02 菌落扫描电镜照片

根据生理生化实验，EEEL02 菌株为革兰氏阳性菌。其氧化酶、过氧化氢酶反应呈阳性。该菌株能将硝酸盐还原为亚硝酸盐（表 4-1）。在发酵产气试验中，我们发现该菌株能利用麦芽糖、葡萄糖、乳糖和蔗糖发酵产生酸性代谢产物并伴有气体产生。

表 4-1 EEEL02 菌株生理生化特性

特性	EEEL02	*B. cohnii*	*B. halochares*
Colonial pigmentation	yellow	ND	Cream
O$_2$ requirement	+	ND	ND

续表

特性	EEEL02	*B. cohnii*	*B. halochares*
Catalase	+	+	ND
Oxidase	+	+	+
Nitrate reduction	+	+	−
Alkalinity（pH tolerance）			
9~11	+	−	−
11~12	+	−	−
12~13	−	−	−
Salinity survival/（% NaCl）			
0~10	+	+	+
10~20	+	+	+
20~25	+	−	−
Temperature tolerance/℃			
25	+	+	+
30	+	+	+
35	+	+	+
40	+	+	+
45	+	+	+
Hydrolysis of:			
Starch	+	ND	ND
Gelatin	+	ND	−
Acid production:			
Glucose	+	+	−
Lactose	+	−	ND
Maltose	+	ND	−
Sucrose	+	+	+

注："＋"，阳性；"－"，阴性；ND：未检出。

为了进一步确定该菌的分类地位，在形态学的基础上对其进行了分子生物学鉴定。用所设计的引物扩增出 1 条约 2 000 bp 的条带，将测序结果与 NCBI 数据库 BLAST 比对，选取同源性较高的模式菌株进行 BLAST 分析，构建系统发育树。如图 4-2 所示，EEEL02 菌株与苏云金芽孢杆菌（*Bacillus thuringiensis* b23）可聚于同一分枝，并且其同源性达到了100%，因此推断其属于厚壁菌门，芽孢杆菌属。

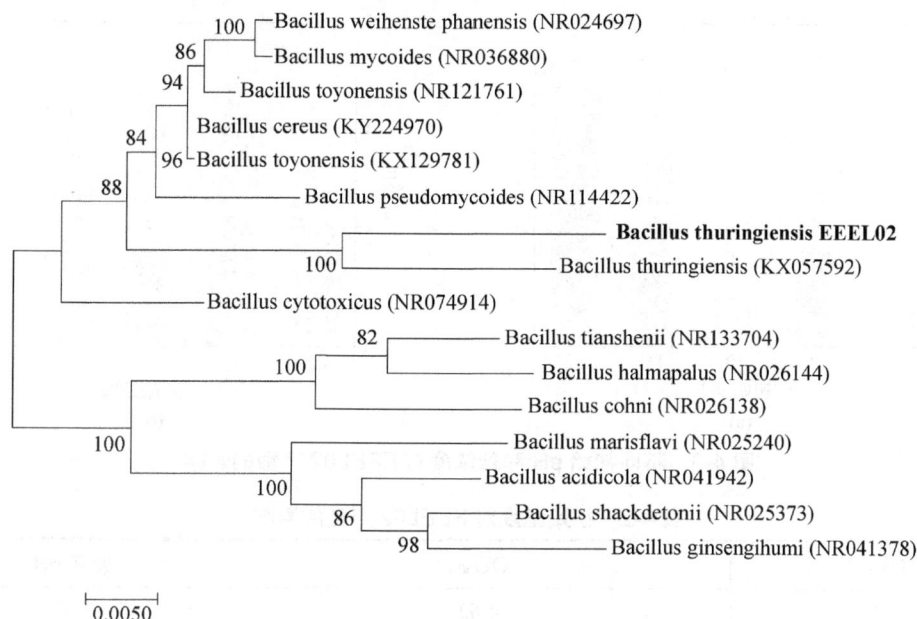

图 4-2　基于 16S rRNA 基因序列同源性构建的菌株 EEEL02 系统发育树

　　EEEL02 表现出较强的泌酸能力，这表明了在此赤泥堆场的极端碱性环境下存在泌酸细菌。耐性试验表明，EEEL02 表现出优于以往文献中报道耐盐碱菌株的盐碱抗性，这可能与赤泥堆场特殊的生态环境有关。赤泥堆场是一种极端碱性生境，能在这种恶劣环境中存活的微生物必须在其代谢机制方面具有一定特异性。 Krishna 等从原生赤泥中分离出一株产木聚糖酶放线菌，能够在 pH 为 10.5、5%NaCl 的环境中生长。Arora 等也从赤泥中筛选得到一株类芽孢杆菌，能在 15% NaCl 环境中生长。然而，关于苏云金芽孢杆菌的酸代谢能力尚未见报道，这项研究表明了苏云金芽孢杆菌在赤泥堆场进行生态修复中的应用潜力。

　　①发酵产酸条件优化：培养基的初始 pH 对于微生物生长及其代谢过程至关重要。为确定菌株 EEEL02 产酸最适 pH 和盐浓度，我们探讨了不同初始 pH 和盐浓度下菌株的产酸效果。如图 4-3 所示，在初始 pH 为 10.0 下菌株产酸效果最佳，培养液 pH 降至 3.32。当初始 pH 为 11.0 或 12.0 时，微生物产酸性能下降，培养液 pH 没有观察到明显差异（$P>0.05$），这表明高 pH 对酸代谢过程不利。高 pH 条件下，微生物生长可能受到抑制，但在此情况下培养基 pH 仍能降低至 7.0～8.0，这可能是由微生物发酵过程中的 CO_2 输入引起的。

　　盐含量是阻碍赤泥中微生物生长的另一个关键因素。通过生理生化试验可知，EEEL02 能够在含有 5%NaCl 的液体培养基中生长。基于该发现，探讨不同初始盐浓度（0.1%、0.5%、1.0%、2.0% 和 5.0%）下微生物的产酸效果。在 1%NaCl 下，EEEL02 表现出最佳的产酸效果，培养液 pH 由 10.0 降至 2.86，如图 4-3 所示。在 2%NaCl 下，EEEL02 产酸过程受到抑制，培养基 pH 下降至 3.75。这可能是因为较高的盐浓度抑制了微生物生长及其代谢过程。因此，EEEL02 产酸的最佳初始盐浓度为 1%NaCl。

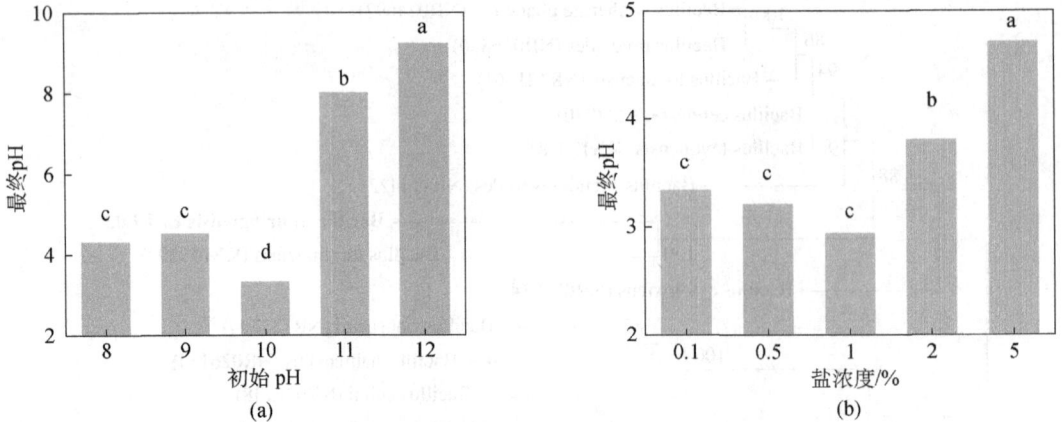

图 4-3 不同初始 pH 和盐浓度对 EEEL02 产酸的影响

表 4-2 初始温度对 EEEL02 产酸的影响

温度/℃	OD_{600}	最终 pH
25	4.62	3.03
30	4.13	3.37
35	3.87	3.93
40	2.86	4.47
45	2.12	4.41

温度对微生物生长繁殖及其代谢过程至关重要，我们探讨了不同温度下 EEEL02 产酸效果，发现初始温度为 25 ℃时，菌株产酸效果最佳。当温度升高时，微生物生长和产酸代谢过程均受到不同程度的抑制，培养基 pH 降至 3.37、3.93、4.47 和 4.41（表 4-2）。因此，在后续试验中选择 25 ℃作为最佳产酸温度。

②产酸培养基优化：选择麦芽糖、蔗糖、葡萄糖、乳糖和淀粉作为碳源，探讨菌株产酸代谢能力。如图 4-4 所示，当以淀粉为碳源时，EEEL02 不产酸，这表明 EEEL02 能利用淀粉作为生长碳源，但是无法利用淀粉代谢产酸。当以葡萄糖、麦芽糖、蔗糖和乳糖作为碳源时，微生物产酸过程均能正常进行，其中葡萄糖和麦芽糖效果最佳，pH 分别从 10.0 降至 2.8 和 3.2。氮源也是微生物代谢过程中非常重要的营养物质，本节探讨了有机氮和无机氮对 EEEL02 产酸过程的影响。当以硫酸铵、硝酸钾和硝酸铵作为无机氮源时，微生物几乎不产酸，培养基 pH 之间无显著差异，分别为 7.48、6.81 和 7.01。而有机氮对菌株产酸过程的促进作用较为明显。当以牛肉膏和酵母膏为氮源时，培养基 pH 分别从 10.0 降至 2.24 和 2.38。因此在本节中选择牛肉膏作为最有效的氮源。发酵底物对于有机酸生产是至关重要的。底物不同，酸性代谢产物种类（乙酸、丙酸、乳酸和柠檬酸）及其产酸量不同。葡萄糖由于其高效可利用性，已被最广泛用于有机酸生产工业。Meng 等（2012）研究发现，葡萄糖较其他糖原具有更高的乳酸产量，其 L—乳酸产量高达 18 g/L。在蔗糖、葡萄糖、甘露糖和木糖中，H. Halophilus 优先利用葡萄糖，1 mol 葡萄糖可产生 1.7 mol 乳酸。

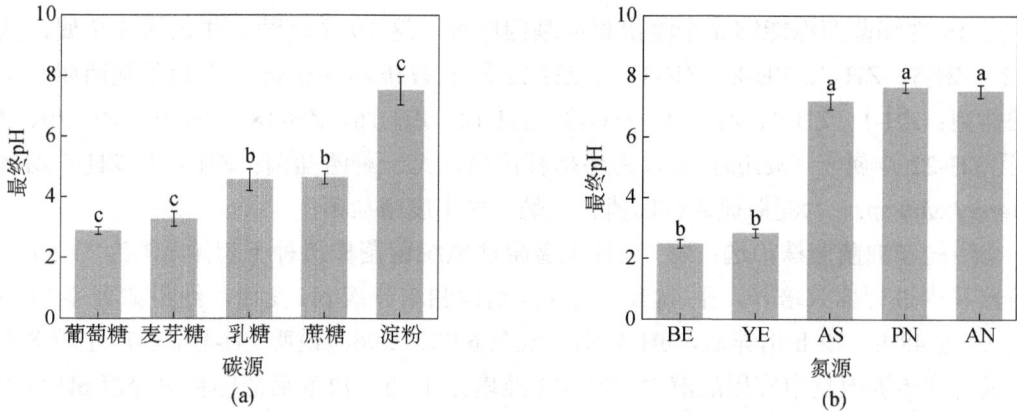

图 4-4　不同碳源和氮源对 EEEL02 产酸的影响

③赤泥微生物中和过程：本节中 EEEL02 的最佳产酸培养基选择如下（g/L）：葡萄糖 20 g；酵母粉 5 g。最佳条件下，培养 5 天后，赤泥 pH 由起始的 10.26 降至 5.62，如图 4-5（a）所示。第 5 天后赤泥 pH 略有回升，这可能是由于微生物发酵产生的酸性物质与赤泥中自由碱反应完全，而后赤泥中化学结合碱持续溶出。赤泥酸缓冲能力强，当自由碱中和后，若没有酸性物质的持续加入，赤泥中的碱性矿物质将不断溶解，转化为自由碱，导致 pH 回升。因此，当赤泥中所有碱性固相完全溶解并除去之前，赤泥 pH 将保持相对稳定状态。培养基 pH 的降低必然是微生物代谢过程产生的酸性物质中和所致。本节发现，EEEL02 发酵过程中，培养液中检测到了大量乙酸和丙酸，且浓度随时间增加而增加，如图 4-5（b）所示。总酸浓度与 pH 呈显著负相关，表明微生物代谢过程产酸是推动赤泥 pH 降低的主要因素。芽孢杆菌能利用蔗糖为碳源代谢产生乙酸，这与 *Bacillus pseudofirmus* OF4、*Bacillus halodurans* 和 *Bacillus clausii* 中将丙酮酸转化为乙酸的结果一致。

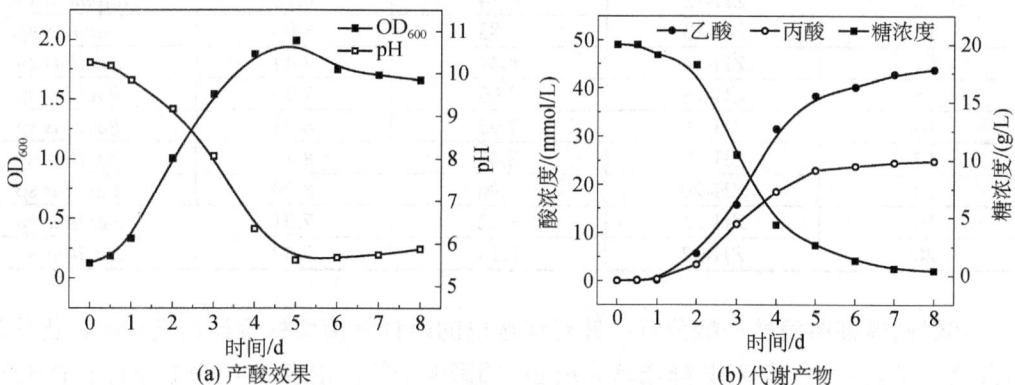

图 4-5　最优条件下的 EEEL02 产酸效果和代谢产物

（2）郑州某赤泥堆场中耐盐碱细菌的筛选

①赤泥中耐盐碱微生物的鉴定：中铝郑州有色金属研究院有限公司从赤泥堆场采取赤泥样品，模拟赤泥环境配制 Luria-Bertani（LB）液体培养基，将赤泥接种于培养基中经多次驯化、分离、挑取单菌落、多次纯化后，培养 48 h，提取细菌基因组进行 DNA 测序。试验过程共成功挑取单菌落 22 个。测序结果显示，3 株细菌菌株由于存在杂菌污染未能测

出，另 19 株细菌菌株能够完全测出相应基因序列。这 19 个菌种一共包括 3 个属，其中 ZH-2、ZH-5、ZH-7、ZH-8、ZH-11 及 ZH-12 属于 *Halomonas* sp.，为盐单胞菌属，是一种嗜盐菌；ZH-1、ZH-9、ZH-10、ZH-13、ZH-14、ZH-16、ZH-18、ZH-19、ZH-20、ZH-21 及 ZH-22 均属于 *Bacillus* sp.，为芽孢杆菌属，是一种嗜盐菌；ZH-4 及 ZH-6 均属于 *Nesterenkonia* sp.，为涅斯捷连科氏菌属，是一种中度嗜盐菌。

②耐盐碱细菌菌株筛选：将 19 株土著耐盐碱细菌菌株接种于初始 pH 为 11.53 的液体培养基中进行摇床培养，于 48 h、72 h 分别检测培养液 pH 变化，结果如表 4-3 所示。ZH-1 经过 48 h、72 h 培养后，pH 分别降低至 6.80、5.96，说明 ZH-1 能够产生较多有机酸，具有在赤泥改良中应用的潜力。ZH-22 经培养 48 h、72 h 后能够将培养液 pH 分别降低至 8.24、7.57，也具有一定的应用潜力。而其他菌株对 pH 的降低效果不明显，因此选取 ZH-1 与 ZH-22 进行后续研究。

表 4-3　不同菌株对培养基 pH 的降低效果

序号	编号	pH（48 h）	pH（72 h）	菌属
1	空白	10.57	10.30	
2	ZH-1	6.80	5.96	*Bacillus* sp.
3	ZH-2	8.21	8.83	*Halomonas* sp.
4	ZH-4	7.82	7.79	*Nesterenkonia* sp.
5	ZH-5	8.89	8.77	*Halomonas* sp.
6	ZH-6	8.32	8.27	*Nesterenkonia* sp.
7	ZH-7	8.84	8.82	*Halomonas* sp.
8	ZH-8	8.58	8.28	*Halomonas* sp.
9	ZH-9	8.00	7.88	*Bacillus* sp.
10	ZH-10	7.85	7.83	*Bacillus* sp.
11	ZH-11	8.71	8.63	*Halomonas* sp.
12	ZH-12	8.74	8.71	*Halomonas* sp.
13	ZH-13	7.83	8.00	*Bacillus* sp.
14	ZH-14	8.44	8.44	*Bacillus* sp.
15	ZH-16	7.90	7.90	*Bacillus* sp.
16	ZH-18	7.93	8.01	*Bacillus* sp.
17	ZH-19	8.45	8.34	*Bacillus* sp.
18	ZH-20	7.96	8.00	*Bacillus* sp.
19	ZH-21	8.22	7.91	*Bacillus* sp.
20	ZH-22	8.24	7.57	*Bacillus* sp.

③耐盐碱细菌菌株产酸分析：针对优选出的两种细菌菌株设计正交试验，优化碳源、氮源及微量元素添加量对其降低培养液 pH 的影响规律。由表 4-4 可知，ZH-1 最佳产酸条件为：葡萄糖 8 g/L，酵母膏 3 g/L，磷酸二氢钾 0.3 g/L，氯化镁 3 g/L。各因素对培养基 pH 的影响大小依次为：葡萄糖＞氯化镁＞磷酸二氢钾＞酵母膏。ZH-22 最佳产酸条件为：葡萄糖 5 g/L，酵母膏 4 g/L，磷酸二氢钾 0.3 g/L，氯化镁 0.3 g/L。各因素对培养基 pH 的影响大小依次为：葡萄糖＞酵母膏＞氯化镁＞磷酸二氢钾。由此可见，碳源对 ZH-1 和 ZH-22 降低 pH 的效果影响较大，而对生长因子的要求不高，若将其用于实际应用当中，只需要提供大量的碳源和少量的生长因子，就可以使两种菌发挥良好的效果。

表 4-4 正交试验结果

编号		葡萄糖/（g/L）	酵母膏/（g/L）	磷酸二氢钾/（g/L）	氯化镁/（g/L）	pH（ZH-1）	pH（ZH-22）
1		2	2	0.3	0.3	8.40	8.59
2		2	3	0.5	0.5	8.65	8.87
3		2	4	0.7	0.7	8.98	9
4		5	2	0.5	0.7	8.05	8.25
5		5	3	0.7	0.3	5.97	5.88
6		5	4	0.3	0.5	5.72	5.49
7		8	2	0.7	0.5	6.03	8
8		8	3	0.3	0.7	5.56	7.23
9		8	4	0.5	0.3	5.58	5.48
ZH-1	k1	8.68	7.49	6.56	6.65		
	k2	6.58	6.73	7.43	6.80		
	k3	5.72	6.76	6.99	7.53		
	极差 R	2.95	0.77	0.87	0.88		
ZH-22	k1	8.82	8.28	7.10	6.65		
	k2	6.54	7.33	7.53	7.45		
	k3	6.90	6.66	7.63	8.16		
	极差 R	2.28	1.62	0.52	1.51		

在最佳条件下将 ZH-1 与 ZH-22 接种于液体培养基中培养，分析不同时间培养液 pH 的变化、培养液中有机酸的种类及浓度的变化，如图 4-6 所示。培养液在未添加菌种时，无论是静置培养还是振荡培养其培养液的 pH 都会出现缓慢的下降，48 h 以后可以基本稳定维持在 10 左右，这主要与培养液中添加了酵母膏有关。当接种细菌后，经过数小时的延滞期后，培养液的 pH 出现了快速的下降，并在试验周期内持续下降。振荡培养时 pH 下降速度较静置培养时快。ZH-1 在振荡培养和静置培养时 pH 均可降至 5.5 左右。ZH-22 在振荡培养时培养液的 pH 降至 4.08，而静置培养时只能降至 6.5，而且无论是静置培养还是振荡培养其溶液 pH 依然保持下降趋势，这说明 ZH-22 在氧气充足的条件下能够将培养液 pH 降到很低。

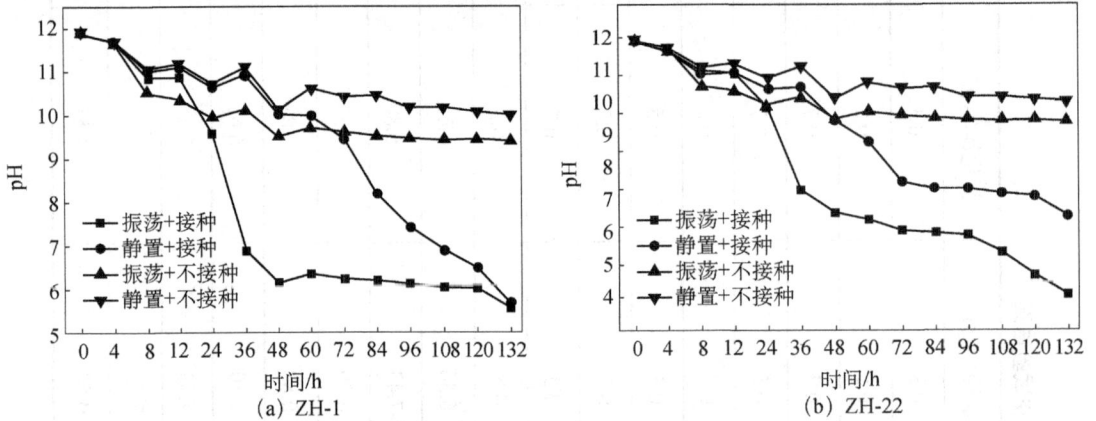

图 4-6　不同培养条件下溶液 pH 变化过程

利用 UPLC 对静置培养时培养液中有机酸的种类及浓度随时间的变化进行检测，如图 4-7 所示。ZH-1 静置培养时，培养液中有机酸的浓度在前 96 h 变化不大，96 h 后酒石酸及总酸的浓度都出现了快速的提高，最高浓度达到了 80 mg/L 以上。培养液 pH 下降主要由草酸、柠檬酸及酒石酸导致。ZH-22 在静置培养时其培养液中有机酸的浓度变化不明显，总有机酸的浓度相对较低，最高只能达到 48 mg/L，但是在培养液的 pH 在培养过程中仍持续下降，可能是培养基中的部分有机酸未能检测到。

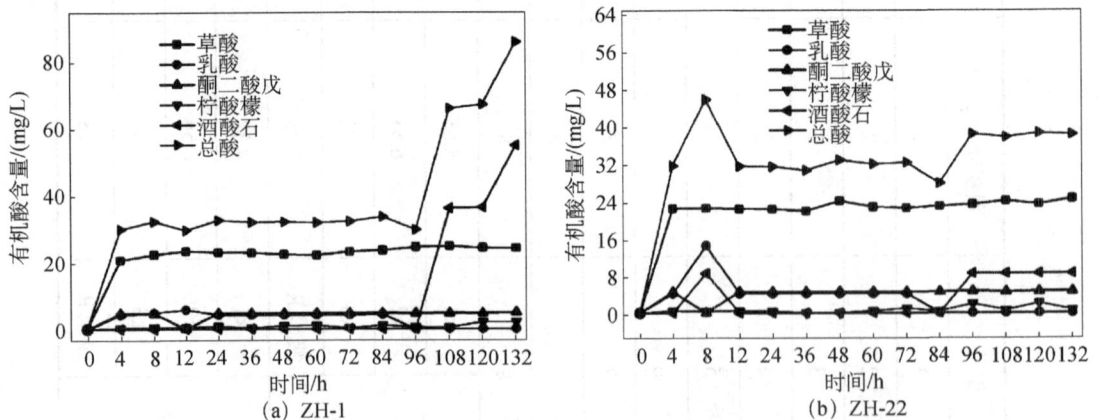

图 4-7　不同培养条件下细菌产有机酸状况

相关性分析显示，培养液 pH 的变化与菌体生长呈显著负相关，说明菌体生长促使培养液的 pH 下降。ZH-1 培养液 pH 与柠檬酸、酒石酸及总酸含量呈显著负相关，而总酸含量与草酸、柠檬酸及酒石酸呈显著正相关，说明培养液 pH 下降主要由草酸、柠檬酸及酒石酸导致。ZH-22 培养液 pH 与 α-酮戊二酸、柠檬酸、丁二酸以及总酸呈正相关，而总酸含量与柠檬酸、丁二酸及酒石酸呈正相关，说明柠檬酸、丁二酸及酒石酸是导致培养液 pH 下降的主要原因。

④耐盐碱细菌菌株对赤泥的改良效果

赤泥土壤成分变化：对原赤泥、处理后的赤泥进行化学成分和物相组成分析，结果如表 4-5 所示。ZH-1 与 ZH-22 改良对赤泥化学成分有一定的影响，其中 Na_2O、CaO、K_2O 的含量都出现了一定的下降，而 Al_2O_3、SiO_2、Fe_2O_3 的含量出现了一定的提高。

表 4-5 拜耳法赤泥化学成分 单位：%

化学成分	Al_2O_3	SiO_2	Fe_2O_3	TiO_2	K_2O	Na_2O	CaO	MgO
赤泥	25.48	20.58	11.77	4.14	2.07	6.55	13.97	1.54
ZH-1 改良	27.5	23.08	12.8	4.53	1.96	3.7	8.5	1.37
ZH-22 改良	26.9	24.06	12.4	4.3	1.87	4.3	9.3	1.26

赤泥处理前后主要矿物组成基本无变化，主要有钙霞石、水化石榴石、伊利石、绿泥石、方解石、赤铁矿、钙钛矿等，还含有少量生石膏。这是因为微生物代谢过程中产生的有机酸为弱酸，不足以破坏赤泥的矿物结构，但是已经能够降低赤泥 pH 并促进盐分的溶出。利用微生物改良赤泥过程的物化反应相对比较弱，不会对赤泥的形态造成剧烈的变化，比较适用于改良赤泥。

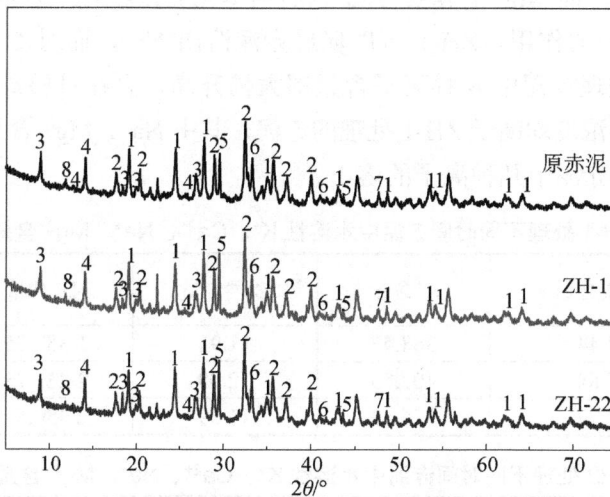

1—钙霞石；2—水化石榴石；3—伊利石；4—绿泥石；
5—方解石；6—赤铁矿；7—钙钛矿；8—生石膏

图 4-8 耐盐碱微生物改良前后赤泥 XRD 分析

土壤 pH 变化：ZH-1 和 ZH-22 对赤泥进行改良过程中赤泥 pH 变化如图 4-9 所示。两种细菌处理后的赤泥 pH 变化规律基本一致，呈先降低后缓慢升高的趋势，在测试周期内 pH 均保持在 9 左右。ZH-1 处理后的赤泥 11d 时 pH 降至最低为 8.98，ZH-22 处理后的赤泥 14d 时 pH 降至最低为 9.07。因此，ZH-1 及 ZH-22 的添加都能够起到降低赤泥 pH 的效果，在一定程度上加速了赤泥土壤化进程。

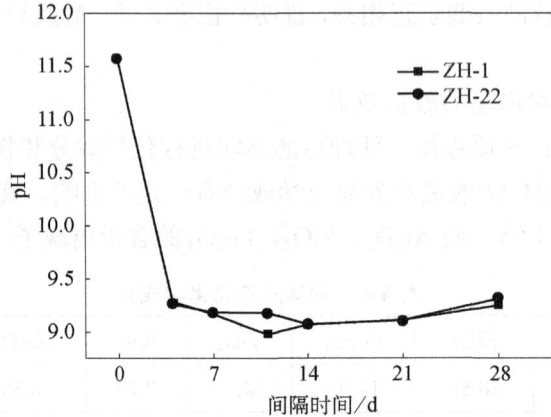

图 4-9　耐盐碱菌株对赤泥 pH 的影响

可溶性盐含量变化：测定经 ZH-1 和 ZH-22 处理不同时间赤泥的可溶性盐总量，结果如表 4-6 所示。经两株耐盐碱菌株处理后，赤泥的可溶性盐总量增幅较大。其中，ZH-22 处理的赤泥可溶性盐总量增幅较大，可以更有效地促进赤泥中可溶性盐的溶出。30 d 时外加碳源，45 d 时可溶性盐增长速度明显大于前 30 d，这说明外加碳源效果良好，耐盐碱菌株活性增强，有效促进了可溶性盐的溶出。赤泥经处理后，可溶性盐中各离子含量由高到低依次为 Na^+、K^+、Ca^{2+}、Mg^{2+}。ZH-1 处理赤泥中 Na^+、Mg^{2+} 含量增幅较大，且 Na^+ 含量在试验周期内持续增加，而 Mg^{2+} 含量在 30d 以后基本无变化。Mg^{2+} 含量的增加可能是最优培养基中添加的 Mg^{2+} 的作用。ZH-1 可以促进赤泥溶出 Na^+，而对 Ca^{2+}、K^+、Mg^{2+} 含量影响不大。ZH-22 处理赤泥中 4 种离子含量都大幅升高，且在试验周期内持续增加，处理 45 d 后各离子含量浓度均高于 ZH-1 处理的赤泥，其中 Na^+、Mg^{2+} 含量增幅最大。ZH-22 可以更加有效地促进赤泥中几种离子的溶出。

表 4-6　ZH-1 处理不同时间赤泥中水溶性 K^+、Ca^{2+}、Na^+、Mg^{2+} 含量　　单位：mg/kg

处理时间/d	可溶性盐含量	K^+含量	Ca^{2+}含量	Na^+含量	Mg^{2+}含量
0	7 617.44	368.47	11.91	1 352.55	0.41
30	10 577.84	407.85	12.09	2 221.75	1.03
45	13 152.77	376.42	11.59	2 450.69	1.04

表 4-7　ZH-22 处理不同时间赤泥中水溶性 K^+、Ca^{2+}、Na^+、Mg^{2+}含量　　单位：mg/kg

处理时间/d	可溶性盐含量	K^+含量	Ca^{2+}含量	Na^+含量	Mg^{2+}含量
0	7 617.44	368.47	11.91	1 352.55	0.41
30	15 586.93	465.45	41.35	2 706.75	1.24
45	21 046.21	517.56	176.62	3 018.25	7.94

土壤团聚体变化：分析 ZH-1 和 ZH-22 对赤泥进行改良过程中赤泥团聚体的变化过程，结果如图 4-10 所示。利用干筛法进行分析，原赤泥颗粒相对较细，主要分布为 0.25～0.5 mm 以及<0.25 mm，总占比达到 80%以上，微小团聚体比例达到 30.9%。经过 ZH-1 改良以后，团聚体明显增大，>2 mm 的所占的比重达到 50%左右，微团聚体所占的比重降低至 1.45%。而 ZH-22 对赤泥的改良效果则更为明显，>2 mm 的团聚体增长至 67.01%，微团聚体的比例降至 2.58%。利用湿筛法进行分析，赤泥经微生物改良后大颗粒团聚体的比例增长明显。>2 mm 的团聚体从 0.36%增长至 14.09%和 20.72%，微团聚体明显降低。利用团聚体破坏率分析经微生物处理后赤泥团聚体稳定性，如图 4-11 所示。经 ZH-1 处理 30～45 d 后，赤泥团聚体破坏率从 90%左右下降到 70%～80%，经 ZH-22 处理 30～45 d 后则降至 60%～70%。ZH-1 和 ZH-22 处理后赤泥团聚体稳定性明显增强，且 ZH-22 改良效果更加明显。

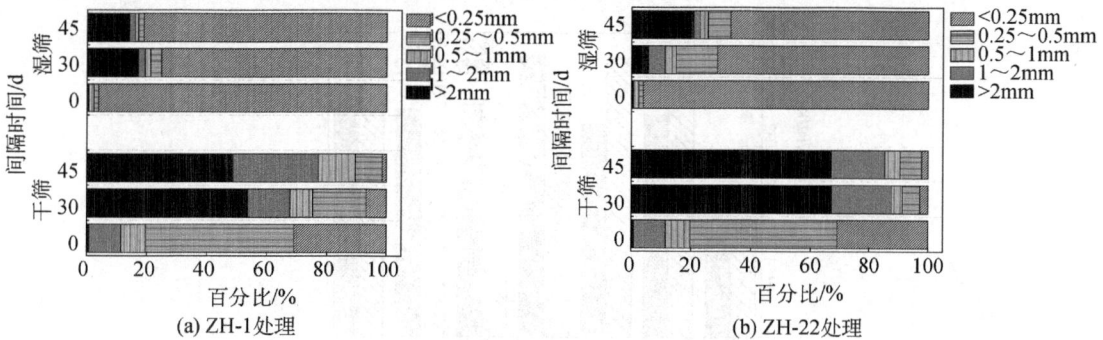

图 4-10　两种微生物处理后赤泥团聚体变化

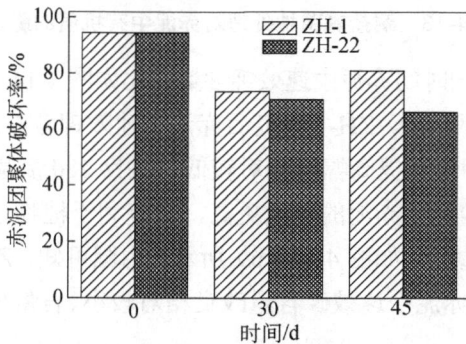

图 4-11　耐盐碱菌株处理赤泥团聚体破坏率变化

对原赤泥和处理后的赤泥进行电镜扫描分析，结果如图 4-12 所示。原赤泥中含有较多小片状结构颗粒，粒径较小，形状不规则，边缘不光滑，棱角较多，结构较为松散。经细菌处理后，赤泥表面片状结构较大，形状较为规则，边缘比较平整，片状结构颗粒堆积较为密集，结构比较紧实，颗粒粒径明显增大，赤泥物理结构向好的方向发展。ZH-22 处理后的大粒径颗粒更多，对赤泥物理结构的影响更为明显。

土壤肥力变化：测定不同时间有机质含量结果如图 4-13 所示。总体上，处理后的赤泥，其有机质含量增加，且在 4 d 时增幅最大，这可能是因为微生物菌群处于延滞期及对数增长期，添加的营养物质和大量微生物增殖造成了有机质含量的增加；ZH-1 处理后的赤泥，在 7 d 时有机质含量达到极值，而 ZH-22 处理后的赤泥，在 11 d 时有机质含量达到极值，之后有所下降，保持基本稳定且远高于原始水平。可能是 ZH-22 处理后赤泥中微生物菌群延滞期较 ZH-1 处理后赤泥中微生物菌群时间长，微生物活动消耗大量有机营养物质，而后微生物达到某种数量平衡。

(a) 未改良　　　　　　　(b) ZH-1改良后　　　　　　　(c) ZH-22改良后

图 4-12　耐盐碱微生物改良前后赤泥的微观结构变化

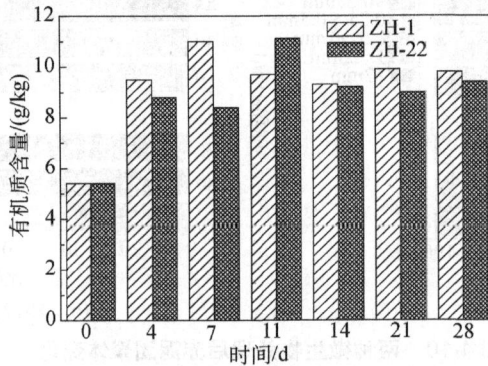

图 4-13　耐盐碱菌株处理对赤泥中有机质的影响

ZH-1 与 ZH-22 处理不同时间赤泥中速效钾含量变化如图 4-14（a）所示。ZH-1 与 ZH-22 均可有效提高赤泥中速效钾含量。ZH-1 改良后赤泥中速效钾含量最高可达 2 350 mg/kg；而 ZH-22 改良后赤泥中速效钾含量提高幅度相对较低，改良 28d 后最高浓度为 2 139.6 mg/kg。改良后赤泥中速效钾含量增加，赤泥的肥效更高，更有利于植物定植。ZH-1 与 ZH-22 处理不同时间赤泥中速效磷含量变化如图 4-14（b）所示。由图可知，ZH-1 与 ZH-22 改良对赤泥速效磷有一定的影响，但是赤泥中速效磷含量改良相对较小、含量偏低，未出现明显的提高。

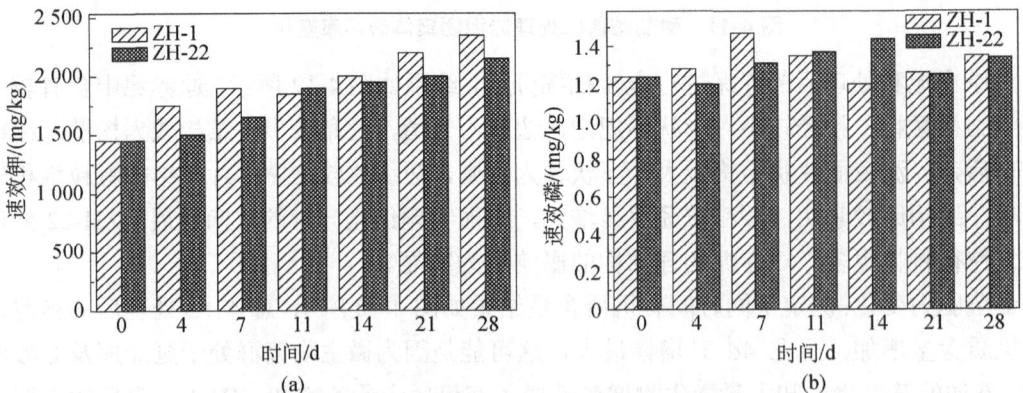

(a)　　　　　　　　　　　　　　　　　　(b)

图 4-14　不同处理时间赤泥速效钾和速效磷含量变化

微生物量变化：测定不同时间赤泥中微生物量含量，结果如图 4-15 所示。总体来看，处理后的赤泥微生物量含量大幅升高，保持平稳增长且远高于初始水平。微生物量含量在 4 d 时增幅最大，可能此时赤泥中微生物群落处于对数期，大量增殖；之后微生物群落进入稳定期，微生物量保持稳定增长。

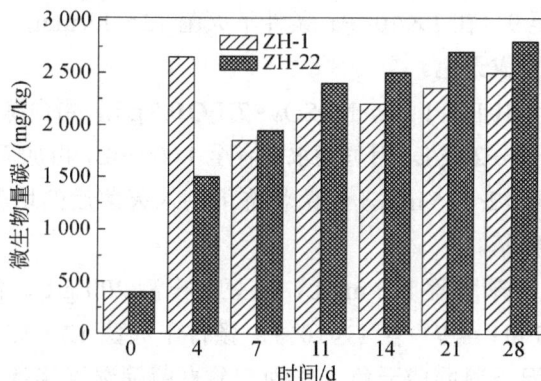

图 4-15　耐盐碱菌株处理对赤泥中微生物量的影响

4.1.2　赤泥堆场耐碱产酸真菌筛选及泌酸条件优化

微生物能在一定程度上承受环境的胁迫并对外界环境条件的改变做出响应。Krishna 等（2014）采用 16S rDNA 技术研究赤泥中可培养的微生物，分别鉴定为 *Agromyces indicus*、*Bacillus litoralis*、*B. anthracis*、*Chungangia koreensis*、*Kokuria flava*、*K. polaris*、*Microbacterium hominis*、*Planococcus plakortidis*、*Pseudomonas alcaliphila* 和 *Salinococcus roseus*，这些耐碱微生物能代谢产生酶类物质及有机酸，为降低赤泥的碱性提供先决条件。添加功能性微生物是强化赤泥基质改良的有效途径，能使失去微生物活性的赤泥堆场重新建立和恢复土壤微生物体系，增加赤泥中微生物的活性，提高植物的存活率。赤泥的特殊生境使得生活在其中的微生物具有抵抗高碱性胁迫的独特结构和生理特性，其营养需求和生长特性均与正常环境中的微生物不同，由于适应极端环境的结果，这些微生物也具有特殊的代谢类型。

（1）赤泥堆场耐碱产酸真菌筛选

本节针对赤泥高碱性问题，基于耐性微生物在赤泥中的生长机制，研究以固定碱度培养基为耐碱性菌株的筛选条件，采用苯胺蓝—PDA 培养基对其产酸性能进行评估，筛选耐碱产酸真菌，通过生物学形态分析及 18S rDNA 分子学鉴定，确定菌株的种属，优化其产酸条件，初步探究该真菌在最优条件下对赤泥 pH 及 EC 的影响。

①材料的选择：2016 年 7 月对广西某赤泥堆场进行实地调查，选取新鲜赤泥和堆存近 10 年的赤泥为试验样品，其基本性质见表 4-8。

表 4-8　赤泥样品基本性质

参数	pH	EC/ （mS/cm）	总碱/（g/L）	Na_2O/ wt%	CaO/ wt%	Al_2O_3/ wt%	Fe_2O_3/ wt%	SiO_2/ wt%	TiO_2/ wt%
赤泥样	10.26 ± 0.08	1.80 ± 0.23	28.35 ± 2.17	4.94	16.19	11.09	29.88	7.66	4.46

②培养基的培养：初筛平板。土豆浸出液 200 g/L，葡萄糖 20 g/L，琼脂粉 10～20 g/L，NaCl 1.0 g/L，水 1 000 mL，在 $1×10^5$ Pa 条件下灭菌 12～15 min，无菌状态下倒入灭菌后的培养皿中，常温下凝固成无色。

固定盐碱度平板。土豆浸出液 200 g/L，葡萄糖 20 g/L，琼脂粉 10～20 g/L，NaCl 10 g/L，水 1 000 mL，将 pH 调至 9，在 $1×10^5$ Pa 条件下灭菌 12～15 min，无菌状态下倒入灭菌后的培养皿中，常温下凝固成无色。

马丁孟加拉红平板。KH_2PO_4 1 g/L，$MgSO_4 \cdot 7H_2O$ 0.5 g/L，蛋白胨 5 g/L，葡萄糖 10 g/L，孟加拉红 30 mg/L，琼脂 10～20 g/L，用蒸馏水定容至 1 000 mL，再加灭菌 1%链霉素 3.0 mL。在 $1×10^5$ Pa 条件下灭菌 12～15 min，无菌状态下倒入灭菌后的培养皿中，常温下凝固成粉色，作为真菌筛选培养基。

苯胺蓝—PDA 平板。苯胺蓝 100 mg/L，土豆浸出液 200 g/L，葡萄糖 20 g/L，加去离子水至 1 000 mL 并调节 pH 至 7，在 $1×10^5$ Pa 条件下灭菌 12～15 min，无菌状态下倒入灭菌后的培养皿中，常温下凝固成无色，作为产酸真菌筛选培养基。

③微生物菌株分离：真菌的分离纯化。称取混合堆存 10 年的赤泥样品 10 g（不同赤泥样品各 2 g）置于锥形瓶中，加入 90 mL 无菌水后置于摇床中以 150 r/min 摇动 30 min，按梯度（10^{-4}、10^{-5} 和 10^{-6} 稀释倍数）稀释，移取 0.1 mL 10^{-6} 稀释倍数溶液均匀涂布于马丁孟加拉红培养基平板内，28 ℃倒置恒温培育 3～5 d。挑取生长出的单个菌落划线接种到初筛平板上，28 ℃倒置恒温培育 3～5 d 后，再次挑选单菌落划线并培养，直到获得纯培养的真菌。

耐碱真菌的分离。将纯化后的真菌接种到固定碱度的 PDA 培养基上，挑选出能在此培养基上生长的单菌落，划线接种到平板上，28 ℃倒置恒温培育 3～5d 后，得到耐碱真菌。

耐碱产酸真菌的分离。将耐碱真菌接种到苯胺蓝—PDA 培养基上，28 ℃倒置恒温培育 3～5d 后，选取使培养基呈现蓝色的真菌落，转接到初筛平板上，培养后获得耐碱产酸真菌。

④菌株形态学观察：取样、固定。取培养 7 d 后的菌液 3 mL，置于离心机（10 000 r/min）中离心 5 min 后，去掉上清液，加入 120 mL 2.5%戊二醛固定液，放入冰箱（4 ℃）中固定 2 h。

脱水、过度。用磷酸盐缓冲溶液冲洗 3 遍，随后用不同浓度的乙醇溶液（50%、75%、90%和 100%）依次进行梯度脱水，每次脱水时间为 5 min。用乙醇—叔丁醇溶液（1∶1，V/V）置换 20 min，再用 100%叔丁醇溶液置换两次，每次 20 min。置换后将样品放入真空干燥箱干燥 10 min，干燥的样品进行过度之后置于扫描电子显微镜下观察、拍照。

⑤18S rDNA 基因序列分析：将真菌基因组 DNA 抽提后，利用聚合酶链反应（Polymerase Chain Reaction，PCR）扩增，所用引物为 ITS1F（5′-TCCGTAGGTGAACCTGCGG-3′）和 ITS4R（5′-TCCTCCGCTTATTGATATGC-3′）。PCR 反应体系为：金牌 MIX 30 μL，上游引物 2 μL，下游引物 2 μL，基因组 DNA 1 μL。反应条件为：98 ℃，2 min；98 ℃，10 s；55 ℃，10 s；72 ℃，20 s；72 ℃，2 min，35 个循环。将扩增 18S 区产物进行测序，用 NCBI 中的 BLAST 程序将得到的基因序列进行比对分析，用 Mega 5.0 软件构建系统进化树。

（2）赤泥堆场耐碱产酸菌泌酸条件优化

①菌株分离及形态学特性：初筛后得到 32 株真菌，耐性筛选纯化后得到 7 株真菌，经苯胺蓝—PDA 培养基筛选纯化后得到耐碱产酸真菌 1 株，编号为 EEEL01，该菌在 PDA 培养基中生长快，生长初期菌株呈白色，3 d 后，菌株呈绿色。通过扫描电镜观察其形貌，发现该真菌孢子呈球形，在培养初期光滑，而到后期皱褶，其孢子直径为 5.5～7.5 μm，如图 4-16 所示。有国内外学者从赤泥堆场筛选到其他耐性产酸微生物，Nogueira 等（2017）从赤泥堆场中筛选到一株能产生大量有机酸的细菌，对其进行 16S rDNA 鉴定，发现该菌株为 *Bacillus cohnii*。Meng 等（2012）发现一株耐碱产酸菌能利用花生壳在高碱性环境下产生有机酸，为降低赤泥碱性提供可能。Takuthei 和 Koki（1988）分离纯化得到一株耐碱耐低温的细菌，其最优生长条件为 pH 9.0～9.5，温度 10～20 ℃。王茹等（2013）分离获得一株耐碱反硝化菌株，经鉴定发现该菌株属于 *Diaphorobater nitroreducens*，其最适生长 pH 为 9.0 左右。

(a) 分生孢子及其分泌物　　　　　(b) 分生孢子

图 4-16　真菌 EEEL01 细胞形态

②18S rDNA 基因序列及系统发育学分析：提取 EEEL01 的总 DNA 进行 PCR 扩增，对扩增序列进行电泳，凝胶电泳回收扩增序列，得到 2 000 pb 长度的扩增序列如图 4-17 所示，所得序列通过与 NCBI 系列分析，构建发育树，确定菌株种属，系统发育树如图 4-18 所示。将真菌的基因序列上传至 GenBank 得到基因编号为：MF802280。研究证明，同源性达到 97% 以上通常被认为是同一种属（Krishna et al.，2008），Yi 等（2006）通过 16S rDNA 序列分析测定两株极端耐碱与 *Bacillus halodurans* 具有 99% 的相关性，将两株极端耐碱菌分类为 *Bacillus halodurans*。从系统发育树分析结果可知，本节中真菌 EEEL01 与青霉属（*Penicillium*）菌聚在一群，其同源性均为 97%～99%，其中真菌 EEEL01 与 *Penicillium oxalicum*

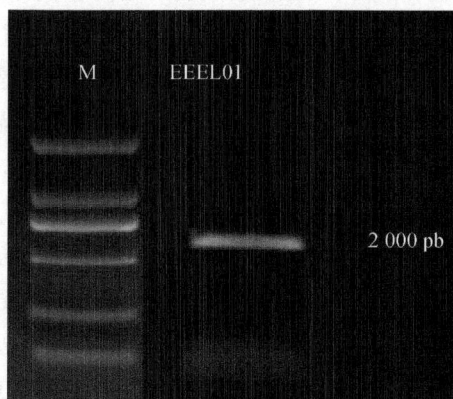

图 4-17　EEEL01 菌株 18S rDNA PCR 扩增结果

isolate 68（GU078430）存在较高的同源性（99%），而与 *Penicillium* sp. IM-3 同源性较低，因此将真菌 EEEL01 归属于草酸青霉（*Penicillium oxalicum*）。根据形态学观察及系统发育分析，鉴定该菌为草酸青霉。

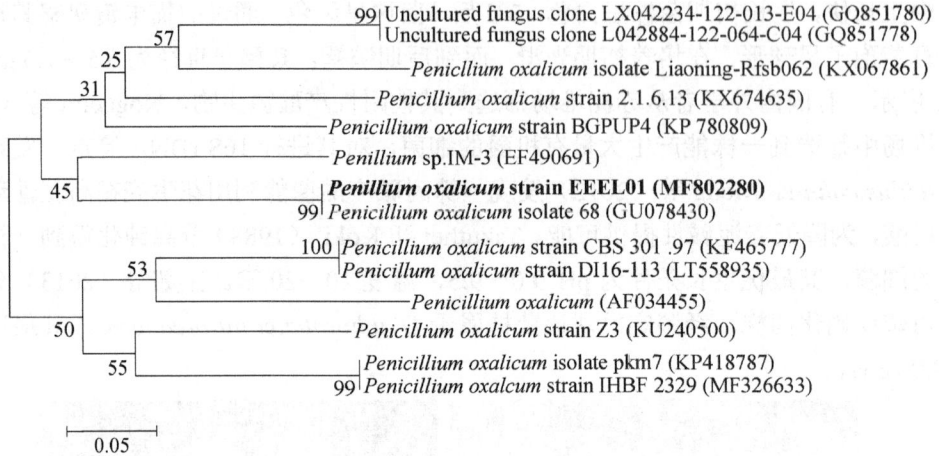

图 4-18　真菌 EEEL01 基于 18S rDNA 基因序列构建的系统发育树

③真菌最优泌酸条件的筛选：培养液的初始 pH 为 8.0 和 9.0 时，*P. oxalicum* EEEL01 的产酸能力较好，培养 9d 后其 pH 分别下降至 3.3 和 3.5，如图 4-19（a）所示。当培养液的初始 pH 为 10、11、12 时，*P. oxalicum* EEEL01 的产酸能力减弱，培养 9 d 后其 pH 下降至 7 左右。通过方差分析可见，初始 pH 在 8.0 与 9.0 之间无显著性差异，初始 pH 为 10、11、12 时，三者两两之间无显著性差异。由此可知，培养液中 pH≥10 时，由于培养液的碱性太高，*P. oxalicum* EEEL01 的产酸效果并不明显，需要使得培养液的 pH 调节至适合生长后才会产酸。研究表明，培养液中的初始 pH 能显著影响微生物的泌酸过程，Meng（2012）发现芽孢杆菌在初始 pH 为 9.0 时产酸效果最好，能产生 37 g/L 的乳酸。Dutta 等（2007）发现橘青霉能在碱性条件下产生木聚糖酶，其最优产酶条件为初始 pH 为 8.5，温度 50 ℃。

培养液中盐浓度为 0.8% 时，*P. oxalicum* EEEL01 产酸效果最好，培养 9 d 后测得其培养液的 pH 最低为 2.7。盐浓度为 2% 和 5% 时，*P. oxalicum* 产酸效果减弱，培养 9 d 后培养液的 pH 分别为 3.1 和 3.3，如图 4-19（b）所示。进一步分析发现当盐浓度为 0.1% 和 5% 时，两组数据差异显著（$P<0.05$），说明盐浓度越高，*P. oxalicum* EEEL01 产酸效果越差。盐浓度 2% 与盐浓度 0.8% 存在显著差异（$P<0.05$），但与盐浓度 0.1%、0.4%、1% 并无显著差异，说明盐浓度为 0.8% 时 *P. oxalicum* EEEL01 产酸效果最优，且盐浓度不超过 1%，对 *P. oxalicum* EEEL01 产酸能力无影响。培养液中乳糖和马铃薯为碳源时，培养 9 d 后其 pH 无明显变化，说明 *P. oxalicum* EEEL01 不能利用乳糖分泌酸性物质，而葡萄糖、麦芽糖和蔗糖作碳源时，培养液的 pH 分别从 9.0 降至 2.6、2.5 和 2.5，如图 4-19（c）所示。通过方差分析，发现葡萄糖、麦芽糖和蔗糖两两之间不存在显著差异，三种碳源对 *P. oxalicum* EEEL01 的产酸无显著差异。碳源能影响微生物的代谢过程以及存在形式，吴昌永等（2009）探究不同碳源下生物除磷系统中 SBR 反应器的效率及 PAOs 的存在形式，发现乙酸作为碳

源时反应效率要优于丙酸，且 PAOs 以球菌的形式存在。金巍等（2017）研究木薯粉、大米粉、玉米粉、小麦粉和土豆粉 5 种碳源对厌氧真菌代谢的影响，发现真菌产甲烷和乙酸的含量随着碳源添加量的增加而升高，但产量均低于 1.90 mmol/L。碳源的不同能影响微生物基因的表达，进而影响微生物的生长代谢过程，张燕等（2018）研究不同碳源对微生物抑菌作用的影响，发现葡萄糖能促进 ph1 A 基因的表达，使其抑菌活性增强，而当培养基中以果糖作为碳源时对基因的表达无影响。

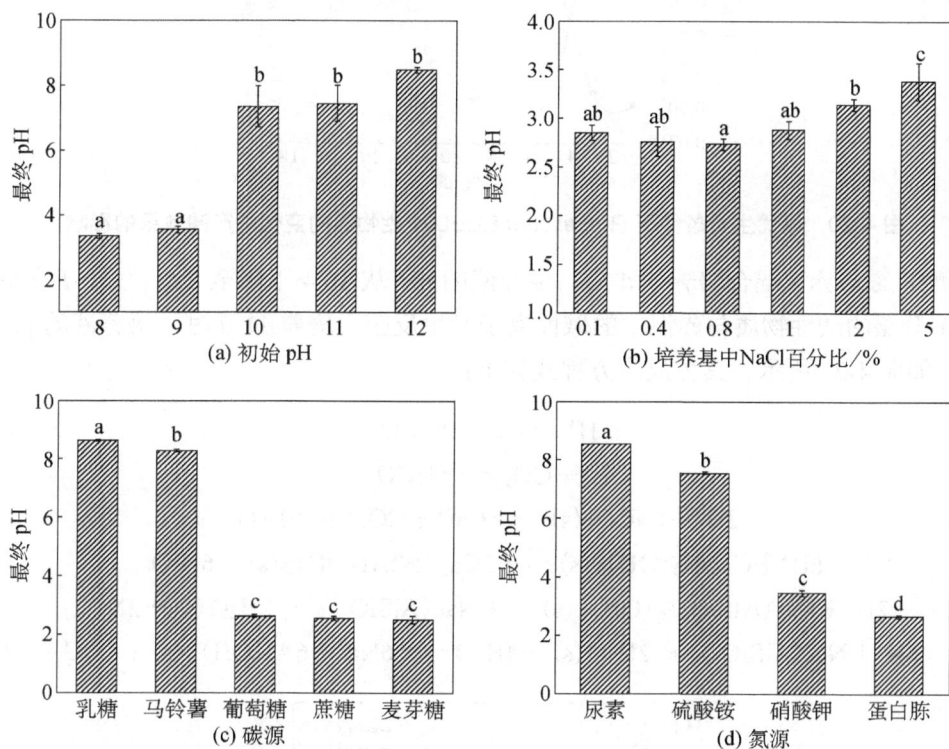

图 4-19　初始 pH、盐浓度、碳源和氮源对 *P.oxalicum* EEEL01 产酸的影响

尿素和硫酸铵作氮源时，培养 9 d 后培养液中 pH 无明显变化，*P. oxalicum* EEEL01 无法利用此氮源或该氮源抑制其生长。硝酸钾作氮源时，培养液的 pH 为 3.4，氮源为蛋白胨时，培养液的 pH 为 2.6，如图 4-19（d）所示。方差分析显示，硝酸钾与蛋白胨之间存在显著差异（$P<0.05$），当蛋白胨为氮源时，*P. oxalicum* 的产酸效果最佳。氮源的不同能直接影响微生物产酸量，Chen 等（1996）探究不同碳氮源对真菌产酸效果的影响，发现可溶性淀粉为碳源时，真菌的酸性产物的量最多，产量为 964 mg/L，较优的氮源为硝酸铵和尿素。Barth 等（2017）研究真菌产生半乳糖醛酸的最优条件，发现 pH 为 4，温度 35℃，乳糖为碳源，酵母提取物为氮源时，能产生 20 g/L 半乳糖酸。

④真菌泌酸过程对赤泥碱性的影响：最优条件下，*P. oxalicum* EEEL01 的产酸效果与生长情况成反比，培养液 pH 越低，*P. oxalicum* EEEL01 的干重越重。培养 5 d 后进入对数生长期，由于培养液中有足够的营养物质供其生长代谢，其酶的活性在此过程中最活跃。11 d 后，培养液 pH 及 *P. oxalicum* EEEL01 生物量趋于稳定，其干重达到最大（0.107 g），

培养液 pH 最低为 1.8。*P. oxalicum* EEEL01 处于衰亡期时，其物质干重逐渐减低培养液 pH 略微上升（图 4-20）。

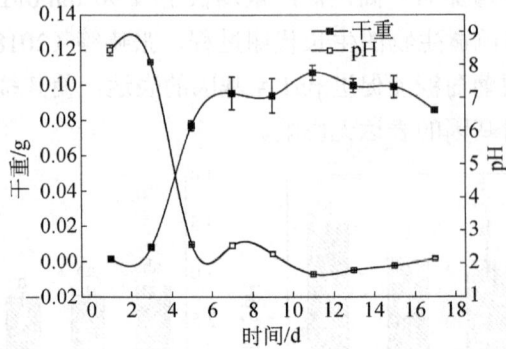

图 4-20　最优生长条件下 *P. oxalicum* EEEL01 生物量的变化及产酸效果的影响

草酸青霉与赤泥混合培养 7 d 后，培养液的 pH 从 10.4 下降至 7.5。由于 *P. oxalicum* EEEL01 分泌的酸性物质与赤泥中的碱性离子发生反应，培养 11 d 时，培养液的 pH 最低为 6.4，如图 4-21 所示。具体反应方程式如下：

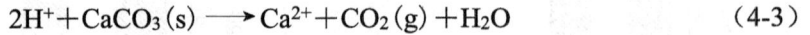

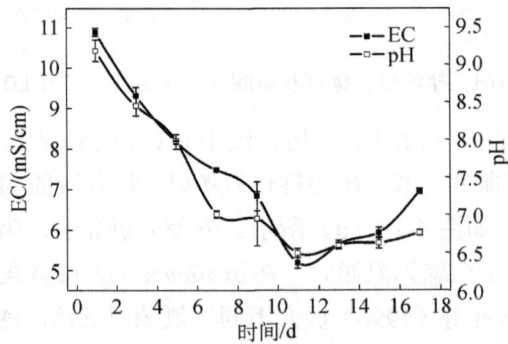

$$H^+ + OH^- \longrightarrow H_2O \tag{4-1}$$

$$H^+ + CO_3^{2-} \longrightarrow HCO_3^- \tag{4-2}$$

$$2H^+ + CaCO_3(s) \longrightarrow Ca^{2+} + CO_2(g) + H_2O \tag{4-3}$$

$$6H^+ + Ca_3Al_2(OH)_2(s) \longrightarrow 3Ca_2^+ + 2Al(OH)_3(s) + 6H_2O \tag{4-4}$$

$$2H^+ + Na_8(AlSiO_4)_6(OH)_2(s) \longrightarrow Na_6(AlSiO_4)_6 \cdot 2H_2O(s) + 2Na^+ \tag{4-5}$$

$$6H^+ + Na_6(AlSiO_4)_6 \cdot 2H_2O(s) + 4H_2O \longrightarrow 6Na^+ + 6Al(OH)_3(s) + 6SiO_2 \tag{4-6}$$

图 4-21　*P. oxalicum* EEEL01 处理赤泥培养液中 pH 及 EC 的变化

随着培养时间的延长，赤泥中的结合碱释放出来，中和一部分酸性物质，培养液的 pH 略微升高。菌种 *P. oxalicum* EEEL01 的矿化作用使赤泥中可溶性的阳离子含量降低，导致培养液的 EC 降低，在 11 d 时达到最低值为 5.16 mS/cm。培养液的 pH 与 EC 变化趋势基本一致，随着菌株 *P. oxalicum* EEEL01 的生长，赤泥的 pH 降低，赤泥中阳离子的形态开始转变，达到较好的修复效果。微生物发酵产生有机酸通过孔隙水与赤泥中的碱性离子发生反应，从而降低赤泥的碱性，这是一种非常有效的赤泥碱性调控方法（Santini et al., 2016）。

国内外学者发现微生物产酸过程能显著降低赤泥碱性，Hamdy 和 Williams（2001）发现在赤泥中添加生物质能使细胞受损的微生物重新恢复产酸功能，并且能将赤泥的 pH 从 13.0 降至 7.0。Krishna 等（2005）研究 *Aspergillus tubingensis* 在赤泥中的作用，发现该菌株能显著降低赤泥的碱性，金属离子能在菌丝体内积累达到减少赤泥环境风险的目的。

4.1.3　草酸青霉泌酸对赤泥碱性的影响

基于草酸青霉代谢产生有机酸以及纤维素酶的能力，研究不同生物质预处理方法对草酸青霉产酸的影响，利用高效液相色谱技术分析不同培养条件下草酸青霉的酸性产物，探究草酸青霉以及生物质联合草酸青霉作用下，赤泥碱性物质的变化。

（1）生物质预处理对产酸效果的影响

生物质预处理采用以下 4 种方法：①蒸汽爆破：利用粉碎机将甘蔗渣和麸皮粉碎，过 60 目筛（孔径 0.25 mm），然后将甘蔗渣、麸皮和水按固液比 1∶10 放入烧杯中，置于高压蒸汽灭菌锅，加热到 180 ℃，保持压力 4.0 MPa 左右 5 min，最后突降压力对生物质进行爆破。②酸处理：将甘蔗渣和麸皮粉碎，过 60 目筛（孔径 0.25 mm），称取适量甘蔗渣和麸皮，按固液比 1∶10 加入 1%（w/w）H_2SO_4 溶液，搅拌均匀，高压蒸汽下 121 ℃处理 1 h。③碱处理：将石灰（主要成分为氧化钙）浆化（生成氢氧化钙），然后每克生物质配 0.075 g 氢氧化钙和 5 mL 水，在 120 ℃温度下加热 4 h。④双氧水处理：称取 10.0 g 甘蔗渣和麸皮于 250 mL 锥形瓶中，按固液比 1∶10 加入 5%（w/w）的 H_2O_2 溶液，搅拌均匀，置于水浴恒温振荡箱中 30 ℃处理 24 h。将处理过的生物质与蒸馏水以 1∶5 的比例配制成培养液，再接种草酸青霉于液体培养基中，同时设置空白对照组，放置于 28 ℃、160 r/min 摇床培养 9 d 后，测定 pH。采用四种生物质预处理方法对甘蔗渣和麸皮进行前处理，结果如图 4-22 所示。蒸汽爆破和酸处理效果均显著高于碱处理和双氧水处理方法（$P<0.05$）。蒸汽爆破和酸处理后对草酸青霉产酸效果的影响无显著性差异，但两者相比，酸处理方法容易产生糠醛等副产物，这些副产物对酶水解和发酵有一定的抑制作用，因此后期试验采用蒸汽爆破处理。

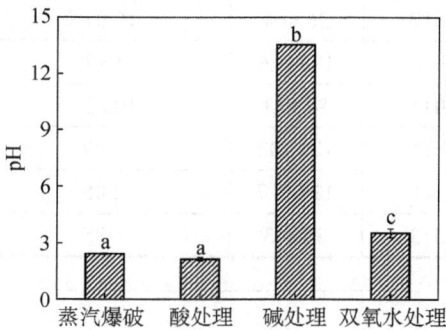

图 4-22　不同预处理方法对草酸青霉产酸效果的影响

（2）不同条件下酸性产物的研究

将标准有机酸混合样品进行色谱分析，得到标准混合有机酸样品的出峰顺序与保留时间（表 4-9）。根据同一物质在相同色谱分离条件下在色谱图上的同一时间出峰的原理，确定各有机酸的出峰顺序为：草酸、甲酸、苹果酸、乙酸、柠檬酸、丙酸、丁酸、戊酸。培养 7 d 后，草酸青霉在液体培养基和生物质培养基发酵液中有机酸的色谱分析结果如图 4-23 所示，两种培养条件下，草酸青霉都能分泌草酸、甲酸和乙酸。研究发现，草酸青霉也能代谢产生其他种类的有机酸，张健（2014）发现草酸青霉是一种溶磷菌，能够代谢产生草酸、苹果酸和乙酸，且不同条件下产生苹果酸的含量最高，能达到 1 800.93 mg/L。草酸青霉代谢产生有机酸的种类与碳氮源有关，范丙全等（2002）发现氮源能影响草酸青霉代谢产酸的途径，导致产生有机酸的种类不同，铵态氮作氮源时，草酸青霉主要分泌苹果酸、乙酸、丙酸、柠檬酸、琥珀酸。千淋兆（2014）研究发现草酸青霉能够代谢产生草酸，使得土壤中 H^+ 含量增多，降低了土壤的 pH，草酸青霉代谢产生的有机酸还能与铁、铝、钙等离子螯合释放土壤难溶磷，增加土壤中营养元素的有效性。草酸青霉能利用生物质作为能源物质代谢产生甲酸，其代谢有机酸的含量与碳氮源的分子结构有关，生物质分子结构相对复杂，草酸青霉需要先代谢产生纤维素酶，将生物质降解成小分子物质，才能供自身的生长代谢。利用葡萄糖作为能源物质供草酸青霉生长代谢时，其分泌的三种有机酸含量分别为草酸 2.89 mg/mL、甲酸 4.60 mg/mL、乙酸 11.51 mg/mL，而草酸青霉利用生物质代谢产酸的量较低，分别为草酸 0.12 mg/mL、甲酸 0.51 mg/mL、乙酸 0.31 mg/mL。研究发现，培养环境对草酸青霉代谢酸性物质的量有影响，Zandra 等（2009）对比三种不同真菌在铅污染土壤中的产酸效果，发现黑曲霉能产生 20 μmol/g 的草酸，另外两种青霉菌分别产生 20 μmol/g 的柠檬酸以及 5 μmol/g 的有机酸。此外，草酸青霉也能代谢其他酸性物质，王艳红等（2013）发现草酸青霉能够产生次级代谢产物黑麦酮酸 Λ，图 4-23 中的未知峰可能是草酸青霉的次级代谢产物。

表 4-9　标准混合有机酸样品分析

保留时间/min	名称	分子式	沸点/℃	峰面积/mAU	峰高度	溶液浓度/（mg/mL）
3.522	草酸	$C_2H_2O_4$	108	8 011 809	514 182	8.88
3.849	甲酸	CH_2O_2	100.8	1 841 116	233 993	2.10
4.191	苹果酸	$C_4H_6O_5$	167.1	276 017	26 464	10.01
4.330	乙酸	$C_2H_4O_2$	117.9	973 983	183 686	1.93
4.885	柠檬酸	$C_6H_8O_7$	175	532 011	82 843	10.02
14.10	丙酸	$C_3H_6O_2$	141.1	2 267 036	129 292	1.99
19.62	丁酸	$C_4H_8O_2$	163.5	1 501 711	137 017	2.05
25.60	戊酸	$C_5H_{10}O_2$	185	919 513	80 843	1.85

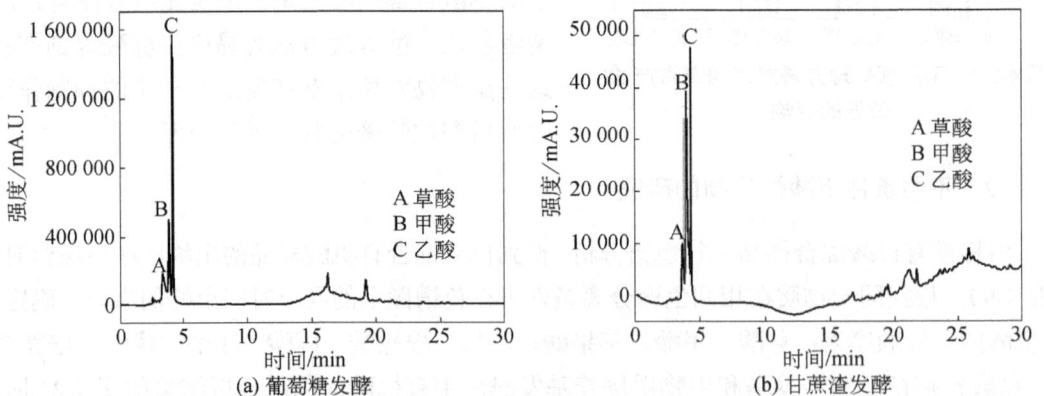

图 4-23　草酸青霉菌发酵液有机酸色谱图

（3）草酸青霉对酶活性的影响

单独添加草酸青霉对赤泥中的酶活性无影响，检测不到纤维素酶和脲酶，而草酸青霉与生物质联合作用下赤泥中酶活性随培养时间的延长而增加。如图 4-24 所示，赤泥中纤维素酶活性在第 24 d 后显著增加（$P<0.05$），培养 18 d 后，纤维素酶活性虽随时间增加，但并无显著差异。培养 36 d 后，赤泥中纤维素酶活性达到最大值（0.19 g/kg）。赤泥的高碱性环境限制了草酸青霉的生长代谢，虽然草酸青霉能改变赤泥中纤维素酶的含量，但需要较长的培养时间。草酸青霉具有较高的产纤维素酶能力，能降解有机质，陶婧等（2010）发现一株高产纤维素酶的真菌，鉴定为草酸青霉，其最优产酶条件为 pH=4.8，温度 50 ℃。草酸青霉能增加赤泥中的纤维素酶活性，促进碳循环。石文卿等（2011）通过研究草酸青霉产纤维素酶的特性，发现在最优条件下，发酵液中 CMC 酶和滤纸酶活性最高分别可达 31.12 IU/mL 和 45.28 IU/mL。脲酶的活性决定土壤中有机态氮向有效态氮的转化和土壤无机氮的供应，主要来源于微生物和植物（陈利军等，2002），赤泥中的脲酶含量随培养时间的延长显著增加（$P<0.05$），但含量均不高。

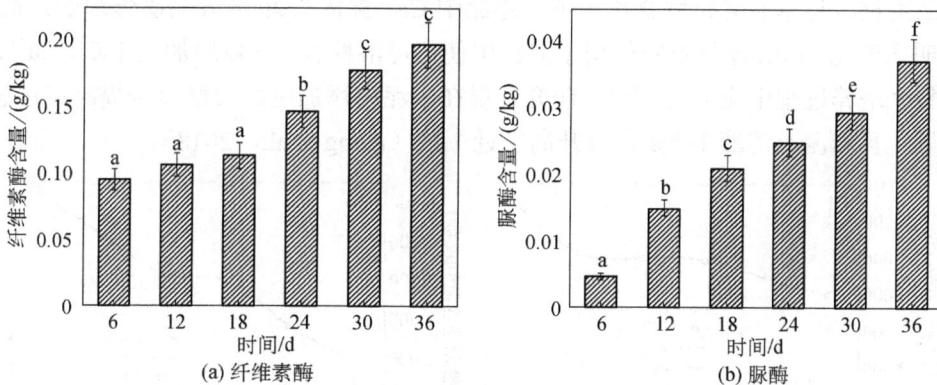

图 4-24　草酸青霉对赤泥中纤维素酶及脲酶活性的影响

（4）草酸青霉对碱性物质的影响

草酸青霉与生物质联合作用能显著降低赤泥的碱性，如图 4-25 所示，培养 36 d 后赤泥的 pH 由 10.9 降至 7.2。培养 6～12 d 时，赤泥的 pH 显著降低，随后 pH 下降缓慢。培养前期草酸青霉产生的酸性产物中和赤泥中大量的自由碱，使 pH 降低，培养后期赤泥中的结合碱溶解释放，维持整个培养体系中的酸碱平衡。Khaitan 等（2009）认为赤泥这种溶出碱性物质的过程在试验室条件下至少需要持续 50 d 以上才能达到化学平衡。草酸青霉单独作用于赤泥虽能将赤泥的 pH 降低，但在整个培养的过程中，赤泥的 pH 一直高于草酸青霉与生物质联合作用的方法。添加生物质能促进草酸青霉的活性，使得草酸青霉持续产生有机酸，从而中和赤泥更多的碱性物质。曲洋等发现微生物在赤泥环境中生长初期能够代谢产酸降低 pH，但当微生物进入衰亡期后，出现 pH 持续升高的现象。赤泥的 EC 随时间的延长而增加，草酸青霉与生物质联合作用在培养 18 d 后，赤泥的 EC 稳定在 2.18 mS/cm 左右，其值在整个培养的过程中始终高于草酸青霉单独作用。Kong 等（2017b）研究有机酸对赤泥碱性的影响，发现赤泥 EC 显著增加，这与赤泥中碱性离子的溶出有关。

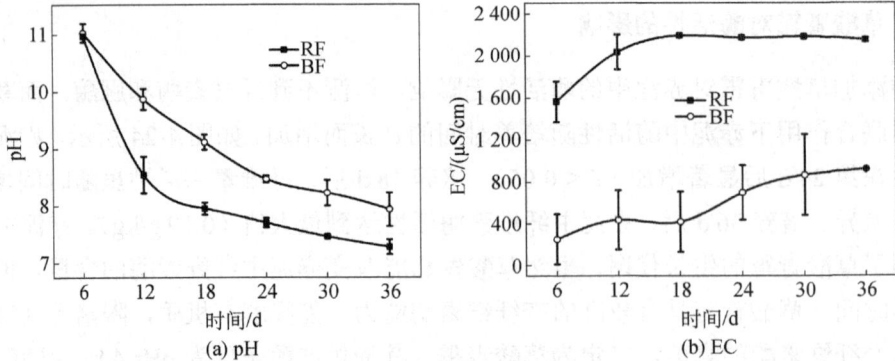

RF—草酸青霉＋生物质；BF—草酸青霉

图 4-25　赤泥中 pH 和 EC 随时间的变化

赤泥中可溶性 Na^+ 含量随着培养时间变化逐渐升高，如图 4-26 所示，导致赤泥中 EC 升高。研究表明，Na^+ 含量代表着赤泥中 Na 缓冲物质的量，赤泥的 EC 高，碱性 Na^+ 含量也较高。草酸青霉泌酸过程能够促进以 Na^+ 为主的金属离子的释放，提高可溶性阳离子的含量。在生物质与草酸青霉联合作用下，赤泥中 Ca^{2+} 含量在第 24 d 后缓慢增长，而 K^+、Mg^{2+} 无明显变化。草酸青霉单独作用于赤泥中使得可溶性 Na^+ 含量增加，但 K^+、Ca^{2+}、Mg^{2+} 含量在整个培养过程中无显著变化。研究发现在赤泥中添加生物质能显著提高可溶态的阳离子含量，且赤泥上清液中 Na 含量升高了近 1 倍（Kong et al.，2018）。

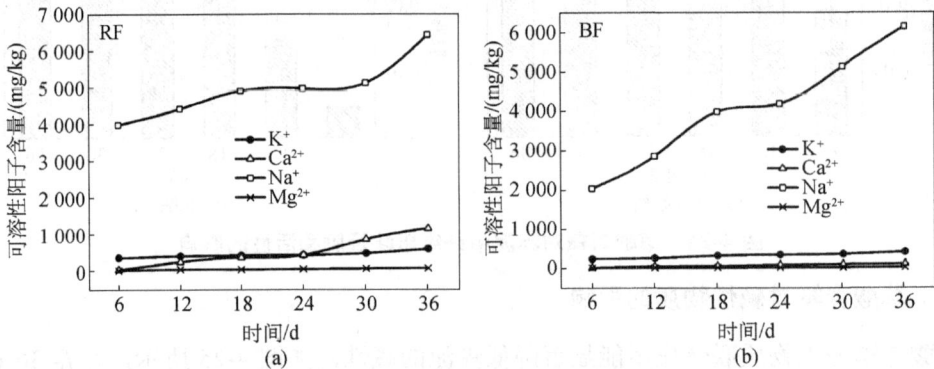

RF—草酸青霉＋生物质；BF—草酸青霉

图 4-26　赤泥中可溶性阳离子随时间的变化

（5）草酸青霉对碱性物质化学形态的影响

赤泥的 Na-XANES 结构谱如图 4-27 所示，3 组赤泥样的吸收峰所在的能级均未发生变化，在 1 068 eV 及 1 072 eV 有两个明显的吸收峰，其峰位决定 Na 在赤泥中的配位结构。彭明生等（2002）通过研究硅酸盐玻璃中的 Na-XANES 结构谱发现 P_2O_5 含量的增加能使 Na 的吸收峰位向高能位移，导致硅原子的四面体配位向八面体配位转变。本节中赤泥 Na 的配体结构未得到或失去电子，钙霞石 $[Na_8Al_6Si_6O_{24}(CO_3)(H_2O)_2]$ 及方钠石 $(Na_8Al_6Si_6O_{24}Cl_2)$ 的化学形态并未改变。生物质联合草酸青霉的作用使得赤泥中主要的特征峰变宽，a 峰向高能量方向位移了 0.1～0.3 eV，a 和 b 峰不敏锐，总的轮廓与赤泥原样相同。在草酸青霉作用下赤泥的归一化强度高于赤泥原样。

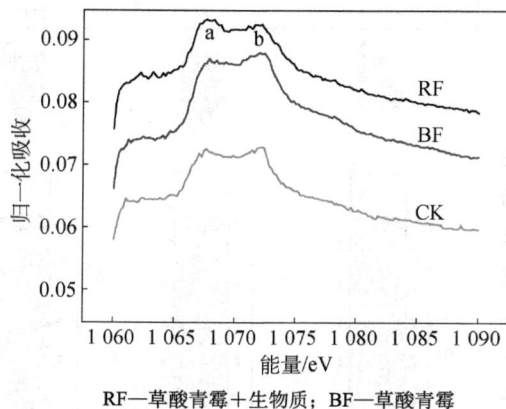

RF—草酸青霉＋生物质；BF—草酸青霉

图 4-27 不同处理下赤泥的 Na K-边 X 射线吸收精细结构

4.1.4 生物质强化草酸青霉泌酸促进赤泥碱中和

赤泥需要堆存 20～30 年后才有先锋植物入侵，自然风化过程缓慢，难以实现赤泥堆场的生态重建。赤泥的强碱性会扰乱植物根系正常的生理活动，如原生质变性、养分外流、酶钝化等，普通植物无法在赤泥堆场上生长。Wong 和 Ho（1994）研究污泥和石膏作为改良剂对赤泥堆场的影响，发现植物能在改良后的赤泥堆场上生长，产物干重明显增加，赤泥的总孔隙度增加（8%）。Courtney 等（2013）通过改良赤泥堆场，发现赤泥的容重、孔隙度和水稳性团聚体结构能作为衡量赤泥土壤化的指标。Krishna 等（2009）通过添加粉煤灰、表土、石膏和污泥来改性赤泥，在培养的过程中接种土著微生物，发现赤泥 pH 维持在 8 左右，并显著增加了赤泥中的有机碳、有机质和有效磷的含量。加快赤泥土壤化进程，对赤泥碱性进行调控，使赤泥成为适合某些植物生长的基质，降低赤泥碱性达到植物生长的范围是必不可少的前提。微生物作为生产者和分解者参与土壤中的各种化学循环（沈瑞昌等，2018），这些循环对于保持土壤生态系统中物质和能量的流动以及土壤的结构有重要意义（郭安宁等，2017），而实现赤泥中微生物的分解作用是促进赤泥土壤化的前提。纤维素是植物细胞壁中最丰富的多糖类物质，也是土壤的重要组成部分，草酸青霉作为一种纤维素分解菌，能产生纤维素酶，分解纤维素产生多种单糖，为赤泥提供养分。

（1）土柱试验的设计

将赤泥自然风干并过筛，将得到的赤泥分为第一部分和第二部分，然后将甘蔗渣和麸皮加入第一部分赤泥中，甘蔗渣、麸皮和第一部分赤泥的质量百分比为 6:5:89，并混合均匀，得到添加生物质的赤泥。进行赤泥柱装填，赤泥柱模型如图 4-28 所示，BR 柱和 FI 柱的 0～25 cm 层为添加生物质的赤泥，25～65 cm 深度的为第二部分赤泥，柱子底部（65 cm 以下）装填 6 cm 深度的石英砂，防止赤泥随渗滤液的流出而流失，BR 柱和 FI 柱装填好后，不定期对其进行淋溶，模拟赤泥堆场的降雨天气，FI 柱中每隔 3 d 接种一次草酸青霉菌剂。向装填好的赤泥柱中从下向上充水，培养周期中赤泥柱的温度与湿度分别维持在 25 ℃和 70%。

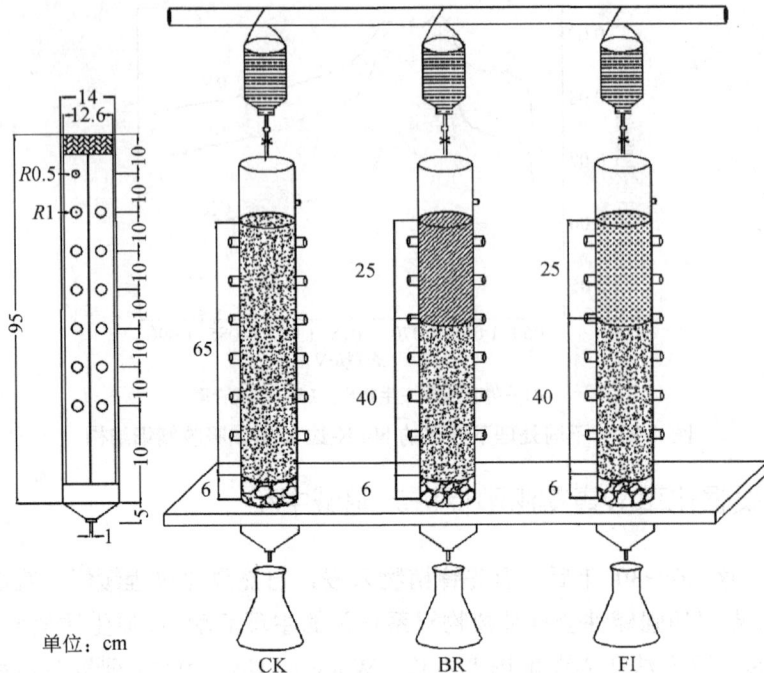

CK—赤泥柱；BR—不接种草酸青霉的赤泥柱；FI—接种草酸青霉的赤泥柱

图 4-28　赤泥柱模型

（2）生物质降解对赤泥碱性的影响

培养 30 d，赤泥柱体不同深度碱性的变化情况如图 4-29 所示。草酸青霉通过强化生物质的降解，代谢分泌有机弱酸，使得赤泥的 pH 随培养时间的延长而降低，FI 柱中 0～25 cm 深度处的赤泥与有机酸反应较为充分，0 cm、5 cm、15 cm、25 cm 深度处的 pH 最终由 8.43、8.59、8.82、8.93 分别降至 6.66、7.47、7.72、7.87。25 cm 取样处是赤泥与混合层接触面，pH 明显高于 0～15 cm 深度，由于淋滤作用，上层降解产生的有机酸不断随水分向下迁移，中和了 35～45 cm 深度的赤泥碱性物质，pH 由 9.31、10.10 分别降至 7.89、8.65。单独添加生物质能降低赤泥 pH，但碱性降低程度较小，BR 柱中 0～25 cm 处 pH 在 8.28～9.16 波动，赤泥柱中 35 cm 和 45 cm 处的 pH 无明显变化。FI 柱中 0～25 cm 深度处的总碱含量较低，且在 35～45 cm 处总碱的含量低于 BR 柱。培养 30 d 后，草酸青霉产生的纤维素酶活性较大，能降解 FI 柱中混合的纤维素，进而分泌有机酸，此时赤泥 pH 与培养 6 d 时的赤泥 pH 存在显著差异（$P<0.05$）。培养 30 d 内，未强化生物质降解的 BR 柱中，赤泥的 pH 基本不变，其值稳定在 9 左右，30 d 内未有显著差异，说明草酸青霉降解生物质能有效降低赤泥的碱性，实现赤泥碱中和。国外学者通过添加粉煤灰、表土、石膏和污泥来改性赤泥，在培养的过程中接种土著微生物，发现赤泥的 pH 可维持在 8 左右，并显著增加了赤泥中的有机碳、有机质和有效磷的含量（Krishna et al.，2009）。Santini 等 （2017）研究添加不同有机碳底物对赤泥渗滤液碱去除的速度与程度，发现葡萄糖与香蕉皮联合作用效果最好，能在 6 d 内使得 pH 低于 8，而微生物很难利用生物质这类复杂的有机碳底物，需要 15 d 才能使 pH 低于 8。Zhu 等（2016b）研究发现，在赤泥中添加石膏和蚯蚓粪肥后，其

pH 和可交换钠的比例显著降低，同时增加了可交换钙的含量。

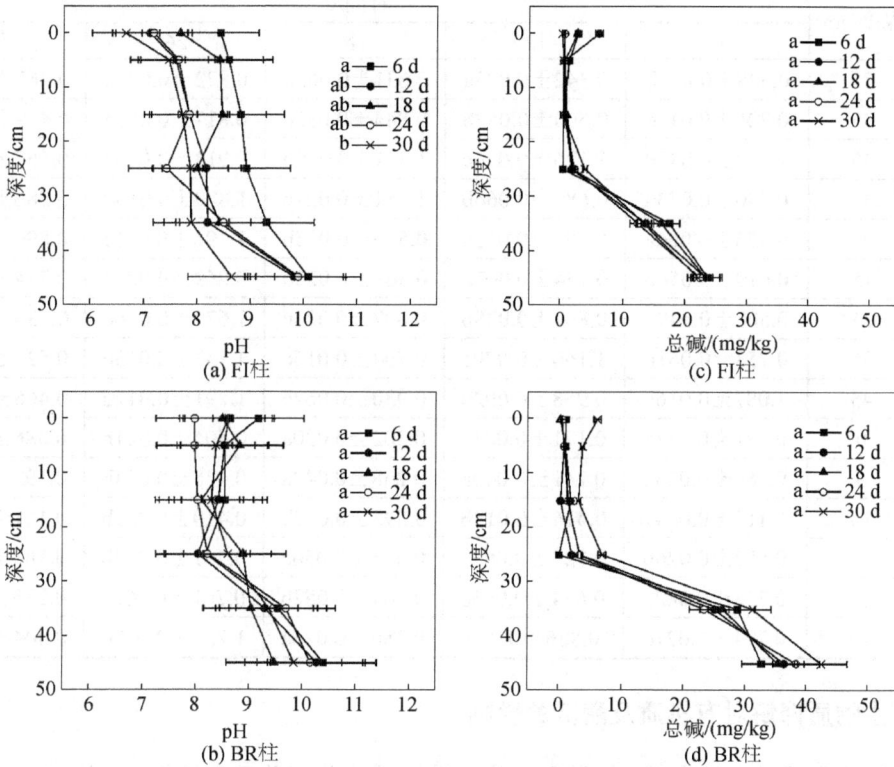

图 4-29 不同赤泥柱（FI 柱和 BR 柱）中 pH 和总碱

淋滤 30 d，各试验组不同时间及不同深度赤泥样品 EC 如表 4-10 所示。草酸青霉降解生物质产生的有机酸类物质能促进赤泥中碱性物质的溶解，导致 EC 升高，培养 30 d 后，FI 柱中 0 cm 深度处的 EC 由 0.34 mS/cm 上升至 3.28 mS/cm。Ren 等（2017）用盐酸处理赤泥发现其 pH 降低，但金属离子不断溶出，使赤泥的 EC 增加。培养 24 d 后，FI 及 BR 柱中下层的碱性物质通过蒸腾作用迁移至上层，存在返碱现象，随着深度的增加，EC 逐渐降低，但变化不大。研究发现，赤泥的 pH 越低，其 EC 也越低（Zhu et al.，2016a），而 FI 柱中，降解生物质产生的有机酸使赤泥中钠离子大量溶出，EC 随时间的增加而增加。淋滤 30 d，赤泥中可溶性离子随着水分在重力的作用下不断入渗，赤泥 CK 柱中 EC 随着深度的增加逐渐增加，部分可溶性碱以渗滤液的形式迁移至柱体外，其 EC 由 1.259 mS/cm 降低至 0.567 mS/cm。赤泥 BR 柱中 EC 的变化无规律性，由于赤泥处于水饱和状态，赤泥的渗透性降低，可溶性离子向下迁移能力减弱，培养 30 d 后，其 EC 变化不大。

表 4-10 不同赤泥柱中 EC 的变化 单位：mS/cm

土柱	深度/cm	时间/d				
		6	12	18	24	30
CK	0	0.187±0.032a	0.186±0.025a	0.262±0.026a	0.361±0.035a	0.196±0.041a
	5	0.403±0.036b	0.265±0.056a	0.540±0.023b	0.695±0.026b	0.263±0.074a
	15	0.393±0.051a	0.321±0.023a	0.520±0.061b	0.732±0.028c	0.391±0.079a

土柱	深度/cm	时间/d				
		6	12	18	24	30
CK	25	0.528±0.071b	0.342±0.023a	0.631±0.062b	0.822±0.075c	0.462±0.042b
	35	0.726±0.013c	0.560±0.052b	0.844±0.082c	0.817±0.053c	0.479±0.043b
	45	1.259±0.036d	1.126±0.016c	1.351±0.035d	0.913±0.065a	0.567±0.036b
FI	0	0.340±0.033a	0.686±0.066b	1.651±0.021c	1.879±0.015d	3.280±0.032e
	5	0.326±0.026a	0.398±0.032a	0.553±0.025b	1.196±0.011c	0.890±0.028c
	15	0.619±0.056b	0.754±0.047b	0.569±0.023b	0.869±0.027c	0.734±0.037c
	25	0.508±0.049b	0.862±0.028b	0.897±0.026c	1.679±0.016d	0.634±0.062b
	35	0.758±0.061b	1.166±0.079c	0.794±0.016c	1.133±0.013c	0.528±0.052b
	45	1.087±0.016c	0.958±0.092c	0.930±0.062c	1.291±0.012d	0.466±0.042b
BR	0	0.181±0.032a	0.171±0.023a	0.302±0.020a	0.504±0.041b	0.386±0.026a
	5	0.365±0.025a	0.241±0.040a	0.268±0.042a	0.425±0.013b	0.193±0.012a
	15	0.119±0.024a	0.416±0.013b	0.595±0.062b	0.410±0.023b	0.161±0.013a
	25	0.552±0.026b	0.727±0.063c	0.335±0.056a	0.401±0.032b	0.163±0.014a
	35	0.733±0.082c	0.624±0.063c	0.569±0.052b	0.761±0.062c	0.275±0.023a
	45	0.794±0.071c	0.826±0.062	0.386±0.026a	1.238±0.032d	0.404±0.013b

（3）生物质降解对有机质及酶活的影响

生物质的降解对赤泥物理、化学和生物学性质的改善有着重要的作用。培养 30 d 后，不同赤泥柱中有机质含量随时间的变化如图 4-30 所示，随着深度的增加，赤泥 FI 与 BR 柱中有机质含量逐渐降低，0~25 cm 深处的有机质含量显著高于 35~45 cm 深处（$P<0.05$），草酸青霉促进生物质的降解对赤泥中有机质的含量影响不大。研究发现向赤泥中添加 20%醋渣和糖醛渣，赤泥中总有机碳从 8.04 g/kg 增加至 38.62 g/kg（任杰等，2016）。赤泥 CK 柱中有机质的含量不变，维持在 0.4~0.9 g/kg，说明添加生物质能显著改善赤泥中有机质的含量（$P<0.05$）。培养 12 d 后，FI 柱中 5 cm 和 15 cm 深处有机质的含量分别由 2.94 g/kg、2.79 g/kg 上升至 6.75 g/kg、6.60 g/kg，随后草酸青霉对生物质的降解作用加强，赤泥中的有机质含量有所降低，但变化不大。添加生物质能显著改善赤泥中的有机质含量，张林丰等研究酒精废醪液与蔗渣联合作用于赤泥，发现赤泥中的有机质含量从 19.8 g/kg 增加到 200 g/kg。

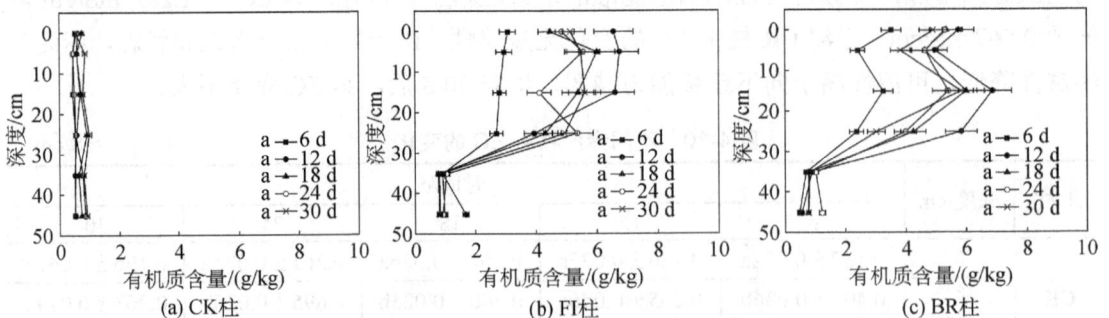

图 4-30　不同赤泥柱中有机质含量

脲酶的活性与生物质的含量以及微生物的数量有关，能反映赤泥中氮元素的循环
（Das et al.，2017）。培养 30 d，赤泥柱体不同深度脲酶与纤维素酶活性的变化情况如
图 4-31 所示，BR 与 FI 柱中赤泥脲酶活性随培养时间的延长而增强，方差分析发现赤泥
BR 柱中的脲酶活性与赤泥 FI 柱中酶活性没有明显差异，说明生物质的降解对脲酶活性影
响不大。BR 柱和 FI 柱中 0～25 cm 层的脲酶活性显著高于 35～45 cm 层（$P<0.01$），说明
添加甘蔗渣和麸皮能显著提高赤泥中的酶活性，提高氮的循环。草酸青霉降解木质纤维素
时能产生半纤维素酶，对生物质的降解有促进作用。BR 柱中纤维素酶的活性低于 FI 柱中
的酶活性，说明添加草酸青霉能改善赤泥中纤维素酶的活性，提高碳的循环效率。FI 柱
中 0～5 cm 深处的纤维素酶活性显著高于 15～25 cm 层，表层的纤维素酶含量增加，从
0.36 mg/g 增加至 0.84 mg/g，说明草酸青霉在有氧条件下降解生物质的能力较强。

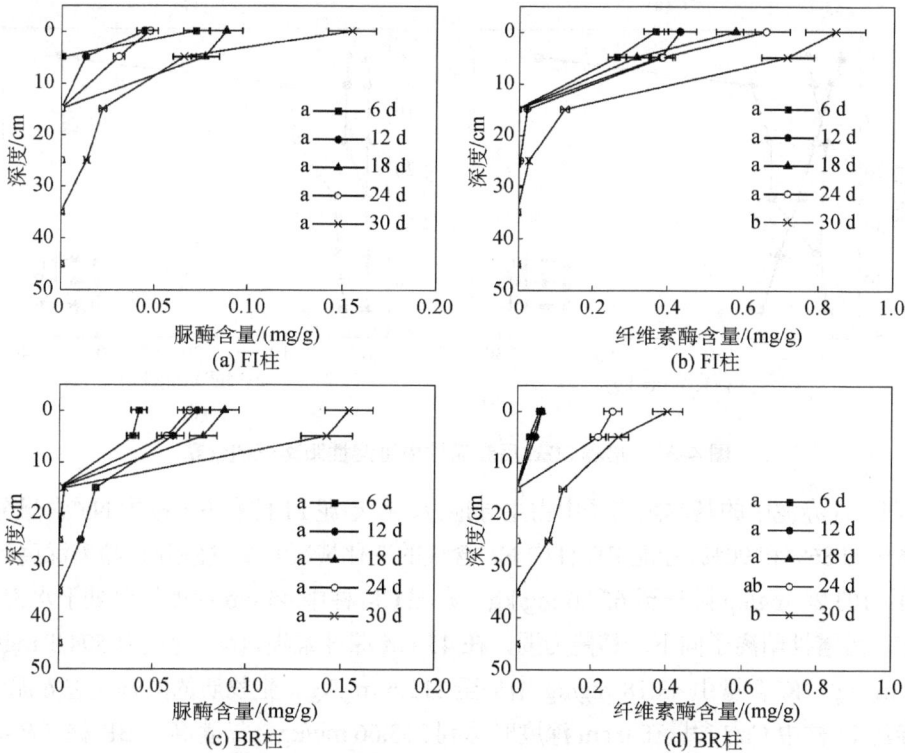

图 4-31　不同赤泥柱中脲酶和纤维素酶含量

（4）生物质降解对可溶性阳离子的影响

赤泥中可溶性阳离子的含量能够客观地表征赤泥碱性，碱性离子可溶且迁移能力强是
赤泥高 pH 的主要因素之一。培养 30 d 后，赤泥柱不同深度可溶性阳离子含量的变化情况
如图 4-32 所示。生物质的降解作用实现赤泥中碱性物质的溶出，导致赤泥中可溶性碱性阳
离子的增加，使得赤泥 FI 柱的阳离子含量均高于 BR 柱。随着深度的增加，FI 柱中 Na^+ 含
量降低，0 cm、45 cm 深度处的含量分别为 5 069 mg/kg、998.25 mg/kg，生物质降解产生
的 H^+ 与赤泥的钙霞石发生化学反应，导致 Na^+ 大量溶出，相关化学反应式如下：

$$2H^+ + Na_8(AlSiO_4)_6(OH)_2(s) \longrightarrow Na_6(AlSiO_4)_6 \cdot Al_2O(s) + 2Na^+ + 2H_2O \qquad (4-7)$$

$$6H^+ + Na_6(AlSiO_4)_6 \cdot Al_2O(s) + 4H_2O(s) \longrightarrow 6Na^+ + 6Al(OH)_3(s) + 6SiO_2 \quad (4\text{-}8)$$

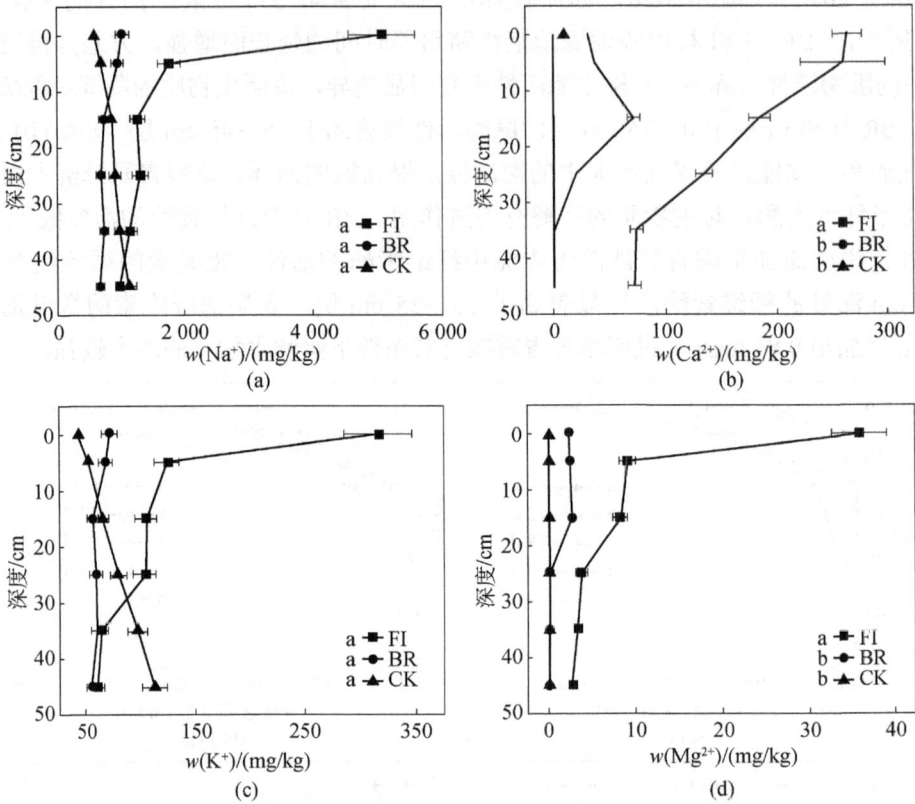

图 4-32 培养 30 d 后赤泥柱中可溶性阳离子的含量

Na^+ 在土柱赤泥中的基本阳离子中占主导地位,在赤泥 FI 柱和 BR 柱中 Na^+ 含量分别占总碱度阳离子的 86% 和 90%。赤泥 BR 柱中 Na^+ 含量的变化情况与 FI 柱相似,随着深度的增加,Na^+ 含量由 103.26 mg/kg 降低至 65.26 mg/kg。赤泥 CK 柱中 45 cm 深度始终处于水饱和状态,渗透性差,可溶性阳离子向下迁移能力弱,在 45 cm 深度聚集,Na^+ 含量由 594.3 mg/kg 上升至 1 135 mg/kg,K^+ 含量由 43.18 mg/kg 增加至 113.6 mg/kg。生物质的降解促进赤泥中 Ca^+ 的释放,赤泥 FI 柱中 Ca^{2+} 含量在 0 cm 深度时达到 263.66 mg/kg,显著高于 BR 柱($P < 0.05$),Ca 在赤泥中以方解石($CaCO_3$)、水铝钙石 $[Ca_4Al_2(OH)_{12} \cdot CO_3]$、钙铝水滑石 $[CaAl_2(CO_3)_2(OH)_4 \cdot 3H_2O]$ 的形式存在,淋滤作用很难促进 Ca^{2+} 的溶出,使得赤泥 CK 柱中 Ca^{2+} 含量很低。草酸青霉降解生物质提高了赤泥中可溶性 K^+ 和可溶性 Mg^{2+} 的含量,赤泥 FI 柱中 0 cm 深度处生物质的降解程度最大,K^+ 和 Mg^{2+} 含量分别为 316.01 mg/kg、35.87 mg/kg。

(5)生物质降解对钠元素分布的影响

降低赤泥碱性的第一步是减少赤泥中的 Na^+ 含量。Kong 等(2017a)发现赤泥中的 Na^+ 含量对赤泥的物理、化学和生物学性质影响很大。培养 30 d 后,赤泥柱表层 Na 元素分布的变化情况如图 4-33 所示。由于生物质降解提供的 H^+ 可促进赤泥中可溶性 Na^+ 大量溶出,使得 Na 元素在赤泥 FI 柱中的分布明显少于 BR 柱。FI 柱中 0 cm 深度处赤泥中的介孔尺度空间分布稀疏，颜色暗沉，而 BR 柱中的介孔尺度空间分布密集，颜色清晰。柠檬酸、硫酸和盐酸等强酸性物质能破坏赤泥中某些含钠矿物的结构，使赤泥中 Na 元素的分布不均匀，而生物质降解过程产生的草酸、甲酸和乙酸是弱酸，能溶解含钠矿物，使得 Na 元素分布在表面。

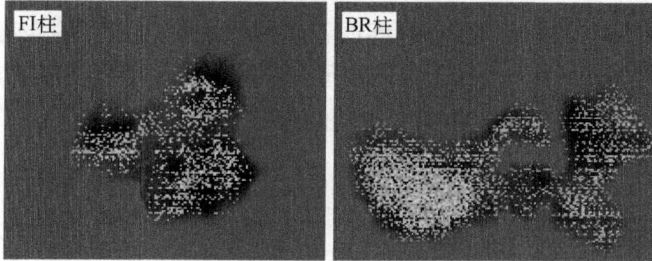

图 4-33　不同赤泥柱中 Na 的扫描透射 X 射线显微图

（6）生物质降解对团聚体结构的影响

赤泥的物理性质对赤泥堆场植被的重建与赤泥团聚体的形成具有重要的作用，草酸青霉在降解生物质过程中，赤泥表面微观形态扫描电镜结果如图 4-34 所示。未强化生物质降解的赤泥 BR 柱中，赤泥的微观结构松散，分布无序，含有较多的碎屑及细微颗粒物质，结晶度差。随着生物质的降解，微生物形成的胶结类物质赤泥的微粒聚集起来，草酸青霉菌丝通过缠绕将赤泥中的砂粒连接在一起，菌丝长度不断增长，沙粒的团聚体结构逐渐稳定，促进大团聚体的形成，因此赤泥 FI 柱中大颗粒物质形成，细小颗粒明显减少，结晶度有一定的改善，团聚结构较好。强化生物质降解的过程中，赤泥表面元素组成和相对含量 EDS 结果如图 4-34 所示。由于草酸青霉降解生物质产生的有机弱酸促进了赤泥中 Ca^{2+} 的溶出，赤泥表面 Ca 元素出现较大峰，由 6.65% 升高至 24.21%，如反应化学式（4-9）所示。

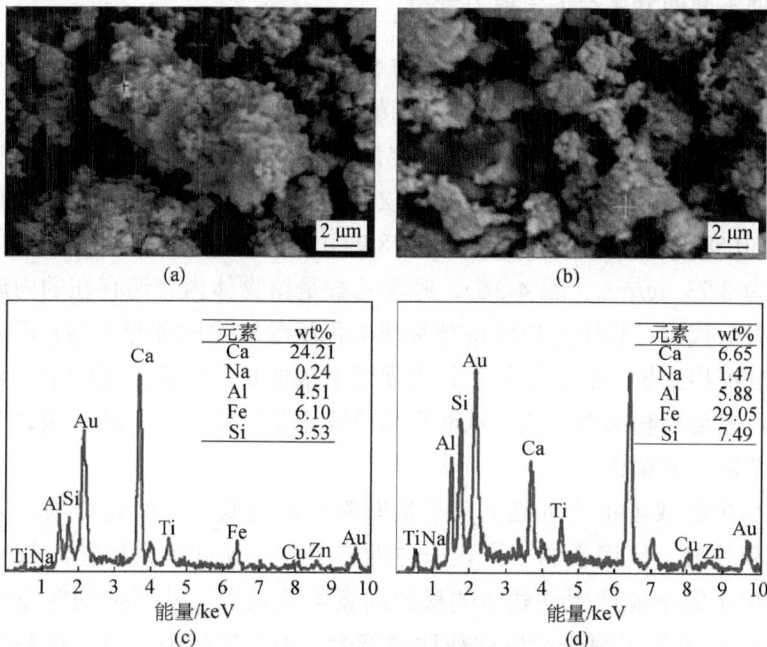

图 4-34　赤泥团聚体的扫描电镜照片及能谱分析

$$6H^+ + Ca_3Al_2(OH)_2(s) \longrightarrow 3Ca^{2+} + 2Al(OH)_3(s) + 6H_2O \qquad (4-9)$$

Ca^{2+}能在微团聚体中形成离子键，促进赤泥团聚体的稳定。Zhu 等（2016b）研究发现，在赤泥中添加石膏和蚯蚓粪肥后，其物理性质能得到改善，且 Ca^{2+}含量增加，说明 Ca^{2+}对赤泥团聚体的形成起决定性作用。赤泥表面 Na 元素的含量随生物质的降解而减少，但变化不大，由 1.47%降低至 0.24%，而 Fe 元素含量的变化呈相反趋势，由 6.10%增加至 29.05%。生物质的降解对赤泥中 Al 元素含量的影响不明显。

4.2　赤泥堆场植物促生菌

4.2.1　赤泥堆场植物促生菌的筛选及生理特性

植物促生菌的应用可以提高植物的抗胁迫能力，增强植物对病原菌的抵抗力，提高植物修复效率，菌株的筛选与鉴定是其研究和应用的基础。赤泥堆场植被覆盖率低，自然风化过程缓慢，植物促生菌的引入将会加速堆场上植物的定植速率，提高根系养分吸收能力。本节从赤泥的土著微生物中筛选出具有促生潜力且对盐碱环境适应性较强的植物促生菌，用于盆栽试验，为后续植物促生菌在实际赤泥堆场生态修复上的应用提供可能性。基于植物促生菌的促生指标，通过对筛选菌株产生长素、铁载体、溶磷能力和产胞外酶能力进行测定，并在此基础上分析菌株生长特性，借助生理生化特性和分子生物学鉴定来确定菌株的种属，为进一步研究其耐盐碱能力和在赤泥中的对植物的促生作用奠定基础。

（1）植物促生菌的分离与促生能力分析

从赤泥堆场上筛选出 46 株细菌，通过与 Salkowski's 比色液的定性分析初步筛选出能产生生长素的菌株，如图 4-35 所示有 23 株菌与比色液反应时呈红色，占总菌数的 50%。选取颜色较为明显的 14 株菌进行促生能力定量分析，结果显示菌株 Z19 分泌吲哚乙酸最多，48 h 转化达到 60.84 μg/mL，菌株 Z18、Z28 和 Z31 也表现出较强的产吲哚乙酸能力，分泌量分别为 50.58 μg/mL、38.98 μg/mL 和 48.92 μg/mL。产量最小的是菌株 Z45，其分泌吲哚乙酸量仅为 3.73 μg/mL（图 4-36）。吲哚乙酸是植物体内普遍存在的内源生长素，某些微生物在自身的代谢过程中可以将前体物质即色氨酸转化成吲哚乙酸，促进植物细胞的伸长，进而促进植物生长。低浓度的生长素促进主根伸长，而高浓度的生长素刺激侧根和不定根的形成，但会抑制根系生长，从而影响植物正常生长发育，因此应该选取产吲哚乙酸浓度在合适范围内的菌株。

铁载体是微生物或者植物分泌的用于摄取铁元素的低分子量化合物。某些植物促生菌通过分泌铁载体螯合环境中的 Fe^{3+}，一方面将 Fe^{3+}还原成可供植物高效利用的 Fe^{2+}，另一方面与环境中的不能产生铁载体的病原菌竞争铁元素，从而抑制病原菌的生长与繁殖。通过 A/A_r 的值反映了菌株产生铁载体的能力，A/A_r 值越小，说明铁载体产量越大。结果表明，菌株 Z37 的铁载体产量最多，菌株 Z28、Z31、Z35 和 Z46 产生铁载体的能力相当,比菌株 Z37 稍弱,菌株 Z12、Z18、Z19 和 Z33 产生铁载体的能力相对较弱,但从整体上看,这些菌株都能产生铁载体,剩余菌株没有明显的产铁载体的特性。说明菌株 Z28、Z31、Z35、Z37 和 Z46 具有较强的铁竞争能力,可以更好地摄取环境中的铁以满足其生长和代谢需求(表 4-11)。

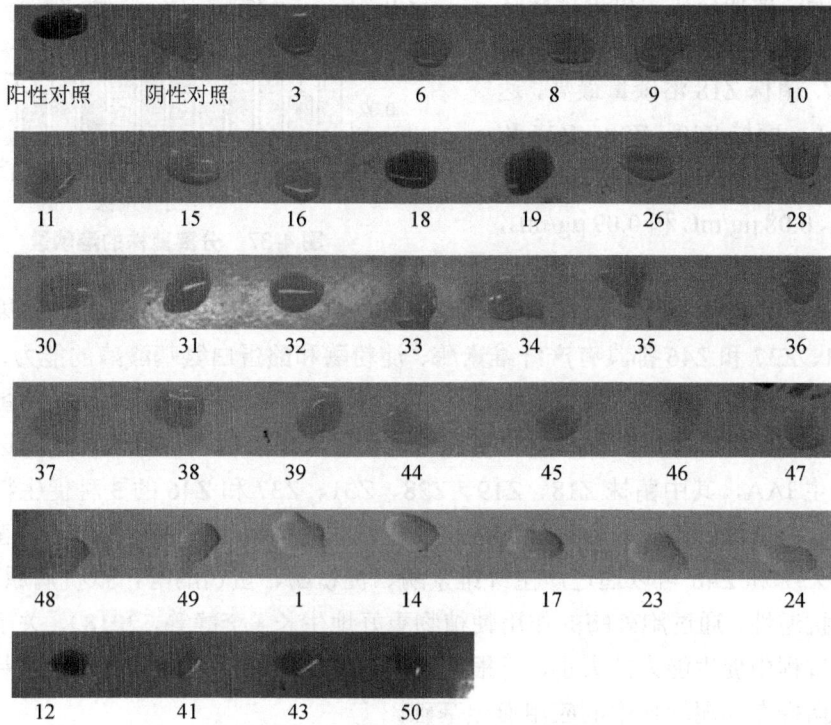

图 4-35 分离菌株产生生长素定性分析

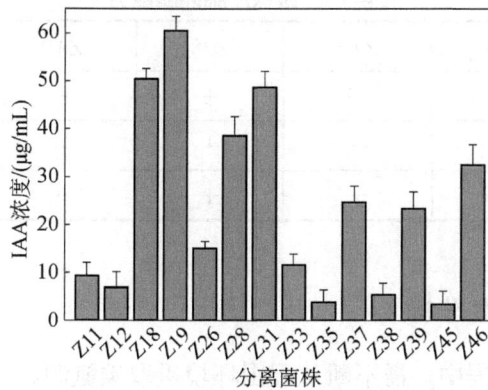

图 4-36 分离菌株产生生长素浓度

表 4-11 分离菌株产生铁载体的能力

菌株	Z11	Z12	Z18	Z19	Z26	Z28	Z31	Z33	Z35	Z37	Z38	Z39	Z45	Z46
A/A_r	/	+	+	+	/	++	++	+	++	+++	/	/	/	++

注:A_r:未接种菌株的 MKB 液体培养基与 CAS 检测液混合后的吸光值;A:接种菌株的 MKB 液体培养基与 CAS 检测液混合后的吸光值。A/A_r:0~0.2 +++++;0.2~0.4 ++++;0.4~0.6 +++;0.6~0.8 ++;0.8~1.0 +;/:未检出。

磷是植物生长发育过程中所需的大量元素，但是赤泥中磷含量很低，而且多以不溶的磷酸盐形态存在。具有溶磷能力的植物促生菌可以通过分泌有机酸溶解难溶性磷，增加赤泥中可溶性磷含量，从而提高植物对磷的吸收效率。如图 4-37 所示，菌株 Z18 溶磷量最高，达到 0.16 μg/mL，菌株 Z19、Z28、Z35 和 Z45 溶磷能力较强，分别为 0.09 μg/mL、0.075 μg/mL、0.08 μg/mL 和 0.09 μg/mL，而剩余菌株溶磷能力相对较弱。

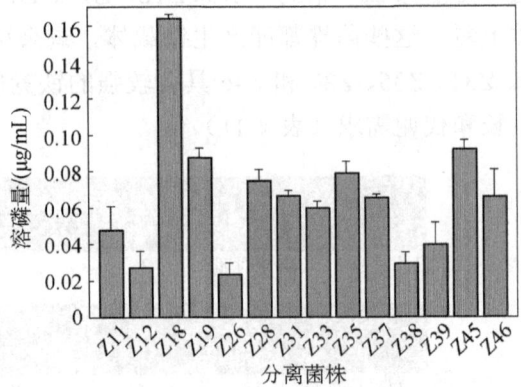

图 4-37　分离菌株的溶磷量

综合以上促生潜力指标，选取 6 株菌测定其产胞外酶能力（表 4-12），结果表明，菌株 Z28、Z31、Z37 和 Z46 都具有产纤维素酶、淀粉酶和酪蛋白氨基酸酶的能力，菌株 Z18 可产淀粉酶。通过对菌株产生长素、铁载体、溶磷和产纤维素酶、淀粉酶、酪蛋白氨基酸酶等能力的测定，综合评价菌株的促生抗逆境能力。结果表明，从赤泥堆场筛选出的菌株有 50%能产生 IAA，其中菌株 Z18、Z19、Z28、Z31、Z37 和 Z46 的 3 种促生特性都表现良好，表明这些菌株可能具有较好的促进植物生长或提高植物抗胁迫的潜力。菌株 Z18、Z28、Z31、Z37 和 Z46 可以通过产生纤维素酶、淀粉酶、蛋白酶等，抵抗病原菌的侵染，提高植物的抗逆性，通过胞外酶的作用使植物更好地生长（李静等，2018）。关于筛选菌株在实际应用过程中促生能力的大小，可根据后续植物抗盐碱能力模拟试验和盆栽试验中深入探索，为菌株在赤泥堆场中的应用奠定基础。

表 4-12　菌株产胞外酶能力

测定项目	Z18	Z19	Z28	Z31	Z37	Z46
产纤维素酶	—	—	+	+	+	+
产淀粉酶	+	—	+	+	+	+
产酪蛋白氨基酸酶	—	—	+	+	+	+

注：+：有检出；—：无检出。

（2）菌株生理生化特性分析

微生物在生命活动过程中，需不断从周围环境摄取碳氮源、无机盐类和其他生长因素等营养物质，通过自身代谢作用从中获取能量，合成新的细胞物质并将废物排出体外。不同的微生物在养分需求、酶系以及代谢产物等方面都存在差异，因此它们对糖、醇和各种含氮化合物等底物的利用情况也不同。根据《常见细菌系统鉴定手册》，选取表 4-13 中的生理生化指标对菌株进行分析。

如表 4-13 所示，菌株 Z18 为革兰氏阴性细菌，可利用淀粉和糖类，不可利用柠檬酸盐和酒石酸盐，可液化明胶，接触酶试验、吲哚试验为阳性，M-R 试验、V-P 试验为阴性。

菌株 Z19 为革兰氏阳性细菌，可利用柠檬酸盐和糖类，不可利用淀粉和酒石酸盐，可液化明胶，接触酶试验、吲哚试验、V-P 试验均为阳性，M-R 试验为阴性。菌株 Z28、Z31 和 Z46 为革兰氏阴性细菌，可利用淀粉和柠檬酸盐，不可利用糖和酒石酸盐，可液化明胶，接触酶试验、吲哚试验为阳性，M-R 试验和 V-P 试验为阴性。菌株 Z37 为革兰氏阴性细菌，可利用淀粉和柠檬酸盐，不可利用糖和酒石酸盐，可液化明胶，接触酶试验、M-R 试验、吲哚试验和 V-P 试验均为阳性。该结果表明，分离的 6 株菌都具有过氧化氢酶活性，属于好氧性或兼性厌氧细菌。除菌株 Z19 不能产生淀粉酶外，其余菌株均可以利用淀粉。除菌株 Z18 不能利用柠檬酸盐作为碳源外，其余菌株均能分解柠檬酸生成 CO_2。糖发酵试验说明菌株 Z18 和 Z19 可以分解糖产生有机酸。这 6 株菌酒石酸盐试验均呈阴性反应但都能分泌蛋白酶分解明胶。M-R 试验说明除菌株 Z19 不能分解葡萄糖产酸，其余菌株均能分解葡萄糖产生丙酮酸，并进一步分解产生甲酸和乙酸。有些细菌能分解培养基中的色氨酸产生吲哚而呈红色，吲哚试验结果说明 6 株菌均能分解蛋白胨中的色氨酸产生吲哚。细菌在葡萄糖代谢中生成丙酮酸，之后随细菌种类不同也会有不同分解途径，有的使丙酮酸脱羧成为中性产物乙酰甲基甲醇，V-P 试验用于检测细菌分解葡萄糖的代谢产物是否为乙酰甲基甲醇，结果表明菌株 Z19 可分解葡萄糖产生乙酰甲基甲醇。综合以上指标分析，发现菌株 Z28、Z31、Z37 和 Z46 结果相同，因此它们可能是同一种菌。

表 4-13　菌株的生理生化特性

测定项目	Z18	Z19	Z28	Z31	Z37	Z46
革兰氏染色	−	+	−	−	−	−
接触酶	+	+	+	+	+	+
M-R	−	−	−	−	+	−
淀粉水解	+	−	+	+	+	+
明胶液化	+	+	+	+	+	+
柠檬酸盐利用	−	+	+	+	+	+
糖发酵	+	+	−	−	−	−
吲哚	+	+	+	+	+	+
V-P	−	+	−	−	+	−
酒石酸盐利用	−	−	−	−	−	−

注："＋"表示阳性反应，"－"表示阴性反应。

（3）菌株形态学分析

将分离菌株接种到 LB 固体培养基上，如图 4-38 所示，Z18 菌落白色，呈圆形凸起，不透明，光滑湿润，在扫描电镜下，菌株 Z18 呈短杆状，不形成芽孢，大小为（0.5～0.9）×（1.1～2.5）μm。Z28 菌落淡黄色，半透明，圆形凸起，边缘整齐，表面光滑湿润，不形成芽孢，电镜下观察其细胞形态呈直或稍弯的杆状，大小为（0.3～0.6）×（1.6～3.0）μm，单个细胞体积比 Z18 大，不形成芽孢。

(a) 菌株Z18

(b) 菌株Z28

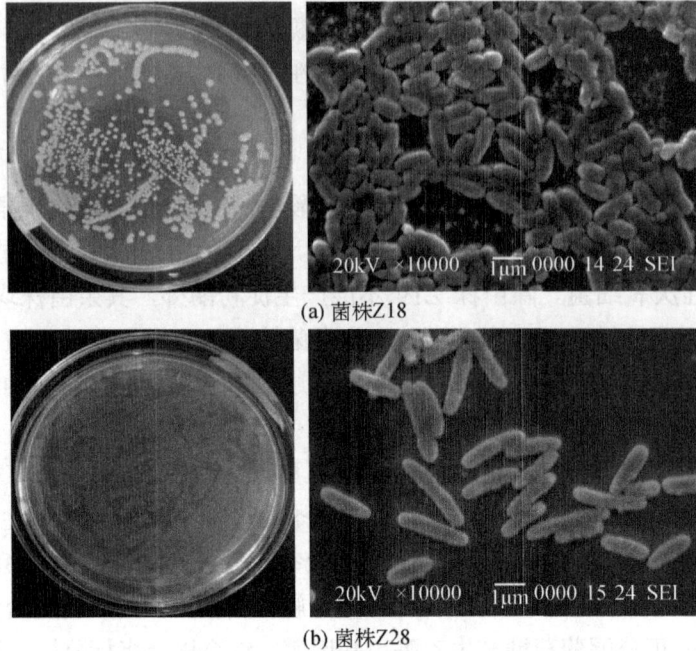

图 4-38　分离菌株的形态特征

（4）供试菌株生长特性分析

①菌株的生长曲线：根据微生物生长过程中细胞数量与时间关系，可将细菌生长分为四个阶段：迟缓期、对数生长期、稳定期和衰亡期。如图 4-39 所示，菌株 Z28 对环境适应较快，在短暂的 0～3 h 迟缓期后进入了对数生长期，然后菌株数量在 3～12 h 急剧增加，经大量繁殖后，于 12～57 h 进入稳定期，该阶段持续时间较长，57～60 h 生长曲线呈下降趋势，菌体数目开始减少，菌株可能进入衰亡期。菌株 Z18 迟缓期较长，12 h 后进入对数生长期，说明菌株数目开始急剧增加，30～57 h 达到稳定期，57～60 h 菌体数目减少，说明开始进入衰亡期。由以上分析可知，菌株 Z18 生长速度比 Z28 相对较慢，2 株菌株均有明显的四个生长阶段，反映了菌株由缓慢生长、迅速繁殖、稳定、衰老直至死亡的一个完整的动态过程。

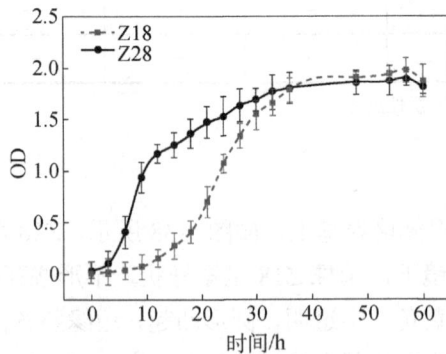

图 4-39　分离菌株的生长曲线

②菌株产生生长素性能分析：适量的生长素可以促进植物生长，菌株存活时会产生生长素，结果如图 4-40 所示。从图中可以发现细菌在培养基中生长时，生物量与吲哚乙酸浓度的变化均有一致性，由此可知菌株产吲哚乙酸的量与菌株的生长状况相关。菌株 Z18 生长比较缓慢，其产生生长素浓度在 0～18 h 内都比较低，在 18 h 时吲哚乙酸浓度仅为 3.85 mg/L，但随后其产生生长素浓度很高，36 h 时已经达到 26.22 mg/L，菌株 Z28 培养 36 h 时转化吲哚乙酸量为 20.07 mg/L。菌株 Z18 在培养 30 h 之后产生吲哚乙酸浓度高于菌株 Z28，生物量也稍高于菌株 Z28。两株菌的生物量变化趋势和吲哚乙酸浓度变化趋势的相似度很高，在培养基中产生吲哚乙酸的浓度基本都是随着生物量的增加而增加。

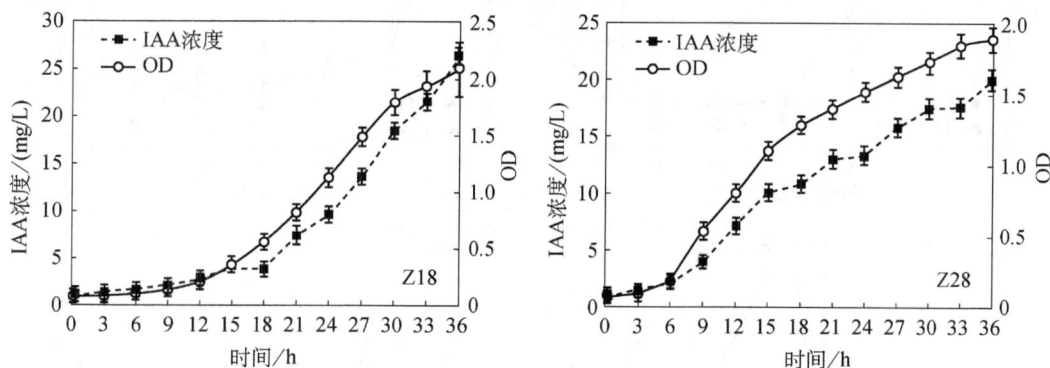

图 4-40　分离菌株的生物量和产生长素曲线

③不同菌株组合下植物促生菌对盐毒害的耐性：盐碱等极端环境对微生物有着重要影响。根据盐需求的不同，可将微生物分为以下几类：生长所需 NaCl 浓度小于 0.2 mol/L 的为非嗜盐微生物；生长时最适 NaCl 浓度为 0.2～0.5 mol/L 的为弱嗜盐微生物；最适 NaCl 浓度为 0.2～2.5 mol/L 的为中度嗜盐微生物；所需 NaCl 浓度为 2.5～5.2 mol/L 的为极端嗜盐微生物。分离菌株对盐毒害的耐受性如图 4-41 所示，菌株 Z18、Z28 和混合菌对 NaCl 的耐受性都较强，当 NaCl 添加量增加到 6% 时，菌株 Z18 的生物量急剧降低至 0.435，生长明显受到抑制，相较于添加 3%NaCl 时降低了 67.4%。在 Z28 菌系中，菌体 OD 随着 NaCl 添加量的增加逐渐降低。当 NaCl 添加量为 15%，即浓度为 2.5 mol/L 时，菌株 Z18 和 Z28 的 OD_{600} 分别为 0.204 和 1.014，分泌生长素的浓度分别为 8.97 mg/L 和 4.19 mg/L，菌株 Z28 在较高的盐浓度下仍在快速生长繁殖，说明菌株 Z28 对盐的耐受性更强。在 2H 混合菌系中，未添加 NaCl 时，OD 为 1.579，高于菌株 Z18。当 NaCl 添加量从 3% 增加到 9% 时，菌体生物量迅速下降，之后变化不大，在 NaCl 添加量为 15% 时，OD 为 0.149，IAA 分泌量为 3.53 mg/L。在 Z18 和 Z28 菌系中，随着 NaCl 添加量的增加，IAA 浓度变化与菌株 OD 的变化趋势基本一致。而在 2H 菌系中，菌体生 OD 随盐浓度增加的变化趋势不具有一致性。与没有添加 NaCl 的菌株相比，受盐胁迫的菌株的繁殖和功能的发挥都受到抑制，较高浓度的盐胁迫会改变微生物的胞外渗透压，影响微生物代谢活性，造成功能微生物的损伤。

在不同 NaCl 浓度的培养基中，菌株的耐盐能力为 Z28＞Z18＞2H，产吲哚乙酸浓度为 Z18＞Z28＞2H。结果表明 2H 混合菌系耐盐能力和产 IAA 浓度均低于单一菌体，且随着盐浓度的增加，波动性较大，说明混合菌系的菌株间无协同作用，但不确定是否有拮抗作用。这可能是由于在混合菌系中微生物产生某些代谢产物对其余菌株有毒害作用，或者不同菌株的代谢产物发生化学反应，生成的新物质破坏微生物酶，从而抑制微生物促生功能的发挥。

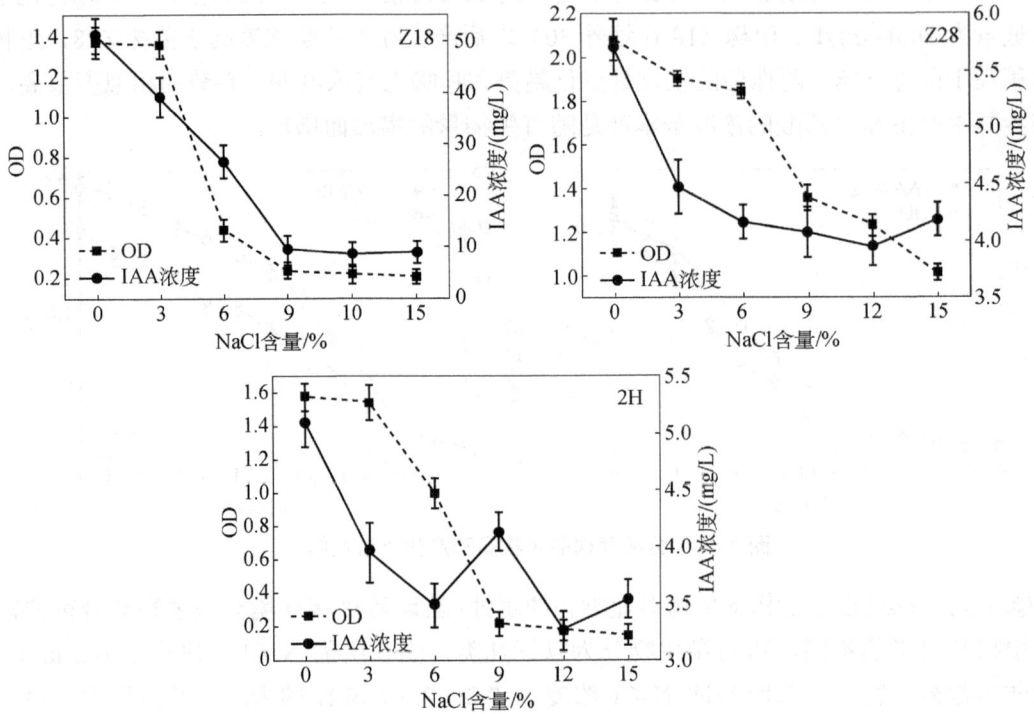

图 4-41　不同菌系下 NaCl 对植物促生菌的影响

④不同菌株组合下植物促生菌对碱毒害的耐性：微生物对碱的耐受程度不同，一般在 pH 为中性或以下可以生长的微生物为兼性嗜碱微生物；在 pH 为 7～9 时可以生长，pH＞9.5 时不能生长的称为耐碱微生物；一般把最适生长 pH 在 9.0 以上，并且所耐 pH 高达 10～12 的微生物称为嗜碱微生物；最适生长 pH＞10，pH 低于 8.9～9.0 则不生长的微生物称为极端嗜碱微生物。如图 4-42 所示，本试验分离菌株对碱都有较强的耐受性，当培养基 pH 达到 12 时，Z18、Z28 和 2H 菌系 OD 分别为 0.836、1.613 和 1.546，其产生吲哚乙酸浓度分别为 4.89 mg/L、5.99 mg/L 和 6.53 mg/L。不同组合形式中菌株 OD 基本上都随着 pH 的升高而降低，菌株 Z18 的 OD 在 pH 为 8 时达到最大。当 pH 为 7 时，菌株 Z28 的 OD 稍高于 Z18，但其分泌的 IAA 量远低于 Z18。Z18 菌系中，pH 从 8 增加到 9 时，吲哚乙酸产量降低较多，当 pH≥10 时，吲哚乙酸浓度变化不大。而在 Z28 菌系中，当 pH 为 9 时，IAA 浓度达到最大值 6.73 mg/L，当 pH 为 7～8 时，吲哚乙酸浓度较低，且最低值为 5.83 mg/L，说明菌株 Z28 对碱的耐受性很强，产生生长素的浓度受碱性的影响不大。2H 菌系 OD 和吲哚乙酸浓度随 pH 的变化与 Z28 类似。

在不同 pH 的培养基中，不同组合菌系的耐碱能力为 Z28＞2H＞Z18。当 pH＜11

时，产生生长素的能力为 Z18＞Z28＞2H；当 pH＞11 时，菌株 Z18 产生生长素的能力最小，说明在强碱性环境下，菌株 Z18 产生生长素性能受到严重抑制。从图中可知，2H 混合菌系变化类似于 Z28，说明该体系中 Z28 可能为优势菌，菌株间无协同作用。在混合菌系中，微生物的相互作用比较复杂，通过分离菌株的代谢产物可能不利于其余菌株的繁殖，也可能是存在微生物养分竞争的现象，某些菌株在混合菌系中对养分的竞争力较强，逐渐占据主导地位，而其余菌株可能由于养分缺乏逐渐死亡，在培养基中会积累大量死亡菌体，也可能会影响存活菌体对氧气的需求，抑制微生物正常繁殖，导致整个混合菌系系统的不稳定性。在外界环境碱性较强，pH 达到某个值时，细胞甚至可能迅速溶解并丧失活性。

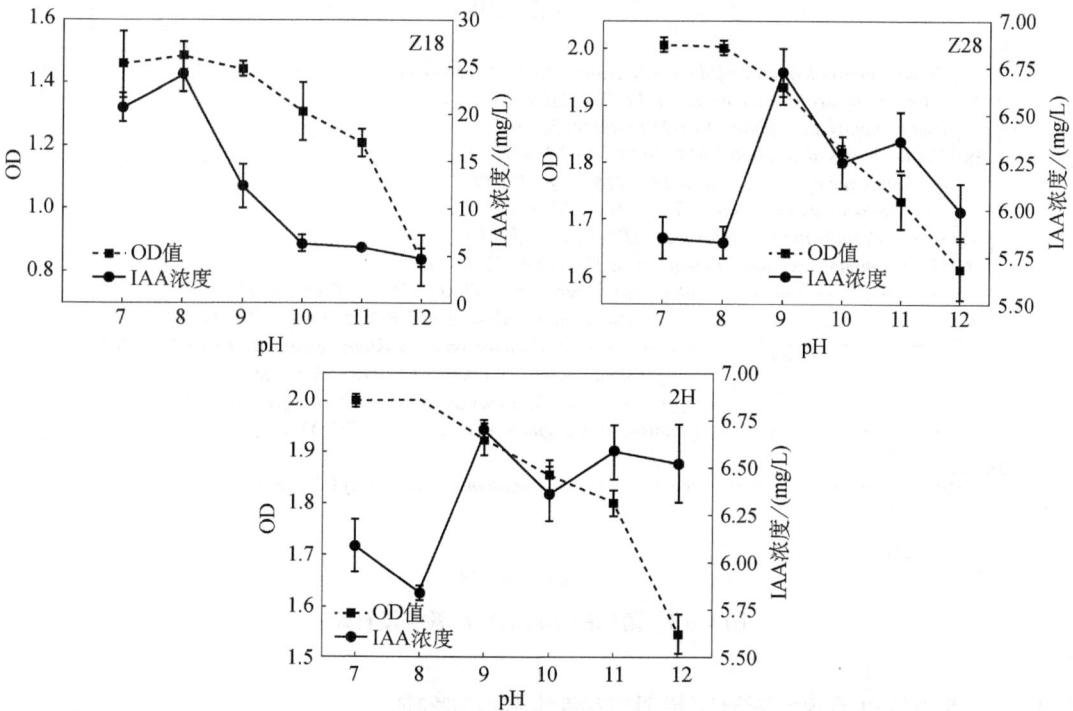

图 4-42　不同菌系下 pH 对植物促生菌的影响

（5）16S rDNA 序列分析

采用 Sanger 双脱氧终止测序法，通过 PCR 扩增得到菌株基因片段，最后测定 16S rDNA 序列。将获得菌株的 16S rDNA 基因组序列在 NCBI 数据库中进行 BLAST 比对，与 GenBank 数据库中已登录的基因序列进行核苷酸同源性比较，用 MEGA7 软件进行多序列分析并构建系统发育树。结果表明菌株 Z18 位于 *Mesorhizobium* 分支上，与中生根瘤菌（*Mesorhizobium erdmanii*）同源性最高，达到 97.77%的相似性；菌株 Z28 位于 *Pseudomonas* 分支上，与假单孢菌属（*Pseudomonas* sp.）同源性最高，达到 99.5%的相似性。结合菌株鉴定、形态学观察和生理生化特性分析，菌株 Z18 为中生根瘤菌，Z28 为假单胞菌。系统发育树如图 4-43 所示。

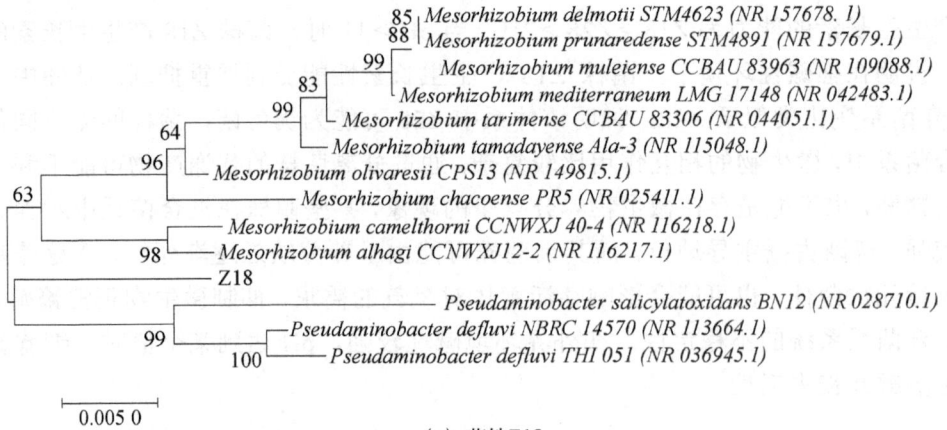

(a) 菌株Z18

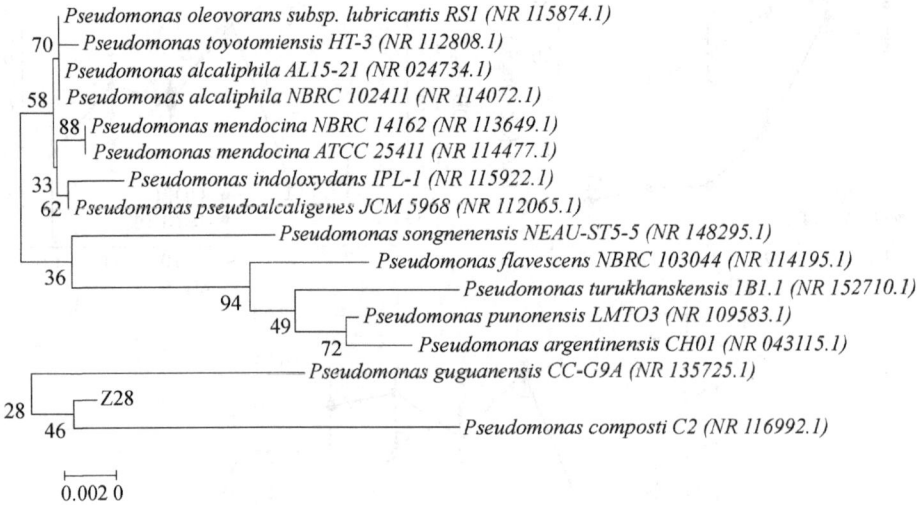

(b) 菌株Z28

图 4-43　菌株的 16S rDNA 系统发育树

4.2.2　植物促生菌对赤泥环境黑麦草生长的影响

　　赤泥的强盐碱性限制了微生物的生存繁殖，因此将植物促生菌应用于赤泥生态修复，首先要保证微生物能够在赤泥的复杂环境中生存，然后再发挥其促生功能。黑麦草属于细茎草类，是多年生禾本科植物，根系发达，生长速度快，分布范围广泛，但对盐分的耐受性较差。在赤泥堆场的生态修复过程中，通过微生物辅助植物修复作为一项低成本、高效的技术已经日益受到重视。植物修复技术已经成为国内外目前的主要研究方向之一，通过植物促生菌的强化作用，可以有效减轻盐碱毒性对植物的不良影响，提高植物对盐碱毒害的抵抗能力，增强植物修复效果。但目前利用植物促生菌在赤泥堆场的生态修复中的研究较少，将植物促生菌制成菌剂应用于赤泥堆场植物修复尚未有研究报道。本节的最终目标是选育出适宜于赤泥生态环境的植物促生菌，通过植物促生菌强化赤泥的植物修复效果，缩短赤泥堆场植被建立年限，为赤泥堆场的生态修复提供一种新的思路和方法。

（1）植物促生菌对黑麦草盐碱胁迫的影响

①培养皿发芽试验：盐碱胁迫会使植物生长受到不同程度的抑制，接种植物促生菌可以有效减轻盐碱胁迫对植物产生的不良反应，在盐分中以 NaCl 对植物的生长最具有破坏性。通过设计培养皿发芽试验和试管组培试验，研究在盐碱胁迫下，分离菌株对黑麦草的促生效果，植物生长结果如图 4-44 所示。由图可知，盐胁迫对植物的损伤较大，当 NaCl 浓度达到 3 g/kg 时植物几乎无法生长，可能是较高的盐浓度导致种子渗透压失衡，破坏种子内细胞膜的结构和功能，影响种子对水分的吸收等使其无法发芽。在没有盐胁迫的情况下，其中在 Z28 菌株的作用下，黑麦草长势最好，接种菌株 Z18 和 Z28 分别比未接种菌株的植物株高增加了 27.81% 和 47.63%。不同菌株对植物根系的促生效果也有差异，接种菌株 Z18 和 Z28 的黑麦草根长分别比未接种菌株的黑麦草增加了 21.97% 和 51.86%。当盐含量为 3 g/kg 时，不同处理下黑麦草种子发芽率均较低，接种菌株 Z18 和 Z28 分别是对照组黑麦草株高的 6.1 倍和 9.4 倍，相应地其根长分别是对照组的 1.5 倍和 1.3 倍，如图 4-45 所示。说明菌株 Z18 和 Z28 对黑麦草有明显的促生作用，菌株 Z28 对植物株高的促进作用较大，Z18 为根瘤菌属，有利于植物根系的生长，可能对豆科植物的促生长能力较强。

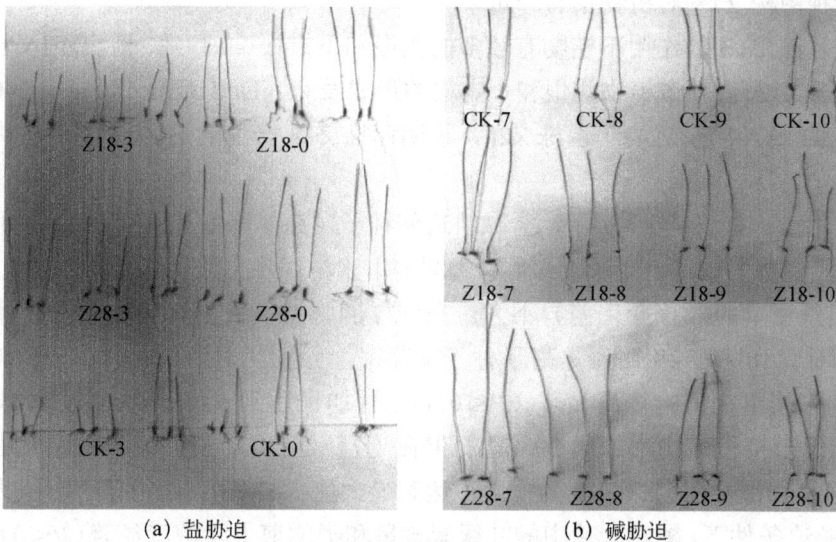

(a) 盐胁迫　　　　　　　　　　　(b) 碱胁迫

图 4-44　黑麦草在盐碱胁迫下的生长状态

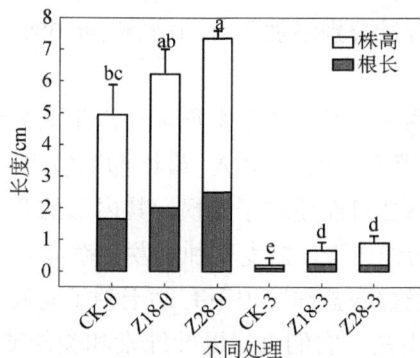

图 4-45　不同菌株中盐胁迫对黑麦草生长的影响

在碱胁迫下，随着 pH 的升高，对黑麦草生长的抑制作用越来越强，其株高和根长都随之降低。当 pH 达到 10 时，对植物生长有明显的抑制作用。如图 4-46 所示，在不同 pH 下，接种菌株 Z28 的黑麦草株高和根长都明显高于对照组，接种菌株 Z18 的黑麦草根系生长较好。当 pH 为 7 时，接种菌株 Z28 的黑麦草株高和根长达到最大值，分别比对照组高了 49.65% 和 43.36%；接种菌株 Z18 时植物株高和根长分别比对照组高了 33.68% 和 48.15%；当 pH 为 10 时，接种菌株 Z28 的植物株高和根长分别比对照组高了 29.92% 和 11.31%，而接种菌株 Z18 的植物株高和根长分别比对照组高了 22.27% 和 20.13%，说明菌株 Z18 对黑麦草根系的促生作用较大，而在植株幼苗生长过程中，菌株 Z28 的促生效果最好。在盐碱胁迫下，接种菌株 Z28 的植物长势最好，接种菌株 Z18 对植物也有一定

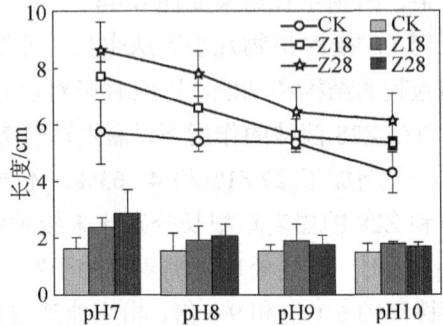

图 4-46　不同菌株中碱胁迫对黑麦草生长的影响
注：折线图表示黑麦草株高，柱状图表示黑麦草根长。

促生作用，且在 Z18 的作用下植物有较多的侧根和不定根。因为低水平的 IAA 促进主根伸长而高水平 IAA 会刺激植物侧根和不定根的形成发育（Dell'Amico et al.，2008）。本节中菌株 Z18 的 IAA 产量远高于菌株 Z28，说明菌株 Z18 产生的 IAA 浓度可能接近于限制植物生长水平。

②组培试验：如表 4-14 所示，盐碱胁迫使种子发芽率降低了 45.76%，严重抑制了种子的萌发，黑麦草的株高、叶绿素含量和类胡萝卜素浓度也分别降低了 27.31%、52.34% 和 45.86%，但黑麦草的根长变化差异不大。在同样的胁迫条件下，相比于未接种菌株的种子，接种菌株 Z18 和 Z28 明显提高了种子发芽率，分别比对照组高 1.5 倍和 1.8 倍。在菌株 Z28 的作用下，植物株高显著（$P<0.05$）增加，达到 6.65 cm，接种菌株 Z18 的植物株高相比于未接种植物增加了 29.42%，但在无盐碱胁迫的条件下植物株高达到最大值 6.92 cm。而植物根长在菌株 Z28 的作用下达到最大值 2.57 cm，胁迫条件对植物根系生长影响不大。胁迫条件下，植物叶片中的叶绿素含量和类胡萝卜素浓度显著（$P<0.05$）降低，与未接种菌株的植物相比，接种分离菌株 Z18 和 Z28 的植物中叶绿素 a、叶绿素 b 和类胡萝卜素的含量增加，叶绿素含量分别增加了 42.16% 和 96.08%，类胡萝卜素浓度分别增加了 29.86% 和 71.53%。

盐碱毒害可能会干扰植物参与光合卡尔文循环，产生大量活性氧（ROS），ROS 会引起氧化应激反应，损伤植物细胞器，破坏 DNA，最终抑制植物的生长（Anam et al.，2019）。在种子萌发阶段，过高的盐碱性可能使种子受损，其内部的营养物质也随之缺失，从而影响种子的发芽。在分离菌株的作用下，黑麦草种子发芽率显著（$P<0.05$）提高，说明菌株 Z18 和 Z28 能适应于盐碱环境并在盐碱胁迫下有助于种子萌发。胁迫条件使黑麦草的叶片细胞中形成大量的活性氧自由基，它们直接以叶绿素和类胡萝卜素等光合色素作为靶标，破坏其分子结构，减少光合色素的产生，进而影响叶片光合作用活性，减弱了光能转化为

化学能的能力，间接影响植物呼吸作用和其他生理功能，最后促使细胞衰老死亡，抑制植物生长和发育（Vives-Peris et al.，2018）。分离菌株也能降低盐碱对植物叶绿素和类胡萝卜素的毒性作用，植物促生菌的作用可能有利于植物对营养物质的吸收，提高植物的光合效率和生理生化活性，减轻结构损伤，从而促进植物的生长。

表 4-14　接种菌株对种子发芽和植物生长的影响

	CK	ZP-NO	Z18	Z28
发芽率/%	90.13±2.56a	48.89±3.79b	72.22±2.08a	86.67±4.00a
株高/cm	6.92±0.61a	5.03±0.16b	6.51±1.23ab	6.65±0.14a
根长/cm	1.88±0.12b	1.87±0.37b	2.19±0.13ab	2.57±0.33a
C_a/（mg/L）	15.20±3.14a	7.04±1.61b	10.14±4.27ab	14.13±2.28a
C_b/（mg/L）	6.21±0.46a	3.16±0.59b	4.39±1.37ab	5.91±0.93a
叶绿素/（mg/g）	2.14±0.36a	1.02±0.22b	1.45±0.56ab	2.00±0.32a
类胡萝卜素/（mg/L）	2.66±0.36a	1.44±0.23b	1.87±0.51ab	2.47±0.40a

（2）盐碱胁迫条件下黑麦草超微结构的变化

图 4-47～图 4-51 分别表示黑麦草在 CK 组（a）：无胁迫；无菌、ZP-NO 组（b）：pH=8，10% NaCl；无菌、ZP-18 组（c）：pH=8，10% NaCl；接种菌株 Z18 和 ZP-28 组（d）：pH=8，10% NaCl；接种菌株 Z28 四种不同处理下各细胞器的超微结构。

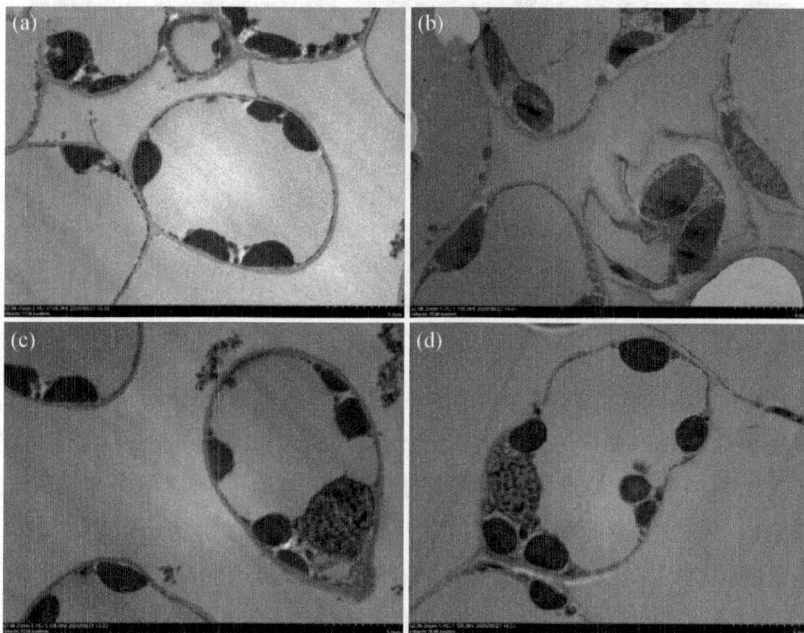

图 4-47　不同处理下黑麦草的超微结构（细胞全貌）

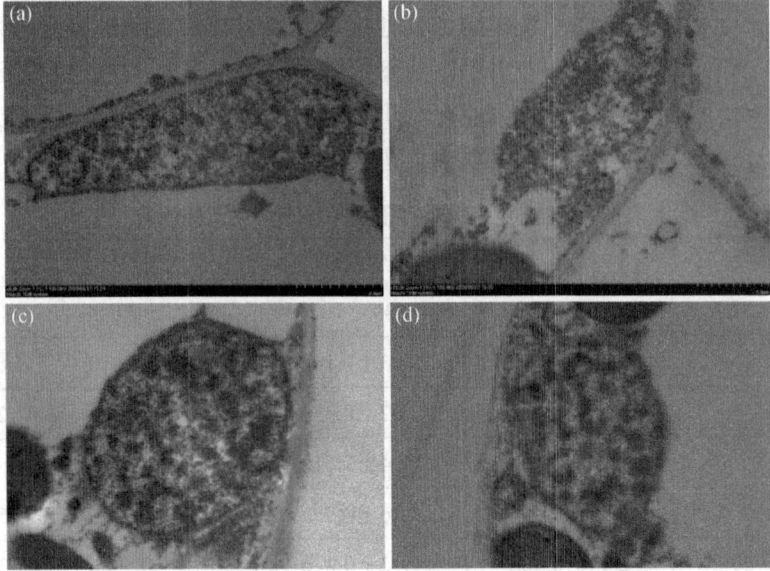

图 4-48　不同处理下黑麦草的超微结构（细胞核）

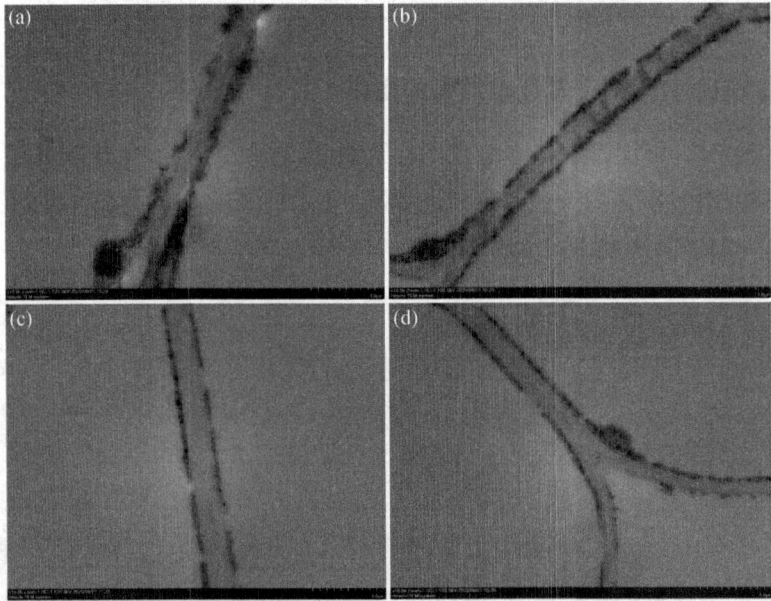

图 4-49　不同处理下黑麦草的超微结构（细胞壁）

　　盐碱胁迫会损坏植物细胞器结构，从图 4-47 中可以看到完整的单个细胞，在细胞中没有看到明显的高尔基体和内质网，这与植物生长期有关，可能是植物生长时间过长，某些细胞器已经消失。如图 4-48（b）所示，显示细胞在盐碱胁迫下已经发生变形现象，而在空白组和接种菌株 Z18 与 Z28 的处理组中，细胞形态完整，基本呈圆形，可以明显地看到细胞核在靠近细胞壁的位置，而在盐碱胁迫并且未接种菌株的细胞中观察到，细胞核位置发生变化，处于细胞质中间。细胞核的形态、大小和位置在不同的胁迫条件下会有差异，空白组植物的细胞核形态正常，核膜清晰，核内染色质分布比较均匀；但在盐碱胁迫下的细胞核核膜部分受损，染色质分布不均匀，形成比较大的染色质块；菌株处理后的细胞核核膜比较完整，染色质分布均匀，无凝聚现象，与对照组差异不大。在空白对照组处理下的植物细胞壁表面清晰，光滑连续，有中胶层；盐碱胁迫下的植物细胞壁出现明显的断裂现象，而且没有中胶层；而在菌株 Z18 和 Z28 处理下的植物细胞壁与对照差别不大，平滑整齐，细胞之间联系比较紧密，中胶层清晰，无细胞间隙。如图 4-50 所示，细胞内叶绿体结构，空白组细胞内基粒片层（光合膜）清晰，排列整齐有序；而在盐碱胁迫下，叶绿体内部无基粒，可能是片层结构溶成一团；接种了菌株 Z18 和 Z28 的黑麦草细胞中叶绿体基本完好无埙，基粒片层排列紧密，只有部分叶绿体内部的基粒数目较少。在空白组和菌株处理组中线粒体结构正常，嵴突分布均匀，胁迫条件下的植物细胞中线粒体出现空泡化，内部嵴数量减少（图 4-51）。

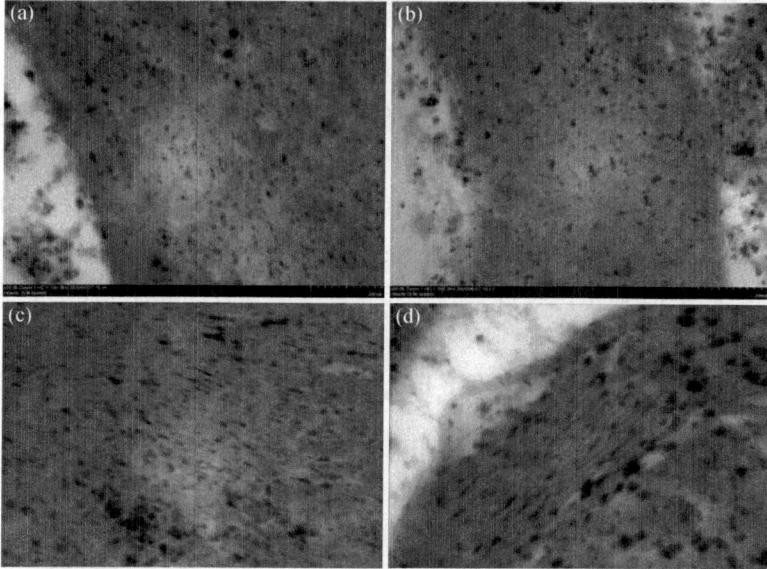

图 4-50 不同处理下黑麦草的超微结构（叶绿体）

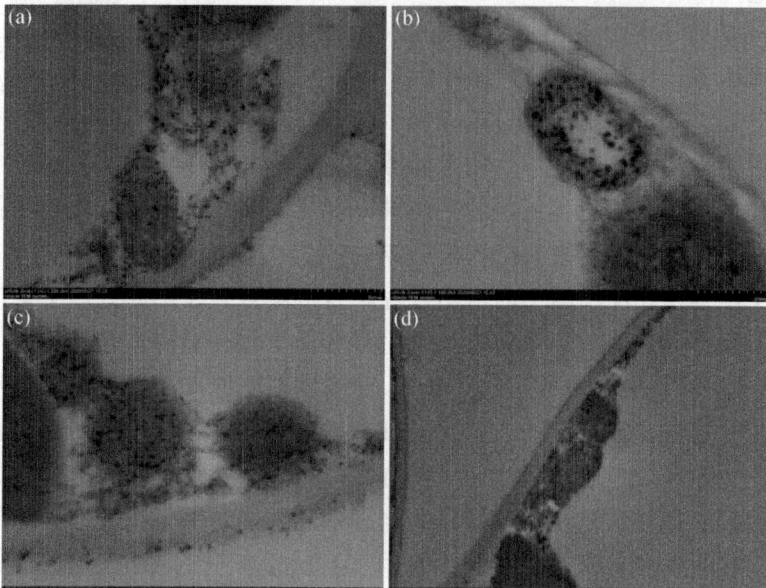

图 4-51 不同处理下黑麦草的超微结构（线粒体）

细胞核是细胞内最重要的细胞器，是遗传物质储存和复制的场所，也是细胞遗传与代谢的调控中心。细胞壁是植物特有的细胞器，能够维持细胞形状，增强细胞的机械强度，对植物细胞起着支持和保护作用。高浓度的 NaCl 和 pH 使细胞中膜系统脂质氧化，从而导致叶绿体等结构受到损伤，盐碱胁迫严重损害了光合膜，造成光合色素合成受到阻碍，光合作用较为微弱，光能转化为化学能的过程受到影响，从而影响细胞的生长和代谢，促使细胞凋亡。线粒体是细胞进行有氧呼吸的主要场所，通过呼吸作用释放的能量可供应其他生命活动。在胁迫条件下，会破坏植物体内的酶，造成植物体内积累过多的活性氧，如羟基自由基和过氧化氢等会损伤生物分子，影响植物体内细胞器的正常运行，实验结果表明植物促生菌可减轻盐碱性对植物细胞结构的损伤。

（3）植物促生菌的生态适应性

赤泥改良后 pH 已降低到适合植物生长的范围（表 4-15），黑麦草播种 1 周后发芽生长，从植物长势可以看出，经过菌株处理的黑麦草生长状况比 PBSMs 中的黑麦草的生长状况好。如图 4-52 所示，菌株 Z28 在赤泥中的促生效果最好，经过菌株 Z18 处理的黑麦草生物量也明显提高，这两种处理相对于未接种分离菌株组的黑麦草生物量分别提高了 49.2% 和 71.8%。表 4-15 显示，经过磷石膏和甘蔗渣改良过的赤泥 pH 已经降到 8.27，植物生长后，赤泥中各项指标稍有差别，但总体变化不显著（$P < 0.05$），pH 略微降低，EC 增加，在 PBSMs-18 和 PBSMs-28 中，赤泥有机碳和氮含量有所降低，在添加菌株的处理组中，速效磷含量显著增加（$P < 0.05$），且在接种菌株 Z18 的赤泥中速效磷含量达到最大值 34.6 mg/kg。

高碱度、高盐分和养分匮乏是抑制植物生长的潜在限制因素，本节中降低的 pH、EC和增加的养分含量为植物生长创造了有利环

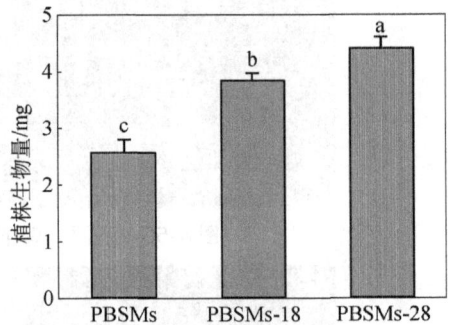

图 4-52　盆栽试验中黑麦草生物量

境。在植物促生菌作用下，黑麦草生物量显著增加（$P < 0.05$），可能是菌株 Z18 和 Z28 分泌了促进植物生长的物质，也可能是分离菌株减轻了赤泥中盐分和碱性对植物的损伤，从而促进植物生长。在接种促生菌的植物根际赤泥中，赤泥 pH 最低，而相对的 EC 较高，可能是降低的 pH 增强了赤泥中离子的溶出过程。有机碳含量在不同处理中变化不大，并且未播种赤泥中有机碳含量最高，可能是植物生长和微生物在繁殖、存活过程中将其作为碳源，进行吸收转化，所以赤泥中养分含量降低。速效磷在菌株作用的赤泥中含量略微增加，这可能与植物促生菌的溶磷能力有关。在盆栽试验中，赤泥的化学性质并没有发生显著性变化，这可能是由于植物生长周期太短，而赤泥本身养分极度匮乏，矿物成分复杂，碱性矿物多，因此需要长期植被定植。当植物衰老凋落后，通过微生物的分解作用形成有机物质进入赤泥中，可能会使赤泥养分含量增加。

表 4-15　盆栽试验中赤泥理化性质分析

编号	pH	EC/（mS/cm）	有机碳/（g/kg）	总氮/（g/kg）	速效磷/（mg/kg）
PBSM	8.27±0.21a	1.20±0.36b	15.2±0.004 3a	1.32±0.15a	18.2±0.79b
PBSMs	7.89±0.13b	1.55±0.51ab	14.1±0.001 9a	1.17±0.26a	20.1±0.93b
PBSMs-18	7.52±0.11b	2.20±0.39ab	13.3±0.003 2a	0.98±0.17a	34.6±0.88a
PBSMs-28	7.68±0.17b	2.27±0.58a	13.5±0.008 6a	1.02±0.38a	30.5±0.95a

　　黑麦草生长和植物促生菌的作用使赤泥物理性质发生明显变化，盆栽试验不同处理下赤泥表面微观形貌的扫描电镜照片如图 4-53 所示。图 4-53（a）为经过磷石膏和甘蔗渣改良后的赤泥，赤泥小团聚体较多且分布松散，颗粒较细，团聚结构差。在植物的作用下团聚结构有所改善，细小颗粒逐渐聚集形成较大的颗粒，0.5～2.5 μm 的团聚体数量明显减少，如图 4-53（b）所示。而通过植物促生菌和植物的共同作用后，赤泥团聚结构明显增大，形成了 10～20 μm 的大团聚体，赤泥结构膨松，有利于植物根系的生长。在植物和微生物的作用下，赤泥表面形貌明显改善，可能与植物根系的伸长缠绕有关，同时植物也能够提供有机碎片，产生根系分泌物，更有利于微小颗粒的聚集。微生物也会分泌胞外多糖等黏性物质可胶结土壤颗粒，将小颗粒聚集，逐渐形成大团聚体。

图 4-53　赤泥团聚体的扫描电镜照片

4.3　赤泥堆场植物多样性

成功的植被重建和生态修复是朝着生物多样性方向构建的，其关键在于植物多样性，需要充分了解物种生态特征的组合方式和相互作用。经生态修复后，多样的植物种群落更能够维持生态系统的结构、功能及其稳定性。植物多样性使群落中物种的功能多样化增加，实现在有限的环境资源承载力条件下，最大化利用资源，提高生态系统功能水平，驱动退化生态系统的植被恢复，有利于植被和生态系统的稳定。物种是生物分类基本单元，每个物种对环境的适应各不相同，群落中物种组成的变化是促进生态系统演变最活跃的驱动力之一。物种多样性是反映群落物种数目、个体数量以及均匀程度的综合指标，主要体现群落的组织水平、发展阶段、稳定程度（彭少麟等，1989）。根据物种多样性指数、丰富度指数、均匀度指数的变化特征，能够深入揭示植物群落结构变化、功能演化的趋势。生态系统的恢复与重建是为了提高生物多样性，而高的生物多样性又反过来促进生态系统的恢复与重建。因此，选取物种多样性指数、丰富度指数、均匀度指数，研究赤泥堆场植物多样性特征，对揭示赤泥堆场演替规律和植被重建具有重要意义。

（1）研究区概况

研究区域包含河南、山西、山东三省，其自然概况见图 4-54 和表 4-16。

图 4-54　样地地理位置

表 4-16　各研究区域自然概况

地点	郑州	焦作	运城	淄博
地理坐标	N34°16′～34°58′ E112°42′～114°14′	N35°10′～35°21′ E113°4′～113°26′	N34°35～35°49′ E110°15～112°04′	N37°55′～37°17′ E117°32′～118°31′
气候	北温带大陆性季风气候	温带大陆性季风气候	暖温带大陆性季风气候	半湿润半干旱的大陆性气候
温度 /℃	14.8	14.5	13.5	13.2
降水量/（mm/a）	542	560	545	640
无霜期 /d	209	216	21	200

注：表中温度、降水量、无霜期均为年平均水平。

①中国铝业河南分公司赤泥堆场（ZZ）：ZZ 位于郑州市上街区，北临黄河，南依嵩山，是国家根据"二五"计划建设的第二个铝工业基地。上街区地貌类型分为风成黄土岗地、冲洪积倾斜平原和冲积平原。野生植物种类繁多，大多具有耐旱、耐瘠、适应性强等特点，常见植物有牛筋草、狗尾草、马唐、毛白杨和臭椿等。矿产资源丰富，主要以铝土矿为主，铝土矿保有储量高达 1.9 亿 t，目前具有每年 110 万 t 铝土矿的开采能力。赤泥堆场周边为山地，植被完整，植物群落垂直结构较复杂，堆场地形特殊，两面环山，一面筑坝，赤泥堆存时间为 25 年，粒径在 0.04 mm 以下的占 97.64%，赤泥容重为 2.63 g/cm³，比重为 3.0 g/cm³，孔隙度为 12.33%，ESP 为 60.00%，pH 为 11.2。

②中国铝业中州分公司赤泥堆场（JZ）：JZ 位于焦作市修武县，年产氧化铝 260 万 t。修武县南部为冲积平原，北部为山区和丘陵，平均海拔 692.7 m。县内植物资源和矿产资源丰富，共有高等维管束植物 1 440 余种，隶属于 159 科 685 属，常见植物有紫穗槐、泡桐、山皂角等；已探明的矿产有煤、铝土矿、铁矿、硫铁矿等 20 余种，储量大，品质好，主要分布于北部山区。赤泥堆场周边为荒山，植被覆盖率较低，草本植物为主，边坡区域经过人工覆土等改良措施，植被成功定植，堆场距居民区大约 1 km，在调查时发现堆场有羊群踩踏痕迹，赤泥表层可见羊群排泄物。赤泥堆存时间为 20 年，粒径在 0.02～2 mm 的占 75%，赤泥容重为 1.39 g/cm³，比重为 3.30 g/cm³，孔隙度为 58.20%，ESP 为 28.99%，pH 为 9.4。

③中国铝业山西分公司赤泥堆场（YC）：YC 位于运城市河津市，河津市位于山陕高原，植物资源、矿产资源较丰富，常见的植物有红叶李、紫叶桃、槐树、杨树等；已探明的主要矿藏有 16 种，已被开发利用的有 9 种，以煤、硫铁矿为主，还有钾长石、铝土矿、辉绿岩和白云岩等矿产资源。赤泥堆场采用的是湿法堆存和干法堆存，堆场距黄河 1 km，底部为平地，周边空旷，植被较多，草本植物为主。赤泥堆存时间为 20 年，粒径在 0.075 mm 以下的占 95%，容重为 1.49 g/cm³，比重为 2.35 g/cm³，孔隙度为 36.60%，ESP 为 27.66%，pH 为 10.8。

④中国铝业山东分公司赤泥堆场（ZB）：ZB 位于淄博市，是新中国第一个氧化铝生产基地。淄博地处鲁中山区与华北平原的接合部，地势南高北低，生物资源种类繁多，据不

完全统计，共有植物 156 科、1 645 种，其中药材植物较多。淄博矿产资源较丰富，已发现 50 种矿种，有 28 种已探明储量，煤、铁、铝土矿等多分布在中部地区。赤泥堆场部分区域通过添加改良剂和采取工程措施，植被生长状况较好，植被覆盖率达 60%，自然堆存区域几乎寸草不生，植被难以自然生长。赤泥堆存年限超过 30 年，粒径在 0.075 mm 以下的占 80%，赤泥容重为 1.72 g/cm^3，比重为 2.8 g/cm^3，孔隙度为 38.57%，pH 为 11.5。

样地赤泥主要化学成分见表 4-17。

表 4-17　赤泥主要化学成分　　　　　　　　单位：%

化学成分	研究地点			
	ZZ	JZ	YC	ZB
SiO$_2$	20.50	21.36	20.63	22.00
CaO	44.10	36.01	45.63	41.90
Fe$_2$O$_3$	8.10	8.56	8.10	9.02
Al$_2$O$_3$	8.10	8.76	9.20	6.40
Na$_2$O	2.40	3.21	3.15	2.80
K$_2$O	0.50	0.77	0.20	0.30
TiO$_2$	7.30	2.64	2.89	3.20
MgO	2.00	1.86	2.05	1.70
灼减	8.30	16.26	8.06	11.70

（2）植被调查

选择在 ZZ、JZ、YC、ZB 赤泥堆存超过 20 年的代表性地段，考虑到赤泥堆场无 3 m 以上乔木和灌木，随机设置 70 个 1 m×1 m 草本群落样方开展植被调查，样方全部位于未经人工修复的赤泥堆存区域。记录样方内植物物种名称、种的盖度、数量、样地海拔和经纬度等。

（3）物种多样性分析

重要值指标确定群落的主要成分；物种多样性用 Simpson 指数和 Shannon-Wiener 指数表示；Patrick 丰富度指数和 Margalef 丰富度指数反映物种种类的多少；用 Pielou 均匀度指数说明各个物种分布的均匀程度。计算公式如下：

重要值（%）=（相对频度＋相对密度＋相对盖度）/3；

相对频度=某一植物种的频度/全部种的频度之和×100%；

相对密度=某一植物种的个体数/全部植物种的个体数×100%；

相对盖度=某一植物种的盖度/群落中所有种分盖度之和×100%；

Simpson 指数：$D = 1 - \sum (p_i)^2$　　　　　　　　　　　　　　　　　（4-10）

Shannon-Wiener 指数：$H' = -\sum p_i \ln p_i$　　　　　　　　　　　　　（4-11）

Patrick 丰富度指数：$Pa = S$　　　　　　　　　　　　　　　　　　　（4-12）

Margalef 丰富度指数：$Ma = (S-1)/\ln S$　　　　　　　　　　　　　（4-13）

Pielou 均匀度指数：　$Jp = -\sum p_i \ln p_i / \ln S$　　　　　　　　（4-14）

式中，S——样地物种数；

p_i——种 i 个体数占总个体数的比例。

4.3.1　赤泥堆场植被组成

表 4-18　赤泥堆场植被的物种组成

种名		科属	研究地点
虎尾草	*Chloris virgata* Sw.	禾本科，虎尾草属	JZ
狗牙根	*Cynodon dactylon*（L.）Pers.	禾本科，狗牙根属	JZ/YC
青蒿	*Artemisia carvifolia.*	菊科，蒿属	JZ/ZB
小蓬草	*Conyza canadensis*（L.）Crong.	菊科，白酒草属	JZ
南荻	*Triarrhena lutarioriparia*（L.）Liu	禾本科，荻属	JZ/ZZ
宽苞水柏枝	*Myricaria bracteata* Royle.	柽柳科，水柏枝属	JZ/YC
猪毛蒿	*Artemisia scoparia* Waldst. et Kit.	菊科，蒿属	JZ
马齿苋	*Portulaca oleracea* L.	马齿苋科，马齿苋属	JZ/ZB
柽柳	*Tamarix chinensis* Lour.	柽柳科，柽柳属	JZ/ZZ
马唐	*Digitaria sanguinalis*（L.）Scop.	禾本科，马唐属	JZ/YC
地黄	*Rehmannia glutinosa*（Gaetn.）Libosch. ex Fisch. et Mey.	玄参科，地黄属	JZ
灰绿藜	*Chenopodium glaucum* L.	藜科，藜属	JZ
刺苋	*Amaranthus spinosus* L.	苋科，苋属	JZ
竹叶草	*Oplismenus compositus*（L.）Beauv.	禾本科，求米草属	JZ/YC/ZB
杠柳	*Periploca sepium* Bunge.	萝藦科，杠柳属	JZ
茵陈蒿	*Artemisia capillaris* Thunb.	菊科，蒿属	JZ
苍耳	*Xanthium sibiricum* Patrin ex Widder.	菊科，苍耳属	JZ/YC
牛筋草	*Eleusine indica*（L.）Gaertn.	禾本科，穇属	YC
华北岩黄耆	*Hedysarum gmelinii* Ledeb.	豆科，岩黄耆属	YC/ZB
狗尾草	*Setaria viridis*（L.）Beauv.	禾本科，狗尾草属	YC/ZB
虫实	*Corispermum hyssopifolium* L.	藜科，虫实属	YC/ZB
蒺藜	*Tribulus terrester* L.	蒺藜科，蒺藜属	YC
非洲虎尾草	*Chloris gayana* Kunth.	禾本科，虎尾草属	YC
扫帚菜	*Kochia scoparia*（L.）Schrad. f.trichophylla（Hort.）Schinz et Thell.	藜科，地肤属	ZZ
猪毛菜	*Salsola collina* Pall.	藜科，猪毛菜属	ZZ
灰灰菜	*Chenopodium album* L.	藜科，藜属	ZB
五叶地锦	*Parthenocissus quinquefolia*（L.）Planch.	葡萄科，地锦属	ZB
东北蛇葡萄	*Ampelopsis brevipedunculata*（Maxim.）Trautv.	葡萄科，蛇葡萄属	ZB

　　赤泥堆场植被自然恢复较慢，植被稀少，物种组成简单，4 个赤泥堆场仅发现 28 种植物，隶属 11 科 24 属（表 4-18）。ZZ 样地仅 2 科 5 种植物，其中禾本科 3 种，藜科 2 种，样地中扫帚苗（*Kochia scoparia*）分布相对较广；JZ 样地共 8 科 17 种植物，其中菊科、禾

本科植物 5 种, 柽柳科植物 2 种, 马齿苋科、玄参科、藜科、苋科、萝摩科植物各一种, 样地常见植物有虎尾草 (*Chloris virgata*)、狗牙根 (*Cynodon dactylon*)、青蒿 (*Artemisia carvifolia*)、小蓬草 (*Conyza canadensis*) 等。YC 样地共 6 科 10 种植物, 其中禾本科植物 5 种, 柽柳科、菊科、豆科、藜科、蒺藜科植物各一种。样地内分布较广的植物有马唐 (*Digitaria sanguinalis*)、狗尾草 (*Setaria viridis*)、虫实 (*Corispermum hyssopifolium*) 等。ZB 样地共 6 科 9 种植物, 其中禾本科、藜科、葡萄科植物各 2 种, 菊科、马齿苋科、豆科植物各一种, 样地内分布较广的植物有华北岩黄耆 (*Hedysarum gmelinii*)、青蒿 (*Artemisia carvifolia*)、虫实。总体来说, 赤泥堆场植被组成以禾本科、菊科、藜科植物为主, 禾本科 8 种, 占物种数的 29%, 主要有狗牙根、马唐等植物; 其次是菊科和藜科, 均 5 种, 占物种数的 20%, 常见的菊科植物有苍耳 (*Xanthium sibiricum*)、小蓬草等, 其他科植物相对较少。在调查区域未发现一种植物出现在 4 个样地, 仅竹叶草同时出现在 3 个样地, 在两个样地出现的植物较多, 赤泥堆场植物群落科属组成较为分散, 禾本科、菊科和藜科植物赤泥堆场植被的形成过程中起着十分重要的作用, 是赤泥堆场的优势植物。

从生活型看 (表 4-19), JZ 样地一年生草本 8 种、多年生草本 6 种, 草本植物占物种数的 50%; ZZ 样地草本植物占 80%; YC 样地草本植物占 90%。在 ZB 样地草本植物依旧占优势, 但发现 2 种木质藤本植物。样地草本植物占绝对优势, 灌木、藤木植物种类较为单一, 调查区域未发现常绿木本植物, 说明自然演替是一个漫长的过程, 赤泥堆场处于演替初级阶段, 草本植物为优势群丛, 对赤泥堆场适应性较强。

表 4-19 赤泥堆场植物的生活型组成

研究地点	数量/种	乔木	藤本	灌木	一年生草本	多年生草本
JZ	17	0	0	3	8	6
ZZ	5	0	0	1	3	1
YC	10	0	0	1	5	4
ZB	9	0	2	0	5	2
总计	28	0	2	3	15	8

注: "0" 表示在赤泥堆场未发现。

4.3.2 赤泥堆场植物群落优势种

重要值指标反映了植物在群落中所占的优势程度, 在矿山废弃地中, 重要值高的物种通常具有个体数量多、对环境适应能力强等特征, 是优势种。对赤泥堆场植物群落进行重要值统计分析 (表 4-20)。样地 JZ 有 17 种植物, 优势种为虎尾草、狗牙根, 其重要值分别为 25.16、21.96, 占样地植物总重要值的 47.12%; 其次为青蒿、小蓬草、南荻、宽苞水柏枝、猪毛蒿, 其重要值分别为 12.26、10.04、5.64、5.51、5.23; 其他植物重要值较小, 10 种植物仅占总重要值的 14.2%, 群落类型为虎尾草+狗牙根群落。样地 YC 狗尾草和虫实重要值较大, 分别为 24.45 和 23.87, 其次是马唐 (18.49), 三者占总重要值的 62%, 华北岩黄芪、宽苞水柏枝、蒺藜, 重要值分别为 8.58、7.51、7.02, 群落类型为狗尾草+虫实群落。样地 ZZ 仅 5 种植物, 扫帚菜重要值最大 (57.81), 南荻、柽柳、猪毛菜、牛筋草重要值分别为 14.35、12.33、

12.22、3.62，植物种类呈现明显的单一性，唯一的优势种为扫帚菜。样地 ZB 共 9 种植物，优势种为虫实、华北岩黄芪，重要值分别为 30.7、24，占样地内植物总重要值的 54.7%；其次是青蒿、狗尾草、灰灰菜，重要值分别为 16.6、9.4、6.3。群落中优势种重要值的大小，是反映植物群落结构复杂与否的重要指标之一，4 个样地中，样地 ZZ 优势种重要值明显大于样地 ZB 和 JZ 中优势种重要值，表明 ZZ 赤泥堆场群落复杂程度最低。4 个样地群落类型都为草本，样地木本植物极少，群落垂直结构简单。重要值大的植物在矿山废弃地的植被组成及生态恢复中有着十分重要的作用（许静雯，2012），在植被重建工作中应该加强对优势种的保护工作。

表 4-20　赤泥堆场调查样方的植物名称及其重要值　　　　　单位：%

物种		重要值			
		JZ	YC	ZZ	ZB
虎尾草	*Chloris virgata* Sw.	25.16	—	—	—
小蓬草	*Conyza canadensis*（L.）Crong	10.04	—	—	—
苍耳	*Xanthium sibiricum* Patrin ex Widder	0.75	1.68	—	—
竹叶草	*Oplismenus compositus*（L.）Beauv.	0.97	2.95	—	4
地黄	*Rehmannia glutinosa*（Gaetn.） Libosch. ex Fisch. et Mey	1.40	—	—	—
狗牙根	*Cynodon dactylon*（L.）Pers	21.96	2.30	—	—
杠柳	*Periploca sepium* Bunge	0.84	—	—	—
南荻	*Triarrhena lutarioriparia*（L.）Liou	5.64	—	14.35	—
茵陈蒿	*Artemisia capillaris* Thunb.	0.84	—	—	—
宽苞水柏枝	*Myricaria bracteata* Royle	5.51	7.51	—	—
马齿苋	*Portulaca oleracea* L.	3.35	—	—	1.80
刺苋	*Amaranthus spinosus* L.	1.06	—	—	—
猪毛蒿	*Artemisia scoparia* Waldst. et Kit	5.23	—	—	—
灰绿藜	*Chenopodium glaucum* L.	1.17	—	—	—
马唐	*Digitaria sanguinalis*（L.）Scop	1.51	18.49	—	—
柽柳	*Tamarix chinensis* Lour	2.84	—	12.33	—
青蒿	*Artemisia carvifolia* Buch.-Ham. ex Roxb.	12.26	—	—	16.6
华北岩黄芪	*Hedysarum gmelinii* Ledeb.	—	8.58	—	24
狗尾草	*Setaria viridis*（L.）Beauv	—	23.87	—	9.40
虫实	*Corispermum hyssopifolium* L.	—	24.45	—	30.70
蒺藜	*Tribulus terrester* L.	—	7.02	—	—
非洲虎尾草	*Chloris gayana* Kunth	—	3.83	—	—
扫帚菜	*Kochia scoparia*（L.）Schrad. f. trichophylla（Hort.）Schinz et Thell	—	—	57.81	—
猪毛菜	*Hedysarum gmelinii* L.	—	—	12.22	—
牛筋草	*Eleusine indica*（L.）Gaertn.	—	—	3.62	—
灰灰菜	*Chenopodium album* L.	—	—	—	6.30
五叶地锦	*Parthenocissus quinquefolia*（L.）Planch	—	—	—	3.90
东北蛇葡萄	*Ampelopsis brevipedunculata*（Maxim.）Trautv.	—	—	—	2.30

注："—"表示在赤泥堆场未发现。

4.3.3 赤泥堆场植物多样性

物种多样性特征是群落演替的重要标志，是分析群落稳定性和所属演替阶段的重要依据。多样性指数是物种丰富度和均匀度的综合体现，是群落物种多样性的重要指标，既可以反映植物数量的多少，也可以反映植物分布的均匀程度。调查发现赤泥堆场植被以草本为主，灌木数量极少，因此植物群落的物种多样性取决于草本层发育情况。如图 4-55 所示，4 个赤泥堆场的 Margalef 丰富度指数、Patrick 丰富度指数变化趋势一致，而且变化范围较大，Simpson 和 Shannon-Wiener 多样性指数变化趋势也基本一致，变化范围较小。其中，JZ 样地 Margalef 丰富度指数、Patrick 丰富度指数最高，分别为5.65、17，物种数最多。YC 样地 Simpson 和 Shannon-Wiener 多样性指数最高，分别为0.77、1.81，表明其多样性程度最高，群落结构较为复杂，优势种地位明显。ZZ 样地 Pa、Ma、D、H′、Jp 指数分别为 9、3.64、0.77、1.72、0.78，其 Simpson 多样性指数较高，为0.77。样地 ZZ 尽管赤泥堆存年限超过 25 年，但样地内植被覆盖率极低，物种丰富度指数、多样性指数、均匀度指数最低。均匀度指数与物种数量关系不大，它反映的是群丛内物种个体数量的分布状况，分布越均匀，指数越大。4 个样地中均匀度指数均较低，说明赤泥堆场对植物生长具有明显限制作用，植物多为偶见种，赤泥堆场定居植物少，赤泥堆场植被演替处于早期阶段。

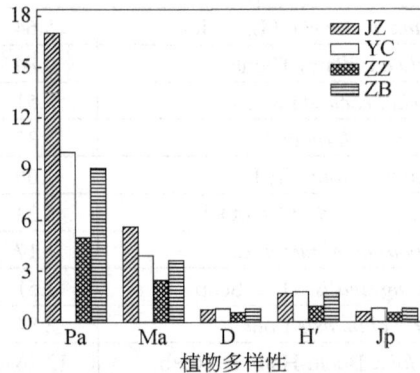

Pa—Patrick 丰富度指数；Ma—Margalef 丰富度指数；D—Simpson 多样性指数；
H′—Shannon Wiener 多样性指数；Jp—Pielou 均匀度指数

图 4-55 赤泥堆场植物物种多样性

在矿山废弃地，由于氮素很大程度上反映了系统养分状况，氮素及氮循环常处于关键地位（张志权等，2002）。豆科植物与根瘤菌存在共生固氮作用，促进豆科植物对氮的吸收，进而促进物种多样性的增加，一般在矿区退化系统植被组成占重要地位（宋成军等，2009）。Harris（1996）等提出豆科植物在矿山废弃地的作用主要表现为两个方面：首先，豆科植物枯枝落叶及枯死植株为废弃地提供大量有机质，提高土壤氮素积累；其次，它可以保护某些先锋物种的生长。本节只发现一种豆科植物（华北岩黄芪），可能是由于豆科植物难以在赤泥堆场生存或者根瘤菌难以在赤泥堆场生存与繁衍，同时形成的根瘤菌是否仍然具有固氮能力也是重要的影响因素（束文圣等，2003）。禾本科植物是适应性较强的植物，在铜尾矿、铁尾矿、锑矿和煤矿废弃地都发现禾本科植物是植物群落的主要组分。禾本科植物具有发达的根状茎，存在生物固氮潜能。与根际联合固氮相比，禾本科植物内生固氮菌定植于植物体内部，在木质部导管进行固氮作用，固氮效率更高，并且可以通过细胞膜透性来适应铝胁迫，这些生物学特征是某些禾本科植物成为赤泥堆场优势植物的原因（蔡妙珍等，2005；张丽梅等，2004）。

虽然赤泥堆场出现植物入侵，但是堆场植被的自然恢复过程十分缓慢，种植优良耐性植物是矿山废弃地植被恢复成败的关键因素之一，合理的植物配置会增加生物多样性，进而影响到群落演替的进程（Huttl et al.，2001；杨修等，2001），因此，在保护赤泥堆场现有植被的基础上，进行工程治理和人工引种耐性物种对加速实现赤泥堆场植被重建和生态修复有着极为重要的现实意义。植被恢复与重建的主要障碍是土壤因子，进行土壤改良可以明显增加植物物种多样性（Tilman，1999）。在堆存 2 年的拜耳法赤泥中添加磷石膏和生物质锯末进行改良，可显著提高黑麦草的发芽率（王国贞等，2010）。北京矿冶研究总院通过向赤泥中添加有机无机混合改良剂，使植物正常生长。孝义铝土矿和平果铝业公司铝土矿通过人工复垦措施，排土场复垦率达到 70% 以上。

土壤肥力是植物生长的必备条件，畜禽粪的添加可显著增加土壤肥力，增加土壤中有机碳的含量（李江涛等，2011）。左文刚等（2016）发现随着牛粪施用量的增加，表层土壤>0.25 mm 水稳性团聚体呈增加趋势，含盐量降低，土壤氮磷含量呈逐渐上升趋势。样地 JZ 中植物种类较多，可能是羊群排泄物增强养分供给，促进了植物生长。景观异质性对生物多样性具有显著影响，一般而言可将其分为 4 类：①空间异质性；②时间异质性；③时空耦合异质性；④边缘效应异质性。较高的异质性往往可促进生物多样性。样地 YC 边坡植物较多可能是因为边缘效应异质性促进植物多样性的增加。光是最重要的生态因子之一，对植物生长发育有显著影响。植物的生长发育不仅受光对植物光合作用的间接影响，也受光对植物的形态建成的直接影响。光主要通过光合作用代谢、生长发育以及结构特征三方面影响植物生长。样地 ZZ 由于两面环山一面筑坝，难以接收充足的阳光，这可能是其物种极少的部分原因。在植被重建工作中，可考虑适当加入畜禽粪便、增加小斑块数量，创建良好的光热条件，有利于植物多样性的增加。

赤泥堆场植被科属组成较分散，植被覆盖率低，大部分地区依旧寸草不生，环境恶劣。在堆存时间超过 20 年的赤泥堆场，出现先锋植物入侵现象，调查区域共发现 28 种植物，隶属 11 科 24 属，禾本科、菊科、藜科植物居多，占植物物种数的 69%；草本植物共 23 种，占物种数的 82%，为优势群丛，赤泥堆场常见植物有青蒿、狗尾草、虫实等。赤泥堆场群落结构简单，主要群落类型为虎尾草＋狗牙根群落，狗尾草＋虫实群落，虫实＋华北岩黄芪群落，样地 ZZ 单种优势明显，扫帚菜为唯一优势种，群落复杂程度低。其 Patrick、Margalef 指数由大到小依次为 JZ、YC、ZB、ZZ，样地 JZ 物种数量最多；Simpson 和 Shannon-Wiener 指数由大到小依次为 YC、ZB、JZ、ZZ，样地 YC 其多样性程度较高，群落结构较为复杂，优势种地位明显；4 个样地均匀度指数均偏低，赤泥堆场土壤贫瘠，植物多为偶见种，植物群落处于演替初期阶段，需要引入适应性强的耐性物种。

4.4 赤泥堆场植物配置模式

4.4.1 赤泥堆场耐性植物筛选

广西平果铝赤泥堆场及周边（含周边山体）和典型的人工植被恢复进行了大量植被调查，主要通过观察典型立地条件下，植物的生长状况、适应性、防护性、根系结构、景观效应等，从而初步选择出适宜矿山废弃地生态恢复的植物种类。

（1）草本植物

草本植物是边坡生态恢复的重要组成部分。其分布范围远远超过乔灌木，具有引种方法简单、建植快，对土壤要求不高，并且投资少、见效快等优点，它作为先锋植物有较高的光合效率，在边坡绿化中起着不可替代的作用。草本植物的护坡力学性能主要表现在根系加筋作用。在水土保持方面，草本植物优于灌木，具有盖度大、密度大、易于存活、迅速覆盖地面等特点，但寿命短，不能长期生长。调查结果表明，适宜于赤泥堆场生态治理使用的草本植物如下所述。

田菁（*Sesbania cannabina* Pers.），豆科田菁属一年生灌木状草本植物，又名碱青、涝豆，喜高温高湿条件，种子在 12 ℃时可发芽，最适生长温度为 20～30 ℃，25 ℃以上生长最为迅速。对土壤要求不严格，在砂壤土和黏壤土上生长繁茂。分布于东半球热带，我国广东、海南、福建、浙江和江苏等地均见。

五节芒 [*Miscanthus floridulu*（Labnll.）Warb.]，禾本科芒属多年生常绿草本，对土壤要求不严，抗贫瘠，耐寒耐旱，根系发达，生长能力极强，是一种很好的水土保持植物。在山坡土、道路边、溪流旁及开阔地成群滋长，广泛分布于全国各地。

弯叶画眉草（*Eragrostis curvula*.），禾本科画眉草属多年生草本植物，弯叶画眉草属中旱生植物，根系非常发达，须根粗壮，具有较强的抗寒性，生长能力极强，是一种很好的水土保持植物，尤其是在生境条件较为干旱的砂质土壤上也能够良好地生长发育。它既可以无性繁殖，也可以通过种子繁殖，生长速度很快。兼具广泛的生态可塑性，能够适应多种复杂的环境条件。对土壤的要求不严，耐瘠薄土壤，最适宜在肥沃的砂壤土上种植。抗病虫害能力强，已被广泛应用于公路护坡、河岸护堤和水土保持等。广泛分布于全世界的温带地区。

狗牙根（*Cynodon dactylon* L.），禾本科狗牙根属多年生草本植物，又称百慕大草、爬地草、绊根草，具有根状茎和匍匐枝，须根细而坚韧。喜温暖湿润气候，喜排水良好的肥沃土壤。狗牙根繁殖和侵占能力强，繁殖迅速，蔓延快，成片生长，易于管理，是优良的固土护坡植物，也是我国应用较为广泛的优良草坪草品种之一。广泛分布于温带地区，在我国的华北、西北、西南及长江中下游等地应用也很广泛。

紫花苜蓿（*Medicago sativa* L.），豆科苜蓿属多年生草本植物，根系发达，主根入土深达数米至数十米；根颈密生许多茎芽，显露于地面或埋入表土中，抗逆性强，适应范围广，能生长在多种类型的气候、土壤环境下。性喜干燥、温暖、多晴天、少雨天的气候和干燥、疏松、排水良好、富含钙质的土壤，最适气温为 25～30 ℃。

高羊茅（*Festuca arundinacea*），禾本科羊茅属多年生草本植物，性喜寒冷潮湿、温暖的气候，在肥沃、潮湿、富含有机质、pH 为 4.7～8.5 的细壤土中生长良好。对高温有一定的抗性，最耐旱和践踏，喜光，耐半阴，对肥料反应敏感，抗逆性强，耐瘠薄，抗病性强，是一种优良的护坡草种，广泛应用于全国各地。

百喜草（*Paspalum natatum*），禾本科雀稗属多年生草本植物，生性粗放，对土壤选择性不严，分蘖旺盛，地下茎粗壮，根系发达。密度疏，耐旱性、抗病虫害能力强，耐暑性极强，耐寒性尚可，耐阴性强，耐踏性强。多用于斜坡水土保持、道路护坡及果园覆盖。在我国西南、华中、华南和华东等地广泛分布，常见于河滩、湿地等土壤湿润而贫瘠的地带。

商陆（*Radix phytolaccae*），商陆科商陆属，多年生草本植物，对土壤要求不严，抗贫瘠，耐寒耐旱，根系发达，繁殖率高。商陆有助于修复锰污染的土壤，是国际上报道的第一例多年生、草本型锰超积累植物。多生于疏林下、林缘、路旁、山沟等湿润的地方，我国大部分地区有分布。

野古草（*Arundinella hirta*），禾本科野古草属多年生草本植物，别名野枯草、硬骨草、马牙草、红眼巴，多年生草本，对土壤要求不严，分蘖旺盛，耐旱、抗贫瘠，根系发达，常生于山坡灌丛、道旁、林缘、田地边及水沟旁。除新疆、西藏、青海未见本种外，全国各省区均有分布。

狼尾草 [*Pennisetum alopecuroides*（L.）Spreng]，禾本科狼尾草属多年生草本植物，狼尾草为丛生型，茎叶茂盛，小穗具有较长的紫色刚毛，花序美观，具有良好的观赏效果和生态价值。须根系发达，根幅宽广，交错盘结，固土性很强，对土壤适应性较强，耐轻微碱性，亦耐干旱贫瘠土壤。狼尾草生性强健，萌发力强，容易栽培，对水肥要求不高，耐粗放管理，少有病虫害，繁殖可采用播种方式。狼尾草为我国乡土植物，它多生于河岸、田边、路旁、山坡、溪边、林缘等地。广泛分布于热带、亚热带及温带地区。我国狼尾草属植物野生资源丰富，陕西、贵州、甘肃、云南、四川和湖北等地均有发现。

大吴风草 [*Farfugium japonicum*（Linn. f.）Kitam.]，菊科大吴风草属常绿多年生草本植物，根茎粗大，晚秋开花，花序美观，具有良好的观赏效果。喜半阴和湿润环境；耐寒，在江南地区能露地越冬；对土壤适应度较好，以肥沃疏松、排水好的壤土为宜。常生于林下或林边阴湿地，溪沟边，石崖下。

野菊花（*Chrysanthemum indicum* L.），菊科菊属多年生草本植物，别名野菊、山菊花、千层菊、黄菊花，观赏性植物，景观效果好，花小黄色，适应性极强，花期 9—11 月，果期 10—11 月。生于山坡草地、灌丛、河边水湿地，海滨盐渍地及田边、路旁，岩石上，全国大部分地区有分布。

金鸡菊（*Coreopsis basalis*），菊科金鸡菊属多年生草本植物，7—8 月开花，花陆续开到 10 月中旬，是极好的疏林地被。可观叶，也可观花。耐寒耐旱，对土壤要求不严，喜光，但耐半阴，适应性强，对二氧化硫有较强的抗性，宜于疏松肥沃中性土生长。

波斯菊（*Cosmos bipinnatus*），菊科秋英属一年生草本植物，又名秋英，5—6 月开花，花色色彩鲜艳，具有很好的景观效果，喜光，耐贫瘠土壤，忌肥，土壤过分肥沃，忌炎热，忌积水，对夏季高温不适应，不耐寒。需疏松肥沃和排水良好的土壤。

芒萁（*Dicranopteris pedata*），水龙骨目里白科芒萁属多年生草本植物，又名铁狼萁，根状茎细长横走，耐干旱贫瘠土壤，生长力强，有保持水土之效。芒萁分布于长江以南，对生态条件的考察具有重要意义。

香根草（*Vetiveria zizanioiaes*），禾本科香根草属多年丛生的草本植物。又名岩兰草，具有适应能力强，生长繁殖快，根系发达，耐旱耐瘠等特性；有"世界上具有最长根系的草本植物""神奇牧草"之称，被世界上 100 多个国家和地区列为理想的保持水土植物。地上部分密集丛生，能适应各种土壤环境，强酸强碱、重金属和干旱、渍水、贫瘠等条件下都能生长。香根草的应用广泛，涵盖了生态学、植物学、环境科学、水土保持学、农学、林学、工程学等学科，将成为 21 世纪最有价值的生态工程技术之一。

虎尾草（*Chloris virgata*），禾本科虎尾草属一年生草本植物，俗名棒槌草、大屁股草。适应性极强，根系发达，耐干旱，喜湿润，不耐淹；喜肥沃，耐瘠薄；适生于路边、荒地，果园、苗圃也极常见。侵占性非常好。可以通过匍匐枝繁殖，而且结实能力很强，花期 7—11 月，果期 11—12 月，主要靠种子繁殖，是热带、亚热带地区重要的牧草和水土保持作物。分布在我国各地。

马鞭草（*Verbena officinalis* L.），多年生草本，高 30～120 cm。茎四方形，近基部可为圆形，节和棱上有硬毛。叶片卵圆形至倒卵形或长圆状披针形，长 2～8 cm，宽 1～5 cm，基生叶的边缘通常有粗锯齿和缺刻，茎生叶多数 3 深裂，裂片边缘有不整齐锯齿，两面均有硬毛，背面脉上尤多。喜干燥、阳光充足的环境。喜肥，喜湿润，怕涝，不耐干旱，一般的土壤均可生长，但以土层深厚、肥沃的壤土及沙壤土长势健壮，低洼易涝地不宜种植。

斑茅（*Saccharum arundinaceum* Retz），禾本科甘蔗属，多年生草本。适应性强，耐旱耐涝，多生于山坡和河岸草地，最适宜于潮湿、疏松而肥沃的溪边及山谷等地。

马唐［*Digitaria sanguinalis*（L.）Scop.］，禾本科马唐属一年生杂草。多生于田间、草地、荒野路旁。高温多雨季节生长极快。野生马唐 5—6 月出苗，7—9 月抽穗，8—10 月结实并成熟，栽培生育期约 150 天。分蘖力较强，再生力强，生长期可刈割 3～4 次。刈青留茬应在 10 cm 以上。该草是生长幅度广的中生植物，喜湿、好肥、嗜光照。对土壤要求不严，在弱碱弱酸土壤上均能良好生长。

蒺藜（*Tribulus terrester* L.），蒺藜科蒺藜属，一年生草本植物。生于田野、路旁及河边草丛。主产于河南、河北、山东、安徽、江苏、四川、山西和陕西等地区。花期 5—8 月，果期 6—9 月。有一定耐寒性。喜肥沃、排水良好土壤。根系强大，萌芽力强，抗病能力较强。

野牛草（*Buchloe datyloides*），禾本科野牛草属多年生草坪植物。具根状茎或细长匍匐枝，叶片线形，叶色绿中透白，色泽美丽，头状花序，结实率低。野牛草适应性强，性喜阳光，亦耐半阴，耐瘠薄土壤。繁殖力强，能很快覆盖地面，寿命很长，一般养护管理下可维持 20 年以上不衰退。野牛草植株低矮，枝叶柔软，较耐践踏，繁殖容易，生长快，养护管理简便，抗旱、耐旱。因为其抗二氧化硫、氟化氢等污染气体的能力较强，适宜作工矿企业区的环保绿化材料。野牛草可在 pH 为 8.5 的盐碱地上正常生长，可用作坝坡的护坡绿化覆盖材料。

（2）灌木植物

适宜于赤泥堆场生态治理使用的灌木植物如下所述。

银合欢 [*Leucaena glauca*（L.）Benth.]，别名白合欢、灌木或小乔木；叶为二回羽状复叶；小叶小，多对；花小，5 数，无柄，排成稠密的球形头状花序；萼管钟状，具短裂齿；花瓣分离；雄蕊 10，长突出，分离；柱头头状；荚果扁平，草质，带状，薄，开裂，有褐色的种子多颗。

铺地菊（*Indigofera pseudotinctoria*），豆科半灌木植物，铺地菊是 2003 年从国外引进的铺地菊品种资源中筛选驯化出的一个矮生新品系，经过近 4 年的引种驯化表现出了矮生、抗旱、观赏价值高等特点。铺地菊较多花木蓝植株矮，并且株高整齐一致，植株高 0.8～1.0 m，羽状复叶，小叶 7～11，椭圆形，总状花序腋生，花冠淡红色或紫红色，荚果圆柱形，种子圆形，千粒重 4.5～5.0 g。在湖北地区栽培，4 月底 5 月初始花，一直开到 8 月底，无限花序，6 月初前开的花，大多不能正常结实，或结实后脱落。8—9 月结荚，11 月下旬种子成熟。

小叶女贞（*Ligustrum quihoui* Carr.），木犀科女贞属落叶或半常绿灌木，别名小叶冬青、小白蜡、楝青、小叶水蜡树。花期 4—7 月，果期 9—10 月。喜光照，稍耐阴，较耐寒。对二氧化硫、氯等毒气有较好的抗性。性强健，耐修剪，萌发力强。可用播种、扦插和分株方法繁殖，但以播种繁殖为主。10—11 月当核果呈紫黑色时即可采收，采后立即播种，也可晒后干贮至翌年 3 月播种。播种前将种子进行温水浸种 1～2 d，待种浸胀后即可播种。广泛分布于我国中部、东部和西南部。

紫穗槐（*Amorpha fruticosa* L.），豆科紫穗槐属落叶灌木，别名棉槐、椒条、棉条、穗花槐，丛生，枝叶繁密，喜光、耐寒、耐旱、耐湿、耐盐碱、抗风沙、抗逆性极强，在荒山坡、道路旁、河岸、盐碱地均可生长，可用种子繁殖及进行根萌芽无性繁殖，萌芽性强，侧根发达，分级较多，横向延伸能力强，有根瘤能改良土壤，是快速绿化、防止水土流失、防洪固坝、护坡的特种材料。广泛分布于我国东北、华北、河南、华东、湖北、四川等省（区），是黄河和长江流域很好的水土保持植物。

伞房决明（*Cassia corymbosa*），豆科决明属，华东地区常绿花灌木，花期 8—10 月，果期 10—11 月，花期长，花色多艳，管理方便的优良园林植物，又是夏秋开花的一种灌木。生长速度极快，形成群体景观时间短。繁殖容易，见效快。由于结籽繁多，而且发芽率很高，因此多采用播种繁殖。病虫害少，对土壤要求不严，在腐殖质较少的微酸性土壤上也能生长。适应性非常广泛，在最低温度−5 ℃以上的地区均生长良好。根系深，水土保持性强，且有很好的景观效果，是很好的大面积护坡绿化植物。

野山楂（*Crataegi cuneatae*），蔷薇科野山楂属落叶灌木，生于山谷或山地灌木丛中，耐寒、耐干旱及贫瘠土壤、根系发达、萌蘖性强，对土壤适应性强，容易栽培。树冠整齐，枝叶繁茂，病虫危害少，花果鲜美，是良好的观赏植物，广泛分布于江苏、浙江、云南和四川等地。

海桐［*Pittosporum tobira*（Thunb.）Ait.］，海桐花科海桐花属常绿灌木或小乔木，别名山矾花、七里香，枝叶密生，花期5月，果熟期9—10月。喜温暖湿润的海洋性气候，喜光，较耐阴。对土壤要求不严，黏土、沙土、偏碱性土及中性土均能适应，萌芽力强，耐修剪。海桐种子发芽力强，故多采用播种法繁殖。分布于长江流域及东南沿海各省，如浙江、福建等。

冻绿（*Rhamnus utilis* Decne），鼠李科鼠李属，别名红冻、黑狗丹，落叶灌木，对土壤适应性强，耐寒，耐阴，耐干旱、瘠薄。花期4—6月，果期5—10月。分布于河南、山东、安徽、浙江、江西、福建、台湾、湖北、湖南、广东、广西和贵州等地区。

多花木兰（*Indigofera amblyatha*），豆科多花木兰属落叶灌木，生于山坡草地灌丛中、水边和路旁。播种当年7月下旬开花，翌年6月开花，11月种子成熟。多花木兰喜温暖而湿润的气候，适宜在南温带及亚热带中低海拔地区栽培。花木兰生长速度快，根系发达，固土力强，抗旱、耐瘠，对土壤要求不严，在pH为4.5～7.0的红壤、黄壤和紫红壤上均生长良好，能改良土壤，增加土壤肥力，是优良的水土保持植物。

野蔷薇（*Rosa multiflora* Thunb.），蔷薇科蔷薇属落叶灌木，花期4—5月，果熟9—10月。喜光，耐半阴，耐寒，对土壤要求不严，在黏重土中也可正常生长。耐瘠薄，忌低洼积水。以肥沃、疏松的微酸性土壤最好。生于路旁、田边或丘陵地的灌木丛中，分布于华东、中南等地。常用分株、扦插和压条繁殖，也可播种。

杭子梢［*Campylotropis macrocarpa*（Bunge）Rehd.］，豆科杭子梢属落叶灌木，植株强健，喜光也略耐阴，对土壤要求不严，适应性很强，根系发达，萌芽力强，易更新。花果期6—9月，花序美丽，可供园林观赏及作水土保持植物。生于山坡、山沟、林缘或疏林下，分布于华北、华东地区及辽宁、江西、福建、陕西和甘肃等地区。

云实（*Caesalpiniasepiaria* Roxb.），豆科云实属落叶灌木，花期4—6月，果期6—10月。喜温暖湿润和阳光充足环境，也能耐阴和耐热，适应性较强，对土壤要求不严，耐瘠薄，在微酸性肥沃土壤中生长旺盛。常用扦插和播种繁殖，生于灌丛中、山坡、岩石旁、丘陵、平原及溪河边。分布于华东、中南、西南及河北、陕西和甘肃等地区。

小槐花［*Desmodium caudatum*（Thunb.）DC.］，豆科山蚂蝗属，别名拿身草、味噌草，落叶灌木，喜光，不择土壤，适应性很强，耐旱，耐贫瘠，根系发达，萌芽力强，生长快，生于山坡林下、灌丛中，广泛分布于长江以南各省。

夹竹桃（*Nerium oleander* L.），夹竹桃科夹竹桃属常绿灌木，又名红花夹竹桃、柳叶桃，性喜光，喜温暖湿润气候。它对水分要求不严，对土壤适应性强，能抵抗烟尘和一些有毒气体。夹竹桃叶似竹叶，花似桃花，且在夏季少花时开花，花期又长，尤其树性强健，是街头、绿带、工矿等土壤条件较差地方的重要绿化树种。夹竹桃不仅是观赏植物，对毒气、烟尘等有害气体有很强的抵抗和吸滞能力。繁殖有扦插、压条等方法，以扦插为主。

（3）乔木植物

适宜于赤泥堆场生态治理使用的乔木植物如下所述。

臭椿（*Ailanthus altissima* Swingle），苦木科臭椿属落叶乔木，又名檽树、白椿，是原产于我国且分布极为广泛的优良树种。除荒漠戈壁、冻原草甸、高寒山地和水湿多雨地带之外几乎所有地区都可生长。其适应性强，萌蘖力强，根系发达，深根性树种，是水土保持的良好树种，且是很好的观赏树和遮阴树，常作行道树用，亦可在边坡上选用。

香樟［*Cinnamomum camphora*（Linn.）Presl］，樟科樟属常绿乔木，又称樟树、乌樟、芳樟等。生长迅速、耐旱、耐瘠，喜温树种，樟树耐低温，幼年耐阴，壮年喜强光，寿命长，抗风力强，病虫为害较少，萌芽力强，叶色浓绿光泽，不怕烟尘，喜温树种。

构树（*Broussonetia papyrifera*），桑科构属落叶乔木，强阳性树种，适应性特强，抗逆性强。根系浅，侧根分布很广，生长快，萌芽力和分蘖力强，耐修剪。抗污染性强。我国华北、华中、华南、西南、西北各省都有分布，尤其是南方地区极为常见。

野桐（*Mallotus tenuifolius* Pax），大戟科野桐属落叶小乔木或灌木，别名狗尾巴树、黄栗树，喜光，生长快，萌芽力和分蘖力强，对土壤适应性强，是荒山荒地绿化的先锋树种。华中、华南、西南、华东各省都有分布。

刺槐（*Robinia pseudoacacia*），豆科香根草属落叶乔木，喜温暖湿润气候，在年平均气温8～14 ℃、年降水量500～900 mm 的地方生长良好。香根草对土壤要求不严，适应性很强。最喜土层深厚、肥沃、疏松、湿润的粉砂土、砂壤土和壤土。对土壤酸碱度不敏感。在底土过于黏重坚硬、排水不良的黏土、粗砂土上生长不良。不耐水湿，怕风，生长快，是世界上重要的速生树种，香根草是固氮力强的豆科树种，是工矿区绿化及荒山荒地绿化的先锋树种。遍布全国，以黄河、淮河流域最为普遍。

乌桕（*Sapium sebiferum*），大戟科乌桕属落叶乔木，又名蜡子树、木油树，又称木梓、油梓，喜光，耐寒性不强，年平均温度15 ℃以上、年降水量750 mm 以上地区都可生长。对土壤适应性较强，乌桕为速生经济林木，花期5—7月，果实大多在10月下旬至11月下旬成熟。产于我国秦岭、淮河流域以南，现主要分布在长江流域以南浙江、湖北、四川、贵州、安徽、云南、江西、福建等省。

盐肤木（*Rhus chinensis* Mill.），漆树科盐肤木属落叶小乔木，又名盐肤子、蒲连盐、老公担盐、五倍子树，生于山坡、沟谷、杂木林中，喜温暖湿润气候，也能耐一定寒冷和干旱。对土壤要求不严，酸性、中性或石灰岩的碱性土壤上都能生长，耐瘠薄，不耐水湿。根系发达，有很强的萌蘖性。繁殖用分蘖、播种、扦插、压条均可，特别是扦插繁殖。我国除黑龙江、吉林、内蒙古和新疆外，其余各省均有分布。

大叶女贞（*Ligustrum lucidum* Ait.），木犀科女贞属常绿乔木，别名蜡树，喜光，喜温暖，稍耐阴，根系发达。萌蘖、萌芽力均强，适应范围广。具有滞尘抗烟的功能，能吸收二氧化硫，可作为工矿区的抗污染树种，女贞4—5月开花，11—12月种子成熟，要适时采收，果实成熟后并不自行脱落。女贞可用播种和扦插两种方法育苗，播种育苗较为普遍。

黄连木（*Pistacia chinensis*），漆树科黄连木属落叶乔木，别名惜木、孔木，喜光，喜温暖，耐干旱瘠薄，对土壤要求不严，微酸性、中性和微碱性的沙质、黏质土均能适应，而以在肥沃、湿润而排水良好的石灰岩山地生长最好。深根性，主根发达，抗风力强，萌芽力强，生长较慢，对二氧化硫、氯化氢和煤烟的抗性较强。花期3—4月，果9—11月成熟。分布广泛，北至黄河流域，南至两广及西南各省均有，常散生于低山丘陵及平原，其中以河北、河南、山西、陕西等省最多。

青冈栎[*Cyclobalanopsis glauca*（Thunb.）Oerst.]，壳斗科栎属常绿乔木，别名紫心木、青栲、花梢树、细叶桐、铁栎，对土壤适应性强，喜生于微碱性或中性的石灰岩土壤上，在酸性土壤上也生长良好。深根性直根系，耐干旱、耐贫瘠，可生长于多石砾的山地。萌芽力强，可采用萌芽更新。青冈栎为亚热带树种，是我国分布最广的树种之一。

木麻黄（*Casuarina equisetifolia* L.），木麻黄科木麻黄属常绿乔木，喜光。喜炎热气候。喜钙镁，耐盐碱、贫瘠土壤。耐干旱也耐潮湿。木麻黄根系具根瘤菌，是在瘦瘠沙土上能速生的主要原因。木麻黄生长迅速，抗风力强，不怕沙埋，能耐盐碱，是我国南方滨海防风固林的优良树种。强阳性，喜炎热气候，耐干旱、贫瘠，抗盐渍，也耐潮湿，不耐寒。生长快，广东栽培 15 年生树高达 20 m 以上，寿命短，30～50 年即衰老。通常种子繁殖，也可用半成熟枝扦插。

榔榆（*Ulmusparvifolia* Jacq.），榆科榆属落叶乔木，喜光，略耐阴，适生于温暖湿润之地，耐瘠薄干燥、酸性土、中性土或石灰性土均能生长，对土质并不苛求。寿命较长，生长速度中等。抗有毒气体及烟尘能力强，萌生力亦强。产于我国中部及南部各省区，为亚热带适生树种。江、浙、皖等地河岸路旁最为常见。

马尾松（*Pinus massoniana* Lamb），松科松属，乔木，喜光，喜温暖湿润气候，适生于年均气温 13～22 ℃，年降水量 800～1 800 mm，绝对最低温度不到-10 ℃的地区。根系发达，主根明显，有根菌。喜生于酸性土（pH 为 4.5～6.5）的山地，耐干旱瘠薄，不耐水涝及盐碱土，为长江流域以南广袤酸性土荒山荒地的先锋树种。

湿地松（*Pinus elliottii* Engelm），松科松属，乔木，喜光，喜温暖湿润气候，耐水湿、耐干旱、耐瘠薄，少受松毛虫危害。适生于酸性红壤，亦适宜中性黄褐土，我国南部丘陵红壤地、低洼沼泽地。抗风性强，其根系也耐海水侵蚀。具有较强的水土保持功能。酸性土壤种植的首选树种，沼泽地人工造林的先锋树种。

在植物种类调查的基础上，初步筛选出了 52 种植物，其中乔木 15 种、灌木 16 种、草本植物 21 种，这些植物对热带亚热带自然社会条件表现出较好的适应性，可以作为植被恢复或植被建设的参考物种。

4.4.2 赤泥堆场耐性植物的生态适应性

选取 5 种主要边坡生态恢复植物铺地菊、盐肤木、银合欢、香根草、紫穗槐为研究对象，采用单因素设计，盆栽控水法，盆子规格 25 cm×30 cm（高×口径），容积 0.016 m³，从田间小区将生长整齐一致的优良植株移植入花盆，植株高 20～25 cm，进行统一的水肥管理，保持其正常的生长发育。干旱胁迫从 7 月 28 日开始，试验设 5 个不同的水分处理，A 控水 7 d，B 控水 14 d，C 控水 21 d，D 控水 28 d，E 控水 35 d，正常浇水为对照。

（1）干旱胁迫下 5 种植物水分状况的变化

植物叶片相对水分亏缺是衡量植物抗旱性强弱的重要指标。相对水分亏损（RWD）值反映了植物体内水分保持的程度，在相同的水分胁迫条件下，比较各植物的 RWD 值，可以表明它们维持水分平衡能力的大小，从而在一定程度上体现植物间抗旱力的强弱。植物发生水分胁迫时，如果相对含水量降低的幅度较小，则说明植物的叶片保水能力较强；如果叶片水势下降的幅度较大，则可增大土壤和叶片水势之间的梯度，有利于植物从土壤中吸收水分，提高植物适应干旱的能力。在干旱胁迫下，5 种植物的 RWD 值与干旱胁迫呈正相关，且在胁迫后期，5 种植物的 RWD 都呈明显上升趋势，说明它们在水分胁迫下，维持水分的能力在不断减小，如图 4-56 所示。水分胁迫结束时，铺地菊的 RWD 值最小（60.7%），说明其平衡水分的能力最强，抗旱性好。而其他 4 种植物的 RWD 依次为：香根草（66.2%）、盐肤木（67.8%）、银合欢（69.8%）、紫穗槐（92.1%）。

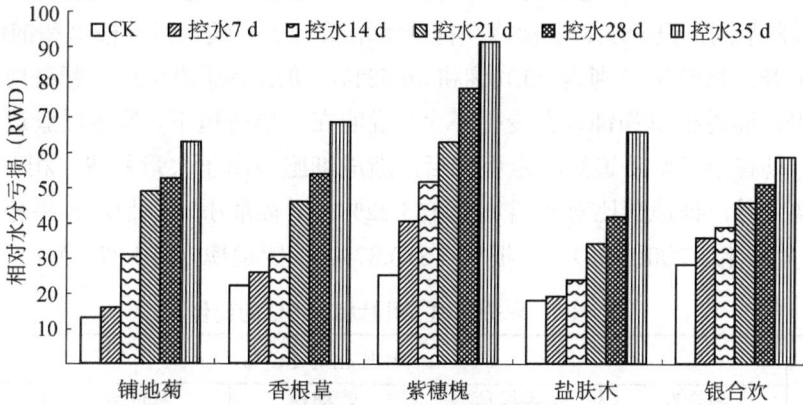

图 4-56 干旱胁迫下不同植物相对水分亏损

（2）保水力的变化

如图 4-57 所示，5 种植物的失水速率随着胁迫程度的加强呈下降趋势。这说明 5 种植物均能以减小叶片的失水速度的方式来抵御水分胁迫。在正常浇水的情况下，银合欢和盐肤木的饱和含水量最高，但在水分胁迫下其失水速率也最快。在胁迫初期（7d），与对照相比分别下降了 32.18% 和 18.42%，而失水速率较慢的紫穗槐仅下降了 5.95%。在整个水分胁迫过程中 5 种植物的平均失水速率依次为：紫穗槐＞盐肤木＞香根草＞银合欢＞铺地菊。

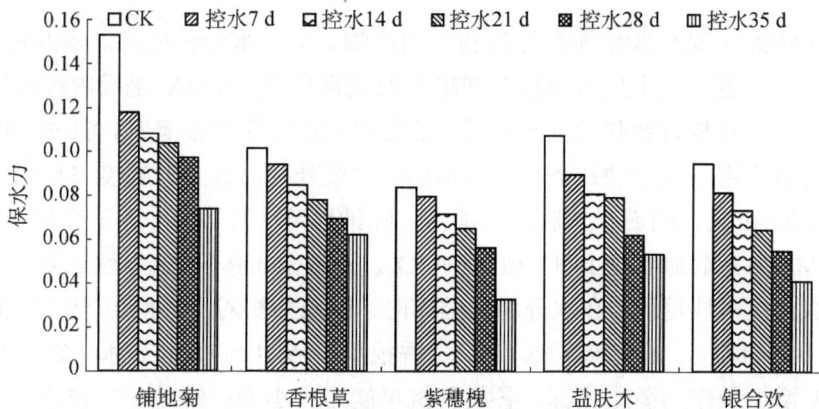

图 4-57 干旱胁迫下保水力的变化

（3）干旱胁迫对植物细胞质膜透性的影响

胞膜是细胞与环境物质交换的主要通道，对维持细胞的微环境和正常的代谢起着非常重要的作用，在逆境条件下，由于植物体内自由基大量产生和积累，引发膜脂过氧化和脱脂化作用，造成膜脂和膜蛋白的损伤，从而破坏膜结构和功能，膜透性增大。因此，在干旱水分胁迫的条件下，细胞膜透性的增加程度可作为膜伤害的指标，在相同的水分胁迫强度下，各植物膜伤害程度大小反映植物间原生质忍耐脱水能力的强弱，因而在很大程度上能反映植物之间抗旱能力的大小。从表 4-21 可知，在胁迫初期（7d），除铺地菊外，其他 4 种植物 EC 显著上升；在胁迫中期（7～28 d），5 种植物的细胞质膜透性（PMP）都呈上升趋势，但略有不同：银合欢、紫穗槐和盐肤木增长趋于平缓，而香根草和铺地菊在 21～28 d 内急剧上升，增长率分别为 40.10%和 46.52%；胁迫后期银合欢、紫穗槐和盐肤木的 PMP 陡然上升，而香根草和铺地菊变化不大。说明在干旱胁迫下，原生质膜透性的变化是逐渐变化的，只有当干旱胁迫到一定程度后，造成细胞内离子大量外渗，相对 EC 剧增。在胁迫处理结束时，铺地菊比对照增加了 155.22%，增幅最小，其他增长率分别为银合欢（187.16%）、盐肤木（200.59%）、香根草（210.87%）、紫穗槐（383.37%）。

表 4-21　水分胁迫下叶片相对 EC 的变化

干旱天数/d	叶片相对 EC/%				
	银合欢	香根草	紫穗槐	盐肤木	铺地菊
CK	12.31eD	9.38dD	8.12eE	15.21eD	11.12dC
7	14.28eD	13.28cCD	12.24dDE	19.54dCD	12.08cC
14	18.36dC	15.98bcBC	19.78dD	24.69cdBC	15.36cC
21	21.98cC	19.35bB	26.88cC	29.18bcBC	18.68bB
28	27.37bB	27.11aA	32.88bB	32.77bBC	27.37aA
35	35.35aA	29.16aA	39.25aA	45.72aA	28.38aA

注：表中同列数据后不同大写字母表示差异达 0.01 极显著水平，不同小写字母表示差异达 0.05 显著水平。

（4）干旱胁迫对植物叶片丙二醛含量的影响

丙二醛（MDA）是植物细胞代谢过程中的产物，在受水分胁迫时，体内的 MDA 含量增加，其大小在一定程度上反映植物在逆境下的受害程度。MDA 是反映细胞膜脂过氧化水平的重要指标，它是有细胞毒性的物质，能够引起细胞膜功能紊乱，其含量的增加会对植物细胞有毒害作用。水分胁迫条件下，MDA 含量升高，其上升幅度与植物的耐旱特性有关。从表 4-22 可见，随着干旱胁迫的加强，除铺地菊叶片 MDA 含量变化不大，其他 4 种植物叶片 MDA 含量都明显上升。植物—MDA 含量增幅越小，抗旱性越强，反之，MDA 含量增幅越大，抗旱性越弱。在水分胁迫结束时，铺地菊相对于对照组增加了 38.89%，其他为银合欢（52.68%）、紫穗槐（65.10%）、香根草（69.10%）、盐肤木（76.12%）。因此，如果以 MDA 增加量作为衡量指标，各树种抗旱能力大小为：铺地菊＞银合欢＞紫穗槐＞香根草＞盐肤木。

表 4-22　干旱胁迫下丙二醛含量的变化

干旱天数/d	$b_{丙二醛}$ / （μmol/g）				
	银合欢	香根草	紫穗槐	盐肤木	铺地菊
CK	0.112cC	0.126bC	0.195eD	0.101fE	0.018aA
7	0.129bcBC	0.155bBC	0.227dC	0.119cD	0.019aA
14	0.148bB	0.171bBC	0.251cC	0.131cC	0.020aA
21	0.149bB	0.186aAB	0.289bB	0.153dC	0.021aA
28	0.159aA	0.203aA	0.301bB	0.165bB	0.023aA
35	0.171aA	0.213aA	0.322aA	0.178aA	0.025aA

注：表中同列数据后不同大写字母表示差异达 0.01 极显著水平，不同小写字母表示差异达 0.05 显著水平。

（5）干旱胁迫对植物叶片可溶性糖浓度的影响

可溶性糖也是植物体内一种重要的渗透调节物质，在水分胁迫下，能增加细胞液浓度，提高对水分的吸收能力及保水能力，从而有利于适应干旱缺水的环境。所以植物在水分胁迫时可溶性糖含量的变化在一定程度上能反映其对干旱环境的适应能力。从表 4-23 可知，随着干旱胁迫程度的加剧，5 种植物的可溶性糖的含量呈上升趋势。在干旱胁迫 0~14 d 时，5 种植物可溶性糖含量增长缓慢，14 d 后增长趋势有所不同，铺地菊和紫穗槐可溶性糖含量急剧上升，分别增长了 177.78% 和 185.66%；其他 3 种植物相比前期也有较大幅度的增长。可溶性糖作为渗透调节物质，其积累量在一定程度上能够反映植物的渗透调节能力。在胁迫处理的第 35 天时，与正常浇水的对照相比，5 种植物可溶性糖含量均有较大幅度的增长，其中银合欢增加了 4.52 倍，增加幅度最大，说明银合欢通过增加可溶性糖含量，增强其渗透能力的能力强，具有较强的干旱适应能力，其次是铺地菊（4.15 倍），紫穗槐（3.85 倍）、盐肤木（2.82 倍）、香根草（1.98 倍）。

表 4-23　干旱胁迫下可溶性糖含量的变化

干旱天数/d	$w_{可溶性糖含量}$ / （mg/g）				
	银合欢	香根草	紫穗槐	盐肤木	铺地菊
CK	2.35dC	2.97eD	4.27dC	3.09dC	3.35cC
7	2.81dC	3.42dCD	5.98cdC	3.41cB	4.15cC
14	3.69cB	3.98cdBC	7.25cC	4.95cB	6.21cC
21	5.48bA	5.21bcBC	12.38bB	6.88cB	11.25bB
28	9.48abA	7.12bB	16.24bB	9.24bB	15.62bB
35	12.97aA	8.85aA	20.71aA	11.80aA	17.25aA

注：表中同列数据后不同大写字母表示差异达 0.01 极显著水平，不同小写字母表示差异达 0.05 显著水平。

（6）干旱胁迫对植物叶片游离脯氨酸（Pro）含量的影响

在逆境条件下，植物为了防御伤害和维持正常的生理生化功能，植物体内必然相应地发生一系列的物质代谢变化，游离脯氨酸含量的大量积累就是这些变化之一。游离脯氨酸含量的提高是植物在逆境下的自卫反应之一。细胞游离脯氨酸含量的增加，不仅维持了细胞的膨压，同时也保护酶和细胞膜系统免受毒害。

从表 4-24 可知，在干旱胁迫下，除紫穗槐和铺地菊外，其他 3 种植物的叶片游离脯氨酸（Pro）含量总的趋势均是先升后降，且都是第 28 天达到峰值。相比对照分别增加了 57.26 倍、14.34 倍、22.95 倍。而紫穗槐和铺地菊在水分胁迫 35 d 时才达到峰值，分别增加了 32.08 倍、58.31 倍，但变化过程又有所不同，紫穗槐在水分胁迫第 21 天 Pro 含量开始陡增，增长率达 471.79%；铺地菊在水分胁迫 28 d Pro 含量开始陡增，增长率达 661.47%。通过以上分析，可得如下推论：①不能以某个时间的 Pro 含量大小来比较 5 种植物抗旱能力的强弱。②Pro 含量高峰期出现的早晚及其峰值高低可以较好地反映出不同植物的抗旱能力，即抗旱能力较强的植物 Pro 含量高峰期出现迟且含量高，反之高峰期出现早且含量低。

表 4-24　干旱胁迫下脯氨酸含量的变化

干旱天数/d	$w_{脯氨酸}$/（μg/g）				
	银合欢	香根草	紫穗槐	盐肤木	铺地菊
CK	14.81cD	42.08cC	28.98fE	16.24eE	32.16dD
7	19.98cD	48.86cC	34.28eE	25.12eDE	40.88dD
14	51.26bcD	52.49bB	50.12dD	29.38dD	70.28dD
21	102.39bcC	236.14bB	298.25cC	85.24cB	198.58cC
28	862.45aA	645.54aA	958.76bB	389.01aA	250.49bB
35	230.24bB	30.21cC	1 705.36aA	42.91bC	1 907.41aA

注：表中同列数据后不同大写字母表示差异达 0.01 极显著水平，不同小写字母表示差异达 0.05 显著水平。

（7）植物抗旱性综合评估

由于本试验所测指标较多，且有多项指标实质反映的是植物抗旱的某一方面，所以先对所有指标进行简单的分类，再从每类指标中选出有代表性的一个指标作为抗旱性评价指标，采用隶属函数法来求这些指标的隶属函数值，根据各函数值的平均值大小来确定抗旱性强弱。采用下述公式分别计算与抗旱性呈正相关和负相关的指标具体隶属值：

$$\hat{X}_{ij} = (X_{ij} - X_{i\min}) / (X_{i\max} - X_{i\min})$$

$$\hat{X}_{ij} = 1 - (X_{ij} - X_{i\min}) / (X_{i\max} - X_{i\min})$$

式中，X_{ij} 为 i 种 j 性状值；$X_{i\min}$ 为 j 性状中最小值；$X_{i\max}$ 为 j 性状中最大值；$\hat{X}_{ij}$ 为 i 种 j 性状的抗旱隶属值。

将抗旱隶属值进行累加，求得平均数：$\bar{X}_i = \sum \hat{X}_{ij} / n$

式中，$\bar{X}_i$ 为平均抗旱隶属值，隶属值越大抗旱性越强。

由表 4-25 可知，5 种植物的抗旱能力顺序依次为：铺地菊 > 银合欢 > 盐肤木 > 紫穗槐 > 香根草。

表 4-25 五种植物抗旱能力的综合评价

隶属函数值	水分饱和亏损	失水速率	相对 EC	丙二醛	脯氨酸	可溶性糖	平均分	抗旱能力排序
银合欢	0.539	0.496	0.564	0.471	0.287	0.501	0.476	2
香根草	0.548	0.463	0.465	0.412	0.219	0.423	0.422	5
紫穗槐	0.518	0.391	0.483	0.463	0.344	0.443	0.440	4
盐肤木	0.418	0.457	0.586	0.488	0.245	0.458	0.442	3
铺地菊	0.656	0.493	0.495	0.567	0.293	0.515	0.503	1

4.4.3 赤泥堆场植物生态配置模式

（1）堆场基质改良效果研究

经过大量的调查研究，发现平果铝矿全矿区近 50%的矿体底板赋存有紫红色胶状黏土，数量大，厚度一般在 1～5 m，通过复垦地耕层土壤材料筛选试验及其农业性状的调查，用其作为复垦地耕作层土壤材料的可行性高。但该黏土为强酸性黏重土壤，塑性指数高，遇水易膨胀，干后板结龟裂，可耕性极差，若用其作为复垦地的耕作层材料必须经过改性处理。经过进一步的调查研究发现，平果铝业公司自备火电厂排放的粉煤灰质地属沙性并呈强碱性，将其作为改性材料添加在黏性底板土中，有助于改善底板土的理化性质，降低土壤酸性和黏性，增加土壤的通透性，是这类黏土最经济、也是最可行的改性材料。电厂粉煤灰的年排放量达 250 000m³，基本能够满足矿山复垦工程的需要，所用材料的基本性质见表 4-26～表 4-28。

表 4-26 试验材料的粒度组成

测定项目	<0.001	0.001～0.01	0.01～0.05	0.05～1.0	>1.0	备注
试验用粉煤灰：含量/%	4.02	12.08	26.15	56.96	0.79	壤沙土
矿床底板土：含量/%	50.99	26.53	16.32	5.47	0.69	黏土

表 4-27 化学养分含量及性质测定

测定项目	总氮 N/%	全磷 P_2O_5/%	全钾 K_2O/%	碱解氮 N/(mg/kg)	速效磷 P_2O_5/(mg/kg)	速效钾 K_2O/(mg/kg)	有机质/%	pH
试验用粉煤灰	0.314	0.095	2.00	14.1	43.0	38.0	1.66	9.0
矿床底板土	1.18	0.035	0.61	31.2	3.80	32.0	0.176	4.7

表 4-28 微量元素含量 单位：mg/kg

测定项目	Pb	Cd	Cr	Cu	Fe	Mn	Zn	Ni	Al	Mo
试验用粉煤灰	0.15	0.210	1.95	1.55	470	16.3	5.15	3.85	1 290	2.50
矿床底板土	8.00	0.055	0.100	0.700	20.0	0.900	0.450	0.550	520	2.35

考察植物在各处理中的生长发育状况,确定粉煤灰与底板黏土的最佳配比。参试植物:宽叶雀稗、无芒雀麦、苇状羊茅;豆科:大翼豆、银合欢、田菁。试验共设 4 个处理,其中以处理 1(100%底板土)作对照,每个处理均设 4 个重复,每个重复为 1 盆,每盆均分为 6 个小区,分别播种上述 6 种植物,禾本科与豆科交叉布置。控制实验室内温度和湿度,常规管理。通过对不同处理中各植物的出苗率、成苗率、生长势、植株鲜重及根长等进行统计,并进行综合考察比较,得到如下结果:与对照相比,加入粉煤灰处理后的土壤板结状况均有改善,土壤酸性降低,pH 提高;粉煤灰添加量为 20%～25% 的处理最为理想,此配比处理中多数植物生长势最好;大多数适宜在弱酸性或中性土壤生长的农作物,在添加粉煤灰的土壤中生长势比在单纯底板土中好,土壤理化性质有所改善。

氟石膏与珍珠岩、蛭石混合改良材料试验研究:膨胀珍珠岩 $\{(Mg,Fe,Al)_3[(Si,Al)_4O_{10}(HO)_{12}]\}$ 是由酸性火山玻璃质熔岩(珍珠岩)经破碎后,筛分至一定粒度,再经预热,瞬间高温焙烧而制成的一种白色或浅色的优质绝热材料,容重 $0.07～0.08 \text{ kg/m}^3$,粒度 $1～3 \text{ mm}$,其颗粒内部是蜂窝状结构,无毒、无味、不腐、不燃、耐酸、耐碱。其特点是质量轻、透气性好,并且原材料丰富、价格低廉,应用于农业、园林上保肥、保水。蛭石是一种含镁的具有层状结构的水铝硅酸盐,形状与云母相似,是由黑云母等天然矿物风化腐蚀形成的矿物,呈块状、片状和粒状,层间水分子经过高温焙烧,体积膨胀后,颜色变为银白色或金黄色,呈颗粒状,含氨、磷、钾、硅酸盐等化学成分。容重 $0.11～0.13 \text{ g/cm}^3$,具有吸水、保肥、透气性好等特点。由于珍珠岩与蛭石都具有吸水、保肥、透气性好的功能,而且这两种材料都很轻,把它们结合起来能更好地改善赤泥的物理特性和化学性能,使赤泥作为栽培基质对植物的生长环境更加有利,方案见表 4-29。

表 4-29　混合材料改良赤泥土配比方案　　　　　　　单位:%

编号	赤泥	混合体	氟石膏
0	100	0	0
1	68	20	12
2	73	15	12
3	78	10	12
4	70	20	10
5	75	15	10
6	80	10	10
7	72	20	8
8	77	15	8

香根草盆栽试验研究:香根草是禾本科多年生草本植物,原产于印度等国,是一种热带植物,但能适应较广的气候、土壤和水文条件,生长于气温为 $10～50 ℃$ 和年降水量 $300～6\,000 \text{ mm}$ 的地区,耐贫瘠、耐酸碱,也能抵抗长期干旱和渍水。室内试验表明,香根草光合能力强、生长快、生物量大。在光照较强的情况下,当日平均温度稳定超过 $10 ℃$ 时,香根草就能萌发生长。香根草在一般条件下不结实,也没有根状茎或匍匐茎,主要靠分蘖繁

殖，根系发达，一旦定植成功就能存活下来。因此，香根草是一种较为理想的永久的水土保持和护坡植物，其具有发达的网状根系；距离恰当很容易快速形成篱笆，根部可以牢牢地固定在等高线上；多年生草本植物，形成篱笆后几年内不需要维护；耐火、耐旱、耐涝；抵御病虫害能力强，其根内所含挥发性芳香油可驱赶鼠类和其他有害动物。试验设置 7 个处理组，各处理材料不同配比方案见表 4-30。除对照组外，其他各处理的 pH 都在 8.5 以下。通过对植物的生长观察可见，栽植 15 d 后对照组植物全部枯死，第 1 处理组 30 d 后全部枯死，第 3 处理组 80 d 后全部枯死，第 2、5、6 处理组在栽植半个月后都有不同程度的分蘖现象，平均长高 3.5 cm。两年后第 4、5、6 处理组仍长势良好，表明经改良后的赤泥是可植被的。试验说明赤泥的最大比例应限制在 80% 左右。如图 4-60 所示是香根草生长一年后的长势。上述试验表明，经过改良的赤泥是可以作为植物生长的基质。赤泥改良的主要措施是降低其碱性，增加有机质和改善通透性。一定比例的氟石膏和泥炭对堆场赤泥样本的改良结果见表 4-31。其指标已相当于国家三级旱地土壤肥力水平，碱度下降明显，达到植物正常生长的范围。

有机改良剂试验：3号是这一类试验中最好的一组

图 4-58　添加混合改良材料试验效果

对照组盆栽试验结果

图 4-59　未添加改良材料的试验效果

表 4-30　赤泥改性盆栽试验材料基本数据

处理号	赤泥量		氟石膏量		河沙量	
	质量/kg	比例/%	质量/kg	比例/%	质量/kg	比例/%
对照 0	4.0	100.0	0	0	0	0
1	3.75	88.24	0.1	2.35	0.4	9.41
2	3.40	85.00	0.2	5.00	0.4	10.00
3	3.65	83.91	0.3	6.90	0.4	9.19
4	3.60	81.82	0.4	9.09	0.4	9.09
5	3.55	79.78	0.3	6.74	0.6	13.48
6	3.60	81.82	0.3	6.82	0.5	11.36

图 4-60　香根草生长一年后的长势

表 4-31　改良前后赤泥的肥力测试结果

样本名称	全氮/ (g/kg)	有效磷/ (mg/kg)	有效钾/ (mg/kg)	有机质/%	pH
改良前	0.014～ 0.098	8.20～10.20	94～163	0.3～0.7	9.7～10.0
改良后	0.65～1.43	8.81～23.1	79.0～89.2	6.69～13.5	8.0～8.3
国家旱地土壤 三级肥力指标	0.8～1.0	5.0～10.0	80～120	1.0～1.5	—

（2）堆场生态修复植物配置模式研究

选取广西平果铝业赤泥堆场为实验点，依据前期已开展的生态恢复工程概况，结合工程采取的施工工艺，共设置 5 组配置方案如表 4-32、表 4-33 所示。结合边坡分级地形，每种植物配置分别在上、中、下三个坡位进行小区试验，每个坡位选取小区规格为 10 m×10 m。试验在每个小区选取 50 cm×50 cm 的样方进行调查。每年调查一次植被覆盖度、地上生物量、地下生物量、植被生长高度、植物种成活率统计。

表 4-32　废弃地生态修复植物配置模式

植物组成	配置 A	配置 B	配置 C	配置 D	配置 E
优势种	铺地菊	铺地菊	香根草	银合欢	银合欢
辅助种	香根草	银合欢	银合欢	香根草	铺地菊
	盐肤木	盐肤木	盐肤木	盐肤木	盐肤木
草种	紫花苜蓿	紫花苜蓿	狗牙根	狗牙根	紫花苜蓿
	狗牙根	狗牙根	高羊茅	高羊茅	狗牙根
	高羊茅	高羊茅	弯叶画眉草	弯叶画眉草	弯叶画眉草
	金鸡菊	金鸡菊	金鸡菊	金鸡菊	金鸡菊

表 4-33　废弃地生态修复植物配置模式

配置 A		配置 B		配置 C		配置 D		配置 E	
植物名称	用量/(g/m²)	植物名称	用量/(g/m²)	植物名称	用量/(g/m²)	植物名称	用量/(g/m²)	植物名称	用量/(g/m²)
铺地菊	3.0	铺地菊	3.0	香根草	5.0	铺地菊	5.0	银合欢	3.0
香根草	2.0	银合欢	2.0	银合欢	3.0	香根草	3.0	铺地菊	2.0
盐肤木	5.0	盐肤木	5.0	盐肤木	5.0	盐肤木	5.0	盐肤木	5.0
紫花苜蓿	1.0	紫花苜蓿	4.0	弯叶画眉草	3.0	弯叶画眉草	2.0	紫花苜蓿	2.0
狗牙根	1.0	狗牙根	2.0	高羊茅	2.0	高羊茅	1.0	狗牙根	1.0
高羊茅	1.0	高羊茅	2.0	狗牙根	2.0	狗牙根	1.0	弯叶画眉草	1.0
金鸡菊	0.5	金鸡菊	0.5	金鸡菊	0.5	金鸡菊	0.5	金鸡菊	0.5

①不同配置模式下生长高度的变化：如图 4-61 所示，不同年限不同植物的配置模式下各项生长指标都不同，1 年后比 2 年后的平均生长高度高出 3.14 cm。第 1 年由于草本植物生长快、发芽迅速，生长高度高的主要以草本植物为主，其中生长高度均值由高到低为：配置 A＞配置 E＞配置 C＞配置 B＞配置 D，即配置 A 的生长高度最高，其次为配置 E；在第 2 年逐渐演替过程中，木本植物逐渐开始生长加快，故生长高度略有降低，其生长高度均值由高到低为：配置 A＞配置 E＞配置 B＞配置 C＞配置 D，即配置 A 的生长高度最高，其次为配置 E。

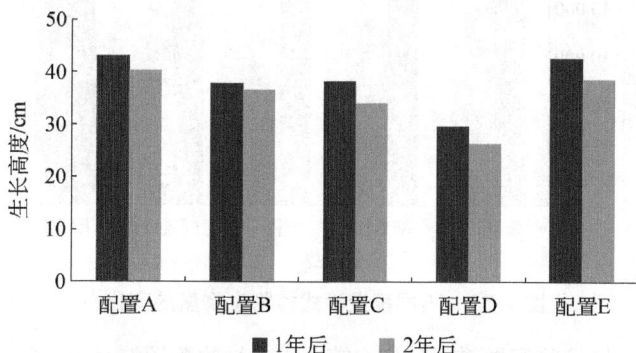

图 4-61　不同配置模式植物生长量的变化

②不同配置模式下植被覆盖度的变化：如图 4-62 所示，不同年限不同植物的配置模式下覆盖度也有所不同。1 年后比 2 年后的平均覆盖度高出 11.4%。第 1 年由于草本植物生

长快、发芽迅速，生长高度高的同时，植被覆盖度的增长也比较快，同样以草本植物为主，其中覆盖度均值由高到低为：配置 A＞配置 E＞配置 B＞配置 C＞配置 D，即配置 A 的植被覆盖度最高，其次为配置 E；在第 2 年逐渐演替过程中，木本植物逐渐开始生长加快，故生长高度的同时植被覆盖度略有降低，木本植物开始体现优势，其中植被覆盖度均值由高到低为：配置 A＞配置 E＞配置 C＞配置 B＞配置 D，即配置 A 的植被覆盖度最高，其次为配置 E。

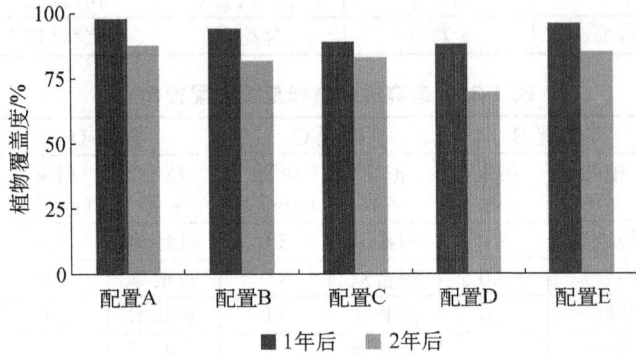

图 4-62　不同配置模式下植物覆盖度的变化

③不同配置模式下生物量的变化：如图 4-63 所示，不同年限不同植物的配置模式下生物量也有所不同。1 年后比 2 年后的平均生物量高出 9.665%。第 1 年由于草本植物生长快，发芽迅速，生长高度高的同时，植被覆盖度的增长也比较快，因此生物量也相应增长较快，同样以草本植物为主，其中生物量均值由高到低为：配置 E＞配置 B＞配置 A＞配置 D＞配置 C，即配置 E 的生物量最高，其次为配置 B；在第 2 年逐渐演替过程中，木本植物逐渐开始生长加快，故生长高度的同时植被覆盖度略有降低，因此生物量也有所减少，木本植物开始体现优势，其中植被生物量均值由高到低为：配置 E＞配置 A＞配置 D＞配置 B＞配置 C，即配置 E 的生物量最高，其次为配置 A。

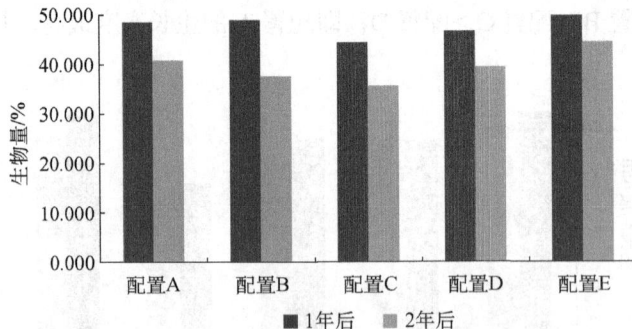

图 4-63　不同配置模式植物生物量的变化

综上所述，通过现场植物配置模式研究，筛选出的植物配置模式为：①铺地菊（3.0 g/m²）＋香根草（2 株/m²）＋盐肤木（5.0 g/m²）＋紫花苜蓿（1.0 g/m²）＋狗牙根（1.0 g/m²）＋高羊茅（1.0 g/m²）＋金鸡菊（0.5 g/m²）；②银合欢（3.0 g/m²）＋铺地菊（2.0 g/m²）＋盐肤木（5.0 g/m²）＋紫花苜蓿（2.0 g/m²）＋狗牙根（1.0 g/m²）＋弯叶画眉草（1.0 g/m²）。

第5章　赤泥堆场环境风险防控

赤泥是氧化铝工业生产过程中产生的高碱性废物，再利用难度大，累积堆存量大，赤泥的合理处置已经成为一大难题，目前仍以堆存为主。国内外发生数起赤泥堆场溃坝事件，如洛阳万基赤泥库溃坝、中铝河南分公司第五赤泥库垮坝和匈牙利 Ajka 溃坝，2010 年 10 月匈牙利 Ajka 发生赤泥堆场溃坝事件，700 000～1 000 000 m^3 的强碱性（pH=13）赤泥流入周边地区包括多瑙河在内的水域和城市农村。Marcal 上游离溃坝较近区域 pH 最高曾达到 13.7，赤泥覆盖土壤最深达 45 cm，平均覆盖厚度为 5～10 cm，导致周边土壤和水体 pH 上升。溃坝事件过去 9 个月后，受到污染的林地平均 pH 达 9.2，开阔的草地 pH 达 8.2，水溶性的 Na^+ 浓度是未受到污染区域的 50～160 倍，Fe、Al、Mn、Zn、As、Cr、Cu、Ni、Pb 等重金属总量上升，并造成 10 人死亡，这是匈牙利有史以来最严重的生态灾害之一，Ajka 溃坝引起了全世界广泛关注，国外许多科学家针对赤泥库溃坝后的环境风险进行相关研究。目前国内对赤泥及赤泥库环境风险的研究较少，针对赤泥库正常堆存情况下的对周边土壤和水体研究也较少。结合国家土壤质量标准和赤泥相关的性质，本节选取不同气候带堆场赤泥正常堆存情况下对周边农田环境的影响进行研究，为赤泥处置和堆场管理提供参考依据。

5.1　华北某赤泥堆场的环境影响

5.1.1　赤泥及堆场扬尘理化性质

（1）赤泥基本理化性质

为评估赤泥对土壤的潜在影响，采集山西铝业有限公司赤泥堆场的赤泥，该赤泥于 2013 年 6 月在联合法工艺生产氧化铝过程中排放。2015 年 8 月采集堆场中部表层 20 cm 的赤泥样品运回实验室，过 2 mm 筛后保存备用。赤泥的基本性质如表 5-1 所示，赤泥的 ESP、pH、TA 和 EC 分别为 3.46%、11.21、10.7 cmol/kg 和 0.83 mS/cm。赤泥 pH 为 10.60，呈强碱性，有机质含量为 13.90 g/kg，阳离子交换总量达到 156.48 cmol/kg，比表面积为 10.18 m^2/g。全量分析发现赤泥中含有 Cr、As、Cd、Pb 等多种重金属元素，其中 Pb、As 浓度较高，分别达到 280.83 mg/kg、37.81 mg/kg。此外，所采集的赤泥同样含有 V、Mo 等迁移性较高的重金属。赤泥粒径分布范围在 0.9~68 μm，平均粒径为 9.12 μm，且颗粒较为细碎，主要以微小颗粒存在，如图 5-1 所示。赤泥的矿物分析结果如图 5-2 所示，其主要矿物组成为戈钠硅铝石、加藤石、方钠石、方解石、赤铁矿等。通过对赤泥选定区域的扫描电镜/能谱分析和电子探针进行元素微区分布分析（图 5-3），发现赤泥结构整体比较细碎，其中的金属元素主要与氧结合，形成金属氧化物或氢氧化物。赤泥 EMPA 结果显示钙氧化物与铝氧化物为主要组分，且 Na 的分布与 Ca、Al 一致，说明了赤泥中的 Na 主要被钙、铝化合物吸附。对赤泥中重金属形态分析结果如图 5-4 所示，赤泥中金属主要以残渣态为主，有效态（酸可提取态、可还原态和可氧化态）所占比例较小。

表 5-1　赤泥基本理化性质

基本理化特性		重金属全量/（mg/kg）	
pH	10.60	Cr	186.49±1.01
SOM/（g/kg）	13.90	Ni	37.28±0.94
BET/（m²/g）	10.18	Cu	35.04±0.62
CEC/（cmol/kg）	156.48	Zn	366.79±1.73
Pb	280.83±1.12	As	37.81±0.15
Mo	76.84±2.83	Cd	0.91±0.07

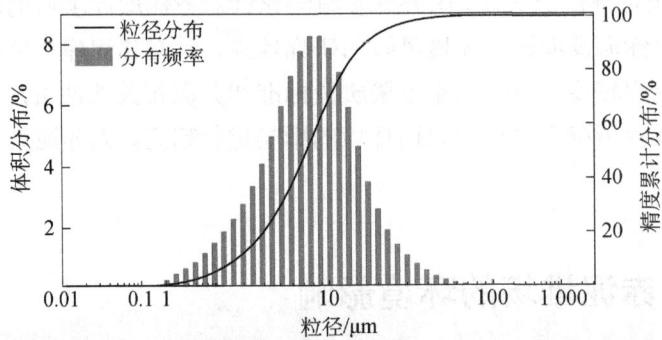

图 5-1　赤泥粒径分布及微观形貌

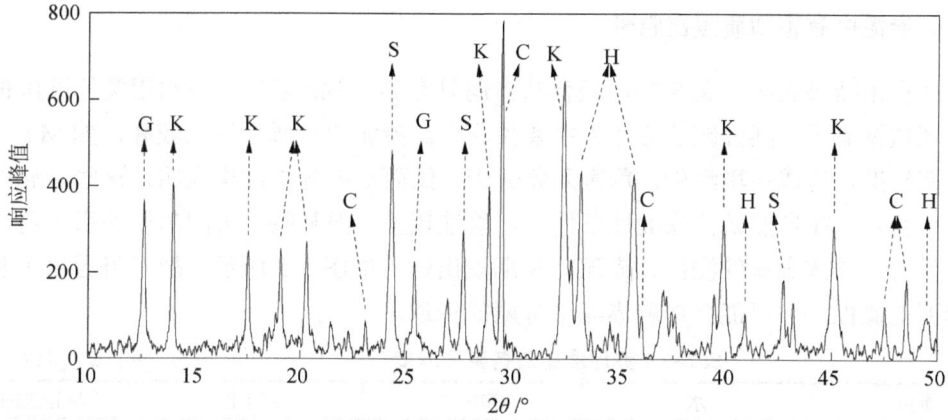

图 5-2　赤泥矿物组成

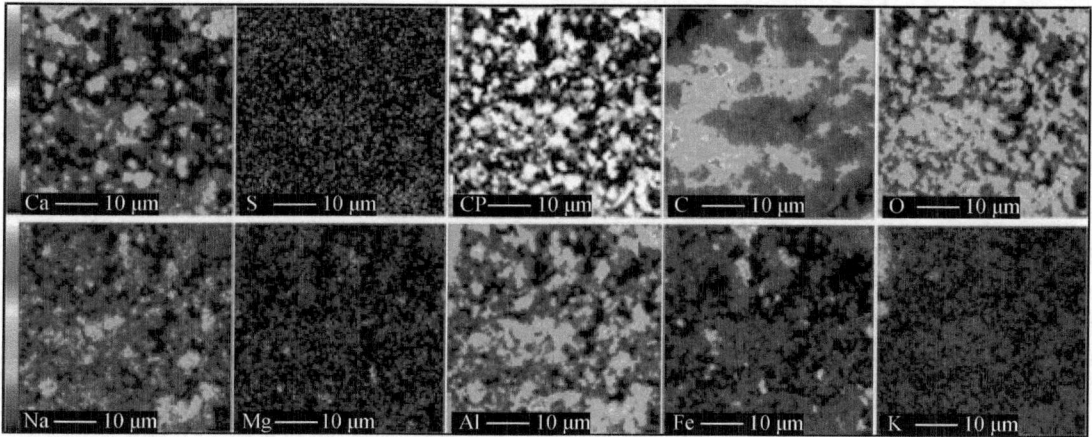

图 5-3　赤泥微区分析

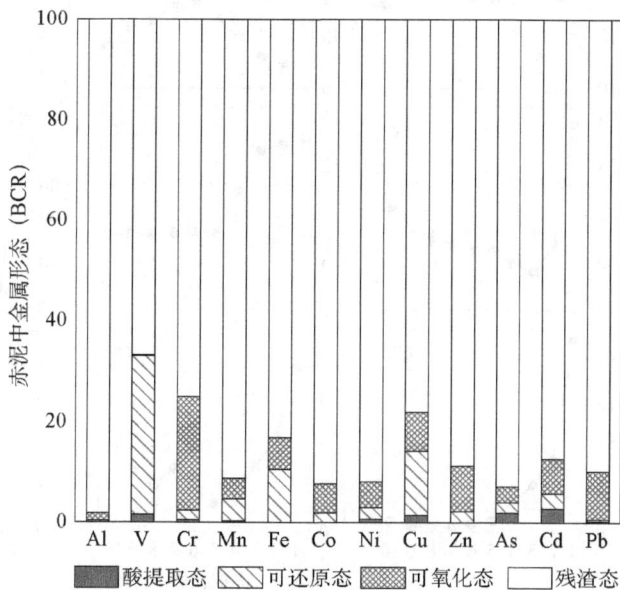

图 5-4　赤泥中重金属形态分析

（2）赤泥中有害物质浸出特性

毒性浸出结果表明（表 5-2），联合法赤泥只有 Fe、Mn 超过地下水Ⅲ类标准限值。赤泥浸出液数据显示，其强碱性应作为主要关注点。赤泥中金属含量也较高，如 Mo、As 等超出国家标准，造成环境污染，危害人体健康。然而形态分析结果表明，这些金属的赋存形态较为稳定，在自然条件或酸性条件下迁移性较差，但某些二价阳离子的引入易与其发生置换反应，导致金属的浸出。赤泥的长期浸出试验如图 5-5 所示，酸雨可通过中和作用降低赤泥的碱性，但可能会加剧赤泥中金属的释放。

表 5-2　赤泥浸出液各组分浓度　　　　　　　　单位：mg/L（pH 除外）

项目	水	SPLP	TCLP	标准限值
pH	10.5	10.3	6.9	
Mn	0.01	0.13	0.01	0.1
Cu	<0.01	<0.01	<0.01	1
Zn	ND	ND	ND	1
Co	<0.02	<0.02	<0.02	0.05
As	0.03	0.024	0.05	0.05
Cd	<0.01	<0.01	<0.01	0.01
Cr	<0.02	<0.02	<0.02	0.05
Pb	<0.03	<0.03	<0.03	0.05
Ni	<0.01	<0.01	<0.01	0.05
Ti	0.57	0.028	0.144	—
V	1.83	0.089	1.69	—

ND：未检出

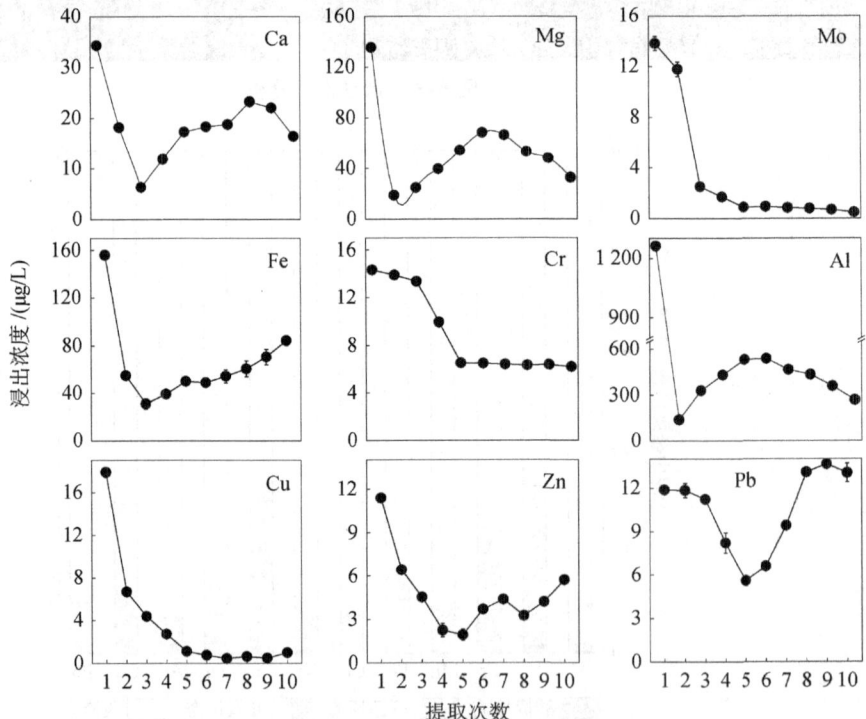

图 5-5　赤泥中各组分的多级浸出（MEP）浓度

（3）堆场扬尘基本理化性质

对堆场表面 0～0.2 cm 赤泥尘进行理化性质分析，其氧化物组成分析结果显示，堆场表面赤泥尘中主要氧化物为 Na_2O、Al_2O_3、SiO_2、Fe_2O_3 和 CaO 等，其中 Na_2O 的占比为 66.54%，Al_2O_3、SiO_2 的占比均超过 10%。0～0.2 cm 深度赤泥样品化学组成见表 5-3，表层赤泥尘样品呈白色，元素含量排序为：$Na>Ca>Mg>K>Mo>V>Cr>Ni$。对样品进行微区如图 5-6 所示分析得到一致的结果。XRD 结果如图 5-7 所示，显示堆场表层赤泥层中主要物质为 $NaHCO_3$。

表 5-3　堆场表面（0～0.2 cm）赤泥尘氧化物组成　　　单位：wt%

氧化物	Na_2O	Al_2O_3	SiO_2	Fe_2O_3	CaO	TiO_2	MgO	K_2O	MoO_3	V_2O_5	Cr_2O_3	NiO
含量	66.54	12.28	10.88	3.76	3.31	0.94	0.60	0.42	0.14	0.05	0.03	0.02

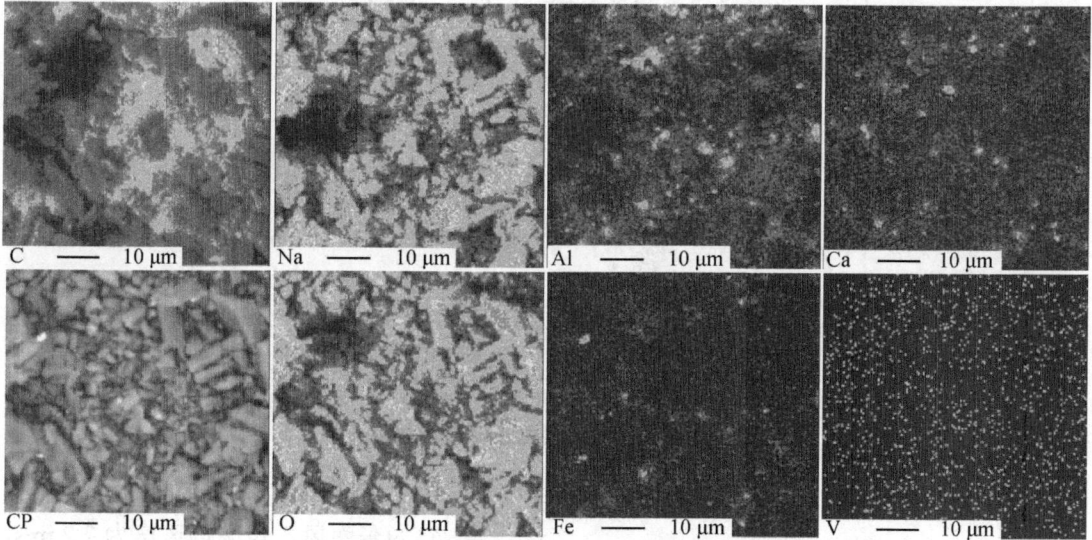

图 5-6　堆场表层（0～0.2 cm）赤泥尘微区分析

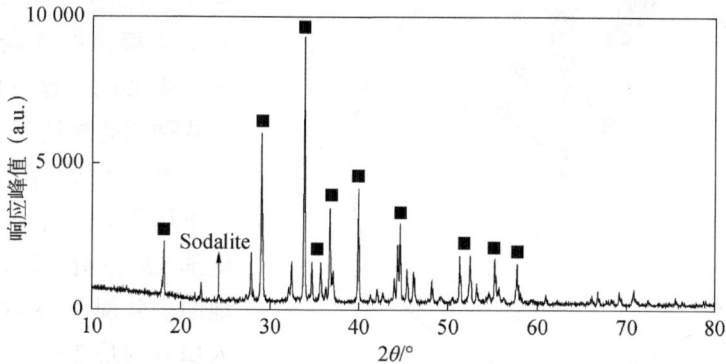

图 5-7　堆场表层（0～0.2 cm）赤泥尘矿物组成分析

5.1.2 赤泥堆场对周围环境的影响

（1）赤泥及堆场周边样品采集

该赤泥堆场位于山西省原平市，如图 5-8 所示，是中国最典型的赤泥堆场之一。堆场在 2006 年投入使用，直到 2013 年才关闭。该堆场的设计库容为 13 万 m³，为不规则四边形，占地总面积为 120 万 m²。堆场坝高 40 m，到目前为止还没有进行闭库处理，样品采集期间，没有采取任何的堆场表面管理措施。堆场底部铺有 2 mm 厚的 PVC 膜以防止渗漏。

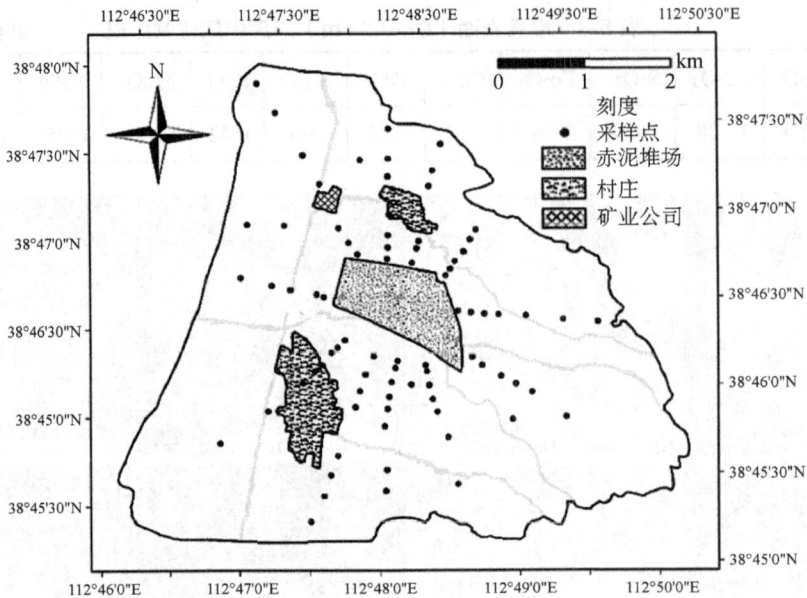

图 5-8 研究区域地理位置及堆场周边情况

研究区域为干旱—半干旱气候，年均气温为 9 ℃，年均降水量为 417 mm，主导风向为东南风，年平均风速为 2.2 m/s，如图 5-9 所示。原平市在历史上没有发生过地震等地质灾害，该地主要的土壤类型为典型的湿陷性黄土，主要的土地利用方式为种植，主要种植类型是玉米，如图 5-10 所示。堆场周边有两个村庄，分别位于堆场北部方向 450 m 处和堆场东南部 520 m 处。这两个村庄的总耕地面积分别为 533 hm² 和 333 hm²，人口分别是 2 000 人和 930 人。样品采集于 2016 年 7 月，以赤泥堆场（38°46′37.05″N，112°48′22.75″E）

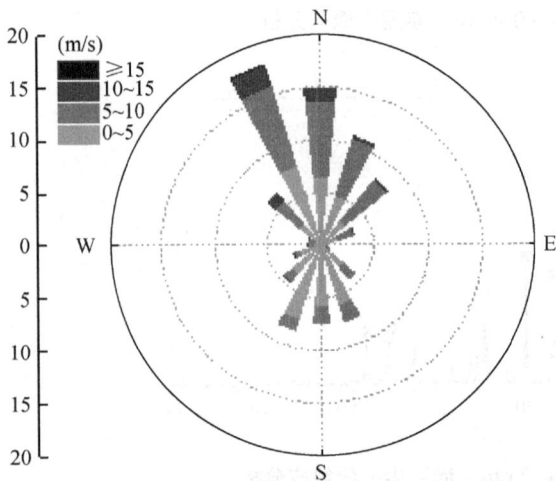

图 5-9 原平市 2000—2016 年风玫瑰图（风向频率和风速）

为中心，周围 2 km 布点，共采集堆场周围 80 个表层土壤（0~20 cm）样品，采样点平均海拔 850 m。

（a）堆场北部区域的玉米地

（b）距离堆场0.2 km东南方向
采样区域所在玉米地

（c）距离堆场0.1 km东部区域
采样区域所在玉米地

图 5-10　赤泥堆场周边土地利用情况

（照片拍摄于 2016 年 7 月）

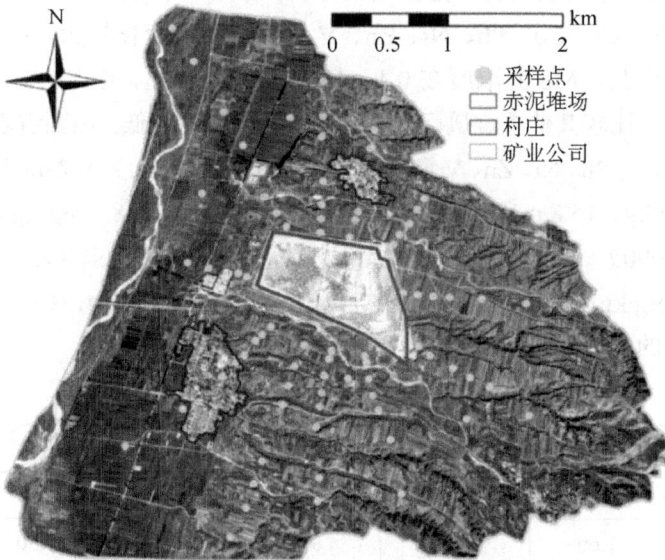

图 5-11　土壤样品布点情况

赤泥堆场周边土壤样品的采集，主要考虑扬尘和径流两种途径的污染来源。首先依据主要以风向高密度大范围采集土壤样品、非主要风向低密度小范围采集土壤样品的原则进行样点布设，同时考虑堆场周围通过径流进入土壤的情况加强布点采样密度和范围。以堆场为中心，在周围 2 km 范围内以放射布点法布点，如图 5-11 所示，分析土壤 pH、盐度、有机质含量、重金属含量（总量、形态分布）等，研究赤泥堆场周围土壤环境质量状况及潜在生物可利用性。以上布点的具体监测指标见表 5-4。

表 5-4　赤泥堆场环境监测指标

监测项目	监测指标
土壤	pH、盐度、重金属含量、土壤有机质
地表水	pH、颜色、浊度、EC、重金属
地下水	pH、重金属、浊度

在赤泥堆场采集赤泥约 150 kg，混匀后装袋。现场测赤泥容重。根据布点图在堆场周围采集表层（0～20 cm）土壤样品。分别在距堆场西边 500 m 处河流取地表水样品，在堆场监测井和周围村庄取水井采集地下水样品。堆场周围土壤采集以采样点为单位，三点取样，再混合成一个混合样品，再按四分法反复弃取。各采样点取 1 kg 土样装入塑料自封袋，之后装入布袋。背景土采集自堆场周围典型湿陷性黄土（剖面 0～80 cm），每 20 cm 分层，每层取 30 kg，共 120 kg。现场监测背景土壤容重。水样采集均为瞬时水样，地表水采样点为堆场西边 500 m 处河流，分别采集堆场上游、中游、下游 3 处水样。地下水采样点为堆场周围监测井以及堆场周围村庄取水井。

（2）堆场周边土壤重金属、盐分和碱度分析

赤泥堆场周围土壤样品重金属、盐碱结果分析如表 5-5 和图 5-12 所示。总体而言，土壤中重金属（As、Cd、Cr、Cu、Pb、Ni、Zn、V、Mo）浓度变化较大，土壤中浓度最高的为 V，其次为 Mo。而且，Mo 的浓度在 0.1～68.68 mg/kg 变化，Cr、Zn、Cu、Pb 和 Ni 的浓度变化相对集中。相比较其他重金属而言，As 和 Cd 的浓度较低。山西省表层（0～20 cm）土壤中 As、Cd、Cr、Cu、Pb、Ni、Zn、V 和 Mo 的浓度背景值分别为 9.2 mg/kg、0.07 mg/kg、61.8 mg/kg、26.9 mg/kg、15.8 mg/kg、32.0 mg/kg、75.5 mg/kg、68.3 mg/kg 和 0.6 mg/kg（中国环境监测中心，1990）。和背景值相比，赤泥堆场周围土壤中 As、Cd、Pb 和 Mo 的浓度较高，分别为 9.68 mg/kg、0.10 mg/kg、20.37 mg/kg 和 29.02 mg/kg，Cr、Cu 和 Zn 的最大浓度偏低，Ni 和 V 的浓度略微偏高。

表 5-5　赤泥堆场周围土壤样品重金属、盐碱结果分析

检测指标	最小值	最大值	平均值	中值	误差	背景值
重金属浓度/（mg/kg）						
As	1.60	18.38	9.68	9.67	4.30	9.20
Cd	0.03	0.17	0.10	0.10	0.04	0.07
Cr	27.13	60.13	43.02	43.67	7.01	61.8

续表

检测指标	最小值	最大值	平均值	中值	误差	背景值
重金属浓度/（mg/kg）						
Cu	11.45	24.35	14.51	14.29	1.71	26.9
Pb	13.87	27.01	20.37	20.02	2.71	15.8
Ni	18.86	33.34	21.92	21.77	2.27	32.0
Zn	32.69	63.24	43.34	42.69	6.74	75.5
V	0.17	68.92	21.24	0.60	24.48	68.3
Mo	0.10	68.68	29.02	45.00	25.11	0.6
盐碱性						
TA/（cmol/kg）	0.23	1.43	0.51	0.45	0.20	0.53
EC/（mS/cm）	0.12	0.80	0.27	0.21	0.14	0.30～0.50
pH	7.78	9.49	8.25	8.24	0.24	7.21～8.13
ESP/%	0.17	9.14	0.84	0.41	1.44	—

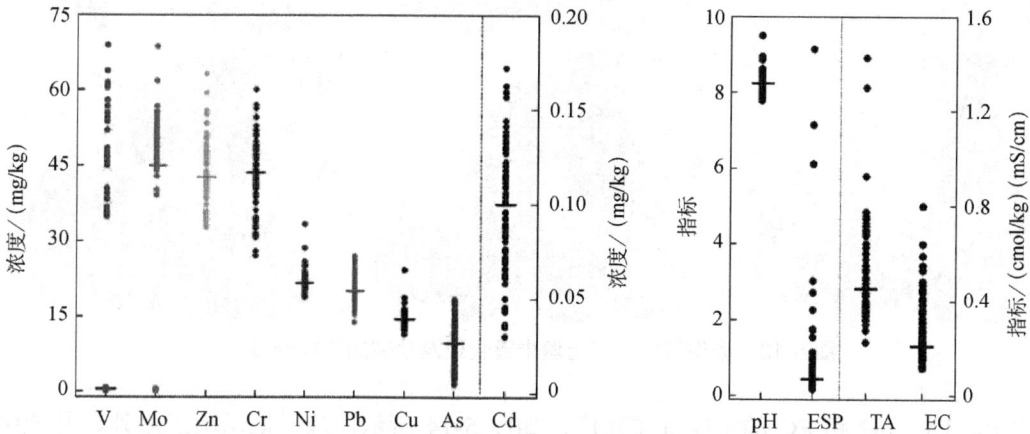

图 5-12　赤泥堆场周边土壤金属浓度和盐碱含量

土壤中 ESP、pH、TA 以及 EC 的中值分别为 0.84%、8.25、0.51 cmol/kg 和 0.27 mS/cm。土壤 pH、TA 和 EC 的背景值分别为 7.21～8.13、0.53 cmol/kg 和 0.30～0.50 mS/cm。ESP 值变化范围较大，为 0.17%～9.14%。土壤 pH 最小值为 7.78，说明研究区域土壤偏碱性。赤泥堆场周围土壤 pH 中值均大于背景值，而 TA 和 EC 低于背景值。尽管土壤 ESP 没有背景值，但是土壤中可交换性 Na、K、Ca 和 Mg 的浓度均高于背景值，尤其是可交换性 Ca 浓度较高，因此土壤 ESP 值较小。

（3）堆场周边土壤重金属和盐碱的空间分布

运用 ArcGIS 对赤泥堆场周围土壤中重金属、盐碱的空间分布进行分析。采用克里金差值法对数据进行差值分析，为符合采样点空间变化趋势，土壤中重金属浓度及盐碱值采用连续空间分布模式。如图 5-13 所示，重金属浓度空间分布差异巨大，Cr、Cu、Ni 和 Zn 在堆场西北方向浓度较高，Cd 和 V 在堆场北部和西南方向浓度较高，高浓度 As 主要分布在西北和东南方向，Mo 在由东至西均有分布，堆场附近偏南区域浓度较高。

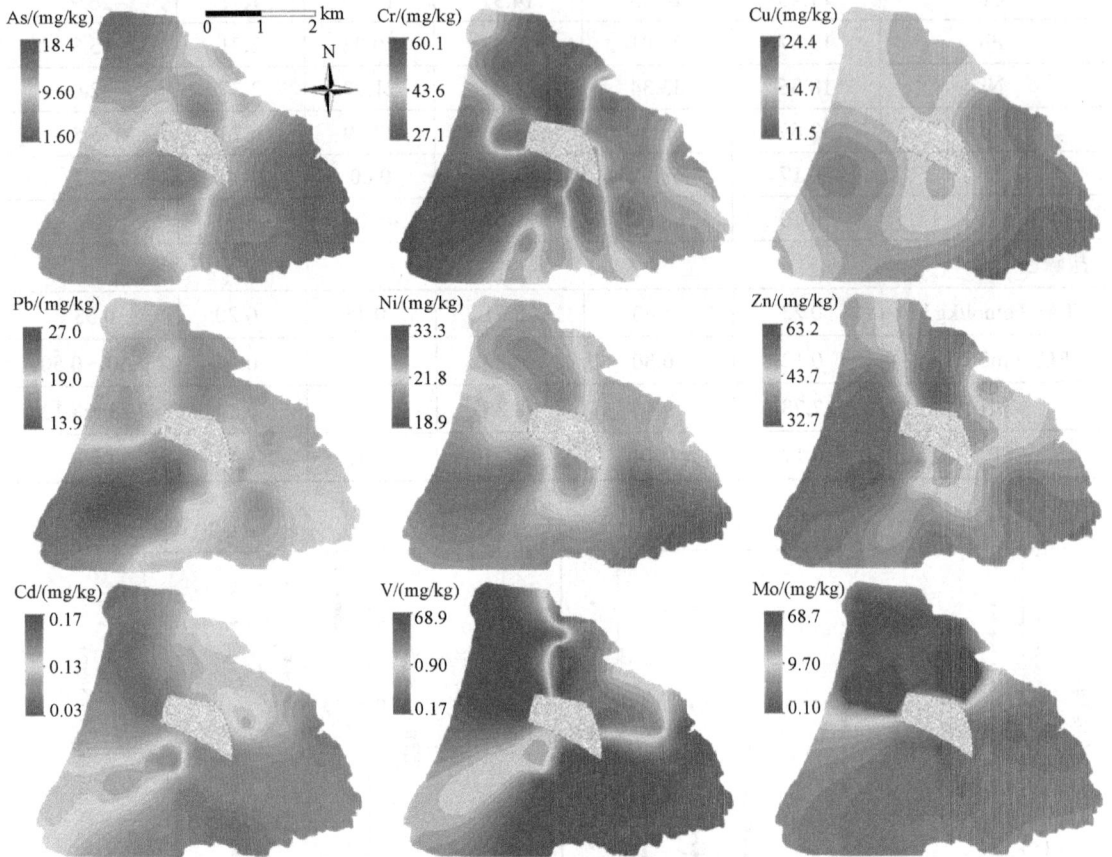

图 5-13　赤泥堆场周围土壤中重金属及盐碱的空间分布

ESP、TA、pH 和 EC 的空间分布较广，如图 5-14 所示，除了堆场附近之外，其他区域样品均未发现土壤盐化现象。土壤 ESP 和 pH 在堆场周围由南至东 1 km 范围内数值较高。堆场西部和东部两个区域的总碱度值较高，EC 分布变异性较强。土壤重金属、ESP、pH 和 TA 的空间分布结果显示堆场对周围土壤有明显影响。风是赤泥堆场扬尘的主要因素，Ranko 等研究结果表明风是污染源中化学物质向周围环境扩散的重要气象因素。因此，对忻州市主要风向数据进行统计。从国家气象信息中心获取 2000—2016 年气象数据分析可知，考虑最大风向和风速，年均主导风向主要在第 4 象限（W-N）。主导风向由西北吹向东南方向，导致赤泥颗粒主要在堆场东南区域富集，与空间分布结果一致。这也证实了 As、Mo 和 pH 以及可交换性钠和可交换性钙在堆场东南方向富集是风向主导的结果。堆场南部 2 km 附近区域的 Cr、Cu、Ni 和 Zn 也存在同样的情况。而 Cd、Pb 和 V 的空间分布与风向不一致，说明赤泥可能不是这两种重金属的污染源载体。

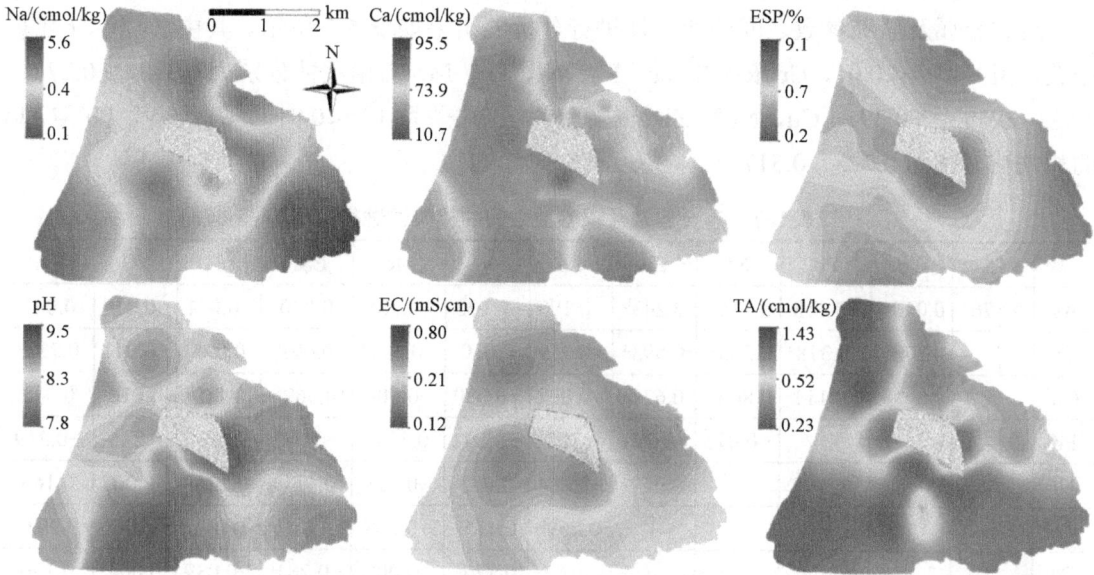

图 5-14　ESP、TA、pH 和 EC 的空间分布

（4）赤泥中化学物质对堆场周边土壤的潜在影响

为评估赤泥对土壤的潜在影响，对 0～0.2 cm 和 0～20 cm 赤泥的化学组成进行分析。0～20 cm 深度赤泥样品含有多种重金属，赤泥 ESP、pH、TA 和 EC 分别为 3.46%、11.21、10.7 cmol/kg 和 0.83 mS/cm。0～0.2 cm 深度赤泥样品呈白色，元素含量排序为：Na＞Ca＞Mg＞K＞Mo＞V＞Cr＞Ni。样品 XRD 分析显示表层赤泥样品为 $NaHCO_3$。因此堆场周围土壤样品中的 Na、Ca、Mg、K、CO_3^{2-}、HCO_3^- 可能来源于赤泥。为确定赤泥中哪种重金属是土壤污染的潜在污染源，采用斯皮尔曼相关性分析、PCA 主成分分析、聚类分析等经典多元分析方法，确定赤泥中对土壤造成潜在污染的重金属，结果见表 5-6。

表 5-6　土壤中重金属 PCA 分析

元素	成分			
	1	2	3	4
As	0.016	−0.067	−0.021	0.962
Cr	0.481	−0.031	−0.398	0.673
Cu	0.952	−0.057	0.107	−0.010
Pb	0.021	0.149	0.876	−0.137
Ni	0.948	−0.099	−0.082	0.095
Zn	0.740	0.462	−0.166	0.301
Cd	−0.082	0.924	0.235	−0.127
V	0.048	0.919	−0.223	0.004
Mo	−0.062	−0.167	0.843	−0.034
特征值	3.146	2.004	1.721	1.010
可释方差百分数	34.955	22.266	19.128	11.224
累积百分数	34.955	57.221	76.348	87.573

对重金属及盐碱参数之间的相关性进行分析的结果如表 5-7 所示。其中 As 和 Cr 显著相关，相关性 $P<0.01$，Cr 浓度与 Cu、Pb、Ni、Zn、Mo 的相关性分别为 0.373、−0.378、0.533、0.593，−0.391。Cu、Ni 和 Zn 同样呈显著相关关系（$P<0.01$），Cu 与 V、Pb 与 Mo 的相关性分别为 0.725、0.517。

表 5-7　重金属及盐碱参数之间的相关性进行分析

	Cr	Cu	Pb	Ni	Zn	Cd	V	Mo	ESP	pH	EC	TA
As	0.576[a]	0.050	−0.158	0.136	0.243[b]	−0.193	−0.035	−0.088	0.030	−0.071	−0.019	0.041
Cr		0.373[a]	−0.378[a]	0.533[a]	0.593[a]	−0.219	0.050	−0.391[a]	0.099	0.075	−0.041	0.293[a]
Cu			0.111	0.865[a]	0.620[a]	−0.092	−0.030	−0.004	0.362[a]	0.159	0.016	0.042
Pb				−0.075	−0.171	0.372[a]	−0.102	0.517[a]	−0.057	−0.130	0.215	−0.219
Ni					0.657[a]	−0.204	0.003	−0.118	0.411[a]	0.224[b]	−0.007	0.169
Zn						0.269[b]	0.475[a]	−0.188	0.089	0.061	−0.081	0.291[b]
Cd							0.725[a]	0.009	−0.281[b]	−0.039	0.004	0.156
V								−0.272[b]	−0.213	0.135	−0.115	0.393[a]
Mo									−0.019	−0.071	0.119	−0.249[b]
ESP										0.402[a]	0.132	0.114
pH											−0.191	0.491[a]
EC												−0.082

重金属与土壤 pH 及 EC 之间没有明显的相关性。pH 与 ESP、TA 相关性较为显著，分别为 0.402 和 0.491。实际上，斯皮尔曼相关性结果不具有非常强的说服力，因此采用 PCA 和 CA 分析对赤泥中重金属的潜在危害性进行分析。土壤中重金属 PCA 分析结果如表 5-6 所示，根据初始特征值结果，4 个因子解释了总方差的 87.57%。组分载荷矩阵结果显示 Cu、Ni 和 Zn 主要与因子 1 相关，相关系数分别为 0.952、0.948 和 0.74。Cd 和 V 主要与因子 2 相关，相关系数分别高达 0.924 和 0.919。Pb 和 Mo 主要与因子 3 相关，相关系数分别为 0.876 和 0.843。As 和 Cr 主要与因子 4 相关，相关系数分别为 0.962 和 0.673。CA 分析通常与 PCA 相互佐证。因此，重金属聚类分析结果与主成分分析结果一致，CA 分析将重金属分为 4 个类：①Cu、Ni 和 Zn；②As 和 Cr；③Cd 和 V；④Pb 和 Mo。此外，并非赤泥中所有的重金属均对土壤有影响。

PC1 解释了总方差的 34.955%，表明 Cu、Ni 和 Zn 三种重金属来源相似。土壤中 Cu、Ni 和 Zn 浓度在研究区域北部浓度最高，所以，工业活动对这三种重金属的空间分布影响最大。在堆场南部 1 km 范围内这三种重金属浓度也较高。以上说明，堆场因素是 Cu、Ni 和 Zn 三种重金属空间分布的主要影响因素。PC2 占总变异的 22.2%，主要影响 Cd 和 V。土壤中较高浓度的 Cd 和 V 出现在堆场附近两个村庄的北部和东南部，说明这两种重金属的空间分布主要受人类活动影响。PC3 占总变异的 19.1%，主要影响 Pb 和 Mo 的空间分布。研究区域东西方向分布的 Pb 和 Mo 主要来源于堆场。由于堆场南部区域的采样点主要分布在路边和堆场附近，导致土壤中 Pb 的浓度较高。PC4 占总变异的 11.224%，主要影响 As 和 Cr 的空间分布，As 和 Cr 的空间分布主要受矿冶活动和堆场影响。表层赤泥中含有高浓度 Na，研究区域 Na 的空间分布主要集中在堆场的东南部，且浓度随与堆场的距离增大而增大。以上结果说明，赤泥中的 Na 具有较强的空间迁移能力，从而导致土壤盐化风险。但由于研究区域背景土壤中交换性 Ca 浓度较高，造成土壤 ESP、TA 和 EC 在短期内较低。

（5）赤泥堆场潜在环境风险评估

富集因子法可用于评价土壤重金属污染，土壤中几种重金属最大富集因子排序为 Mo＞Cd＞As＞Pb＞V＞Cr＞Ni＞Zn＞Cu，如图 5-15 所示。根据富集因子结果，赤泥堆场对周围土壤中 Mo 的污染最为严重，Cd、As 以及 Pb 为中等富集。此外，人为源对土壤的污染也同样存在。

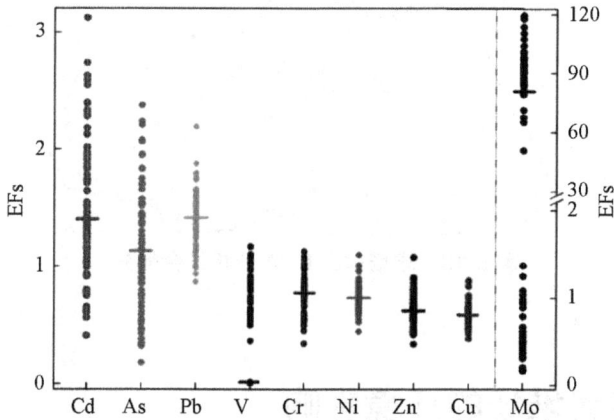

图 5-15　土壤中几种重金属最大富集因子排序

采用主成分分析法来评估土壤的盐碱化程度，选取 ESP、pH、TA、EC 以及可交换性钠作为主要评估指标。土壤盐碱化综合指数根据每一个主成分的贡献率进行加权计算。结果显示，两个组分占总变异率的 76.56% 以上，其中两个组分的特征值分别为 2.62 和 1.208。PCA 综合得分采用以下公式：

$$Y = FAC1 \times (2.620)1/2 \times [2.626/(2.626+1.208)] + 0.911 \times FAC2$$
$$\times (1.208)1/2 \times [1.208/(2.626+1.208)] \tag{5-1}$$

式中 FAC1 和 FAC2 分别为 2 个因子的得分。对土壤盐碱化参数分析表明，分布在堆场东部和南部区域的样品综合得分较高，如图 5-16 所示。因此，赤泥堆场对土壤盐碱化影响主要通过风力迁移，随着赤泥扬尘的沉降，堆场周围土壤存在进一步盐碱化风险。

针对赤泥堆场附近土壤中重金属、盐碱含量进行分析，研究区域土壤中 Cd、V、Pb 和 Mo 的浓度以及 pH，交换性 Na、K、Ca、Mg 的含量较高。对土壤中重金属浓度、盐碱的空间分布的分析结果表明，由于风力作用，研究区域的 As、Mo、TA 以及可交换性 Na、Ca 在研究区域的东部和南部富集。人为源（包括铝土矿加工、煤和交通）和赤泥堆场是研究区域土壤中 Cr、Cu、Ni、Zn、Cd、V 的两大潜在污染源。富集因子结果显示 Cd、V 和

Pb 为中等富集程度，V、Cr、Ni、Zn 和 Cu 富集程度较低。堆场东部和南部区域 Mo 的富集和土壤盐碱化程度较高。赤泥自身盐碱含量高，因此赤泥堆场对周围环境中的影响主要是在风力作用下对土壤盐碱的影响。赤泥中的 As 和 Mo 在下风向区域影响显著，Cr、Cu、Ni 和 Zn 主要影响的区域为堆场下风向 1 km 范围内。但赤泥中重金属随着铝土矿和生产工艺不同而存在明显差异，针对赤泥堆场对周围环境的影响应结合不同地方的赤泥进行区别评估，因此研究结果为赤泥堆场附近区域规划提供参考价值。本节能够为相关部门制定赤泥堆场管理以及赤泥堆场对周围土壤重金属富集与盐碱影响的政策提供支持。

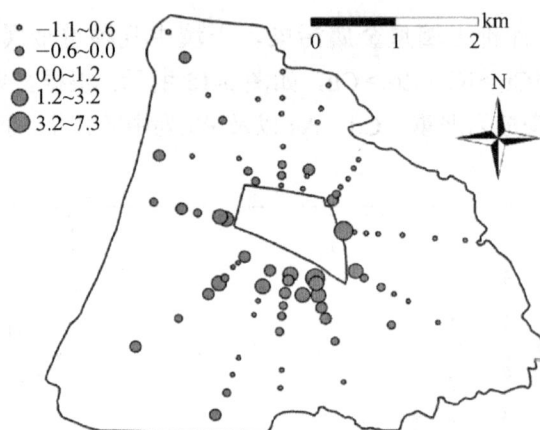

图 5-16　堆场样品 PCA 分析综合得分

5.2　西南某赤泥堆场的环境影响

5.2.1　西南某赤泥堆场周边土壤环境状况

研究区位于北纬 23°12′～23°54′，东经 108°18′～108°53′，地处广西西南部，地形复杂，以喀斯特地貌为主，主要岩石为黏土，以页岩、灰岩、砂岩、铁铝质页岩、泥岩、燧石灰岩、砂质页岩、白云岩、白云质灰岩为主。堆场场地为溶蚀—剥蚀地貌，成土母质主要为石灰岩，属亚热带季风性气候，年均气温 21.5 ℃，年均降水量 1 359 mm。周边土地利用较复杂，有 3 个赤泥堆场。2016 年 1—2 月，以赤泥堆场为中心进行农田土壤样品的采集，采用网格布点法（200 m×200 m），均匀布点，实际采样过程中根据现场情况适当调整，靠近赤泥堆场适当加密，共采集 194 个表层 0～10 cm 耕作层土壤样品，用四分法组成一个混合样品，所有样点均用 GPS 定位并记录，如图 5-17 所示。土样装入聚乙烯塑料带中带回实验室，放置在阴凉通风处自然风干，经破碎并剔除可见杂物，所有样品粗磨后过 20 目（0.85 mm）尼龙筛，用于测定 pH，另取一部分土壤样品过 100 目（0.15 mm）尼龙筛用于测定重金属含量。

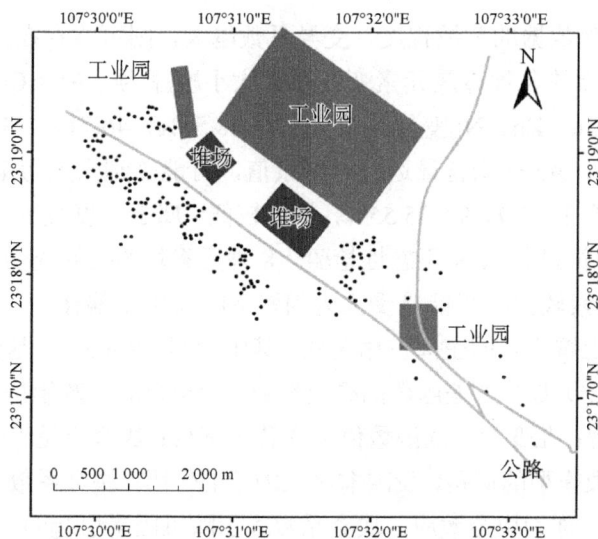

图 5-17　赤泥堆场周边采样点分布示意图

赤泥堆场周边 194 个农田土壤样点的重金属含量描述性统计结果见表 5-8。土壤样本 pH 呈现弱酸性至弱碱性，在 194 个土壤样品中有 92 个呈现弱酸性，其余点位均呈中性或者弱碱性，赤泥堆场周边农田土壤 pH 平均值为 7.03，最大值为 8.52，最小值为 5.53。8 种重金属含量均超过广西壮族自治区背景值。除 V、Cu，其他元素的平均含量均超过广西壮族自治区背景值，Cr、Ni、Zn、As、Pb、Co 平均含量超过广西壮族自治区土壤背景值倍数分别为 1.69、1.35、2.45、11.83、4.17、1.95，表明研究区农田土壤可能受到不同程度的污染。全部样点的 As、Pb 浓度均超过广西壮族自治区土壤元素背景值。

表 5-8　土壤重金属含量统计（*n*=194）

统计值	pH	V	Cr	Ni	Cu	Zn	As	Pb	Co
最大值/ （mg/kg）	8.52	205.4	200.6	60.81	38.48	245.2	229.3	140.7	38.96
最小值/ （mg/kg）	5.53	32.24	25.15	7.98	0.30	21.86	12.18	27.74	6.24
均值/（mg/kg）	7.03	112.9	94.82	35.86	18.73	113.6	105.3	78.94	20.33
标准差	0.68	37.44	33.23	13.22	8.75	43.38	51.10	22.04	7.23
变异系数/%	9.67	33.15	35.04	36.88	46.71	38.20	48.53	27.93	35.55
偏度	0.11	0.063	0.16	−0.22	−0.07	0.33	0.32	0.32	0.04
峰度	−0.55	−0.50	0.002	−0.97	−0.68	−0.396	−0.97	−0.32	−0.77
广西壮族自治区 背景值/ （mg/kg）	—	129.9	56.25	26.60	20.79	46.43	8.90	18.82	10.40
超背景值比率/%	—	34.0	86.0	71.0	41.0	97.0	100	100	90.0
GB 15618—1995 二级标准	6.5～7.5	—	300	50.0	100	250	25.0	300	—
赤泥/（mg/kg）	10.6	208.6	1 264	63.04	36.23	26.49	92.70	122.2	35.67

变异系数可以反映数据的离散程度，变异系数越大，则可能存在人为影响产生的特异值。研究区内测试样点的各种金属元素变异系数大小顺序为：As＞Cu＞Zn＞Ni＞Co＞Cr＞V＞Pb，其中 As、Cu、Zn、Ni 变异系数分别为 48.53%、46.71%、38.20%、36.88%，属于高度变异（＞36%），As 平均含量远超过背景值，可能受到人为污染因素的影响。Co、Cr、V、Pb 的变异系数在 27.93%～35.55%，相对较低，属于中度变异（15%＜C_v＜36%）。运用 Spss 软件，对数据进行 K-S 正态性检验，8 种元素均符合正态分布。其中 Zn、As、Pb 的偏度相对其他元素较大，可能是受人为因素影响发生正偏移。

半变异函数描述土壤样点的空间自相关性，其中变程（Range）、基台值（C_0+C）、块金值（C_0）、决定系数（R^2）是半方差函数的重要参数。当拟合的函数模型首次呈现稳态（水平状态）的距离称为变程；在变程处的函数值（y）称为基台；块金值是当采样点的距离为 0 时的函数值，即拟合函数模型的截距，反映非区域因素的作用；块金系数 [$C_0/(C_0+C)$] 是块金值与基台值之比，又称为块金效应。块金系数表示随机因素引起的空间变异程度的比例，当 $C_0/(C_0+C)$＜0.25，主要表现为结构变异，空间自相关性显著；0.25＜$C_0/(C_0+C)$＜0.75，空间相关性中等，由结构性变异和随机性变异共同产生空间相关性；$C_0/(C_0+C)$＞0.75，主要表现为随机性变异，空间自相关性弱。

由赤泥堆场周边土壤重金属半方差计算结果可知（表 5-9），As 的块金系数为 0.904，大于 75%，块金效应显著，表明广西某赤泥堆场周边农田土壤中 As 的空间分布主要受到人为污染的随机性因素引起的空间变异。V、Zn、Pb、Ni、Cu、Cr 的决定系数（R^2）均大于 0.687，模型拟合精度较好，插值过程中能较好地反映广西某赤泥堆场周边农田土壤中重金属的空间结构特性，As 的决定系数（R^2）为 0.171，理论模型拟合精度较差。研究区农田土壤重金属的空间相关性大小顺序为：Cu＞V＞Cr＞Zn＞Pb＞Ni＞Co＞As，除 As外，7 种重金属的块金系数均介于 0.25～0.75，呈现中等程度的空间相关性，表明研究区农田土壤 V、Zn、Pb、Ni、Cu、Cr 的空间分布受到区域自然因素（土壤母质、地形等）和人为污染（工业活动、农业活动等）的双重影响。

表 5-9　赤泥堆场周边农田土壤重金属半方差函数参数

变量	理论模型	基台值（C_0+C）	块金值 C_0	变程 [1]R	块金系数 $C_0/(C_0+C)$	R^2
V	高斯	1 597	552	0.018 2	0.654	0.727
Zn	球形	2 099	648	0.020 1	0.691	0.823
Pb	球形	539.3	165	0.014 4	0.694	0.687
Ni	高斯	220	64.5	0.026 8	0.707	0.947
Cu	球形	81.64	36.9	0.015 1	0.548	0.728
Co	高斯	60.57	16.7	0.017 5	0.724	0.861
Cr	球形	1 954	636	0.093 4	0.675	0.823
As	指数	2 554	244	0.002 1	0.904	0.171

注：1）变程以 h 为间距，单位为（°）。

采用 ArcGIS 软件对 V、Zn、Pb、Ni、Cu、Cr 进行克里金插值（Kriging），As 由于块金效应显著、选用反距离插值方法（IDW）进行计算，获取赤泥堆场周边农田的重金属污染的空间分布如图 5-18 所示。半变异函数模型拟合和参数确定等计算过程在 GS＋10.0 进行。

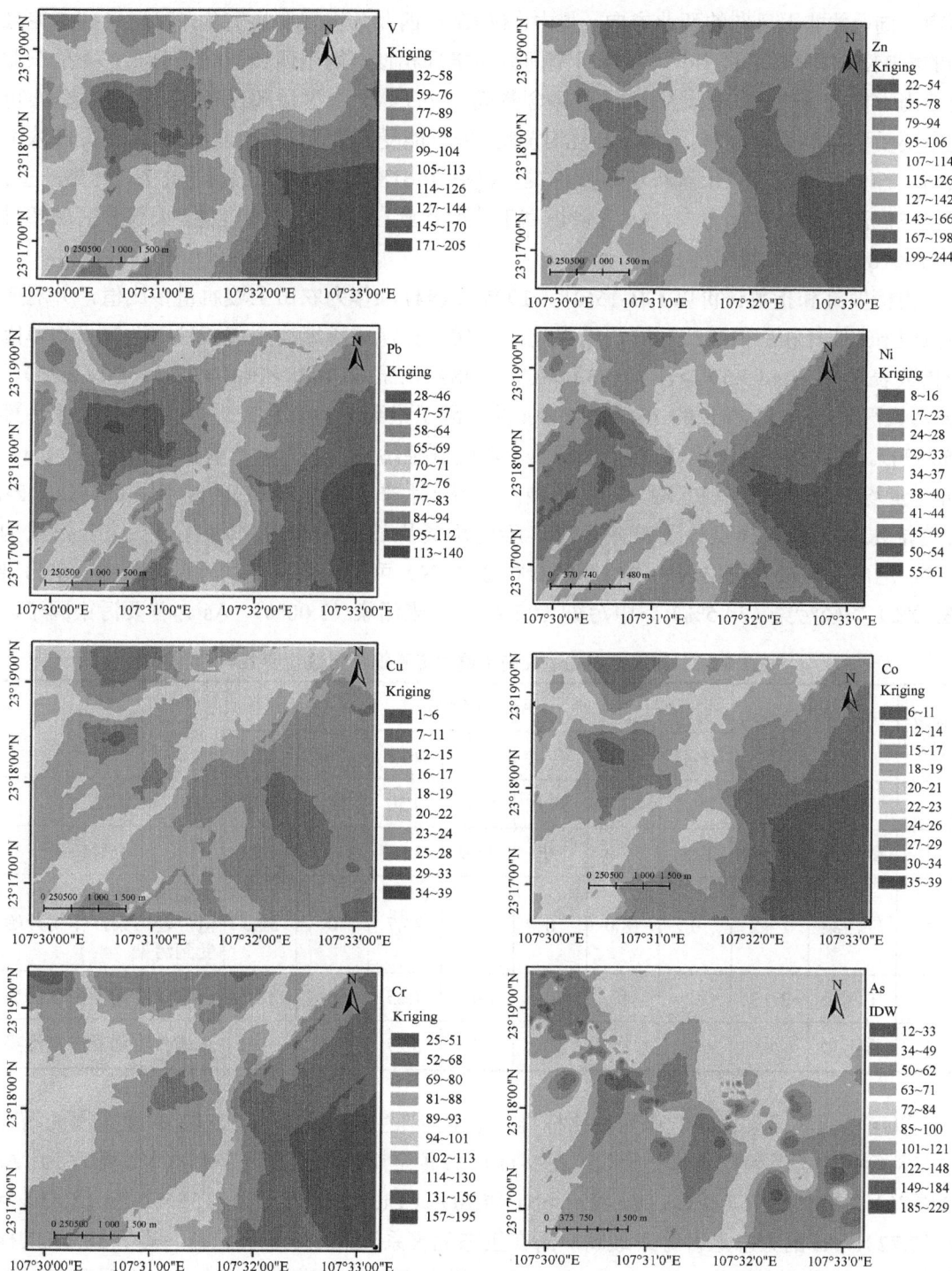

图 5-18　赤泥堆场周边土壤重金属污染空间分布

8 种重金属空间分布特征整体有一定相似之处，在赤泥库东北方向和西南方向浓度较高，而在东南方向整体浓度较低，部分重金属呈岛状分布格局，且多为农田和菜地，可能受农业活动影响。研究区常年主导风向为东南风，而重金属富集较显著的方位多为赤泥库西南方向，并非下风向的西北方向，其中，仅 Cr 在西北角出现明显富集，可能受到赤泥堆场的影响。V、Pb、Zn、Co、Cu 含量空间分布格局相似，均呈现类似岛状分布，并呈东北至西南方向的条带状扩散。V、Cu 整体含量低，仅岛状分布区域超过背景值，整体分布可能主要受到自然因素控制，含量较高的局部区域可能受人为活动影响。Ni 在西南方向浓度较高，部分区域超过《土壤环境质量标准》（GB 15618—1995）二级标准。As 污染严重，即使在低浓度区的东南方向，As 含量仍高于广西壮族自治区土壤背景值，大部分区域超过 GB 15618—1995 二级标准。

内梅罗综和指数评价以 GB 15618—1995 二级标准作为农田土壤质量参比值，并对应各点位 pH 选择相应的二级标准，结果见表 5-10。赤泥堆场周边土壤 6 种重金属平均单因子指数表现为：As（3.5）＞Ni（0.73）＞Cr（0.48）＞Zn（0.46）＞Pb（0.27）＞Cu（0.23）。As 污染严重，95.5%样点的 As 超标，As 的单因子指数平均值为 3.5，主要表现为重污染（56.7%）。其次 Ni 有 18.0%的样点超标，土壤受到轻污染。其他 4 种重金属 Pb、Cr、Cu、Zn 含量均未超标，其中 Pb 均为安全等级，为清洁水平。超过 85.0%的样点中 Cr、Cu、Zn 为清洁水平，少数样点处于警戒等级。赤泥堆场周边农田土壤平均内梅罗综合指数为 2.57，达中度污染，根据表中内梅罗综合指数（PN）可知，土壤样本污染状况为：重污染（35.0%）＞轻污染（34.5%）＞中污染（22.7%）＞未污染（3.00%），As 为首要污染因子。

表 5-10　赤泥堆场周边农田土壤内梅罗综合指数（n=194）

等级划分	污染等级	污染指数 P	所占比例/%							污染水平
			P_{Cr}	P_{Ni}	P_{Cu}	P_{Zn}	P_{As}	P_{Pb}	P_N	
1	安全	<0.7	89.0	44.0	99.0	87.0	0.50	100.0	3.00	清洁
2	警戒线	0.7~1	11.0	38.0	1.00	13.0	3.60	0	4.90	尚清洁
3	轻污染	1~2	0	18.0	0	0	23.7	0	34.5	土壤污染物超过背景值，轻污染，作物开始受到污染
4	中污染	2~3	0	0	0	0	15.5	0	22.7	土壤作物均受中度污染
5	重污染	>3	0	0	0	0	56.7	0	35.0	土壤作物均受严重污染

以广西土壤元素背景值作为参比标准，运用潜在生态风险评价法对 8 种重金属的潜在生态风险和生态风险指数进行评价（表 5-11）。各种金属平均生态危害系数大小顺序为：As（117.76）＞Pb（21.76）＞Co（10.72）＞Ni（7.70）＞Cu（5.48）＞Cr（4.35）＞Zn（3.43）＞V（2.72）。As 的生态危害等级最高，潜在生态危害系数为 13.68~257.6，其中 38.1%的样本表现出较强的潜在生态危害，28.9%的受试样点表现出强潜在生态危害，表明研究区农田土壤 As 污染呈现较强的潜在生态危害。其余 7 种重金属潜在生态危害系数（E_r）均小

于 40。8 种重金属的潜在生态指数（RI）为 2.14～319.66，平均值为 174.01，总体处于中等潜在生态危害。赤泥堆场周边农田土壤潜在生态危害指数分布如下：中等生态危害（56.2%）＞轻微生态危害（42.3%）＞较强生态危害（1.50%）。As 对潜在生态风险的贡献率最大，达 67.66%，如图 5-19 所示，表明 As 污染严重，存在较高的潜在生态风险。

表 5-11　赤泥堆场周边农田土壤重金属潜在生态风险指数（$n=194$）

等级	潜在生态风险系数（E_r）	所占比例/%								潜在生态风险指数（RI）	等级
		V	Cr	Ni	Cu	Zn	As	Pb	Co		
轻微	$E_r<40$	100	100	100	100	100	6.20	100	100	42.3%	RI<150	轻微
中等	$40<E_r<80$	0	0	0	0	0	26.8	0	0	56.2%	150<RI<300	中等
较强	$80<E_r<160$	0	0	0	0	0	38.1	0	0	1.50%	300<RI<600	较强
强	$160<E_r<320$	0	0	0	0	0	28.9	0	0	0	RI>600	强
极强	$E_r>320$	0	0	0	0	0	0	0	0			

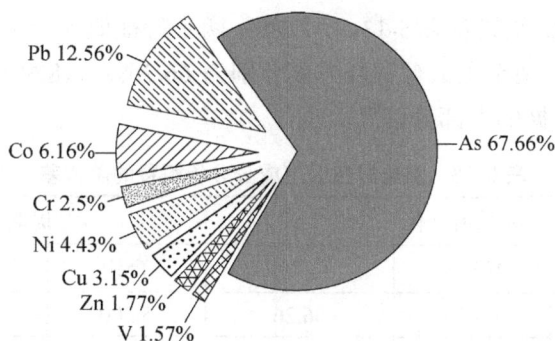

图 5-19　土壤中不同重金属对潜在生态风险指数的贡献

单因子指数法、内梅罗综合指数法和潜在生态风险评价的结果较为一致，土壤中 Cr、Ni、Cu、Zn、Pb、Co 的单因子指数和潜在生态系数均较小，As 则分别呈现重污染水平、中等及以上的潜在生态危害。但 2 种综合评价的结果仍存在一定差异，赤泥堆场周边农田土壤整体表现出重污染水平（35.0%），潜在生态危害等级却表现为中等程度（56.2%），这可能因为内梅罗综合指数更强调高污染重金属对土壤环境质量的危害，而潜在生态风险评价综合考虑了重金属元素的生物毒性效应（Tri），两种评价方法结合才能更全面合理地评价该地区的污染状况。一定区域内，来源相同或相似的元素间经常有显著的相关性，可以据此判断土壤中重金属的来源。对广西某赤泥堆场周边农田土壤重金属元素进行 Pearson 相关分析（表 5-12）可见，V、Ni、Zn、Pb 和 Co 相互之间呈高度显著相关性，相关系数均超过 0.7（$P<0.01$），说明这些元素可能具有同源性。As 与 V、Ni、Cu、Pb、Co 相关性均较弱，相关系数普遍小于 0.4（$P<0.01$），As 与 Zn 无显著相关性（$P>0.05$），与 Cu 呈现较弱的显著负相关 [−0.218（$P<0.01$）]，表明 As 与这些元素来源不同。As-Cr 呈现出中等显著相关性（$P<0.01$），Cr 和 V、Ni、Zn、As、Co 呈现出中等显著相关性（$P<0.01$），表明

Cr 来源可能较复杂，可能与 As、V、Ni、Zn、Pb、Co 均有相似的来源。

表 5-12　广西某赤泥堆场周边农田土壤重金属元素的 Pearson 相关性（n=194）

	V	Cr	Ni	Cu	Zn	As	Pb	Co
V								
Cr	0.542**							
Ni	0.874**	0.665**						
Cu	0.620**	0.208**	0.665**					
Zn	0.789**	0.450**	0.857**	0.714**				
As	0.339**	0.594**	0.370**	−0.218**	0.135			
Pb	0.852**	0.365**	0.775**	0.656**	0.775**	0.258**		
Co	0.856**	0.433**	0.839**	0.665**	0.804**	0.298**	0.945**	

注：**表示在 0.01 水平（双侧）上显著相关。

运用 SPSS 软件对 8 种重金属元素进行主成分分析（表 5-13）。各元素间具有显著相关性，经过 KMO 检验和 Bartlett 检验，KMO 为 0.834，大于 0.7，Bartlett（$P<0.05$）适合做主成分分析。主成分分析结果见表 5-13，提取其中两个特征值大于 1 的主成分 PC1、PC2，累积解释方差 84.94%，两个主成分解释方差分别为 66.26%、18.68%，对两个主成分进行分析可用于解释原始数据的大部分信息。

表 5-13　重金属来源主成分分析解释的总方差

成分	初始特征值			提取平方和载入		
	合计	方差/%	累积/%	合计	方差/%	累积/%
1	5.30	66.26	66.26	5.300	66.26	66.26
2	1.49	18.68	84.94	1.494	18.68	84.94
3	0.534	6.679	91.61			
4	0.217	2.709	94.32			
5	0.182	2.278	96.60			
6	0.149	1.867	98.47			
7	0.082	1.022	99.49			
8	0.041	0.508	100.0			

为更好地解释两个主成分信息，将数据经过 Kaiser 标准化的正交旋转得到旋转后成分图，如图 5-20 所示。V、Ni、Cu、Zn、Pb、Co 在 PC1 上有较大的荷载，空间分布和相关性分析也表明 6 种重金属可能具有同源性。6 种元素仅 Ni 有少量样本（18.0%）出现轻微污染，V、Cu 平均含量低于广西壮族自治区土壤元素背景值，Zn、Pb、Co 平均含量略高于广西壮族自治区土壤背景值。研究区成土母质主要为石灰岩，相比砂页岩、河流冲积物、洪积物、花岗岩、第四纪红土、紫色岩，石灰岩的 Ni、Cu、Zn、Pb 元素平均背景值更高，且本节选取的是广西壮族自治区几何土壤背景值。广西壮族自治区内土壤母质、地形地貌

类型多样，研究区内的土壤背景值可能与广西壮族自治区土壤背景值存在一定出入。因此，PC1 代表自然成土母质的影响。As、Cr 均在 PC2 上有较大的荷载，本节农田土壤 As 的平均单因子指数为 3.5，E_r 为 117.6，呈中度污染且具有较强的潜在生态危害，可认为 PC2 反映了人为污染因素。

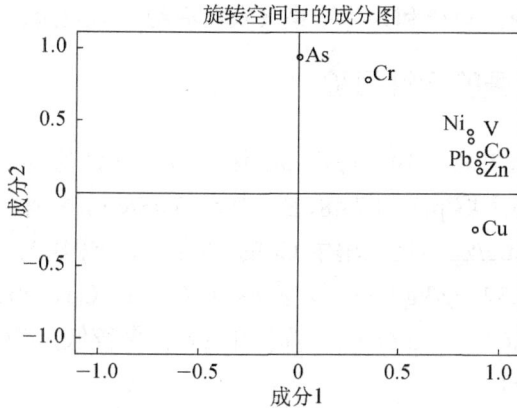

旋转空间中的成分图

图 5-20　土壤重金属因子得分分布

与半方差分析结果一致，V、Ni、Zn、Pb、Co 主要在 PC1 上有较大荷载，在 PC2 上也存在一定荷载，表明 5 种重金属含量整体较高，主要受自然成土的作用，而在相对浓度较高的区域内可能存在人为污染因素的影响。研究区周边有集氧化铝、电解铝生产于一体的大型铝业集团和铝加工的工业园，工业活动和大气降尘可能导致研究区整体重金属含量偏高。土壤中重金属会受铝厂和合金加工的影响高于背景值。另外，农业活动也会对土壤造成重金属污染。

早期研究认为，土壤中 Cr 含量主要受到成土母质的影响，近年有研究发现人为活动输入也影响土壤中 Cr 含量。与相关研究一致，Cr 在 PC1、PC2 上均有较大荷载，受成土母质和人为污染共同影响。研究区周边工业园内多以铝、氧化铝加工厂为主，在生产过程中产生的废气在大气沉降的作用下，沉降到周围土壤中。Pascucci 利用高光谱遥感技术探索发现赤泥粉尘沉降的半径可达数千千米。赤泥中 Cr 含量较高（1 264 mg/kg），且赤泥颗粒细小容易形成粉尘，Cr 在主导风向的下风向也存在较明显的岛状分布格局，局部 Cr 含量较高，可能受到赤泥扬尘的影响。

As 在 PC2 上荷载接近于 1，表明研究区高含量的 As 基本由人为污染因素引起。一般而言，农田土壤中的 As 污染主要来自农药化肥、大气沉降、污水污泥灌溉和含重金属废物堆积扩散等。堆场周边土壤贫瘠，粮食产物年产量常年处在低水平，化肥大量施用，同时周边设有工业园区和大型铝业集团，土壤中 As 含量可能同时受农业活动和工业降尘影响。赤泥中 As 含量较低，为 92.70 mg/kg，低于研究区农田土壤 As 平均含量，无论在有氧或无氧条件下，赤泥添加均能增加水土系统中 As 的迁移能力。赤泥堆场对研究区农田土壤 As 含量的影响较小，但一旦发生溃坝事故，周边农田土壤中 As 移动性会增强。

总之，赤泥堆场周边农田土壤 As、Ni 含量超过 GB 15618—1995 二级标准。土壤 Cr、Zn、Pb、Co 平均含量虽然超过广西壮族自治区土壤背景值，但符合国家二级标准。赤泥堆场周边农田土壤 8 种重金属空间分布类似，均在赤泥库东北方向和西南方向浓度较高，而在东南方向整体浓度较低，部分重金属呈岛状分布格局。赤泥堆场周边农田土壤重金属总体呈现中度污染，潜在生态危害"中等"。其中，As 为主要污染因子和生态危害因子。赤泥堆场周边农田土壤 As 污染严重，主要受农业施肥和大气降尘影响。V、Ni、Zn、Pb、Co 主要受成土母质影响，Cr 受到成土母质和人为污染（农业活动、工业园、赤泥扬尘）共同影响。

5.2.2　赤泥溃坝对土壤的急性风险

广西赤泥重金属含量见表 5-14。赤泥 pH 达 10.76，EC 值为 978 μS/cm，总有机碳含量为 3.09 mg/g，而受试的土壤 pH 为 7.48，EC 为 56.3 μS/cm，总有机碳含量为 10.83 mg/g。赤泥中的 Cr 达 1 263.95 mg/kg，是土壤中 Cr 的 16 倍；赤泥中 As 含量为 92.70 mg/kg，基本与土壤中 As 含量（91.32 mg/kg）持平。赤泥中 V、Ni、Cu、Pb、Co 分别是土壤的 4.48 倍、4.07 倍、7.64 倍、2.64 倍、3.68 倍，赤泥中 Zn 含量较低，为 26.49 mg/kg，低于土壤中 Zn 含量（52.48 mg/kg）。

表 5-14　赤泥和土壤元素含量

	pH	EC/ (μS/cm)	TOC	V	Cr	Ni	Cu	Zn	As	Pb	Co
赤泥	10.76	978	3.09	206	1 264	63.04	36.23	26.49	92.70	122.23	35.67
土壤	7.48	56.3	10.83	45.98	78.05	15.47	4.74	52.48	91.32	46.29	9.69

Rubinos 等（2013）认为重金属对环境的影响，很大程度上取决于它们在环境中存在的形态，可直接影响到重金属的毒性、迁移性。赤泥的重金属形态分析结果如图 5-21 所示。赤泥中重金属多以残渣态形式存在，Cr、Co、Ni、Cu、Zn、Pb、As 的残渣态占各重金属含量的百分比分别为 76.8%、98.87%、99.5%、60.42%、91.32%、79.51%、73.79%。赤泥中 Co、Ni 基本以残渣态形式存在，其他 4 种形态含量均较低，以残渣态形式存在的重金属与赤泥基质结合紧密，迁移能力较弱，不易释放到环境中。赤泥中可交换态和碳酸盐结合态 Cr、Co、Ni、Cu、Zn、Pb 比例极低，可交换态均小于 2.28%，碳酸盐结合态均小于 2.52%。赤泥中可交换态和碳酸盐结合态的 As 含量稍高，两种形态之和为 8.77%。在连续提取第 2 步提取碳酸盐结合态过程中使用了 pH=5 的醋酸钠作为浸提剂，这意味着赤泥中部分 As 可在弱酸条件下释放出来，As 含量为 92.7 mg/kg，其中具有潜在迁移能力的 As 为 6.11 mg/kg，因此在酸改性赤泥作为改良剂添加到土壤或水体中，可能会导致赤泥中这部分重金属释放到环境中。赤泥中 Cu 含量较低，并且在赤泥中也多以残渣态存在（分别为 60.42% 和 91.32%），而赤泥中有机结合态的 Cu 百分比为 34.33%，有机结合态的重金属多以络合或吸附的方式存在，在较强的酸或氧化条件下才能具有一定的迁移能力。赤泥中 V 与其他 7 种重金属的存在形态稍有不同，赤泥中残渣态的 V 仅为 15.45%，可交换态和碳酸盐结合态的 V 比例分别为 0.14% 和 0.75%，赤泥中 Fe-Mn 结合态的 V 含量为 165 mg/kg，占总 V 的 80.30%。赤泥中以 Fe-Mn 结合态存在的 Cr、Pb 百分比也较高，分别为 22.91%、15.38%，以 Fe-Mn 结合态存在的重金属一般仅在强酸条件下（pH=2）或者在氧化还原电

位降低时才会浸出，迁移能力较弱。有机结合态和 Fe-Mn 结合态的重金属稳定性较强，仅次于残渣态，只有当环境条件产生相应的变化时才会造成一定的危害。总体而言，广西某氧化铝集团产生的赤泥中的重金属稳定性较强，与赤泥基质结合较为紧密。

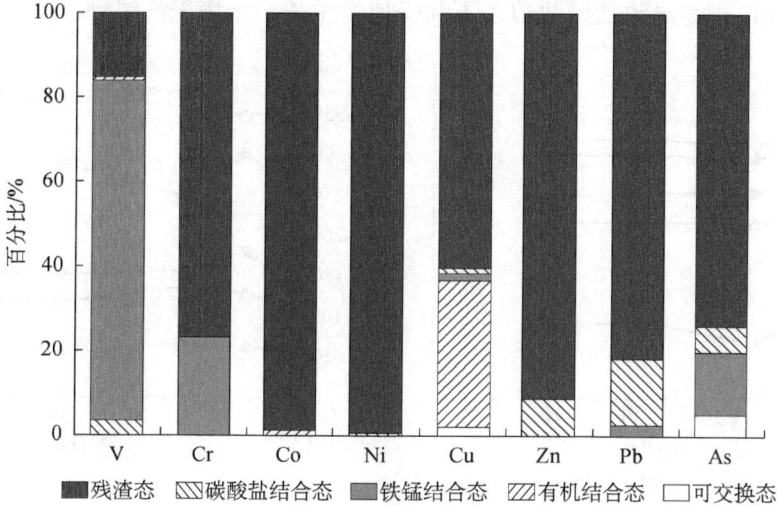

图 5-21　赤泥重金属形态

土壤 pH、EC、交换性 Na 和碱化度是考量土壤盐碱程度的重要指标。pH 是土壤的基本性质，也是反映土壤盐碱化程度的重要指标。图 5-22（a）反映了不同添加赤泥量土壤 pH 随时间变化。赤泥添加会导致土壤 pH 上升，且随着赤泥量增加，pH 增幅越大。当赤泥添加量较低（<10%）时，pH 升高有限，为 1~1.6。当赤泥添加量达到 33% 时，土壤 pH 普遍升高 2~3，6 周后，pH 从 7.88 升高至 10.19。值得注意的是，所有处理的土壤 pH 均在第 7 天达到峰值，分别为 8.11（0RM）、9.18（5RM）、9.70（9RM）、10.11（20RM）、10.30（33RM），之后随时间的增加略有下降最终趋于平稳，其中赤泥添加量为 9% 最为明显。这可能与土壤胶体和有机物的缓冲作用有关，黏土矿物尤其是有机物能较好地中和土壤中的碱性，同时，赤泥的碱性中和可能与土壤颗粒中有机酸去质子化反应有关。

$$[R—COOH] + [OH] \longrightarrow [R—COO—] + H_2O \tag{5-2}$$

如图 5-22（b）所示，添加赤泥的土壤可交换性 Na 随时间的变化与 pH 随时间的变化类似，均在短期内迅速升高（<7 d），达到峰值，并趋于稳定。随赤泥添加比例的增加，土壤中可交换性 Na 含量也呈现增长趋势。当赤泥添加量较低时（9%），土壤可交换性 Na 在第 7 天达到峰值，为 3 456 cmol/kg；当赤泥添加比例达 33% 时，在第 2 天达到峰值，为 9 184 cmol/kg。在不添加赤泥的土壤中，可交换性 Na 整体趋势平稳，仅随时间的推移出现小范围波动。

赤泥添加后土壤的含盐量发生显著变化，即使添加量较低（5%）的情况下，EC 相比未添加赤泥的土壤增加一倍，6 周后土壤 EC 由 57.1 μS/cm 增长到 120.3 μS/cm；当赤泥添加量达 33% 时，6 周后土壤 EC 增长到 359 μS/cm。整体而言，在未添加赤泥和添加量较小（<10%）的处理中，土壤 EC 不随时间呈现明显的上升或者下降趋势。未添加赤泥的土壤 EC 基本在 56~68 μS/cm 区间内平稳波动，赤泥添加量为 9% 的土壤 EC 基本在 140.8~

179.8 μS/cm 区间内波动；当赤泥添加量较高（20%）时，EC 值波动较为明显。如图 5-22（c）所示，一旦赤泥库发生溃坝，赤泥流入周边农田土壤，短期内被污染的土壤 pH、EC 和 Na⁺ 含量将大幅上升，过高的 Na⁺ 含量导致土壤团聚体稳定性下降，团聚体结构被破坏，过高的 pH 和 EC 则易导致盐碱胁迫，不利于植物生长，土壤无法耕种。

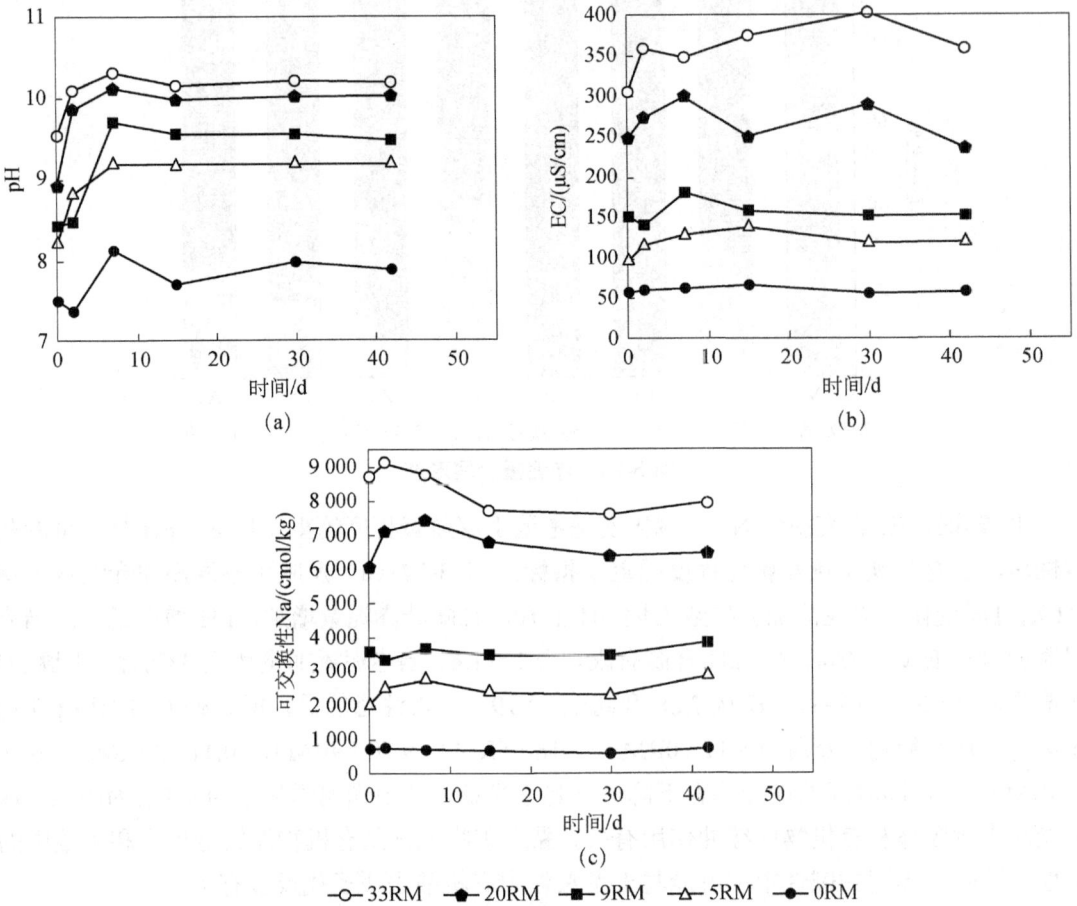

图 5-22　不同赤泥添加量的土壤 pH、EC、可交换性 Na 随时间变化

Ajka 赤泥库溃坝后，土壤被赤泥覆盖最久达 4～6 周才被移除。考虑溃坝后急性风险，基于 Ajka 溃坝的情况，模拟 6 周后，被赤泥污染的不同程度土壤的次生盐碱化风险。土壤碱化度、pH 和 EC 是评价土壤盐碱化程度的重要指标，6 周后同处理的土壤碱化度、可交换性 Na、pH 和 EC 见表 5-15。未添加赤泥的土壤虽呈现弱碱性（pH=7.88），但 EC 和可交换性 Na 含量较低，出现轻微碱化，但仍在正常土壤的范围内。当赤泥添加比例为 5% 时，pH 为 9.19，呈碱性，高于未添加赤泥的土壤 pH（7.88），EC 为 120.3 μS/cm，碱化度为 21.81%，此时土壤已经呈现出较大程度的碱化，这表明一旦赤泥库发生溃坝，即使少量赤泥流入周边农田土壤，赤泥过高的 pH 和 Na⁺ 浓度也会导致表层土壤严重碱化。且随着赤泥量增加，土壤碱化度仍不断上升。当赤泥添加比例为 33% 时，土壤碱化度已上升至 31.16%，pH 升至 10.19，EC 达 359 μS/cm，土壤严重碱化。赤泥添加致使土壤 pH、EC 及碱化度升

高，碱性过高成为主要问题。这与广西赤泥过高的 pH 和可交换性 Na 含量有关，广西赤泥 pH 为 10.76，EC 为 978 μS/cm，相比其他地区的赤泥，广西赤泥 EC 相对较低，可溶性盐分含量相对较低，但广西赤泥中 Na 含量为 27 623 mg/kg，可交换性 Na 含量高达 19 556 cmol/kg，因此广西赤泥的碱化度较高。

表 5-15　6 周后不同赤泥添加量的土壤碱化度、可交换性 Na、pH 和 EC

样品	pH	EC/（μS/cm）	交换性 Na$^+$/（cmol/kg）	碱化度/%
0RM	7.88	57.1	737.3	8.83
5RM	9.19	120.3	3 028	21.81
9RM	9.47	152	3 797	23.17
20RM	10.02	235	5 916	29.08
33RM	10.19	359	7 791	31.16
赤泥	10.76	978	19 556	34.05

不同比例的赤泥混合土壤 6 周后，土壤重金属形态变化如图 5-23 所示。在未添加赤泥的土壤（0RM）中仅 Cu 的可交换态比例稍高，为 3.68%，其余 7 种重金属的可交换态比例均小于 0.8%。整体而言，在未添加赤泥的土壤中，V、Cr、Co、Ni、Cu、Zn 可交换态及碳酸盐结合态的比例均较低（分别＜0.8%和＜0.5%），主要以残渣态形式存在，比例分别为 81.39%、77.99%、80.82%、72.39%，其次是迁移能力较弱的有机结合态或铁锰结合态，V、Cr、Co、Ni、Cu、Zn 的有机结合态所占百分比分别为 17.57%、20.64%、22.41%、7.64%、61.79%、7.645%，铁锰结合态所占百分比为别为 1.04%、1.35%、69.31%、11.54%、18.06%、19.97%。6 种重金属的潜在迁移能力均较弱。As、Pb 的碳酸盐结合态比例分别为 4.2%、5.81%，即 3.84 mg/kg、2.69 mg/kg，碳酸盐结合态的重金属在弱酸条件（pH=5）能够释放到环境中。As 作为广西某赤泥堆场周边农田土壤的首要污染因子，土壤中 As 总量为 91.32 mg/kg，虽然部分 As 以碳酸盐结合态形式存在，较其他重金属元素较高，但主要以残渣态形式存在（91.58%），只有当环境产生一定变化才会释放出来。在前述研究中表明赤泥堆场周边的农田土壤 Cr 污染程度较低，虽然平均值超过背景值，但并未超过国家标准（GB 15618—1995）。重金属形态分析表明未添加赤泥的土壤（0RM）中 Cr 主要以较难迁移释放的残渣态、有机结合态的形式存在，两种形态之和达 98.63%。随着赤泥添加比例增加，土壤混合物重金属形态发生显著变化如图 5-23 所示。从各元素的 5 种形态所占百分比分析，Co、Ni、Pb 3 种元素残渣态显著增加，有机结合态等其余 4 种形态均呈现下降趋势，即赤泥使土壤中以可交换态、碳酸盐结合态、有机结合态、铁锰结合态形式存在的 Co、Ni、Pb 向较难释放到环境残渣态转变，这与赤泥碱性升高有关。

As 则随赤泥的添加表现出更强的迁移能力，当赤泥添加比例为 9%时，可交换态、碳酸盐结合态、有机结合态、铁锰结合态的 As 含量分别上升至 0.660 mg/kg、5.382 mg/kg、2.271 mg/kg、5.382 mg/kg，残渣态略有下降，降至 80.407 mg/kg。当赤泥添加比例达到 33%时，可交换态、碳酸盐结合态、有机结合态、铁锰结合态的 As 随赤泥添加所占百分比均有所上升，分别上升至 1.05%（0.966 mg/kg）、6.21%（5.702 mg/kg）、2.47%（2.271 mg/kg）、9.39%（8.621 mg/kg），残渣态略有下降，降至 80.87%（74.215 mg/kg）。As 与其他重金属元素不同，在碱性条件下迁移能力较强。当土壤中赤泥添加到 33%（6 周）时，土壤 pH 为 10.19，碱性条件下赤泥中 As 形态发生变化，可交换态和碳酸盐形态含量增加。As 作为广西某赤泥堆场周边农田土壤首要污染因子，土壤中 As 的平均含量为 105.29 mg/kg，范围为 21.86～229.26 mg/kg，一旦赤泥库发生溃坝事件，赤泥流入土壤会导致 As 污染加剧。

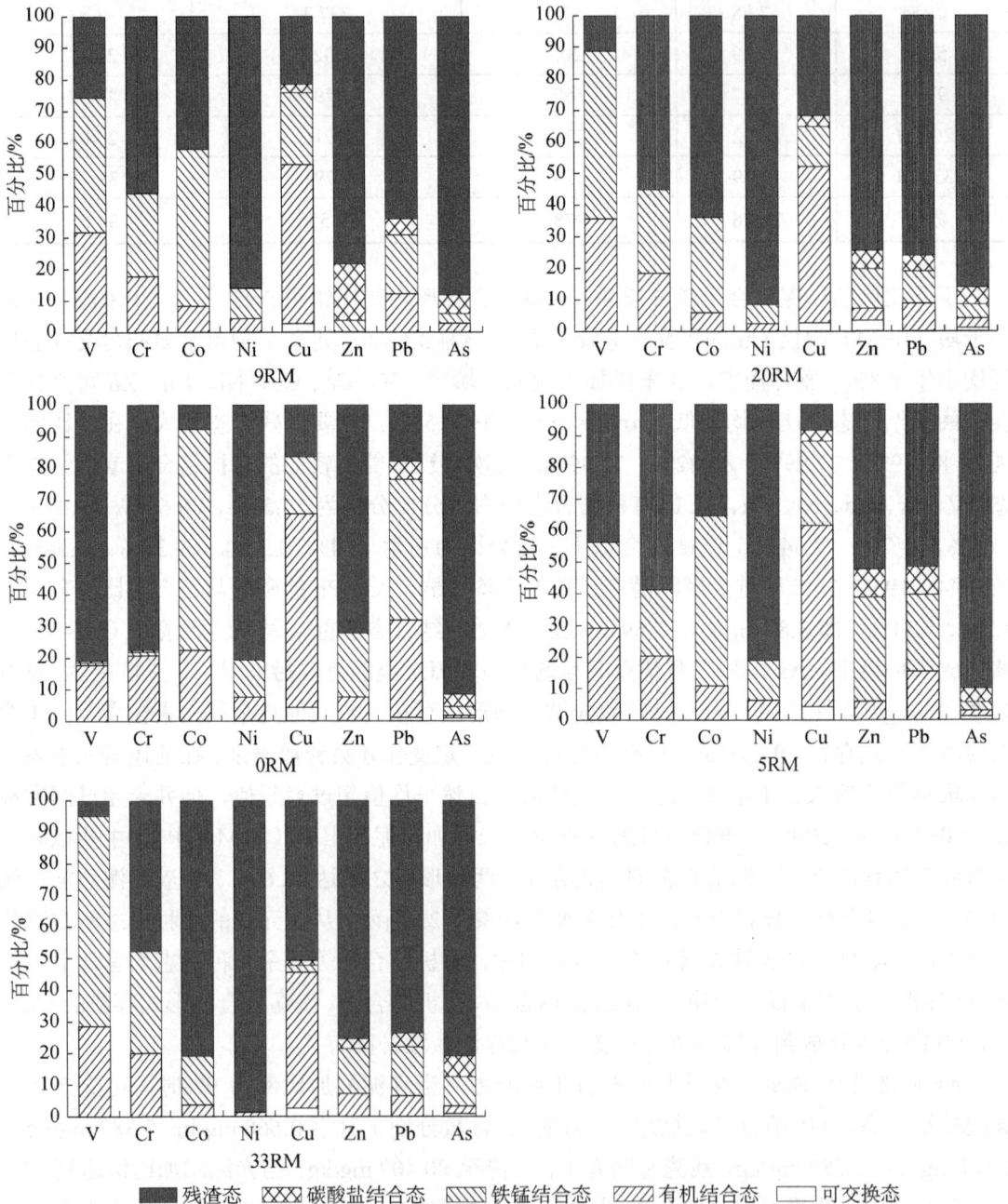

图 5-23 6 周后不同赤泥添加比例下土壤重金属形态

土壤中 Cu 含量随赤泥添加比例增加而升高（0RM、33RM），可交换态、有机结合态、铁锰结合态所占比例均呈下降趋势，碳酸盐结合态和残渣态所占百分比增加。虽然可交换态、有机结合态的 Cu 百分比有所下降，但由于赤泥比例的上升，混合物重金属总量上升，可交换态、有机结合态 Cu 的实际含量随着赤泥添加量的升高（0RM、33RM）略有增加，可交换态的 Cu 含量由未添加赤泥的 0.211 mg/kg 上升至 0.354 mg/kg，有机结合态的 Cu 由未添加赤泥的 3.547mg/kg 上升至 7.153 mg/kg。碳酸盐结合态的 Cu 含量显著上升，当赤泥添加量达 33%时，碳酸盐结合态 Cu 含量升高至 0.653 mg/kg，铁锰结合态的 Cu 含量随着赤泥添加下降至 0.653 mg/kg。这与赤泥中 Cu 的形态分布不同，赤泥中 Cu 仍主要以残渣态和有机结合态存在，而可交换态和碳酸盐结合态的 Cu 含量较低（2.28%、1.48%），而当赤泥添加量达 33%时，土壤中碳酸盐结合态的 Cu 含量（0.653 mg/kg）高于赤泥中碳酸盐结合态的 Cu 含量（0.54 mg/kg），表明赤泥混入土壤会导致 Cu 迁移能力显著增加。前人研究也表明在添加赤泥的水土体系中水溶性 Cu 含量增加，迁移能力增强。这可能与赤泥的添加导致 pH 上升有关，碱性条件下土壤中腐殖酸等有机酸分解，可溶性有机物含量增加，而 Cu 与有机物有很强的螯合能力，能与可溶性的有机物形成一种稳定的水溶性络合物，Cu 迁移能力增强。

未添加赤泥的土壤中碳酸盐结合态的 V 低于检测限，随着赤泥添加量的增加，土壤中的碳酸盐结合态 V（33%RM）含量逐渐增加至 0.418 mg /kg，主要可能是赤泥中碳酸盐结合态的 V 达 1.54 mg/kg，而赤泥的加入导致 V 含量增加。Co、Ni、Zn、Pb 的碳酸盐结合态均变化不大。赤泥中这 4 种元素含量较低，土壤中这 4 种重金属含量也较低，且在碱性条件下这 4 种重金属迁移能力较弱。随着赤泥添加量的增加，土壤中 V、Cr 的主要存在形态发生显著变化，未添加赤泥的土壤中 V、Cr 主要以残渣态存在，其次为有机结合态，当赤泥添加比例为 9%时，V、Cr 残渣态百分比大幅下降，铁锰结合态百分比增加，此时 V 主要以铁锰结合态形式存在，其次为有机结合态和残渣态，Cr 仍主要以残渣态形式存在，其次分别为铁锰结合态和有机结合态；当赤泥添加比例为 33%时，V 残渣态所占百分比仅为 5.08%，铁锰结合态占 66.16%，有机结合态为 28.27%，Cr 残渣态为 47.55%，铁锰结合态为 32.245%，有机结合态为 20.20%。整体而言，V、Cr 均由残渣态向铁锰结合态和有机结合态转变。可交换态 Zn 随赤泥添加量增加而上升，Zn 的碳酸盐结合态百分比不断下降，当赤泥添加量为 33%时，Zn 碳酸盐结合态百分比为 2.97%，即 1.306 mg/kg，这可能与 pH 有关。

5.3 赤泥堆场的重金属迁移转化特性

赤泥的高碱性及有毒有害痕量金属含量是将其划分为危险工业废物的主要原因。不同铝土矿来源和生产工艺的赤泥，其痕量金属元素的含量和种类有很大差异，有些在一定的环境条件下超过标准水平，但关于这些金属的矿物学性质、化学形态以及浸出行为研究较少。因此赤泥中金属的形态有待研究,尤其是当赤泥固相碱发生变化、pH 降低后,可能导致原本在碱性条件下稳定的金属向不稳定态转变,也可能导致吸附在矿物表面的金属迁移性增加。针对主要以含氧阴离子存在的痕量金属元素,如 As、Cr 和 V 的研究,通过观测 pH 降低过程中金属羟基氧化物与砷酸盐、铬酸盐和钒酸盐的反应,发现其稳定性与 pH 变化的行为一致(如在 pH 为 8.3 时,砷酸盐对于矿物表面的亲和力大于钒酸盐,而铬酸盐则高度可溶)。因此,表征赤泥中金属行为有助于了解其是否有可能释放有害物质到环境,以及转变为对生物或植物有潜在利用性的形态,这些信息将决定赤泥是否可能对环境造成任何有害的影响。研究发现,无机调控剂和堆肥可有效降低赤泥污染土壤的毒性,但添加有机质后却促进了 Cu 和 Pb 的浸出,磷石膏也显著提升了赤泥中 As 的浸出量,因此有必要对赤泥碱性调控过程中金属的行为进行环境风险评价。采用顺序提取方法,结合不同粒级赤泥颗粒中金属含量分布,并借助透射电子显微镜—能谱分析初步确定赤泥中金属的赋存形态。根据不同 pH 下赤泥中金属的浸出行为,分析矿物溶解与金属行为的响应关系,研究碱性调控对赤泥金属释放规律的影响机制。研究结果有助于掌握碱性调控过程中赤泥金属形态和释放规律的变化,填补对赤泥痕量金属行为认识的空缺,为实现赤泥的环境管理提供理论指导。

5.3.1 赤泥堆场重金属赋存形态

(1)赤泥中不同粒级颗粒金属含量

根据水力分析法将赤泥颗粒按照粒径分为<1 μm、1~5 μm、5~10 μm、10~50 μm 以及 50~2 000 μm,基于我国土壤粒级的划分标准,<1 μm 的颗粒为黏粒,1~5 μm 的颗粒为粗黏粒,5~10 μm 的颗粒为细粉粒,10~50 μm 的颗粒为粗粉粒,50~2 000 μm 的颗粒为砂粒,各粒级含量占比分别为 3.05%、49.78%、2.72%、19.31% 和 25.14%。不同粒级的颗粒,其性质以及矿物组成、化学组成在含量上存在显著差异。一般而言,黏粒的通透性较差、透水困难,但黏着性、黏结性很强,有很强的蓄水保肥力,矿质养分丰富;粉粒与黏粒相似,透水性略优于黏粒而黏结性弱于黏粒;砂粒通透性强,基本没有黏结性,也不能蓄水保肥。由于赤泥中水溶态金属含量很低,因此水力扰动对金属全量的影响很小,可忽略不计。进而通过对各粒级中的金属

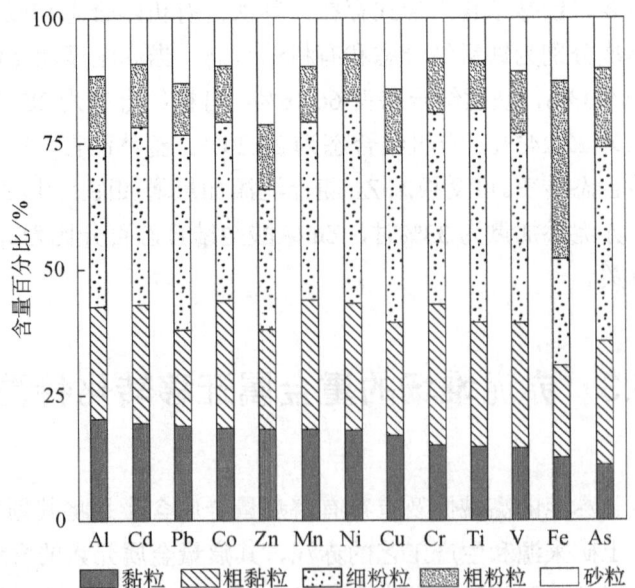

图 5-24 不同粒级赤泥颗粒主要金属含量分布

含量进行分析，如图 5-24 所示，发现细粉粒中各金属含量最高，占比 27.72%～42.51%，除 Zn 之外，砂粒中各金属含量最低，占比 7.27%～14.16%。各金属含量在不同粒级中的分布均为：粉粒＞黏粒＞砂粒，粉粒中金属含量略高于黏粒、但远高于砂粒中的金属含量。

各金属在砂粒中含量顺序依次为：Fe＞Zn＞Cu＞Pb＞Al＞V＞As＞Co＞Mn＞Cd＞Ti＞Cr＞Ni；在粗粉粒中含量大小依次为：Fe＞As＞Al＞Zn＞Cu＞Cd＞V＞Co＞Mn＞Cr＞Pb＞Ti＞Ni；在细粉粒中含量大小依次为：Ti＞Ni＞Pb＞As＞Cr＞V＞Co＞Mn＞Cd＞Cu＞Al＞Zn＞Fe；在粗黏粒中各金属含量顺序为：Cr＞Mn＞Co＞V＞Ni＞Ti＞As＞Cd＞Cu＞Al＞Zn＞Pb＞Fe；而在黏粒中，Al 含量最高，Cd、Pb、Co、Zn、Mn、Ni、Cu、Cr、Ti 和 V 在黏粒中的含量几乎相等，最低的 As 也只是略低于 Fe 和 V。如表 5-16 所示，黏粒中钙霞石含量最高，占总矿物含量的 43.5%，赤铁矿和钙铁榴石的含量最低，分别为 23.5% 和 12.6%，因而钙霞石的溶解行为可能影响在黏粒中含量分布高的金属的溶解性，如 Al、Cd 和 Pb 等金属的迁移性可能与钙霞石相关。在粗粉粒中，钙铁榴石和赤铁矿含量相对较高，As、Al 和 Zn 的释放特性可能与这两种矿物的溶解性有关。

表 5-16　不同粒级赤泥颗粒主要矿物相定量分析　　　　单位：%

矿物种类	黏粒	粗黏粒	细粉粒	粗粉粒	砂粒
钙霞石	43.5	28.7	32.6	21.2	26.5
赤铁矿	23.5	25.1	28.1	26.4	25.4
钙铁榴石	12.6	27.2	29.3	46.1	38.1

除以上主要矿物相的定量结果以外，如图 5-25 所示，给出了不同粒级赤泥颗粒的矿物组成。从图中可以看出，不同粒级的赤泥颗粒中均含有大量的钙霞石、赤铁矿、钙铁榴石、方解石、三水铝石和钙钛矿，以及少量的白云母和硬水铝石。方解石、三水铝石和白云母的峰值随着颗粒粒径的减小而降低，说明方解石、三水铝石和白云母主要分布在较大的赤泥颗粒中，以砂粒和粗粉粒中含量最高，因而粗粉粒中 Al 含量主要是三水铝石和白云母的溶解，而黏粒中 Al 含量则主要是钙霞石的溶解，As 和 Cd 等在粗粉粒和黏粒中含量高的金属的释放行为可能也与三水铝石和钙霞石的溶解行为密切相关。另外，黏粒中矿物质的结晶度较高，矿物种类也明显多于其他粒径，如铝铬的水合氢氧化物 [$Al_3(OH)_{11}(CrO_4)_{14} \cdot 36H_2O$]、铝硅氧化物 [$(Al_2O_3)_{1.5}(SiO_2)_{0.072}$]，结构中部分 Si 被 Ti 取代，形成 Ti-O 键、磷酸铝（$AlPO_4$）、硅酸盐矿物 [$Ca_4(Al,Fe,Mg)_{10}Si_{12}O_{35}(OH)_{12}CO_3 \cdot 12H_2O$]、富铜的砷酸盐氢氧化物 [$(Zn,Cu)_2(AsO_4)(OH)$] 以及硅酸盐矿物 [$(Na,K)Cu_7AlSi_9O_{24}(OH)_6 \cdot 3H_2O$]，也因此黏粒中各金属含量的差异较小，而且由于黏粒中的金属多为具有晶体结构的物质，或者是同晶替代的产物，在正常环境条件下较为稳定，不易释放和迁移。

（2）连续提取法形态分析

赤泥中大多数痕量金属都以残渣态存在，范围在 75.36%（Pb）～95.90%（As），如图 5-26 所示。通常认为残渣态的金属多存在于矿物晶体结构中，极为稳定，属于不易参与反应的相，而在自然条件下具有潜在迁移性的形态是酸可提取态，这部分主要指易被植物吸收的水溶态、非专性吸附在胶体表面的可交换态以及碳酸盐结合态金属，可还原态和可氧化态金属在自然条件下相对稳定，可还原态主要是能被氧化铁/氧化锰或黏粒矿物的专性吸附交换点位所吸附的金属，而可氧化态则代表与有机物或硫化物相结合的金属形态。酸可提取态在赤泥中占比较低，除 Al（17.75%）、V（7.69%）、Cd（5.24%）、Co（3.94%）和 Cu（2.49%）之外，其余金属的酸可提取态均小于 2%。由于赤泥中含有大量 Fe 的氧化物或氢氧化物，因而多种痕量金属容易吸附到其表面，除 As、Cd、V 和 Al 之外，其余金属的可还原态均大于 5%。

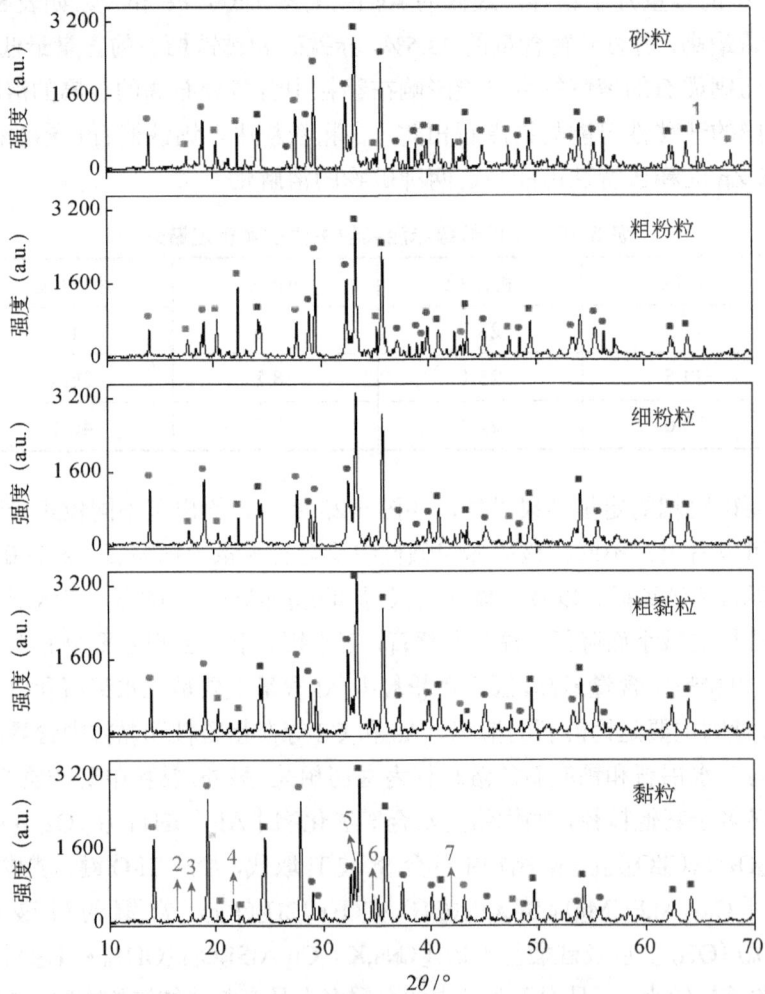

钙霞石，$Na_8(AlSiO_4)_6(CO_3)(H_2O)_2$；方解石，$CaCO_3$；钙铁榴石，$Ca_3(Fe_{0.87}Al_{0.13})_2(SiO_4)_{1.65}(OH)_{5.4}$；三水铝石，$Al(OH)_3$；白云母，$KAl_2(Si_3AlO_{10})(OH)_2$；钙钛矿，$CaTiO_3$；硬水铝石，$\alpha\text{-}AlO(OH)$；赤铁矿，$Fe_2O_3$；1—钠长石，$NaAlSi_3O_8$；2—铝铬的水合氢氧化物，$Al_3(OH)_{11}(CrO_4)_{14}\cdot36H_2O$；3—铝硅氧化物，$(Al_2O_3)_{1.5}(SiO_2)_{0.072}$（结构中部分 Si 被 Ti 取代，形成 Ti-O 键）；4—磷酸铝，$AlPO_4$；5—硅酸盐矿物，$Ca_4(Al,Fe,Mg)_{10}Si_{12}O_{35}(OH)_{12}CO_3\cdot12H_2O$；6—富铜的砷酸盐氢氧化物，$(Zn,Cu)_2(AsO_4)(OH)$；7—硅酸盐矿物，$(Na,K)Cu_7AlSi_9O_{24}(OH)_6\cdot3H_2O$。

图 5-25　不同粒级赤泥颗粒的矿物组成

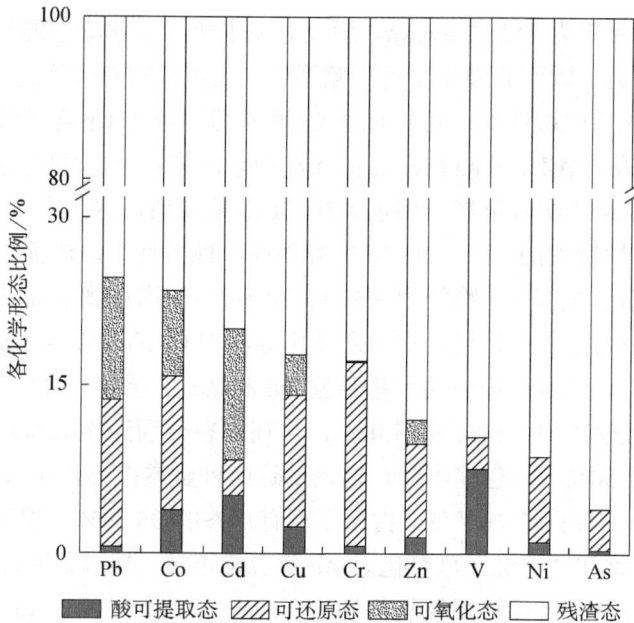

图 5-26 赤泥中主要金属赋存形态

对于 Pb 而言，残渣态 Pb 占比为 75.37%，可还原态和可氧化态 Pb 分别为 13.22% 和 10.83%，而酸可提取态 Pb 为 0.58%，可忽略不计，加之赤泥中 Pb 的总量较低，仅为 67.40 mg/kg，假设所有非残渣态的 Pb 全部释放，则潜在最大释放量为 0.017 g Pb/t 赤泥，说明在正常环境条件下，赤泥中 Pb 的迁移性很小。Co 在赤泥中的赋存形态与 Pb 相似，残渣态 Co 为 76.51%，可氧化态 Co 为 7.57%，可还原态 Co 为 11.98%，这可能是由 Co 的地球化学行为所决定的，比如 Co 会在 Fe/Mn 氧化物中大量积累，甚至在 Mn 氧化物中发生了同晶置换。赤泥中 Al 主要以残渣态为主，含量为 78.19%，而酸可提取态、可还原态和可氧化态的 Al 分别为 17.75%、2.62% 和 1.45%。酸可提取态 Al 可能来自赤泥中可溶性的铝酸根，可还原态 Al 可能是由于 pH 降低导致赤泥中类沸石铝硅酸盐矿物的溶解，可氧化态 Al 不仅仅来源于有机结合态 Al，也可能是无定形的 Al 氢氧化物溶解。酸可提取态 Cd、可还原态 Cd 以及可氧化态 Cd 分别为 5.24%、3.19% 和 11.69%，其中，酸可提取态 Cd 可能来自赤泥中类沸石硅酸盐矿物的溶解，而可还原态和可氧化态 Cd 的含量则表明赤泥中的部分 Cd 可能吸附在 Fe/Mn 氧化物或有机质表面。V 的形态分布在酸可提取态（7.69%）和可还原态（2.77%）时与 Cd 相似，V 的可氧化态为 0.01%，可忽略不计。V 在赤泥中主要以 V_2O_5 和五价钒酸盐的形式存在，V_2O_5 微溶于水，但易溶于酸和碱，而钒酸盐只有在接近中性的条件下，才会吸附到含钙的铝硅酸盐，即类水榴石矿物表面。

赤泥中酸可提取态 Cu、可还原态 Cu 以及可氧化态 Cu 分别为 2.49%、11.76% 和 3.52%。可见，具有潜在迁移性的 Cu 以铁锰结合态为主。Ruyters 等通过采用 0.01 M 的 $CaCl_2$ 作为浸提剂，发现赤泥中 Cu 可能以 Cu$(CO_3)^{2-}$ 或者与溶解性有机质络合的形式赋存。Ghosh 等和 Mayes 等在对印度和 Ajka 赤泥的研究中发现，Cu 具有较高的可浸出性，但由于本节所使用赤泥中 Cu 含量仅为 112.12 mg/kg，假设赤泥中所有非残渣态的 Cu 释放，则最大释放量为 0.02 g Cu/t 赤泥，因而其浸出量可忽略不计。大多数的 Cr 以残渣态形式（82.68%）存在，其次是可还原态（16.43%），可氧化态 Cr 和酸可提取态 Cr 含量较低，分别为 0.82% 和 0.07%。Milacic 等发现 Ajka 和 Kidricevo 的赤泥中水溶态 Cr 的含量分别为 0.2% 和 0.6%，然而即使含量较低，这些学者仍然强调了关注 Cr 的重要性，这是由于在 Ajka 的赤泥中，浸出的 Cr 全部为毒性较大的 Cr^{6+}。Kutle 等发现在中性条件下，赤泥中交换态 Cr 含量小于 0.2%，可忽略不计，但当 pH 降低到 3.5 时，交换态 Cr 增加到了 48.5%，表明 pH 在 Cr 的迁移转化中有着极为重要的作用。本节所使用赤泥中 Cr 的含量为 1 640.08 mg/kg，因而适度的酸化赤泥可能导致这种金属的大量释放。Ni 和 Zn 在赤泥中的有着相似的赋存形态，残渣态的 Ni 和 Zn 分别为 91.18% 和 88.02%，可还原态分别为 7.66% 和 8.38%，酸可提取态分别为 1.14% 和 1.50%，可忽略不计，这表明这两种金属在赤泥中较为稳定，释放风险低。赤泥中大量的 As 以残渣态存在，占到了所有形态的 95.90%，酸可提取态 As 和可还原态 As 分别为 0.34% 和 3.75%，可氧化态 As 可忽略不计。Burke 等研究发现，赤泥中的 As 主要以砷酸盐和 Fe/Al 氧化物或氢氧化物结合的形式赋存，当 As 以砷酸盐形式存在时，是简单的外层吸附络合物，与 Fe、Al 的氧化物或氢氧化物结合时，是内层吸附络合物。因此，当 pH 较高时无机砷酸盐形式存在的 As 包括 $Ca_3(AsO_4)_2$、$AlAsO_4 \cdot 2H_2O$ 和 $Ba_3(AsO_4)_2$ 在碱性条件下基本不溶。

透射电镜分析：赤铁矿和硅酸盐矿物在赤泥固相组分中占比较大，是赤泥重要的活性物质。本文通过透射电镜并结合能谱对这几种矿物的微观结构和组成进行了表征分析，结果如图 5-27 和图 5-28 所示。赤泥中不同粒径的颗粒团聚在一起，存在块状和片状形态。Wada 等指出，部分氧化物尤其是 Fe 和 Al 氧化物或氢氧化物与 $Si(OH)_4$ 相互结合形成凝胶，这些凝胶会沉淀在矿物表面、间隙和凹缝中。EDX 分析结果表明，颗粒 A 出现了较高的 Fe、O 峰值以及较低的 Al、Ti、Ca、Cr 和 Mn（Cu 的峰值可能是由 TEM 分析中铜网的干扰所产生）峰值，根据已有的 XRD 分析结果，可判断颗粒 A 为赤铁矿。赤泥中大多数 Cr 是 Cr^{3+}，在拜耳法生产工艺流程中，pH 和温度的升高，会促进赤铁矿的重结晶，此时，Cr^{3+} 容易替代金属氧化物的中 Fe^{3+}，因而通过取代赤铁矿中填充四面体或八面体孔隙的 Fe^{3+}，与赤铁矿共存，是 Cr^{3+} 在赤泥中的主要存在形式。另外，赤铁矿通常会与 Ti、Mn、Ca 和 Mg 发生类质同相替代，在其隐晶质集合体的致密块体中，也常在机械作用下伴有混入物，如 Si 和 Al 的氧化物等，形成 Fe 的复合氧化物。颗粒 B 和颗粒 C 中 Al、Si 和 O 的峰值较高，可能是一种由四面体配位的 Si 和八面体配位的 Al 交错叠合而成的铝硅酸盐矿物。另外，由于 Al^{3+} 的离子半径与 Si^{4+} 的离子半径极为接近，一般情况下，离子大小越相近越容易置换，而大小相差超过 15% 时则不会发生置换，电价相同的离子容易置换，但电价不是发生置换的必要条件，所以 Al^{3+} 也可能局部取代了 Si^{4+} 的位置，形成 AlO_4^- 四面体，二者置换导致矿物产生负电荷，而这些负电荷通过吸附外层的 Ca^{2+} 等阳离子来平衡，这也是颗粒 B 和 C 的 EDX 图谱中出现了少量 Ca 的原因之一。

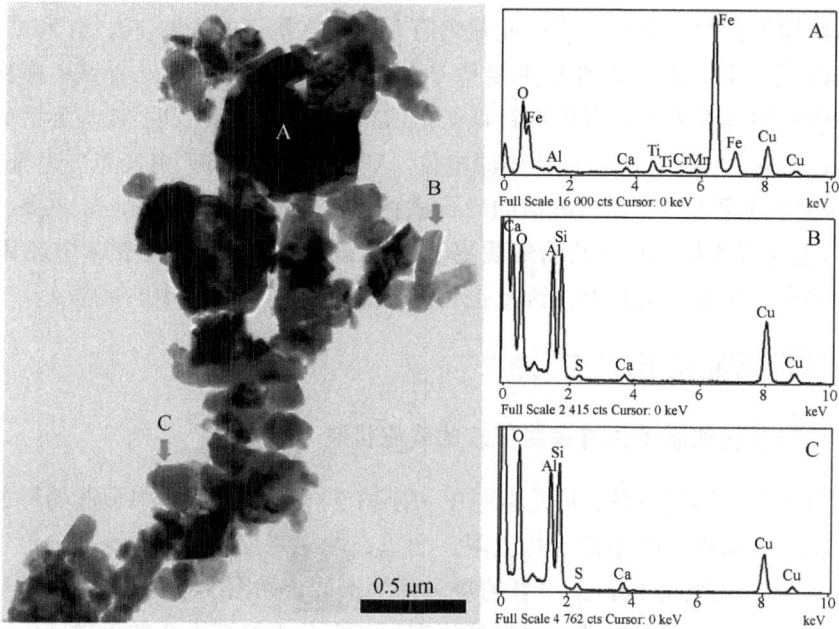

图 5-27　赤泥中赤铁矿和硅酸盐矿物的微观形貌

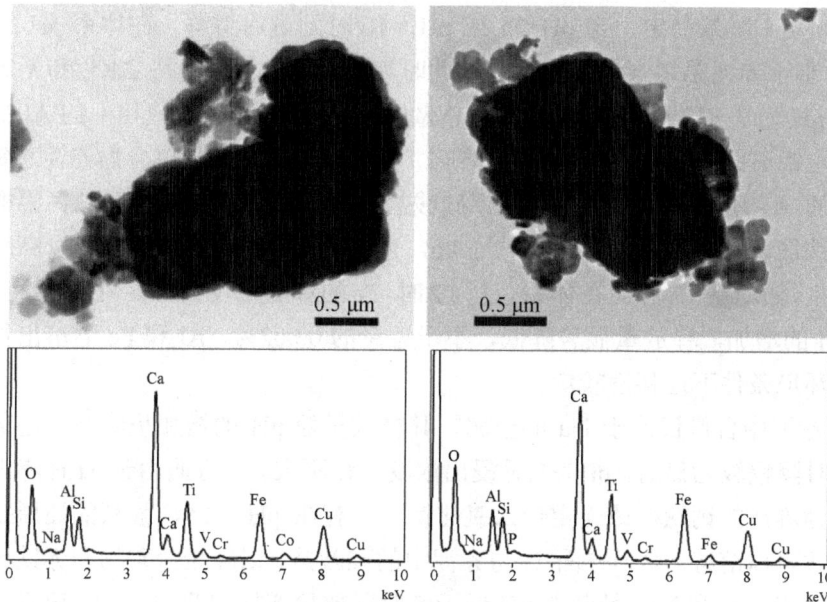

图 5-28　赤泥中含钙铝硅酸盐矿物的微观形貌

如图 5-28 所示，较大尺寸的块状颗粒由多种元素组成，Ca、Al、Si、Fe、Ti 和 O 的峰值较高，可能是富含 Ca-Al-Si 的矿物质，如钙霞石或类水榴石，XRD 分析证实是赤泥中大量存在的固相组分。研究表明，介质碱性增强、温度增高，会促使阳离子的配位数降低，因此在拜耳法生产工艺流程中，Al 和 Ti 的配位数可由 6 降低到 4，与 Si 形成铝硅酸盐或钛硅酸盐。如前所述，硅酸盐中四面体配位的 Si 与八面体配位的 Al 可由性质相似、大小相近的其他阳离子替代，如 Fe^{3+} 置换四面体中的 Si^{4+}，Fe^{3+} 和 Cr^{3+} 置换八面体中的 Al^{3+} 等，置换后晶体结构不会发生变化，这可能是钙霞石或类水榴石中含有 Fe、Ti 和 Cr 的主要原因之一。Grafe 等发现，赤泥中的 V 主要是 V^{4+}，其主要赋存形态是与针铁矿颗粒相结合，然而，本节所使用赤泥中并未发现有针铁矿，EDX 结果也没有表明 V 与赤铁矿相结合。事实上，赤泥具有较高的 pH 和氧化还原电位，V^{4+} 会被 OH 和矿物表面快速氧化成 V^{5+}，所以 V 在赤泥中主要是 V^{5+} 以钒酸盐的形式赋存。由 TEM 分析可知，V 主要与类水榴石化合物结合，通常类水榴石可结合含氧阴离子，如 CrO_4^{2-} 可取代结构中的 4 个羟基（$H_4O_4^{4-}$），钒酸盐与 CrO_4^{2-} 大小和结构相似，因此也可能取代类水榴石结构中的羟基。

5.3.2 赤泥堆场重金属释放行为

（1）表面羟基化和质子化与金属释放的响应机制

本试验基于长期滴定方法，研究赤泥在 pH=13 到 pH=2 的体系中金属的释放。由于 Zn 的溶出量很低，在碱性条件下低于检出限，所以在此未对 Zn 进行讨论。赤泥中金属释放浓度最高的是 Al，其次是 Fe，但二者的浸出行为不同，如图 5-29 所示。Al 的释放量在酸性和碱性体系中最高，而在中性体系最低，在 pH 低于 4 和高于 9 的条件下，释放量显著增加，主要是由铝氢氧化物的性质决定的。铝氢氧化物是一种对 pH 依赖性很强的化合物，在 pH 为 5.3～8.1 时最稳定，当 pH<5 或 pH>10 时则迅速溶解。在体系 pH 为 5～7 时，Al 的释放量小于赤泥总铝含量的 0.01%，此时液相中的 Al 主要是 AlO_2^- 和无定形氢氧化铝；在体系 pH 为 9～13 时，Al 释放量占总量的 0.14%～4.04%，液相中的 Al 主要来自三水铝石和硬水铝石的溶解；当体系 pH 降到 2 时，Al 的释放量最高，为赤泥总铝的 7.1%，此时液相中的 Al 还包括含铝矿物质及铝硅酸盐矿物的溶解，如钙霞石、钙铝榴石和长石等。赤泥含铁最多，其全量高达 315.72 g/kg，但赤泥中 Fe 的矿物学性质以高度结晶的难溶氧化物为主，如赤铁矿，因此在体系 pH 为 2 时，Fe 的释放量仅为赤泥总铁含量的 0.02%，且随体系 pH 的增加，释放量显著降低，小于总量的 0.002%。Al 和 Fe 的溶出行为表明，它们在正常环境条件下迁移性较低。

Ti 作为赤泥中含量仅次于 Na 的金属，其释放量随 pH 的增加呈降低的趋势，且体系 pH 为 2～5 时降幅较为显著，pH>5 时浸出浓度变化不大。一方面由于 Ti 在赤泥中的矿物学形态主要为难溶的钙钛矿或无定形二氧化钛，只有在 pH<2.5、强烈的还原条件或与胡敏酸结合时才可以溶解；另一方面 Ti 与赤泥中的硅酸盐、铝硅酸盐矿物和赤铁矿发生同晶置换，置换了 Si、Al 和 Fe，是其在 pH 低于 5 时释放量增加的原因之一。研究表明，Ti 以 $Ti(OH)_4$ 的形式释放，其在地球化学中的转化形式为：TiO_2（金红石）$\longrightarrow TiO_2$（锐钛矿）$\longrightarrow TiO_2 \cdot H_2O$（白钛石）$\longrightarrow$ 凝胶-$Ti(OH)_4$。但总体看来，Ti 在赤泥中依然属于惰性物质，化学性质非常稳定，在极端 pH 环境中，释放量低于赤泥总 Ti 含量的 0.005%。

赤泥中 Cr 与 V 的释放行为相似，在 pH 为 5.5 附近溶出量最低，而 pH 小于 5.5 和大于 5.5 的条件下，二者溶出浓度显著增加。Cr 是本节所使用赤泥中含量最多的痕量金属，全量高达 1 640.08 mg/kg，其次是 Co，然后是 V，全量为 564.16 mg/kg。许多研究也指出，赤泥中 Cr 和 V 浓度超标，在低 pH 条件下溶解性增强，且在受赤泥污染土壤和水体区域，植物根系和沉积物中的 Cr 和 V 浓度显著增加，沉积物中 Cr 和 V 还超过了水生生物标准限值。本节所使用赤泥中，在体系 pH 为 5.5～9.0 时，Cr 的溶出浓度为 1.06～2.89 μg/L，因为在接近中性的体系中，Cr^{3+} 开始形成氢氧化铬沉淀。然而，由于 Cr^{6+} 在接近中性到碱性的环境条件下，主要以铬酸盐的化学形态存在，易溶于水，这表明当 pH 为 5.5～13 时，从赤泥释放到液相中的是 Cr^{6+}，而 Cr^{6+} 对环境和生物具有持久危险性，其毒性要比 Cr^{3+} 高 100 倍，属于强致突变物质，当 Cr 浓度为 1～10 ppm 时，就会抑制作物生长，到 1 000 ppm 时，作物则完全停止生长。赤泥中 Cr 在强酸性条件下释放量最高，占总量的 0.1%。可见赤泥中大部分的 Cr 与赤铁矿共存（因为赤铁矿在 pH 为 0.5 时开始溶解），只有少量 Cr 被钙霞石或类水榴石吸附。

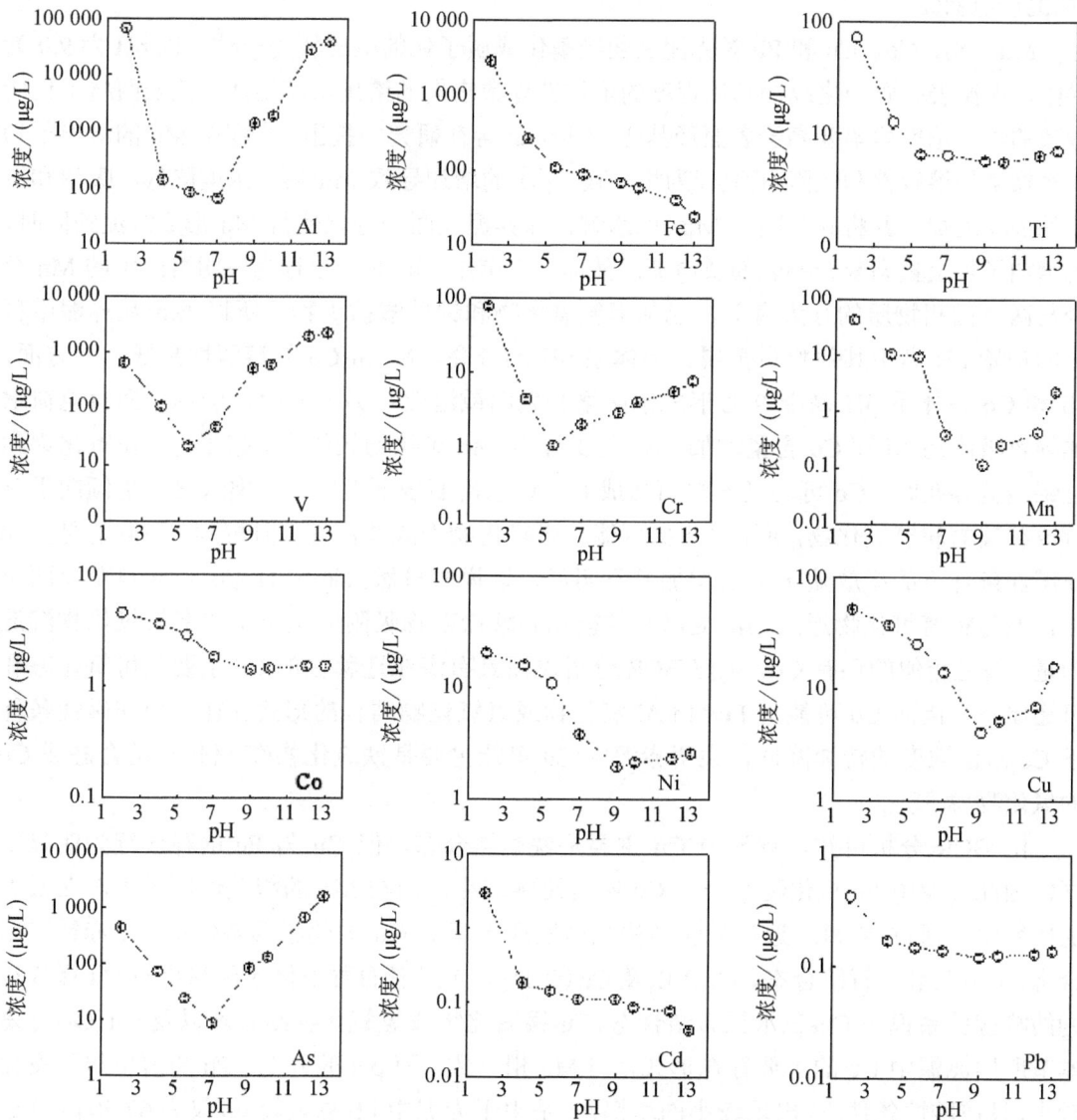

图 5-29　赤泥中金属行为与 pH 的响应关系

V 在 pH 为 5.5～7.0 时，释放量低于赤泥中 V 总量的 0.17%，此时钒酸盐被一些新生成的沉淀物所吸附，且 pH 越低，吸附量越大，但随着沉淀物表面负荷量的增加，可溶态的钒酸盐并未被完全吸附，因而潜在吸附点位的饱和也可能会导致 V 在这个 pH 范围内的溶出浓度增加，这取决于不同赤泥中 V 的总量以及在中性条件下赤泥可能生成的沉淀量。这与研究人员在 Akja 赤泥泄漏事件中观测到的 V 的行为相一致，即尽管外泄的赤泥 pH 在 Torna 河以及 Marcal 流域得到降低并被稀释，但水体中依然存在大量的可溶性 V。由于钒酸盐具有较强的缩合能力，随体系 pH 从碱性到酸性，钒酸盐缩合形成不同组成的同多酸及其盐类，因而在 pH 为 6.0～2.0 时，赤泥中 V 释放量占总量的 2.35%。当体系 pH>7 时，钒酸盐为可溶态，V_2O_5 在弱碱性条件即可溶解生成 VO_3^-，因而其释放量从 1.89% 迅速增加到 8.13%。

Mn、Ni、Co、Cu 和 Pb 对赤泥表面羟基化或质子化的响应较为一致，以 pH 为 9.0 为界限，赤泥表面质子化或羟基化程度的增加都导致它们的溶出浓度增加，但表面质子化所导致的溶出浓度增幅要高于表面羟基化。Khaitan 等在研究中指出，赤泥中 Mn 的溶出行为与羟锰矿的溶解性和吸附/沉淀行为相一致，pH 的增加导致 Mn 溶出浓度降低、吸附和沉淀的 Mn 增加，并将其归因于 Mn^{2+} 的水解，即赤泥表面羟基化使得 Mn 形成沉淀的同时，也增加了可交换态复合物表面负电荷。然而，本节中 Mn 的释放行为表明溶液中的 Mn 至少与两个固相物质的行为有关，包括铝氢氧化物和铝硅酸盐矿物，所以 Mn 从赤泥中释放的初始 pH 高于其他痕量金属。随体系 pH 的升高，Ni 和 Co 的溶解性降低，一方面，Ni 和 Co 在体系 pH 高于 9 时形成水解络合表面或沉淀；另一方面，矿物表面负电荷增加导致吸附态 Ni 和 Co 含量增加。Ni 主要与 Fe/Mn 氧化物相结合。据报道，在氧化铝和硅铝酸盐存在时，Co 可与类水滑石形成 Co-Al 水滑石表面沉淀，但类水滑石更倾向于分解成碳酸盐和氢氧化物，所以 Co 更可能与氢氧化物形成共沉淀。但与 Mn 不同的是，Co 在碱性条件下的释放随 pH 的增加并不明显，这说明虽然溶液中的 Co 也来自至少两个相，但与铝氢氧化物形成共沉淀以及与被铝硅酸盐矿物吸附的量小于二者氢氧化物沉淀的量。与之相似的还有 Cd，虽然 BCR 分析表面具有潜在迁移性的 Cd 主要是可氧化态和可还原态，因而 Cd 可能与 Fe/Mn/Al 氧化物或氢氧化物结合的形式存在，但在碱性条件下 Cd 溶出浓度的持续降低，说明赤泥中 Cd 可能主要是铁氧化物/氢氧化物结合态或 Cd 的氧化物/氢氧化物。

由 BCR 分析可知，赤泥中 Cu 主要是铁锰结合态，但 Cu 与 Fe 的释放行为明显不同，因此赤泥中 Fe 氧化物结合态 Cu 所占比例较小，而与 Mn 的相关性则较大。在最近的研究中，通过 X 射线近边吸收结构光谱发现赤泥中 Cu 的化学形态包括 Cu-赤铁矿结合态、Cu-三水铝石结合态、CuO 以及 $Cu(OH)_2$。赤泥表面质子化或羟基化与 Cu 释放行为的响应关系说明 Cu-三水铝石结合态、Cu-锰氧化物或氢氧化物结合态以及 $Cu(OH)_2$ 是本节所用赤泥中 Cu 的主要存在形式，与 Mn 相一致。随 pH 的降低，Pb 的溶出浓度变化较小，只在酸性条件下，出现较小的增幅，一是由于赤泥中 Pb 总量较低，仅为 67.40 mg/kg，二是具有潜在迁移性的 Pb 主要以可还原态和可氧化态赋存，且 Pb 与 Fe 发生同晶置换的可能性较大。

As 在体系 pH 为中性时溶出浓度最低，体系从中性到碱性或酸性都会导致赤泥 As 释放量的急剧增长，但在酸性条件下的释放量远低于碱性条件。表明赤泥中既存在无机砷酸盐，也存在吸附态砷，即赤泥中 As 的释放行为取决于溶解和吸附反应。Burke 等借助 X 射线近边吸收精细结构光谱手段研究了赤泥中 As 的形态，发现大多数 As 为四面体结构的五价砷酸盐，而三价砷的含量不到 5%。赤泥表面羟基化后（pH 为 7～13），As 的释放量的占比由 0.06% 增加到 11.90%，一方面，当体系中存在大量的铁、铝羟基氧化物时，砷酸盐可通过内层吸附的形式与铁、铝氢氧化物结合，所以随 pH 增加，铝氢氧化物开始溶解，同时促进砷酸盐的溶解；另一方面，赤泥中含有一定量的无机砷酸盐，这些含砷相的溶解可能潜在地将 As 释放到溶液中。在中性到酸性条件下，赤泥表面质子化对砷酸盐的吸附是有利的，产物也较为稳定，在 pH 为 4～7 时，赤泥中 As 的释放量占比低于 0.55%，而在极端酸性条件（pH=2）下释放量升高至 3.30%。

（2）赤泥中金属相关性分析

赤泥中痕量金属释放行为与可变电荷表面性质密切相关，赤泥中提供可变电荷表面的矿物主要是 Fe/Al/Mn 水合氧化物和氢氧化物、硅酸盐/铝硅酸盐矿物。交换吸附只发生在体系 pH 高于 PZC 时，而专性吸附则在体系 pH 大于或小于 PZC 时都能发生。硅酸盐和铝硅酸盐主要表现为交换吸附，虽然对重金属也有一定的专性吸附能力，但远小于氧化物，因而 pH 主要通过影响 Fe/Al/Mn 水合氧化物和氢氧化物来对金属的赋存形态和释放行为产生影响。如表 5-17 所示，大多数痕量金属与 Fe、Al、Mn 存在显著相关性，说明赤泥中 Fe、Al、Mn 水合氧化物和氢氧化物能够控制金属释放行为。除 V 和 As 之外，Cr、Cd、Pb、Ti 与 Fe 呈显著正相关，赤铁矿或无定形的 Fe 氧化物或氢氧化物为这几种痕量金属提供了吸附位点，Cr、Cd、Pb 和 Ti 可能与—OH 或—OH$_2$ 重新配位，进入双电层的内层。Co、Ni、Cu 在 0.05 水平上与 Fe 呈正相关，而与 Na、Mg 和 Ca 呈显著正相关，相关性系数高达 0.99，表明赤泥中为这三种金属提供吸附位点的矿物质可能是钙铁榴石，且主要为交换性吸附。Cr、Cd、Pb 与铝呈正相关，但三者的相关性系数均较小，且三水铝石的平均 PZC 为 9.9，无定形铝氢氧化物平均 PZC 为 9.0，Cr、Cd、Pb 随体系 pH 变化的溶出浓度受 PZC 的影响也较低，这说明铝氢氧化物吸附不是决定三者释放的关键性因素。V 和 As 与 K 呈现显著正相关，相关性系数分别为 0.952 和 0.917，V-Al 和 As-Al 的相关性系数分别为 0.534 和 0.608，而与 Ca 则无相关性，说明赤泥中的钒酸盐和砷酸盐主要是与钾结合，只有少部分与 Al 结合。

赤泥中 Cr、Co、Ni、Cu、Cd、Pb 与 Mn 在 0.01 水平上呈显著正相关，Pb-Mn（0.985）相关性最高，其次是 Cd-Mn（0.965），Cr、Co、Ni、Cu 与 Mn 的相关性系数均高于 0.87，与赤泥 BRC 形态分析结果基本一致。Pb 和 Cd 可能与水合氧化物或氢氧化物表面基团键合的质子发生交换反应，形成螯合物或配位化合物，也可能置换了锰氧化物或氢氧化物晶格中的金属原子。有学者研究了锰氧化物对溶液中 Co、Cu、Ni 的吸附，发现 Mn 对 Co 的吸附量远高于 Cu 和 Ni，主要是由于 Co^{2+} 置换了晶格中 Mn^{4+}。

表 5-17 赤泥中各金属的相关性

	V	Cr	Mn	Co	Ni	Cu	As	Cd	Pb	Al	Ti	Fe	Na	K	Mg	Ca
V	1.000															
Cr	0.017	1.000														
Mn	-0.176	0.948**	1.000													
Co	-0.407	0.722*	0.896**	1.000												
Ni	-0.411	0.696	0.879**	0.999**	1.000											
Cu	-0.290	0.743*	0.898**	0.980**	0.977**	1.000										
As	0.913**	0.118	-0.022	-0.218	-0.221	-0.053	1.000									
Cd	-0.089	0.994**	0.965**	0.765*	0.739*	0.771*	0.016	1.000								
Pb	-0.105	0.985**	0.985**	0.827	0.804	0.840**	0.028	0.992**	1.000							
Al	0.534	0.844**	0.719*	0.427	0.402	0.519	0.608	0.785*	0.779*	1.000						
Ti	-0.076	0.993**	0.973**	0.792*	0.768*	0.804*	0.039	0.997**	0.997**	0.793*	1.000					
Fe	-0.100	0.992**	0.971**	0.785*	0.760*	0.791*	0.010	0.999**	0.996**	0.778*	0.999**	1.000				
Na	-0.423	0.683	0.870**	0.996**	0.999**	0.968**	-0.243	0.728*	0.792*	0.381	0.757*	0.750*	1.000			
K	0.952**	-0.048	-0.170	-0.301	-0.302	-0.172	0.917**	-0.145	-0.130	0.490	-0.121	-0.151	-0.318	1.000		
Mg	-0.411	0.743*	0.911**	0.999**	0.997**	0.976**	-0.226	0.786*	0.843**	0.439	0.810*	0.805*	0.994**	-0.316	1.000	
Ca	-0.427	0.687	0.875**	0.997**	0.999**	0.970**	-0.241	0.732*	0.796*	0.385	0.760*	0.754*	0.999**	-0.319	0.996**	1.000

注：**相关性在 0.01 水平（双侧）上显著相关，*相关性在 0.05 水平（双侧）上显著相关。

5.3.3 赤泥堆场重金属的迁移转化

（1）硝基腐殖酸对金属化学形态的影响

硝基腐殖酸对赤泥中各金属的形态影响如图 5-30 所示，硝基腐殖酸对 Co 各形态的影响较小，各形态基本未发生任何变化。不同添加量的硝基腐殖酸虽然对金属的残渣态影响不大，但 Al、V、Cu 的酸可提取态分别从 20.08%、6.60%、6.48%降低至 9.11%～0.81%、6.08%～2.66%、4.96%～2.61%。Al 和 V 的可还原态和可氧化态虽然也有降低，但降幅不大，二者残渣态均增加，Cu 的残渣态变幅不大，但可还原态和可氧化态 Cu 略有增加，可能是铁氧化物或有机质的增加使得 Cu 更容易与之结合，表明硝基腐殖酸调控赤泥碱性使得 Al、V、Cu 向更稳定的形态转化，降低了这 3 种金属的迁移风险。

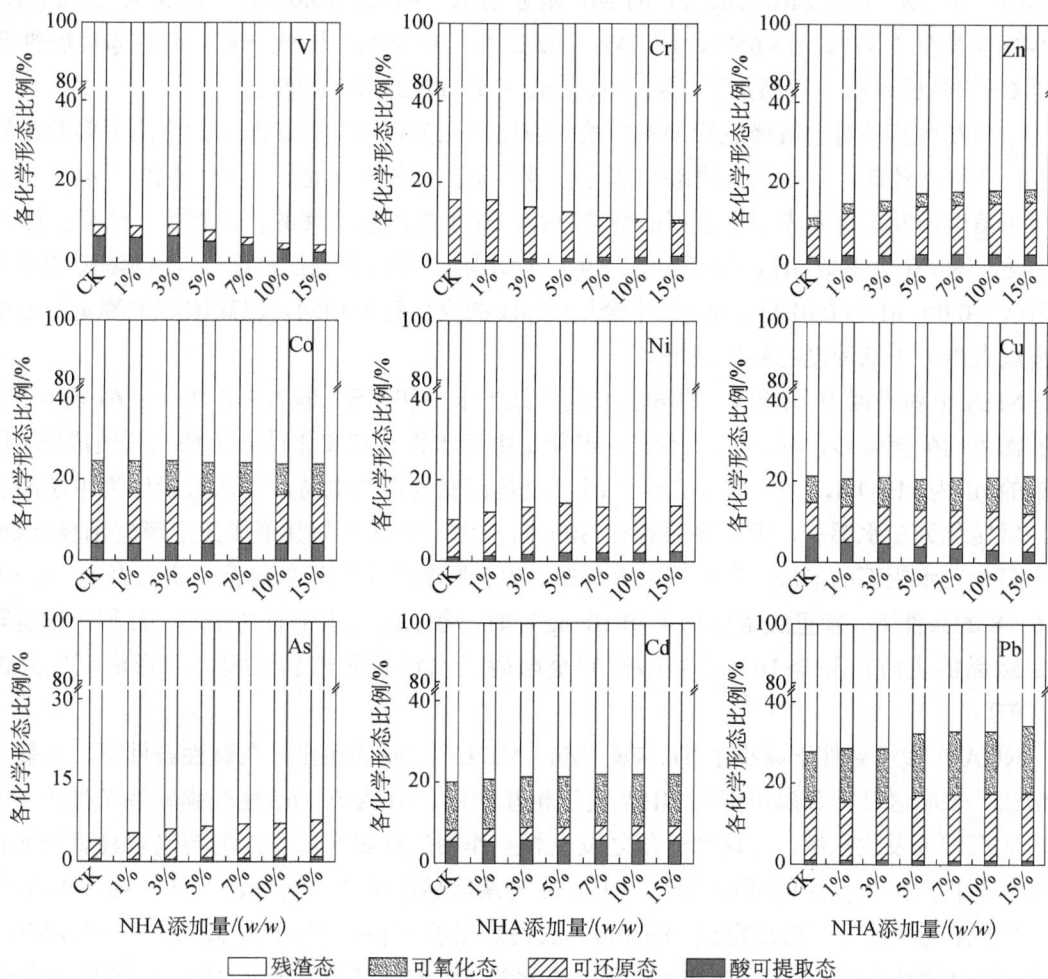

图 5-30　硝基腐殖酸对赤泥中金属赋存形态的影响

硝基腐殖酸增加了 Cr、As、Ni、Zn、Cd、Pb 的酸可提取态，可还原态 Cr 从 14.91% 降低到 14.61%～8.32%，但总体上残渣态 Cr 呈增加的趋势，表明在自然条件下，硝基腐殖酸导致铁锰结合态 Cr 分别向酸可提取态和残渣态转化。同时可还原态的 As、Ni、Zn 分别从 3.41%、8.98%、7.96%增加到了 4.68%~6.89%、10.65%~11.25%、10.49%~12.84%，可氧化态的 Zn、Cd、Pb 分别从 1.91%、11.78%、12.21%增加到 2.46%~3.32%、12.10%~13.10%、12.89%~16.88%，这 5 种金属的残渣态均有所下降，说明硝基腐殖酸使得残渣态的 As、Ni、Zn、Cd、Pb 分别向酸可提取态和可还原态/可氧化态转化。为了定量描述这几种金属的迁移性，借助 Mahanta 等提出的迁移性因子（Mobility Factor，MF）概念，MF 越高，该金属的迁移性越大，MF 的计算公式如下：

$$MF = \frac{F_1 + F_2 + F_3}{\sum F} \times 100\% \qquad (5\text{-}3)$$

式中，F_1、F_2、F_3 分别为金属的酸可提取态、可还原态和可氧化态的含量，mg/kg；F 为所有形态之和，mg/kg。通过计算发现 15%的 NHA 导致 MFCr 从 15.67%降低到 10.50%，而 As、Ni、Zn、Cd、Pb 的 MF 则分别从 3.82%、10.08%、11.39%、20.03%、28.04%增加到 7.77%、13.65%、18.84%、22.23%、34.49%，因此 NHA 调控赤泥碱性降低了 Cr 的释放风险，而增加了 As、Ni、Zn、Cd、Pb 的潜在迁移性。

①硝基腐殖酸对金属释放行为的影响：通过以上分析可知，赤泥中的金属大多数为残渣态，迁移性较低，以专性吸附态和非专性吸附态存在的金属也占到较大比例，因此本文从两个角度出发，研究赤泥中金属的释放规律。对于吸附态金属的释放规律，结果如图 5-31 所示（Zn 在大多数 pH 添加下，浓度低于检出限，因此未进行讨论）。不同浓度的电解质溶液（0.001 M 和 0.01 M KNO₃）中金属随 pH 的变化趋势相同，但高浓度电解质溶液中的金属含量大于低浓度电解质溶解。

NHA 中和赤泥中 Al 和 Cr 的溶出浓度均低于未中和赤泥，但 NHA 中和使 Al 随 pH 变化的拐点向酸侧偏移，而 Cr 则无变化，可能是由三水铝石和氧化铁含量增加所造成的。羟基铝的 pI 为 pH=4.8，当土壤 pH>4.8 时，羟基铝变为带负电荷，而从层状矿物中游离出来，后转化为三水铝石，但当体系存在 SiO₂ 时，由于羟基铝与其形成无定形硅铝复合物，也会阻止三水铝石的形成，当有机质存在时，也会影响三水铝石的结晶。研究表明，在 pH 为 6~8 的条件下，富里酸浓度增加到 10 mg/L 时，会阻碍三水铝石的结晶，有利于偏氢氧化铝结晶的生成；pH>10，富里酸则完全阻碍三水铝石的结晶过程，而形成无定形的 Al(OH)₃。

NHA 在酸性条件下减小了 Ti、Fe、Mn、V、Cu、Pb 的溶出，在碱性条件下，又促进其溶出，表明这几种金属可能与 NHA 发生相互作用，NHA 在强酸性或强碱性条件下，容易形成沉淀或发生水解，将这部分与之发生相互作用的金属释放。Ti 的溶出量显著增加也是其与有机质发生反应的证据之一，因为 Ti 与胡敏酸结合才会溶解。另外，Mn 和 Cu 的拐点出现在 pH 约为 7 的滴定点，Fe 和 Pb 的拐点出现在 pH 约为 5 的滴定点，与 Cu-Mn、Fe-Pb 结合的结论相一致。Cd 与 Co 溶出浓度随 pH 的升高而降低，NHA 有效抑制了 Co 的溶出，而对 Cd 的抑制作用较小，可能由于赤泥中 Co 主要是 Co-Al 氢氧化物结合态和 Co 氢氧化物，而 Cd 主要是 Cd-Fe 氧化物结合态和 Cd 氢氧化物，NHA 中和增加了铝氢氧化物和铁氧化物含量，因而减少了二者的溶出。同时，NHA 中和在酸性条件下促进了 Ni 和 As 的溶出，在此条件下又抑制 Ni 和 As 的溶出。

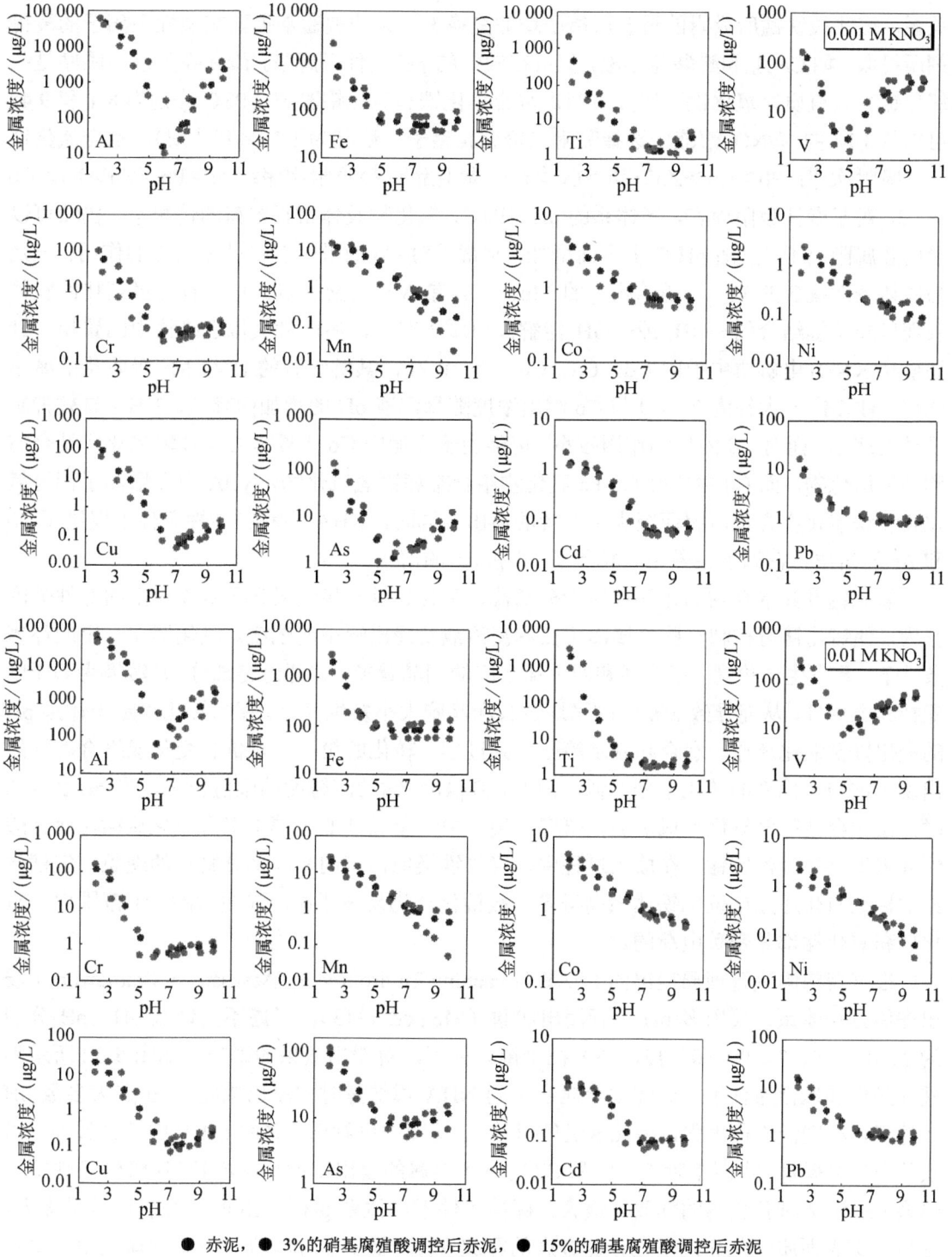

● 赤泥，● 3%的硝基腐殖酸调控后赤泥，● 15%的硝基腐殖酸调控后赤泥

图 5-31　赤泥中胶体颗粒与金属释放的响应关系

大量的研究工作表明，铁锰氧化物及铝、硅氧化物对重金属离子起富集的作用，赤泥中的 Co、Ni、Cu、Pb、Zn、Cd 等金属会与氧化锰和氧化铁相结合，或在含量上呈正相关

关系。这些被铁锰所吸附的重金属离子均非交换态，无法被通常提取交换性阳离子的浸提剂所提取，如 $CaCl_2$ 和醋酸盐溶液，但可在较低的 pH 条件下解吸，最高吸附量的顺序是：氧化锰＞有机质＞氧化铁。研究表明，水合氧化铁和氧化铝凝胶（PZC 分别为 8.1 和 9.4）可以从 1 M 的 $NaNO_3$ 溶液中选择吸附二价金属离子（浓度为 1.25×10^{-1} M），水合氧化铁选择吸附次序：Pb＞Cu＞Zn＞Ni＞Cd＞Co，氧化铝选择吸附次序：Cu＞Pb＞Zn＞Ni＞Co＞Cd。对于专性吸附而言，当体系的 pH＜PZC，氧化物胶体带正电荷的情况下，仍然可以吸附金属阳离子，且随 pH 的上升而增加。水锰矿对 Co 的吸附有三种吸附点的作用：一是与胶体表面键合的 H；二是结构中的 Mn；三是带 Mn 的交换点。第一种与羟基化的胶体表面以配位键结合的—OH_2 或—OH 能解离出质子有关，后两种类似于晶格中的置换。针铁矿从 KNO_3 电解质中吸附 Cd、Co、Cu、Pb 和 Zn，其解吸时的 H^+ 与 M^{2+} 吸附量的摩尔比值（H^+/M^{2+}）大约为 2。Cd 与 Co 溶出浓度随悬浮液 pH 的增加而降低，NHA 有效抑制了钴的溶出，而对 Cd 的抑制作用较小，可能由于赤泥中 Co 主要是 Co-Al 氢氧化物结合态和钴氢氧化物，而 Cd 主要是 Cd-Fe 氧化物结合态和镉氢氧化物，NHA 中和增加了铝氢氧化物和铁氧化物含量，因而减少了二者的溶出。同时，NHA 中和在酸性条件下促进了 Ni 和 As 的溶出，在碱性条件下又抑制了 Ni 和 As 的溶出。

氧化锰及其水合物的化学性质十分活泼，尤其是对一些金属离子所表现出的专性吸附行为，使氧化锰可控制一些金属离子在赤泥溶液及浸出液中的浓度。氧化锰在一定的环境条件下，易发生二价锰、三价锰和四价锰之间的同晶置换，并通过将部分 O^{2-} 转换为 OH^- 以保持其电中性，从而导致 Mn-O 的平均键长和晶胞大小发生变化。锰的转化决定于体系 pH 的变化以及氧化还原、水合和脱水等一系列过程。转化的第一步是价态变化或络合态锰的出现，这与氧化铁的转化十分类似，但 Eh 和 pH 对锰的溶解度的限值较少，当 pH 大于 8 时，锰才会被氧气氧化形成沉淀。研究发现，中性至碱性的土壤中多含氧化钛锰，而强酸性环境下则多为溶解锰。在成土过程中，锰与铁类似，有向黏粒部分富集的现象，但锰体系的标准氧化还原电位比铁体系高得多，故锰化合物易被还原。在通常的 pH 范围内，氧化硅和氧化锰都是带负电荷的。

根据美国固废管理局提出的 LEAF（Leaching Environmental Assessment Framework）浸出评估方法体系，采用多 pH 平行浸出实验（Method 1313），考虑不同体系 pH（pH 分别为 2、4、5.5、7、9、10、12、13）在平衡条件下，对浸出效果的影响。如图 5-32 所示为酸性条件和碱性条件下，赤泥中金属在不同 NHA 添加量时的浸出浓度（Zn 在大多数 pH 条件下，浓度低于检出限，因此未进行讨论）。从图中可看出，体系 pH 从中性到酸性，以及从中性到碱性，赤泥中除 Cr、V 和 Cd 之外各金属的浸出浓度均逐渐升高；酸性条件下，体系 pH 为 2 时各金属的释放量最大；碱性条件下，体系 pH 为 13 时各金属释放量最大，这与上文表面质子化和羟基化赤泥金属的释放规律一致。在 pH 高于 5.5 的体系中，硝基腐殖酸调控赤泥碱性后，降低了 V 的释放量。由于赤泥中钒酸盐只有在接近中性条件下，才会被类水榴石化合物吸附，硝基腐殖酸不仅降低了赤泥 pH，而且增加了钙铁榴石的含量，极大地促进了吸附的进行。然而，钙铁榴石在 pH 为 5.0～2.6 时溶解，所以在体系 pH 为 2 和 4 时，V 的释放量呈上升趋势，但高于 7% 的 NHA 又抑制了 V 的释放，这可能是

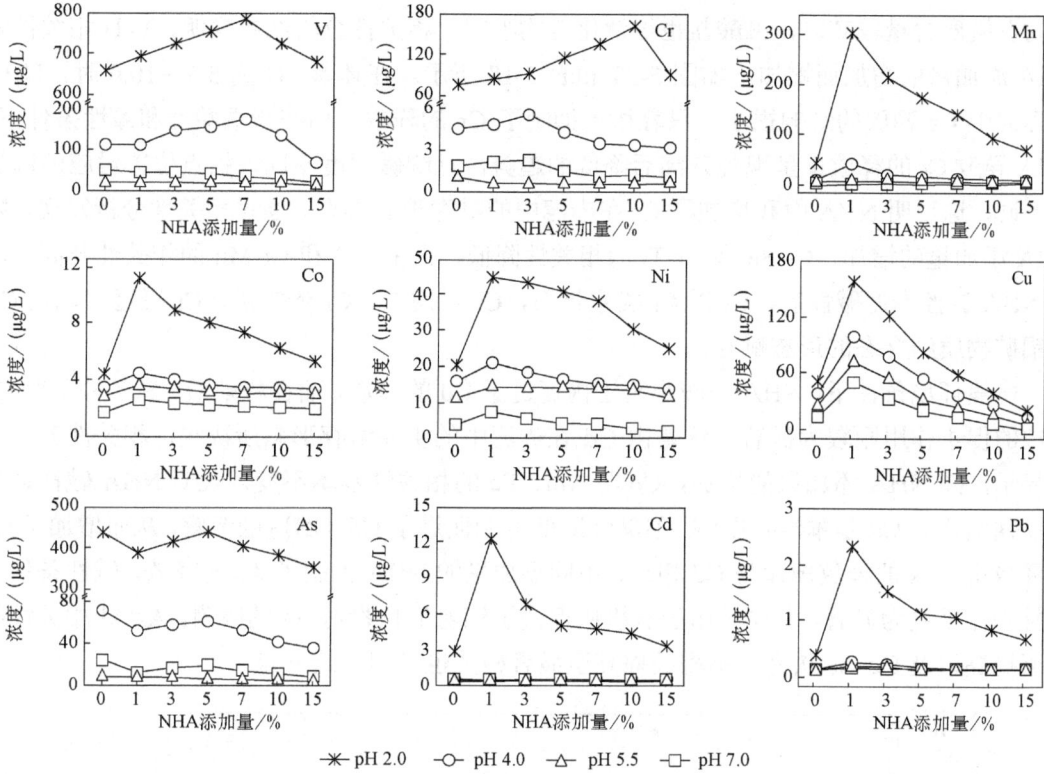

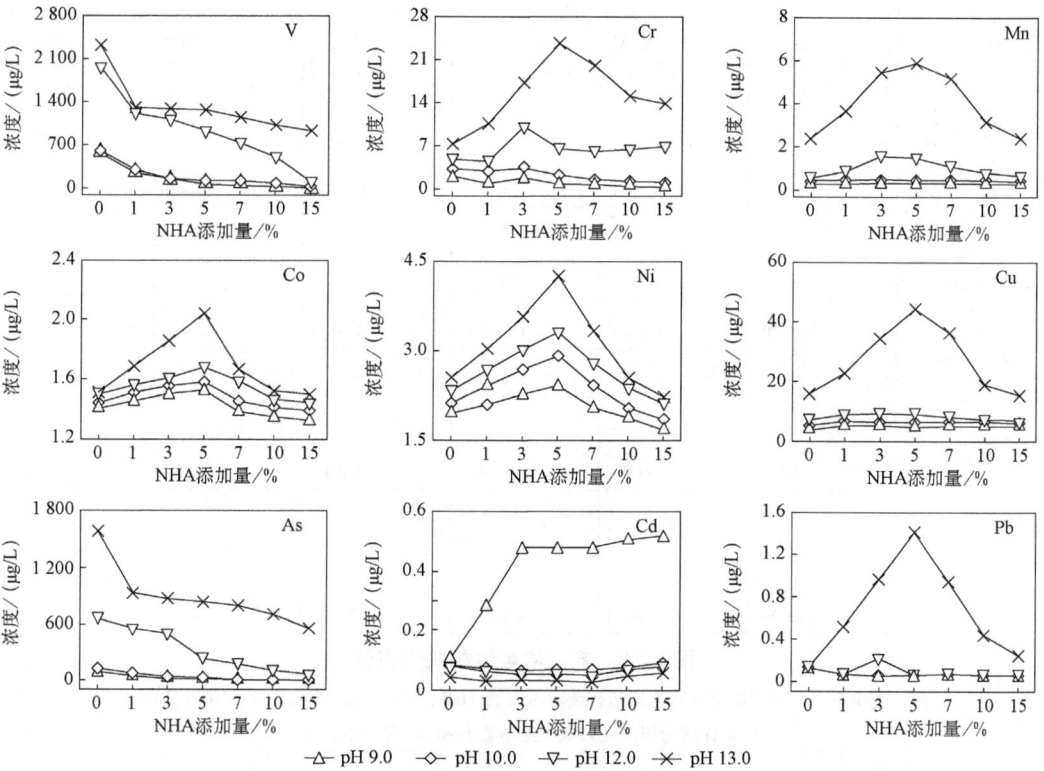

图 5-32 酸、碱性体系中硝基腐殖酸对赤泥金属浸出行为的影响

因为有机质含量较高时，钒酸盐也被钛化合物吸附。相关性分析结果表明，V-Ti 相关性随 NHA 添加量的增加而增加，如图 5-33 和表 5-18 所示。在体系 pH 为 5.5～10.0 时，NHA 对赤泥中 Cr 释放的影响很小，只轻微地抑制了 Cr 的释放，而在极端酸性和碱性条件下，NHA 导致 Cr 的释放量呈现先升高后降低的趋势，且酸碱程度不同，拐点位置对应的添加量不同，这说明 NHA 中和增加了 Cr 在赤泥中的赋存形态类型。通过相关性分析发现，随 NHA 添加量的增加，Cr-Fe 和 Cr-Ti 的相关性降低，而 Cr-Al 和 Cr-Mn 的相关性升高，表明 NHA 调控赤泥碱性后，Cr 以 Cr-类水榴石，Cr-钙霞石、Cr-赤铁矿、Cr-羟锰矿以及 Cr-含铝矿物质结合态的形态赋存。

一般环境条件下，NHA 在较小范围内促进了 Cd 的释放，而在极端酸、碱条件下对 Cd 释放的促进作用则较为显著，这是由 Cd 在赤泥中的主要赋存形态所决定，相关性分析结果显示，随 NHA 添加量的增加，Cd 与 Mn、Fe 的相关性基本不变，表明 NHA 碱性调控对铁锰结合态 Cd 基本没有影响，但碱性降低可能促进了 $Cd(OH)_2$ 的溶解，从而增加了 Cd 的释放量。As 的释放规律与 Cd 相反，不同添加量的 NHA 抑制了 As 的释放，碱性条件下的抑制作用更为显著，主要是由于有机质促进了铝氢氧化物对 As 的吸附，As-Al 相关性的显著提高以及 Cu-As 从完全不相关提高至显著相关也说明了这一点。

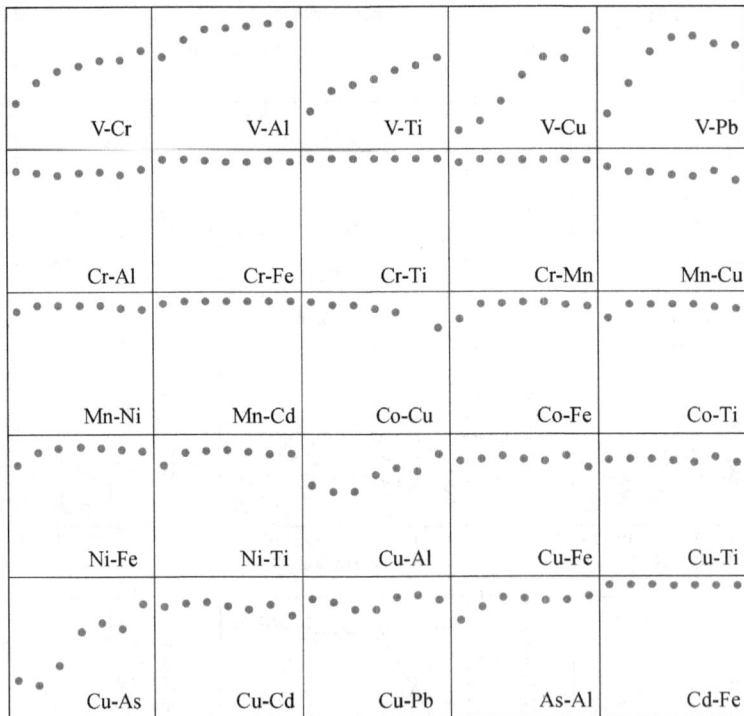

图 5-33 赤泥中金属相关性变化

注：图中每个小图的横坐标均为硝基腐殖酸添加量，0%、1%、3%、5%、7%、10%、15%；
纵坐标均为相关性系数，最小值为-0.5，最大值为 1。

表 5-18 硝基腐殖酸调控下金属离子浓度水平的相关性

相关性	赤泥	1% NHA	3% NHA	5% NHA	7% NHA	10% NHA	15% NHA
V-Cu	−0.29	−0.19	0.03	0.33	0.52	0.52	0.83
V-As	0.91	0.96	0.97	0.92	0.93	0.95	1.00
V-Al	0.53	0.73	0.85	0.86	0.88	0.91	0.90
Cr-Mn	0.95	0.99	0.98	0.98	0.99	0.99	0.98
Cr-Co	0.72	0.93	0.90	0.91	0.91	0.88	0.81
Cr-Ni	0.70	0.87	0.87	0.88	0.88	0.84	0.80
Cr-Cd	0.99	0.99	0.97	0.96	0.97	0.98	0.95
Cr-Pb	0.99	0.99	0.90	0.69	0.79	0.92	0.96
Cr-Al	0.84	0.83	0.80	0.83	0.84	0.80	0.87
Cr-Ti	0.99	0.99	0.99	0.98	0.99	1.00	0.98
Cr-Fe	0.99	0.99	0.97	0.95	0.96	0.97	0.96
Mn-Co	0.90	0.97	0.96	0.96	0.96	0.93	0.91
Mn-Ni	0.88	0.93	0.94	0.95	0.94	0.91	0.89
Mn-Cu	0.90	0.84	0.83	0.80	0.79	0.85	0.74
Mn-Cd	0.97	0.99	1.00	0.99	0.99	0.99	0.99
Mn-Pb	0.99	0.98	0.84	0.56	0.72	0.91	0.96
Mn-Ti	0.97	1.00	1.00	1.00	1.00	1.00	1.00
Mn-Fe	0.97	1.00	1.00	0.99	0.99	0.99	0.99
Co-Ni	1.00	0.99	1.00	1.00	0.99	0.99	0.99
Co-Cu	0.98	0.94	0.95	0.89	0.86	0.92	0.68
Co-Cd	0.77	0.95	0.96	0.96	0.95	0.92	0.89
Co-Ti	0.79	0.96	0.95	0.95	0.95	0.92	0.90
Co-Fe	0.79	0.96	0.97	0.98	0.98	0.95	0.93
Ni-Cu	0.98	0.97	0.96	0.89	0.85	0.92	0.71
Ni-Cd	0.74	0.90	0.93	0.94	0.93	0.89	0.87
Ni-Ti	0.77	0.91	0.92	0.93	0.92	0.88	0.89
Ni-Fe	0.76	0.91	0.95	0.97	0.96	0.93	0.92
Cu-Pb	0.84	0.81	0.72	0.72	0.86	0.88	0.82
As-Al	0.61	0.75	0.85	0.85	0.82	0.83	0.87
Cd-Pb	0.99	0.98	0.80	0.50	0.66	0.88	0.93
Cd-Ti	1.00	1.00	1.00	0.99	0.99	0.99	0.98
Cd-Fe	1.00	1.00	1.00	0.99	0.99	0.99	0.99
Pb-Al	0.78	0.83	0.91	0.85	0.90	0.86	0.85
Pb-Ti	1.00	0.98	0.84	0.57	0.73	0.92	0.98
Pb-Fe	1.00	0.98	0.81	0.48	0.67	0.88	0.94

NHA 中和对赤泥中 Mn、Cu、Pb、Ni、Co 释放的影响呈现出相同的规律，即在酸性体系中，低于 1% 的 NHA 促进这 5 种金属的释放，高于 1% 的 NHA 则降低了释放量；而在碱性体系中，低于 5% 的 NHA 促进其释放，高于 5% 的 NHA 则抑制其释放。不仅说明这五种金属在赤泥中赋存形态的高度一致性（氢氧化物、铁锰结合态、铝氢氧化物结合态），同时也表明随 NHA 添加量增加到 5% 时，Mn、Cu、Pb、Ni、Co 的铝氢氧化物结合态也随之增加（NHA 中和增加了赤泥中 Al 氢氧化物含量），因而低添加量有机质促进了赤泥中与矿物表面键合的 Mn^{2+}、Cu^{2+}、Pb^{2+}、Ni^{2+}、Co^{2+} 的释放。相关性分析结果也显示随着 NHA 添加量的增加，这 5 种金属与 Al 的相关性增加，然而当 NHA 添加量从 5% 增加到 15% 时，Cu 和 Pb 与 Fe、Mn、Ti 的相关性均呈现出下降的趋势。BCR 结果显示 Cu 和 Pb 的有机结合态增加，说明有机质含量高时，Cu 和 Pb 与有机质络合；Ni 和 Co 与 Fe、Mn、Ti 的相关性则呈现升高趋势，BCR 结果也显示随有机质含量的增加，铁锰结合态的 Ni 和 Co 含量增加。

综上所述，硝基腐殖酸调控改变了赤泥中金属的赋存形态，从而影响金属的释放行为。硝基腐殖酸增加了有机结合态的 Fe、Ti、Cu 和 Pb 含量，促进了铝氢氧化物对 Mn、Co、Ni、Cu、As 和 Pb 的吸附，提高了铁锰结合态的 Co 和 Ni 含量。因而赤泥经过硝基腐殖酸碱性调控后，在周围体系 pH 为 7.0 的环境中，V、Cr、Ni、Cu、As 的浸出浓度较未处理赤泥有所降低，Cd、Pb 以及 Co、Mn 的浸出浓度基本不变或略有增加；而在周围体系 pH 为 9.0 的环境中，V、Cr、As 的浸出浓度降低，Mn、Cu、Pb 以及 Co、Ni、Cd 的浸出浓度基本不变或略有增加。V、Cr、As 作为赤泥中含量较高、毒性较大的痕量金属，三者浸出浓度的降低表明硝基腐殖酸碱性调控可有效降低赤泥中有毒有害金属的环境风险。

（2）制糖副产物对赤泥重金属迁移行为研究

拜耳法赤泥来源于中电建山西铝业公司拜耳法赤泥。经 XRF 分析得到赤泥的主要化学成分见表 5-19，pH 为 10.6。该赤泥中的矿物相主要为方解石、针铁矿、三水铝石等。赤泥风干磨细过 20 目筛备用。试验中用到的酒精废醪液来源于云南玉溪新平嘎洒糖厂。主要化学成分：蛋白质、维生素、灰分、SO_4^{2-}、Cl^-、有机酸，pH 为 4.5。

表 5-19　赤泥的化学成分　　　　　　　　　　　　单位：%

名称	氧化铝	二氧化硅	三氧化二铁	二氧化钛	氧化钙	氧化钠
拜耳法赤泥	21.522	18.342	18.849	4.749	16.813	7.008

向过 20 目筛的赤泥中单独投加或混配不同比例的蔗渣，充分混合，干燥。按照《土壤监测分析实用手册》中的标准方法进行分析，称取 10 g 处理过的赤泥。设定固液比为 1:2.5，摇匀，静置，取上清液，测 pH。

酸对赤泥碱性影响对比试验：取 10.0 g 处理过的赤泥 5 组（20 目），第 1 组只加入蒸馏水，第 2 组加入 0.01 mol/L 硝酸溶液，第 3 组加入 0.01 mol/L 磷酸溶液，第 4 组加入 0.01 mol/L 乙酸溶液，第 5 组加入 0.01 mol/L 黄腐殖酸溶液，每组溶液依次加入 100 mL、200 mL、300 mL、400 mL、500 mL、600 mL、700 mL、800 mL、900 mL 和 1 000 mL，室

温下连续振荡半小时，取上清液测定 pH。

无机酸及有机酸对赤泥碱性影响的测定：取 10.0 g 处理过的赤泥 12 组（20 目），分别加入 20 mL、40 mL、60 mL、80 mL、100 mL、120 mL、140 mL、160 mL、180 mL、200 mL、220 mL、240 mL 的 0.01 mol/L 的硝酸/磷酸/乙酸溶液，室温下连续振荡，每隔 4 h 取上清液测定 pH。

模拟酸雨淋溶试验采用简单柱式交换进出装置，装置材料包括龙口瓶、橡胶管、止水夹、锥形瓶、有机玻璃管等。此圆柱形有机玻璃管长度为 50 cm，直径为 5 cm，取样口、下放口的内径较小，取样口放两层滤纸只允许液体缓慢滴下而固体颗粒无法通过。其上放置 2 cm 厚的石英砂，再均匀装 500 g 赤泥或赤泥和蔗渣混合介质，土样上部再放置 2 cm 厚的石英砂。配制模拟酸雨（硫酸：盐酸：硝酸=7：2：1 的混合溶液）将溶液的 pH 调至 4.0。向土柱中匀速加入模拟酸雨溶液，用龙口瓶控制流量，用 100 mL 容量瓶采集淋出液，每隔 4 h 采集 50 mL 淋出液记为 1 次采样，测定淋出液的 pH。

向过 20 目筛的赤泥中单独投加或混配不同比例的酒精废醪液和蔗渣，充分混合，干燥。按照《土壤监测分析实用手册》中标准方法进行分析，称取 10 g 处理过的赤泥，取固液比 1：2.5，摇匀，静置，取上清液，测 pH。采用扫描电镜分析，观察添加剂对赤泥形貌的影响，并用环刀法对改性赤泥的容重进行分析，使用硫酸亚铁滴定法测定有机质。对使用添加剂后的赤泥中的 Fe 和 Cr 分形态进行测定：取 1 g 处理过的赤泥，加入 40 mL 蒸馏水，室温下连续振荡 16 h 后，取上清液过滤移入 50 mL 的容量瓶中，用水稀释，定容，用火焰原子吸收计测定上清液中被提取的水溶态重金属浓度。取 1 g 处理后的赤泥，加入 40 mL 浓度为 0.11 mol/L 的 CH_3COOH 溶液，室温下连续振荡 16 h 后，取上清液过滤后移入 50 mL 的容量瓶中，用水稀释定容，用火焰原子吸收计测定上清液中弱酸提取态重金属浓度。

进行土柱试验，采用简单柱式交换进出装置，装置材料包括龙口瓶、橡胶管、止水夹、锥形瓶、有机玻璃管等。此圆柱形有机玻璃管长度为 80 cm，直径为 5 cm，取样口、下放口的内径较小，只允许液体缓慢滴下而固体颗粒无法通过。向有机玻璃管中添加 400 g 赤泥与 20 g 蔗渣的混合介质，通过控制龙口瓶的开度控制酒精废醪液淋溶液的流速，控制流速为 5 mL/min。用火焰原子吸收计测量所得滤出液样品中的重金属浓度。

①蔗糖副产物对赤泥 pH 的影响：研究酒精废醪液、蔗渣的投加量对赤泥 pH 的影响。单独添加酒精废醪液能降低赤泥的 pH，如图 5-34（a）所示，随着酒精废醪液添加量的增加 pH 逐渐下降，且作用较为明显。在投加比为 1：3 时赤泥的 pH 可降至 7.5 以下，1：6 时 pH 可降至 6.5。适合植物生长的土壤 pH 范围为 6.5～7.5，改性赤泥可满足植被生长的 pH 条件。蔗渣对赤泥 pH 的影响见图 5-34（b），投加蔗渣能降低赤泥的 pH，但整体上作用较弱。由于蔗渣可降低对土壤中铬的浸出并能去除土壤中的铬，所以后续考虑其对改性赤泥中的铬的作用效果。添加蔗渣也可提高赤泥的疏松度、孔隙率，改善了赤泥致密难以生长植物的缺点。图 5-34（c）显示蔗渣与酒精废醪液配合投加时，对赤泥 pH 的影响。当酒精废醪液投加量一定时，蔗渣投加量与赤泥 pH 的降低成反比，即增加蔗渣投加量不能降低赤泥的碱性；当蔗渣投加量一定时，酒精废醪液投加量与赤泥 pH 降低成正比，即增

加酒精废醪液投加量可降低赤泥的碱性。

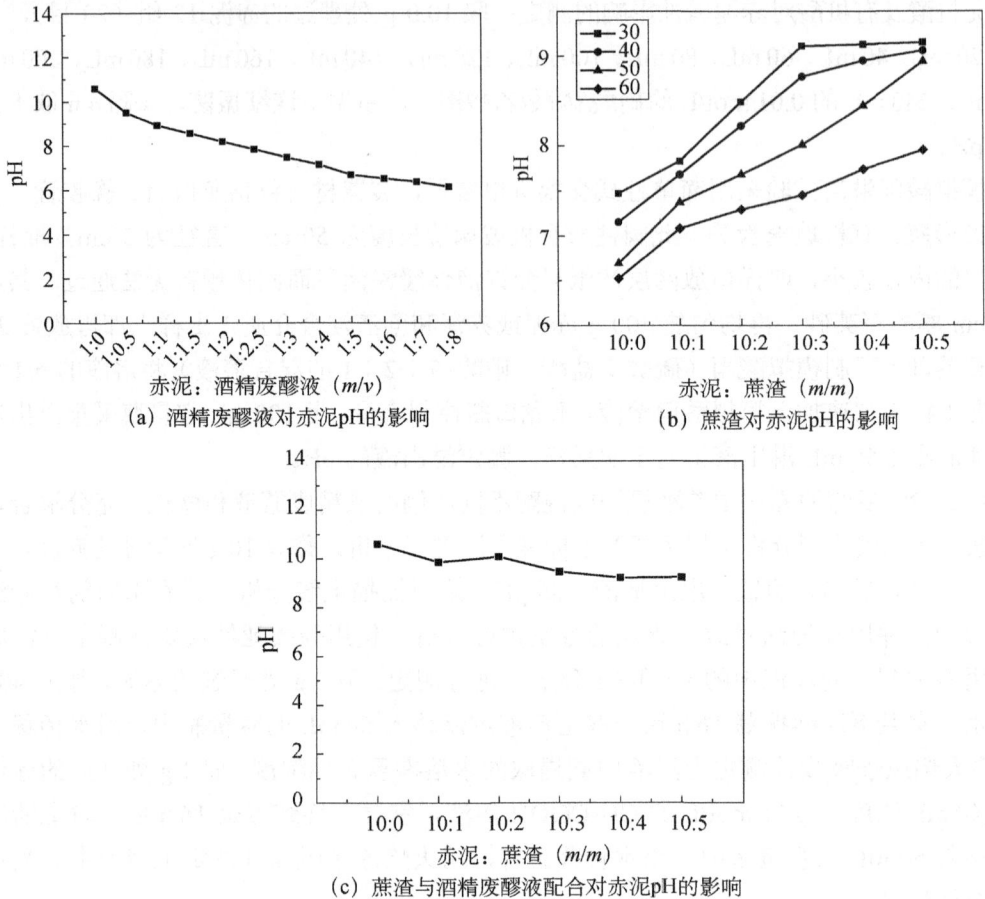

（a）酒精废醪液对赤泥pH的影响

（b）蔗渣对赤泥pH的影响

（c）蔗渣与酒精废醪液配合对赤泥pH的影响

图 5-34　添加蔗渣与酒精废醪液对赤泥 pH 的影响

②蔗糖副产物对赤泥中重金属含量的影响：

投加量：拜耳法赤泥为含铁量较高的固体废物，Fe_2O_3 含量为 30%～60%。铁是植物生长发育所必需的微量元素，参与到叶绿素的合成。铁过量会产生毒害，使得叶片出现褐斑，或使根部发黑腐烂，缺铁时又会使叶片发黄或枯萎。并非所有形态的铁都对植物有作用，影响有效铁供应量的因素有 pH、有机质、氧化还原电位等，有机酸通过络合作用也可大大提高土壤中可溶态铁的浓度。因此研究了添加剂的投加量对赤泥中水溶态和弱酸溶解态铁含量的变化。添加蔗糖副产物增加了赤泥中水溶态、弱酸溶解态铁的溶出，蔗糖生产副产物投加量与赤泥中铁溶出的关系如下。

如图 5-35（a）所示，随着酒精废醪液含量的增加，水溶态铁含量增高；随着蔗渣含量的增高，水溶态铁含量减少。酸可大幅提升赤泥中铁的溶出，所以酒精废醪液投加量增加，水溶态铁含量增加。蔗渣孔隙率大、孔径分布范围宽，可以使金属离子能够快速吸附在蔗渣表面微孔，而且蔗渣有大量的纤维素、半纤维素、木质素，即有＞C=C＜、＞C=O、—OCH₃、C—O、羧基等官能团，这些基团在适宜条件下与金属离子发生反应，将金属离子吸附在蔗渣上。故当蔗渣投加量增加，吸附位点增加，则水溶态金属易被吸附，能检测到水溶态铁含量减少。如图 5-35（b）所示，随着酒精废醪液含量的增加，弱酸提取态铁含量增高；随着蔗渣含量的增高，弱酸提取态铁含量增加。蔗渣对重金属离子的吸附受 pH 影响较大，在 pH 低时，木质素中羧基、酚酸等基团的解离减少，溶液中 H^+ 的浓度增加，H^+ 和羟基形成 OH_2^+，蔗渣表面形成正电荷，排斥金属阳离子，不利于这些基团与带正电的重金属阳离子结合，所以蔗渣在较低 pH 条件下对金属离子的吸附能力较弱。所以在低 pH 条件下，随着蔗渣投加量的增加，总的吸附位点增多，而溶液中被吸附的金属离子减少，致使弱酸提取态金属含量增加。

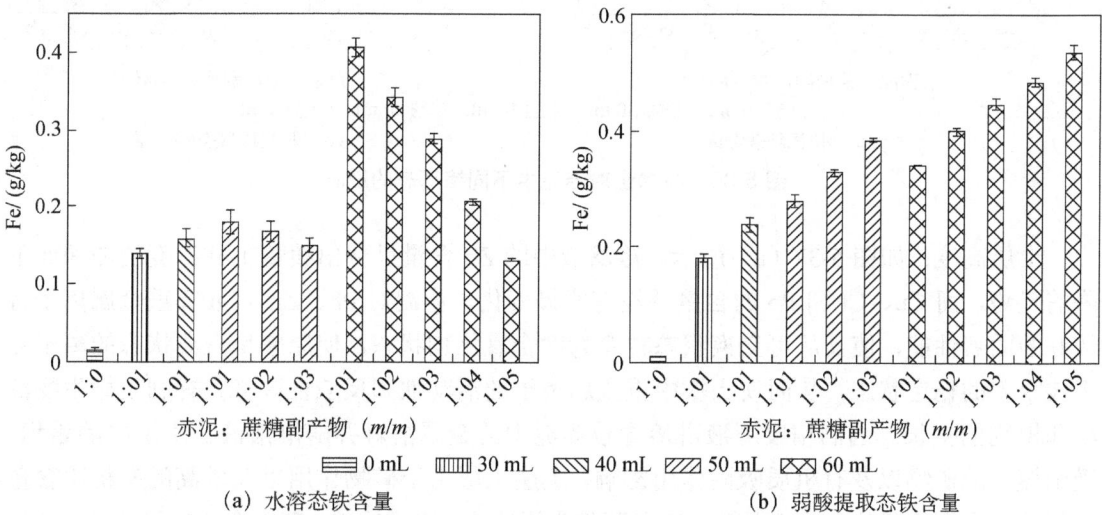

図例：⊟ 0 mL　|||| 30 mL　⧄ 40 mL　⧄ 50 mL　⧄ 60 mL

（a）水溶态铁含量　　　　　　（b）弱酸提取态铁含量

图 5-35　投加量对赤泥中不同铁形态的影响

铬形态：土壤中少量的铬对植物的生长是有利的，而铬在植物体中的迁移类似于铁，且铁的缺乏会增进铬从植物根部的迁移速度。添加蔗糖副产物增加了铬的溶出，蔗糖副产物投加量与赤泥中铬溶出量的关系如下。如图 5-36（a）所示，随着酒精废醪液含量的增加，水溶态铬含量升高；随着蔗渣含量的增加，水溶态铬含量升高。酸可提高赤泥中铬的溶出，所以酒精废醪液投加量增加，水溶态铬含量增加。蔗渣投加量与水溶态铬含量成正比，这与水溶态铁相反，可能是由于蔗渣吸附的选择性。含有两种或两种以上金属离子的条件下，离子间的竞争吸附不可避免，若不同金属被同一基团吸附，共存条件下的吸附量与单一金属存在下的吸附产生差异。如图 5-36（b）所示，相较于未改性赤泥，改性后赤泥中弱酸提取态铬含量也呈现升高的趋势。在弱酸条件下，蔗渣的一些官能团，如羧基，可以吸附金属离子，但在低 pH 条件下，这些官能团将会质子化，H_3O^+ 与重金属离子争夺吸附位点，同时阻碍活性基团的解离，使得吸附效量下降，所以弱酸提取铬的含量升高。

③蔗糖副产物对赤泥重金属迁移性的影响：土柱试验可以模拟土壤中元素形态的变化与迁移规律。用酒精废醪液作为淋滤液，探讨赤泥中重金属的释放迁移规律，为赤泥的环境效应和改性研究提供必要的基础数据和科学依据。

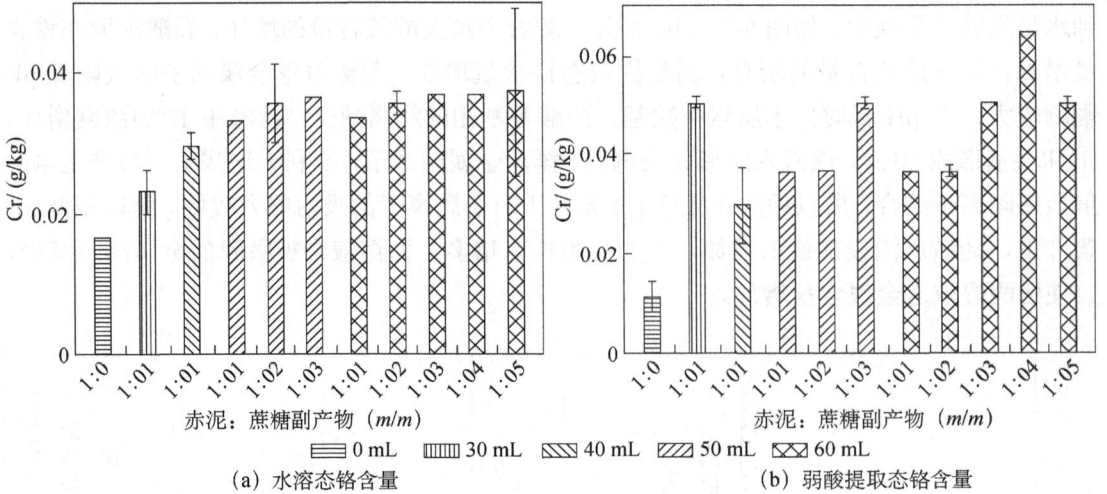

图 5-36　投加量对赤泥中不同铬形态的影响

土层高度：如图 5-37（a）所示，渗滤液中的 Zn 含量呈现出随着土柱深度的加深而下降的趋势，而 Cu、Cr 和 Pb 的含量并没有明显变化。赤泥对 Pb、Zn、Cu 等重金属离子有较好的固着性能，使其从可交换状态转变为键合氧化物状态，使原来呈游离状态的离子处于被吸附的稳定状态，从而使土壤中重金属离子的活性和反应性降低，有利于微生物活动和植物的生长。因酒精废醪液淋溶导致赤泥中的金属溶解并随淋溶液在土层中的累积，受土壤中的矿物以及有机质吸附作用影响，上层土层由于矿物作用以及较高的有机质含量，使得其重金属含量比下层土层高。赤泥可作为污染土壤中 Pb、Zn 等重金属的钝化剂。Pb、Zn、Cu、Cr 等重金属元素在赤泥中的酸可提取态、可还原态、可氧化态所占比例较高，具有较大生物可利用风险及潜在危害。

处置时间：如图 5-37（b）所示，在酒精废醪液的淋溶下，前 8 h 淋出液中 Mn 的浓度随淋溶时间增加而升高，8 h 后淋出液中 Mn 的浓度几乎不随时间而变化；淋出液中 Cr 的

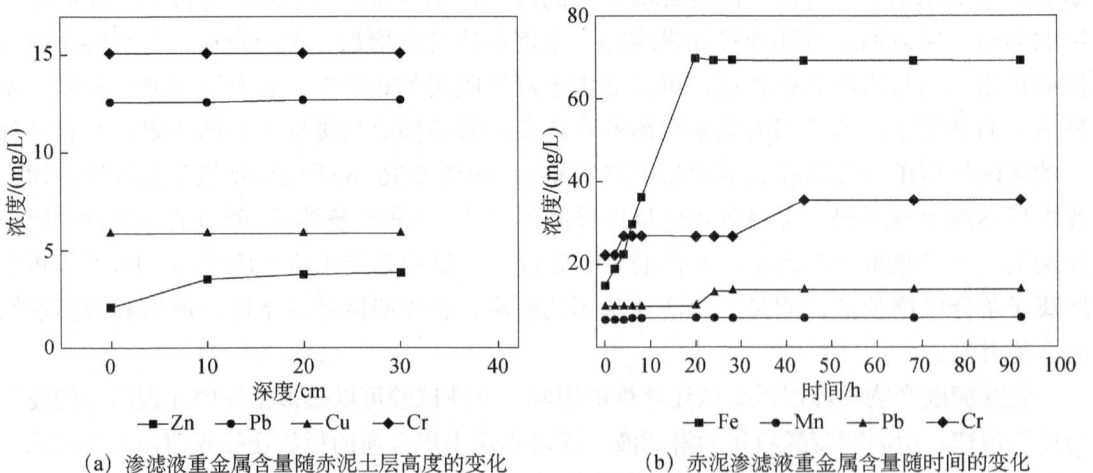

图 5-37　酒精废醪液对土柱中赤泥渗透液金属含量的影响

浓度 2～30 h 有所升高，随后趋于稳定；淋出液中 Pb 的浓度 20 h 后有所升高。当用酒精废醪液淋溶时，在前 20 h，淋出液中的 Fe 浓度随着淋溶时间的增加浓度不断升高，20 h 后淋出液中的铁浓度趋于稳定。赤泥中溶出的 Pb 进入土层后，被 Fe/Al 氧化物及氢氧化物或是蔗渣吸附，随着时间的增长金属离子进入吸附质微孔传质速度减慢，到达平衡状态，故渗滤液所测得的含量也趋于稳定，当淋溶时间为 20～40 h，渗滤液中 Pb、Cr、Mn、Fe 的含量基本稳定，逐渐趋于最大值。

（3）赤泥淋滤过程中重金属形态的迁移转化行为研究

拜耳法赤泥：本试验赤泥采自中铝广西分公司赤泥坝的赤泥样品。分析结果表明赤泥中有赤铁矿、针铁矿、钛酸钙、一水硬铝石、碳酸钙、钙霞石、水化石榴石等物相，赤泥测定的金属离子原有理化性质和多元素分析结果如表 5-20 和表 5-21 所示。将采集的赤泥自然风干，研磨后过 200 目筛并装入塑封袋中备用。试验试剂：EDTA（0.1 mol/L）乙二胺四乙酸二钠（Na_2EDTA，简称 EDTA）作为一种人工螯合剂，对大多数重金属均有较好的螯合作用。柠檬酸（0.5 mol/L）作为低分子量有机酸的一种，不仅本身可生物降解，而且对土壤中重金属的解吸具有明显的促进作用。氢氧化钠（0.1 mol/L）、硝酸（0.1 mol/L）、盐酸（1.18 g/mL）、硝酸（1.41 g/mL）、高氯酸（1.66 g/mL）、氢氟酸（1.15 g/mL）、蒸馏水。本试验采用经淋洗液 pH 为 3，淋洗方式为 4 h 柠檬酸＋4 h EDTA 处理的赤泥。

表 5-20　供试赤泥基本理化性质

名称	检测结果	名称	检测结果
pH（纲量一）	9.5	汞/（mg/kg）	2.77
镉/（mg/kg）	0.63	砷/（mg/kg）	22.44

表 5-21　中铝广西分公司赤泥多元素分析结果　　　　　　单位：wt%

赤泥成分	成分比例	赤泥成分	成分比例
Fe_2O_3	32.47	V_2O_5	0.128
Al_2O_3	17.47	ZrO_2	0.36
SiO_3	11.93	Sc_2O_3	0.015
CaO	14.13	Na_2O	4.0
TiO_2	5.45	K_2O	1.0

赤泥土柱淋溶及植物种植试验：采用与上节相同的试验装置与方法进行土柱试验，但所使用的酒精废醪液为纯酒精废醪液，未添加蒸馏水混合。有机玻璃管中土壤淋溶两天后，将其静置于干净桌面上，旁侧与底部的取样口封闭，顶部不封闭。设置 2 组试验，每组实验分别做 4 组平行。①土柱淋溶后的赤泥在有机玻璃管中静置 10 d 后，将土壤完全取出后为 800 g，搅拌均匀后分别等量放入相同规格的花盆中，共 4 盆。每个花盆内放入 50 粒草坪籽，4 个花盆分别编号为 A1、A2、A3、A4；②将未经修复处理过的赤泥分别等量放入 4 个相同规格的花盆内，每个花盆内放入 50 粒草坪籽，4 个花盆分别编号为 A5、A6、A7、

A8；③每个花盆每天浇 100 mL 蒸馏水并每隔 1 周记录草籽的发芽率；④每隔半个月对 8 个花盆中的赤泥进行 pH 的测定。

异位淋洗及植物种植试验：异位淋洗试验中植物种植所用的赤泥为经过 4 h 柠檬酸＋4 h EDTA 淋洗试验所得到的赤泥。

淋洗试验：取 2.5 g 处理好的备用赤泥置于 50 mL 的离心管（准备 12 份，编号），分别加入 10 mL pH 为 3、5 和 7（用 0.1 mol/L 氢氧化钠和 0.1 mol/L 硝酸进行调节，每个 pH 做 3 组平行）的 0.5 mol/L 柠檬酸（固液比为 1∶4）溶液后放入恒温振荡器振荡 4 h（25 ℃，220 r/min），然后离心 5 min（10 000 r/min），使其固液分离。用 20 mL 的蒸馏水清洗固体，振荡 15 min 后离心 10 min，分离掉上层液体，留下固体待用。在剩余固体中加入 10 mL pH 为 3、5 和 7（用 0.1 mol/L 氢氧化钠和 0.1 mol/L 硝酸进行调节，每个 pH 做 3 组平行）的 0.1 mol/L EDTA（固液比为 1∶4）后放入恒温振荡器振荡 4 h（25 ℃，220 r/min），然后离心 5 min（10 000 r/min），使固液分离。用 20 mL 的蒸馏水清洗固体，振荡 15 min 离心 10 min（10 000 r/min），分离掉上层液体，留剩下固体土壤。

种植方法：设置 2 组试验，每组试验分别做 3 组平行。①将经淋洗液 pH 为 3，淋洗方式式为 4 h 柠檬酸＋4 h EDTA 淋洗修复过的赤泥分别等量放入 3 个相同规格的花盆内，每个花盆内放入 10 粒草坪籽，3 个花盆分别编号为 1、2、3；②将未经修复处理过的赤泥分别等量放入 3 个相同规格的花盆内，每个花盆内放入 10 粒草坪籽，3 个花盆分别编号为 4、5、6；③每个花盆每天浇 100 mL 蒸馏水并同时记录草籽的发芽率、株高等信息；④3 个星期后对 6 个花盆中的赤泥进行总量和形态的测定。

土柱淋溶试验植物发芽周期与土壤 pH 变化：从种植草坪籽种子开始，至草坪籽生长后死亡维持周期为 60 d，其中每隔 15 d 测量一次土壤的 pH（除去初次种植时所测土壤 pH），每隔一周记录一次草籽的存活棵数。如图 5-38 所示，（a）、（b）、（c）、（d）为草坪籽种植两周后生长状况，（e）、（f）为草坪苗生长枯萎时，根部呈现出黑色情况。60 d 内平均 5 次测量中土壤 pH 见表 5-22，60 d 中平均记录八次草坪籽存活棵数见表 5-23。

图 5-38　草坪籽种生长状况

表 5-22　草坪籽生长周期中土壤 pH 记录

	A1	A2	A3	A4	平均值	A5	A6	A7	A8
初次测量	8.15	7.30	7.21	7.18	7.46	10.61	10.71	10.53	10.61
第 1 次测量	8.36	7.52	7.56	7.45	7.72	10.61	10.74	10.63	10.64
第 2 次测量	8.92	8.72	8.83	8.84	8.83	10.62	10.70	10.45	10.57
第 3 次测量	9.49	9.19	9.17	9.23	9.27	10.66	10.69	10.57	10.65
第 4 次测量	10.01	9.56	9.60	9.54	9.68	10.70	10.73	10.64	10.66

表 5-23　草坪籽生长周期中草坪籽存活棵数记录　　　　　　　　　　单位：棵

	A1	A2	A3	A4	A6	A7	A8
第 1 次记录	7	12	8	9	0	0	0
第 2 次记录	19	30	32	27	0	0	0
第 3 次记录	31	33	41	34	0	0	0
第 4 次记录	33	27	39	30	0	0	0
第 5 次记录	14	0	34	27	0	0	0
第 6 次记录	10	0	26	21	0	0	0
第 7 次记录	4	0	21	14	0	0	0
第 8 次记录	4	0	11	10	0	0	0

Cd 形态变化：异位淋洗后，草坪籽种植前后赤泥中重金属 Cd 在各形态中的含量变化情况如图 5-39 所示。草坪籽在花盆 1、花盆 2 和花盆 3 中均有发芽，而在花盆 4、花盆 5 和花盆 6 中未发芽。6 个花盆的赤泥中重金属 Cd 的不同形态均有变化，其中以有效（弱酸可提取态）的变化最为明显。花盆 1、花盆 2 和花盆 3 中的弱酸可提取态均减小 50%左右，可还原态和可氧化态的含量稍有降低而残渣态的含量基本无变化。花盆 4、花盆 5 和花盆 6 中未有种子发芽，并且重金属 Cd 的 4 种形态无变化。

As 形态变化：异位淋洗试验后，草坪籽种植前后赤泥中重金属 As 在各形态中的含量情况如图 5-40 所示。草坪籽在花盆 1、花盆 2 和花盆 3 中均有发芽，而在花盆 4、花盆 5 和花盆 6 中未发芽。6 个花盆的赤泥中重金属 As 的不同形态均有变化，其中有效态（弱酸可提取态）的变化最明显。花盆 1、花盆 2 和花盆 3 中的弱酸可提取态均可降低 18%左右，可还原态和可氧化态的含量稍有减小而残渣态的含量基本无变化。花盆 4、花盆 5 和花盆 6 中未有种子发芽，并且重金属 As 的 4 种形态无变化。

Hg 形态变化：异位淋洗后，草坪籽种植前后赤泥中重金属 Hg 的形态变化情况如图 5-41 所示，草坪籽在花盆 1、花盆 2 和花盆 3 中均有发芽，而在花盆 4、花盆 5 和花盆 6 中未发芽。6 个花盆的赤泥中重金属 Hg 的不同种形态均有变化，其中以有效态（弱酸可提取态）的变化最为明显。花盆 1、花盆 2 和花盆 3 中的弱酸可提取态均可降低 36%左右，可还原态和可氧化态的含量稍有减小，而残渣态的含量基本无变化。花盆 4、花盆 5 和花盆 6 中未有种子发芽，并且重金属 Hg 的 4 种形态基本无变化。

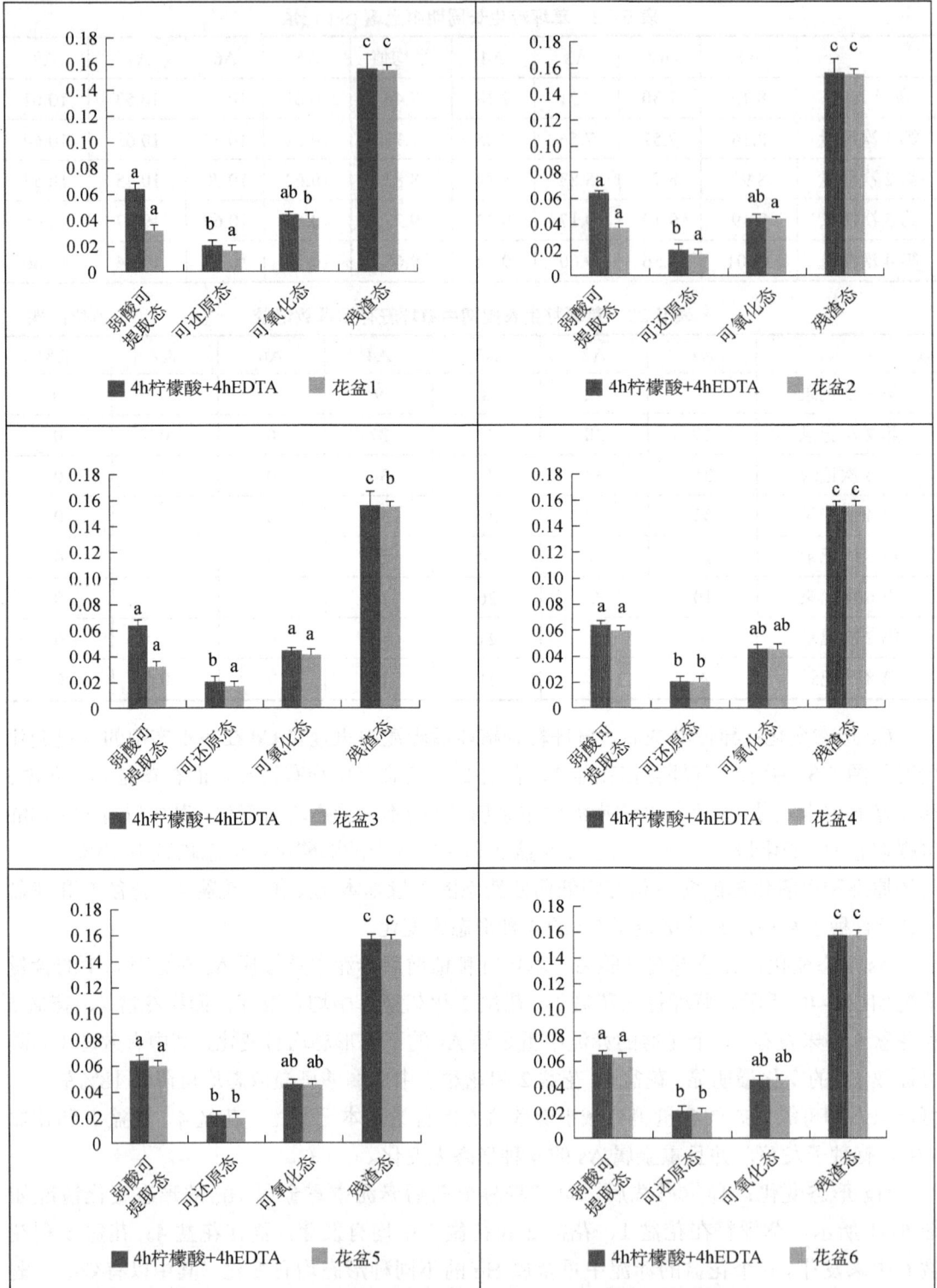

图 5-39　草坪籽种植前后赤泥中重金属 Cd 在各形态中的含量情况对比

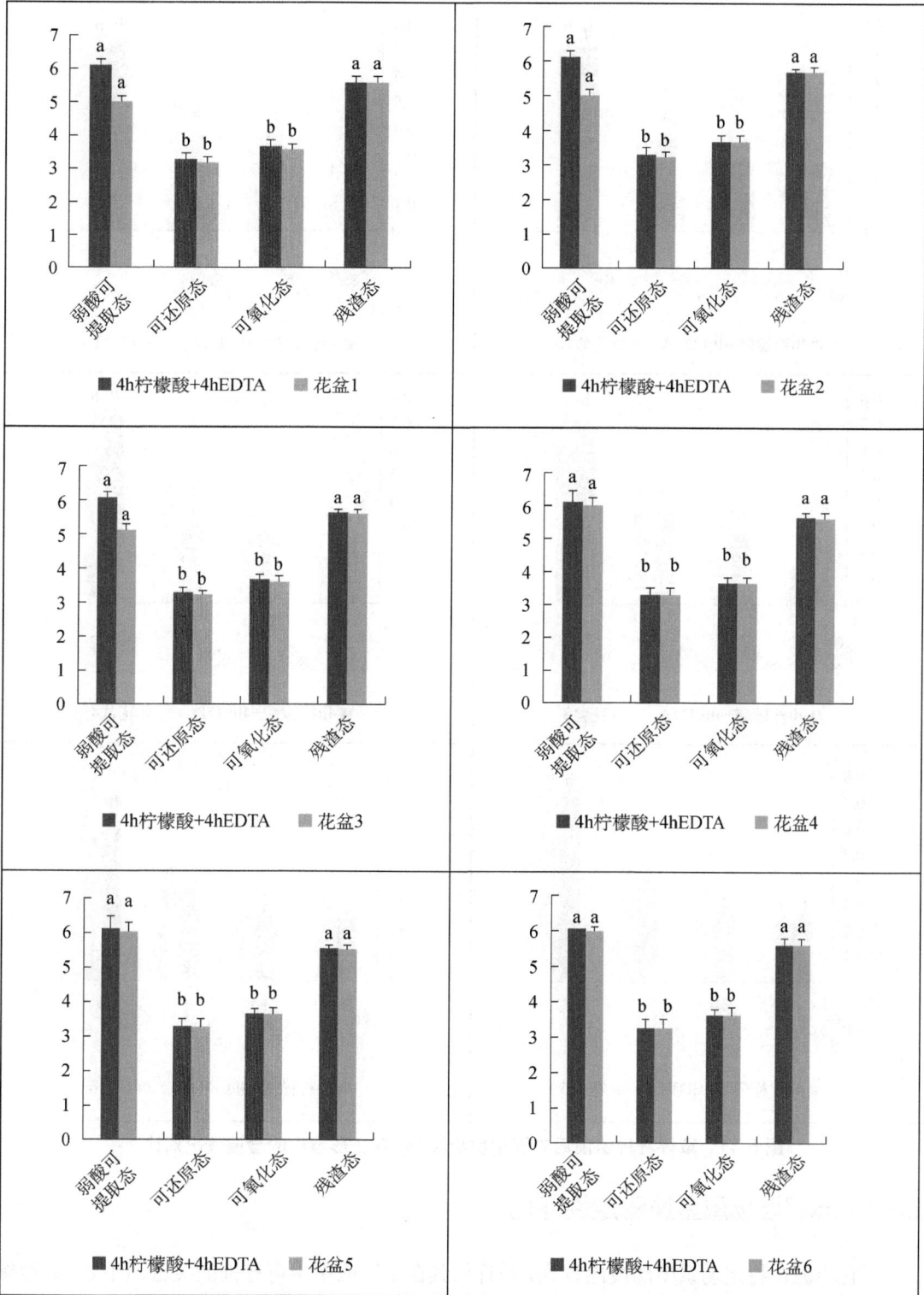

图 5-40　草坪籽种植前后赤泥中重金属 As 在各形态中的含量情况对比

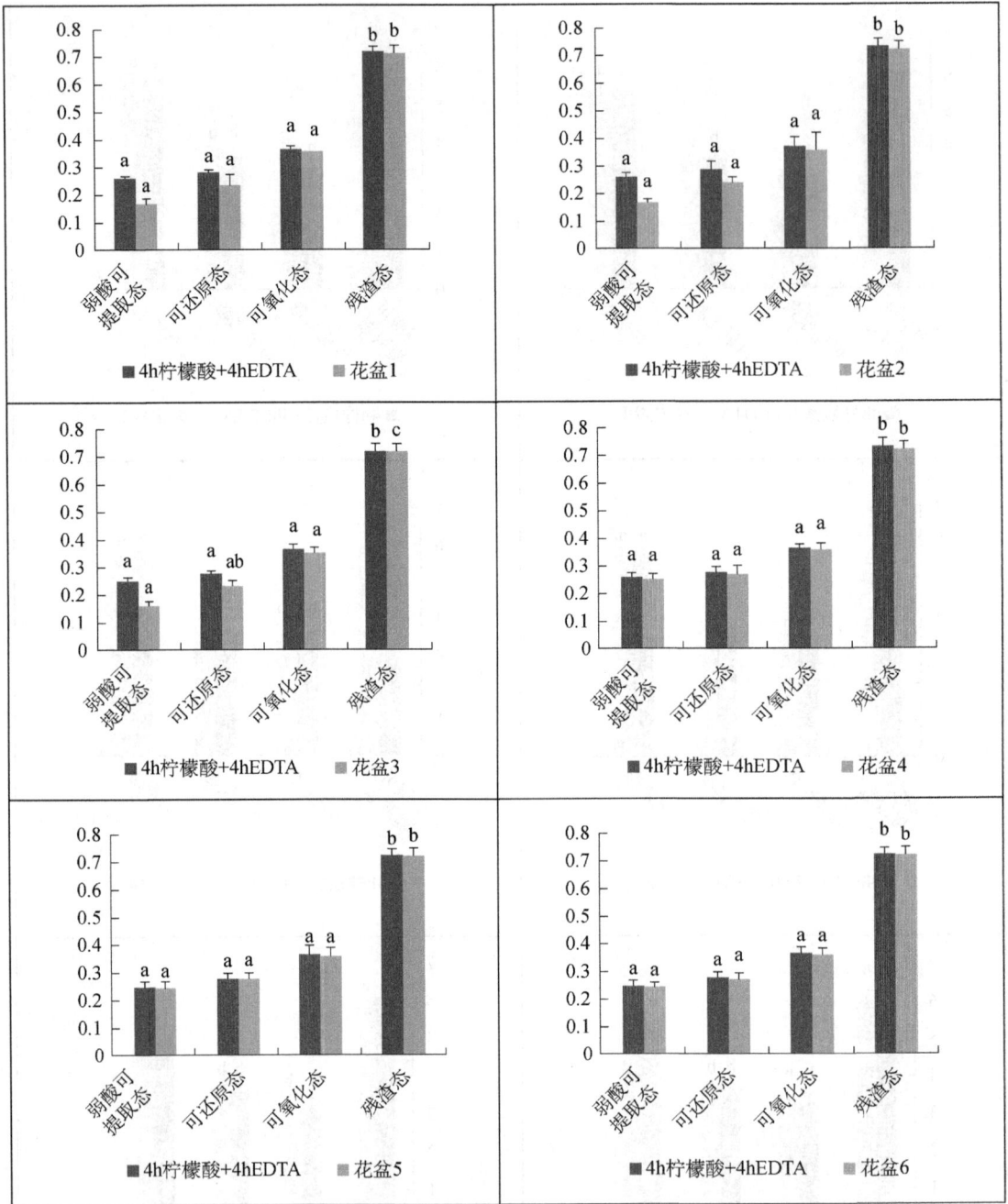

图 5-41 草坪籽种植前后赤泥中重金属 Hg 在各形态中的含量情况对比

5.3.4 赤泥堆场重金属稳定性评估

了解赤泥在特定场景中的浸出行为，是评估其在不同应用中可行性的关键，而关于赤泥碱性降低后，以及有机质培肥后浸出特性的研究非常有限，土壤化处置对环境存在潜在影响仍不明确。目前的研究主要集中在评估赤泥及赤泥再利用的环境风险，评估方法多采用 TCLP 毒性浸出测试，但使用单次浸出试验，由于其仅对特定条件（城市固体废物填埋场）具有特异性，因而对金属浸出性的评估通常存在问题，pH 的影响很重要，特别是在处理碱性废物时。赤泥具有极高的 ANC，因此可快速消耗 TCLP 提取液中仅提供的固定量的乙酸，这可能导致 TCLP 的酸性条件在完全浸出过程中不会维持太久，从而导致对赤泥实际潜在金属释放的评估偏低。因此本节采用基于 pH 的平行浸出方法研究了赤泥中金属的释放特性，对于赤泥中金属在一般环境条件下的稳定性评估采用美国环境保护局发布的典型浸出评估方法——模拟酸雨淋溶的 SPLP 和 MEP 法。尽管这两种方法也会低估赤泥中金属的浸出能力，但二者更接近现场条件下赤泥堆场可能面临的极端环境，尤其是日益突出的酸雨问题。

在模拟酸雨条件下，赤泥中金属的浸出浓度均未超过《地下水环境质量标准》（GB/T 14848—93）中地下水质Ⅲ类标准，且随 NHA 碱性调控力度的增加，Al、V、Cr、Ni、Cu、As、Cd 的浸出浓度降低，其中 Al 和 V 的浸出浓度降幅最大，15%的 NHA 中和赤泥，Al 和 V 的浸出浓度几乎为 0。Ti、Mn、Pb 的浸出浓度随 NHA 添加量的增加而增加，如图 5-42 所示，但由于这几种金属在本试验所采用赤泥中的总量不高，因而浸出

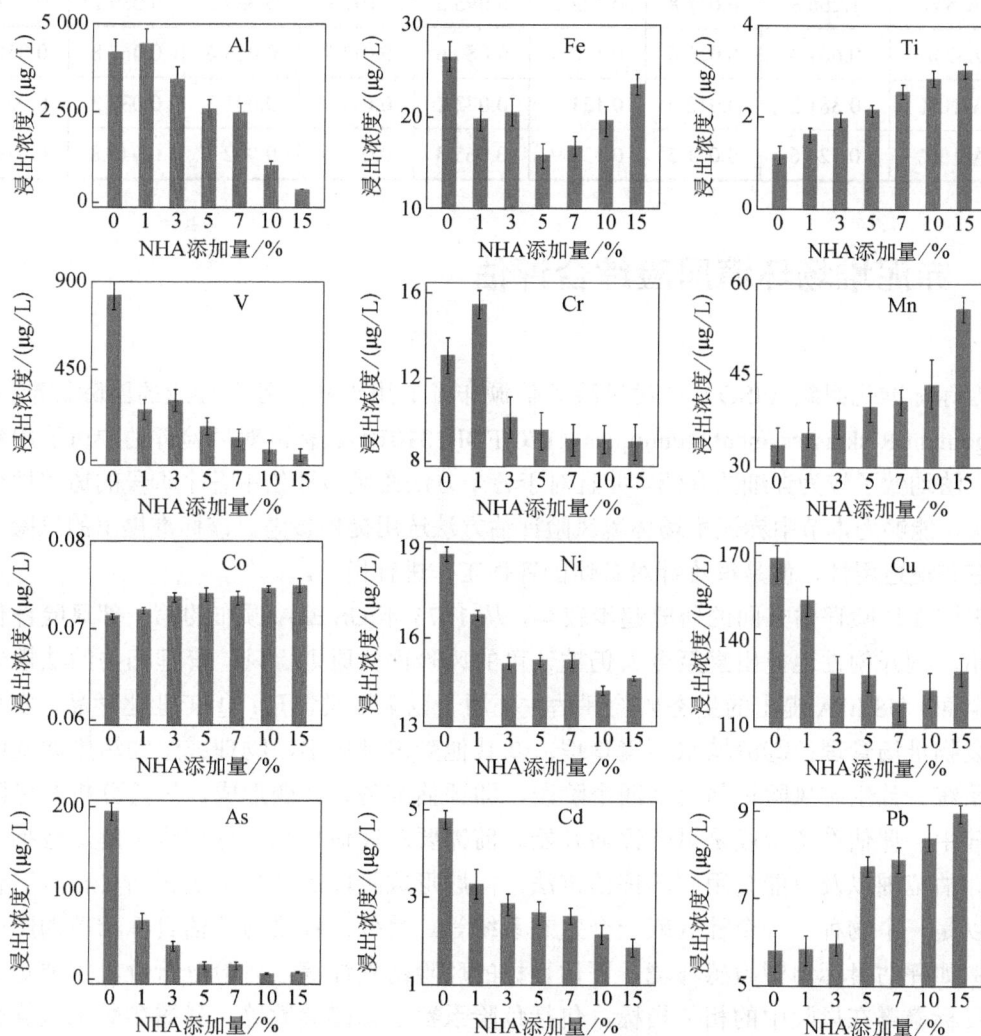

图 5-42　硝基腐殖酸对赤泥中金属稳定性的影响

浓度未超标，对于总量较高的赤泥，这3种金属的浸出特性应予以重视。为了考察在酸雨条件下长期范围内赤泥中金属的最大浸出浓度，借助连续10 d浸提的MEP法进行研究，发现As的最大浸出浓度为13.07 mg/kg，其他金属的最大浸出浓度都较低，均在《土壤环境质量标准》（GB15618—1995）的自然背景范围内。NHA中和后赤泥金属的最大浸出浓度与未中和赤泥相比有降低的趋势，表明NHA有利于赤泥中金属在极端自然条件下的长期稳定性（表5-24）。

表 5-24　赤泥中金属的最大浸出浓度

Sample	As	Cd	Cr	Cu	Co	Mn	Ni	Pb
BR	13.072 0	0.011 8	0.401 2	0.080 0	0.011 8	0.008 1	0.033 9	0.058 0
NHA-1%	9.600 7	0.011 7	0.306 7	0.096 4	0.011 9	0.000 1	0.035 1	0.055 9
NHA-3%	2.658 0	0.011 7	0.128 2	0.129 2	0.012 2	0.000 1	0.037 4	0.051 7
NHA-5%	1.266 8	0.011 8	0.122 2	0.098 3	0.012 0	0.000 2	0.039 2	0.051 3
NHA-7%	0.669 4	0.011 6	0.130 4	0.080 6	0.011 7	0.003 6	0.067 8	0.050 7
NHA-10%	0.381 2	0.012 4	0.131 9	0.073 2	0.011 7	0.001 3	0.038 2	0.050 8
NHA-15%	0.324 6	0.011 5	0.132 9	0.065 3	0.011 9	0.002 3	0.049 8	0.049 7

5.4　赤泥堆场环境风险综合评估

国际标准化组织（ISO）针对风险评估颁布了适用于社会各个行业的国际标准 Risk management-Risk assessment techniques（IEC/FDIS 31010）。标准对风险评估中可能用到的评估方法均做了较为详细的介绍，并且对于各个方法在风险评估中各个阶段的适用性也加以说明，能够为本节中赤泥堆场环境风险评估方法选用提供参考。该标准提出的风险评估虽具有普遍适用性，但是很难针对具体的评估工作进行指导。

美国在风险评估方面的研究起步较早，从1975年US EPA颁布的第一部风险评估文件开始，到开创性地提出直至今天仍被认可的风险评估原则，风险管理相关的法规体系非常全面。US EPA提出的生态风险评估主要用于以下3类情形：①工业化学品、农药及危险废物堆场管理；②流域水环境管理；③其他受多种化学、物理或生物污染源威胁的生态系统。且生态风险评估包括四个阶段，即评估准备、问题形成、风险分析和风险表征。其中，评估准备阶段是风险评估开始之前需要对评估目标进行初步了解，包括风险源、评估范围以及可能会用到的评估方法。问题形成阶段需首先确定评估目标，评估目标可以是一个物种、一个社区或一个生态系统等。另外，收集与评估目标相关的影响因素，例如评估目标周围敏感环境，评估目标的风险耐受性等。风险分析阶段主要是确定评估目标暴露在风险中的相关指标，包括危险系数、暴露参数等，暴露参数又包含作用面积、食物摄取率和生物富集率等参数。风险表征阶段是运用分析阶段结果确定评估目标整体风险值，总结评估因子的不确定性及影响最小化。从风险评估情形来看，赤泥作为氧化铝生产过程中排放的一种固体废物，由于产生量大，综合利用率低，目前普遍采用堆存的方式进行处置。赤泥不属于工业化学品和农药类，在我国属于一般固体废物。因此赤泥堆场环境风险评估不宜采用 US EPA 提出的生态风险评估体系，可以参考借鉴体系中风险评估原则等部分内容。

澳大利亚采矿业发达，在矿山及尾矿库环境管理方面同样具有丰富的经验。澳大利亚联邦政府以及各州或领地政府均发布有相关法规文件，但由于矿产资源分布不均，各地方对于矿冶活动的监管能力也有所不同。与固废堆场或尾矿库环境风险评估相关的法律文件主要有联邦政府的尾矿库风险管理手册 *Risk Handbook* （2016.09）和西澳大利亚州的 *Risk Assessments-Part V，Division 3，Environmental Protection Act 1986*。其中联邦政府的尾矿库风险管理手册不仅考虑了尾矿库的坝体安全领域，而且将尾矿库整体作为风险源，以周围环境为风险受体指导相关部门开展尾矿库风险评估工作。*Risk Assessments-Part V，Division 3，Environmental Protection Act 1986* 提供基于尾矿库的环境风险评估方法，以实现相关部门的监管职能，确保尾矿库环境风险在公众健康和生态环境可承受范围以内。以赤泥堆场为研究对象，评估其在常规运行状态下对周围环境的风险影响符合 *Risk Assessments—Part V，Division 3，Environmental Protection Act 1986* 的应用范围。赤泥堆场与其他尾矿库共有的特点为坝体高、占地面积大，堆存物中含有对周围生态环境和人体健康产生危害作用的污染物质。同时赤泥堆场又有自身特性，主要为赤泥具有极强的碱性、堆场表面植物难以生长，堆场表面易形成碱性赤泥颗粒随扬尘进入周围环境。综上所述，本文主要从风险源—风险途径—风险受体角度，参考澳大利亚相关尾矿库风险评估资料并学习借鉴国际标准化组织颁布的风险评估方法开展赤泥堆场环境风险评估。风险管控主要从切断风险传播途径，减少风险源进入风险受体的可能性；提升受体风险耐受性，降低赤泥堆场周围环境敏感性，提高环境耐受程度；以及降低风险源自身污染水平，降低赤泥碱性析出、降低赤泥中重金属迁移等方面采取措施。

5.4.1 赤泥堆场环境风险评估框架

基于科学的评估方法评价赤泥堆场对周围环境产生的风险，相关部门能够更为合理高效地管理赤泥堆场，确保赤泥堆场潜在风险在周围生态环境的可接受范围之内。赤泥堆场环境风险评估首先需明确评估情景，其次通过定性与定量方法对赤泥堆场进行风险识别，包括堆场对周围环境的风险源，风险由赤泥堆场到周围环境的传播路径以及可能会造成危害的风险受体等；风险分析阶段主要针对赤泥堆场风险源对受体的影响程度，运用科学的评估方法进行定量化分析。风险评价阶段是在总结风险识别和风险分析中得到的定性和定量结果基础上，对赤泥堆场环境风险计算与等级划分；最后针对赤泥堆场风险评估结果明确需采取的风险管控措施，确保风险在环境受体的可接受范围内，堆场风险评估程序如图 5-43 所示。

赤泥堆场风险评估主要包括以下步骤：

①确定赤泥堆场环境风险评估情景。

②风险识别：通过污染源—污染路径—污染受体确定赤泥堆场对周围环境的风险。

③风险分析：基于风险可能性与结果严重性定量分析赤泥堆场环境风险。

④风险评价：赤泥堆场环境风险计算与等级划分。

⑤针对风险评估结果确定风险管控措施。

（1）确定赤泥堆场环境风险评估情景

①搜集赤泥堆场现状以及历史情况资料。

②搜集赤泥堆场周围环境特征相关资料，包括地理条件、土壤类型等。

③搜集赤泥堆场所在区域气象条件数据。

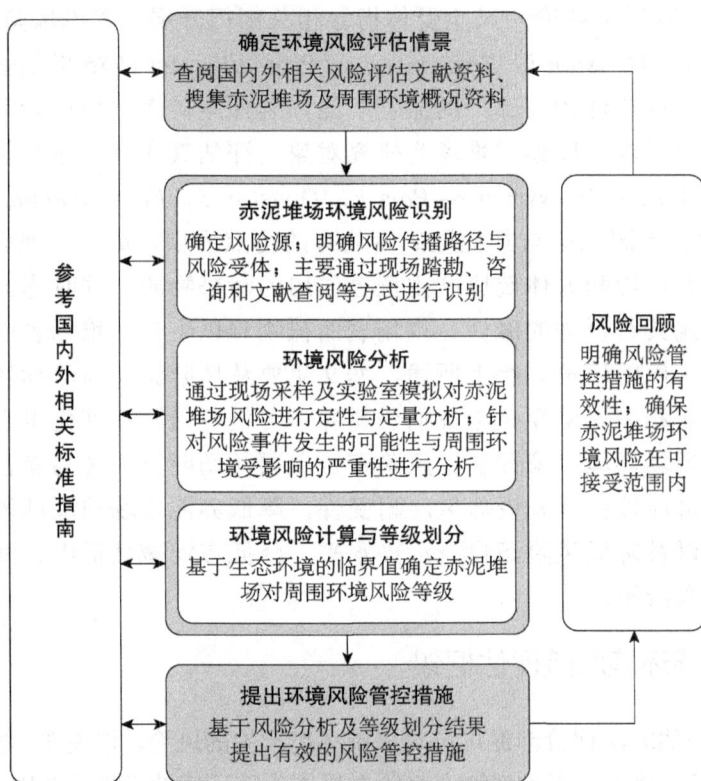

图 5-43 赤泥堆场环境风险评估程序

（2）赤泥堆场环境风险识别

赤泥堆场环境风险评估情景确定之后需要理性地识别与这些情景相关的风险。风险识别的目的是理解与评估对象相关的所有风险事件，明确其因果关系及所有潜在结果的本质和影响程度以及风险发生的可能性，本文中赤泥堆场环境风险识别基于风险源—风险路径—风险受体展开。

风险源—风险路径—风险受体对赤泥堆场环境风险识别，首先明确赤泥堆场对周围环境产生潜在危害的风险源，通过对赤泥堆场的现场采样踏勘，已有监测数据及实验室内模拟分析确定风险源的类型、浓度及持续时间等特征。然后明确风险传播的路径，需要获取赤泥堆场及其周围环境的地理地势、气象信息等资料。需要考虑赤泥堆场周围环境因素以确定风险源可能会对受体造成的损害程度。最后明确潜在的风险受体，包括赤泥堆场周围环境区域中各种介质。赤泥堆场环境风险识别主要采用定性与定量分析方法确定。此外，明确风险事件需排除与赤泥堆场相关的人员参与，尽量保证结果客观公正，赤泥堆场环境风险具备以下特征：①赤泥直接或间接进入周围生态环境；②堆场周围土壤等环境介质通过明确或可能的路径暴露在赤泥中；③赤泥堆场或赤泥对周围土壤等环境介质产生了明确或潜在的负面影响。

（3）赤泥堆场环境风险分析

风险分析阶段是对风险成因以及对环境的影响更清晰的识别及理解，能够用于评价风险的分布及本质以及风险控制措施的结果。赤泥堆场环境风险分析基于风险指标发生的可能性和结果严重性，通常采用定性和定量分析方法确定。定性分析方法一般基于结果严重性/发生可能性矩阵，具有较为迅速以及相对容易等优势，在风险分析过程中运用非常广泛。定性分析主要用于风险指标的比较，例如风险矩阵法常用于确定不同风险指标的分级，其优势在于能够将一线劳动者参与进来。赤泥堆场一般风险指标的定性分析可参考表 5-25 进行。

表 5-25   赤泥堆场环境风险标准

环境风险结果严重性		环境风险发生可能性	
等级	指标描述	等级	指标描述
严重	堆场自身影响：灾难性 堆场之外部分区域影响：高水平及以上 堆场以外绝大部分区域影响：中等水平及以上 对区域具有长期性甚至永久性影响 显著超出环境标准值	极有可能	绝大部分情况下会发生
较大	堆场自身影响：高水平 堆场之外部分区域影响：中等水平 堆场以外绝大部分区域影响：低水平 对区域具有短期影响 超出环境标准值	较大可能	大多数情况下会发生
中等	堆场自身影响：中等水平 堆场之外部分区域影响：低水平 堆场以外绝大部分区域影响：微弱 接近环境标准值	可能	具有发生的可能性
较小	堆场自身影响：中等水平 堆场之外部分区域影响：低水平 堆场以外绝大部分区域影响：不明显 小于环境标准值	不太可能	大多数情况下不可能会发生
轻微	堆场自身影响：微弱 远小于环境标准值	极小	风险仅可能发生在极端情况下

定量风险评估不能凭直觉，而是需要预先进行调查。定量分析用于以下情形：①公式计算法，由单一风险指标结果得出多重潜在结果并且所有有意义的结果均可被认为风险值；②情景模拟法，对于难以预测的风险指标需通过现场踏勘及实验室模拟极端情况预测最严重的结果；③其他情况可搜集相关资料数据，包括赤泥堆场往年运行状况数据、历史事件记录、监测数据以及公开发表的文献资料、相似状况的运行经验确定赤泥堆场对周围环境风险的严重程度，包括考虑环境受体自身敏感性。通过以上方法对环境风险指标进行分析后，需对各风险指标进行量化，具体步骤为：

①重要性排序：对于通过定性方法确定的风险矩阵，需依据其重要性进行排序。重要性排序具体步骤如下：

将构造的风险矩阵的元素按行相乘：$M_i = \Pi_{j=1}^{n} b_{ij}$（$i$，$j$=1，2，…，$n$） （5-4）

将所得的乘积分别开 n 次方：$\overline{W}_i = \sqrt[n]{M_i}$ （5-5）

将方根归一化，得到特征向量 W：$W_i = \overline{W}_i / \sum_{i-1}^{n} d_i$ （5-6）

②一致性检验：通过对风险矩阵的重要性排序得到特征向量作为指标权重，对于特征向量是否合理需要对风险矩阵进行一致性检验，以确定是否可被接受。一致性检验具体过程如下。

首先，定义一致性检验指标：

$$CI = \frac{\lambda_{max} - n}{n - 1}$$ （5-7）

式中，n 为风险矩阵的阶数。CI 值越大，说明风险矩阵的一致性越差，若 CI=0，说明构造的风险矩阵具有完全一致性。λ_{max} 为风险矩阵的最大特征值：

$$\lambda_{max} = \sum_{i=1}^{n} \frac{BW}{nW_i}$$ （5-8）

之后，查找相应的平均随机一致性指标（RI），其值见表 5-26。

表 5-26　平均随机一致性指标

阶数	2	3	4	5	6	7	8
RI	0	0.58	0.9	1.12	1.24	1.32	1.41

最后，计算一致性比例（CR）：

$$CR = \frac{CI}{RI}$$ （5-9）

当 $n > 2$，CR < 0.1 时，风险矩阵一致性通过，权重结果是可接受的、合理的。否则，需重新调整风险矩阵，直至通过一致性检验为止。

（4）赤泥堆场环境风险计算与等级划分

赤泥堆场环境风险计算风险的基本数学表达式主要基于风险结果和可能性的计算：风险=∑（风险严重程度×风险可能性）。赤泥堆场环境风险等级划分见表 5-27。

表 5-27 风险等级划分

风险可能性	结果重要性				
	轻微	较小	中等	较大	严重
极有可能	中	高	高	极高	极高
较大可能	中	中	高	高	极高
可能	低	中	中	高	极高
不太可能	低	中	中	中	高
极小	低	低	中	中	高

（5）赤泥堆场环境风险管控措施

根据风险结果确定各风险事件属性，包括可接受、可容忍和不能接受、不能容忍的风险事件，然后采取最为科学合理有效的赤泥堆场环境风险管控措施（表 5-28）。赤泥堆场环境风险被确定，且采取相关风险管控措施后，需要定期对风险进行回顾，以确保风险管控措施将赤泥堆场环境风险降低在周围环境可接受范围之内。

表 5-28 环境风险管控措施

管控措施	措施说明
赤泥堆场基础环保措施	基础环保设施能够减缓污染源对污染受体的环境危害
赤泥堆场设计、建设资料	赤泥堆场最初方案设计及工程建造均会预防、控制、减缓污染源对环境的危害
污染物限制	风险特征污染源如赤泥向周围空气，土壤、地表水和地下水不能超出标准
监测设施	监测设施能够确认其他管控措施对减缓风险方面的作用，也能够获得基础数据，支持风险评估工作
堆场运行基本信息记录	详细记录赤泥堆场运行和维护阶段各种风险源情况（如剩余库容、堆存量、设施理化参数）
特殊措施	特殊事件、短期事件或者一次性事件等（包括上级相关部门检查、事故演习等）
堆场规模限制	赤泥产生量与堆场规模在同一水平
赤泥理化性质	产生的赤泥理化性质稳定（例如堆场易产生扬尘，其赤泥含水率不应大范围浮动）

5.4.2 赤泥堆场环境风险评估案例

（1）确定环境风险评估情景

目标赤泥堆场湿法堆存方式，运营期为 2006—2013 年，目前处于暂停使用期。堆场为不规则四边形，占地总面积 120 万 m²，总库容为 1 300 万 m³。堆场分为 3 个子库，其中 1#库容 330 万 m³，库底高程 843.0 m，坝顶高程 862.0 m，顶宽 4 m，坡比 1∶2.5；2#库容

630 万 m³，库底高程 833.0 m，坝顶高程 859.0 m，顶宽 4 m，坡比 1：2；3#库容 340 万 m³，库底高程 842.0 m，坝顶高程 862.0 m，顶宽 6 m，坡比 1：2。库区整体铺设 2 mm 厚 HDPE 防渗膜，外坡设置排水渠，属于三级不透水均质土坝。赤泥堆场采用排水井—排水管的方式将库内澄清水送至厂区重复使用，坝体东侧设置有截洪沟，将库区上游洪水排入附近河流。赤泥库采用在线与人工相结合的监测方式，对坝体浸润线、位移、库内水位、水质进行常规监测。

堆场周围主要为农用地，种植玉米等作物。堆场北部 0.45 km 和西南 0.52 km 分别有 1 个村庄，西部 1.12 km 处为滹沱河，东靠五峰山山脉。堆场所在区域为干旱半干旱大陆性气候，年平均气温为 9.0 ℃，年平均降水量为 517 mm，年平均风速为 2.2 m/s。赤泥堆场成立有堆场管理站，设主任、副主任、安全专工等管理维护人员对赤泥堆场进行 24 h 监控，建立各项赤泥堆场安全管理制度及操作规程，运行期间未发生过泄漏溃坝等事故。赤泥堆场及周围地形地貌如图 5-44 所示。赤泥堆场在常规状态下，对周围生态环境的风险进行评估。

图 5-44 目标赤泥堆场及周围生态环境

（2）环境风险识别

赤泥：根据《一般工业固体废物申报登记名录》，赤泥属于一般工业固体废物，不属于《国家危险废物名录》。根据《一般工业固体废物贮存、处置场污染控制标准》（GB 18599—2001）确定赤泥属于第 II 类一般工业固体废物。通过对现场采集的赤泥样品进行分析检测，赤泥 pH 为 10.60，碱化度为 38.27%，呈强碱性，包含浓度较高的 As、Cd、Pb 和 Zn 等多种重金属污染物。毒性浸出结果表明赤泥中 As、Mo、Fe 浸出浓度较高，超出地下水水质标准限值。

赤泥堆场：堆场为不规则四边形，占地总面积为 120 万 m^2，总库容为 1 300 万 m^3。库区整体铺设 2 mm 厚的 HDPE 防渗膜，外坡设置排水渠，属于三级不透水均质土坝。赤泥堆场采用排水井—排水管的方式将库内澄清水送至厂区重复使用，坝体东侧设置有截洪沟，将库区上游洪水排入附近河流。赤泥库采用在线与人工相结合的监测方式，对坝体浸润线、位移、库内水位、水质进行常规监测。赤泥堆场成立有堆场管理站，设主任、副主任、安全专工等管理维护人员对赤泥堆场进行 24 h 监控，建立各项赤泥堆场安全管理制度及操作规程，运行期间未发生过泄漏溃坝等事故。堆场目前处于暂停使用，未闭库状态。

（3）传播路径

根据对赤泥堆场现场踏勘及相关文献资料查阅，赤泥对周围环境风险的传播路径有扬尘、地表径流等途径。其中，由于堆场坝体较高，表面广阔且寸草不生，极易产生扬尘使赤泥进入周围环境。在降雨条件下，堆场坝体地表径流可能导致部分赤泥进入坝体周围环境，但由于坝体周围设置有截洪沟，可有效阻止这一途径。因此，目前赤泥进入周围环境尤其是土壤环境的路径主要为扬尘。

（4）风险受体

对赤泥堆场附近土壤中重金属及盐碱含量进行分析，研究区域土壤中 Cd、V、Pb 和 Mo 的浓度以及 pH，交换性 Na、K、Ca、Mg 值较高。对土壤中重金属浓度、盐碱的空间分布分析显示由于风力作用，研究区域的 As、Mo、TA 和可交换性 Na、Ca 在研究区域的东部和南部富集。富集因子结果显示 Cd、V 和 Pb 为中等富集程度，V、Cr、Ni、Zn 和 Cu 富集程度较低。堆场东部和南部区域 Mo 的富集和土壤盐碱化程度较高。赤泥堆场对周围环境中的影响主要表现为在风力作用下对土壤盐碱的影响。赤泥中的 As 和 Mo 同样在下风向影响明显。Cr、Cu、Ni 和 Zn 的主要影响区域为堆场下风向 1 km 范围内。

（5）室内模拟

当赤泥进入土壤环境后，在降雨条件下其中的污染物质可能会对土壤造成潜在风险。淋溶赤泥导致表层（0~10 cm）土壤碱化明显，10~40 cm 深度土壤呈碱化趋势，对 40~60 cm 深度土壤碱化影响较小。土壤 EC 虽有增加，但不会造成土壤盐化风险。赤泥中的 Na^+ 具有较强的迁移性，可能对地下水造成潜在影响。K^+、Mg^{2+}、Ca^{2+} 等离子浓度随淋溶过程逐渐降低，对地下水没有明显影响。赤泥经酸雨淋溶后，赤泥中 As、Pb、Zn、Cd 4 种元素由于能够在土壤中明显累积，Cr、Ni 由于在土壤中主要以生物可利用形态存在，具有较强潜在危害。淋溶过程中，渗滤液中仅检出较低浓度的 Mo、V、Pb、Cu 4 种元素，说明赤泥经酸雨淋溶后，溶出的重金属主要滞留在土壤中，对土壤造成较大潜在危害，但对地下水潜在危害不明显。

（6）环境风险分析

根据上文中赤泥堆场环境风险识别获得的山西某赤泥堆场各风险指标数据，按照重要性排序和一致性检验并参考已有研究结果得出的各风险指标评价标准值，具体见表 5-29。

表 5-29　山西某赤泥堆场风险指标评价标准值

项目		指标属性	权重值	风险指标	权重值	山西某赤泥堆场风险指标现状	量值
赤泥堆场环境风险	结果严重性	风险源（赤泥）	0.543	pH	0.371 6	10.60	0.5
				碱化度	0.127 2	38.27%	0.3
				重金属种类、含量	0.129 4	包含浓度较高的 As、Cd、Pb 和 Zn 等多种重金属污染物	0.1
				浸出毒性	0.371 8	As、Mo、Fe 浸出浓度较高超出地下水水质标准限值	0.3
		风险源（赤泥堆场）	0.457	面积	0.42	120 万 m²	0.6
				库容	0.29	1 300 万 m³	0.6
				坝高	0.29	平均坝高 21.7 m	0.1
		风险受体（现场踏勘）	0.604	重金属污染	0.71	堆场周围土壤中 Cd、V 和 Pb 为主中等富集程度，V、Cr、Ni、Zn 和 Cu 富集程度较低。赤泥场中的 As 和 Mo 同样在下风向影响到堆场下风向 1 km 范围内	0.1
				盐碱污染	0.29	堆场周围土壤 pH、交换性 Na、K、Ca、Mg 值较高。TA、可交换性 Na、Ca 在堆场东部和南部富集	0.3
		风险受体（室内模拟）	0.396	土壤重金属污染程度	0.54	赤泥中 As、Pb、Zn、Cd 4 种元素由于能在土壤中明显累积，Cr、Ni 由于在土壤中主要以生物可利用形态存在。具有较强潜在危害	0.5
				土壤盐碱化程度	0.30	表层（0～10 cm）土壤碱化明显，10～40 cm 深度土壤呈碱化趋势，对 40～60 cm 深度土壤碱化影响较小。土壤 EC 虽有增加，但不会造成土壤盐化风险	0.5
				水体污染程度	0.16	赤泥中的 Na⁺ 具有较强的迁移性，可能对地下水中造成潜在影响。K⁺、Mg²⁺、Ca²⁺ 等离子浓度随淋溶过程逐渐降低，对地下水没有明显影响。赤泥中重金属对地下水潜在危害不明显	0.3
	发生可能性	风险源（赤泥堆场）	0.34	排洪措施	0.052 5	外坡设置排水渠	0.1
				运行状况	0.199 6	目前处于暂停使用，未闭库状态	0.5
				历史事故	0.104 3	运行期间未发生过泄漏溃坝等事故	0.1
				筑坝方式	0.146 1	三级不透水均质土坝	0.1
				防渗措施	0.148 1	库区整体铺设 2 mm 厚的 HDPE 防渗膜	0.1
				日常监测	0.118 7	在线与人工相结合的监测方式	0.1
				应急措施	0.052 1	应急设施完善责任明确	0.1
				堆场管理机构	0.178 6	成立有堆场管理处，设主任、副主任、安全专工等管理维护人员	0.1
	传播路径	自然条件	0.66	年平均风速	0.83	堆场所在区域年平均风速 2.2 m/s	0.5
				年平均降水量	0.17	堆场所在区域年平均降水量为 517 mm	0.3

（7）环境风险计算与等级划分

赤泥堆场环境风险计算的基本数学表达式主要基于风险结果和可能性的计算：山西某赤泥堆场环境风险=∑（风险严重程度×发生可能性）=0.245。根据已有研究结果，尾矿库环境风险取值范围的划分见表 5-30，山西某赤泥堆场环境风险指数为 0.245，等级为 I 级。

表 5-30　赤泥堆场风险等级划分

取值范围	[0, 0.25)	[0.25, 0.36)	[0.36, 0.64)	[0.64, 1]
风险分级	较小	较大	大	重大
等级	I	II	III	IV

（8）环境风险管控措施

根据以上评估结果，山西某赤泥堆场的环境风险等级为 I 级，对周围环境风险较小。根据表 5-30 中风险值较高的风险指标，主要采取的风险管控措施是：

①赤泥堆场扬尘风险发生可能性最高，在年平均风速为 2.2 m/s 时，赤泥扬尘风险值达到 0.274，风险较大。堆场扬尘的产生会直接导致赤泥进入周围环境产生进一步危害，因此堆场管理部门应采取有效抑尘措施，包括堆场周围搭建防风抑尘网、堆场表面覆盖密目防尘网，或将堆场收集的渗滤液部分喷洒到地势较高、易干涸的赤泥表面。

②采样发现赤泥堆场下风向周围土壤中重金属富集以及下风向堆场周围低地势区域盐碱富集风险较大，说明堆场对周围环境风险传播途径主要是风力及堆场表面径流作用，需采取抑尘措施和在堆场坝体周围与排水渠之间设置赤泥收集渠，收集到的赤泥重新排入堆场。

③室内模拟试验结果显示赤泥进入周围环境后，其重金属及盐碱对土壤造成危害，盐分离子在一定条件下可能对地下水产生影响。因此，在堆场底部防渗膜完好不破损的情况下，应采取上述措施尽可能减小赤泥进入周围环境的可能性。

第6章　赤泥堆场生态修复与工程案例

6.1　赤泥堆场生态修复研究

针对拜耳法赤泥盐碱性强、养分缺乏、易板结的性质，中铝郑州有色金属研究有限公司选用价格低廉且来源广泛的石膏、生物质等材料开展了大量赤泥土壤修复试验研究，从盐碱调控、团聚体构建、养分调理等关键环节进行技术突破，通过一系列的基质配方试验和实验室作物盆栽试验，优选出了最佳的基质配方和9种耐性作物品种。由于实验室盆栽空间有限，限制了作物的长期生长，为研究作物在自然条件的长期适生性，开展了田间作物扩大种植试验研究，以便更好地确定优势作物。同时，在种植作物时引入微生物耐性菌株，构建完整的生态系统，加速赤泥堆场的生态恢复进程。

本次扩大试验赤泥土壤修复深度为 30 cm，修复面积 100 m^2。选择 9 种初筛植物进行种植，为模拟自然生态环境各作物间的竞争生长，播种前将 9 种作物种子进行混合。赤泥土壤修复作物种植的工艺流程为：土地平整—耕耘翻晒—基质均撒—旋耕混合—土壤熟化—播种灌溉—养护管理，如图 6-1 所示。其中，基质耕耘混合后将赤泥土壤熟化 15 d，然后进行微生物喷洒和翻耕，进行作物播种，种植后观察作物长势，并分析土壤性质及微生物群落变化。

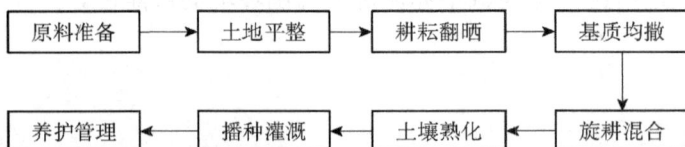

图 6-1　赤泥原位土壤化修复——作物种植工艺流程

6.1.1　赤泥土壤主要理化指标变化

赤泥修复前后土壤肥力检测指标如表 6-1 所示。经修复后赤泥中总氮、有效磷、速效钾和有机质含量分别提高到 4 870 mg/kg、62.8 mg/kg、140 mg/kg 和 32.4 g/kg，各养分指标均高于中华人民共和国农业行业标准《绿色食品产地环境质量》（NY/T 391—2013）土壤肥力旱地Ⅰ级标准。

表 6-1　田间扩大试验赤泥土壤养分分析

项目	总氮/（g/kg）	有效磷/（mg/kg）	速效钾/（mg/kg）	有机质/（g/kg）
修复前	1.50	3.20	124	8.03
修复后	4.87	62.8	140	32.4
旱地 I 级标准	>1.0	>10	>120	>15

　　试验期间土壤 pH、容重、可溶性盐含量变化见表 6-2。赤泥修复并种植作物 6 个月后，赤泥土壤平均容重 1.02 g/cm³，满足一般作物生长的容重要求。赤泥土壤的 pH 为 7.29，不属于强碱性土壤，能够满足耐盐碱作物的生长要求，可溶性盐含量为 13.16 g/kg。

表 6-2　田间扩大试验期间土壤 pH、容重、可溶性盐含量变化

取样点	土壤 pH	土壤平均容重/（g/cm³）	可溶性盐含量/（g/kg）
0	7.95	1.18	9.45
7 d	7.92	1.19	9.85
30 d	7.81	1.12	10.92
60 d	7.72	1.07	12.93
120 d	7.53	1.06	12.51
180 d	7.29	1.02	13.16

　　对试验期间赤泥土壤的团聚体进行分析。利用干筛法进行分析，结果如表 6-3 所示。修复的赤泥土壤大颗粒团聚体占比明显增加，6 个月后，>2 mm 的团聚体所占的比例由 31.93% 增长到 41.85%，<0.2 mm 的团聚体所占的比例由 20.41% 降低至 11.59%。

表 6-3　干筛法分析赤泥土壤团聚体　　　　单位：%

项目	>5 mm	2～5 mm	1～2 mm	0.5～1 mm	0.2～0.5 mm	<0.2 mm
0	15.38	16.55	13.49	12.32	21.85	20.41
60 d	19.80	20.52	17.75	16.13	12.78	13.02
180 d	20.53	21.32	18.22	16.69	11.65	11.59

　　利用湿筛法进行分析，结果见表 6-4，经 6 个月修复后，>2 mm 的团聚体占比从 4.73% 增长至 9.55%，而 <0.2 mm 的团聚体占比则由 72.11% 降低至 57.25%。

表 6-4　湿筛法分析赤泥土壤团聚体　　　　单位：%

项目	>5 mm	2～5 mm	1～2 mm	0.5～1 mm	0.2～0.5 mm	<0.2 mm
0	1.49	3.24	4.19	8.75	10.59	72.11
60 d	2.68	5.73	7.99	10.04	13.76	59.81
180 d	3.27	6.28	8.57	11.03	15.60	57.25

6.1.2　耐盐碱微生物在试验田中的生存状况

　　提取试验田中菌株的 DNA，进行高通量测序，以获得两株耐盐碱细菌在赤泥改良过程中数量的变化规律及其存活状态。通过属的物种相对丰度（表 6-5）分析可知，ZH-1 与 ZH-22 在赤泥中存活良好，数量增多。

表 6-5　物种相对丰度

单位：%

各物种分类名称	7d	14d	21d	28d
Unclassified	66.26	53.35	38.33	35.26
Bacillus	5.06	7.00	9.76	23.52
Alkaliphilus	0.12	0.18	0.26	0.09
Exiguobacterium	9.22	14.41	15.09	6.26
Comamonas	1.23	8.82	20.05	13.74
Ambiguous_taxa	2.62	4.01	5.10	2.17
Anaerobacillus	3.66	2.03	1.41	12.20
Brevundimonas	0.66	2.08	4.54	3.35
Clostridium_sensu_stricto_7	11.17	8.12	5.46	3.41

（1）赤泥中优势科属变化及外加碳源复苏分析

通过高通量测序获得 ZH-1 和 ZH-22 在赤泥改良过程中微生物数量的变化规律及其存活状态。如图 6-2 所示，在科水平上，修复 45 d 内微生物主要群落组成及相对丰度为 *Enterobacteriaceae*（0.58%～45.92%）、*Bacillaceae*（13.31%～36.37%）、*Clostridiaceae*-2（14.03%～20.7%）、*Comamonadaceae*（1.35%～20.07%）、*Family*-XII（6.26%～15.09%）和 *Clostridiaceae*-1（4.25%～11.61%）、*Caulobacteraceae*（0.67%～4.58%）、*Peptococcaceae*（0.27%～6.43%）、*Rhodobacteraceae*（0.09%～2.22%）、*SRB2*（0.01%～2.91%）、*Sphingobacteriaceae*（0.03%～1.31%），还包括 *Halomonadaceae*（0.02%～0.83%）、*Family_XIV*（0.38%～0.76%）、*Family_XI*（0～0.42%）、*Syntrophomonadaceae*（0～0.4%）、*Alcaligenaceae*（0.11%～0.29%）、*Clostridiaceae*-3（0.02%～0.25%）、*Pseudomonadaceae*（0.03%～0.19%）、*Xanthomonadaceae*（0～0.13%）、*Brucellaceae*（0.01%～0.1%）等。随着处理时间增加，赤泥中微生物在科水平上，*Bacillaceae* 逐渐成为优势科，*Comamonadaceae* 与 *Peptococcaceae* 丰度也增长较多，最后三者合计占比超过 70%，成为主要科。而最初的优势科 *Enterobacteriaceae* 则急剧减少，直至检测不到。

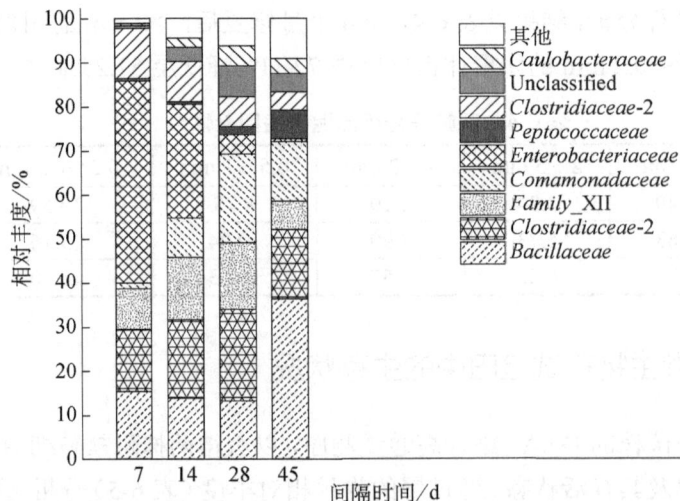

图 6-2　耐盐碱微生物处理后赤泥中微生物科水平上的群落组成与相对丰度

如图 6-3 所示，在属水平上，修复 45 d 内微生物主要群落组成及相对丰度为 *Bacillus*（5.06%～23.52%）、*Exiguobacterium*（6.26%～15.09%）、*Comamonas*（1.23%～13.74%）、*Clostridium*-sensu-stricto-7（3.41%～11.17%）、*Anaerobacillus*（1.41%～3.66%）、*Brevundimonas*（0.66%～4.54%）、*Ambiguous*-taxa（2.17%～5.1%）、*Natronincola*（0.71%～1.47%）、*Sphingobacterium*（0.03%～1.31%）、*Clostridium*-sensu-stricto-3（0.44%～1.3%）、*Desulfitispora*（0.27%～1.1%）、*Desulfotomaculum*（0～0.98%），还包括 *Dethiobacter*（0～0.4%）、*Halomonas*（0.02%～0.39%）、*Achromobacter*（0.11%～0.29%）、*Alkaliphilus*（0.09%～0.26%）、*Brassicibacter*（0.02%～0.25%）、*Pseudomonas*（0.01%～0.19%）、*Stenotrophomonas*（0～0.13%）、*Delftia*（0.01%～0.12%）、*Rhizobium*（0.02%～0.08%）、*Paenibacillus*（0.02%～0.07%）、*Flavobacterium*（0.01%～0.06%）等。随着处理时间的增加，修复后的赤泥中微生物属水平上，*Bacillus* 逐渐成为优势属，*Anaerobacillus*、*Comamonas*、*Brevundimonas* 丰度也增长较多，*Exiguobacterium* 丰度变化不大，*Clostridium*-sensu-stricto-3 丰度下降较多，但仍是优势属，共同构成主要属，占比超过 50%。

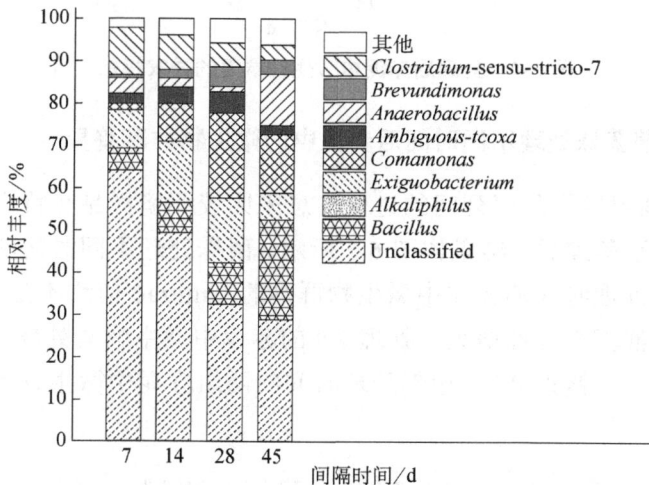

图 6-3　耐盐碱微生物处理后赤泥中微生物属水平上的群落组成与相对丰度

由菌株鉴定结果可知，所加菌株在赤泥中存活良好，数量增多。ZH-1 在添加到赤泥 4 周内数量持续增加，第 4 周时达到了首周的近 2 倍，第 4 周后外加碳源，2 周后达到未添加时的 2.4 倍，外加碳源诱导复活效果明显。第 4 周后外加碳源进行菌种复苏，2 周后也有所增加，外加碳源诱导复活有一定效果。添加到赤泥 1 周后，菌群中 ZH-1 所占比例达到 5.06%，而 ZH-22 仅为 2.71%，之后 ZH-22 增长速度明显大于 ZH-1，在第四周时超过 ZH-1 所占比例，外加碳源后，ZH-1 增长显著，菌群中所占比例约是 ZH-22 的 2 倍。据此可知，ZH-22 适应时间比 ZH-1 的长，推测 ZH-1 的适应时间为 1～2 周，而 ZH-22 的为 2～3 周，ZH-22 的增长速度大于 ZH-1；二者都可以通过外加碳源诱导复活，但 ZH-1 外加碳源诱导复活效果更加明显。

（2）赤泥中微生物群落物种丰度变化

香农指数（shannon index）常用来评估环境群落的物种丰度和多样性。如图 6-4 所示，菌株处理 28 d 内，香农指数逐步升高，表明赤泥中微生物群落物种丰度增加，多样性提高。45 d 时香农指数略有升高，可能是赤泥中微生物群落物种丰度与多样性已达到某种平衡。

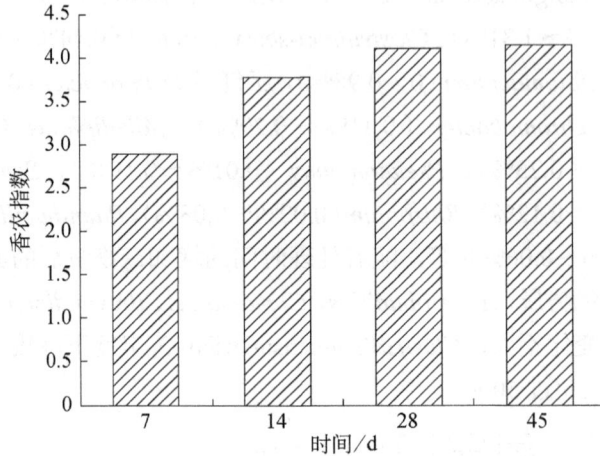

图 6-4　处理后赤泥中微生物群落的香农指数

（3）耐盐碱细菌菌株处理不同时间后赤泥中的微生物群落差异

UniFrac 分析利用各样品序列间的进化信息来比较环境样品在特定的进化谱系中是否有显著的微生物群落差异，结果如图 6-5 所示。菌株处理不同时间的赤泥中微生物群落差异较小，不同处理时间的赤泥中微生物群落的 UniFrac 值均不足 0.2。随着处理时间的增加，微生物群落差异性增大。处理 7 d 的赤泥中微生物与处理 30 d、45 d 的赤泥中微生物差异性最大，接近 0.2。相邻处理时间的两组赤泥中微生物差异性近似，均低于 0.1。

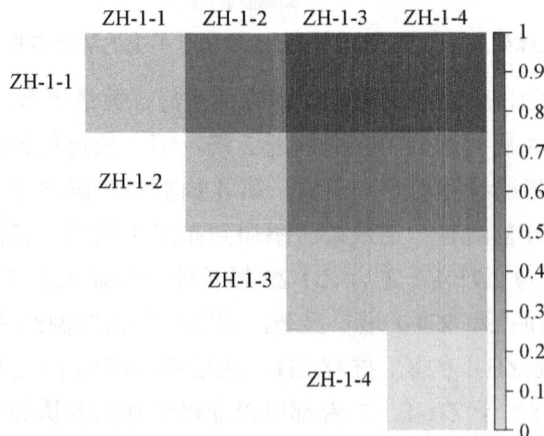

注：热图中颜色深浅代表了样本两两之间的相异程度，颜色越浅表示两个样本相异系数越小，物种多样性的差异越小；ZH-1-1 处理 7 d；ZH-1-2 处理 14 d；ZH-1-3 处理 28 d；ZH-1-4 处理 45 d。

图 6-5　赤泥中微生物群落的 Weighted UniFrac 距离矩阵热图

（4）RT-PCR 分析

RT-PCR 分析如图 6-6 所示。在修复过程中所加菌株的数量逐渐增加，原赤泥中 *Bacillus* sp. 的浓度为 3.22×10^5 copies/g soil，而加入菌株以后，*Bacillus* sp. 的浓度最高可达到 9.86×10^9 copies/g soil（45 d），但是其在 28～45 d 的过程中数量变化不是特别大。由此可知，所加菌株可在赤泥环境中很好地存活，并且能够正常繁殖，并成为赤泥中优势菌群。在试验 28 d 以后加入额外的碳源对微生物进行诱导，其群落密度出现进一步增加，从 8.74×10^9 copies/g soil（28 d）增加到 9.86×10^9 copies/g soil（45 d），由此可知，所加菌株能够在赤泥中保持较好的活性，当遇到合适的环境时能够快速复苏并进行生长繁殖。

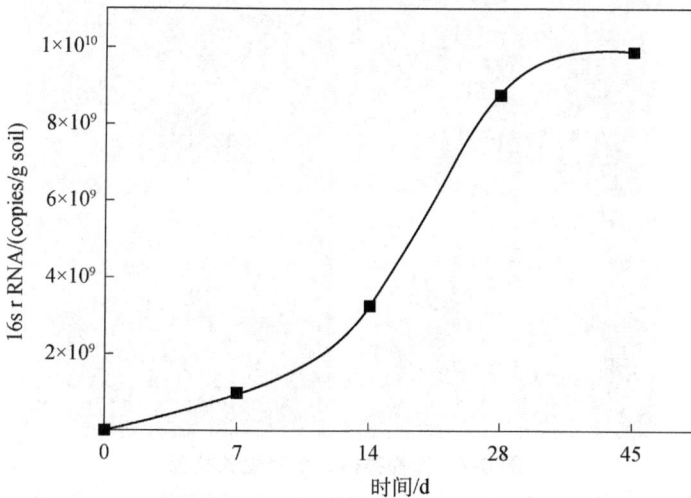

图 6-6　赤泥改良过程中耐盐碱微生物的数量变化规律

综上所述，土著耐盐碱细菌菌株处理不同时间的赤泥中微生物群落差异较小，不会引起赤泥中微生物群落的较大变化，并且能够在赤泥中快速增殖，并且可以长时间保持生物活性。

6.1.3　修复后赤泥土壤中植物生长情况

在修复的赤泥土壤上共种植 9 种作物，种植 7 d 后有 6 种作物发芽（B、C、H、J、K、I），统计 6 种作物 7 d 发芽率和 30 d 平均株高和平均根长状况，统计结果如表 6-6 所示，有 4 种作物 7 d 发芽率均在 70% 以上，C 和 I 两种作物的发芽率低于 50%。

表 6-6　赤泥土壤改良种植作物发芽率与长势统计

作物名称	7 d 发芽率/%	30 d 平均株高/cm	30 d 平均根长/cm
B	72	12.0	4.3
H	75	6.2	3.2
K	84	4.8	2.8
J	81	15.5	3.9
C	35	3.6	2.5
I	43	10.5	3.2

测试种植作物的生长状况如图 6-7 和图 6-8 所示，分别为 6 种作物田间试验种植 2 个月和 6 个月的生长状况，表 6-7 为作物种植 6 个月的平均株高、平均根长和平均叶长的统计结果。

图 6-7　作物种植 2 个月生长状况

图 6-8　作物种植 6 个月生长状况

表6-7　作物种植6个月株高和根长统计　　　　　　　　　　　　单位：cm

作物名称	平均株高	平均根长	平均叶长
B	50	17	—
H	35	12	14
K	98	10	—
J	170	20	55
C	45	15	35
I	180	18	52

通过表6-7统计结果看，经过6个月的种植，供试的6种作物在赤泥修复的土壤上生长状况良好，适生性较强。从赤泥土壤修复田间试验整个统计结果看，从发芽率和作物长势分析，筛选出的6种耐性作物均能够在修复的赤泥土壤上生长，但有两种作物的发芽率较低，因此，优选了B、H、K和J 4种作物为适应赤泥土壤环境的优势作物品种。其中，B和K作物为具有经济价值的耐性牧草作物，H作物为草坪草作物，K作物为商品性好蔬菜作物。如图6-9所示为H作物和B作物的根系图照片。

(a) H作物　　　　　　　　　　(b) B作物

图6-9　田间试验作物根系发育状况

第二年，在扩大试验田中发现了一些乡土作物，如图6-10所示。说明经过一年的修复，表层赤泥已初步实现了土壤化，能够满足植物的生长需求。对试验田生长的先锋作物和乡土作物进行重要值分析，结果见表6-8。在修复区内共发现12 种作物，隶属5科12 属，以禾本科、菊科和藜科植物为主。其中禾本科植物有4 种，主要是狗牙根［*Cynodon dactylon*（L.）Pers.］、巨菌草（*Pennisetum giganteum* z.x.lin）、马唐［*Digitaria sanguinalis*（L.）Scop.］和牛筋草［*Eleusine indica*（L.）Gaertn.］；菊科植物有4 种，主要是蒲公英（*Taraxacum mongolicum* Hand.-Mazz）、飞蓬（*Erigeron acer* Linn.）、青蒿（*Artemisia carvifolia*）和猪毛蒿（*Artemisia scoparia* Waldst. et Kit）；藜科植物有2 种，主要是地肤子［*Kochia scoparia*（L.）Schrad.］和灰绿藜（*Chenopodium glaucum* L.）。从生活型看，赤泥堆场的植被组成以草本植物为主，其中一年生和多年生草本分别有6 种和4 种。重要值反映植物在群落中所占的优势程度，重要值大的植物，对环境适应能力强。通过重要值分析，试验区的优势种为地肤子和狗牙根，重要值分别为81.82%和55.82%，群落类型为：地肤子＋狗牙根。在群落形成初期，外引物种为优势物种，它们的存在为其他物种的侵入与生长提供了群落内部的生境条件，随着群落的自然发育，乡土植物的定居和繁殖会增加生物多样性。

图 6-10　田间采集的乡土作物

表 6-8　赤泥堆场植被群落结构重要值　　　　　　　单位：%

种名	科	生活型	相对密度	相对频度	相对盖度	重要值
地肤子	藜科	一年生草本	31.44	22.31	28.07	81.82
狗牙根	禾本科	多年生禾本	17.26	13.85	24.71	55.82
紫花苜蓿	豆科	多年生草本	13.08	11.54	15.71	40.33
巨菌草	禾本科	一年生禾本	9.48	9.23	8.38	27.09
蒲公英	菊科	多年生草本	8.08	10.00	7.59	25.67
飞蓬	菊科	多年生草本	7.76	6.92	4.68	19.36
马唐	禾本科	一年生禾本	4.27	7.69	2.91	14.87
灰绿藜	藜科	一年生草本	2.87	6.15	2.29	11.32
牛筋草	禾本科	一年生草本	2.20	3.85	1.94	7.99
青蒿	菊科	一年生草本	1.86	3.08	1.68	6.61
马齿苋	马齿苋科	一年生草本	1.12	2.31	1.32	4.76
猪毛蒿	菊科	多年生草本	0.57	3.08	0.71	4.36

注：重要值（%）=相对频度＋相对密度＋相对盖度；
　　相对密度= 某一植物种的个体数/全部植物种的个体数×100%；
　　相对频度= 某一植物种的频度/全部种的频度之和×100%；
　　相对盖度= 某一植物种的盖度/群落中所有种分盖度之和×100%。

6.1.4　赤泥土壤修复后种植经济作物

取试验田修复后的赤泥土壤，通过盆栽试验种植冬小麦、大蒜和油菜，研究赤泥土壤修复后种植经济作物的生长情况，并对经济作物进行初步筛选。3 种作物的发芽及生长情况见表 6-9。

表 6-9　赤泥土壤改良种植作物发芽率与长势统计

作物名称	7 d 发芽率/%	20 d 平均株高/cm	30 d 平均根长/cm
冬小麦	74	26.5	5.3
大蒜	31	24.2	4.2
油菜	24	4.8	2.8

　　试验表明，实验室盆栽种植的冬小麦、大蒜和油菜均能实现发芽和生长。其中，冬小麦生长状况最好，发芽率高于 70%，20 d 株高大于 25 cm，根系长 5 cm 以上；大蒜发芽率仅为 31%，20 d 株高也能达到 20 cm 以上；油菜发芽率最低，生长状况不佳。如图 6-11、图 6-12 所示为盆栽种植的冬小麦和大蒜情况。

图 6-11　修复后赤泥土壤种植冬小麦

图 6-12　修复后赤泥土壤种植大蒜

　　因此，经改良修复的赤泥土壤经不断熟化后可用于种植经济类作物，恢复赤泥堆场经济利用价值，为企业提高利润增长点，不仅具有生态效益和社会效益，更是企业走绿色可持续发展道路的重要举措，具有良好的应用推广前景。

6.2 赤泥堆场生态修复工程案例

6.2.1 河南某赤泥堆场土壤化修复

在河南某赤泥堆场开展了原位土壤化生态修复示范工程，示范工程面积为 3 000 m²，如图 6-13、图 6-14 所示，示范地点位于河南省荥阳市高山镇。采用赤泥原位土壤化修复技术，通过种植耐性作物实现生态化改良。

图 6-13 3 000 m² 示范田位置

图 6-14 3 000 m² 示范田修复前照片

项目采用优选的赤泥土壤修复剂配方，并种植优选的 4 种耐性作物 B、H、K、J，通过实地踏勘和测量确定修复深度 30 cm。技术实施路线如图 6-15 所示。为确保出苗期水分充足，种植初期每周浇水 2～4 次，1 个月后，对于生长明显不均匀的位置予以补播。作物生长过程根据生长状况适当追肥，待草苗高度大于 5 cm、边坡绿化覆盖率大于 90%时，进行粗放管理。在秋冬作物衰败期种植冬小麦，种植初期每周浇水 2～4 次，1 个月后，进行粗放管理。

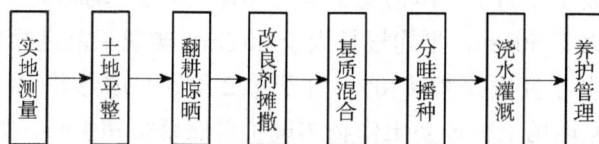

图 6-15 施工技术路线图

（1）修复后赤泥土壤理化性质变化

赤泥堆场修复后，在不同时间测试表层 20 cm 的土壤平均 pH、容重、可溶性盐和＞2 mm 团聚体颗粒比例指标，测试结果如表 6-10 所示，赤泥土壤平均容重为 0.93 g/cm³，＞2 mm 团聚体颗粒所占比例由 1.56%提高到 51.38%，实现了土壤化结构改善。赤泥土壤的 pH 为 7.25，不属于碱性土壤，能够满足耐性作物的生长要求。测试了赤泥土壤的主要养分指标和重金属含量指标，见表 6-11 和表 6-12。

表 6-10 赤泥土壤理化指标测试数据

项目	pH	容重/（g/cm³）	可溶性盐/（g/kg）	＞2 mm 团聚体颗粒/%
修复前	10.11	1.65	5.02	1.56
修复后	7.25	0.93	13.57	51.38
修复 3 个月	7.22	0.96	12.05	57.51
修复第 2 年	7.16	1.05	10.71	61.17

表 6-11 修复后赤泥土壤养分分析

项目	总氮/（g/kg）	有效磷/（mg/kg）	速效钾/（mg/kg）	有机质/（g/kg）
修复前	0.156	67	934	3.4
修复后	1.352	56.3	385	24.8
修复第 2 年	1.061	52.0	377	16.6
旱地Ⅰ级标准	＞1.0	＞10	＞120	＞15

表 6-12 修复后赤泥土壤重金属含量　　　单位：mg/kg

项目	铅	砷	镉	铬	铜	汞
赤泥土壤	11.3	8.51	0.16	69.2	12.8	0.11
旱田、6.5≤pH≤7.5	≤50	≤20	≤0.30	≤120	≤60	≤0.30

参照《绿色食品产地环境质量》（NY/T 391—2013）标准，改良后赤泥土壤养分总氮、有效磷、速效钾和有机质含量均高于土壤肥力旱地Ⅰ级标准。对照 NY/T 391—2013 中的土壤质量标准（旱田、6.5≤pH≤7.5），赤泥土壤中的铅、砷、镉、铬、铜、汞等重金属含量均符合标准要求。

（2）修复作物生长情况

修复种植先锋作物 1 个月后，作物发芽率＞70%，作物平均株高大于 10 cm；种植 3 个月后，作物平均株高大于 50 cm，平均根长大于 20 cm，实现示范区绿化覆盖率＞95%，如图 6-16 所示。种植的冬小麦发芽率＞70%，并于第 2 年 5 月成熟并收割，如图 6-17 所示。修复后第 2 年，在赤泥堆场上很多乡土作物实现了自然繁衍和生长，如图 6-18、图 6-19 所示。此外，还在堆场上发现了蚂蚁、飞虫等小型昆虫。

1 个月　　　　　　　　　　　　　　　3 个月

图 6-16　先锋作物生长情况

1 个月　　　　　　　　　　　　　　　收获期

图 6-17　小麦生长情况

图 6-18　修复第 2 年堆场照片

图 6-19　堆场上自然定植的乡土作物

（3）作物品质分析

堆场修复当年收获的耐性先锋牧草作物按照国标检测其中的无机污染物（砷、铅、汞、镉、铬和氟），结果见表 6-13。全部无机污染物含量低于《饲料卫生标准》（GB 13078—2017）要求。

表 6-13　收割先锋牧草作物无机污染物检测　　单位：mg/kg

项目	总砷	铅	汞	镉	铬
先锋牧草	0.4	未检出	0.001	0.14	2.9
GB 13078—2017	≤4	≤30	≤0.1	≤1	≤5

收割的小麦按食品安全检测 5 项重金属含量（铅、铬、总砷、汞、镉），结果见表 6-14。重金属含量低于《食品安全国家标准　食品中污染物限量》（GB 2762—2017）要求。

表 6-14　收割小麦无机污染物检测　　单位：mg/kg

项目	铅	铬	砷	汞	镉
小麦	0.081	0.90	未检出	未检出	0.018
GB 2762—2017	≤0.2	≤1.0	≤0.5	≤0.02	≤0.1

种植的耐性先锋牧草作物、小麦全部无机污染物指标均符合卫生标准,满足食用要求。赤泥堆场经本技术进行修复后,可以实现安全耕种。

6.2.2 贵州某赤泥堆场边坡生态修复

在贵州某赤泥堆场开展赤泥边坡护坡生态修复示范工程,如图 6-20 所示。边坡修复绿化采用"赤泥改性隔离+赤泥砖护坡+赤泥土壤化植草绿化"方式,赤泥堆场修复绿化的边坡长度约 250 m,坡面宽度约 13 m,坡比 1∶2。

图 6-20 赤泥堆场边坡修复示范工程位置

具体施工方式如下:

①坡面清理及改性:挂线清刷修整边坡,清除边坡表面风化的浮土,以保证坡面自然、平整、流畅,将赤泥改性剂摊铺至赤泥边坡上,以增强赤泥边坡表面稳定性和抑制返碱问题。

②砌筑底部挡墙:在边坡最下面挖沟,从沟底砌护坡挡墙并抹面,砌筑长度约 250 m,隔 3 m 预留一个流水孔,便于坡面水流入水沟,水沟水最后引到赤泥回水池。

③铺设赤泥护坡砖:采用赤泥专用压砖机压制高掺量赤泥免烧护坡砖,护坡砖自然养护 7 d 后,按照设计图纸铺设在赤泥边坡上,并用钢钉固定链接处的赤泥锁扣异形砖,如图 6-21 所示。

图 6-21 赤泥堆场边坡赤泥护坡砖铺设

④摊铺赤泥土壤：根据边坡种植所需土壤用量，在混合区域内对翻晒的赤泥通过添加修复剂进行均匀混合，确保修复剂与赤泥混合均匀，无大块颗粒。将改良赤泥土壤摊铺至赤泥护坡砖护坡的坡面上，作为绿化植被土壤基质层。

⑤植草绿化：选用黑麦草、狗牙根、香根草等作为护坡绿化耐性草种，在铺完赤泥土壤的坡面采用混合撒播方式种植。种植后，浇足水使土壤稳定，以确保绿化作物发芽率。

⑥养护管理：种植后苗期养护要及时浇水，以保持土壤湿润，以促进种子发芽和快速生长覆盖，浇水时应采用喷雾式喷洒，防止种子被冲刷；待作物株高达 5 cm 后，可靠自然雨水养护，遇旱时，月喷水 1～2 次；后期养护，可适当追氮肥，促进作物快速生长。

赤泥堆场边坡经过土壤修复和植草绿化后，赤泥基质土壤总氮、有效磷、速效钾和有机质含量均高于土壤肥力旱地 I 级标准，边坡绿化作物覆盖率达到 90% 以上，如图 6-22 所示。

图 6-22　赤泥堆场边坡护坡修复绿化效果

6.2.3　山东某赤泥堆场边坡生态修复

山东铝业公司氧化铝厂 1 号赤泥堆场建于 1954 年，为平地堆坝，占地面积 45 万 m^2，设计库容为 2 200 万 m^3，实际堆存量达到 3 000 万 m^3。现已不再使用。经过几十年的风吹日晒，赤泥堆场已成为粉尘污染的源头，对氧化铝厂的空气环境质量造成极大的污染，生态景观破坏严重。

6.2.3.1　项目区概况

（1）赤泥堆场的地理位置

山东铝业公司位于山东省淄博市张店区南定镇。淄博市位于山东省中部，地处东经 117°40′52″～118°29′29″，北纬 36°16′27″～37°06′20″。淄博市地处鲁中山区和华北平原的过渡地带，境内多山丘，既有平原也有盆地。地势南高北低，起伏很大。1#赤泥堆场建在山东铝业公司以东 1 km 左右。

（2）赤泥堆场的气候条件

淄博市属暖温带半湿润、半干旱的大陆性气候。特点是四季分明，春季风大干旱，夏季湿热多雨，秋季晴朗干旱，冬季干冷少雪。年平均温度为 12～13 ℃，一年中 7 月气温最高，月平均温度为 26.1～26.9 ℃，极端最高气温为 42.1 ℃；1 月气温最低，平均温度为−2.6～−3.7 ℃，极端最低气温为−23.2 ℃。年均降水量为 586.4～692.0 mm，大多集中在夏季，占全年降水量的 60%～63%，降水天数 34～38 d。秋季降水量 116.8～138.4 mm。年平均光照时数为 2 542.6～2 832.6 h。年平均无霜期为 180～220 d。年平均风速 2.6～3.3 m/s。

6.2.3.2 赤泥堆场生态修复设计

（1）边坡施工方案设计

赤泥堆场的边坡坡度为 60°，属于险坡。根据现场调研与实际勘察的结果，在做现场施工方案时必须考虑以下几个方面的影响因素：如怎样克服坡度大给施工带来的困难，如何把各种材料混合均匀，生长基质层如何填充，基础框架的尺寸，选用的施工材料在当地是否为普通、大量的生产资料。这些问题的解决，可为现场施工打下良好的基础。

（2）施工方案确定

在充分考虑赤泥的特性及坡度大的现场实际情况后，经模拟试验及专家论证，在综合考虑多方面因素的情况下，最终选择的方案为：用方格加拱形支撑的办法，以人工施工为主现场作业，把坡面重新改造，使之能成为让植物正常生长的完整基质层。

①坡面前期处理：由于赤泥堆场经过几十年风吹日晒表面已风化，须先行铲除表层浮石及坡面大致铲平。处理液选用浓度为 1 mg/L 的溶液。

②基础框架：由于坡面很陡及坡顶平面上的排水沟间隔距离长，因此要考虑排涝防冲刷及建成后坡面的稳定性。

③隔离层的铺设：目的是阻隔赤泥中碱盐返到生长层中。隔离层材料选择有机材料组合。

④生长基质的铺设：这是关键的一步，关系到植物生长的重要条件之一——土壤。要考虑土壤的硬度、孔隙度、土壤肥力等多方面因素。因此，生长基质的组成是重中之重。

以前期试验结果及现场所用的材料，综合多方面的因素，在现场选用土壤、秸秆、草炭这种最适宜的配比组合，确保扩大试验能够成功。土壤取自当地农田，秸秆是当地一个乡镇企业的加工产品，草炭来自东北地区。

6.2.3.3 植被种植设计

（1）品种选择

在前期试验的基础上，结合一些耐性好的当地品种。初步选择适宜品种：高羊茅、披碱草、狗芽根、黑麦草、沙打旺、紫花苜蓿等禾本科及豆科的草种。

（2）播种方法

由于坡度大，种子着床困难，根据温室内播种方法的试验，本次播种采用了三种方法：一是条播，二是喷播，三是铺植生带。条播是把种子撒在用耙子犁出的沟中，然后表面覆盖一层薄土。喷播是把种子拌在纤维混合体中由人工甩在坡面上。这个播种方法要掌握好混合体的比例及稀释的程度。铺植生带比较简单，但成本高。播种后覆盖草帘以达到保墒的目的。

6.2.3.4　养护管理设计

根据淄博地区气候条件，春季风大、干旱、雨少的特点，播种后管理很重要。需及时浇水，由于坡度大，浇水时应上下都浇到为好，但不能造成冲刷，使坡面行成沟条。

6.2.3.5　工程实施效果

经过两个月的生长，观察到草种的发芽率、生物量、根系的分布等都达到预期效果。到 2006 年 9 月地上部分覆盖率达 85%。禾本科植物大部分都已分蘖，豆科植物都已开花，如图 6-23 所示。

(a)	(b)

图 6-23　赤泥边坡现状和恢复效果（山东淄博）

6.2.4　平果铝赤泥堆场边坡生态修复

6.2.4.1　项目区概况

（1）赤泥堆场的地理位置

平果铝赤泥堆场位于广西壮族自治区百色地区平果县境内。平果县城所在地——马头镇，位于平果县南端，地理坐标为东经 107°34′，北纬 30°19′，海拔为黄海高程 108.7 m，平果铝主工业区距平果县城约 7 km，距广西壮族自治区首府南宁市约 121 km，向西距百色市 120 km。平果铝赤泥堆场位于工业区东南 2~3 km 处，处于由岩溶地貌组成的丘陵区，坝底海拔标高约 110 m。堆场与右江相距 2 km 左右，其基础坝坝底高于右江河岸。赤泥堆场的安全和环境保护问题十分重要。

（2）赤泥堆场的气候条件

平果县处于高温多雨的亚热带季风气候区。全年平均气温 21.5 ℃，月平均最高气温为28.2 ℃（7 月），极端最高温度为 40.9 ℃，月平均最低气温为 12.6 ℃（1 月），极端最低温度为–1.3 ℃，年积温 7 536.9 ℃，无霜期 300~350 d。全年平均降水量为 1 324.6 mm，年最大降水量为 1 884.3 mm，年最小降水量为 958.4 mm，受南亚热带季风气候影响，降水量的季节和年际分布不均，6—8月降水量达全年53%。平均年蒸发量为1 531.9 mm，各月平均蒸发量以7—8月最大，1月及12月最小。年内平均相对湿度80%以上，没有明显的低点和高点，对植物生长较为有利。

6.2.4.2 现场调查分析

边坡面受损的原因主要是降雨带来的水力侵蚀。起初时，溶蚀和剥蚀现象比较严重。溶蚀是指在暴晒、水、风等外力作用下使坡面赤泥变得松软并失去胶结的现象。剥蚀是指在侵蚀作用下坡面下层的裸露现象。由于赤泥含碱量高，在长期干旱季节（如冬季），局部坡面返碱现象严重，这时化学风化占优势，称为化学侵蚀。坡面侵蚀作用的总过程是化学侵蚀与力学侵蚀连续交替地进行。坡面侵蚀随着时间的推移逐渐加剧，表层疏松，赤泥不断下移，新露出的坡面又会重新受到侵蚀。雨水对坡面外部形态侵蚀的主要表现形式是面蚀和细沟侵蚀。在面蚀中，地表的降水冲走疏松的坡面赤泥，引起片蚀。当侵蚀作用发展到后期阶段时，可以看到大量的由于降水径流冲刷而产生的线状细沟状侵蚀甚至局部崩塌。坝外坡面的损坏，对坝体稳定性的影响日益严重。

6.2.4.3 植被护坡方案的试验选择与确定

为探索经济合理的植被护坡方案，现场进行过穴播植草、挖沟植草、土工格室客土植草等试验，最后确定采用客土连续覆盖植被护坡工艺技术。

（1）穴播植草护坡试验

在坡面上按一定的行、排距人工挖穴，在穴内回填客土，然后植草。然而，实践证明这种方法是不可行的。原因如下：①挖穴难度大并破坏了原有坡面的相对稳定；②由于碾压筑坝后坝体赤泥的密实性和高碱性，使植物根系很难扎入坝坡中，因而不能起到连片护坡的作用；③零散分布的客土更容易受到雨水的冲失，植被定植困难。

（2）挖沟植草护坡试验

在坡面上按一定行距沿等高线人工开挖楔形沟，在坡面倾向上形成若干小台阶，台阶内回填客土，然后种植。虽然这种方法比穴播植草法有所改进，但由于几乎同样的原因使其不能成为可行的护坡方案。所以，要想达到植被护坡的目的，一定不要破坏基本密实的原有坡面，只能从利用客土覆盖再进行植被定植方面考虑。

（3）土工格室植草护坡试验

土工格室是20世纪80年代国外开发的一种新型特种土工合成材料，主要用于路基加筋、垫层，近年来也开始用于植被护坡工程。土工格室是由PE、FP材料经过造袜工序形成工程所需的片材，经专用焊接机焊接形成的立体格室。应用时，通过单元间的连接，组成工程中需要的规格。如图6-24所示是一种土工格室的单件构造。

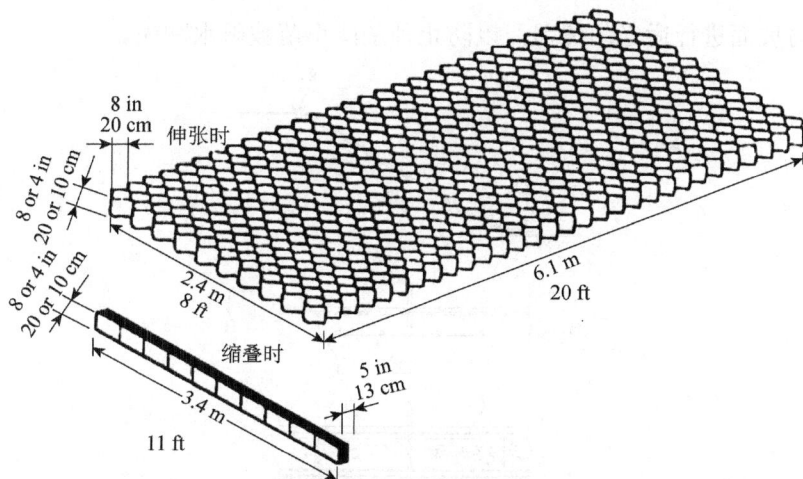

图 6-24　土工格室构造

施工时，在展开并固定在坡面上的土工格室内填充客土，利用土工格室为草本植物生长提供稳定的生存环境。带孔的格室还能增加坡面的排水性能。但 3 个月后还是很不理想，究其原因：①客土与坡面间没有隔层，坡面返碱严重，客土的 pH 开始时呈中性，4 个月后已达 9 左右；②孤立的格室难以将草根连起交织生长，各格室的边缘部位的客土，容易受到雨水的溅击冲失使草根系周围的营养流失；③高羊茅是一种不耐碱的草本植物。这也证明了植物品种选择的重要性。改种铺地菊后的植被长势效果很好。严格来讲，当在土工格室内填充客土后，应在格室上挂三维植被网，选择适宜草种，进行喷播施工，这是土工格室植草护坡的重要工艺和特点。但那样将大大增加原本已经昂贵（80 元/m²）的护坡成本。所以，在经济条件有限的条件下，土工格室植草护坡方法也是不可取的。

6.2.4.4　客土连续覆盖植被护坡方案的确定

在综合试验研究的基础上，决定采用大面积客土连续覆盖再进行植被定植的护坡方案。这种方案的优点是：①基质连续铺撒，有利于生成连片交织的植物根系网，护坡效果好；②施工简单，劳动强度低，投入成本低。当然，生长基质的选择和改良是首先需要解决的重要问题。

对于较陡的赤泥堆场外边坡，若不采取工程措施，植物生长基质难以附于坡面，更谈不上植物的生长。要实现植被护坡工程，首先要对台阶坡顶、坡面、坡底进行工程处理。为了减少坡面径流，应该适当抬高坡顶并种植草灌木，稳固坡顶（基质层厚≥25 cm）。坡面上沿走向方向每隔 10 m 修筑连接上下平台的坡面导水沟，并与坡底排水沟相连。在排水沟与坡脚之间砌筑高 0.65 m 的挡土墙（下部留渗滤孔，间距 1.0 m，孔截面积 100 cm²）。坡脚铺筑混凝土隔离层（厚度≥25 cm），其下部也每隔 1.0 m 留 100 cm² 的渗流孔。在挡土墙与坡脚之间每隔 2.0 m 设隔墙，装填改良了的客土基质，可种植香根草、银合欢或爬藤等植物。为了阻止客土基质滑移，加速覆盖层的稳定，在坡面固定一定数量的挡板，板长 1.0 m，宽 0.25 m，用锚钉有规律地交错固定于坡面上，如图 6-25 所示。在大雨来临前对坡面进行必要的覆盖，并及时对基质层进行修复，基本稳定后再进行种植。种植初期也要用草帘等对坡面进行适当的覆盖，以防止种子或小苗被雨水冲失。

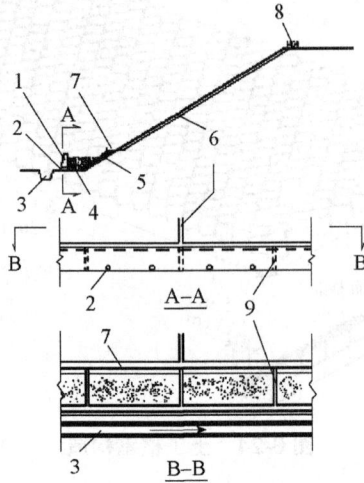

1—挡墙；2—透水孔；3—排水沟；4—基质；5—隔离层；6—坡面导水沟；7—排水槽；8—坡顶基质层；9—隔墙

图 6-25 坡面整治剖面图

现场施工时，在此基础上作了一定的简化和改进，如图 6-26 所示。

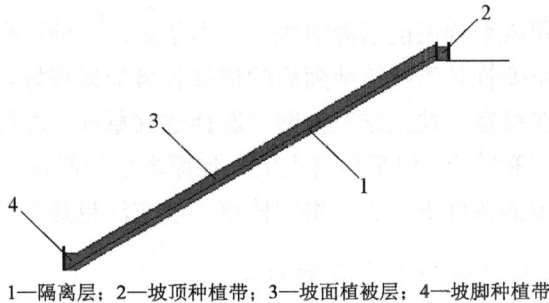

1—隔离层；2—坡顶种植带；3—坡面植被层；4—坡脚种植带

图 6-26 客土护坡示意图

6.2.4.5 植被护坡实施方案

首先对台阶坡顶、坡面、坡底进行工程处理。为了减少坡面径流，适当抬高坡顶并种植草灌木，稳固坡顶（基质层厚≥25 cm）。坡面上沿走向方向每隔 10 m 修筑连接上下平台的坡面导水沟，并与坡底排水沟相连，在排水沟与坡脚之间砌筑高 0.65 m 的挡土墙（下部留渗滤孔，间距 110 m，孔截面积 100 cm^2），如图 6-27 所示。施工工艺流程：清理坡面→排水设施施工→固定抗滑板→铺隔离层→回填客土→整平保墒→坡面种植→养护管理形成植被。

清理坡面：清除坡表面风化的浮土，消除坡面不稳定因素。适度平整直面，保证浆砌石框架与坡面紧密结合。

抗滑板：抗滑板工程是在坡面用锚钉将自制的挡板固定在坡面上。利用挡板的作用，防止坡面回填客土的流失，以创造植物生长发育所需的土壤环境。挡板由当地廉价的竹板钉制而成，其作用是阻止客土的下滑，加强客土层的均匀性、稳定性，以创造植物生长发育所需的土壤环境。

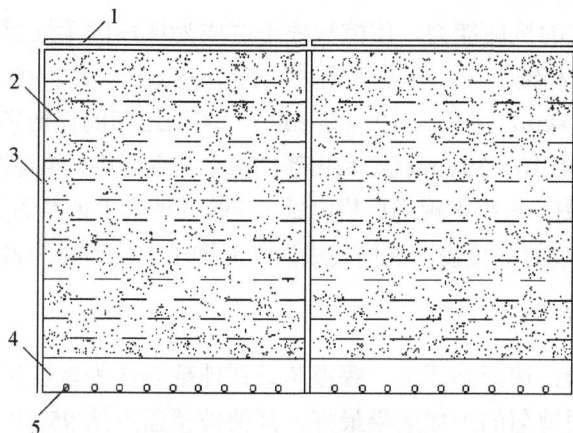

1—坡顶种植带；2—基质稳定板；3—坡面导水沟；4—坡脚保护层；5—渗流孔

图 6-27　坡面施工示意图

隔离层：由于赤泥坝坡面的高碱性对护坡植物的不利影响，在原坡面与客土之间铺设 10 cm 厚度的隔层。隔层材料采用本企业废弃的炉渣，炉渣的粒径特性见表 6-15。炉渣为富含硅、铝的活性材料，在燃烧过程中积聚了一定的内能，在遇水后，这种内能就释放出来，可与碱发生水化反应生成沸石类产物而稳定：$Na_2O + SiO_2 + Al_2O_3 + H_2O \longrightarrow Na_2O \cdot SiO_2 \cdot Al_2O_3 \cdot H_2O$。

隔离层起到了阻止赤泥坡面返碱和稳定客土底层的作用。

表 6-15　炉渣的粒级组成

粒级/mm	<2.5	2.5~5	5~10	10~15	15~20	>20
含量/%	20.02	13.51	23.94	15.99	15.39	11.18

回填的客土（厚 25 cm）有以下几种：剥离堆存土、剥离堆存土（80%）+粉煤灰（20%）、剥离堆存土（40%）+赤泥（35%）+泥炭（20%）+氟石膏（5%）、赤泥（65%）+泥炭（25%）+氟石膏（10%）。

客土：客土材料来源于赤泥堆场建设施工初期收集的地表土或矿山采空区底板土，培肥后变成为理想的护坡植物生长介质。表 6-16 为植被一年后，坡面客土层的土壤肥力测试数据，满足了护坡植物的生长需求。

表 6-16　植被 1 年后客土层的土壤肥力

总氮/ （g/kg）	有机质/ （g/kg）	有效磷/ （mg/kg）	有效钾/ （mg/kg）	全盐/ （g/kg）	水溶钠/ （mg/kg）	pH
1.22~1.71	23.7~30.8	2.01~5.49	36.9~96.1	0.28~0.64	26.8~145	7.30~8.40

6.2.4.6　植被的护坡效果分析

（1）植被根土层成为坝坡护理的理想材料

草本植物的根系在客土中盘根错节，使覆盖层土体成为土与根系的复合加筋材料，土体强度提高，具有一定的抗剪能力，使植被根土层成为坝坡的柔性保护层。铺地菊为多年生草本植物，有根状茎和匍匐枝，叶扁平宽大，长 4～8 cm，宽 2～5 cm，坝坡上铺地菊地面以上的高度为 15～50 cm，主根长 10～25 cm，一簇铺地菊的匍匐半径可达 1 m 左右，匍匐在地面上的分枝，每隔 10～20 cm 就生长出新的根系扎入土中，植株四季常绿，耐践踏，好管理，固土护坡效果很好，根据据现场拉拔测试，一簇铺地菊主根系的抗拔力为 5～10 kg，这一植物发育的浅根系和良好的覆盖功能使其成为赤泥堆场十分理想的固土护坡植物。

（2）景观效益分析

通过室内模拟试验，选择狗牙根、香根草、铺地菊等作为现场试验护坡植物。从 1 年后的护坡效果观察，铺地菊的护坡效果最好，其植被覆盖度达 95% 以上，根系发育，四季常绿。狗牙根植被覆盖度大于 80%，绿期约 250 d，耐旱性稍差，若不施肥浇水，则有退化迹象，会被其他乡土植物侵入，形成多样性的植被群落，效果也比较理想。图 6-28 为植被护坡前后对比图。

图 6-28　赤泥边坡现状图和恢复效果图（广西平果铝业）

（3）生态效益分析

坝坡植被不仅保护了边坡，而且是对因堆存赤泥而毁坏的生态系统的修复，两者相辅相成。通过实施植被护坡工程，改变了坝区的景观结构和坝坡表层的土壤构成，改善了护坡植物生长的营养结构，加速了植被群落的演替和多样性。演替就是在同一地段顺序地出现各种不同的生物群落的时间过程，最后形成较稳定的与生境相适应的植被群落。植被层土壤（基质）理化性质的改善与初期植被的构建，为适生植物的生长提供了良好的先期条件。这种现象在狗牙根试区表现得十分明显，第 2 年就有当地野生植被的侵入，并迅速蔓延，形成多样性的护坡植被群落。而在铺地菊护坡区，其他乡土植物比较难以立足。铺地菊的建植是对坡面生态系统的直接恢复，恢复植被后在坝区又观察到了成群的蜜蜂、彩蝶、鸟雀等，生机昂然。

①植被层减小了赤泥坡面的温度极差：就缩小赤泥坡面温度极差、调节坡面湿度、保护赤泥坡面免于侵蚀的作用来讲，植被护坡达到了很好的效果。压实的赤泥在遭受周期性干湿和温度交替之后，其力学性能将会下降，从而不利于坝体的稳定。没有植被保护的光秃赤泥坡面上的温度对大气温度的变化十分敏感，植被层的隔离作用使其敏感性大大降低，有效地减小了赤泥坡面的温度极差（表 6-17），防止了急剧的温度、湿度变化。就坡面的风干来说，植被层提供了一个隔离层，使赤泥坝坡面长期处于比较湿润的被养护状态，避免了太阳暴晒引起的干裂剥蚀现象。所以，植被层对赤泥坝坡面的温度与湿度起到了有效的调节作用，使其长期保持相对稳定，改善了坝坡的安全条件。

表 6-17　植被对赤泥坝坡面温度的调节作用　　　　　　　　　单位：℃

无植被的赤泥坝坡表面温度		51	48.6	44.4	37.0	25.0	20.0	14.8
植被下的赤泥坝坡表面温度	铺地菊	30	30.0	29.0	28.8	19.3	14.4	12.3
	狗牙根	33	32.7	31.6	30.3	19.5	14.0	11.5

②植被的降雨截流和削弱溅蚀对客土层的保护作用：客土层自身的稳定是植被护坡成功的先决条件，它是护坡植物的立地之本。一部分降雨在到达坡面之前就被植被茎叶截留并暂时贮存在其中，以后再重新蒸发到大气中或落到地面。植被通过截留作用降低了到达坡面的有效雨量，从而减弱了雨水对坡面土体的侵蚀。雨滴的溅蚀是雨滴对地面的击溅作用，它是水蚀的一种重要形式。降雨时雨滴从高空落下，因雨滴具有一定的质量和加速度，落地时产生一定的打击力量，裸露的表土在这种力量打击下，土壤结构即遭破坏，发生分离、破裂、位移并溅起。经现场测试，光秃坡面上的松散泥粒在遇到大雨时飞溅距离可达 0.5～1.5 m。溅起的颗粒落在坡面时，大部分向坡下方向移动，造成水土流失。这是坡面破坏的主要形式。坡面植被能够拦截高速落下的雨滴，通过地上茎叶的缓冲作用，消耗雨滴大量的动能，并且能使大雨滴分散为小雨滴，从而把雨滴的动能大大降低，当植被覆盖度很高时，可以明显削弱甚至消除雨滴的溅蚀。植被品种及植被覆盖度直接影响坡面被溅蚀的程度。

③植被的抑制地表径流作用：地表径流集中是冲蚀坡面的主要动力，冲蚀的强弱取决于径流流量及流速的大小。护坡草本植物分蘖多，丛状生长，不仅能够有效地分散、减弱径流，而且还阻截径流改变径流形态，径流在草丛间迂回流动，使径流直流变为绕流。设径流流程为 L，流速为 v，则径流历时 $T = L/v$。由于径流在草丛间迂回流动，从而增大了流程（即 $L + L'$），流程增大，水力坡降减小，加上径流被分散和阻截，又减慢了流速（即 $v - v'$），因而径流历时变为 $T' = (L + L')/(v - v')$。由此，依靠覆盖的草本植物延长了地表径流，增加了雨水入渗。径流减小，流速减缓，冲刷能量降低，从而冲蚀大大减弱。综上所述，坡面植物主要通过根系的力学效应和植被的水文效应来保护赤泥坝外边坡。

如图 6-28 所示，反映了植被护坡前后坡脚状况的改善。

④经济效益分析：客土连续覆盖植被护坡不仅可以起到坡面防护和恢复生态的效果，而且护坡成本也相对低廉。如与坡面喷射混凝土（厚度 8～10 cm）方法相比，本节所采取的技术方法的成本只有其 27.7%～38.3%，每平方米可节约 37～47 元，在整个生产期内，中铝广西分公司赤泥堆场外坝外边坡的护坡面积将超过 150 万 m²，预计植被护坡节约费用 150×37=5 550 万元以上。

参考文献

Abhilash, Sinha S, Sinha M K, et al., 2014. Extraction of lanthanum and cerium from Indian red mud. International Journal of Mineral Processing 127, 70-73.

Aboulkas A, Hammani H, El Achaby M, et al., 2017. Valorization of algal waste via pyrolysis in a fixed-bed reactor: Production and characterization of bio-oil and bio-char. Bioresour Technol: 243, 400-408.

Agatzini-Leonardou S, Oustadakis P, Tsakiridis P E, et al., 2008. Titanium leaching from red mud by diluted sulfuric acid at atmospheric pressure. J Hazard Mater, 157 (2-3): 579-586.

Ahmadi A, Neyshabouri M-R, Rouhipour H, et al., 2011. Fractal dimension of soil aggregates as an index of soil erodibility. Journal of Hydrology, 400 (3-4): 305-311.

Amézketa E., 1999. Soil Aggregate Stability: A Review. Journal of Sustainable Agriculture, 14 (2-3): 83-151.

Anam G B, Reddy M S, Ahn Y H, 2019. Characterization of *Trichoderma asperellum* RM-28 for its sodic/saline-alkali tolerance and plant growth promoting activities to alleviate toxicity of red mud. Sci Total Environ, 662: 462-469.

Anton A, Rékási M, Uzinger N, Széplábi G, et al., 2012. Modelling the potential effects of the hungarian red mud disaster on soil properties. Water, Air, & Soil Pollution, 223 (8): 5175-5188.

Arora H S, Coleman N T, 1979. The influence of electrolyte concentration on flocculation of clay suspensions. Soil Science, 127 (3): 134-139.

Arwidsson Z, Johansson E, Kronhelm T.v, et al., 2009. Remediation of metal contaminated soil by organic metabolites from Fungi I-Production of organic acids. Water, Air, and Soil Pollution, 205 (1-4): 215-226.

Asensio V, Vega F A, Andrade M L, et al., 2013. Tree vegetation and waste amendments to improve the physical condition of copper mine soils. Chemosphere, 90 (2): 603-610.

Asta M P, Ayora C, Acero P, et al., 2010. Field rates for natural attenuation of arsenic in Tinto Santa Rosa acid mine drainage (SW Spain). J Hazard Mater, 177 (1-3): 1102-1111.

Authier-Martin M, Forte G, Ostap S, et al., 2001. The mineralogy of bauxite for producing smelter-grade alumina. JOM Journal of the Minerals, Metals and Materials Society, 53 (12).

Axe L, Trivedi P, 2002. Intraparticle surface diffusion of metal contaminants and their attenuation in microporous amorphous Al, Fe, and Mn oxides. J Colloid Interface Sci, 247 (2): 259-265.

Azarbad H, Niklin M, Van gestel C A M, 2013. Microbial community structure and functioning along metal pollution gradients. Environmental Toxicology and Chemistry, 32: 1992-2002.

Barbosa G M.d C, Oliveira J F.d, Miyazawa M, et al., 2015. Aggregation and clay dispersion of an oxisol treated with swine and poultry manures. Soil and Tillage Research, 146: 279-285.

Barnes M C, Addai-Mensah J, Gerson A R, 1999. The kinetics of desilication of synthetic spent Bayer liquor seeded with cancrinite and cancrinite/sodalite mixed-phase crystals. Journal of Crystal Growth, 200 (1-2).

Barns S M, Cain E C, Sommerville L, et al., 2007. Acidobacteria phylum sequences in uranium-contaminated subsurface sediments greatly expand the known diversity within the phylum. Appl Environ Microbiol, 73 (9): 3113-3116.

Barth D, Wiebe M G, 2017. Enhancing fungal production of galactaric acid. Appl Microbiol Biotechnol, 101 (10): 4033-4040.

Bertocchi A F, Ghiani M, Peretti R, et al., 2006. Red mud and fly ash for remediation of mine sites contaminated with As, Cd, Cu, Pb and Zn. J Hazard Mater, 134 (1-3): 112-119.

Binnemans K, Jones P T, Blanpain B, et al., 2015. Towards zero-waste valorisation of rare-earth-containing industrial process residues: a critical review. Journal of Cleaner Production, 99: 17-38.

Bissonnais Y L, 1996. Aggregate stability and assessment of soil crustability and erodibility: I. Theory and methodology. European Journal of Soil Science, 47 (4): 425-437.

Borra C R, Pontikes Y, Binnemans K, et al., 2015. Leaching of rare earths from bauxite residue (red mud). Miner. Eng., 76: 20-27.

Bradshaw A, 2000. The use of natural processes in reclamation-advantages and difficulties. Landscape and Urban Planning, 51 (2-4).

Bronick C J, Lal R, 2005. Soil structure and management: a review. Geoderma, 124 (1-2): 3-22.

Brunori C, Cremisini C, Massanisso P, et al., 2005. Reuse of a treated red mud bauxite waste: studies on environmental compatibility. J Hazard Mater 117 (1): 55-63.

Buchanan S J, So H B, Kopittke P M, et al., 2010. Influence of texture in bauxite residues on void ratio, water holding characteristics, and penetration resistance. Geoderma, 158 (3-4): 421-426.

Burke I T, Peacock C L, Lockwood C L, et al., 2013. Behavior of aluminum, arsenic, and vanadium during the neutralization of red mud leachate by HCl, gypsum, or seawater. Environ Sci Technol, 47 (12): 6527-6535.

Caravaca F, Hernández T, García C, et al., 2002. Improvement of rhizosphere aggregate stability of afforested semiarid plant species subjected to mycorrhizal inoculation and compost addition. Geoderma, 108 (1-2).

Cardoso P, Alves A, Silveira P, et al., 2018. Bacteria from nodules of wild legume species: Phylogenetic diversity, plant growth promotion abilities and osmotolerance. Sci Total Environ, 645: 1094-1102.

Carson J K, Rooney D, Gleeson D B, et al., 2007. Altering the mineral composition of soil causes a shift in microbial community structure. FEMS Microbiol Ecol., 61 (3): 414-423.

Castaldi P, Santona L, Enzo S, et al., 2008. Sorption processes and XRD analysis of a natural zeolite exchanged with Pb^{2+}, Cd^{2+} and Zn^{2+} cations. J Hazard Mater, 156 (1-3): 428-434.

Chan K Y, Heenan D P, 1998. Effect of lime ($CaCO_3$) application on soil structural stability of a red earth. Soil Research, 36 (1): 73-86.

Chao Y Q, Liu W S, Chen Y M, et al., 2016. Structure, variation, and co-occurrence of soil microbial communities in abandoned sites of a rare earth elements mine. Environmental Science & Technology, 50 (21): 11481-11490.

Chauhan S, Ganguly A, 2011. Standardizing rehabilitation protocol using vegetation cover for bauxite waste (red mud) in eastern India. Ecological Engineering, 37 (3): 504-510.

Chen D, Liu D, Zhang H, et al., 2015. Bamboo pyrolysis using TG–FTIR and a lab-scale reactor: Analysis of pyrolysis behavior, product properties, and carbon and energy yields. Fuel., 148: 79-86.

Chen H, Chang C, 1996. Production of γ-Linolenic acid by the Fungus Cunninghamella echinulata CCRC 31840. Biotechnology Progress, 12 (3): 338-341.

Clark M W, Berry J, Mcconchie D, 2009. The long-term stability of a metal-laden Bauxsol™ reagent under different geochemical conditions. Geochemistry-exploration Environment Analysis, 9 (1): 101-112.

Clark M W, Johnston M, Reichelt-Brushett A J, 2015. Comparison of several different neutralisations to a bauxite refinery residue: Potential effectiveness environmental ameliorants. Applied Geochemistry, 56: 1-10.

Costa O Y A, Raaijmakers J M, Kuramae E E, 2018. Microbial Extracellular Polymeric Substances: Ecological Function and Impact on Soil Aggregation. Front Microbiol, 9: 1636.

Couperthwaite S J, Johnstone D W, Mullett M E, et al., 2014. Minimization of bauxite residue neutralization products using nanofiltered seawater. Industrial & Engineering Chemistry Research, 53 (10).

Courtney R G, Jordan S N, Harrington T. 2009b. Physico-chemical changes in bauxite residue following application of spent mushroom compost and gypsum. Land Degrad Dev., 20 (5): 572-581.

Courtney R G, Timpson J P. 2005a. Nutrient status of vegetation grown in alkaline bauxite processing residue amended with gypsum and thermally dried sewage sludge – A two year field study. Plant and Soil, 266 (1-2): 187-194.

Courtney R G, Timpson J P. 2005b. Reclamation of fine fraction bauxite processing residue (red mud) amended with coarse fraction residue and gypsum. Water, Air & Soil Pollution, 164 (1-4): 12.

Courtney R, Feeney E, O'Grady A, 2014. An ecological assessment of rehabilitated bauxite residue. Ecological

Engineering, 73: 373-379.

Courtney R, Harrington T, 2012a. Growth and nutrition of Holcus lanatus in bauxite residue amended with combinations of spent mushroom compost and gypsum. Land Degrad Dev., 23 (2): 144-149.

Courtney R, Harrington T, Byrne K A, 2013. Indicators of soil formation in restored bauxite residues. Ecological Engineering, 58: 63-68.

Courtney R, Kirwan L, 2012b. Gypsum amendment of alkaline bauxite residue–Plant available aluminium and implications for grassland restoration. Ecological Engineering, 42: 279-282.

Courtney R, Mullen G, Harrington T, 2009a. An evaluation of revegetation success on bauxite residue. Restoration Ecology, 17 (3): 350-358.

Czop M, Motyka J, Sracek O, et al., 2010. Geochemistry of the Hyperalkaline Gorka Pit Lake (pH > 13) in the Chrzanow Region, Southern Poland. Water, Air, & Soil Pollution, 214 (1-4): 423-434.

Das S, Ganguly D, Mukherjee A, 2017. Soil urease activity of sundarban mangrove ecosystem, India. Advances in Microbiology, 7: 617-632.

Dauvin J C, 2010. Towards an impact assessment of bauxite red mud waste on the knowledge of the structure and functions of bathyal ecosystems: The example of the Cassidaigne canyon (north-western Mediterranean Sea). Mar Pollut Bull, 60 (2): 197-206.

Dell'Amico E, Cavalca L, Andreoni V, 2008. Improvement of Brassica napus growth under cadmium stress by cadmium-resistant rhizobacteria. Soil Biology and Biochemistry, 40 (1): 74-84.

Ding X, Xu G, Liu W V, et al., 2019. Effect of polymer stabilizers' viscosity on red sand structure strength and dust pollution resistance. Powder Technology, 352: 117-125.

Dousset S, Goulet E, Dousset S, et al., 2004. Water-stable aggregates and organic matter pools in a calcareous vineyard soil under four soil-surface management systems. Soil Use and Management, 20 (3): 318-324.

Duiker S W, Rhoton F E, Torrent J, et al., 2003. Iron (Hydr) Oxide Crystallinity Effects on Soil Aggregation. Soil Science Society of America Journal, 67 (2): 606-611.

Dutta T, Sengupta R, Sahoo R, et al., 2007. A novel cellulase free alkaliphilic xylanase from alkali tolerant Penicillium citrinum: production, purification and characterization. Lett Appl Microbiol, 44 (2): 206-211.

Eastham J, Morald T, Aylmore P, 2006. Effective nutrient sources for plant growth on bauxite residue. Water, Air, and Soil Pollution, 176 (1-4): 5-19.

Enríquez E, Fuertes V, Cabrera M J, et al., 2019. Study of the crystallization in fast sintered Na-rich plagioclase glass-ceramic. Ceramics International, 45 (7): 8899-8907.

Fabri M C, Pedel L, Beuck L, et al., 2014. Megafauna of vulnerable marine ecosystems in French mediterranean submarine canyons: Spatial distribution and anthropogenic impacts. Deep Sea Research Part II: Topical Studies in Oceanography, 104: 184-207.

Fattet M, Fu Y, Ghestem M, et al., 2011. Effects of vegetation type on soil resistance to erosion: Relationship between aggregate stability and shear strength. Catena, 87 (1): 60-69.

Ferrier R J, Cai L, Lin Q, et al., 2016. Models for apparent reaction kinetics in heap leaching: A new semi-empirical approach and its comparison to shrinking core and other particle-scale models. Hydrometallurgy, 166: 22-33.

Filcheva E, Noustorova M, Gentcheva-Kostadinova S, et al., 2000. Organic accumulation and microbial action in surface coal-mine spoils, Pernik, Bulgaria. Ecological Engineering, 15 (1-2).

Fontanier C, Fabri M C, Buscail R, et al., 2012. Deep-sea foraminifera from the Cassidaigne Canyon (NW Mediterranean): assessing the environmental impact of bauxite red mud disposal. Mar Pollut Bull, 64 (9): 1895-1910.

Fritshi L, Klerk N.D, Sim M, et al., 2001. Respiratory morbidity and exposure to bauxite, alumina and caustic mist in alumina refineries. Journal of Occupational Health, 43: 231-237.

Fuller R D, Richardson C J, 1986. Aluminate toxicity as a factor controlling plant growth in bauxite residue. Environmental Toxicology & Chemistry, 5 (10): 905-915.

Gao N, Li A, Quan C, et al., 2013. TG–FTIR and Py–GC/MS analysis on pyrolysis and combustion of pine sawdust. Journal of Analytical and Applied Pyrolysis, 100: 26-32.

Gatta G D, Lotti P, Kahlenberg V, et al., 2012. The low-temperature behaviour of cancrinite:an in situ single-crystal X-ray diffraction study. Mineralogical Magazine, 76 (4): 933-948.

Gelencser A, Kovats N, Turoczi B, et al., 2011. The red mud accident in Ajka (Hungary): characterization and potential health effects of fugitive dust. Environ Sci Technol, 45 (4): 1608-1615.

Genc-Fuhrman H, Tjell J C, McConchie D, 2004. Increasing the arsenate adsorption capacity of neutralized red mud (Bauxsol). J Colloid Interface Sci., 271 (2): 313-320.

George S J, Kelly R N, Greenwood P F, et al., 2010. Soil carbon and litter development along a reconstructed biodiverse forest chronosequence of South-Western Australia. Biogeochemistry, 101 (1-3): 197-209.

Goldberg S, Forster H S, 1990. Flocculation of reference clays and arid-zone soil clays. Soil Science Society of America Journal, 54 (3): 714-718.

Gomes H I, Mayes W M, Rogerson M, et al., 2016. Alkaline residues and the environment: a review of impacts, management practices and opportunities. Journal of Cleaner Production, 112: 3571-3582.

Gräfe M, Klauber C, 2011. Bauxite residue issues: IV. Old obstacles and new pathways for in situ residue bioremediation. Hydrometallurgy, 108 (1-2): 46-59.

Gräfe M, Power G, Klauber C, 2011. Bauxite residue issues: III. Alkalinity and associated chemistry. Hydrometallurgy, 108 (1-2): 60-79.

Gu X, Ma X, Li L, et al., 2013. Pyrolysis of poplar wood sawdust by TG-FTIR and Py–GC/MS. Journal of Analytical and Applied Pyrolysis, 102: 16-23.

Gundy S, Farkas G, Szekely G, et al., 2013. No short-term cytogenetic consequences of Hungarian red mud catastrophe. Mutagenesis, 28 (1): 1-5.

Hamdy M K, Williams F S, 2001. Bacterial amelioration of bauxite residue waste of industrial alumina plants. J Ind Microbiol Biotechnol, 27 (4): 228-233.

Harris J A, Birch P, Palmer J P, 1996. Land restoration and reclamation: principles and practice, Addison Wesley Longman Ltd., Harlow.

He G, Baumann S, Liang F, et al., 2019. Phase stability and oxygen permeability of Fe-based $BaFe_{0.9}Mg_{0.05}X_{0.05}O_3$ (X = Zr, Ce, Ca) membranes for air separation. Separation and Purification Technology, 220: 176-182.

Hind A R, Suresh K Bhargava, Grocott S C, 1999. The surface chemistry of Bayer process solids: a review. Colloids and Surfaces, 146: 359–374.

Howe P L, Clark M W, Reichelt-Brushett A, et al., 2011. Toxicity of raw and neutralized bauxite refinery residue liquors to the freshwater cladoceran Ceriodaphnia dubia and the marine amphipod Paracalliope australis. Environ Toxicol Chem, 30 (12): 2817-2824.

Huang X, Jiang H, Li Y, et al., 2016. The role of poorly crystalline iron oxides in the stability of soil aggregate-associated organic carbon in a rice–wheat cropping system. Geoderma, 279: 1-10.

Huttl R F, Weber E, 2001. Forest ecosystem development in post-mining landscapes: a case study of the Lusatian lignite district. Naturwissenschaften, 88 (8): 322-329.

Igwe C A, Zarei M, Stahr K, 2009. Colloidal stability in some tropical soils of southeastern Nigeria as affected by iron and aluminium oxides. Catena, 77 (3): 232-237.

Jansen B, Nierop K G J, Verstraten J M, 2003. Mobility of Fe (II), Fe (III) and Al in acidic forest soils mediated by dissolved organic matter: influence of solution pH and metal/organic carbon ratios. Geoderma, 113 (3-4): 323-340.

Jiang J, Xu R-k, Zhao A-Z, 2011. Surface chemical properties and pedogenesis of tropical soils derived from basalts with different ages in Hainan, China. Catena, 87 (3): 334-340.

Johnston M, Clark M W, McMahon P, 2010. Alkalinity conversion of bauxite refinery residues by neutralization. J Hazard Mater, 182 (1-3): 710-715.

Jones B E, Haynes R J, Phillips I R, 2010. Effect of amendment of bauxite processing sand with organic materials on its chemical, physical and microbial properties. J Environ Manage, 91 (11): 2281-2288.

Jones B E, Haynes R J, Phillips I R, 2011. Influence of organic waste and residue mud additions on chemical, physical and microbial properties of bauxite residue sand. Environ Sci. Pollut Res Int., 18 (2): 199-211.

Jones R T, Robeson M S, Lauber C L, et al., 2009. A comprehensive survey of soil acidobacterial diversity using pyrosequencing and clone library analyses. Isme J, 3 (4): 442-453.

Jozefaciuk G, Czachor H, 2014. Impact of organic matter, iron oxides, alumina, silica and drying on mechanical and water stability of artificial soil aggregates. Assessment of new method to study water stability. Geoderma, 221-222: 1-10.

Keiluweit M，Nico P S，Johnson M G，2010. Dynamic molecular structure of plant biomass-derived black carbon（Biochar）. Environmental Science & Technology，44（4）：1247-1253.

Kemper W D，Rosenau R C，1986. Aggregate stability and size distribution. Methods of Soil Analysis: Part 1——Physical and Mineralogical Methods：425-442.

Khaitan S，Dzombak D A，Lowry G V，2009. Chemistry of the acid neutralization capacity of bauxite residue. Environmental Engineering Science，26（5）：873-881.

Khaitan S，Dzombak D A，Swallow P，et al.，2010. Field evaluation of bauxite residue neutralization by carbon dioxide，vegetation，and organic amendments. Journal of Environmental Engineering，136（10）：1045-1053.

Kimura T，Horikoshi，K，1988. Isolation of bacteria which can grow at both high pH and low temperature. Applied and Environmental Microbiology，54（4）：1066-1067.

Kinnarinen T，Holliday L，Häkkinen A，2015. Dissolution of sodium，aluminum and caustic compounds from bauxite residues. Miner. Eng.，79：143-151.

Kirwan L J，Hartshorn A，McMonagle J B，et al.，2013. Chemistry of bauxite residue neutralisation and aspects to implementation. International Journal of Mineral Processing，119：40-50.

Klauber C，Gräfe M，Power G，2011. Bauxite residue issues: II. options for residue utilization. Hydrometallurgy，108（1-2）：11-32.

Klebercz O，Mayes W M，Anton A D，et al.，2012. Ecotoxicity of fluvial sediments downstream of the Ajka red mud spill，Hungary. J Environ Monit，14（8）：2063-2071.

Kong X F，Guo Y，Xue S G，et al.，2017c. Natural evolution of alkaline characteristics in bauxite residue. Journal of Cleaner Production，143：224-230.

Kong X F，Tian T，Xue S G，et al.，2018. Development of alkaline electrochemical characteristics demonstrates soil formation in bauxite residue undergoing natural rehabilitation. Land Degrad Dev，29（1）：58-67.

Kong X，Guo Y，Xue S，et al.，2017a. Natural evolution of alkaline characteristics in bauxite residue. Journal of Cleaner Production，143：224-230.

Kong X，Li M，Xue S，et al.，2017b. Acid transformation of bauxite residue: Conversion of its alkaline characteristics. J Hazard Mater，324（Pt B）：382-390.

Krishna P，Arora A，Reddy M S. 2008. An alkaliphilic and xylanolytic strain of actinomycetes Kocuria sp. RM1 isolated from extremely alkaline bauxite residue sites. World Journal of Microbiology and Biotechnology，24（12）：3079-3085.

Krishna P，Babu A G，Reddy M S，2009. Rehabilitation of Bauxite Residue（Red Mud）Ponds Using Indigenous Bacteria.

Krishna P，Babu A G，Reddy M S，2014. Bacterial diversity of extremely alkaline bauxite residue site of alumina industrial plant using culturable bacteria and residue 16S rRNA gene clones. Extremophiles，18（4）：665-676.

Krishna P，Reddy M S，Patnaik S K，2005. Aspergillus tubingensis reduces the pH of the bauxite residue（red mud）amended soils. Water Air and Soil Pollution，167：201-209.

Kumar A，Saha A，2011. Effect of polyacrylamide and gypsum on surface runoff，sediment yield and nutrient losses from steep slopes. Agricultural Water Management，98（6）：999-1004.

Lehoux A P，Lockwood C L，Mayes W M，et al.，2013. Gypsum addition to soils contaminated by red mud: implications for aluminium，arsenic，molybdenum and vanadium solubility. Environmental Geochemistry and Health，35（5）：643-656.

Lentz R D，2015. Polyacrylamide and biopolymer effects on flocculation，aggregate stability，and water seepage in a silt loam. Geoderma，241-242，289-294.

Leonardou S A，Oustadakis P，Tsakiridis P E，et al.，2008. Titanium leaching from red mud by diluted sulfuric acid at atmospheric pressure. Journal of Hazardous Materials，15（2-3）：579-586.

Levy G J，Torrento J R，1995. Clay dispersion and macroaggregate stability as affected by exchangeable potassium and sodium. Soil Science，160（5）：352-358.

Li H，Han X，Wang F，et al.，2007. Impact of soil management on organic carbon content and aggregate stability. Communications in Soil Science and Plant Analysis，38（13-14）：1673-1690.

Li X，Huang X，Qi T，et al.，2015b. Preliminary results on selective surface magnetization and separation of alumina/silica-bearing minerals. Miner. Eng.，81：135-141.

Li X，Zhou Q，Wang H，et al.，2010. Hydrothermal formation and conversion of calcium titanate species in the system Na2O–Al2O3–CaO–TiO2–H2O. Hydrometallurgy，104（2）：156-161.

Li X-b，Wang Y-l，Zhou Q-s，et al.，2017. Transformation of hematite in diasporic bauxite during reductive Bayer digestion and recovery of iron. Transactions of Nonferrous Metals Society of China，27（12）：2715-2726.

Li X-b，Wang Y-l，Zhou Q-s，et al.，2018. Reaction behaviors of iron and hematite in sodium aluminate solution at elevated temperature. Hydrometallurgy，175：257-265.

Li X-b，Xiao W，Liu W，et al.，2009. Recovery of alumina and ferric oxide from Bayer red mud rich in iron by reduction sintering. Transactions of Nonferrous Metals Society of China，19（5）：1342-1347.

Liang W，Couperthwaite S J，Kaur G，et al.，2014. Effect of strong acids on red mud structural and fluoride adsorption properties. J Colloid Interface Sci.，423：158-165.

Liao C Z，Zeng L，Shih K，2015. Quantitative X-ray Diffraction（QXRD） analysis for revealing thermal transformations of red mud. Chemosphere，131：171-177.

Liu H，Wei Y，Luo J，et al.，2019a. 3D hierarchical porous-structured biochar aerogel for rapid and efficient phenicol antibiotics removal from water. Chemical Engineering Journal，368：639-648.

Liu J L，Yao J，Wang F，et al.，2019b. Bacterial diversity in typical abandoned multi-contaminated nonferrous metal（loid）tailings during natural attenuation. Environ Pollut，247：98-107.

Liu Y，Naidu R，2014. Hidden values in bauxite residue（red mud）: recovery of metals. Waste Manag，34（12）：2662-2673.

Liu Y，Naidu R，Ming H，2011. Red mud as an amendment for pollutants in solid and liquid phases. Geoderma，163（1-2）：1-12.

Liu Y，Naidu R，Ming H，2013. Surface electrochemical properties of red mud（bauxite residue）: zeta potential and surface charge density. J Colloid Interface Sci，394：451-457.

Liu Z，Li H，2015. Metallurgical process for valuable elements recovery from red mud—A review. Hydrometallurgy，155：29-43.

Lockwood C L，Mortimer R J G，Stewart D I，et al.，2014. Mobilisation of arsenic from bauxite residue（red mud） affected soils：Effect of pH and redox conditions. Applied Geochemistry，51：268-277.

Lockwood C L，Stewart D I，Mortimer R J，et al.，2015. Leaching of copper and nickel in soil-water systems contaminated by bauxite residue（red mud）from Ajka，Hungary: the importance of soil organic matter. Environ Sci Pollut Res Int.，22（14）：10800-10810.

Lu S，Yu X，Zong Y，2019. Nano-microscale porosity and pore size distribution in aggregates of paddy soil as affected by long-term mineral and organic fertilization under rice-wheat cropping system. Soil and Tillage Research，186：191-199.

Ma Y，Si C，Lin C，2014. Capping hazardous red mud using acidic soil with an embedded layer of zeolite for plant growth. Environmental Technology，35（18）：2314-2321.

Ma Y，Wang J，Zhang Y，2017a. TG–FTIR study on pyrolysis of waste printing paper. Journal of Thermal Analysis and Calorimetry，129（2）：1225-1232.

Ma Z，Chen D，Gu J，et al.，2015. Determination of pyrolysis characteristics and kinetics of palm kernel shell using TGA–FTIR and model-free integral methods. Energy Conversion and Management，89：251-259.

Ma Z，Yang Y，Ma Q，et al.，2017b. Evolution of the chemical composition，functional group，pore structure and crystallographic structure of bio-char from palm kernel shell pyrolysis under different temperatures. Journal of Analytical and Applied Pyrolysis，127：350-359.

Mayes W M，Batty L C，Younger P L，et al.，2009. Wetland treatment at extremes of pH: a review. Sci Total Environ，407（13）：3944-3957.

Mayes W M，Jarvis A P，Burke I T，et al.，2011. Dispersal and attenuation of trace contaminants downstream of the Ajka bauxite residue（red mud） depository failure，Hungary. Environ Sci Technol，45（12）：5147-5155.

Mayes W M，Younger P L，2006. Buffering of alkaline steel slag leachate across a natural wetland. Environmental Science & Technology，40（4）：1237-1243.

Meecham J，Bell L，1977. Revegetation of alumina refinery wastes. 1. Properties and amelioration of the materials. Australian Journal of Experimental Agriculture，17（87）.

Mendez M O，Maier R M. 2008. Phytostabilization of mine tailings in arid and semiarid environments—an emerging remediation technology. Environmental health perspectives，116（3）：278-283.

Meng Y，Xue Y，Yu B，et al.，2012. Efficient production of L-lactic acid with high optical purity by alkaliphilic Bacillus sp. WL-S20. Bioresour Technol，116：334-339.

Menzies N W，Fulton I M，Morrell W J，2004. Seawater neutralization of alkaline bauxite residue and implications for revegetation. Journal of Environmental Quality，33（4）.

Metreveli G，Philippe A，Schaumann G E，2015. Disaggregation of silver nanoparticle homoaggregates in a river water matrix. Sci Total Environ，535：35-44.

Miller R M，Jastrow J D，1990. Hierarchy of root and mycorrhizal fungal interactions with soil aggregation. Soil Biology & Biochemistry，22（5）：570-584.

Miranda J G V，Montero E，Alves M C，et al.，2006. Multifractal characterization of saprolite particle-size distributions after topsoil removal. Geoderma，134（3-4）：373-385.

Misik M，Burke I T，Reismuller M，et al.，2014. Red mud a byproduct of aluminum production contains soluble vanadium that causes genotoxic and cytotoxic effects in higher plants. Sci Total Environ，493：883-890.

Montero E，2005. Rényi dimensions analysis of soil particle-size distributions. Ecological Modelling，182（3-4）：305-315.

Munkholm L J，Heck R J，Deen B，et al.，2016. Relationship between soil aggregate strength，shape and porosity for soils under different long-term management. Geoderma，268：52-59.

Murray J，Kirwan L，Loan M，et al.，2009. In-situ synchrotron diffraction study of the hydrothermal transformation of goethite to hematite in sodium aluminate solutions. Hydrometallurgy，95（3-4）：239-246.

Nagy A S，Szabo J，Vass I，2013. Trace metal and metalloid levels in surface water of Marcal River before and after the Ajka red mud spill，Hungary. Environ Sci Pollut Res Int，20（11）：7603-7614.

Neuville D R，Cormier L，Flank A-M，et al.，2004. Na K-edge XANES spectra of minerals and glasses. European Journal of Mineralogy，16（5）：809-816.

Nguyen Q D，Boger D V，1998. Application of rheology to solving tailings disposal problems. Int. J. Miner. Process，54：217-233.

Nikraz H R，Bodley A J，Cooling D J，2007. Comparison of Physical Properties between Treated and Untreated Bauxite Residue Mud. Environ Sci Pollut Res Int，19（1）：2-9.

Nogueira E W，Hayash E A，Alves E，et al.，2017. Characterization of alkaliphilic bacteria isolated from bauxite residue in the southern region of Minas Gerais，Brazil. Brazilian Archives of Biology and Technology 60，e170215.

Nuccetelli C，Pontikes Y，Leonardi F，et al.，2015. New perspectives and issues arising from the introduction of（NORM）residues in building materials: A critical assessment on the radiological behaviour. Constr. Build. Mater，82：323-331.

Olszewska J P，Meharg A A，Heal K V，et al.，2016. Assessing the Legacy of Red Mud Pollution in a Shallow Freshwater Lake: Arsenic Accumulation and Speciation in Macrophytes. Environ Sci Technol，50（17）：9044-9052.

Oster J D，俞仁培，1985. 石膏在灌溉农业中的应用. 土壤学进展，3：27-31.

Ottenhof C J，Faz Cano A，Arocena J M，et al.，2007. Soil organic matter from pioneer species and its implications to phytostabilization of mined sites in the Sierra de Cartagena（Spain）. Chemosphere，69（9）：1341-1350.

Pagano G，Meric S，De Biase A，et al.，2002. Toxicity of bauxite manufacturing by-products in sea urchin embryos. Ecotoxicol Environ Saf，51（1）：28-34.

Pagliai M，Vignozzi N，Pellegrini S，2004. Soil structure and the effect of management practices. Soil and Tillage Research，79（2）：131-143.

Pascucci S，Belviso C，Cavalli R M，et al.，2012. Using imaging spectroscopy to map red mud dust waste: The Podgorica Aluminum Complex case study. Remote Sensing of Environment，123：139-154.

Perfect E，Kay B D，1991. Fractal theory applied to soil aggregation. Soil Science Society of America Journal，55（6）：1552-1558.

Pickles C A，Lu T，Chambers B，et al.，2013. A study of reduction and magnetic separation of iron from high iron bauxite ore. Canadian Metallurgical Quarterly，51（4）：424-433.

Pietrzyk-Sokulska E，Kulczycka J，2015. Impact of landfilling of red mud waste on local environment – the case of Górka / Wpływ Składowania Odpadów Typu Red Mud Na Środowisko Lokalne Na Przykładzie "Górki". Gospodarka Surowcami Mineralnymi，31（2）：137-156.

Pinheiro-Dick D, Schwertmann U, 1996. Microaggregates from Oxisols and Inceptisols: dispersion through selective dissolutions and physicochemical treatments. Geoderma, 74 (1-2).

Pontikes Y, Angelopoulos G N, 2013. Bauxite residue in cement and cementitious applications: Current status and a possible way forward. Resour. Conserv. Recycl. 73: 53-63.

Posadas A N D, Giménez Daniel, Bittelli Marco, et al., 2001. Multifractal characterization of soil particle-size distributions. Soil Science Society of America Journal, 65 (5).

Prodanović M, Lindquist W B, Seright R S, 2007. 3D image-based characterization of fluid displacement in a Berea core. Advances in Water Resources, 30 (2): 214-226.

Qin S, Wu B, 2011. Effect of self-glazing on reducing the radioactivity levels of red mud based ceramic materials. J Hazard Mater, 198: 269-274.

Qu Y, Lian B, 2013. Bioleaching of rare earth and radioactive elements from red mud using Penicillium tricolor RM-10. Bioresour Technol, 136: 16-23.

Qu Y, Lian B, Mo B, et al., 2013. Bioleaching of heavy metals from red mud using Aspergillus niger. Hydrometallurgy, 136: 71-77.

Quirk J P, 1986. Soil permeability in relation to sodicity and salinity. Philosophical Transactions of the Royal Society A Mathematical Physical & Engineering Sciences, 316: 297-317.

Rattner B A, McKernan M A, Eisenreich K M, et al., 2006. Toxicity and hazard of vanadium to mallard ducks (Anas platyrhynchos) and Canada geese (Branta canadensis). J Toxicol Environ Health A, 69 (3-4): 331-351.

Ren J, Liu J, Chen J, 2017. Effect of ferrous sulfate and nitrohumic acid neutralization on the leaching of metals from a combined bauxite residue. Environmental Science & Pollution Research, 24 (10): 1-12.

Renforth P, Mayes W M, Jarvis A P, et al., 2012. Contaminant mobility and carbon sequestration downstream of the Ajka (Hungary) red mud spill: The effects of gypsum dosing. Sci Total Environ, 421-422, 253-259.

Rhoton F E, Römkens M J M, Lindbo D L, 1998. Iron oxides erodibility interactions for soils of the memphis catena. Soil Science Society of America Journal, 62 (6): 1693-1703.

Rillig M C, Wright S F, Kimball B A, et al., 2001. Elevated carbon dioxide and irrigation effects on water stable aggregates in a Sorghum field: a possible role for arbuscular mycorrhizal fungi. Global Change Biology, 7(3): 333-337.

Rubinos D A, Barral M T, 2013. Fractionation and mobility of metals in bauxite red mud. Environ Sci Pollut Res Int, 20 (11): 7787-7802.

Ruyters S, Mertens J, Vassilieva E, et al., 2011. The red mud accident in ajka (hungary): plant toxicity and trace metal bioavailability in red mud contaminated soil. Environ Sci Technol, 45 (4): 1616-1622.

Saha N, Kharbuli Z Y, Bhattacharjee A, et al., 2002. Effect of alkalinity (pH 10) on ureogenesis in the air-breathing walking catfish, Clarias batrachus. Comparative Biochemistry and Physiology, 132 (2): 353-364.

Santini T C, 2015. Application of the Rietveld refinement method for quantification of mineral concentrations in bauxite residues (alumina refining tailings). International Journal of Mineral Processing, 139: 1-10.

Santini T C, Fey M V, 2012. Synthesis of hydrotalcite by neutralization of bauxite residue mud leachate with acidic saline drainage water. Applied Clay Science, 55: 94-99.

Santini T C, Fey M V, 2013. Spontaneous vegetation encroachment upon bauxite residue (red mud) as an indicator and facilitator of in situ remediation processes. Environmental Science & Technology, 47 (21): 12089-12096.

Santini T C, Kerr J L, Warren L A, 2015a. Microbially-driven strategies for bioremediation of bauxite residue. J Hazard Mater, 293: 131-157.

Santini T C, Malcolm L I, Tyson G W, et al., 2016. pH and organic carbon dose rates control microbially driven bioremediation efficacy in alkaline bauxite residue. Environ Sci Technol, 50 (20): 11164-11173.

Santini T C, Peng Y G, 2017. Microbial fermentation of organic carbon substrates drives rapid pH neutralization and element removal in bauxite residue leachate. Environ Sci Technol, 51 (21): 12592-12601.

Santini T C, Warren L A, Kendra K E, 2015b. Microbial diversity in engineered haloalkaline environments shaped by shared geochemical drivers observed in natural analogues. Appl Environ Microbiol, 81 (15): 5026-5036.

Sarmiento A M, Olias M, Nieto J M, et al., 2009. Natural attenuation processes in two water reservoirs receiving acid mine drainage. Sci Total Environ, 407 (6): 2051-2062.

Schmalenberger A, O'Sullivan O, Gahan J, et al., 2013b. Bacterial communities established in bauxite residues with different restoration histories. Environmental Science & Technology.

Schmalenberger A, O'Sullivan O, Gahan J, et al., 2013a. Bacterial communities established in bauxite residues with different restoration histories. Environ Sci Technol, 47 (13): 7110-7119.

Selim H M, Newman A, Zhang L, et al., 2016. Distributions of organic carbon and related parameters in a Louisiana sugarcane soil. Soil and Tillage Research, 155: 401-411.

Sharif M S U, Davis R K, Steele K F, et al., 2011. Surface complexation modeling for predicting solid phase arsenic concentrations in the sediments of the Mississippi River Valley alluvial aquifer, Arkansas, USA. Applied Geochemistry, 26 (4): 496-504.

Shen C, Xiong J, Zhang H, et al., 2013. Soil pH drives the spatial distribution of bacterial communities along elevation on Changbai Mountain. Soil Biology and Biochemistry, 57: 204-211.

Singer M J, Southard R J, Warrington D N, et al., 1992. Stability of synthetic sand-clay aggregates after wetting and drying cycles. Soil Science Society of America Journal, 56 (6): 1843-1848.

Six J, Bossuyt H, Degryze S, 2004. A history of research on the link between (micro) aggregates, soil biota, and soil organic matter dynamics. Soil and Tillage Research, 79 (1): 7-31.

Smičiklas I, Smiljanić S, Perić-Grujić A, et al., 2014. Effect of acid treatment on red mud properties with implications on Ni (II) sorption and stability. Chemical Engineering Journal, 242: 27-35.

Snars K, Gilkes R J, 2009. Evaluation of bauxite residues (red muds) of different origins for environmental applications. Applied Clay Science, 46 (1): 13-20.

Somlai J, Jobbagy V, Kovacs J, et al., 2008. Radiological aspects of the usability of red mud as building material additive. J Hazard Mater, 150 (3): 541-545.

Takuhei K, Koki H. 1988. Isolation of bacteria which can grow at both high pH and low temperature. Applied and Environmental Microbiology, 4 (54): 1066-1067.

Tang Y, Li J, Zhang X, et al., 2012. Fractal characteristics and stability of soil aggregates in karst rocky desertification areas. Natural Hazards, 65 (1): 563-579.

Tejada M, Gonzalez J L, 2008. Influence of two organic amendments on the soil physical properties, soil losses, sediments and runoff water quality. Geoderma, 145 (3-4): 325-334.

Ternan J L, Elmes A, Williams, A.G. 1996. Aggregate stability of soils in central Spain and the role of land management. Earth Surface Processes & Landforms, 21 (2): 181-193.

Tian X, Fan H, Wang J, et al., 2019. Effect of polymer materials on soil structure and organic carbon under drip irrigation. Geoderma, 340: 94-103.

Tilman D. 1999. The ecological consequences of changes in biodiversity: A search for general principles. Ecology, 80 (5): 1455-1474.

Tisdall J M, Oades J M, 1982. Organic matter and water-stable aggregates in soils. European Journal of Soil Science, 33 (2): 141-163.

Ujaczki E, Feigl V, Molnar M, et al., 2016. The potential application of red mud and soil mixture as additive to the surface layer of a landfill cover system. J Environ Sci (China), 44: 189-196.

Utasi A, Sebestyén V, Németh J, et al., 2014. Advanced environmental impact assessment quantitative method for red mud disposal facilities. Environmental Engineering and Management Journal, 13 (9): 2295-2300.

Vakilchap F, Mousavi S M, Shojaosadati S A, 2016. Role of Aspergillus niger in recovery enhancement of valuable metals from produced red mud in Bayer process. Bioresour Technol, 218: 991-998.

Valetti L, Iriarte L, Fabra A, 2018. Growth promotion of rapeseed (Brassica napus) associated with the inoculation of phosphate solubilizing bacteria. Applied Soil Ecology, 132: 1-10.

Vangelatos I, Angelopoulos G N, Boufounos D, 2009. Utilization of ferroalumina as raw material in the production of Ordinary Portland Cement. J Hazard Mater, 168 (1): 473-478.

Verchot L V, Dutaur L, Shepherd K D, et al., 2011. Organic matter stabilization in soil aggregates: Understanding the biogeochemical mechanisms that determine the fate of carbon inputs in soils. Geoderma, 161 (3-4): 182-193.

Virto I, Barré P, Chenu C, 2008. Microaggregation and organic matter storage at the silt-size scale. Geoderma, 146 (1-2): 326-335.

Vives-Peris V, Gomez-Cadenas A, Perez-Clemente R M, 2018. Salt stress alleviation in citrus plants by plant growth-promoting rhizobacteria Pseudomonas putida and Novosphingobium sp. Plant Cell Rep, 37 (11):

1557-1569.

Wang D，Zhang W，Hao X，et al.，2013a. Transport of biochar particles in saturated granular media: effects of pyrolysis temperature and particle size. Environ Sci Technol，47（2）：821-828.

Wang J-g，Yang W，Yu B，et al.，2016. Estimating the influence of related soil properties on macro- and micro-aggregate stability in ultisols of south-central China. Catena，137：545-553.

Wang W，Pranolo Y，Cheng C Y，2013b. Recovery of scandium from synthetic red mud leach solutions by solvent extraction with D2EHPA. Separation and Purification Technology，108：96-102.

Wang Y，Li X，Zhou Q，et al.，2019c. Reduction of Red Mud Discharge by Reductive Bayer Digestion: A Comparative Study and Industrial Validation. Jom，72（1）：270-277.

Wang Y-l，Li X-b，Wang B，et al.，2019a. Interactions of iron and titanium-bearing minerals under high-temperature Bayer digestion conditions. Hydrometallurgy，184：192-198.

Wang Y-l，Li X-b，Zhou Q-s，et al.，2019b. Effects of Si-bearing minerals on the conversion of hematite into magnetite during reductive Bayer digestion. Hydrometallurgy，189.

Wehr J B，Fulton I，Menzies N W，2006. Revegetation strategies for bauxite refinery residue: a case study of Alcan Gove in Northern Territory，Australia. Environ Manage，37（3）：297-306.

Wei Z W，Hao Z K，Li X H，et al.，2019. The effects of phytoremediation on soil bacterial communities in an abandoned mine site of rare earth elements. Science of the Total Environment，670：950-960.

Winkler D，2014. Collembolan response to red mud pollution in Western Hungary. Applied Soil Ecology，83：219-229.

Wissmeier L，Barry D A，Phillips I R，2011. Predictive hydrogeochemical modelling of bauxite residue sand in field conditions. J Hazard Mater，191（1-3）：306-324.

Wong J W C，Ho G E，1991. Effects of gypsum and sewage-sludge amendment on physical properties of fine bauxite refining residue. Soil Science，152（5）：326-332.

Wong J W C，Ho G E，1993. Use of waste gypsum in the revegetation on red mud deposits: a greenhouse study. Waste Management & Research，11（3）：249-256.

Wong J W C，Ho G，1994. Sewage sludge as organic ameliorant for revegetation of fine bauxite refining residue. Resources，Conservation and Recycling，11（1-4）：297-309.

Woodard H J，Hossner L，Bush J，2008. Ameliorating caustic properties of aluminum extraction residue to establish a vegetative cover. J Environ Sci Health A Tox Hazard Subst Environ Eng，43（10）：1157-1166.

Wu Y，Li Y，Zheng C，et al.，2013. Organic amendment application influence soil organism abundance in saline alkali soil. European Journal of Soil Biology，54：32-40.

Xue S，Zhu F，Kong X，et al.，2015. A review of the characterization and revegetation of bauxite residues（Red mud）. Environmental Science and Pollution Research，23（2）：1120-1132.

Yang C-w，Zhang M-l，Liu J，et al.，2009. Effects of buffer capacity on growth，photosynthesis，and solute accumulation of a glycophyte（wheat）and a halophyte（Chloris virgata）Photosynthetica，47（1）：55-60.

Yang J，Xiao B，2008. Development of unsintered construction materials from red mud wastes produced in the sintering alumina process. Constr. Build. Mater，22（12）：2299-2307.

Yang W，Hussain A，Zhang J，2018. Removal of elemental mercury from flue gas using red mud impregnated by KBr and KI reagent. Chemical Engineering Journal，341：483-494.

Ye Y，Li L，Smyth J R，et al.，2019. High-temperature X-ray diffraction，Raman and IR spectroscopy on serandite. Physics and Chemistry of Minerals，46（7）：705-715.

Yi L，Hong Y，Wang D，et al.，2010. Effect of red mud on the mobility of heavy metals in mining-contaminated soils. Chinese Journal of Geochemistry，29（2）：191-196.

Yi X，Xie Z-j，Deng A-h，et al.，2006. Isolation and identification of two xylanase-producing extremely alkali-tolerant strains of Bacillus halodurans from Turpan in China. Weishengwu Xuebao，46（6）：951-955.

Young I W R，Naguit C，Halwas S J，et al.，2013. Natural Revegetation of a Boreal Gold Mine Tailings Pond. Restoration Ecology，21（4）：498-505.

Yu H，Ding W，Luo J，et al.，2012. Long-term application of organic manure and mineral fertilizers on aggregation and aggregate-associated carbon in a sandy loam soil. Soil and Tillage Research，124：170-177.

Zaffar M，Lu S-g，2015. Pore Size Distribution of Clayey Soils and Its Correlation with Soil Organic Matter.

Pedosphere，25（2）：240-249.

Zandra A，Emma J，Thomas V K，2009. Remediation of metal contaminated soil by organic metabolites from Fungi I—production of organic acids. Water Air and Soil Pollution，1（205）：215-226.

Zanuzzi A，Arocena J M，van Mourik J M，2009. Amendments with organic and industrial wastes stimulate soil formation in mine tailings as revealed by micromorphology. Geoderma，154（1-2）：69-75.

Zhang K L，Shu A P，Xu X L，et al.，2008. Soil erodibility and its estimation for agricultural soils in China. Journal of Arid Environments，72（6）：1002-1011.

Zhang X C，Miller W P，1996. Polyacrylamide Effect on Infiltration and Erosion in Furrows. Soil Science Society of America Journal，60（3）：866-872.

Zhang X C，Norton L D，2002. Effect of exchangeable Mg on saturated hydraulic conductivity，disaggregation and clay dispersion of disturbed soils. Journal of Hydrology，260（1-4）.

Zheng F-L，2006. Effect of Vegetation Changes on Soil Erosion on the Loess Plateau. Pedosphere，16（4）：420-427.

Zhu F，Hou J，Xue S G，et al.，2017. Vermicompost and Gypsum Amendments Improve Aggregate Formation in Bauxite Residue. Land Degrad Dev，28（7）：2109-2120.

Zhu F，Li X F，Xue S G，et al.，2016a. Natural plant colonization improves the physical condition of bauxite residue over time. Environmental Science and Pollution Research，23（22）：22897-22905.

Zhu F，Xue S G，Hartley W，et al.，2016e. Novel predictors of soil genesis following natural weathering processes of bauxite residues. Environ Sci Pollut Res Int，23（3）：2856-2863.

Zhu F，Zhou J，Xue S G，et al.，2016f. Aging of bauxite residue in association of regeneration: a comparison of methods to determine aggregate stability & erosion resistance. Ecological Engineering，92：47-54.

Zhu J-K，2003. Regulation of ion homeostasis under salt stress. Current Opinion in Plant Biology，6（5）：441-445.

Zhu X，Li W，Guan X，2015. An active dealkalization of red mud with roasting and water leaching. Journal of Hazardous Materials，286：85-91.

白一茹，汪有科，2012. 黄土丘陵区土壤粒径分布单重分形和多重分形特征. 农业机械学报，43（5）：43-48，42.

蔡妙珍，刘鹏，徐根娣，等，2005. 蓼科、禾本科植物细胞膜对铝胁迫反应的比较研究. 水土保持学报，（6）：124-127.

曹丽花，赵世伟，赵勇钢，等，2007. 土壤结构改良剂对风沙土水稳性团聚体改良效果及机理的研究. 水土保持学报，（2）：65-68.

陈利军，武志杰，黄国宏，等，2002. 大气 CO_2 增加对土壤脲酶、磷酸酶活性的影响. 应用生态学报，（10）：1356-1357.

陈山，2012. 不同利用方式土壤团聚体稳定性及其与有机质和铁铝氧化物的关系. 华中农业大学.

董风芝，刘心中，杨新春，等，2002. 粉煤灰、赤泥烧结砖的研制. 矿产保护与利用，（5）：50-51.

范丙全，金继运，葛诚，2002. 溶磷草酸青霉菌筛选及其溶磷效果的初步研究. 中国农业科学，（5）：525-530.

冯其明，卢毅屏，欧乐明，等，2008. 铝土矿的选矿实践. 金属矿山，10（388）.

龚伟，颜晓元，蔡祖聪，等，2011. 长期施肥对小麦—玉米轮作土壤微团聚体组成和分形特征的影响. 土壤学报，48（6）：1141-1148.

关明久，1991. 国外铝土矿选矿试验及生产实践概况. 轻金属，（6）：1-5.

管博，于君宝，陆兆华，等，2011. 黄河三角洲滨海湿地水盐胁迫对盐地碱蓬幼苗生长和抗氧化酶活性的影响. 环境科学，32（8）：2422-2429.

郭安宁，段桂兰，赵中秋，等，2017. 施加碳酸钙对酸性土壤微生物氮循环的影响. 环境科学，38（8）：3483-3488.

郭玉文，加藤诚，宋菲，等，2004. 黄土高原黄土团粒组成及其与碳酸钙关系的研究. 土壤学报，（3）：362-368，493-494.

姜灿烂，何园球，刘晓利，等，2010. 长期施用有机肥对旱地红壤团聚体结构与稳定性的影响. 土壤学报，47（4）：715-722.

焦艳平，康跃虎，万书勤，等，2008. 干旱区盐碱地滴灌土壤基质势对土壤盐分分布的影响. 农业工程学报，（6）：53-58.

金巍, 刘军花, 李袁飞, 等, 2017. 甲烷菌对厌氧真菌不同碳源代谢的影响. 微生物学报, 57 (7): 1106-1111.

李昌明, 王晓玥, 孙波, 2017. 不同气候和土壤条件下秸秆腐解过程中养分的释放特征及其影响因素. 土壤学报, 54 (5): 1206-1217.

李冬梅, 焦峰, 雷波, 等, 2014. 黄土丘陵区不同草本群落生物量与土壤水分的特征分析. 中国水土保持科学, 12 (1): 33-37.

李光辉, 董海刚, 肖春梅, 等, 2006. 高铁铝土矿的工艺矿物学及铝铁分离技术. 中南大学学报 (自然科学版), (2): 235-240.

李华楠, 徐冰冰, 齐飞, 等, 2013. 响应面法优化赤泥负载 Co 催化剂制备及活性评价. 环境科学, 34 (11): 4376-4385.

李江涛, 钟晓兰, 赵其国, 2011. 畜禽粪便施用对稻麦轮作土壤质量的影响. 生态学报, 31 (10): 2837-2845.

李静, 程雪芬, 廖萍, 等, 2018. 攀枝花矿区糙野青茅根际耐铬放线菌筛选及促生能力评价. 环境科学学报, 38 (3): 1197-1206.

李卫东, 2005. 拜耳法赤泥选铁新技术研究. 中南大学.

刘万超, 2010. 拜耳法赤泥高温相转变规律及铁铝钠回收研究. 华中科技大学.

刘万超, 杨家宽, 肖波, 2008. 拜耳法赤泥中铁的提取及残渣制备建材. 中国有色金属学报, (1): 187-192.

柳云龙, 施振香, 尹骏, 等, 2009. 旱地红壤与红壤性水稻土水分特性分析. 水土保持学报, 23 (2): 232-235.

龙明杰, 张宏伟, 曾繁森, 2001. 高聚物土壤结构改良剂的研究 I. 淀粉接枝共聚物改良赤红壤的研究. 土壤学报, (4): 584-589.

卢毅屏, 2012. 铝土矿选择性磨矿—聚团浮选脱硅研究. 中南大学.

潘洁, 肖辉, 王立艳, 等, 2012. 咸水冰融化与土壤入渗过程不同盐分离子迁移规律研究. 华北农学报, 27 (1): 210-214.

彭明生, 李迪恩, 2002. 硅酸盐玻璃中的 Na, Mg K-边 XANES 谱研究. 光谱学与光谱分析, (5): 873-876.

彭少麟, 周厚诚, 陈天杏, 等, 1989. 广东森林群落的组成结构数量特征. 植物生态学与地植物学学报, (1): 10-17.

彭雪清, 黄光洪, 2015. 平果铝土矿氧化铝赤泥回收铁精矿的生产实践. 湖南有色金属, 31 (5): 10-15.

千淋兆, 2014. 产酸真菌对土壤养分变化和玉米生长的影响. 河南农业大学.

任杰, 刘继东, 陈娟, 等, 2016. 醋渣和糠醛渣对赤泥中金属稳定性的影响. 环境科学研究, 29 (12): 1895-1903.

沈瑞昌, 徐明, 方长明, 等, 2018. 全球变暖背景下土壤微生物呼吸的热适应性: 证据、机理和争议. 生态学报, 38 (1): 11-19.

石文卿, 陶能国, 刘跃进, 等, 2011. 一株高产纤维素酶真菌的分离及产酶特性研究. 环境工程学报, 5 (6): 1435-1440.

束文圣, 叶志鸿, 张志权, 等, 2003. 华南铅锌尾矿生态恢复的理论与实践. 生态学报, (8): 1629-1639.

宋成军, 马克明, 傅博杰, 2009. 固氮类植物在陆地生态系统中的作用研究进展. 生态学报, 29 (2): 869-877.

孙永峰, 董风芝, 刘炯天, 等, 2009. 拜耳法赤泥选铁工艺研究. 金属矿山, (9): 176-178.

陶婧, 钟巧芳, 黄兴奇, 等, 2010. 云南一株高产纤维素酶菌株 YN-2 的筛选及其产酶条件的研究. 云南农业大学学报 (自然科学版), 25 (5): 731-736.

王国贞, 朱泮民, 段璐淳, 等, 2010. 拜耳法赤泥改良及种植黑麦草的研究. 安徽农业科学, 38 (31): 17486-17487, 17493.

王建森, 宋永会, 袁鹏, 等, 2006. 基于 PHREEQC 程序的磷酸铵镁结晶法污水处理工艺模型化研究. 环境科学学报, (2): 208-213.

王金满, 张萌, 白中科, 等, 2014. 黄土区露天煤矿排土场重构土壤颗粒组成的多重分形特征. 农业工程学报, 30 (4): 230-238.

王茹, 郑平, 厉巍, 等, 2013. 耐碱反硝化菌株的分离鉴定与功能检测. 微生物学报, 53 (4): 372-378.

王艳红, 吴晓民, 朱艳萍, 等, 2013. 高效液相色谱法分析内生真菌草酸青霉的代谢产物黑麦酮酸 A. 分析化学, 41 (4): 575-579.

王一霖, 2013. 拜耳法高铁赤泥综合回收铁铝钠的研究. 中南大学.

王展, 张玉龙, 虞娜, 等, 2013. 冻融作用对土壤微团聚体特征及分形维数的影响. 土壤学报, 50 (1): 83-88.

魏朝富, 高明, 谢德体, 等, 1995. 有机肥对紫色水稻土水稳性团聚体的影响. 土壤通报, (3): 114-116.

魏党生, 2008. 高铁铝土矿综合利用工艺研究. 有色金属 (选矿部分), (6): 14-18.

温英, 甘怀俊, 王巧华, 1995. 阳泉铝矾土矿富铝除铁的研究. 中国锰业, (6): 26-29.

吴昌永, 彭永臻, 万春黎, 等, 2009. 碳源对 EBPR 代谢过程及微生物特性的影响. 环境科学, 30 (7): 1990-1994.

吴川, 黄柳, 薛生国, 等, 2016. 赤泥对砷污染的调控研究进展. 环境化学, 35 (1): 141-149.

夏福兴, D.Eisma, 1991. 长江口悬浮颗粒有机絮凝研究. 华东师范大学学报 (自然科学版), (1): 66-70.

熊顺贵, 2001. 基础土壤学, 北京: 中国农业大学出版社.

许静雯, 2012. 黄土区大型露天矿复垦地野生草本植物侵入特征研究. 中国地质大学 (北京).

闫建梅, 何联君, 何丙辉, 等, 2014. 川中丘陵区不同治理模式对土壤微团聚体分形特征的影响. 中国生态农业学报, 22 (11): 1294-1300.

杨彪, 2016. 两种不同类型铝土矿原矿性质及洗矿工艺的对比分析. 采矿技术, 16 (1).

杨修, 高林, 2001. 德兴铜矿矿山废弃地植被恢复与重建研究. 生态学报, (11): 1932-1940.

于东明, 胡小兰, 张光灿, 等, 2011. 江子河小流域不同植被类型土壤粒径的多重分形特征. 中国水土保持科学, 9 (5): 79-85.

张昌胜, 刘国彬, 薛萐, 等, 2012. 不同沙生植被土壤微团聚体分形特征及抗蚀性. 水土保持通报, 32 (2): 1-6.

张超, 刘国彬, 薛萐, 等, 2011. 黄土丘陵区不同植被类型根际土壤微团聚体及颗粒分形特征. 中国农业科学, 44 (3): 507-515.

张宏伟, 龙明杰, 曾繁森, 2001. 腐殖酸接枝共聚物对土壤物理性能的影响研究初报. 广东农业科学, (1): 33-35.

张健, 2014. 低磷胁迫下草酸青霉菌 BK 溶磷的分子机制. 大连理工大学.

张丽梅, 方萍, 朱日清, 2004. 禾本科植物联合固氮研究及其应用现状展望. 应用生态学报, (9): 1650-1654.

张燕, 张阳, 张博, 等, 2018. 不同碳源对生防荧光假单胞菌 2P24 产抗生素 2,4-二乙酰基间苯三酚的影响. 微生物学报, 58 (7): 1202-1212.

张耀方, 2015. 子午岭林区不同胶结物质类型的土壤团聚体结构特征. 中国科学院研究生院 (教育部水土保持与生态环境研究中心).

张志权, 束文圣, 廖文波, 2002. 豆科植物与矿业废弃地植被恢复. 生态学杂志, 21 (2): 47-52.

赵诚斋, 1982. 土壤膨胀及其研究方法. 土壤学进展, (2): 1-12.

赵文娟, 2009. 黄河口潮间带沉积物微团聚体形成机理及其稳定性试验研究. 中国海洋大学.

朱友益, 1994. 山西阳泉铝土矿浮选分级及提纯试验研究. 金属矿山, (10): 40-43, 32.

朱祖祥, 1983. 土壤学, 北京: 中国农业出版社.

左文刚, 黄顾林, 朱晓霞, 2016. 施用牛粪对沿海泥质滩涂土壤原始肥力驱动及黑麦草幼苗生长的影响. 植物营养与肥料学报, 22 (2): 372-379.